AutoCADできちんと土木図面をかく方法

AutoCAD 2025/2024/2023/2022対応

芳賀 百合 著

X-Knowledge

本書をご購入・ご利用になる前に必ずお読みください

- 本書の内容は、執筆時点(2024年9月)の情報に基づいて制作されています。これ以降に製品、サービス、その他の情報の内容が変更されている可能性があります。また、ソフトウェアに関する記述も執筆時点の最新バージョンを基にしています。これ以降にソフトウェアがバージョンアップされ、本書の内容と異なる場合があります。
- 本書は、AutoCAD 2025/2024/2023/2022の解説書です。本書の利用に当たっては、AutoCAD 2025/2024/2023/2022がパソコンにインストールされている必要があります。
- AutoCADの体験版はオートデスクのWebサイトからダウンロードしてください。当社ならびに著作権者、データの提供者(開発元・販売元)は、製品、体験版についてのご質問は一切受け付けておりません。
- 本書はWindows 11がインストールされたパソコンで、AutoCAD 2025を使用して解説を行っています。そのため、画面はAutoCAD 2025のものですが、内容はAutoCAD 2024/2023/2022で検証済みです。ただし、ご使用のOSやアプリケーションのバージョンによって、画面や操作方法が本書と異なる場合がございます。
- 本書は、パソコンやWindowsの基本操作ができる方を対象としています。
- 本書の利用に当たっては、インターネットから教材データをダウンロードする必要があります(P.11参照)。そのためインターネット接続環境が必須となります。
- 教材データを使用するには、AutoCAD 2025/2024/2023/2022が動作する環境が必要です。これ以外のバージョンでの使用は保証しておりません。
- 本書に記載された内容をはじめ、インターネットからダウンロードした教材データ、プログラムなどを利用したことによるいかなる損害に対しても、データ提供者(開発元・販売元等)、著作権者、ならびに株式会社エクスナレッジでは、一切の責任を負いかねます。個人の責任においてご使用ください。
- 本書に直接関係のない「このようなことがしたい」「このようなときはどうすればよいか」など特定の操作方法や問題解決方法、パソコンやWindowsの基本的な使い方、ご使用の環境固有の設定や特定の機器向けの設定などのお問合せは受け付けておりません。本書の説明内容に関するご質問に限り、P.295のFAX質問シートにて受け付けております。

以上の注意事項をご承諾いただいたうえで、本書をご利用ください。ご承諾いただけずお問合せをいただいても、株式会社エクスナレッジおよび著作権者はご対応いたしかねます。予めご了承ください。

カバーデザイン——坂内正景
編集協力——株式会社トップスタジオ
印刷——株式会社ルナテック

カバー写真:123RF

はじめに

本書は、AutoCADを使って土木図面を作図する方に読んでいただきたいという思いから執筆した本です。筆者が長年AutoCADのインストラクターを務めてきた経験を生かし、初心者が間違いやすく、陥りやすい問題点を解説していますので、AutoCADを初めて使う方にも安心して読んでいただける内容になっています。また、本書ではAutoCAD 2025を使用していますが、ほかのバージョンのAutoCADをお使いの方でも学習が進められるように、バージョンごとの違いも補足しています。

AutoCADで線や円などの図形が書けることと、図面を作図することはまったくの別物です。筆者も初めに基本的な操作を勉強しましたが、実際に現場に出てみると、「2%の勾配に変更して」と言われたときにどの機能を使えば目的の図が書けるのか途方に暮れたのを覚えています。そのような経験から、本書ではAutoCADの機能を1つずつ紹介するのではなく、図面を作図するにはどの機能を組み合わせればよいのかを重点的に解説しています。

1章ではAutoCADの基本を紹介し、2章では土木製図の基礎知識と、電子納品のための製図基準、さらに製図基準に則るためにAutoCADで必要な設定や作図方法などを解説しています。3章では手始めに小構造物の図面を作図し、さらにExcelとAutoCADを組み合わせて使用する方法を説明します。

4章では図面に写真を貼り付ける方法、また5章～6章では平面図、縦断図、標準横断図の作図方法を説明し、そのなかで、少し難しい概念である外部参照やレイアウト（ペーパー空間）について、サンプルファイルを使って詳しく解説しています。一から作図するだけでなく、既存図面の編集も行いますので、課題図面の作図を一通り終える頃には応用力が身についていると思います。

最後になりましたが、本書を執筆するにあたってご協力いただいた設計事務所の社長にこの場を借りてお礼を申し上げます。

芳賀 百合

目次

本書の使い方

本書のページ構成

本書では、1つの章をいくつかの節に分けて、段階的に図面を作成していきます。
各節は基本的に次のような構成になっています。

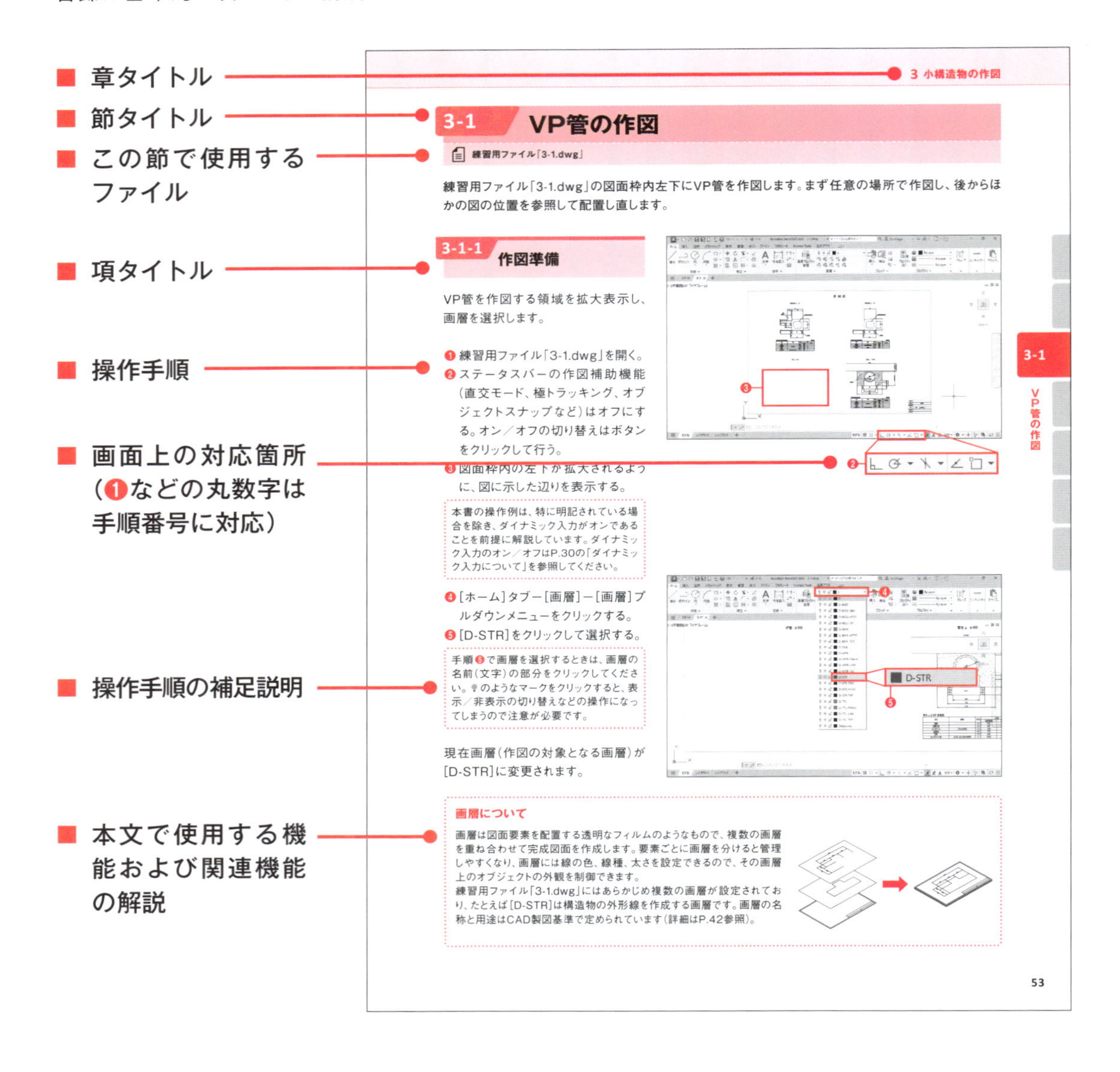

本書で使用する表記

本書では、AutoCADの操作手順をできるだけわかりやすく簡潔に説明するために、次のような表記ルールを使用しています。本文を読む前にご確認ください。

■ 画面各部の名称

画面に表示されるリボン、タブ、パネル、ボタン、コマンド、パレット、ダイアログボックスなどの名称はすべて[ ]で囲んで表記します（例1）。

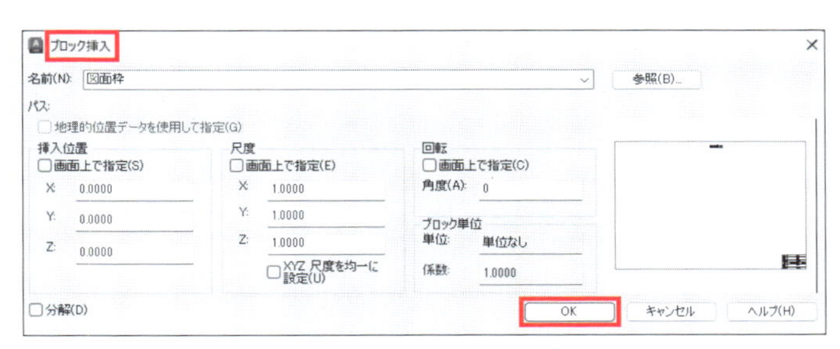

例1 ●[ブロック挿入]ダイアログボックスの[OK]ボタン

リボン内のコマンドを指示するときは、そのコマンドが配置されているタブやパネルの名称を線（－）でつないで表記します（例2）。

コマンド名がリボン上に明示されない場合（アイコン型ボタンとして表示される場合）は、基本的にAutoCADのヘルプファイルまたは画面上のツールチップに記載される名称に準じて表記しています（例3）。

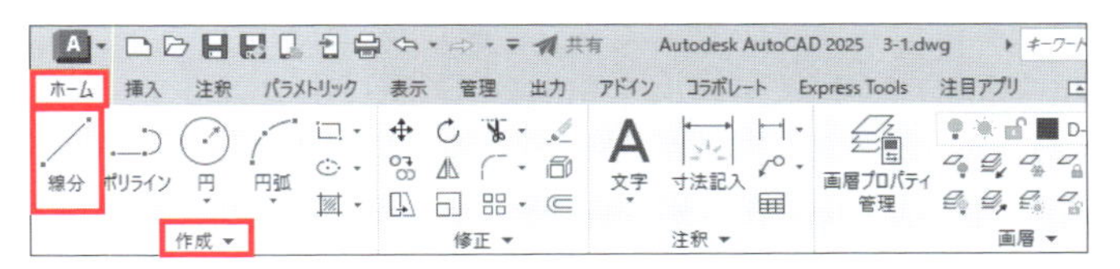

例2 ●[ホーム]タブ－[作成]－[線分]

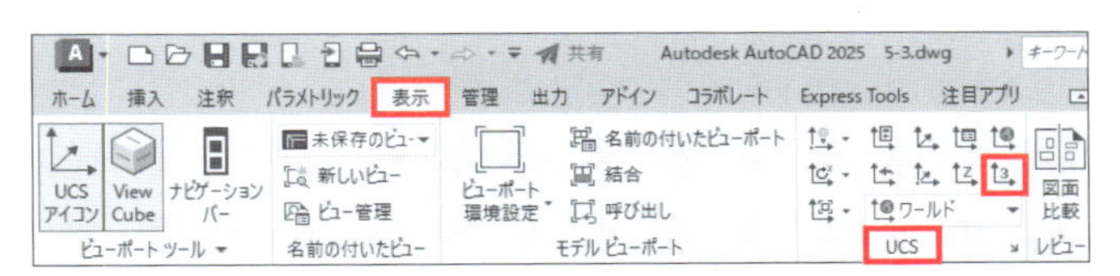

例3 ●[表示]タブ－[UCS]－[3点]

■ キーボード操作

キーボードから入力する数値や文字は、「 」で囲み、色つきの文字として表記します。数値やアルファベットは原則的に半角文字で入力します。

キーボードのキーを押すときは、キーの名称を[ ]で囲んで表記します（例4）。

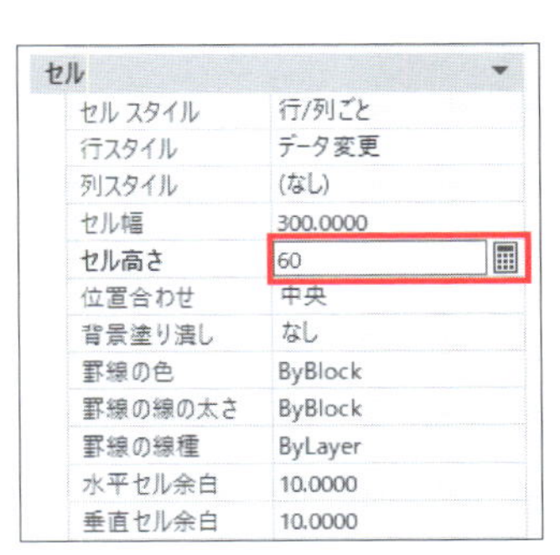

セル	
セル スタイル	行/列ごと
行スタイル	データ変更
列スタイル	(なし)
セル幅	300.0000
セル高さ	60
位置合わせ	中央
背景塗り潰し	なし
罫線の色	ByBlock
罫線の線の太さ	ByBlock
罫線の線種	ByLayer
水平セル余白	10.0000
垂直セル余白	10.0000

例4 ●[セル高さ]に「60」と入力し、[Enter]キーを押す

マウス操作

本書では主にマウスを使用して作業を行います。クリック、右クリックなどの操作については、右の表を参考にしてください。

操作	説明
クリック	マウスの左ボタンをカチッと1回押してすぐに放す
ダブルクリック	マウスの左ボタンをカチカチッと続けて2回クリックする
右クリック	マウスの右ボタンをカチッと1回押してすぐに放す
ドラッグ	マウスの左ボタンを押し下げたままマウスを移動し、移動先で左ボタンを放す

本書の解説を練習するうえでの注意

動作環境

本書の解説は、右記の環境において執筆・検証したものです。これ以外の環境では、実際の操作手順および掲載画面が本書の解説と異なる場合があります。AutoCAD 2025だけでなく、AutoCAD 2024/2023/2022で基本的には本書の解説どおりに作業できますが、コマンドの動作や画面構成が異なる場合は、本文中に補足説明を加えています。
また、AutoCADのウィンドウの配色や作業領域の背景色について、本書では紙面での見やすさを考慮し、ウィンドウの配色を「ライト(明)」に、背景を白に設定しています。ウィンドウの配色の変更方法については下記を、作業領域の背景色の変更方法についてはP.74を参照してください。

- Windows 11
- AutoCAD 2025
- Microsoft Excel for Office 365
- 画面解像度 1280×800ピクセル

ウィンドウの配色を変更する

ウィンドウの配色を変更するには、以下の設定を行ってください。

1. [アプリケーションメニュー]をクリックし、[オプション]ボタンをクリックする。
2. [オプション]ダイアログボックスが表示される。[表示]タブをクリックする。
3. [カラーテーマ]から[ライト(明)]を選択する。
4. [OK]ボタンをクリックする。

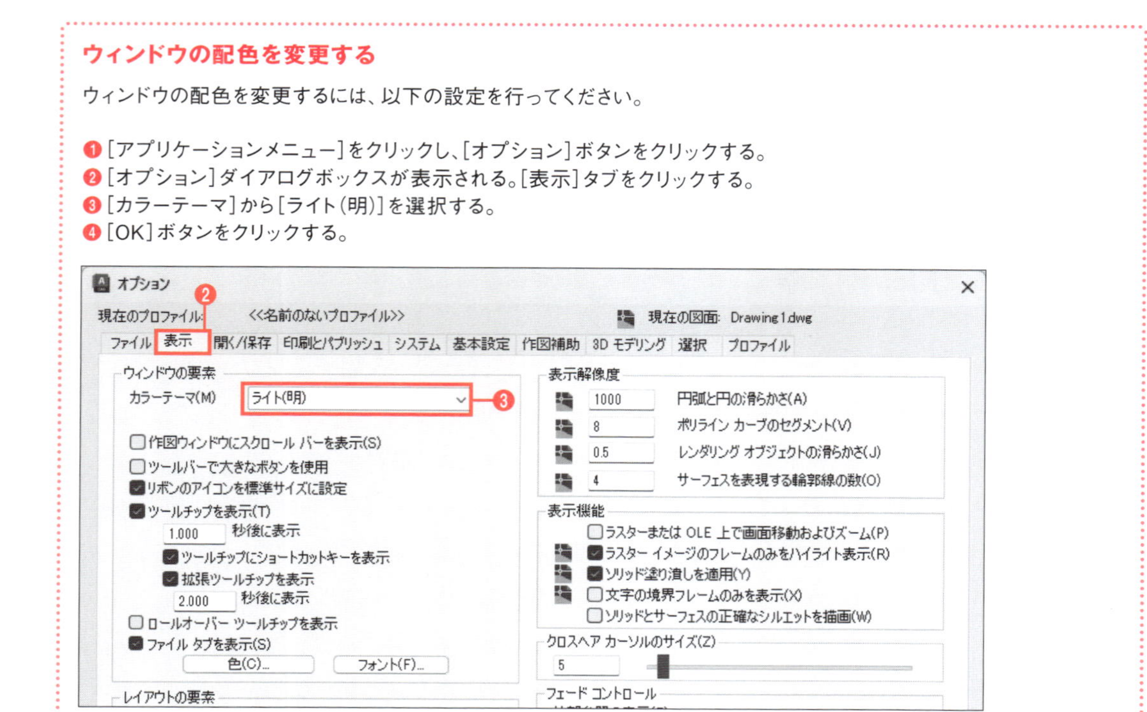

教材データのダウンロードについて

本書を使用するにあたって、まず解説で使用する教材データをインターネットからダウンロードする必要があります。

教材データのダウンロード方法

●Webブラウザ（Microsoft Edge、Google Chrome、FireFox）を起動し、以下のURLのWebページにアクセスしてください。

https://xknowledge-books.jp/support/9784767833378

●図のような本書の「サポート＆ダウンロード」ページが表示されたら、記載されている注意事項を必ずお読みになり、ご了承いただいたうえで、教材データをダウンロードしてください。
●教材データはZIP形式で圧縮されています。ダウンロード後は解凍して、デスクトップなどわかりやすい場所に移動してご使用ください。
●教材データは、AutoCAD 2025/2024/2023/2022が動作する環境で使用できます。
●教材データに含まれるファイルやプログラムなどを利用したことによるいかなる損害に対しても、データ提供者（開発元・販売元等）、著作権者、ならびに株式会社エクスナレッジでは、一切の責任を負いかねます。
●動作条件を満たしていても、ご使用のコンピュータの環境によっては動作しない場合や、インストールできない場合があります。予めご了承ください。

教材データのフォルダ構成

教材データのフォルダ構成は、以下のようになっています。

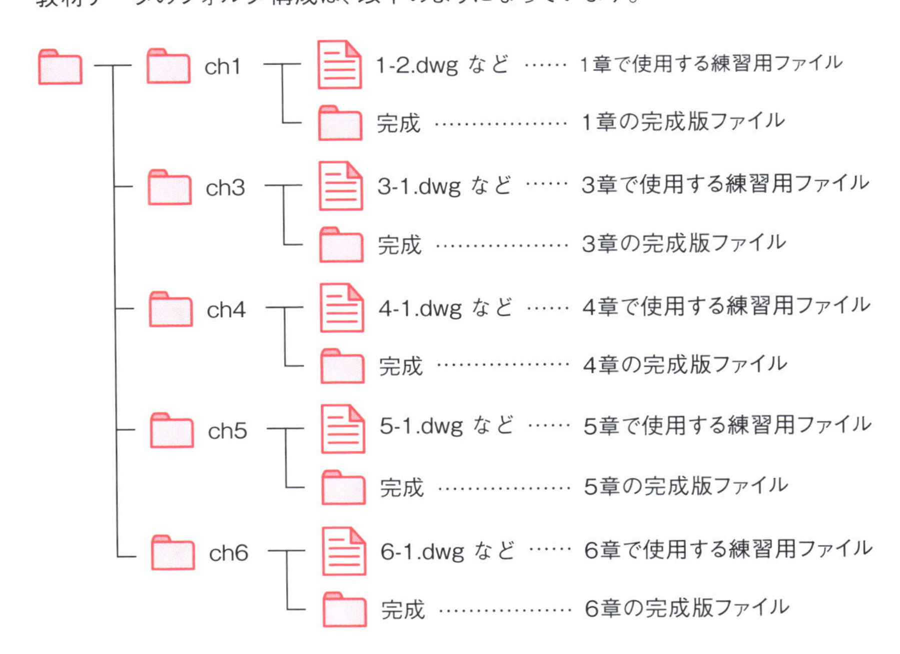

AutoCAD製品情報

AutoCADについて

AutoCADは、米オートデスク社が提供している2Dおよび3DのCADソフトウェアです。建築、土木、製造などの分野で、設計や図面作成に広く利用されています。Subscription（サブスクリプション）と呼ばれる年間契約を結ぶと、最新製品の入手やWebサイト経由でのテクニカルサポートなどの特典があります。

AutoCAD 2025動作環境（Windows版、 2024年9月時点）

OS	64ビット版Microsoft Windows 11およびWindows 10バージョン1809以降 ※マイクロソフト社によるサポートが終了したWindowsバージョンは、AutoCADのサポート対象OSから除外されます。 オートデスク社からのサポートを受け続けるには、定期的にWindows Updateを行う必要があります。
CPU	基本：2.5～2.9GHzのプロセッサ（ベース）　※ ARMプロセッサはサポートされていません。 推奨：3GHz以上のプロセッサ（ベース）、4GHz以上のプロセッサ（ターボ）
メモリ	基本：8GB 推奨：32GB
表示解像度	従来のディスプレイ：1920×1080、True Color対応 高解像度および4Kディスプレイ：最大3840×2160の解像度（「推奨」ディスプレイカードが必要）
ディスプレイカード	基本：2GBのGPU、帯域幅29GB/秒、DirectX 11互換 推奨：8GBのGPU、帯域幅106GB/秒、DirectX 12互換
ディスク空き容量	10GB（SSDを推奨）
ポインティングデバイス	マイクロソフト社製マウスまたは互換製品
.NET Framework	.NET 8

AutoCAD 2025無償体験版について

オートデスク社のWebページ（https://www.autodesk.com/jp）から、インストール後15日間無料で試用できる無償体験版をダウンロード可能です。試用期間中は、製品版と同等の機能を利用できます。なお、無償体験版はオートデスク社のサポートの対象外です。

※AutoCAD 2025無償体験版の動作環境は、上記の環境に準じます。

※当社ならびに著作権者、データの提供者（開発元・販売元）は、無償体験版に関するご質問について、ダウンロードやインストールなどを含め一切受け付けておりません。あらかじめご了承ください。

1章

AutoCADの基本

ここではAutoCADの基本操作を説明します。ファイルを開く／保存する／切り替える方法や、画面表示の操作、コマンド実行方法の基本などを解説します。また、完成図面をPDFファイルに出力する方法を練習します。

この章のポイント

- ●AutoCADのユーザーインターフェイス
- ●ファイルを開く／閉じる
- ●ファイルを新規作成する
- ●ファイルを保存する
- ●窓ズーム／オブジェクト範囲ズーム
- ●画面移動
- ●コマンドの実行
- ●オブジェクトの選択
- ●窓選択／交差選択
- ●元に戻す／やり直し
- ●PDFに書き出し

1-1 ユーザーインターフェイス

練習用ファイルなし

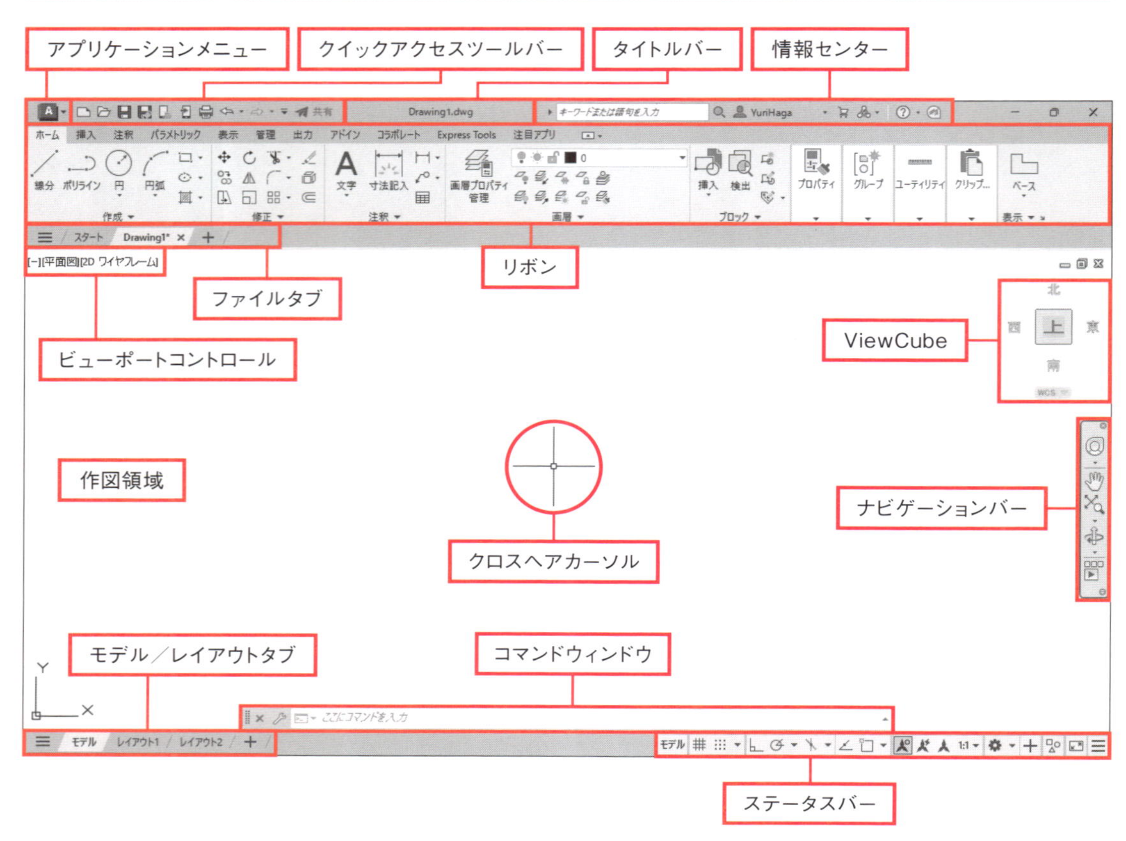

※掲載しているのはAutoCAD 2025の画面ですが、AutoCAD 2024/2023/2022の画面もほぼ同じです。

1-1-1 アプリケーションメニュー

アプリケーションメニューからはファイルの新規作成／開く／保存／印刷／送信などに関するコマンドを実行できます。コマンドとは、AutoCADで実行する操作のことです。また、[コマンド検索フィールド]にキーワードを入力してコマンドを検索し、ヒットしたコマンドを実行することも可能です。

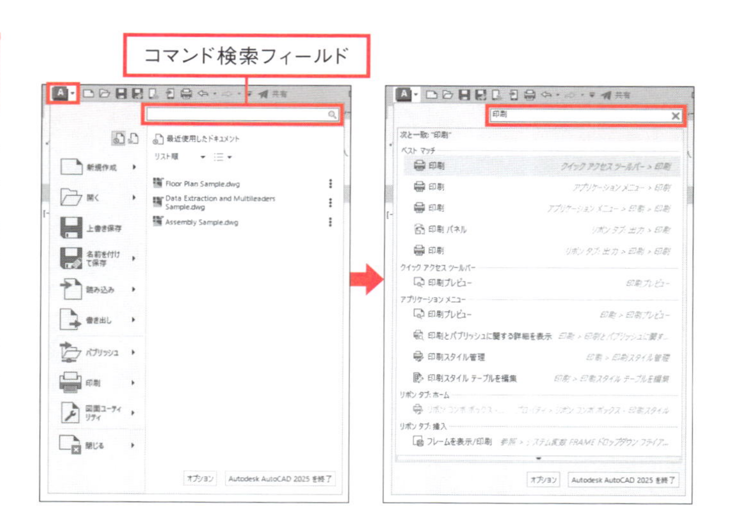

1-1-2 クイックアクセスツールバー

初期状態の[クイックアクセスツールバー]には、左から[クイック新規作成]、[開く]、[上書き保存]、[名前を付けて保存]、[Webおよびモバイルから開く]、[Webおよびモバイルに保存]、[印刷]、[元に戻す]、[やり直し]、[クイックアクセスツールバーをカスタマイズ]、[図面を共有] 共有 が表示されています。[クイックアクセスツールバーをカスタマイズ]をクリックするとメニューが表示され、クイックアクセスツールバーに表示するアイコンを選択したり、メニューバーを表示したりできます。

1-1-3 リボン

リボンはリボンタブとリボンパネルで構成されます。
各リボンパネルの下部にはパネル名が表示されています。パネル名の右に▼マークが表示されている場合は、パネル名の部分をクリックすると、パネルが展開されて表示されます。

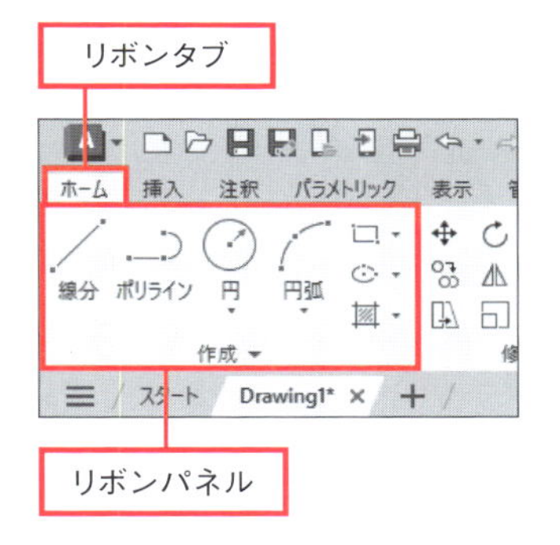

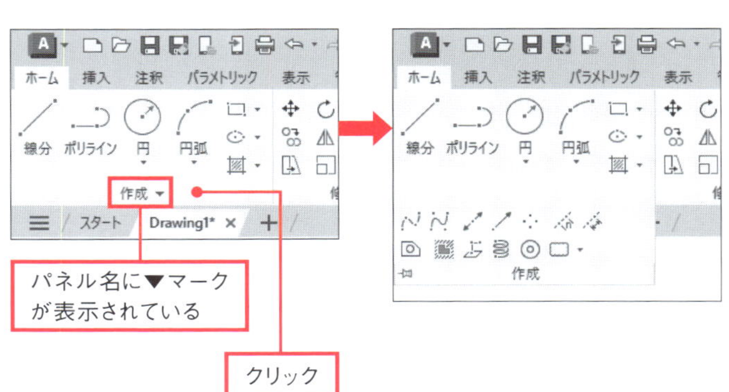

パネル名の右端に↘ボタンが表示されている場合、このボタンをクリックするとパネルに関連するパレットやダイアログボックスが表示されます。たとえば、[プロパティ]パネルの↘ボタンをクリックすると[プロパティ]パレットが表示されます。

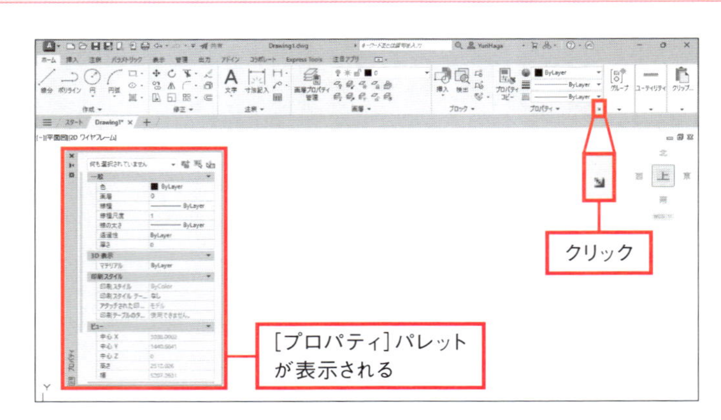

リボンパネル上のボタンにカーソルを当てるとツールチップが表示され、コマンド名や簡単な使用方法を調べることができます。

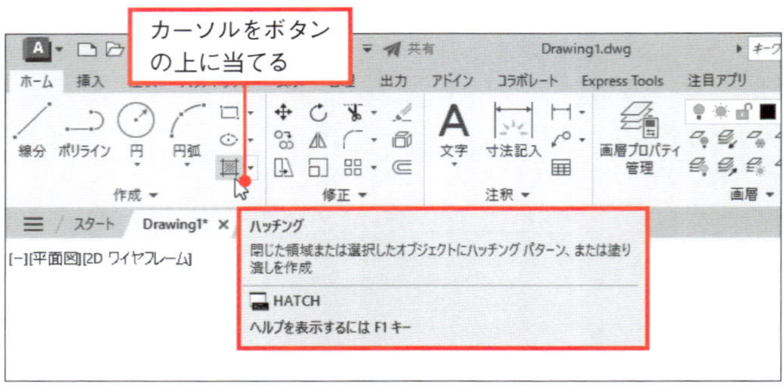

ボタンの右側に表示されている▾(下矢印アイコン)をクリックすると、格納されていたボタンが表示されます。

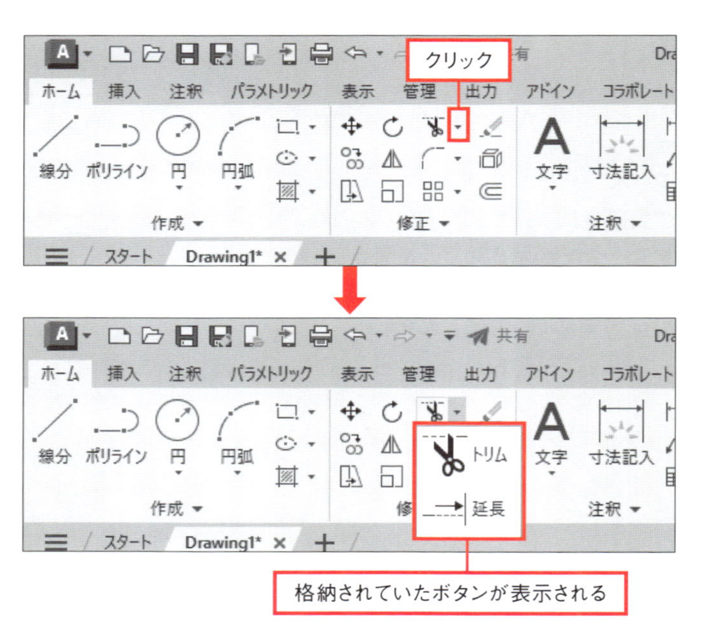

1-1-4 ビューポートコントロール

ビューポートコントロールは、作図領域を分割するほか、主に3Dモデルを作成するときの視点操作で使用します。AutoCAD LTでは利用できない機能です。

一番左の[ー]をクリックし、[ビューポート設定一覧]から分割状態([2分割：縦]など)を選択すると、作図領域を分割できます。元に戻す場合は、[単一]を選択してください。

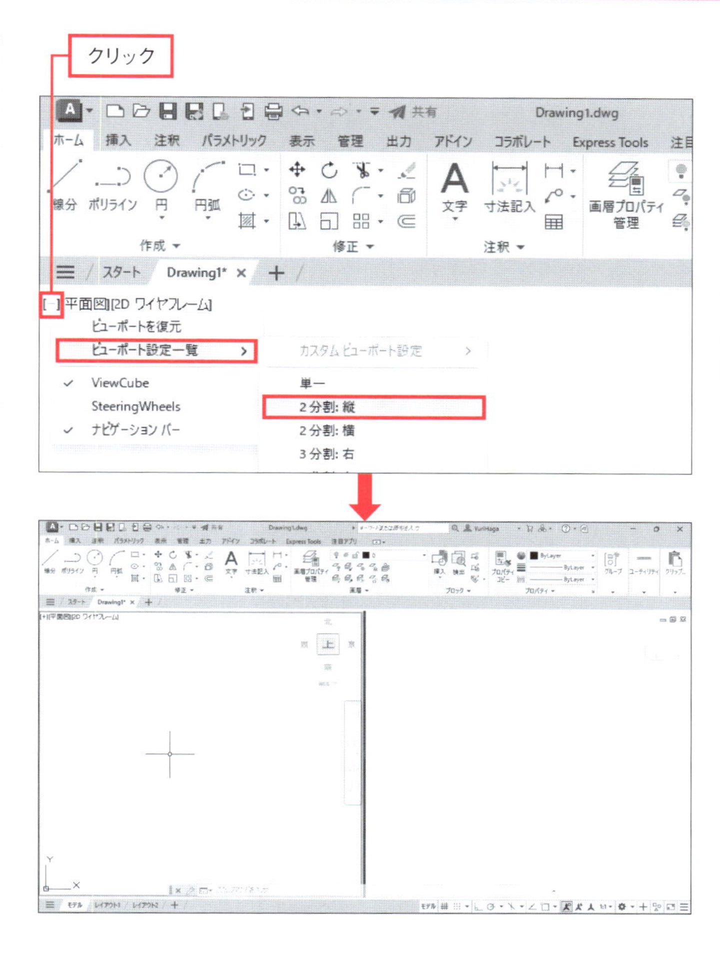

1-1-5 コマンドウィンドウ

コマンドウィンドウには2つの役割があります。

1つはコマンドを実行したときに、そのコマンドに関する簡単な操作手順をメッセージとして表示する役割です。これを「プロンプト」と呼びます。

もう1つは、入力エリアとしての役割で、実行したコマンドや入力値がコマンドウィンドウに表示されます(入力は半角英数字で行います)。

コマンドウィンドウに表示しきれないコマンドや入力値の履歴を調べるには、F2キーを押します。テキストウィンドウが表示され、コマンドの履歴を閲覧できます。

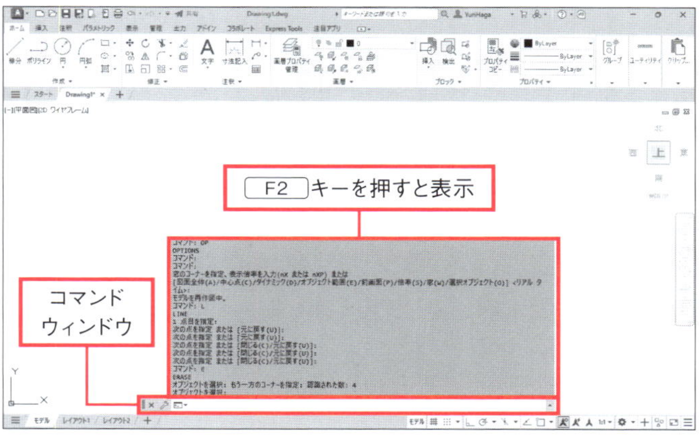

1-1-6 ステータスバー

スナップやグリッド、直交モード(作図方向を制限する)など、作図を補助する機能のオン/オフを切り替えるためのボタンが並んでいます。各ボタンをクリックすることで、オン/オフを切り替えることができ、機能がオンになっているボタンは、青色で表示されます。また、各ボタンを右クリックすると、そのボタンに関するメニューが表示されます。

また、ステータスバーに表示されるボタンは作図状況によって変化します。たとえば[ビューポートを最大化]ボタンは、[レイアウト]タブで作図している場合にのみ表示されます。以下にステータスバーの各ボタンの機能を簡単に説明します。

[モデル]タブで作図している場合

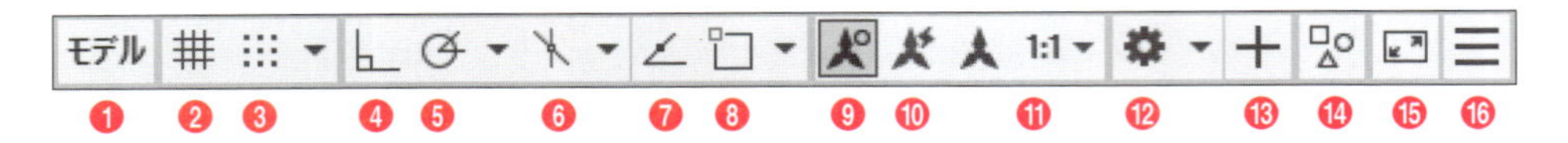

[レイアウト]タブ(ペーパー空間)で作図している場合

[レイアウト]タブ(モデル空間)で作図している場合

❶ モデル空間またはペーパー空間
現在の作図空間がモデル空間かペーパー空間かを表示し、作図空間を切り替える。

❷ グリッド
グリッド表示のオン/オフを切り替える。

❸ スナップモード
スナップモードのオン/オフを切り替える。

❹ 直交モード
直交モードのオン/オフを切り替える。

❺ 極トラッキング
極トラッキングのオン/オフを切り替える。このボタンを右クリックすると、極トラッキングの角度をメニューから指定できる。

❻ アイソメ作図
アイソメ作図のオン/オフを切り替える。このボタンを右クリックすると、アイソメの方向をメニューから指定できる。

❼ オブジェクトスナップトラッキング
オブジェクトスナップトラッキングのオン/オフを切り替える。このボタンを右クリックすると、有効なオブジェクトスナップの種類をメニューから指定できる。

❽ オブジェクトスナップ
オブジェクトスナップのオン/オフを切り替える。このボタンを右クリックすると、有効なオブジェクトスナップの種類をメニューから指定できる。

❾ 注釈オブジェクトを表示
注釈オブジェクトの表示のオン/オフを切り替える。このボタンがオンのときは、すべての異尺度対応オブジェクトが表示される。オフのときは、現在の注釈尺度に対応する異尺度対応オブジェクトのみが表示される。

⑩ 自動尺度

注釈尺度を変更したときに、異尺度対応オブジェクトに尺度を追加するか、しないかを切り替える。

⑪ 注釈尺度(ビューポート尺度)

このボタンをクリックすると、メニューが表示され、注釈尺度を選択できる。

⑫ ワークスペースの切り替え

このボタンをクリックすると、ワークスペースを切り替えるためのメニューが表示される。

⑬ 注釈モニター

すべての非自動調整注釈に[!]マークを表示するか、しないかを切り替える。

⑭ オブジェクトを選択表示

このボタンを右クリックすると、メニューが表示され、オブジェクト(図形)の表示/非表示を切り替えることができる。

⑮ フルスクリーン表示

リボンやツールバー、パレット類を非表示にして、フルスクリーン表示にする。

⑯ カスタマイズ

このボタンをクリックすると、メニューが表示され、ステータスバーの各ボタンの表示/非表示を切り替えることができる。

⑰ ビューポートを最大化

レイアウトタブで作図している場合に表示される。ビューポートを作図領域に最大化して表示するかどうかを切り替える。

⑱ ビューポートのロック

レイアウトタブのモデル空間で作図している場合、またはレイアウトタブでビューポートを選択している場合に表示される。ビューポートの表示状態のロック/ロック解除を切り替える。

⑲ ビューポート尺度同期

ビューポート尺度と注釈尺度を同じにする。

1-1-7 ViewCube

ViewCubeは、主に3Dモデルを作成するときに、視点変更で使用します。AutoCAD LTでは利用できない機能です。

立方体(ViewCube)のエッジやコーナー、面をクリックすると視点が変更されます。誤って視点が3D表示になってしまった場合は、[上]をクリックすると、視点が平面に戻ります。

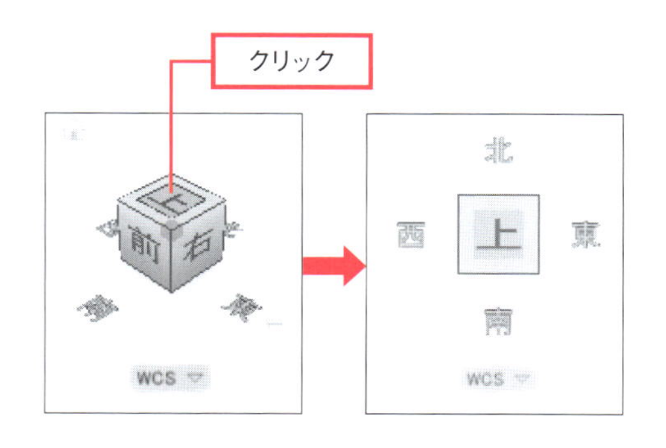

1-1-8 ナビゲーションバー

ナビゲーションバーには、画面操作に関するツールが並んでいます（❶、❹、❺はAutoCAD LTでは利用できません）。

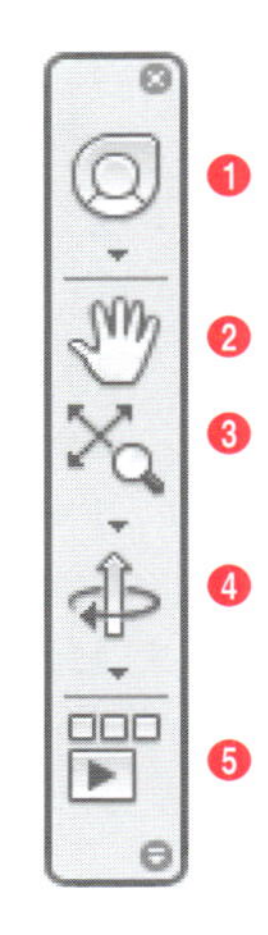

❶ SteeringWheels
カーソルに追従してホイールが表示され、画面移動やズームが行える。

❷ 画面移動
[画面移動]を実行する。

❸ ズーム
[ズーム]を実行する（P.28「ズーム操作について」を参照）。

❹ オービット
主に3Dモデルを作成するときの視点操作で使用する。

❺ ShowMotion
作図領域のビューを登録し、登録したビューに切り替えたり、ビューを連続して再生などができる。

ナビゲーションバーが表示されていない場合は、リボンの[表示]タブをクリックし、[ビューポートツール]パネルにある[ナビゲーションバー]ボタンをクリックしてオンにすると（青くなっている状態がオン）、表示されます。

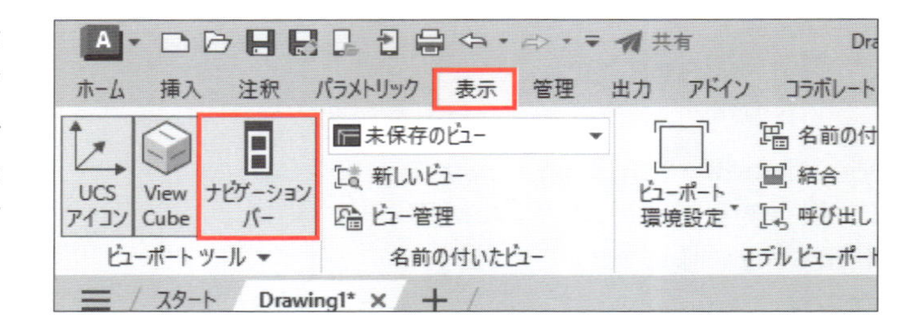

1-1-9 モデル／レイアウトタブ

AutoCADには、[モデル]と[レイアウト]という2種類のタブがあります。[モデル]タブは1つの図面ファイルに1つだけですが、[レイアウト]タブはユーザーが必要な数だけ作成できます。[モデル]または[レイアウト]タブを右クリックすると、メニューが表示され、[レイアウト]タブを新規に作成したり、削除したりできます。

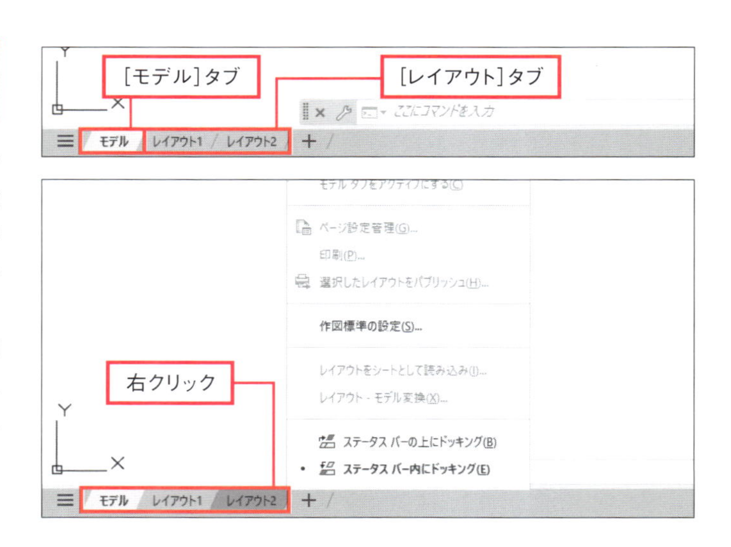

1-2 ファイル操作の練習

練習用ファイル「1-2.dwg」

ファイルを開く、閉じる、新規作成、保存など、基本的なファイル操作を練習します。

1-2-1 ファイルを開く

ファイルを開くときには、クイックアクセスツールバーのボタンを使うと簡単です。

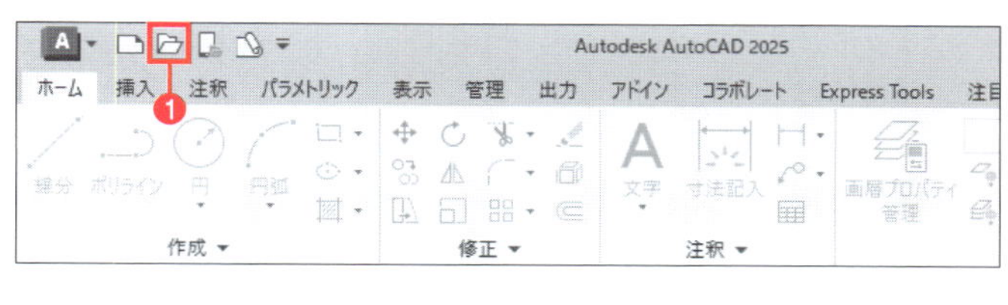

❶ クイックアクセスツールバーの[開く]をクリックする。
❷ [ファイルを選択]ダイアログボックスが表示されるので、「1-2.dwg」を選択する。
❸ [開く]ボタンをクリックする。

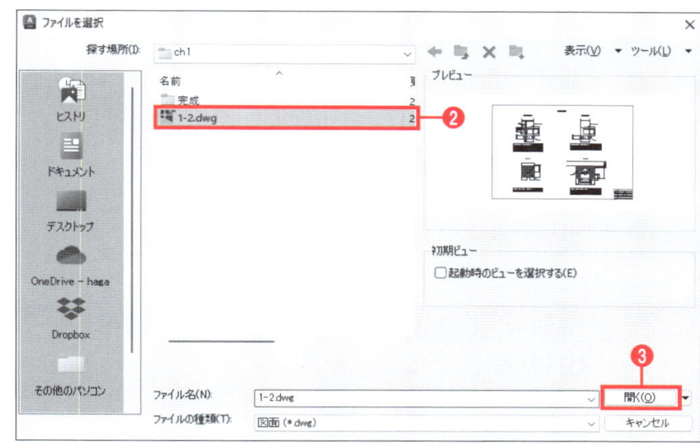

「1-2.dwg」が開きます。

1-2-2 ファイルを新規作成する

ファイルを新規作成するには、ファイルを開くときと同様に、クイックアクセスツールバーのボタンを使います。

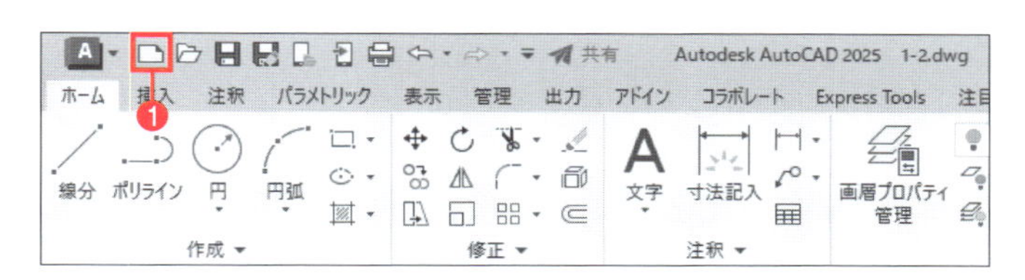

❶ クイックアクセスツールバーの[クイック新規作成]をクリックする。
❷ [テンプレートを選択]ダイアログボックスが表示されるので、「acadiso.dwt」を選択する。
❸ [開く]ボタンをクリックする。

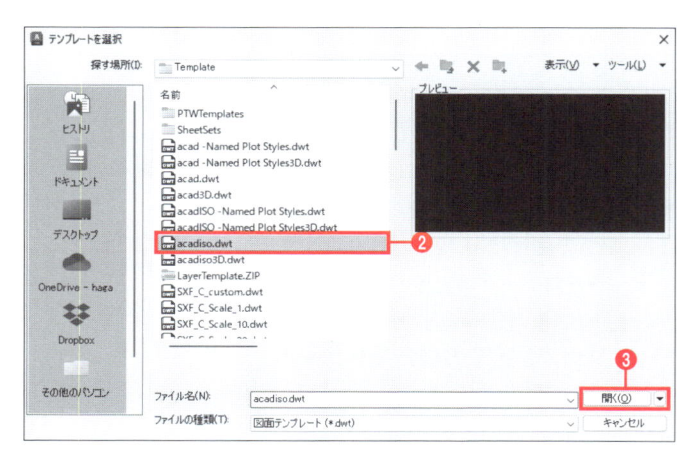

ファイルが新規作成されます。

AutoCADではなくAutoCAD LTを使用している場合は、「acadltiso.dwt」を選択します。

1-2-3 ファイルに名前を付けて保存する

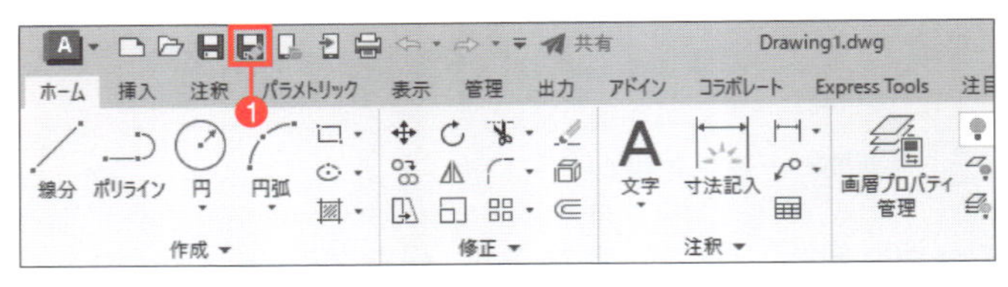

現在作図中の図面にファイル名を付けて保存します。

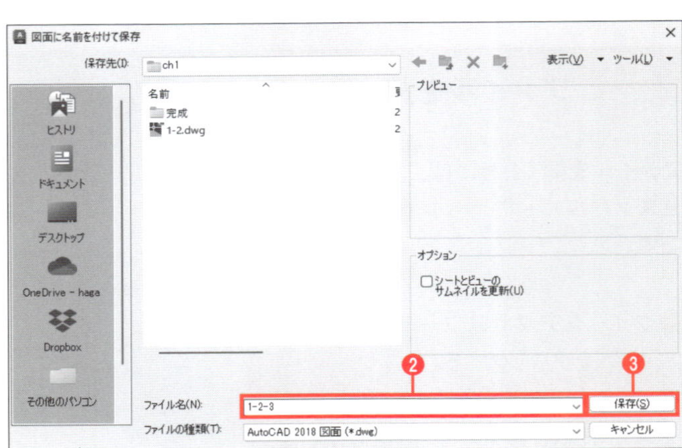

❶ クイックアクセスツールバーの[名前を付けて保存]をクリックする。
❷ [図面に名前を付けて保存]ダイアログボックスが表示されるので、[ファイル名]に「1-2-3」と入力する。
❸ [保存]ボタンをクリックする。

ファイルが保存されます。

バージョンを下げてファイルを保存するには、P.84の「古いバージョンのDWGファイルで保存する」を参考にしてください。

1-2-4 ファイル間の切り替え

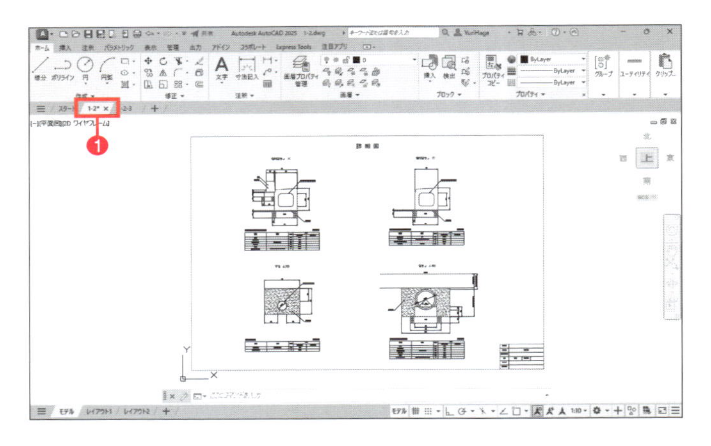

[ファイルタブ]を使うと、図面間の切り替えを簡単に行うことができます。

❶ [1-2]タブをクリックする。

図面が切り替わります。

1-2-5 図面を並べて表示

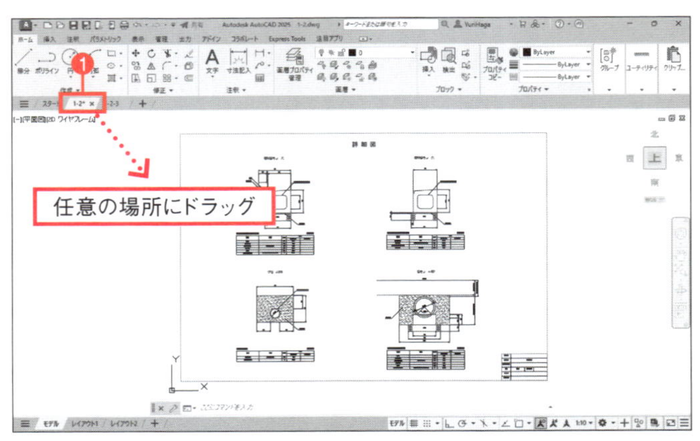

複数の図面ファイルを並べて表示すると、2つの図面を比較したり、図面間でデータをコピーするときに便利です。

❶ [1-2]タブを任意の場所にドラッグする。

「1-2.dwg」が別のウィンドウで表示されます。

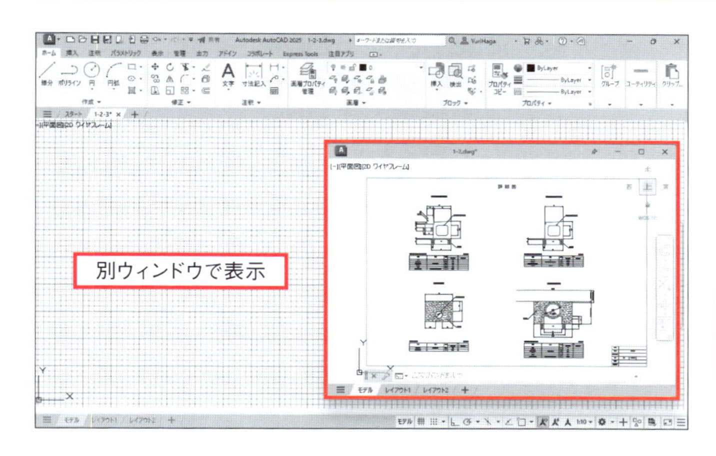

❷「1-2.dwg」のウィンドウのタイトルバーにあるピンマークをクリックし、ウィンドウを固定(常に前面に表示)する。

2023バージョンの場合、ピンマークはタイトルバーのファイル名のすぐ横に表示されています。2022バージョンの場合、手順❷のピンマークをクリックする操作は必要ありません。

❸「1-2-3.dwg」の作業領域をクリックし、ウィンドウを切り替える。

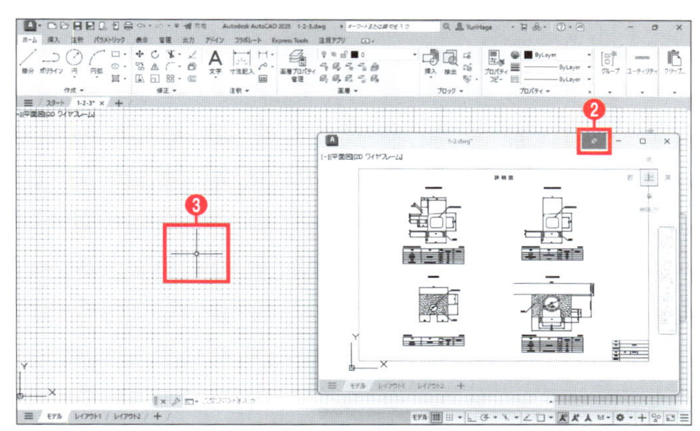

2つの図面を表示して、作業することができます。表示を元に戻す場合は、ファイルタブの位置にウィンドウをドラッグします。

❹「1-2.dwg」のウィンドウのタイトルバーをドラッグする。

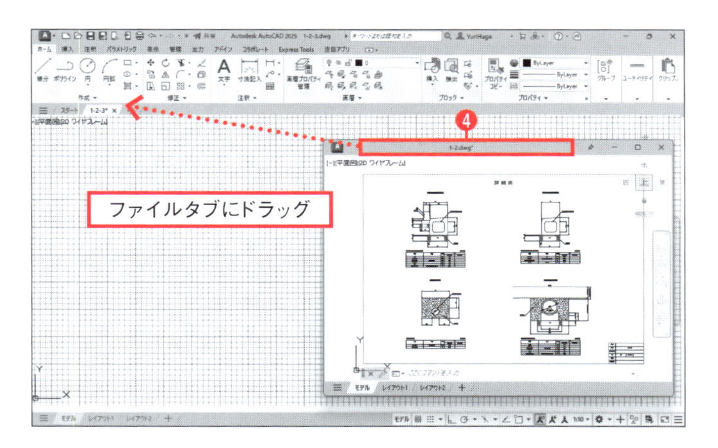

❺ ファイルタブの位置までドラッグする。

「1-2」がファイルタブに表示されます。

[表示]タブの[インタフェース]パネルにある[上下に並べて表示]や[左右に並べて表示]をクリックし、並べて表示することもできます。

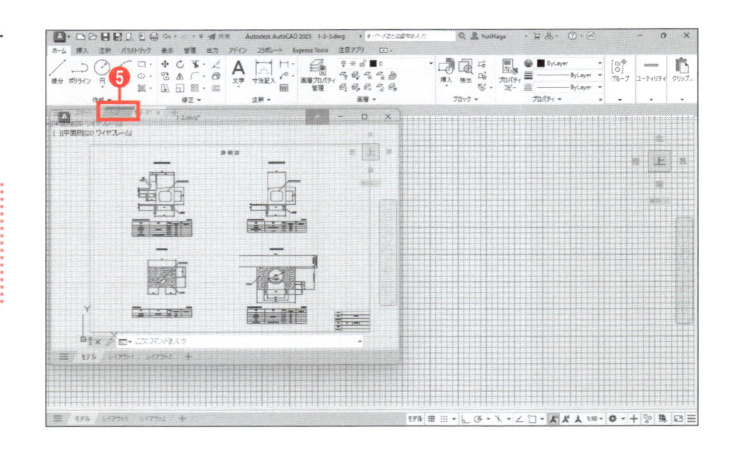

1-2-6 ファイルを閉じる

図面ファイルを閉じるときは、ファイルタブの[×]をクリックします。

❶ [1-2-3]タブの[×]をクリックする。

ファイルが閉じます。

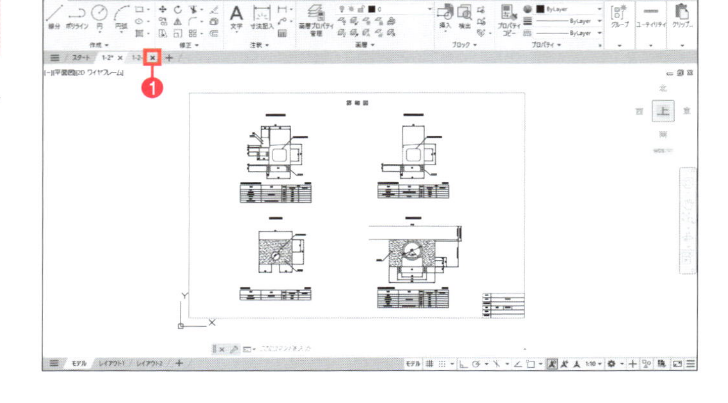

1-2-7 図面ファイルの上書き保存

図面ファイルを上書き保存します。

❶ クイックアクセスツールバーの[上書き保存]をクリックする。

ファイルが上書き保存されます。

コマンドウィンドウに「_QSAVE」と表示されれば保存されています。

❷ [1-2]タブの[×]をクリックしてファイルを閉じる。

バージョンを下げてファイルを保存するには、P.84の「古いバージョンのDWGファイルで保存する」を参考にしてください。

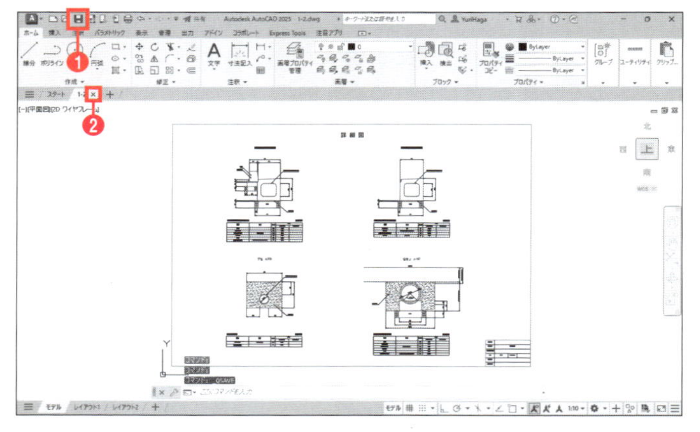

1-2-8 最近使用したファイルを開く

ファイルタブの[スタート]タブから最近使用したファイルを開くことができます。

❶[スタート]タブをクリックする。

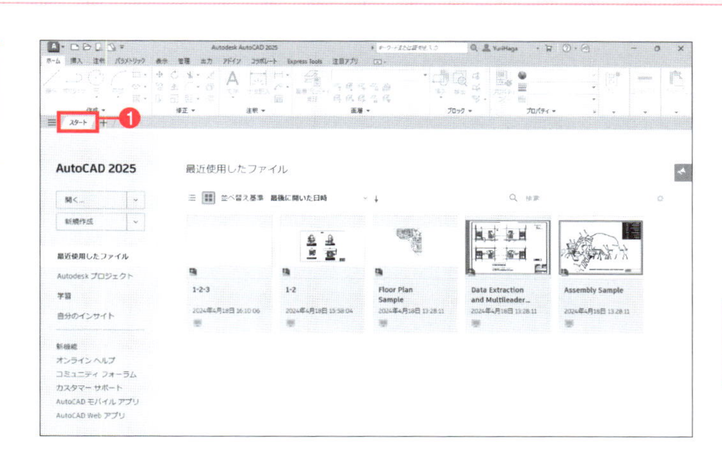

最近使用したファイルのサムネイルが表示されます。

❷[リスト表示]をクリックする。

ファイル名がリストで表示されます。

❸「1-2」をクリックする。

ファイルが開きます。

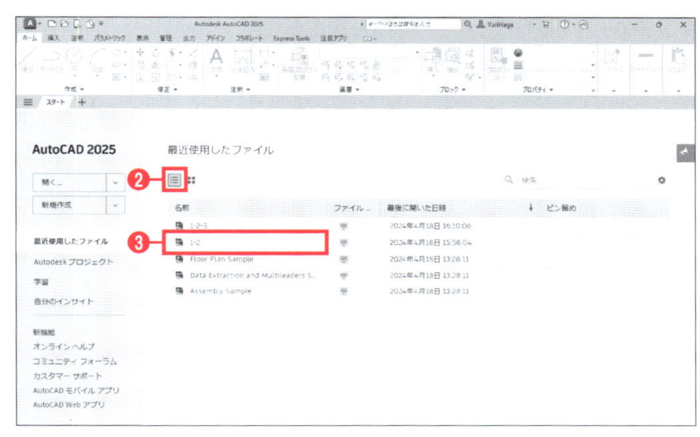

アプリケーションメニューから最近使用したファイルを開く

最近使用したファイルは、アプリケーションメニューから開くことも可能です。

❶アプリケーションメニューをクリックする。
❷[最近使用したドキュメント]をクリックする。
❸開くファイル名をクリックする。

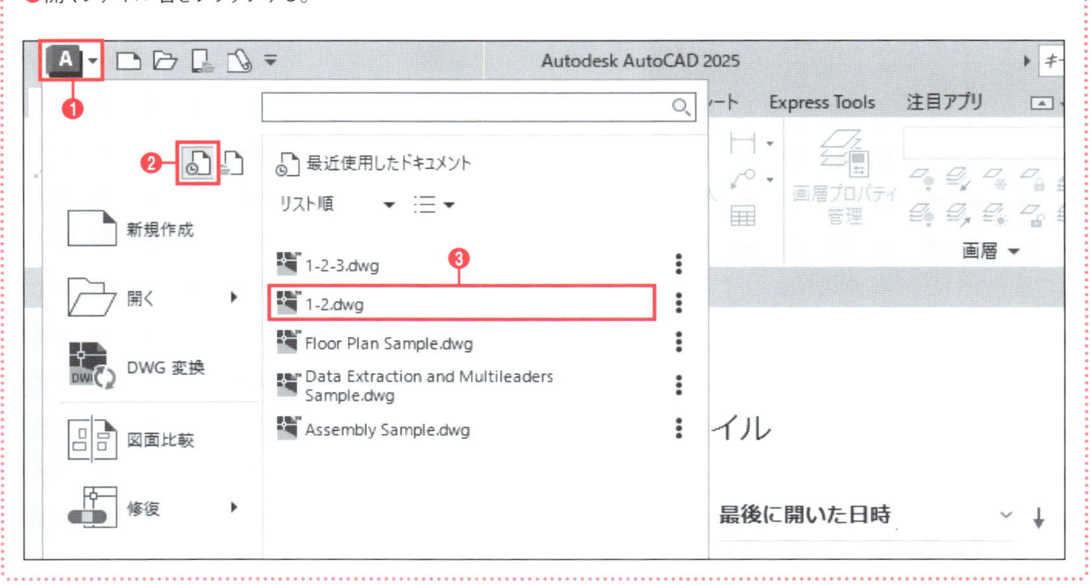

1-3 画面操作の練習

練習用ファイル「1-2.dwg」

図面のズーム、拡大／縮小、画面移動の操作を練習します。

1-3-1 窓ズーム

窓ズームは、マウスの2点クリックで矩形範囲を指定し、その範囲を拡大表示します。
P.25の1-2-8で開いた「1-2.dwg」を引き続き使用します。

❶ ナビゲーションバーの▼ボタンをクリックする。
❷［窓ズーム］を選択する。
❸ 拡大したい場所を窓で囲むように、2点クリックする。

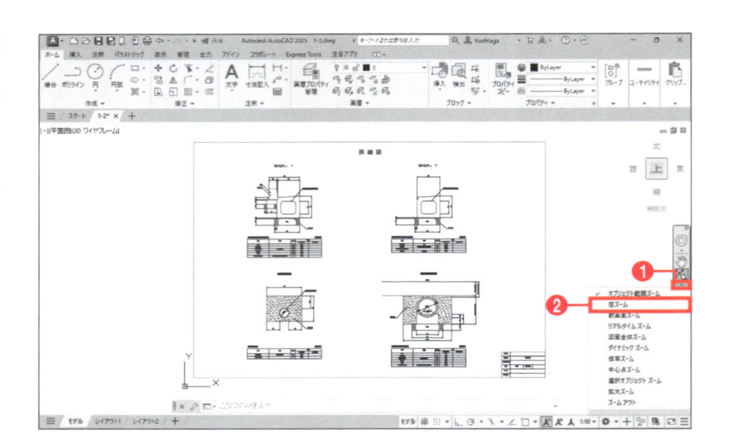

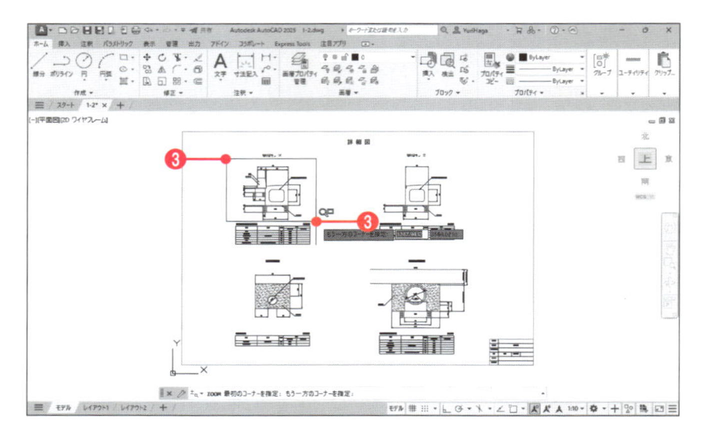

囲まれた部分が拡大表示されます。

拡大表示される

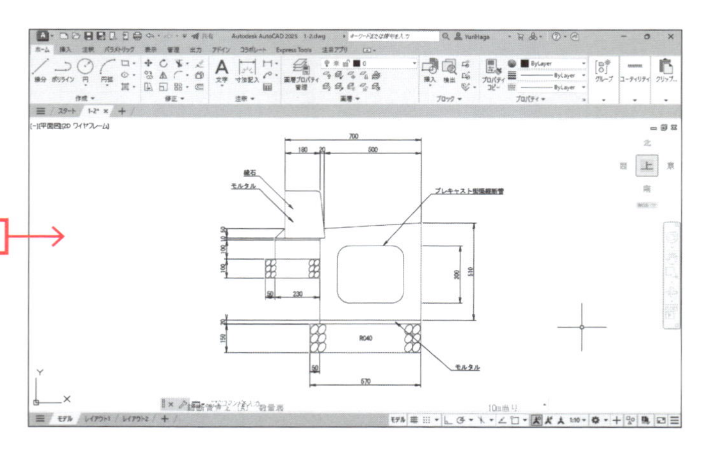

1-3-2 マウスのホイールを使った拡大／縮小

ホイール付きのマウスを使用している場合は、マウスのホイールを回転させることで画面表示を拡大／縮小できます。その際、カーソルの位置が拡大／縮小の中心になります。

拡大／縮小の中心

❶ ホイールを上に回す。

画面が拡大表示されます。

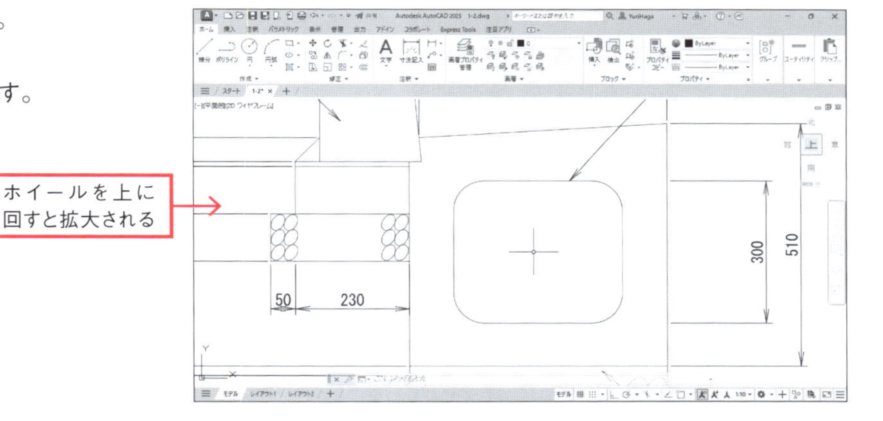

❷ ホイールを下に回す。

画面が縮小表示されます。

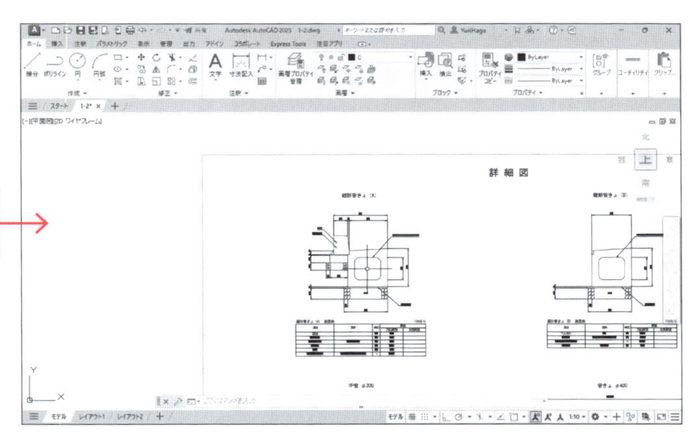

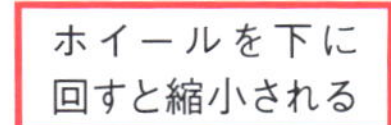

1-3-3 画面移動

マウスのホイールを使って、画面を移動できます。

❶ マウスのホイールを押す。カーソルが✋マークに変わる。
❷ ホイールを押したままマウスを動かすと、画面が移動する。

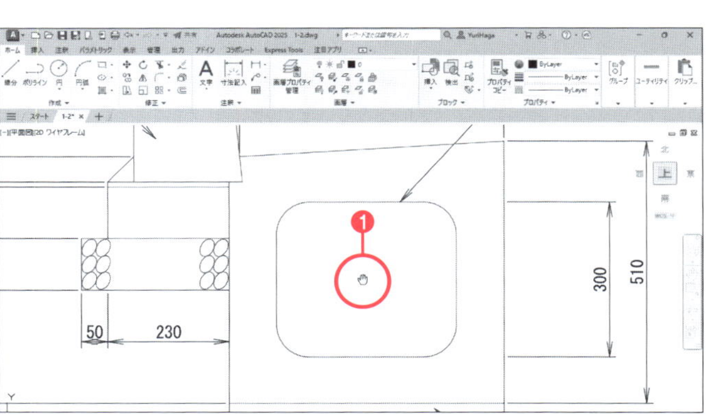

1-3-4 オブジェクト範囲ズーム

オブジェクト範囲ズームは、現在の図面に作成されているすべての図形が作図領域に収まるように画面表示を変更します。

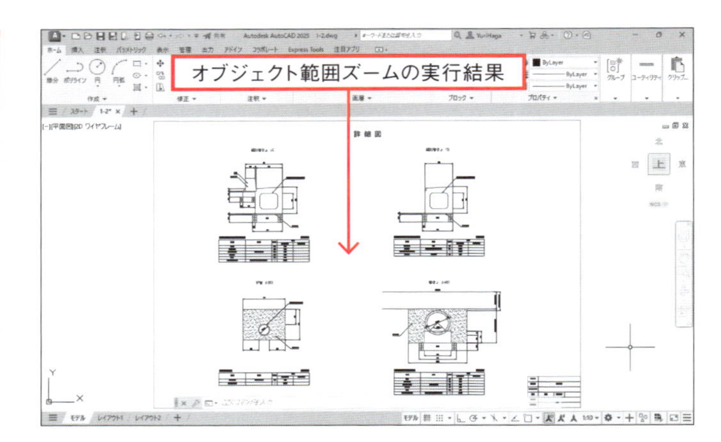

❶ マウスのホイールをダブルクリックする。

[オブジェクト範囲ズーム]が実行されます。

ズーム操作について

ズーム操作はマウスのホイール操作のほか、ナビゲーションバーやキーボード入力で実行することもできます。

■ マウス

ホイールで次の操作を行います。
上／下にスクロール→拡大／縮小
ドラッグ→画面移動
ダブルクリック→オブジェクト範囲ズーム

■ ナビゲーションバー

ズームツールの[▼]ボタンをクリックし、ズームの種類を選択します(図)。

■ キーボード入力

AutoCADのコマンドはキーボード入力で実行することができます。ズームツールは「z」と入力し、Enterキーを押した後に、ズームの種類を入力します。
「z」と入力してEnterキーを押す→窓ズーム
「z」と入力してEnterキーを押し、「e」と入力してEnterキーを押す→オブジェクト範囲ズーム

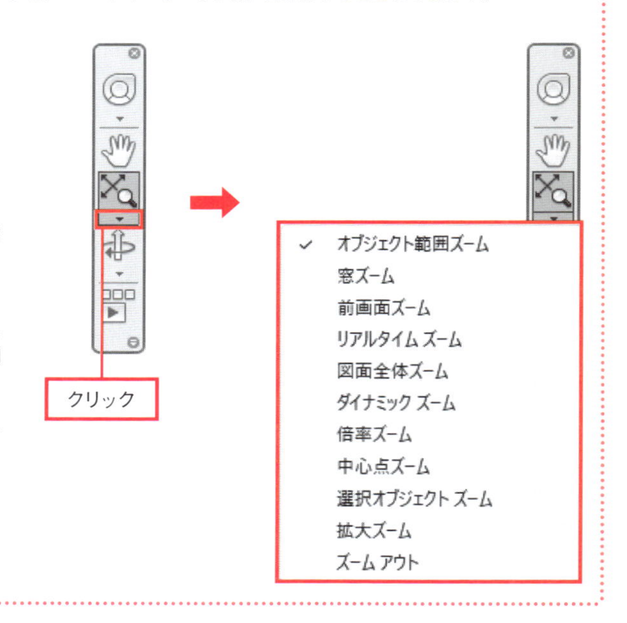

1-4 コマンド操作とオブジェクトの選択

練習用ファイル「1-2.dwg」

コマンドの実行方法とオブジェクト（図形）の選択方法を併せて説明します。一度行った操作を元に戻す方法も説明します。

1-4-1 コマンドの実行

コマンドを実行すると、コマンドウィンドウやカーソルの近くに、操作に関する簡単なメッセージが表示されます。このメッセージを「プロンプト」と呼びます。
P.25の1-2-8で開いた「1-2.dwg」を引き続き使用します。

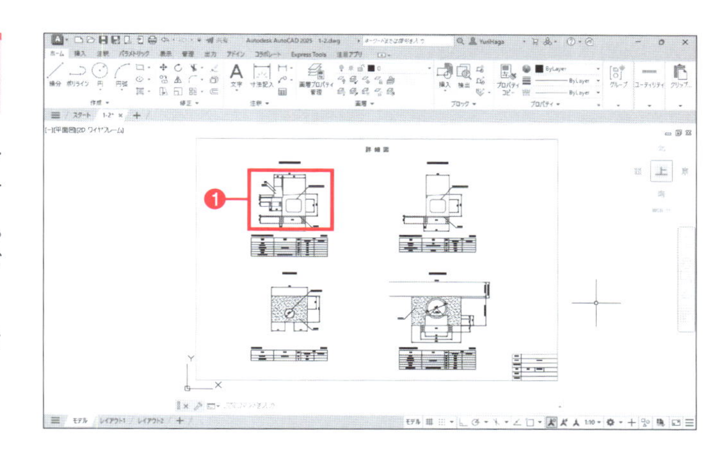

❶ 図に示した辺りを拡大表示する。

コマンドウィンドウには「ここにコマンドを入力」と表示されています。これはコマンドが何も実行されていない状態を示しています。

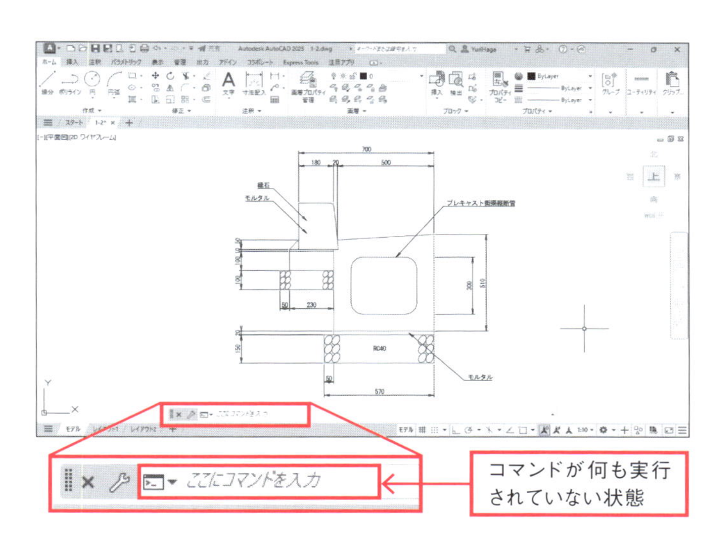

❷ [ホーム]タブー[修正]ー[削除] をクリックする。

コマンドはキーボード入力で実行することもできます。たとえば[削除]の場合は、キーボードから「e」と入力し、Enterキーを押すことで実行できます。この短縮キーを「コマンドエイリアス」と呼びます。詳しくは、P.290の「コマンドエイリアス：作図」と「コマンドエイリアス：修正」を参考にしてください。

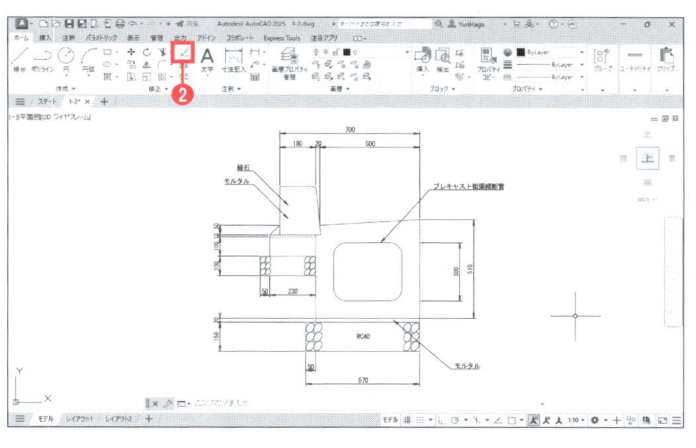

コマンドウィンドウとカーソルの近くのツールチップに「オブジェクトを選択」とプロンプトが表示されます。

プロンプトがカーソルの近くに表示されない場合は、ステータスバーの[ダイナミック入力]がオフになっているので、クリックしてオンにしてください。青く表示されている状態がオンです。ダイナミック入力が表示されていない場合は、下記の「ダイナミック入力について」を参照してください。

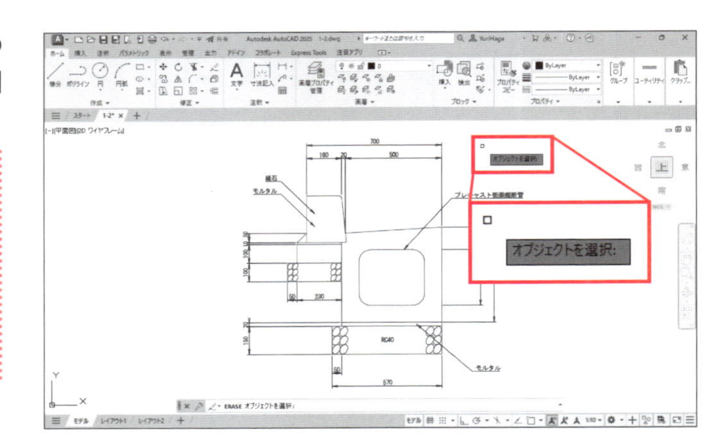

ダイナミック入力について

ダイナミック入力をオンにすると、カーソルの近くにプロンプトがツールチップとして表示されます。また、数値や座標などキーボードからの入力も、カーソルの近くに表示されるようになります。ダイナミック入力がオンのときと、オフのときでは、座標の入力方法が異なるので注意してください(表参照)。

	ダイナミック入力がオンの場合	ダイナミック入力がオフの場合
絶対座標	#X,Y	X,Y
相対座標	X,Y	@X,Y
極座標	距離<角度	@距離<角度
コマンド実行時の表示の違い	オブジェクトを選択: 1点目を指定: 3513.0849 1641.5032	

本書の操作例は、特に明記されている場合を除き、ダイナミック入力がオンであることを前提に解説しています。ダイナミック入力のオン／オフは次の操作で確認、切り替えをしてください。

❶ステータスバーの右端にある[カスタマイズ]をクリックする。
❷[ダイナミック入力]をクリックし、チェックを入れる。ステータスバーに[ダイナミック入力]が表示される。
❸ステータスバーの[ダイナミック入力]をクリックし、オンとオフを切り替える。

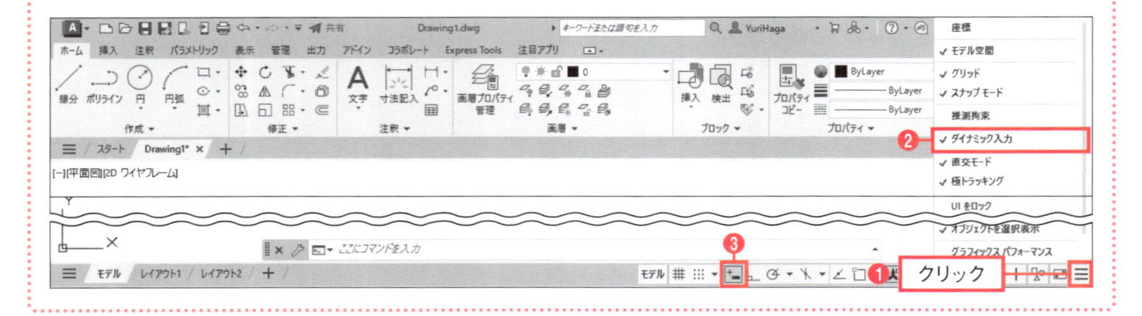

1-4-2 オブジェクトの選択

前項の続き([削除]コマンドの実行後)から操作を行います。実行するコマンド(ここでは[削除]コマンド)の対象となるオブジェクトを選択します(AutoCADでは図形のことを「オブジェクト」と呼びます)。

❶ 削除したいオブジェクト(ここでは一番上の寸法線)にカーソルを近づける。

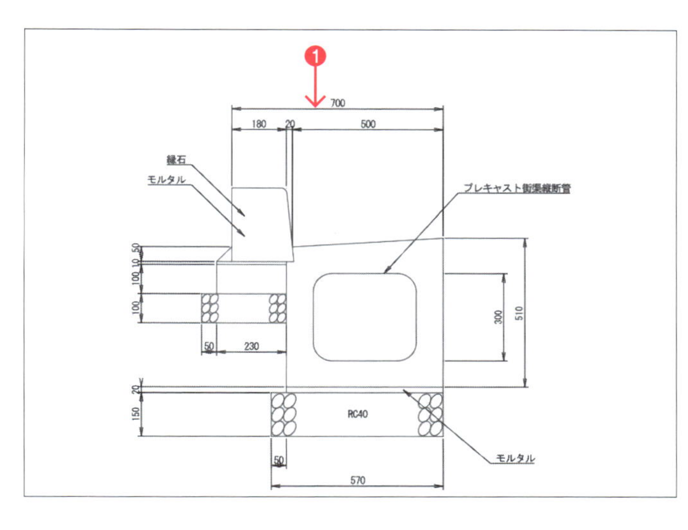

❷ 対象のオブジェクトがハイライト(強調表示)されている状態でクリックする。

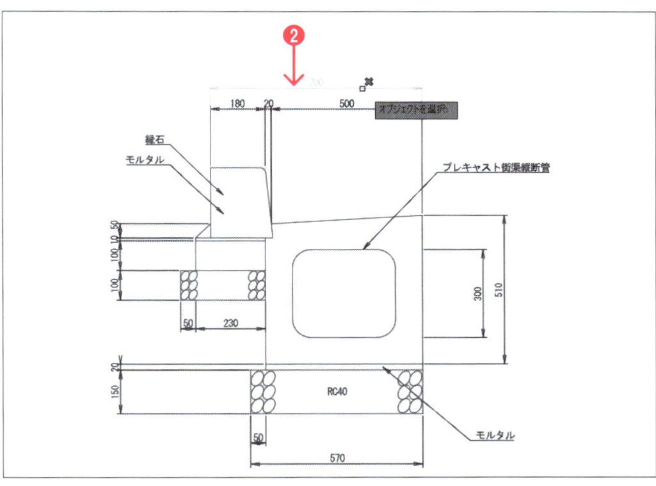

オブジェクトが選択され、引き続き、「オブジェクトを選択」というプロンプトが表示されています。ほかのオブジェクトを続けて選択できます。

❸ 引き続き、ほかのオブジェクト(図に示した寸法線)もクリックして選択する。

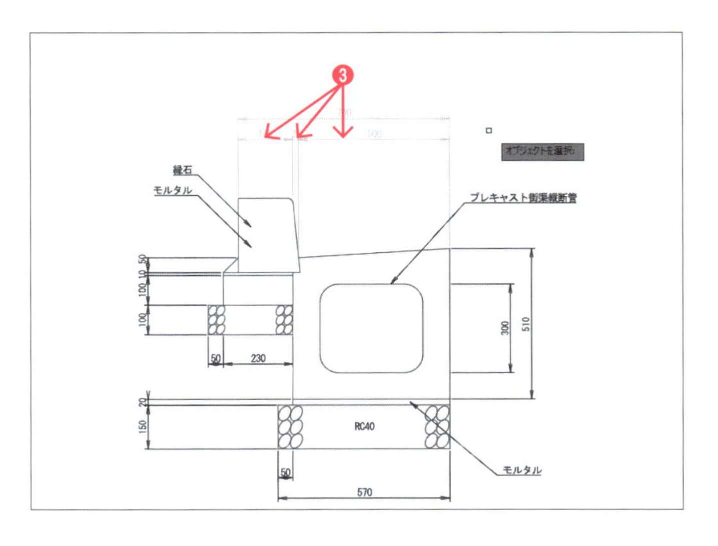

1-4-3 選択の確定

前項の続き([削除]コマンドの実行後、オブジェクトが選択されている状態)から操作を行います。
Enter キーを押して選択を確定します。

❶ Enter キーを押す。オブジェクトの選択が確定され、[削除]コマンドが終了する。

Enter キーの代わりに スペース キーを押すことでも、確定できます。ただし、スペース キーは日本語入力がオフになっている状態で押してください。

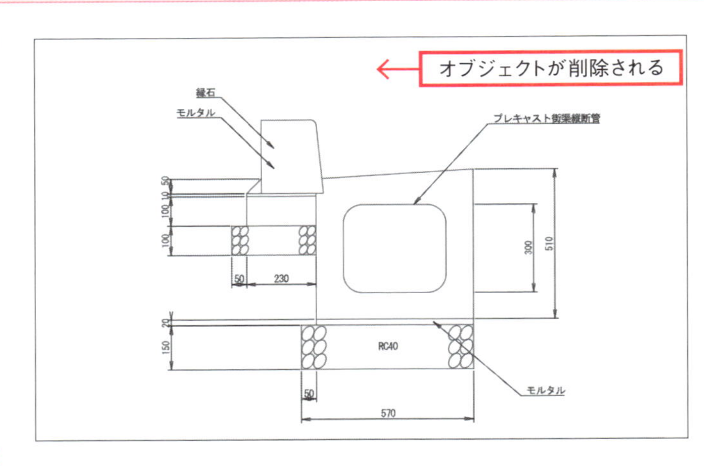

コマンドが終了すると、コマンドウィンドウには「ここにコマンドを入力」と表示され、コマンドが何も実行されていない状態になります。

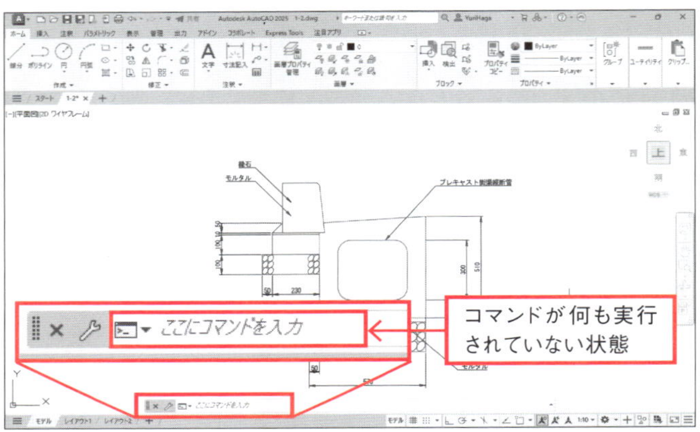

1-4-4 複数選択(窓選択)

矩形範囲を指定して複数のオブジェクトを一度に選択します。

❶ [ホーム]タブ−[修正]−[削除]をクリックする。
❷ 選択する範囲の左側の、オブジェクトが作成されていない位置をクリックする。
❸ カーソルを右方向に動かすと、枠線が実線の青い窓(矩形)が表示される。
❹ 選択する範囲の右側の位置をクリックする。

選択する範囲はクリックして指定してください。ドラッグすると、選択範囲が矩形ではなく自由形状となる投げ縄選択となります。

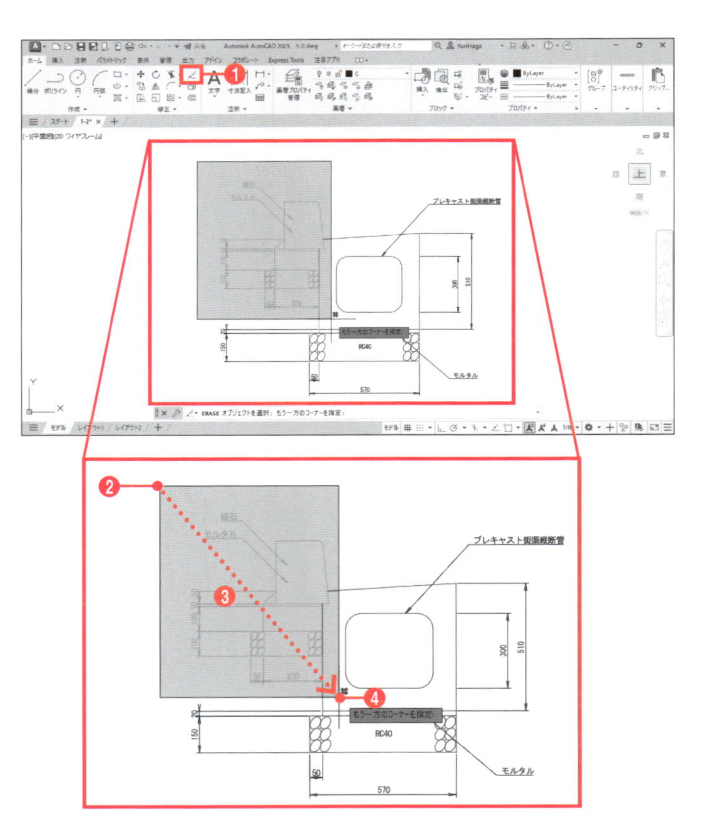

手順❷～❹で指定した青い窓に完全に含まれるオブジェクトが選択されます。

窓に完全に含まれなかったので選択されない

> 矩形範囲を指定するときに、左から右方向にカーソルを動かすと[窓選択]となり、矩形範囲に完全に含まれるオブジェクトのみが選択されます。カーソルを右から左方向に動かして矩形範囲を指定した場合は[交差選択]となります。詳しくはP.34の1-4-6を参照してください。

1-4-5 選択の解除

前項の続き([削除]コマンドの実行後、オブジェクトが選択されている状態)から操作を行います。選択を確定する前に、選択したオブジェクトを選択解除できます。

❶ Shift キーを押しながらオブジェクトをクリックする。

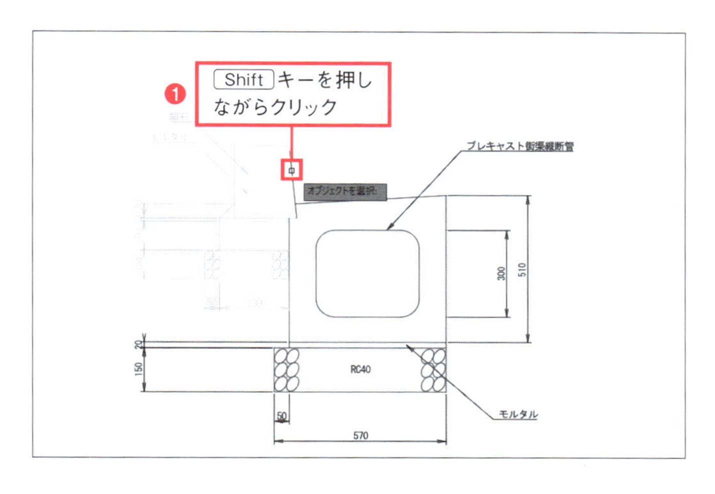

選択が解除されます。次に、Shift キーを押しながら窓選択し、複数のオブジェクトを選択解除します。

❷ Shift キーを押しながらオブジェクトの左側をクリックする。
❸ Shift キーを押しながらオブジェクトの右側をクリックする。

窓選択したオブジェクトが選択解除されます。

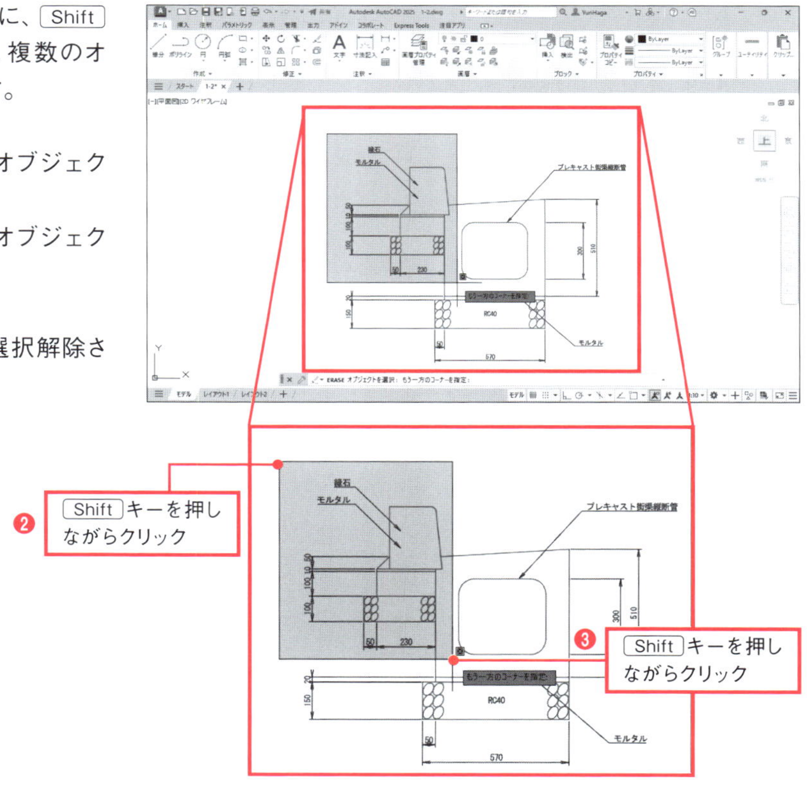

1-4-6 複数選択（交差選択）

前項の続き（[削除]コマンドの実行後、オブジェクトが選択されていない状態）から操作を行います。複数のオブジェクトを一度に選択するには、窓選択のほかに交差選択という方法があります。

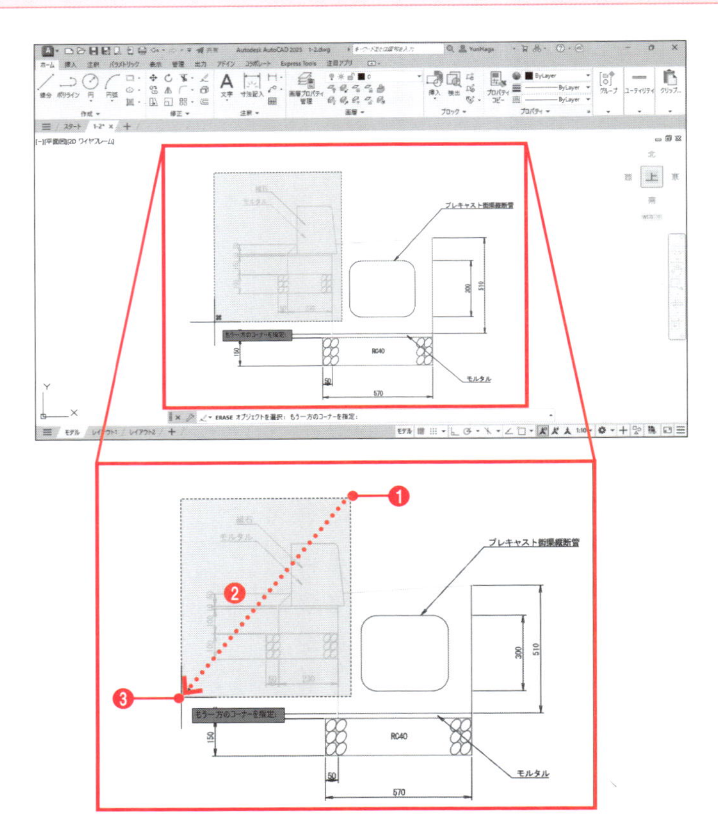

❶ 選択する範囲の右側の、オブジェクトが作成されていない位置をクリックする。

❷ カーソルを左方向に動かすと枠線が破線の緑の窓（矩形）が表示される。

❸ 選択する範囲の左側の位置をクリックする。

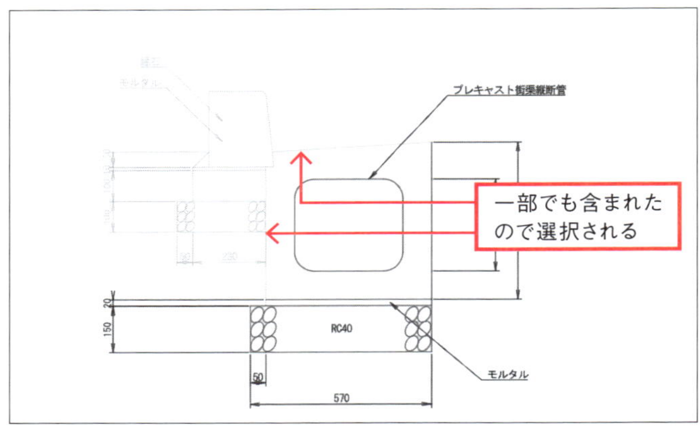

手順❶～❸で指定した緑の窓に一部でも含まれたオブジェクトが選択されます。

矩形範囲を指定するときに、右から左方向にカーソルを動かすと[交差選択]となり、矩形範囲に一部でも含まれたオブジェクトが選択されます。カーソルを左から右方向に動かす窓選択（P.32の**1-4-4**参照）と使い分けると、効率的に修正ができます。

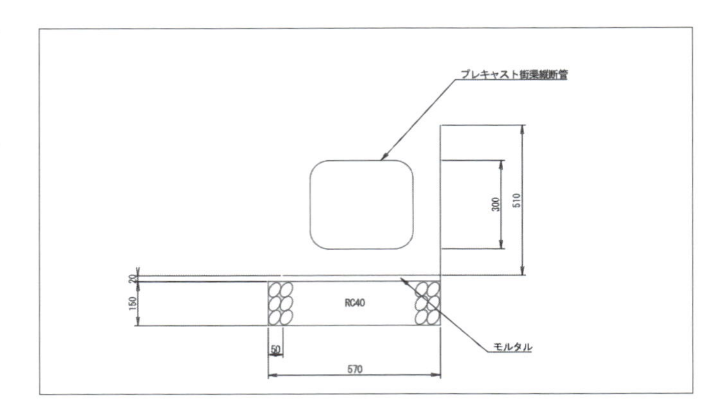

❹ Enter キーを押して選択を確定する。

手順❶～❸で選択されたオブジェクトが削除されます。

1-4-7 元に戻す／やり直し

コマンドの操作結果は、[元に戻す]コマンドで取り消すことができます。

❶ クイックアクセスツールバーの[元に戻す]をクリックする。

前項で削除したオブジェクトが復活します。

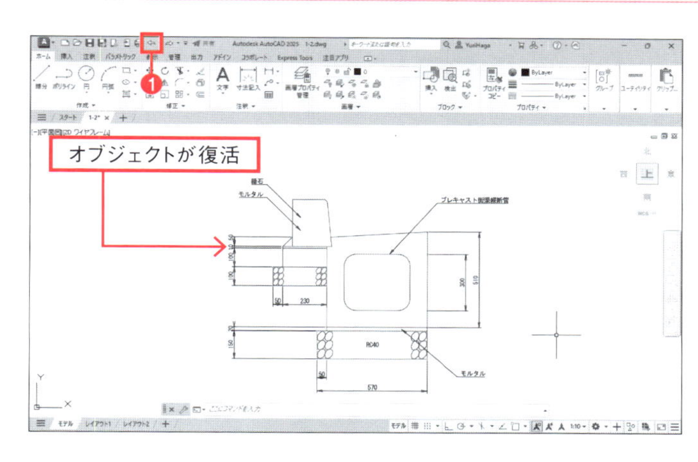

❷ クイックアクセスツールバーの[やり直し]をクリックする。

手順❶の[元に戻す]コマンドが取り消され、オブジェクトが削除された状態に戻ります。

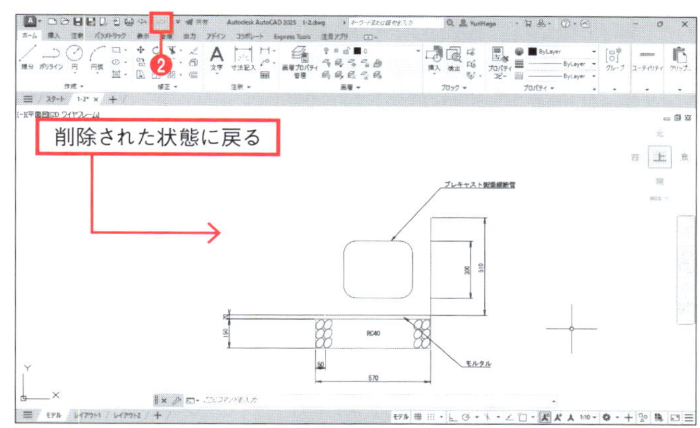

1-4-8 コマンドのキャンセル

現在実行中のコマンドをキャンセルしたい場合は、Esc キーを押します。

❶ [ホーム]タブ－[修正]－[削除]をクリックする。

[削除]コマンドが実行され、ツールチップに「オブジェクトを選択」と表示されます。

❷ Esc キーを押す。

コマンドがキャンセルされます。図のようにコマンドウィンドウには「ここにコマンドを入力」と表示され、コマンドが何も実行されていない状態に戻ります。

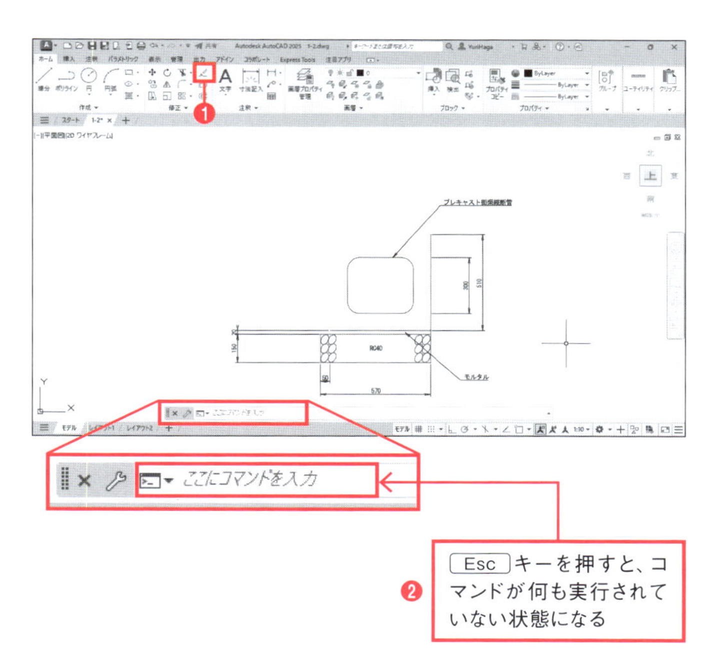

1-5 PDFに書き出し

練習用ファイル「1-2.dwg」

図面をPDFに書き出します。A1サイズで、尺度は1:10とします。PDFに書き出すには、[印刷]コマンドを実行し、プリンタとして[DWG To PDF.pc3]を選択します。

1-5-1 図面をPDFに書き出し

P.25の**1-2-8**で開いた「1-2.dwg」を引き続き使用します。

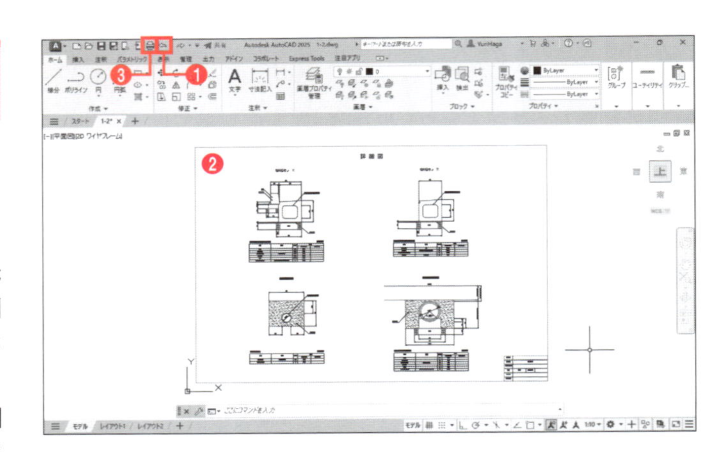

❶ クイックアクセスツールバーの[元に戻す]を何度かクリックし、削除したオブジェクトをすべて復活させる。
❷ オブジェクト範囲ズームを行い、図のように図面全体が見える表示にする。
❸ クイックアクセスツールバーの[印刷]をクリックする。
❹「複数の図面/レイアウトが開かれています。」とメッセージが表示された場合には、[1シートの印刷を継続]を選択する。

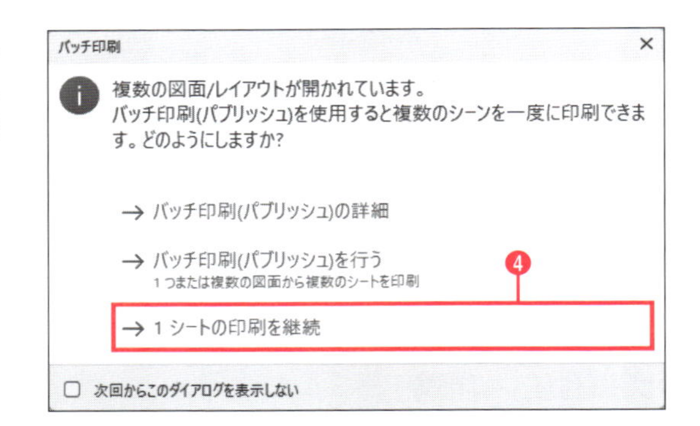

❺ [印刷ーモデル]ダイアログボックスが表示される。[プリンタ/プロッタ]欄の[名前]で[DWG To PDF.pc3]を選択する。
❻ [用紙サイズ]で[ISO A1(841.00 x 594.00ミリ)]を選択する。
❼ [印刷対象]で[オブジェクト範囲]を選択する。
❽ [印刷の中心]にチェックを入れる。
❾ [用紙にフィット]のチェックを外し、[尺度]で[1:10]を選択する。
❿ [印刷スタイルテーブル]で[monochrome.stb]を選択する。

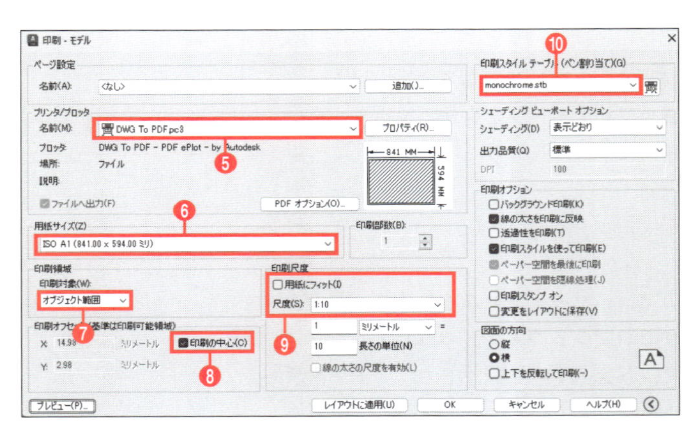

⑪「この印刷スタイルテーブルをすべてのレイアウトに割り当てますか?」とメッセージが表示された場合は、[はい]を選択する。

⑫[プレビュー]ボタンをクリックする。

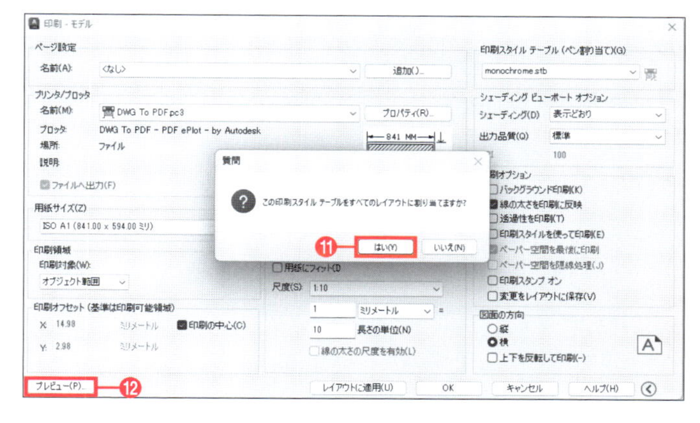

⑬プレビューを確認し、[印刷]🖶をクリックする。

印刷範囲にずれが生じた場合は、P.38の「印刷の範囲がずれてしまう場合」を参照してください。

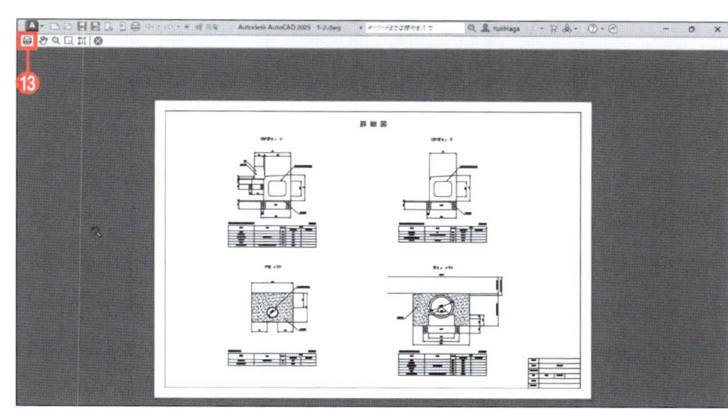

⑭[印刷ファイルを参照]ダイアログボックスが表示される。PDFを保存するフォルダを選択し、[保存]ボタンをクリックする。

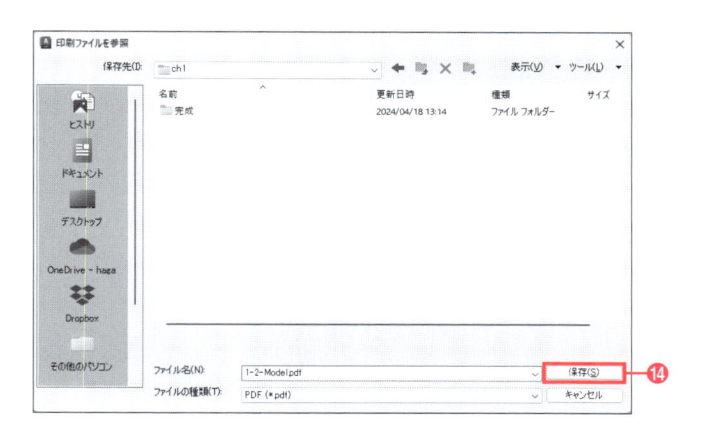

Adobe ReaderなどのPDFビューワ(またはMicrosoft EdgeなどのPDFビューワ機能を持つソフトウェア)が起動し、PDFファイルが表示されます。

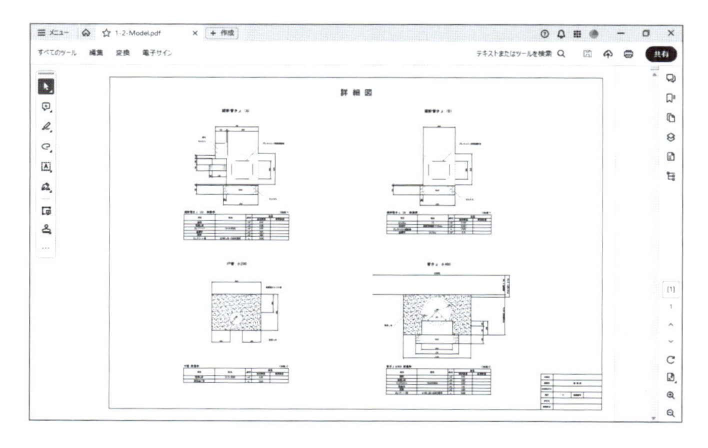

1-5

PDFに書き出し

⑯ AutoCADに戻ると、画面の右下に印刷の終了を知らせるメッセージが表示される。☒をクリックして閉じる。

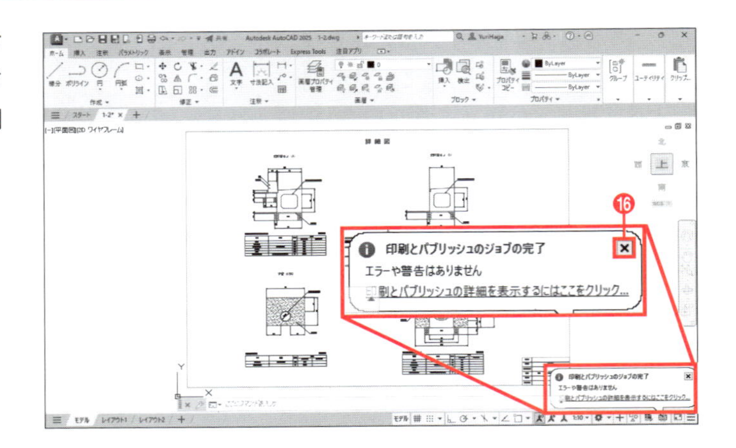

プリンタ／プロッタでの印刷

1-5では[印刷]コマンドを使用してPDFへの書き出しを行いましたが、プリンタやプロッタで印刷を行うには、P.36の手順❺で出力先のプリンタ／プロッタを選択してください。手順❻で用紙サイズを選択するときは、プリンタ／プロッタごとに用紙サイズの名称が違いますが、「A1」と名前が付いているものを選択します。ほかの設定はすべて同じです。手順⑬でプレビューを確認し、[印刷]をクリックした後、図面が出力されます。

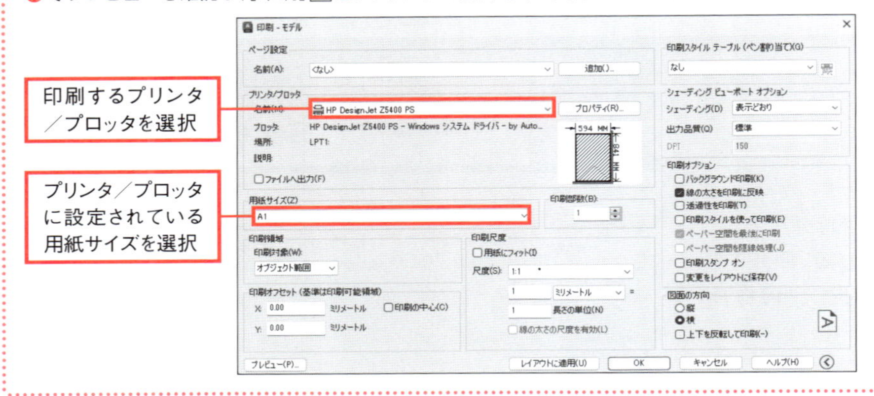

印刷の範囲がずれてしまう場合

手順⑬のプレビューで印刷の範囲がずれている場合は、いったんプレビュー画面左上のをクリックして[印刷ーモデル]ダイアログボックスに戻り、[印刷対象]から[窓]を選択し(❶)、正しい印刷の範囲をクリックして矩形で囲んで選択してください(❷)。

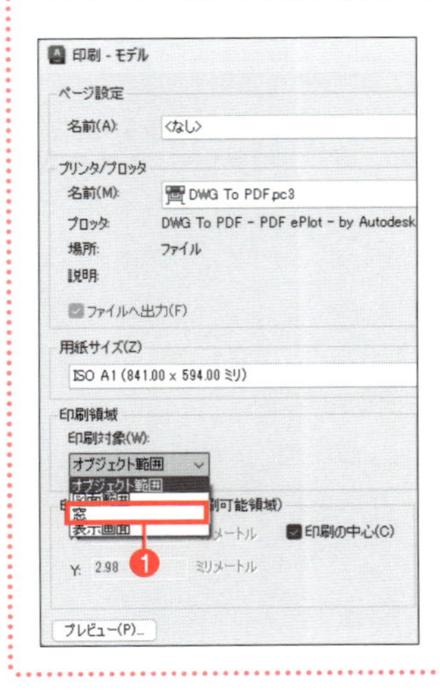

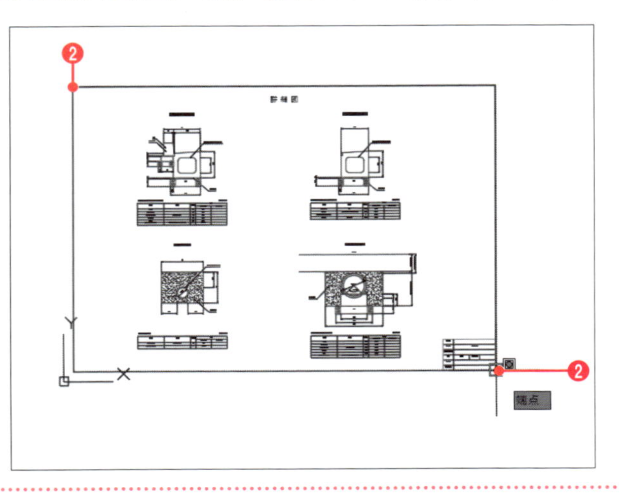

2章

土木製図の基礎知識

電子納品に準拠した図面を作成するには、要領や基準を確認することはもちろん、AutoCADで作成したファイルをSXF変換したときの特徴を知る必要があります。ここでは電子納品の基本から、AutoCADで図面を作成する際の注意点までを解説します。

この章のポイント

- ●電子納品
- ●SXF
- ●製図基準
- ●レイヤ
- ●線の色／線種／太さ
- ●文字
- ●寸法
- ●引出線
- ●単位
- ●座標系
- ●印刷スタイル

2-1 電子納品

練習用ファイルなし

図面の電子納品と、電子納品で使われるファイル形式（SXF）について説明します。

2-1-1 電子納品とは

電子納品とは、調査、設計、工事などの各業務段階の最終成果を電子データで納品することです。この電子データは、各電子納品に関する要領や基準に基づいて作成する必要があります。電子納品の目的は、公共事業の各事業段階で利用している資料を電子化し、共有・再利用することで、効率化や品質の向上、ペーパーレスを実現することにあります。業務（調査・設計）および、工事等の国土交通省が発注する公共事業は、2004年度からすべての事業を対象としており、各地方自治体においても拡大されています。要領や基準は発注者ごとに定められていますが、その内容は基本的に国土交通省の基準に準拠しています。電子納品成果品のフォルダ構成やフォルダ名など、さまざまなことが決められていますが、本書ではCADでの作図について注目します。図面を書き始める前に、国土交通省の電子納品に関する要領・基準サイトから「CAD製図基準　平成29年3月」（PDFファイル）をダウンロードするとよいでしょう。

●CAD製図基準

http://www.cals-ed.go.jp/cri_point/

■ 国土交通省の電子納品に関する要領・基準サイト
http://www.cals-ed.go.jp/

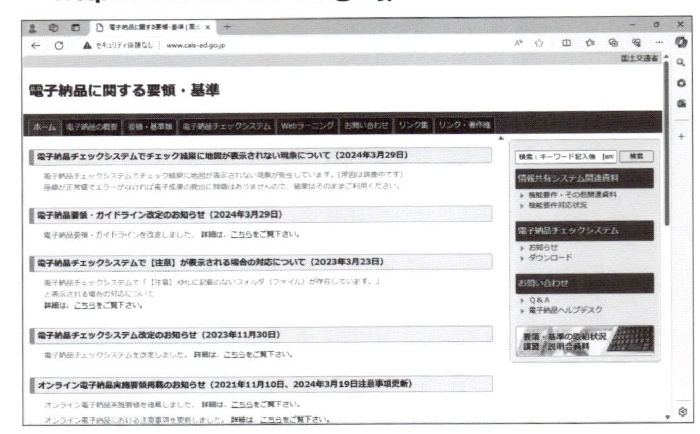

■ CAD製図基準ダウンロードページ
http://www.cals-ed.go.jp/cri_point/

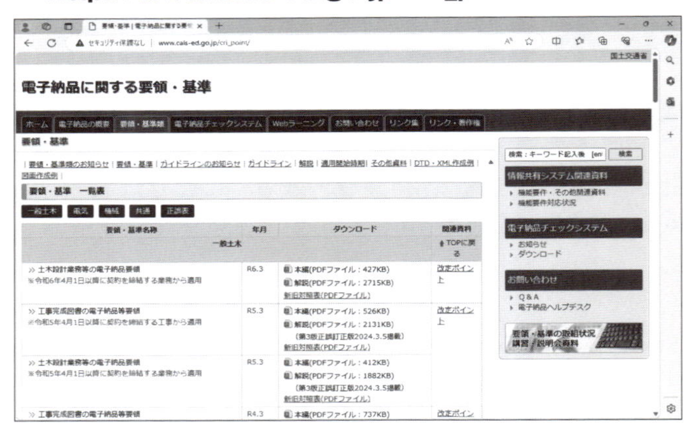

2-1-2 SXF

SXF(エス・エックス・エフ)とは、図面の電子納品で使われる、異なるCAD間でデータをやりとりするための中間ファイルです。SXF(P21)形式とSXF(SFC)形式があり、「CAD製図基準 平成29年3月」ではSXF(P21)形式で納品するよう定められています。SXF(SFC)形式は簡易的なファイル形式で、SXF(P21)よりもデータサイズが小さいため、取り扱いやすいです。

SXFにはバージョンがあり、「CAD製図基準 平成29年3月」ではSXF Ver. 2.0 レベル2以上を対象としています。AutoCADは、SXFで保存することができないので、データを変換するソフトが別途必要になります。AutoCADのサブスクリプション契約をしている場合は、「Autodesk CALS Tools」をダウンロードしてSXFに変換することが可能です。

●**Autodesk CALS Tools**
https://www.autodesk.com/jp/solutions/autodesk-cals-tools

また、SXFファイルを閲覧するには、専用のビューワソフトが必要です。

オートデスクのWebサイトから、SXFビューワソフト「Autodesk SXF Viewer」(無償)をダウンロードすることができます。

●**Autodesk SXF Viewer**
https://www.autodesk.com/jp/solutions/autodesk-cals-tools

■ Autodesk CALS Toolsの画面

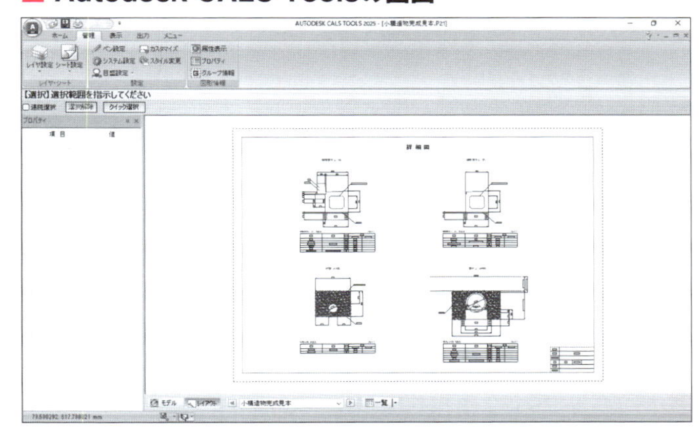

■ Autodesk SXF Viewerの画面

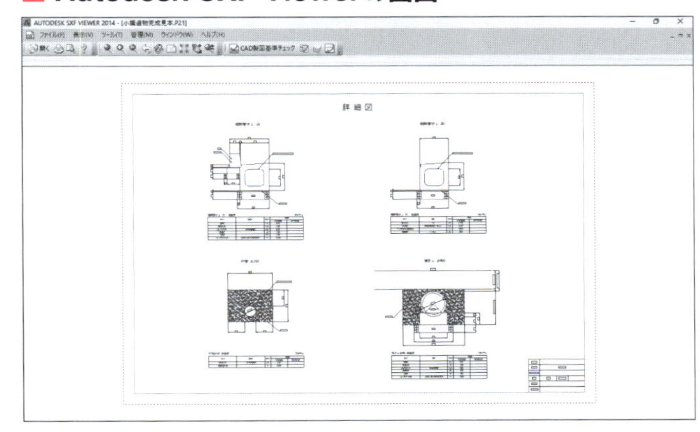

2-1 電子納品

2-2 CAD製図基準

練習用ファイルなし

CAD製図で使用するレイヤ(画層)、線の色、線種、線の太さ、文字などの基準について説明します。AutoCADの座標系と印刷スタイルについても説明します。

2-2-1 本書で使用する製図基準

本書では国土交通省の「CAD製図基準　平成29年3月」に基づいて、「AutoCAD」で作図するための方法を解説します。また、「Autodesk CALS Tools」(前ページ参照)を利用してSXF形式に変換することを想定しています。ほかのソフトを利用して図面を書いたり、SXF形式に変換したりする場合には、異なる点があるので注意してください。

2-2-2 レイヤ(画層)

図形や注記を書くときには「レイヤ」を指定します。AutoCADでは「レイヤ」のことを「画層」と表記します。「レイヤ(画層)」には色や線種を設定し、表示や印刷のコントロールをして作業効率を上げることができます。

「レイヤ(画層)」の名称は責任主体・工種・図面種別・作図要素などによって細かく分類されているので、指定ミスに注意してください。「CAD製図基準」の「付属資料2 レイヤ名一覧」を見ながら作図するとよいでしょう。また、国土交通省の電子納品に関する要領・基準サイト(http://www.cals-ed.go.jp/)にSXF形式の図面作成例(サンプルファイル)があるので、SXFのビューワソフトで表示し、レイヤを指定する参考にしてください。

右表は図面オブジェクトの一覧です。

■ レイヤ(画層)の名称の例

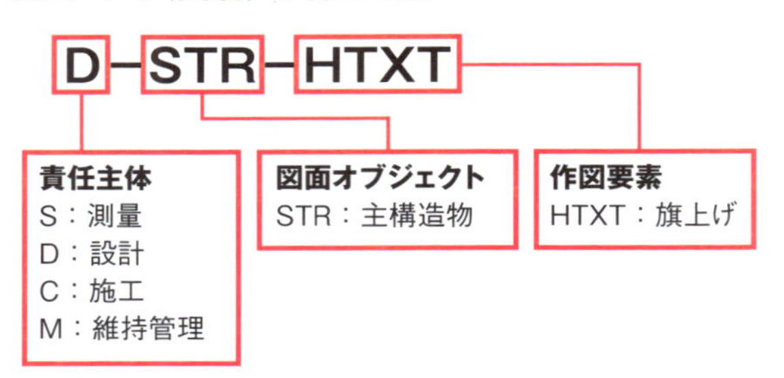

■ レイヤ(画層)の指定例

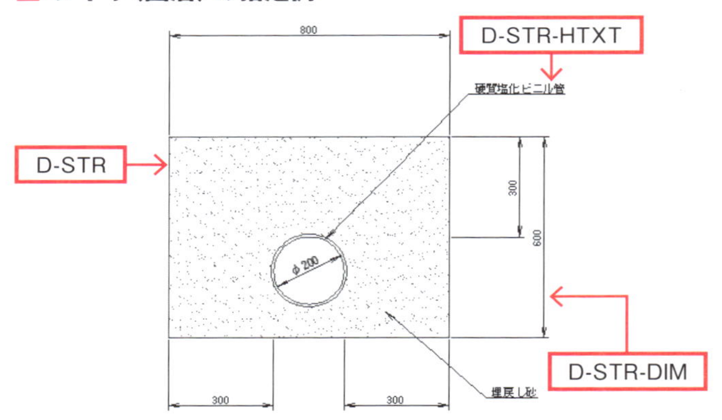

■ 図面オブジェクトの一覧

レイヤ名		記載内容
図枠	TTL	外枠、表題欄、罫線、文字、縦断図の帯枠
背景	BGD	主計曲線、現況地物、既設構造物 等
基準	BMK	基準点、測量ポイント、中心線、幅杭 等
主構造物	STR	当該図面名称であらわす構造物
副構造物	BYP	主構造から派生する構造物
材料表	MTR	切盛土、コンクリート、鉄筋加工、数量(購入品、規格 等)
説明、着色	DCR	ハッチ、シンボル、塗りつぶし、記号 等
文章	DOC	文章領域(説明事項、指示事項、参照事項、位置図)
測量	SUV	地形図等の測量成果データであり改変しないデータ
発注用	ORD	発注図として指示事項等追記する要素、一時的に使用する要素(発注図のみ使用可能)

2-2-3 色

使用できる色は原則として、黒、赤、緑、青、黄、マジェンタ、シアン、白、牡丹、茶、橙、薄緑、明青、青紫、明灰、暗灰の16色です。右表に各色のRGB値を示します。

ただし、「黒」の扱いについては注意が必要です。「CAD製図基準」の「付属資料2 レイヤ名一覧」ではCADの背景色を黒と想定しているので、レイヤ上の線の色を「黒」ではなく「白」としています。

AutoCADで色を選択する場合、「白(黒)」「赤」「緑」「青」などは「インデックスカラー(標準色)」から利用することができます。「白(黒)」を指定する場合は、「white(7番)」を使用してください。「white(7番)」は背景色によって白と黒を入れ替えてくれる白黒反転色です。それ以外の「牡丹」「茶」「橙」などはSXF形式のための色がカラーブックとして用意されているので、それを使用するとよいでしょう。

■ 色のRGB値

色名	R	G	B
黒	0	0	0
赤	255	0	0
緑	0	255	0
青	0	0	255
黄	255	255	0
マジェンタ	255	0	255
シアン	0	255	255
白	255	255	255
牡丹	192	0	128
茶	192	128	64
橙	255	128	0
薄緑	128	192	128
明青	0	128	255
青紫	128	64	255
明灰	192	192	192
暗灰	128	128	128

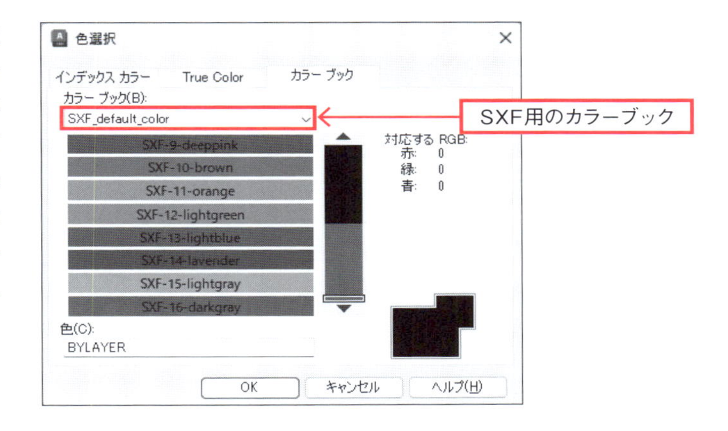

2-2-4 線種

線種は、実線、破線、一点鎖線、二点鎖線の線種グループがあり、JIS Z8312:1999「製図－表示の一般原則－線の基本原則」に定義されている15種類の線種を使用します。

AutoCADで作図する場合には、線種定義ファイル「sxf.lin」に用意されているSXF用の線種を使用するとよいでしょう。

■ 線種グループ

実線	――――――――――――
破線	― ― ― ― ― ― ― ―
一点鎖線	―・―・―・―・―・―
二点鎖線	―・・―・・―・・―

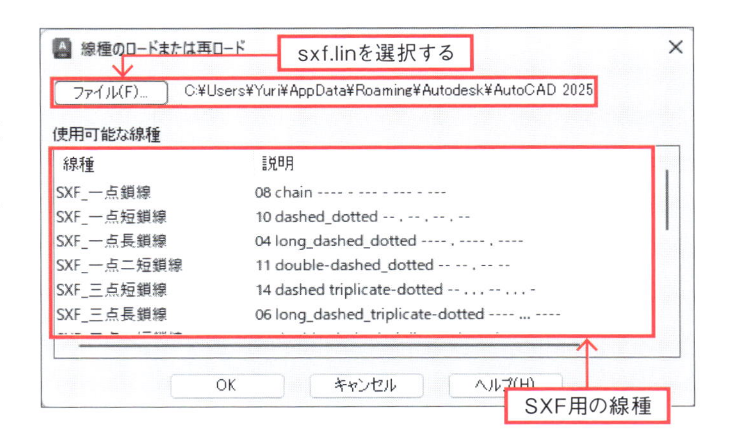

2-2-5 線の太さ

線の太さは、細線、太線、極太線の3種類を使用し、比率は、細線：太線：極太線=1：2：4を原則とします。右表を参考にしてください。ただし、寸法線や引出線の太さは0.13mm、図枠輪郭線の太さは1.4mmが原則となります。

■ 線の太さ

細線	太線	極太線
0.13mm	0.25mm	0.5mm
0.18mm	0.35mm	0.7mm
0.25mm	0.5mm	1.0mm
0.35mm	0.7mm	1.4mm
0.5mm	1.0mm	2.0mm

※線の太さは、図面の大きさや種類により、0.13、0.18、0.25、0.35、0.5、0.7、1.0、1.4、2.0mmの中から選択する。

2-2-6 文字

文字の高さ

文字の高さは、1.8、2.5、3.5、5、7、10、14、20mmから選択します（ただし1.8mmは利用可能となっていますが、文字によっては、つぶれて見えない場合があります）。

AutoCADで文字を作成すると、SXF変換した際に高さが1レベル上がると考えてください。たとえば、SXF変換後の文字の高さを「3.5」(mm)で作成したい場合、AutoCADでは「2.5」で作成する必要があります。

AutoCADで文字の高さを「2.5」で指定した場合、SXF変換すると1.295倍され、「3.2375」になり、ほぼ「3.5」に近くなります。そのままの大きさでは製図基準から外れているので、「Autodesk CALS Tools」などの変換ツールを使って文字の大きさを「3.2375」から「3.5」に修正することになります。

■ 文字の高さ

AutoCAD	SXF変換後	修正後
1.8mm	2.331mm	2.5mm
2.5mm	3.238mm	3.5mm
3.5mm	4.533mm	5mm
5mm	6.475mm	7mm
7mm	9.065mm	10mm
10mm	12.95mm	14mm
14mm	18.13mm	20mm
20mm	25.9mm	20mm

■ SXF変換による文字高さの変化

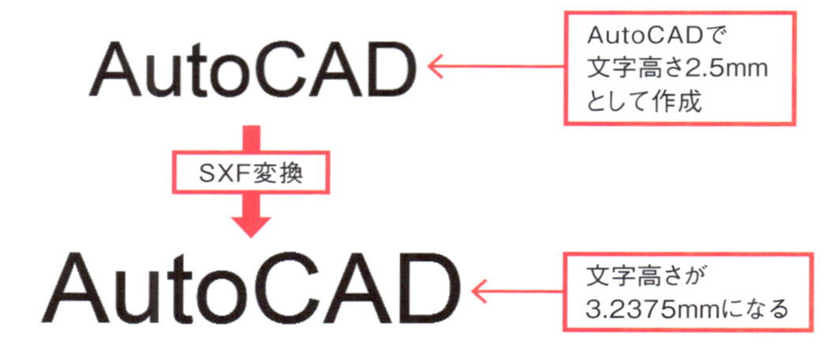

文字のフォント

文字のフォントは、原則として「MSゴシック」を使用してください。文字の幅がそれぞれの文字によって異なる、プロポーショナルフォントの「MS Pゴシック」、縦書き用フォントの「@MSゴシック」は使用しないようにしましょう。

■ MS ゴシック

文字の幅が同じ（固定ピッチフォント）

■ MS Pゴシック

文字の幅が違う（プロポーショナルフォント）

使用できない文字

半角カナや環境依存文字（機種依存文字）は使用が禁止されています。次の文字に注意してください。

- m^2（平方メートル）、m^3（立方メートル）
  →m2、m3と表記する。
- ①、②など
  →円と文字で表現する。
- ローマ数字（Ⅰ、Ⅱなど）
  →アルファベットの「I（アイ）」を組み合わせて「II」と表記する。
- Σ、⊿など
  →環境依存文字のシグマ、デルタではなく、ギリシャ字のシグマ、デルタを使う。
- ∟
  →環境依存文字のカクではなく、ローマ字のL（エル）を使う。
- AutoCADの特殊文字やシンボル、たとえば、「%%d」で表現する「°」や、「%%c」で表現する「Φ」などは使用しない。

使用できる文字については、電子納品に関する要領・基準サイト（http://www.cals-ed.go.jp/）に「要領・基準で規定している使用文字の参考資料（PDFファイル）」があるので、参考にするとよいでしょう。

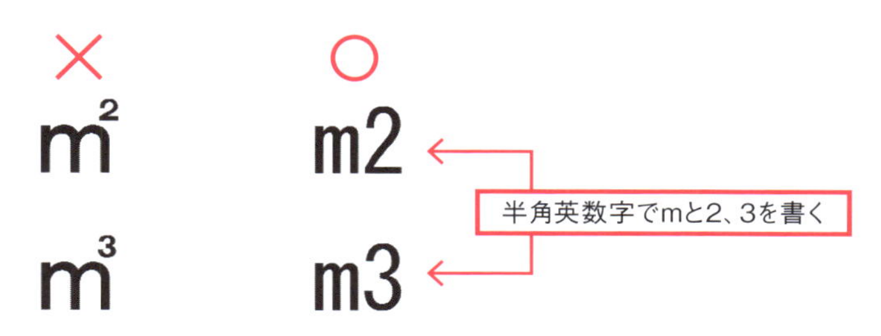

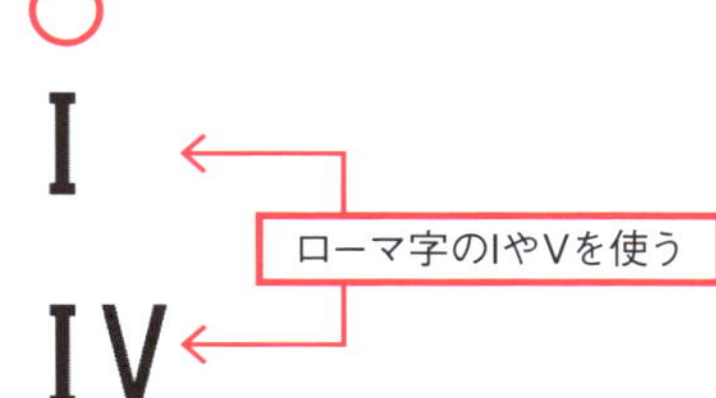

■ 環境依存文字（機種依存文字）の例

Shift JIS	0	1	2	3	4	5	6	7	8	9	A	B	C	D	E	F
8740	①	②	③	④	⑤	⑥	⑦	⑧	⑨	⑩	⑪	⑫	⑬	⑭	⑮	⑯
8750	⑰	⑱	⑲	⑳	Ⅰ	Ⅱ	Ⅲ	Ⅳ	Ⅴ	Ⅵ	Ⅶ	Ⅷ	Ⅸ	Ⅹ	・	㍉
8760	㌔	㌢	㍍	㌘	㌧	㌃	㌶	㍑	㍗	㌍	㌦	㌣	㌫	㍊	㌻	㎜
8770	㎝	㎞	㎎	㎏	㏄	㎡	・	・	・	・	・	・	・	・	㍻	〝
8780	〟	№	㏍	℡	㊤	㊥	㊦	㊧	㊨	㈱	㈲	㈹	㍾	㍽	㍼	≒
8790	≡	∫	∮	∑	√	⊥	∠	∟	⊿	∵	∩	∪				

2-2-7 寸法

寸法には、「直線寸法」「角度寸法」「半径寸法」「直径寸法」の4種類があります。AutoCADの寸法記入を使用して作成してください。なお、弧長寸法は「Autodesk CALS Tools」(P.41を参照)を利用すると角度寸法に変更されます。
矢印の大きさや文字の大きさなどは、「SXF－開矢印」という寸法スタイルがあるのでそれを利用しましょう。
AutoCADで新規に図面を作成する際に「SXF_○_○_○.dwt」というテンプレートを選択できます。このテンプレートにはSXF形式の寸法スタイルが用意されています。

2-2-8 引出線

引出線には、「引出線」と「バルーン」の2種類があります。AutoCADでは、マルチ引出線の機能でバルーンを作成できますが、SXF変換する際にうまく表現できないので、円や文字などで書いてください。本書ではダイナミックブロック(P.92を参照)を利用しています。

2-2-9 単位

長さの単位は、mm(ミリメートル)で作図します。寸法などでm(メートル)の表記が必要な場合は、寸法スタイルで対応します。

■ 直線寸法

200

■ 角度寸法

45°

■ 半径寸法

R100

■ 直径寸法

φ200

■ 図面作成時に選択できるテンプレートの例

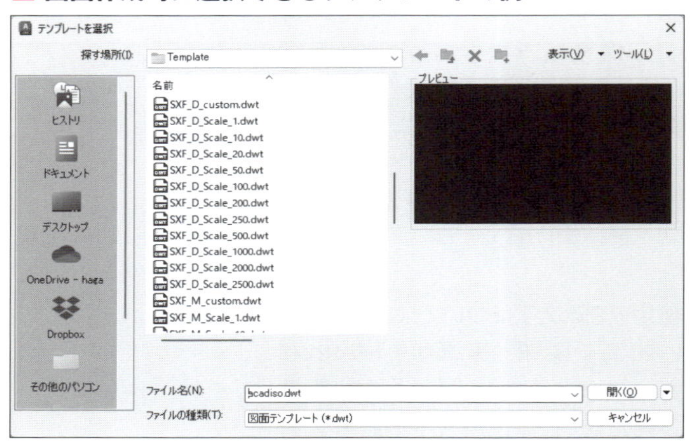

■ 引出線　■ 引出線(バルーン)

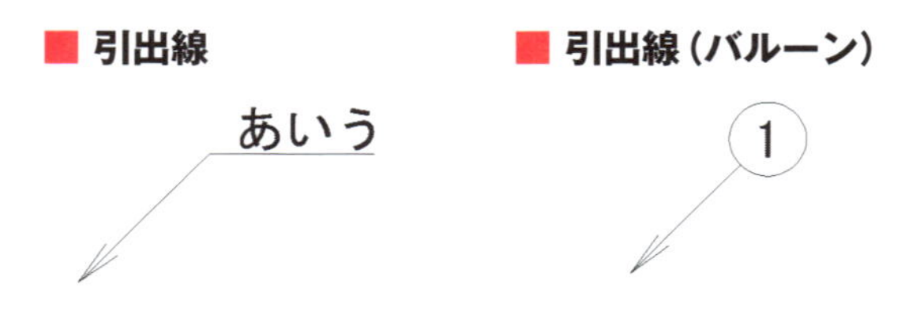

2-2-10 座標系

AutoCADの座標系は、数学座標系（鉛直方向がY軸、水平方向がX軸）なので、測量座標系（鉛直方向がX軸、水平方向がY軸）で作図する場合には、XとYの値を逆に読み変えた座標で作図します。
たとえば、測量座標でX=100、Y=200ならば、AutoCADで作図する場合は、X=200、Y=100とします。

■ 測量座標系

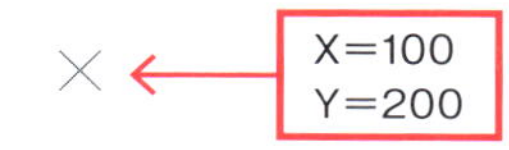

■ 数学座標系（AutoCAD）

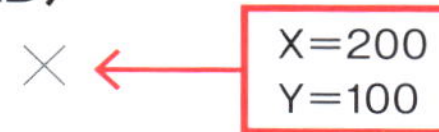

2-2-11 印刷スタイル

AutoCADでは、印刷時の線の色や太さを「印刷スタイル」で設定します。印刷スタイルには、図形の色に設定をする「色従属印刷スタイル」と、画層や図形そのものに設定する「名前の付いた印刷スタイル」の2種類があります。「牡丹」「茶」「橙」などの色は、AutoCADに標準で付属している「色従属印刷スタイル」を使用すると黒で印刷できないので、「名前の付いた印刷スタイル」を使用することをお勧めします（本書の練習図面ファイルはすべて「名前の付いた印刷スタイル」を使用しています）。
どちらの印刷スタイルを使用するかは、図面ファイルごとに設定されています。印刷スタイルを調べるには、［印刷］を実行して、印刷スタイルのファイル名の拡張子を確認してください。「*.ctb」ファイルが表示される場合は、「色従属印刷スタイル」が使われています。「*.stb」ファイルが表示される場合は、「名前の付いた印刷スタイル」が使われています。
「SXF_○_○_○.dwt」のテンプレートを使用した図面ファイルでは、「色従属印刷スタイル」が設定されます。次ページでは、「色従属印刷スタイル」から「名前の付いた印刷スタイル」に変更する方法を紹介します。

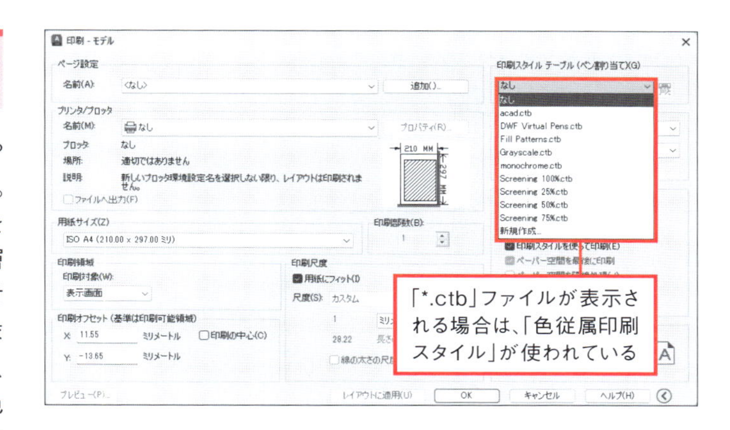

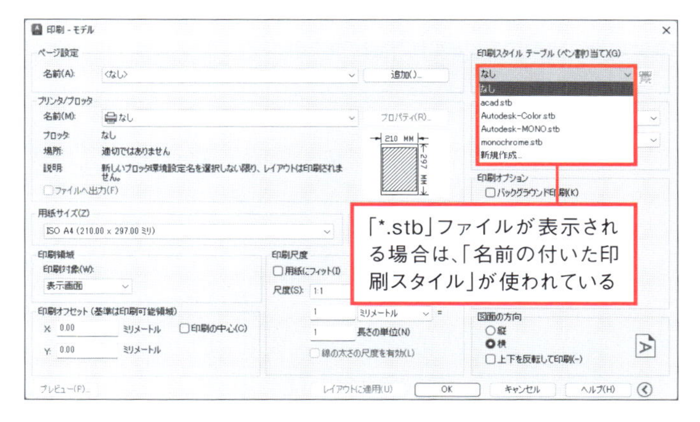

「色従属印刷スタイル」から「名前の付いた印刷スタイル」への変更

はじめに、「名前の付いた印刷スタイル」への変換に必要になる「STB変換用.stb」ファイルを作成します。変換用ファイルの作成（手順❶～❻）は1回行えばよく、次からは必要ありません。

❶ キーボードから「**convertctb**」と入力し、Enterキーを押す。
❷ [ファイルを選択] ダイアログボックスが表示される。「monochrome.ctb」ファイルを選択する。
❸ [開く] ボタンをクリックする。
❹ [ファイルを作成] ダイアログボックスが表示される。[ファイル名] に「**STB変換用**」と入力する。
❺ [保存] ボタンをクリックする。

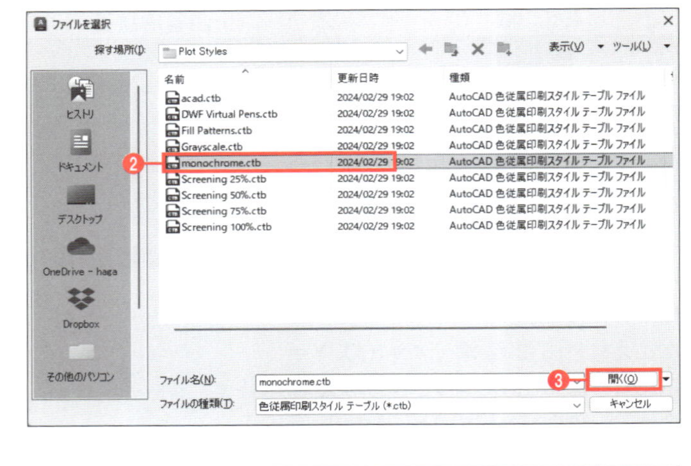

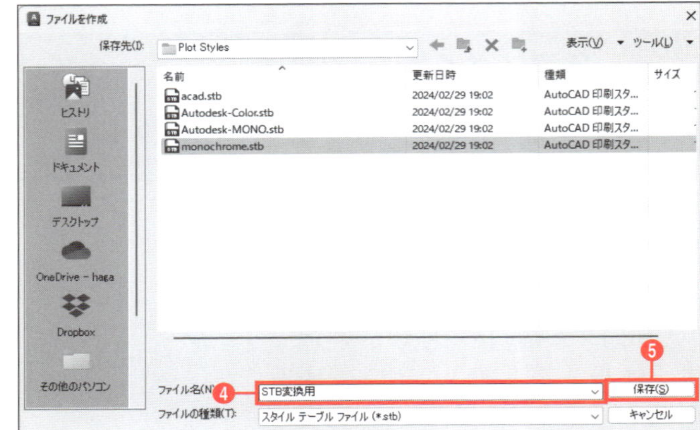

❻ メッセージが表示される。[OK] ボタンをクリックする。

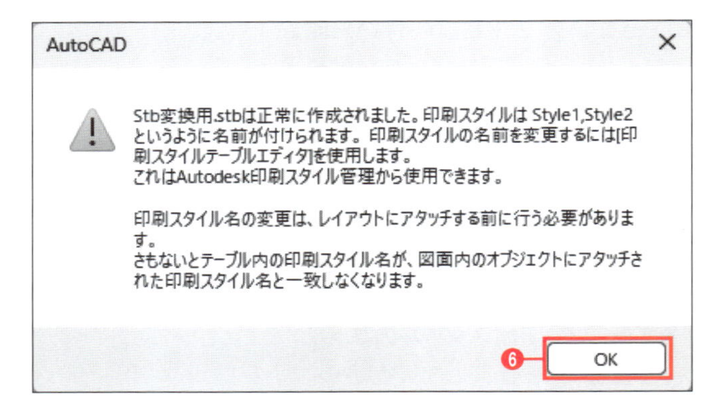

次に、「STB変換用.stb」ファイルを使って、現在開いている図面を「色従属印刷スタイル」から「名前の付いた印刷スタイル」に変換します。

❼ キーボードから「**convertpstyles**」と入力し、Enterキーを押す。
❽ メッセージが表示される。[OK] ボタンをクリックする。

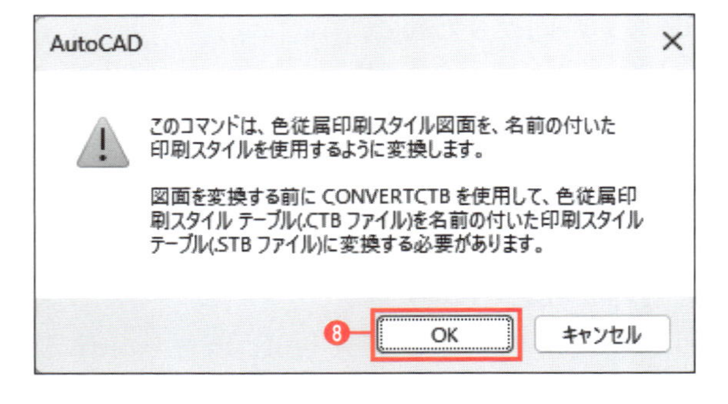

❾[ファイルを選択]ダイアログボックスが表示される。「STB変換用.stb」を選択する。
❿[開く]ボタンをクリックする。

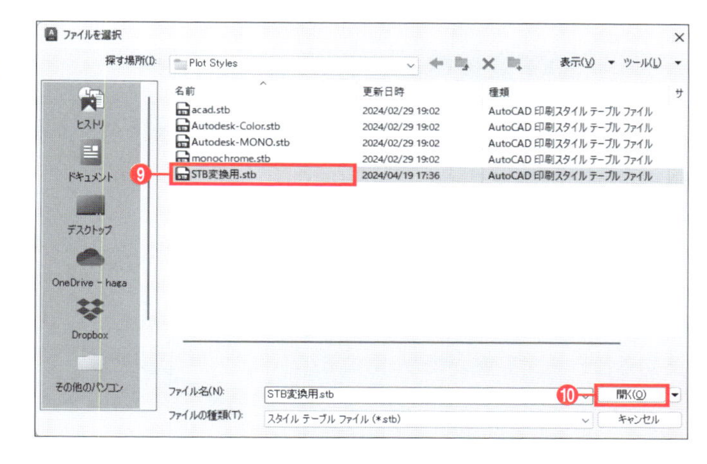

画層に印刷スタイルを設定します。ここでは、すべての画層に黒で印刷する[Style 1]印刷スタイルを割り当てます。

⓫[ホーム]タブー[画層]ー[画層プロパティ管理]をクリックする。
⓬[画層プロパティ管理]パレットが表示される。表示されている画層をすべて選択する。
⓭[Style_1](印刷スタイル)をクリックする。

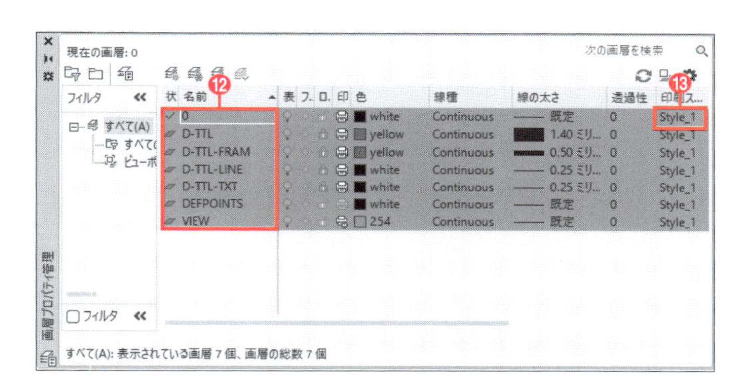

⓮[印刷スタイルを選択]ダイアログボックスが表示される。[アクティブな印刷スタイルテーブル]で[monochrome.stb]を選択する。
⓯[Style 1]を選択する。
⓰[OK]ボタンをクリックする。

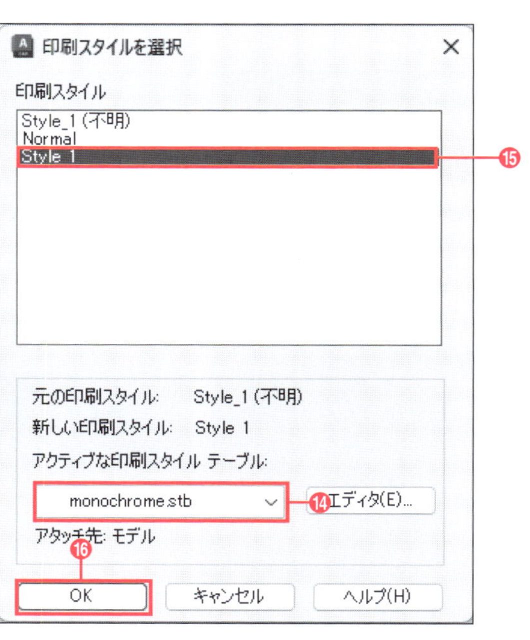

これ以降は、図面の印刷時に印刷スタイルテーブルとして[monochrome.stb]を選択すれば、黒で印刷されます(線の太さは、画層に設定されている線の太さで印刷されます)。

2-2-12 SXF変換時の注意

ショートベクトル

地形図などのラスターデータ（JPEGやPNGなどの画像）をベクトルデータ（CADの線）化したときに、曲線が小さな線分（ショートベクトル）に分割されることがあります。そのままSXFに変換するとデータ容量が肥大化するので、修正する必要があります。またはラスターデータを利用することが推奨されています。

■ ショートベクトルの例

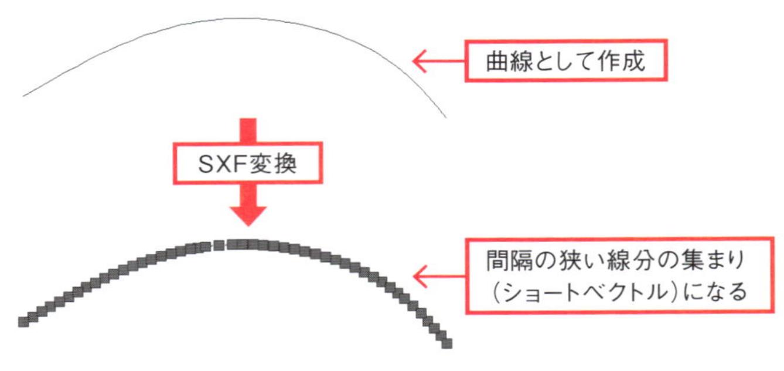

重複図形

同じ線や図形が重なっている場合もデータ容量の肥大化につながるので、削除する必要があります。

図面内のショートベクトルや重複図形は、「Autodesk CALS Tools」（P.41を参照）で修正または削除できます。

図形の表示順序

AutoCADで表示順序を設定しても、SXF変換すると、図形は作成した順番に表示されることになります。ハッチングで文字が隠れないように、ハッチングを作成した後に文字を作成する必要があります。

■ 図形の表示順序

図形を1、2、3の順番で作成すると、一番新しい3の図形が最前面になる

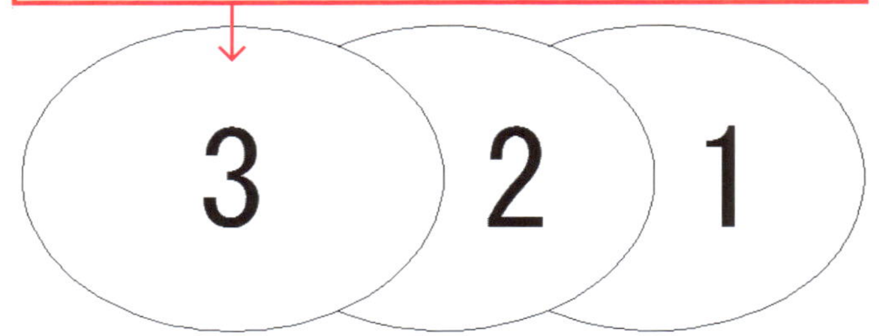

①文字を作成→②ハッチングを作成の順番だと、ハッチングの背面に文字が隠れてしまう

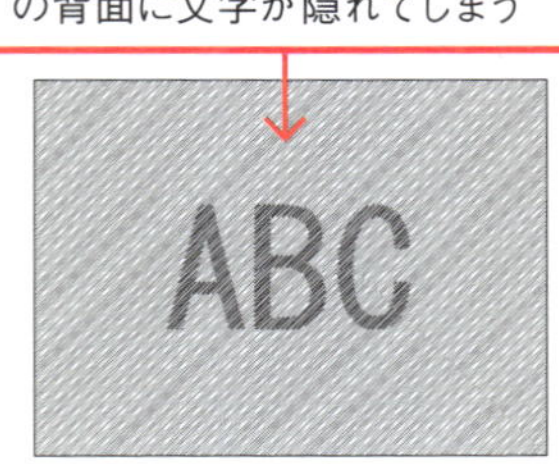

①ハッチングを作成→②文字を作成の順番だと、文字の背面にハッチングが表示される

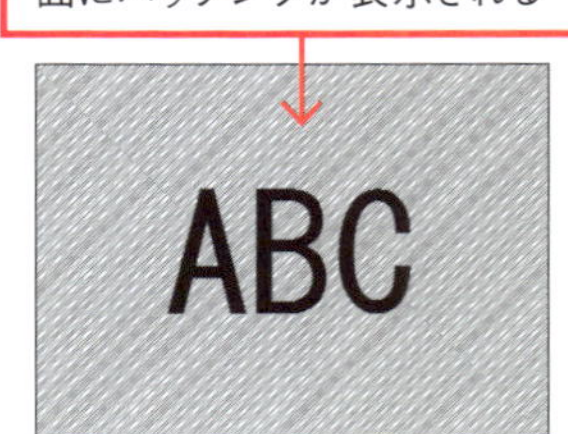

小構造物の作図

この章では、小構造物の作図を通して、線分や円の作成、編集、寸法記入などの基本的なコマンド、直交モードやオブジェクトスナップなどの補助機能の使い方を説明します。また、実務で必須といえるExcelから表を挿入する方法、Excelに図面を挿入する方法についても解説します。

この章のポイント

- 画層の指定
- 線分の作成
- 直交モード
- 円の作成
- オブジェクトスナップ
- 移動
- オフセット
- ハッチング
- 構築線の作成
- 長さ寸法記入
- 並列寸法記入
- 直径寸法記入
- マルチ引出線記入
- 極トラッキング
- マルチ引出線の文字内容編集
- Excelから表を貼り付け
- オブジェクトスナップトラッキング
- 文字内容の編集
- AutoCADの図をExcelへ貼り付け

この章で作図する図面

直径200のVP管を作図し、寸法を記入します。数量表はExcelの表を貼り付けて作成します。また、AutoCADの図面からExcelに図を貼り付ける方法も併せて紹介します。

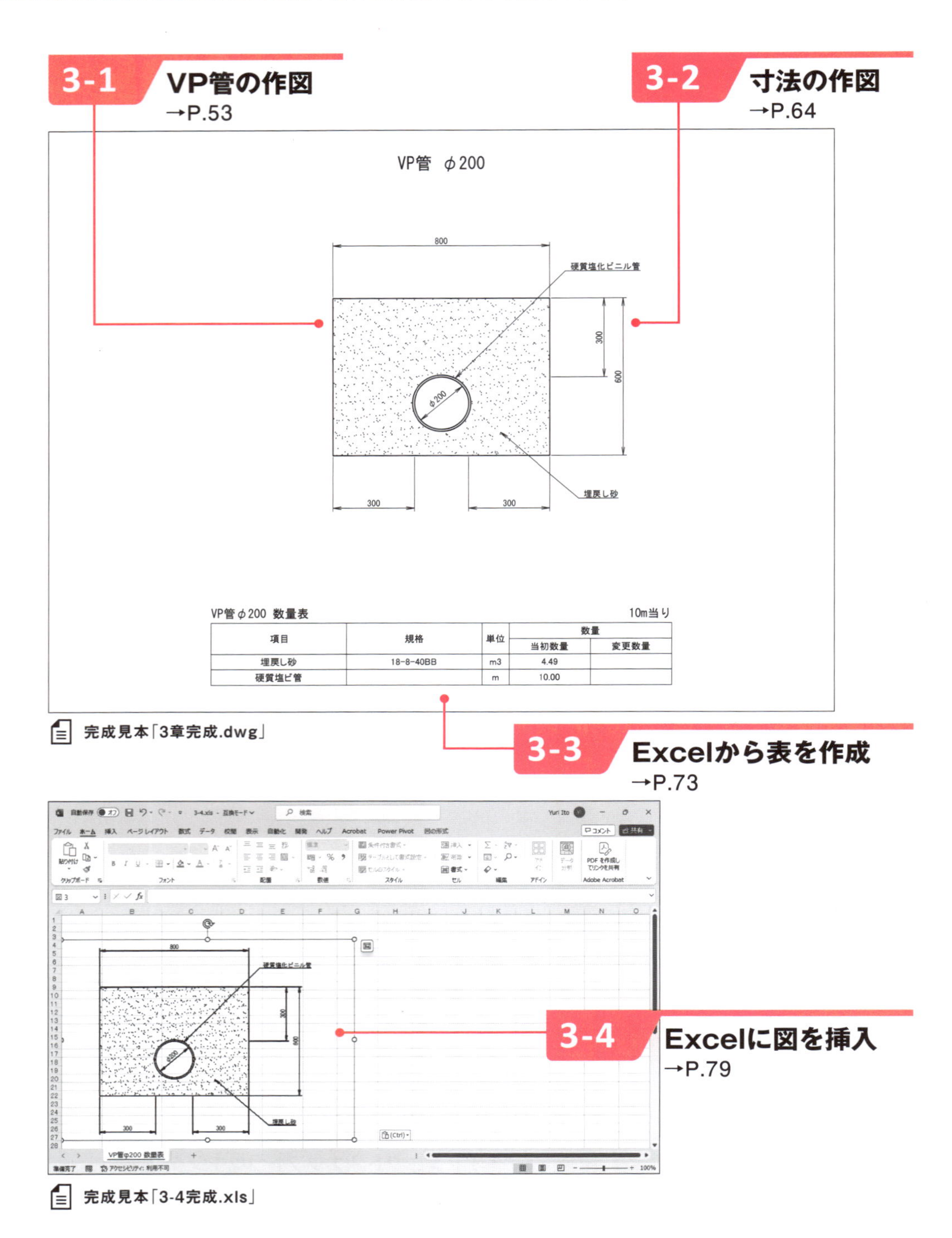

3-1 VP管の作図

練習用ファイル「3-1.dwg」

練習用ファイル「3-1.dwg」の図面枠内左下にVP管を作図します。まず任意の場所で作図し、後からほかの図の位置を参照して配置し直します。

3-1-1 作図準備

VP管を作図する領域を拡大表示し、画層を選択します。

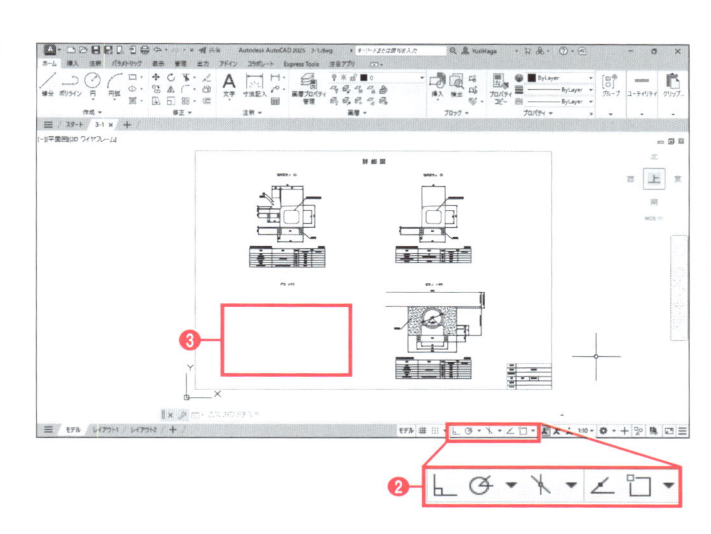

1. 練習用ファイル「3-1.dwg」を開く。
2. ステータスバーの作図補助機能（直交モード、極トラッキング、オブジェクトスナップなど）はオフにする。オン／オフの切り替えはボタンをクリックして行う。
3. 図面枠内の左下が拡大されるように、図に示した辺りを表示する。

本書の操作例は、特に明記されている場合を除き、ダイナミック入力がオンであることを前提に解説しています。ダイナミック入力のオン／オフはP.30の「ダイナミック入力について」を参照してください。

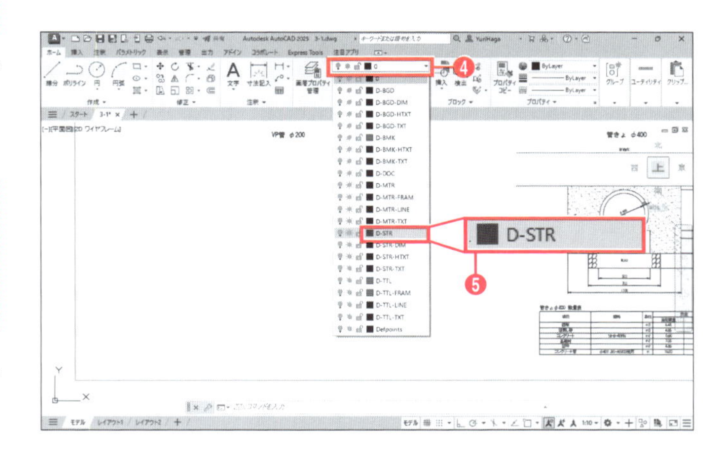

4. [ホーム]タブ－[画層]－[画層]プルダウンメニューをクリックする。
5. [D-STR]をクリックして選択する。

手順5で画層を選択するときは、画層の名前（文字）の部分をクリックしてください。💡のようなマークをクリックすると、表示／非表示の切り替えなどの操作になってしまうので注意が必要です。

現在画層（作図の対象となる画層）が[D-STR]に変更されます。

画層について

画層は図面要素を配置する透明なフィルムのようなもので、複数の画層を重ね合わせて完成図面を作成します。要素ごとに画層を分けると管理しやすくなり、画層には線の色、線種、太さを設定できるので、その画層上のオブジェクトの外観を制御できます。
練習用ファイル「3-1.dwg」にはあらかじめ複数の画層が設定されており、たとえば[D-STR]は構造物の外形線を作成する画層です。画層の名称と用途はCAD製図基準で定められています（詳細はP.42参照）。

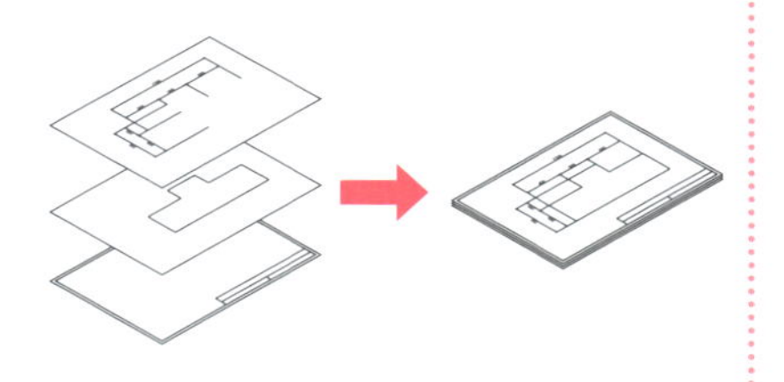

3-1-2 線分の作成

直交モードと[線分]コマンドを使って、掘削部分を作成します。

❶ステータスバーの[直交モード]をクリックしてオンにする。
❷[ホーム]タブー[作成]ー[線分]をクリックする。
❸ツールチップに「1点目を指定」と表示されるので、任意の点をクリックする。
❹カーソルを右方向に動かす。
❺キーボードから「800」と入力し、Enterキーを押す。

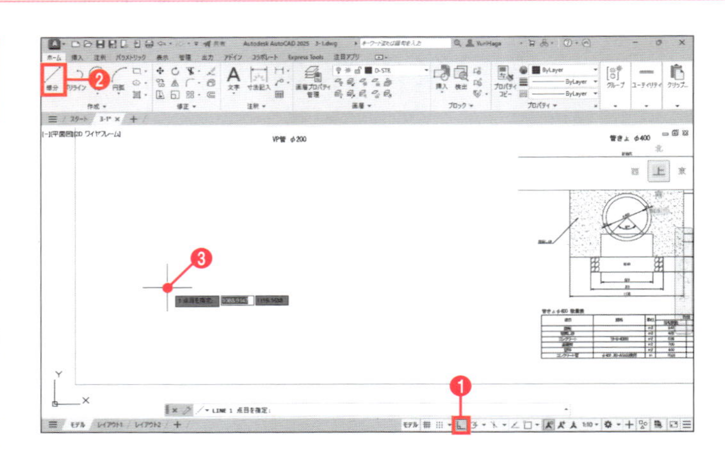

長さ800の線分が作成されます。

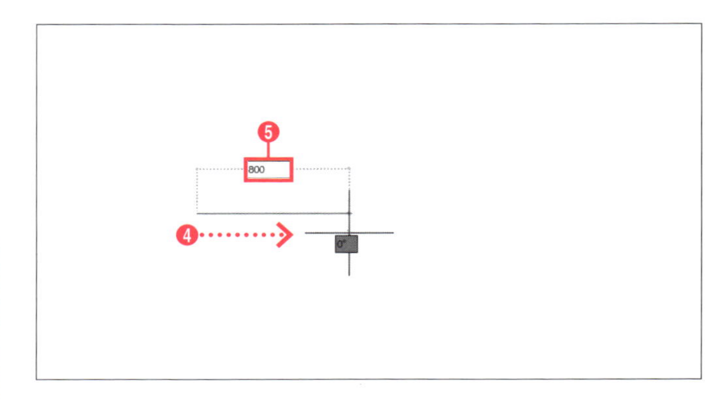

AutoCADでは英数字を半角で入力します。入力モードが[半角英数字]になっているか確認してください。

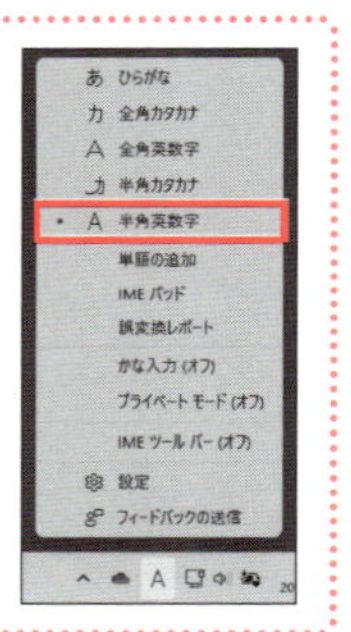

❻カーソルを上方向に動かす。
❼キーボードから「600」と入力し、Enterキーを押す。

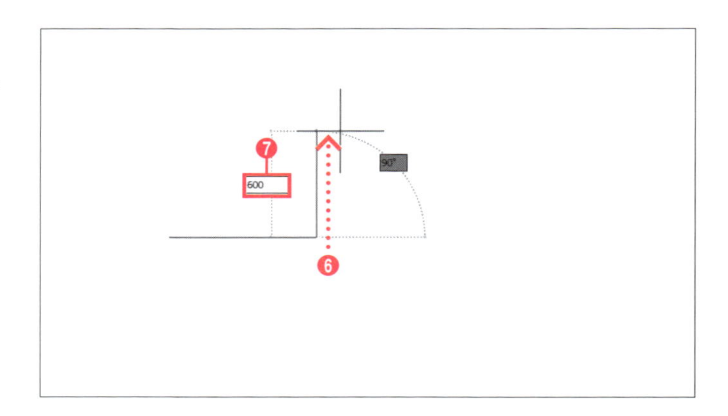

長さ600の線分が作成されます。

❽ カーソルを左方向に動かす。
❾ キーボードから「800」と入力し、Enterキーを押す。

長さ800の線分が作成されます。

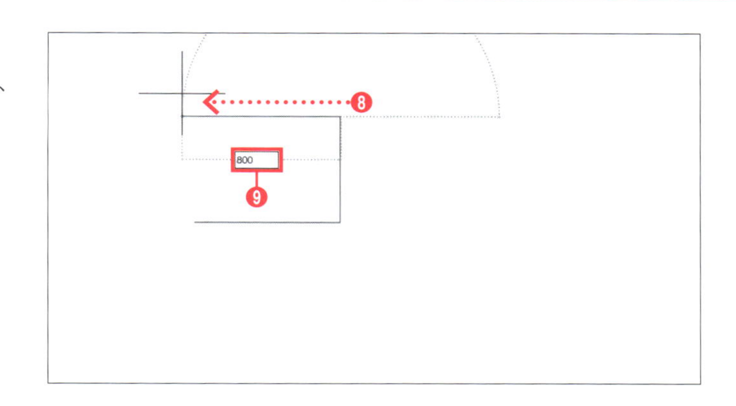

❿ カーソルを下方向に動かす。
⓫ キーボードから「600」と入力し、Enterキーを押す。

長さ600の線分が作成されます。

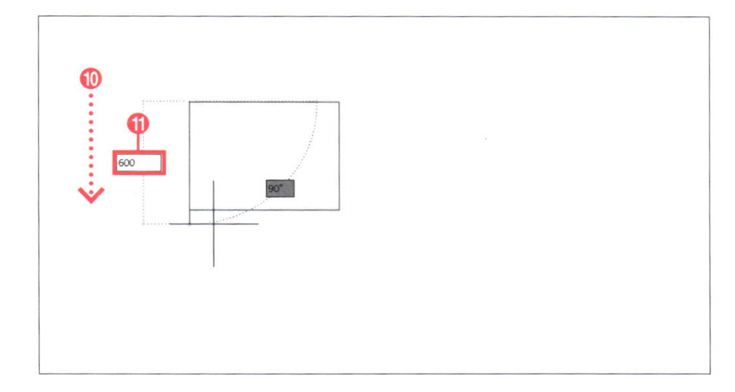

⓬ Enterキーを押して[線分]コマンドを終了する。

4本の線分から成る、800×600の長方形が作成されます。

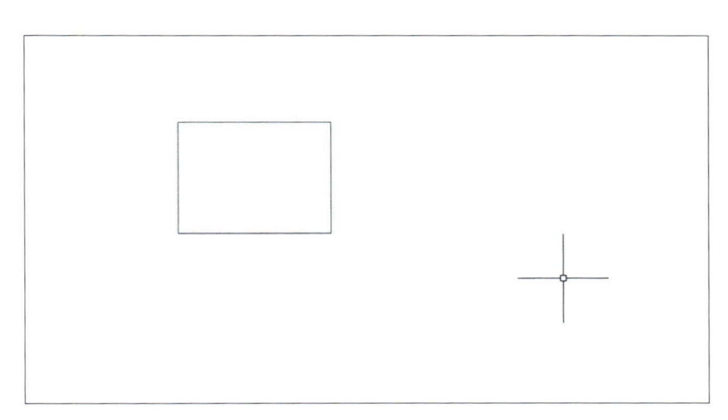

直交モードについて

直交モードをオンにするとカーソルの動きがXY軸方向（水平または垂直方向）に限定されるので、水平線／垂直線を作成するときなどに活用できます。
直交モードのオン／オフの切り替えは、ステータスバーの⊾ボタンを使用する以外に、キーボードのF8キーを押すことでも行えます。

■ 直交モード オン　■ 直交モード オフ

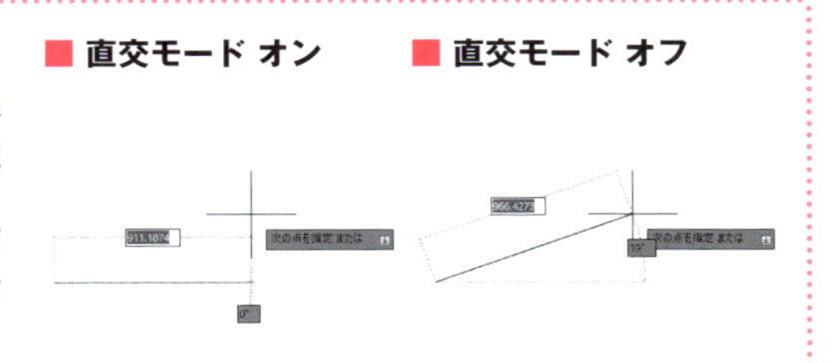

3-1-3 円の作成

定常オブジェクトスナップと[円]コマンドを使って、VP管を作図します。

❶ 前項で作成した長方形をズームなどで拡大表示する。
❷ ステータスバーの[オブジェクトスナップ]をクリックしてオンにする。
❸ ステータスバーの[オブジェクトスナップ]を右クリックしてメニューを表示する。
❹ [オブジェクトスナップ設定]をクリックして選択する。
❺ [作図補助設定]ダイアログボックスが表示される。[端点][中点][中心][交点]にのみチェックを入れる。
❻ [OK]ボタンをクリックして閉じる。

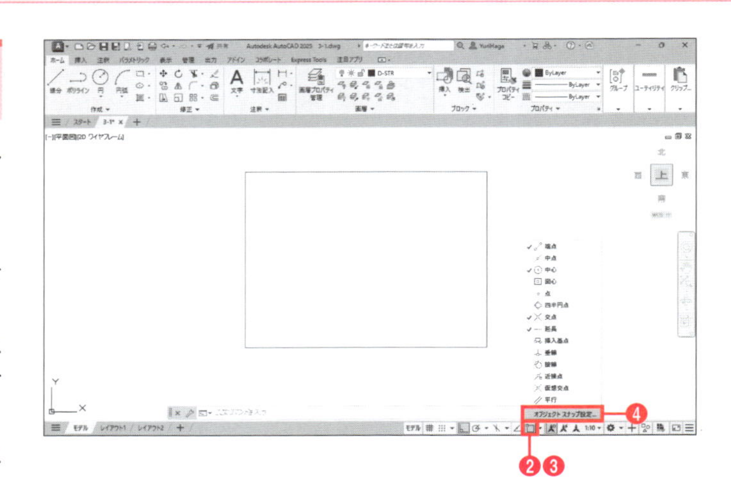

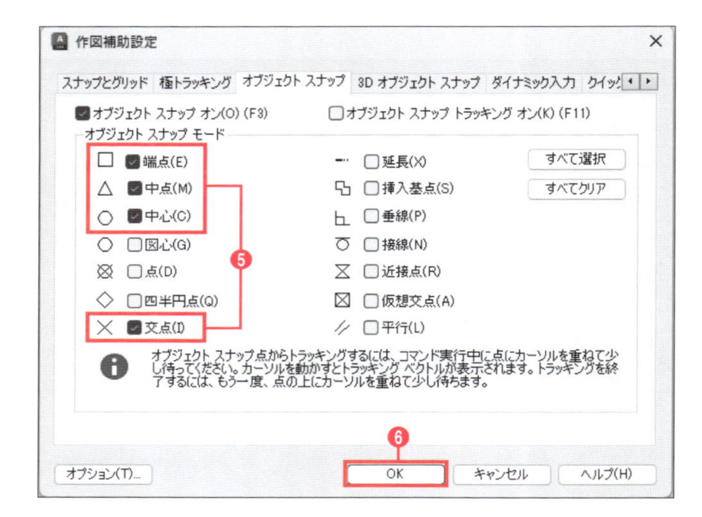

オブジェクトスナップについて

オブジェクトスナップをオンにすると、オブジェクトの端点や中点など、特定の点に正確に一致する点を指示できます。

■ 定常オブジェクトスナップ

使用するオブジェクトスナップの種類を[作図補助設定]ダイアログボックスで設定し、ステータスバーの[オブジェクトスナップ]、または、キーボードの F3 キーでオン／オフを切り替えます。

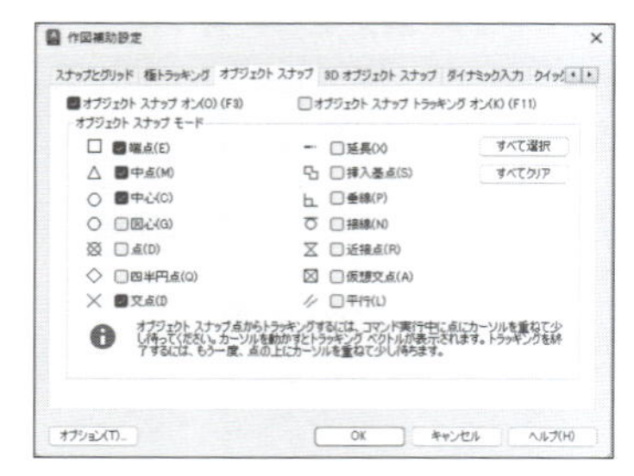

■ 優先オブジェクトスナップ

使用するたびに、Shift キー＋右クリックでオブジェクトスナップを選択します。補助的に1回だけ使用できます。「優先オブジェクトスナップ」は「一時オブジェクトスナップ」と呼ばれることもあります。

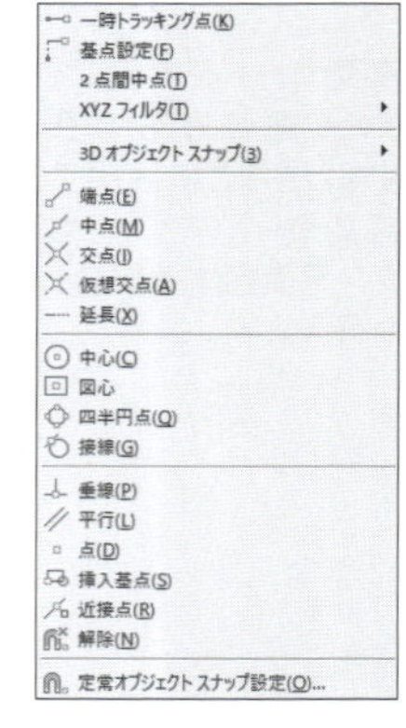

❼［ホーム］タブー［作成］ー［円］の文字部分をクリックする。
❽［中心、直径］をクリックする。

［円］の文字部分をクリックすると、円のさまざまな作成方法に関するボタンが表示されます。

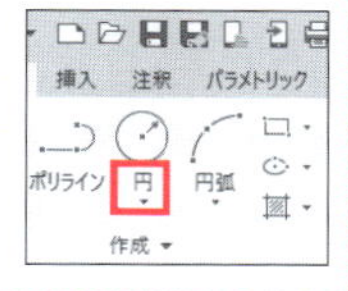

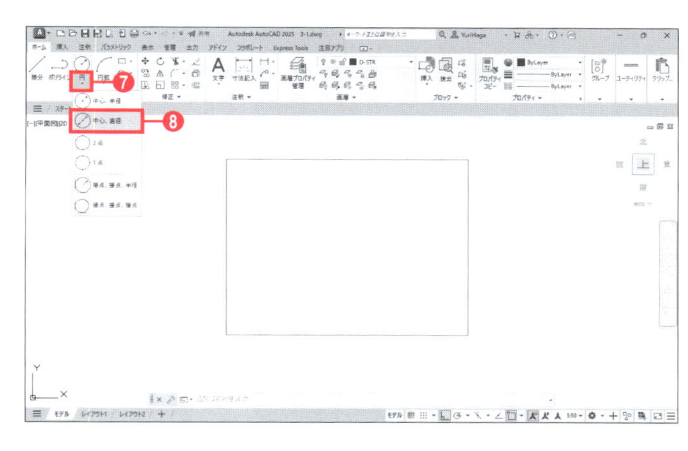

❾ツールチップに「円の中心点を指定」と表示される。上の線分の中点にカーソルを当て、△マークが表示されたらクリックする。

この△マークは、［中点］オブジェクトスナップを意味します。オブジェクトスナップの種類によって、画面に表示されるマークが違います。

■ **端点**　■ **中点**

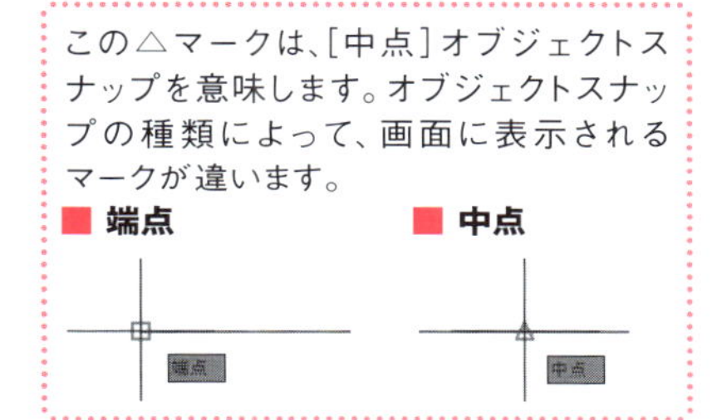

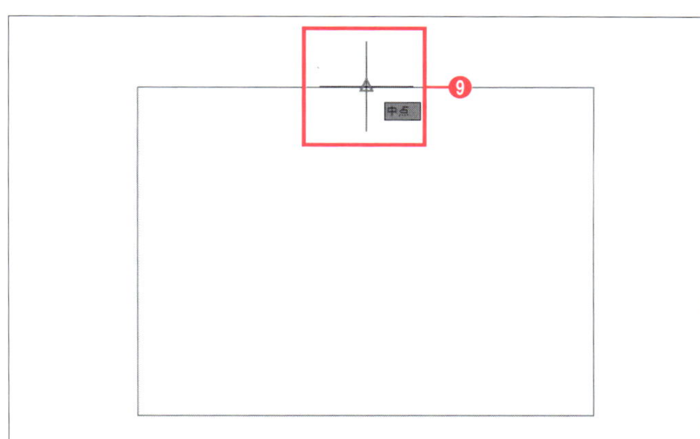

❿キーボードから「200」と入力し、Enterキーを押す。

直径200の円が作成されます。

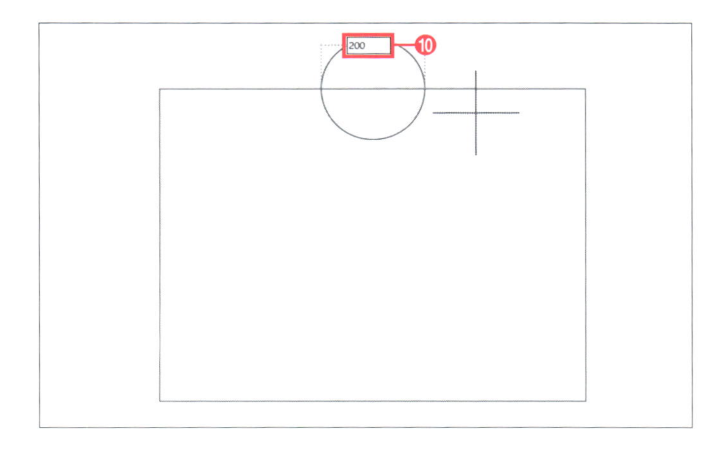

3-1-4 円の移動

優先オブジェクトスナップと[移動]コマンドを使って、円を下方向に移動します。

❶ [ホーム]タブー[修正]ー[移動]をクリックする。
❷ ツールチップに「オブジェクトを選択」と表示される。円をクリックして選択する。
❸ Enter キーを押して選択を確定する。
❹ ツールチップに「基点を指定」と表示される。Shift キーを押しながら作図領域を右クリックして、優先オブジェクトスナップのメニューを表示する。
❺ [四半円点]をクリックして選択する。

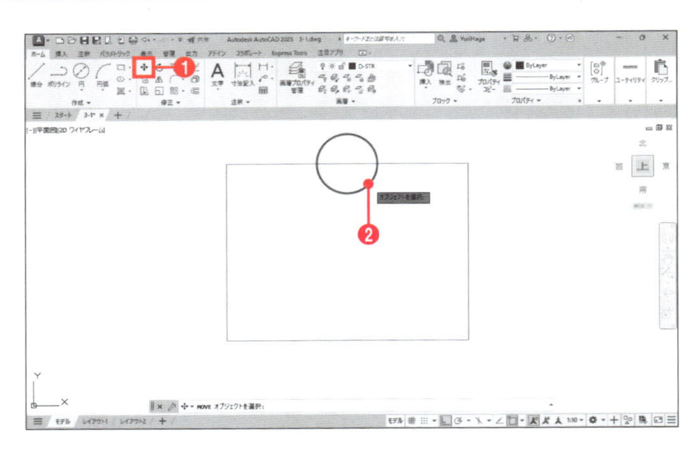

❻ 円の12時の位置にカーソルを当て、◇マークが表示されたらクリックする。
❼ 上の線分の中点にカーソルを当て、△マークが表示されたらクリックする。

これ以降、オブジェクトスナップのマーク表示(◇、△など)については記述を省略します。

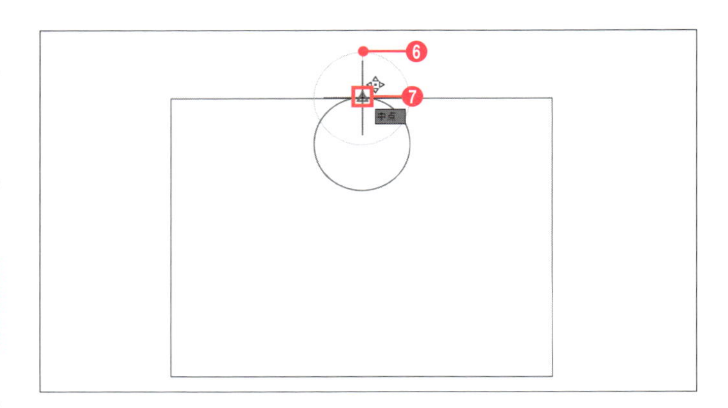

これで、円の上端が上の線分に接する位置まで下がります。次はここを基準として、円の移動距離を数値で指定します。

❽ [ホーム]タブー[修正]ー[移動]をクリックする。
❾ 円をクリックして選択する。
❿ Enter キーを押して選択を確定する。
⓫ 上の線分の中点をクリックする。

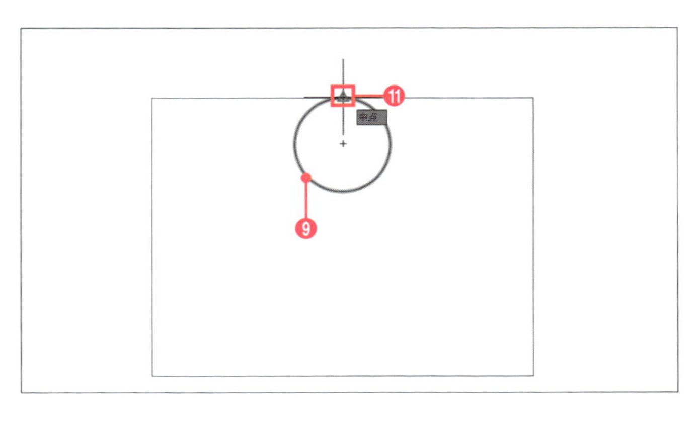

⓬ カーソルを下方向に動かす。
⓭ キーボードから「300」と入力し、Enterキーを押す。

円が下に300移動します。

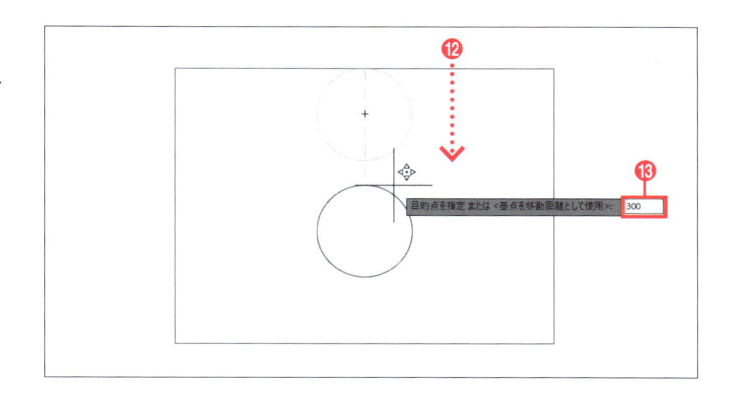

3-1-5 円のオフセット

［オフセット］コマンドを使って、VP管の厚みを作図します。

❶［ホーム］タブ－［修正］－［オフセット］をクリックする。
❷ ツールチップに「オフセット距離を指定」と表示される。キーボードから「8」と入力し、Enterキーを押す。
❸ ツールチップに「オフセットするオブジェクトを選択」と表示される。円をクリックして選択する。
❹ ツールチップに「オフセットする側の点を指定」と表示される。円の外側の任意の点をクリックする。

円が8外側にオフセットされます。

❺ Enterキーを押して［オフセット］コマンドを終了する。

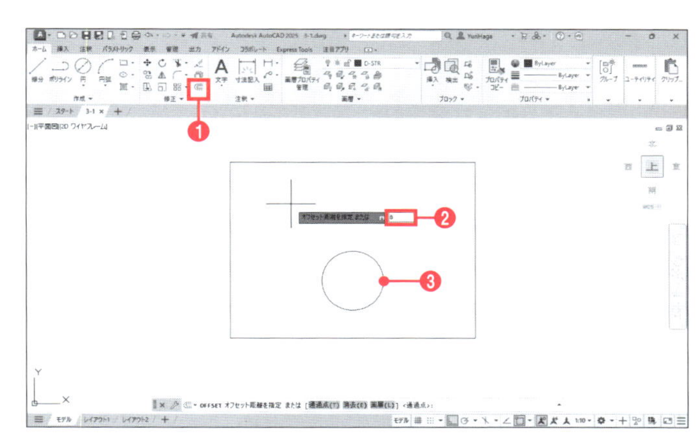

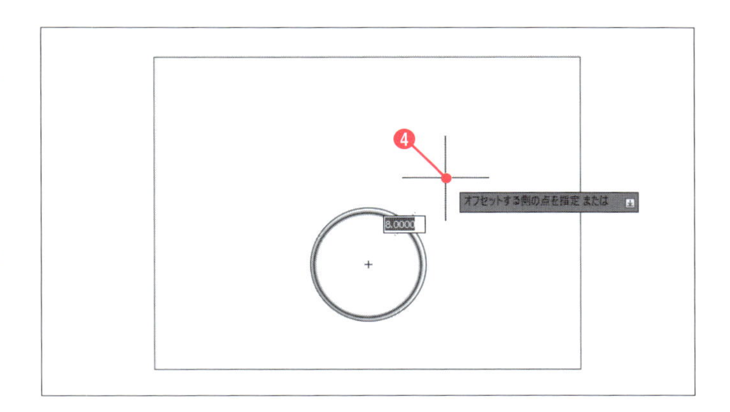

3-1-6 ハッチングの作成

[ハッチング]コマンドを使って、埋戻し砂のハッチングを作成します。

❶ [ホーム]タブー[作成]ー[ハッチング]をクリックする。

❷ [ハッチング作成]タブー[パターン]ー[AR-SAND]をクリックして選択する。

❸ [ハッチング作成]タブー[境界]ー[点をクリック]をクリックする。

❹ 長方形の内側をクリックする。

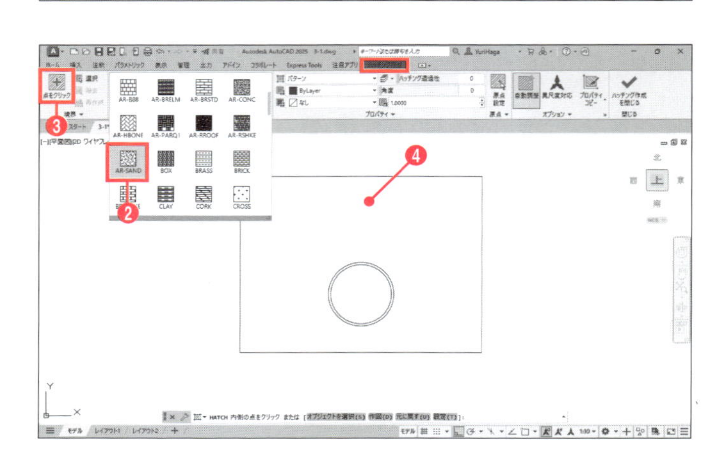

長方形の内側にハッチングが作成されます。

❺ Enter キーを押して[ハッチング]コマンドを終了する。

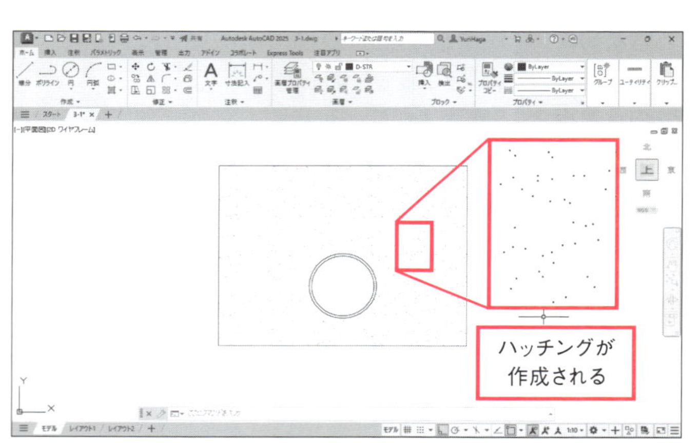

3-1-7 図面内に配置

作図したVP管のオブジェクトを図面内の適切な位置に移動します。正確な配置場所を定めるために、[構築線]コマンドを使って構築線(長さが無限の線)を作成します。

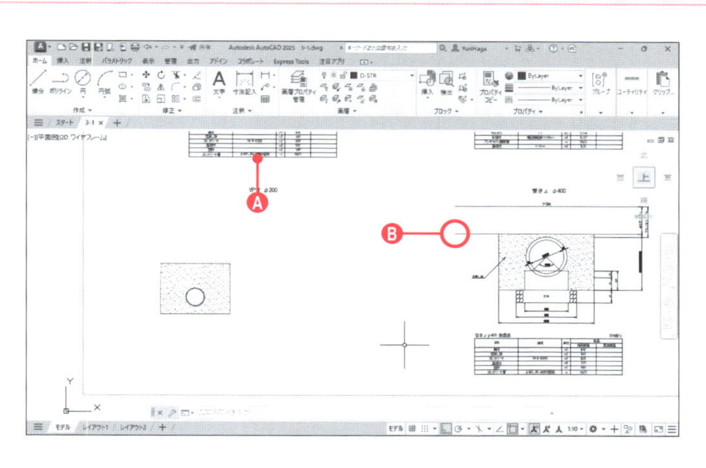

❶ 図面内の既存の表の中点Ⓐと線分の端点Ⓑが見えるよう、ズームなどで図のように表示する。

❷ [ホーム]タブ－[作成]－[構築線]をクリックする。

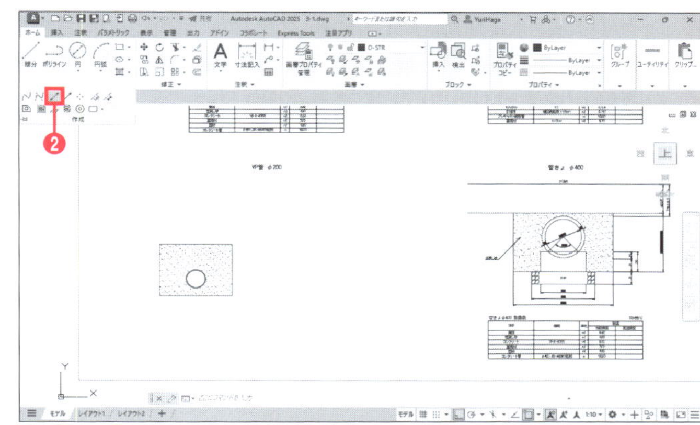

[構築線]は、[ホーム]タブ－[作成]のパネル名をクリックしてパネルを展開すると表示されます。

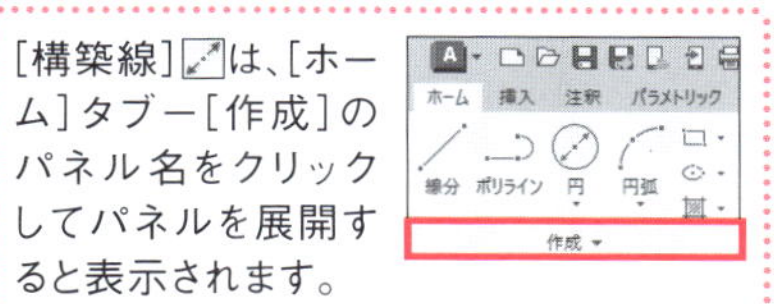

❸ ツールチップに「点を指定」と表示される。作図領域を右クリックしてメニューから[垂直]を選択する。

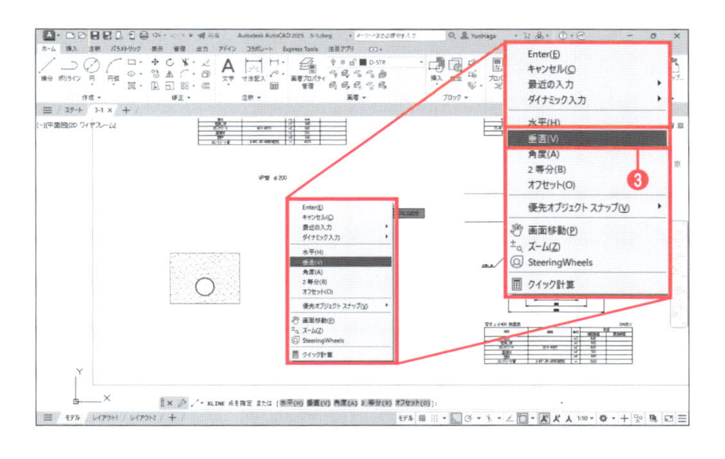

コマンドオプションについて

AutoCADで実行する操作を「コマンド」と呼びます。それぞれのコマンドには「コマンドオプション」が用意されています。

コマンドオプションが利用できる場合、ツールチップにマークが表示され、利用できるオプションの種類がコマンドウィンドウの[ ]内に表示されます。この状態で作図領域を右クリックすると、メニューからオプションを選択できます。

XLINE 点を指定 または [水平(H) 垂直(V) 角度(A) 2 等分(B) オフセット(O)]:

❹ ツールチップに「通過点を指定」と表示される。上の表の中点をクリックする。

表の中点を通る垂直の構築線が作成されます。

❺ Enter キーを押して［構築線］コマンドを終了する。

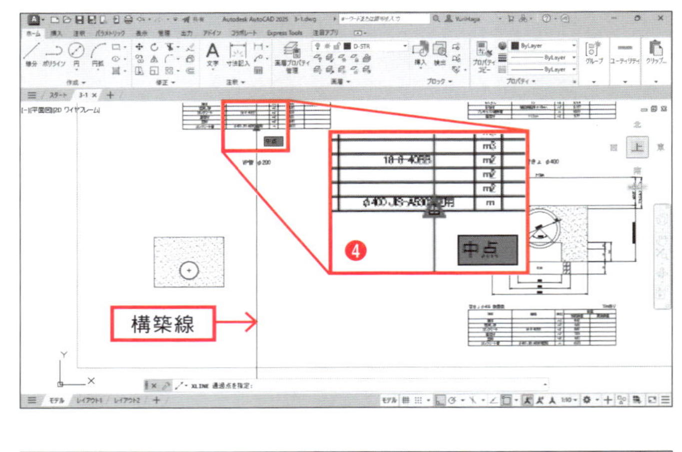

❻［ホーム］タブー［作成］ー［構築線］をクリックする。

❼ 作図領域を右クリックしてメニューから［水平］を選択する。

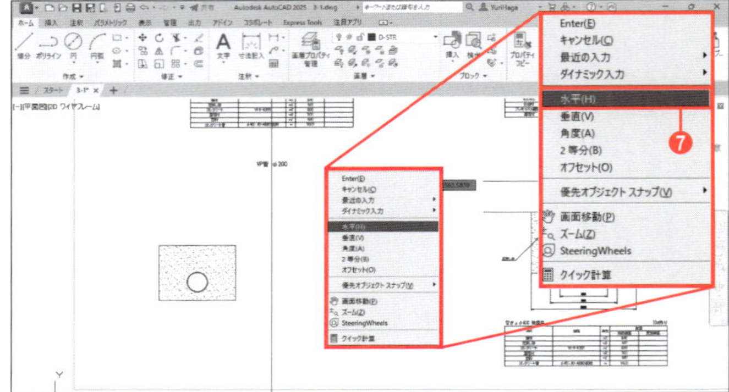

❽ 右の線分の端点をクリックする。

右の線分の端点を通る水平の構築線が作成されます。

❾ Enter キーを押して［構築線］コマンドを終了する。

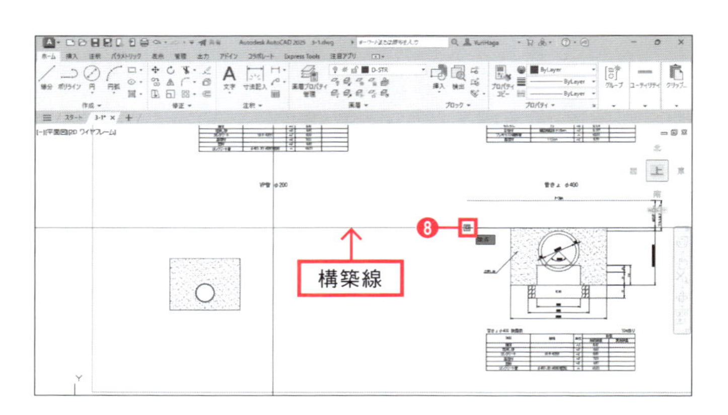

手順❷～❾で作成した2本の構築線の交点を目印として、VP管のオブジェクトを移動します。

❿［ホーム］タブー［修正］ー［移動］をクリックする。

⓫ VP管のオブジェクト全体を窓選択するために、図の点Ⓐ、点Ⓑを順にクリックする。

⓬ Enter キーを押して選択を確定する。

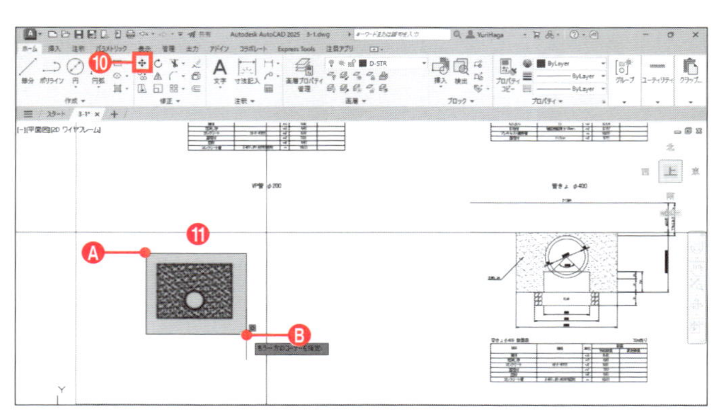

⑬ 手順⑪で選択したオブジェクトの上の線分の中点をクリックする。

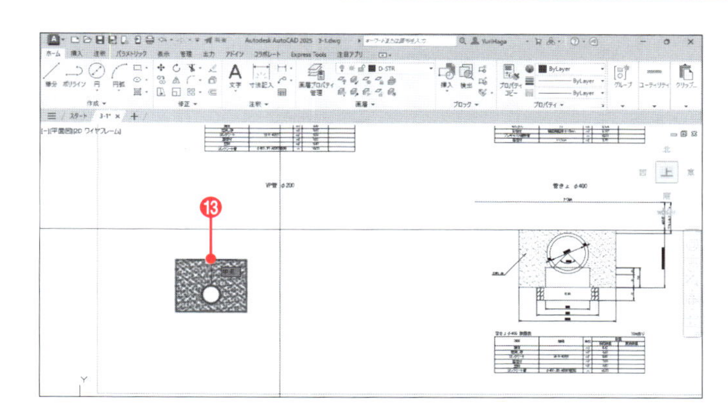

⑭ 構築線の交点をクリックする。

選択したオブジェクトが構築線の交点に移動します。

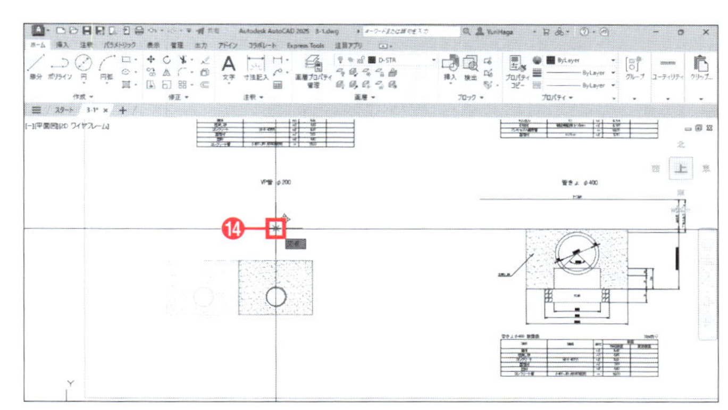

⑮ 2本の構築線をクリックして選択する。

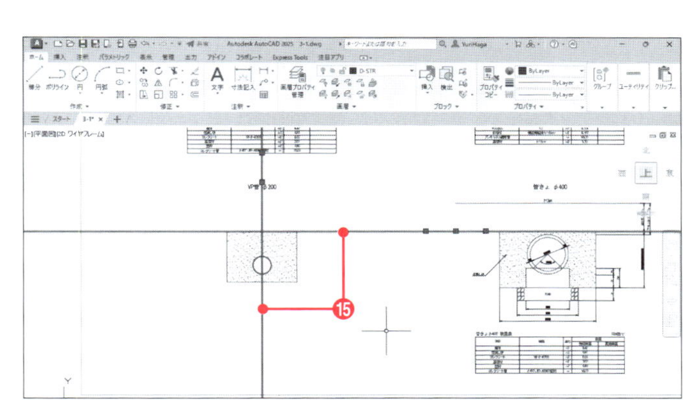

⑯ キーボードの Delete キーを押して2本の構築線を削除する。

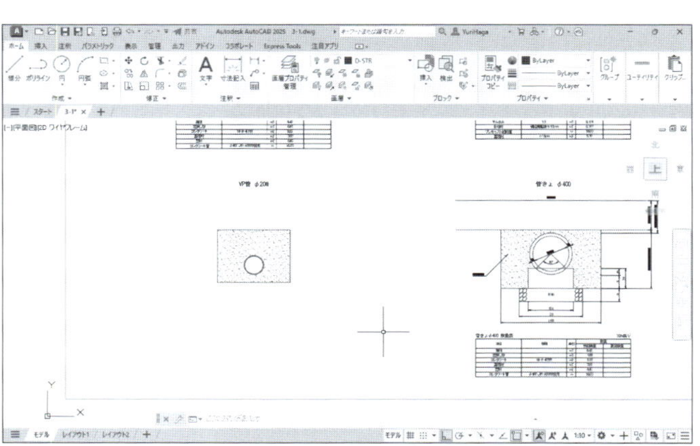

3-2 寸法の作図

練習用ファイル「3-2.dwg」(または前節の続きから)

前節で作成したオブジェクトに寸法を記入します。

3-2-1 作図準備

寸法を作成する[D-STR-DIM]画層を選択します。

❶ 作図しやすいようにズームや画面移動を行って、図のように表示する。
❷ [ホーム]タブー[画層]ー[画層]プルダウンメニューをクリックし、[D-STR-DIM]をクリックして選択する。

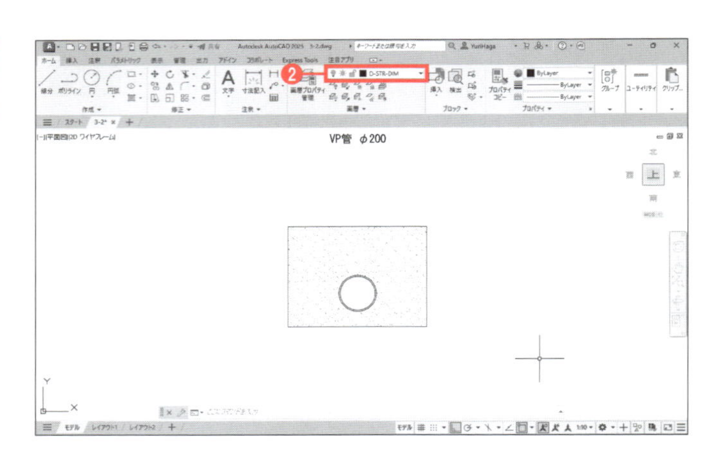

3-2-2 補助線の作図

寸法の記入位置に構築線を作成し、補助線として使います。

❶ [ホーム]タブー[作成]ー[構築線] をクリックする(P.61を参照)。
❷ ツールチップに「点を指定」と表示される。作図領域を右クリックしてメニューから[オフセット]を選択する。

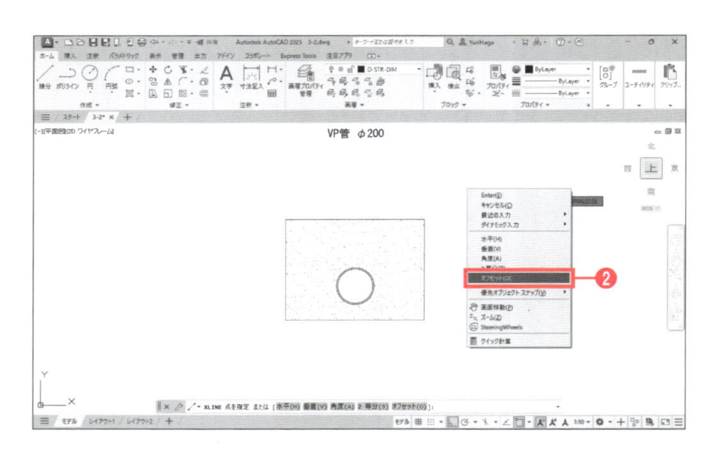

❸ ツールチップに「オフセット間隔を指定」と表示される。キーボードから「200」と入力し、Enterキーを押す。
❹ ツールチップに「線分オブジェクトを選択」と表示される。上の線分をクリックして選択する。

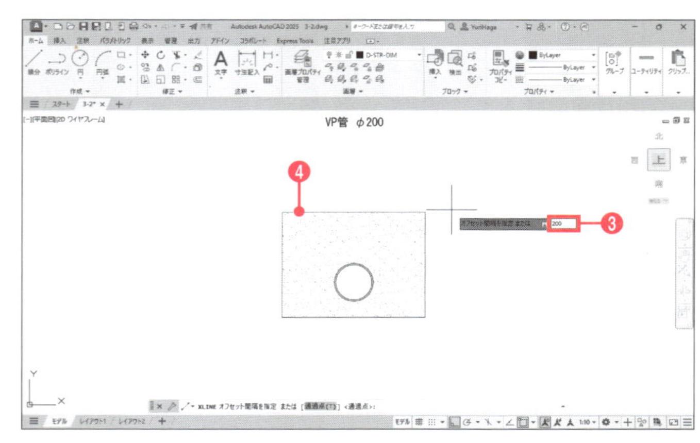

❺ ツールチップに「オフセットする側を指定」と表示される。線分より上の位置をクリックする。

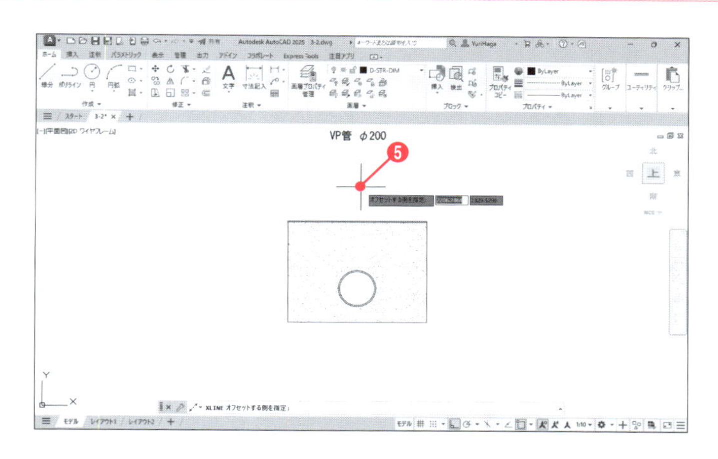

選択した線分から200離れた位置に水平の構築線が作成されます。

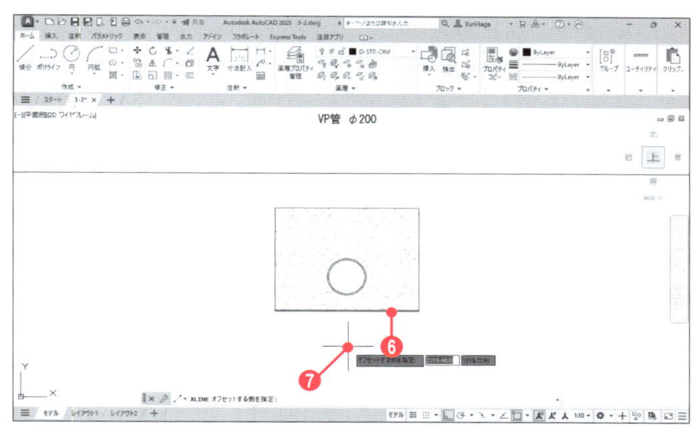

❻ ツールチップに「線分オブジェクトを選択」と表示される。下の線分をクリックして選択する。

❼ ツールチップに「オフセットする側を指定」と表示される。線分より下の位置をクリックする。

選択した線分から200離れた位置に水平の構築線が作成されます。

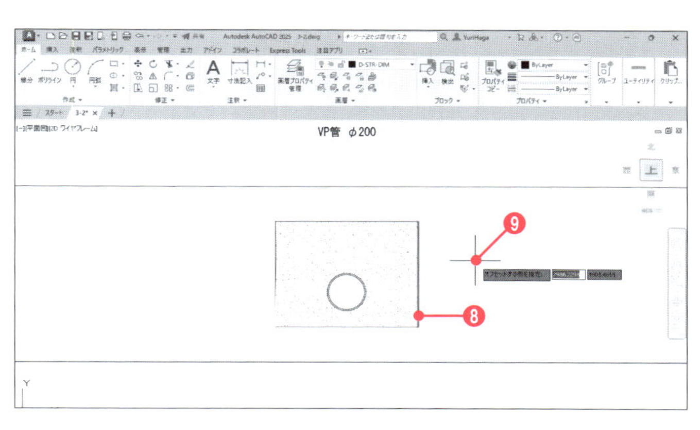

❽ ツールチップに「線分オブジェクトを選択」と表示される。右の線分をクリックして選択する。

❾ ツールチップに「オフセットする側を指定」と表示される。線分より右の位置をクリックする。

選択した線分から200離れた位置に垂直の構築線が作成されます。

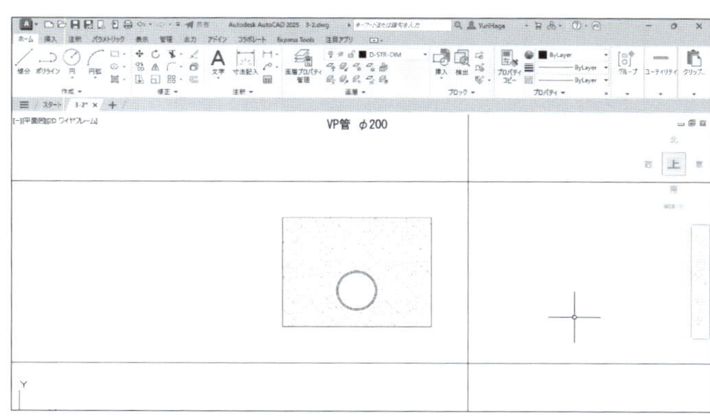

❿ Enter キーを押して［構築線］コマンドを終了する。

3-2-3 寸法の記入

長さを測る部分の端点をクリックして、寸法を記入します。

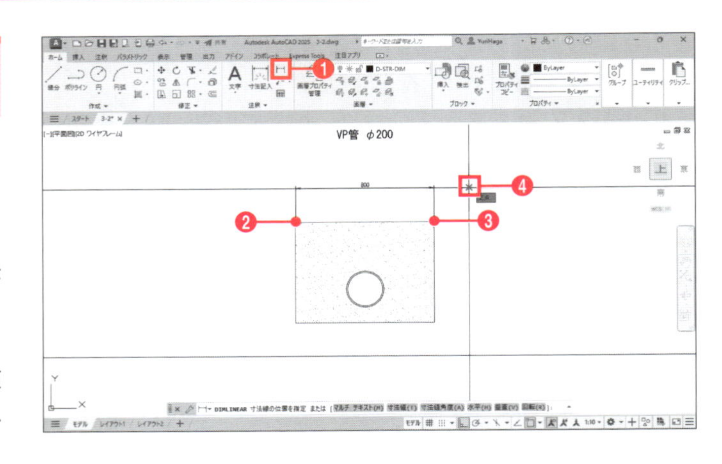

❶［ホーム］タブ－［注釈］－［長さ寸法記入］をクリックする。
❷ 上の線分の左端点をクリックする。
❸ 右端点をクリックする。寸法値「800」と仮の寸法線が表示される。
❹ 構築線の交点をクリックし、寸法線の位置を確定する。

寸法値「800」の寸法が作成されます。

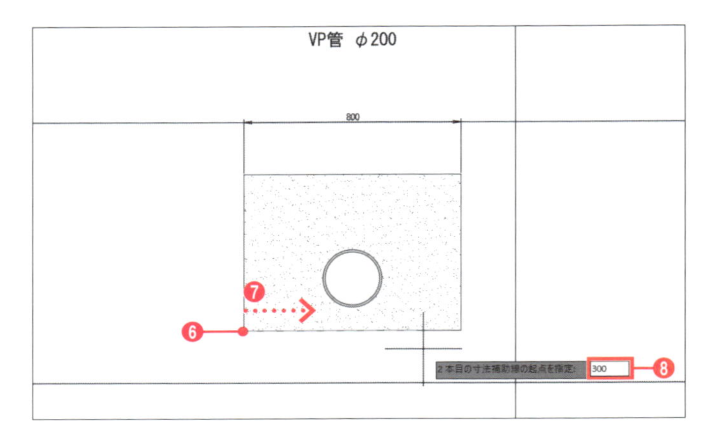

❺［ホーム］タブ－［注釈］－［長さ寸法記入］をクリックする。
❻ 下の線分の左端点をクリックする。
❼ カーソルを右方向に動かす。
❽ キーボードから「300」と入力し、Enter キーを押す。寸法値「300」と仮の寸法線が表示される。

ここでは、左端点からVP管の左端までの距離が300とわかっているので、数値を指定して寸法の長さを決めています。

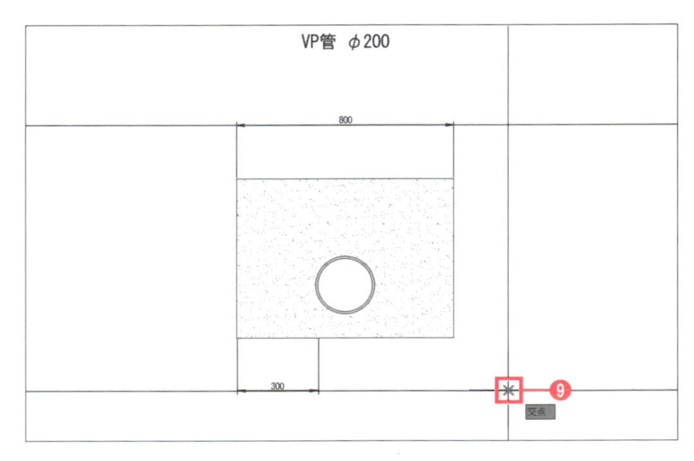

❾ 構築線の交点をクリックし、寸法線の位置を確定する。

寸法値「300」の寸法が作成されます。

3-2-4 寸法を反転複写

[鏡像]コマンドを使って、前項の手順❺〜❾で作成した寸法を右に反転複写します。

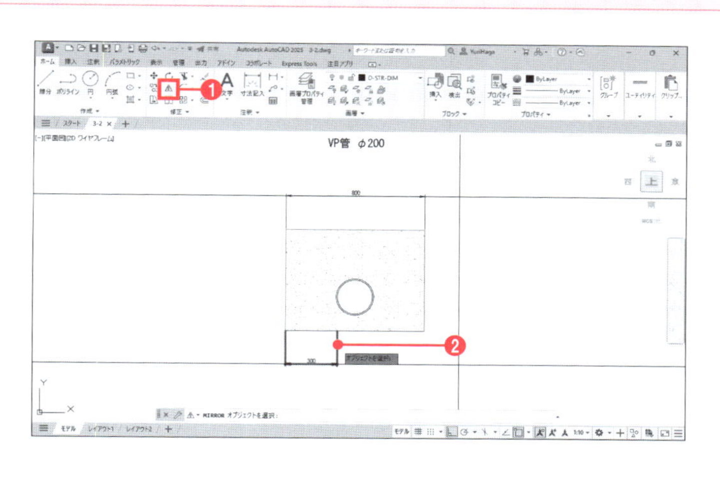

❶[ホーム]タブー[修正]ー[鏡像]をクリックする。
❷ツールチップに「オブジェクトを選択」と表示される。VP管の下にある「300」の寸法をクリックして選択する。
❸ Enter キーを押して選択を確定する。
❹ツールチップに「対称軸の1点目を指定」と表示される。上の線分の中点をクリックする。
❺ツールチップに「対称軸の2点目を指定」と表示される。下の線分の中点をクリックする。
❻ツールチップに「元のオブジェクトを消去しますか?」と表示される。Enter キーを押して[鏡像]コマンドを終了する。

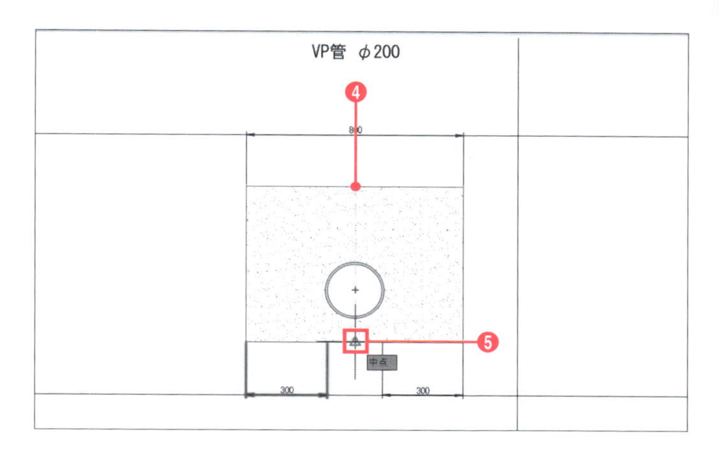

元のオブジェクト(選択した寸法)を残したまま、寸法が反転複写されます。

[鏡像]コマンドによる反転

[鏡像]コマンドの最後に、「元のオブジェクトを消去しますか?」というプロンプトが表示されます。ここで手順❻のように Enter キーを押すと初期設定のオプションである[いいえ]が選択されて反転複写(ⓐ)となり、[はい]を選択すると反転移動(ⓑ)になります。

■ 左の三角形に対して[鏡像]コマンドを実行する場合

ⓐ 最後に Enter キーを押す([いいえ]を選択する)と反転複写

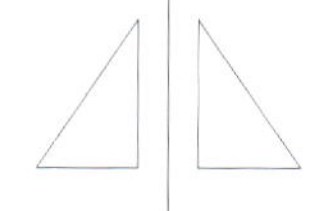

ⓑ 最後に[はい]を選択すると反転移動

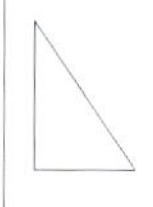

3-2-5 並列寸法の記入

並列寸法を記入します。まず基準となる寸法を[長さ寸法記入]コマンドで作成し、その後に[並列寸法記入]コマンドを実行します。

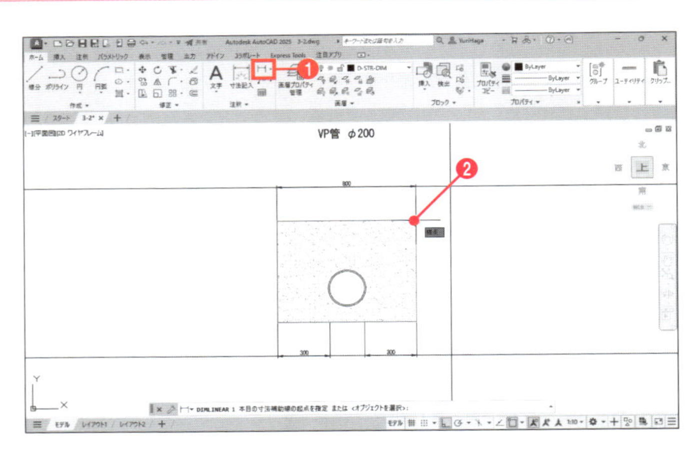

❶ [ホーム]タブー[注釈]ー[長さ寸法記入]をクリックする。
❷ 右の線分の上端点をクリックする。

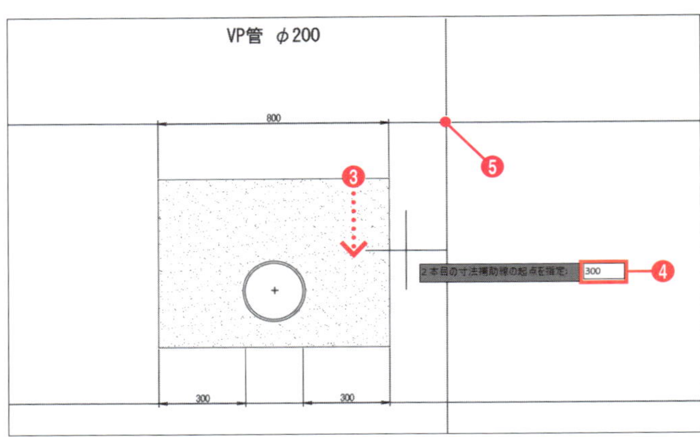

❸ カーソルを下方向に動かす。
❹ キーボードから「300」と入力し、Enterキーを押す。
❺ 2本の構築線の交点をクリックし、寸法線の位置を確定する。

寸法値「300」の寸法が作成されます。

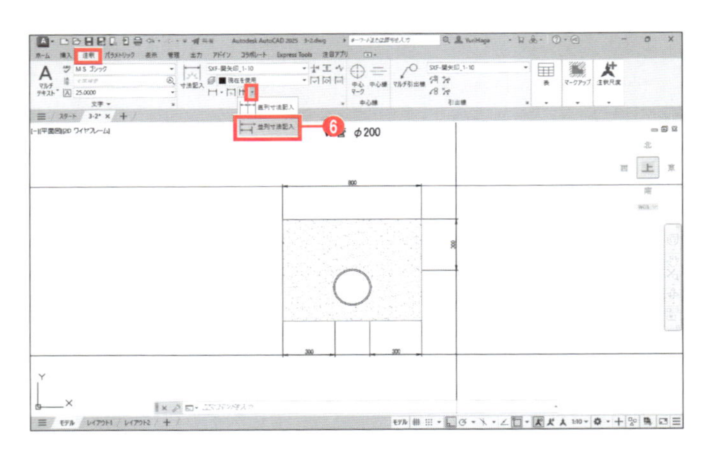

❻ [注釈]タブー[寸法記入]ー[並列寸法記入]をクリックする。

[並列寸法記入]は、[直列寸法記入]の右側に表示されている(下矢印アイコン)をクリックすると表示されます。

❼ 右の線分の下端点をクリックする。

直前に作成した寸法と並行して、右の線分全体の寸法が作成されます。

❽ Enter キーを2回押す。1回目で並列寸法の位置を確定し、2回目で[並列寸法記入]コマンドを終了する。

[並列寸法記入]コマンドでは、直前に作成した寸法の1点目が自動的に並列寸法の1点目として選択されます。

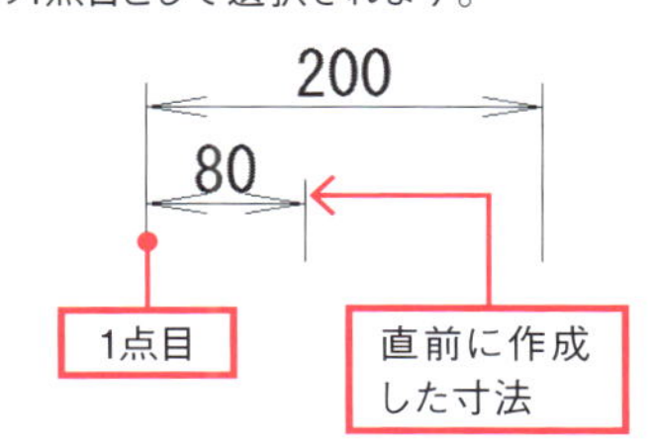

❾ 3本の構築線をクリックして選択する。

❿ キーボードの Delete キーを押して、3本の構築線を削除する。

3-2-6 直径寸法の記入

VP管に直径寸法を記入します。

❶ VP管の辺りを拡大表示する。

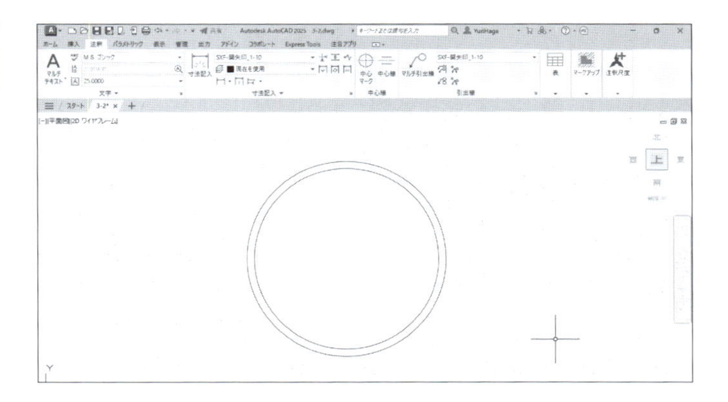

❷ [注釈]タブ−[寸法記入]−[直径寸法]をクリックする。

[直径寸法]は、[長さ寸法]の右側に表示されている▾(下矢印アイコン)をクリックすると表示されます。

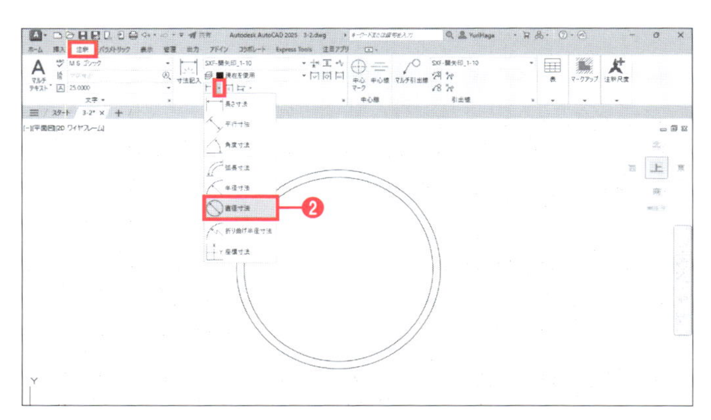

❸ 内側の円をクリックして選択する。

円の直径寸法が作成されます。

❹ Enter キーを押して[直径寸法]コマンドを終了する。

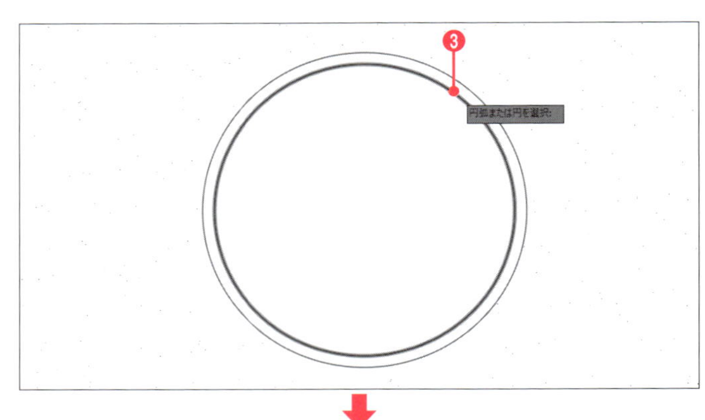

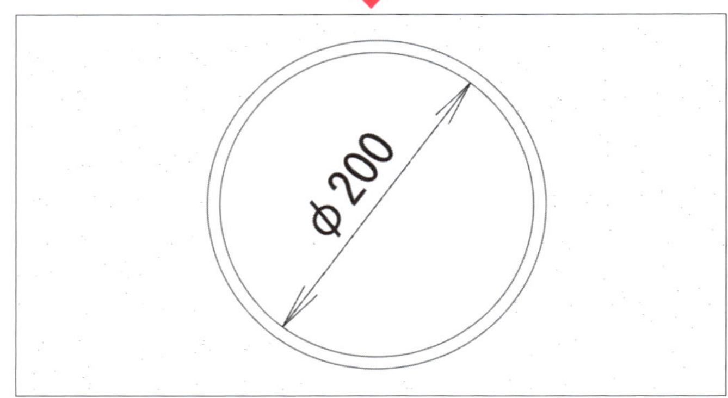

直径寸法は円をクリックした位置に自動的に作成されます。この自動配置は寸法スタイルの設定によるものです。寸法スタイルの詳細はP.217「6-2-4　縦断曲線の寸法の作図(1)」を参照してください。

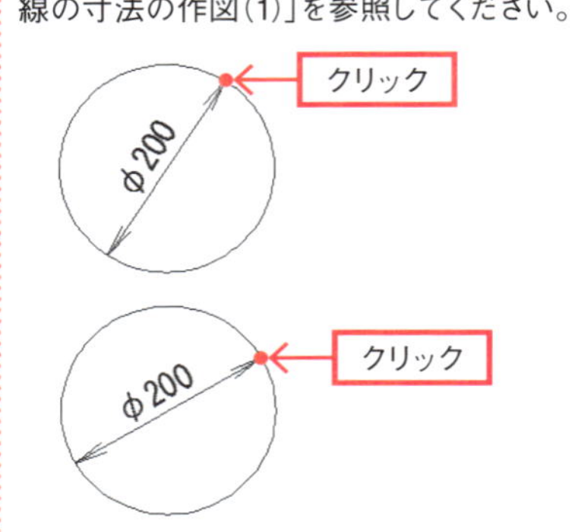

3-2-7 引出線の記入

注釈を記入するために引出線を作成します。45°の引出線を作成したいので「極トラッキング」を使います。

❶ 引出線を作成する辺り（VP管の右上辺り）を図のように表示する。

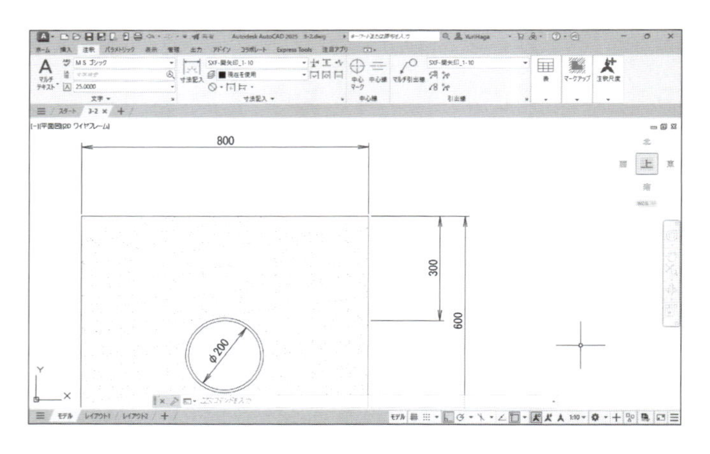

❷ [ホーム]タブー[画層]ー[画層]プルダウンメニューをクリックし、[D-STR-HTXT]をクリックして選択する。

❸ ステータスバーの[極トラッキング]をクリックしてオンにする。

❹ [極トラッキング]を右クリックしてメニューを表示する。

❺ [45]をクリックして選択する。

この設定により、45°の方向に位置合わせパスが表示されるようになります。

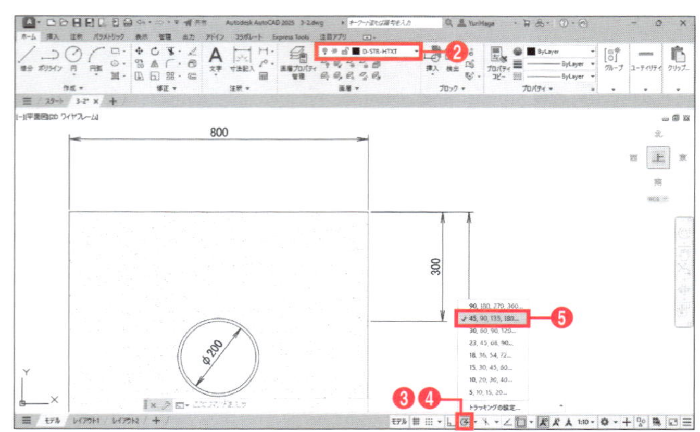

極トラッキングについて

直交モードはカーソル移動をXY軸方向(水平、垂直)に限定します。一方、極トラッキングは設定した増分角度でカーソル移動を制限し、位置合わせパスを表示します。これらは同時に使用できず、極トラッキングをオンにすると直交モードは自動的にオフになります。
極トラッキングのオン/オフの切り替えは、ステータスバーの⊙ボタンを使用する以外に、キーボードの F10 キーを押すことでも行えます。

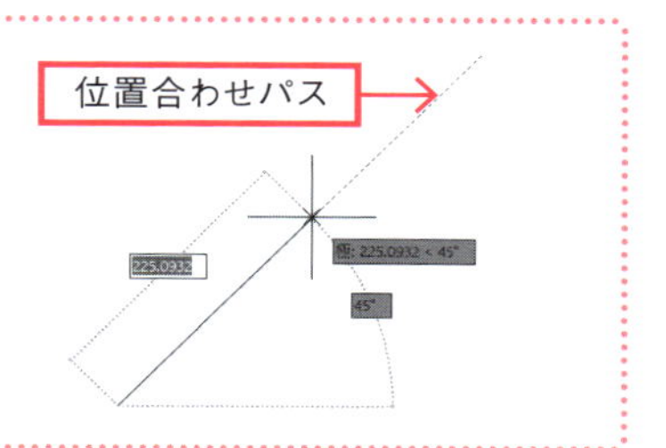

❻ [ホーム]タブ-[注釈]-[引出線] をクリックする。
❼ Shift キーを押しながら作図領域を右クリックして、優先オブジェクトスナップのメニューを表示する。
❽ [近接点]をクリックして選択する。

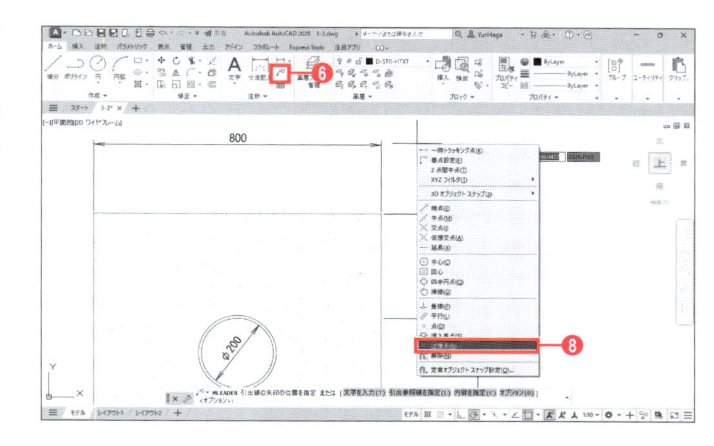

❾ 外側の円の任意の点をクリックする。
❿ カーソルを右上方向に動かし、45°の位置合わせパスを表示させる。このパス上で、文字を記入する位置をクリックする。

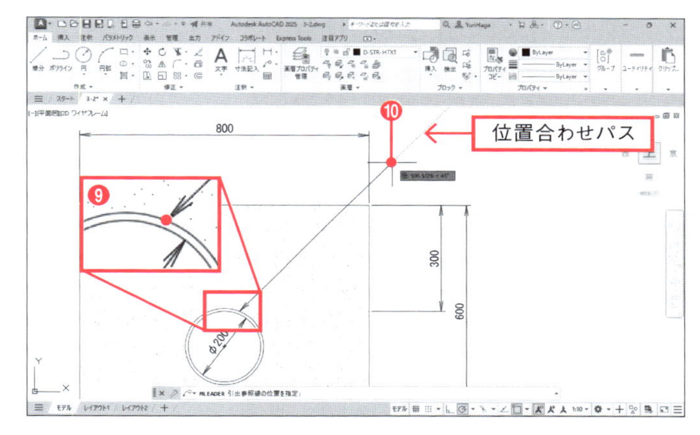

⓫ 文字入力ボックスが表示されるので、「**硬質塩化ビニル管**」と入力する。
⓬ [テキストエディタ]タブ-[閉じる]-[テキストエディタを閉じる]☑をクリックする。

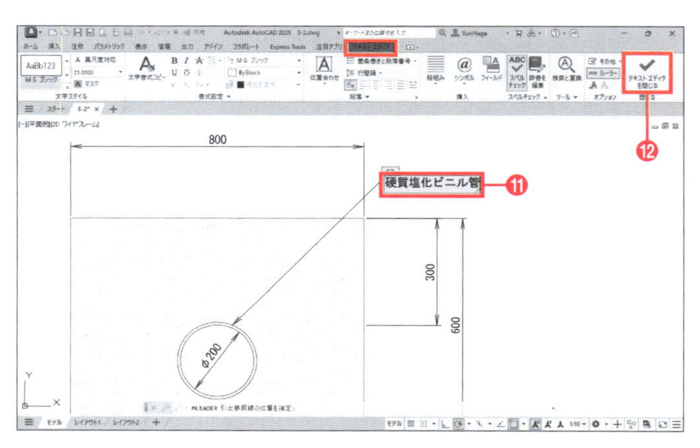

マルチ引出線が作成されます。

3-2-8 引出線の複写と編集

図面内にあらかじめ作成されている「縦断管きょ(A)」の右下にある「モルタル」の引出線を複写して、文字内容を編集します。

❶「モルタル」の引出線を選択できるように、図のように表示する。
❷[ホーム]タブー[修正]ー[複写]をクリックする。
❸ツールチップに「オブジェクトを選択」と表示される。右下の「モルタル」の引出線をクリックして選択する。
❹ Enter キーを押して選択を確定する。

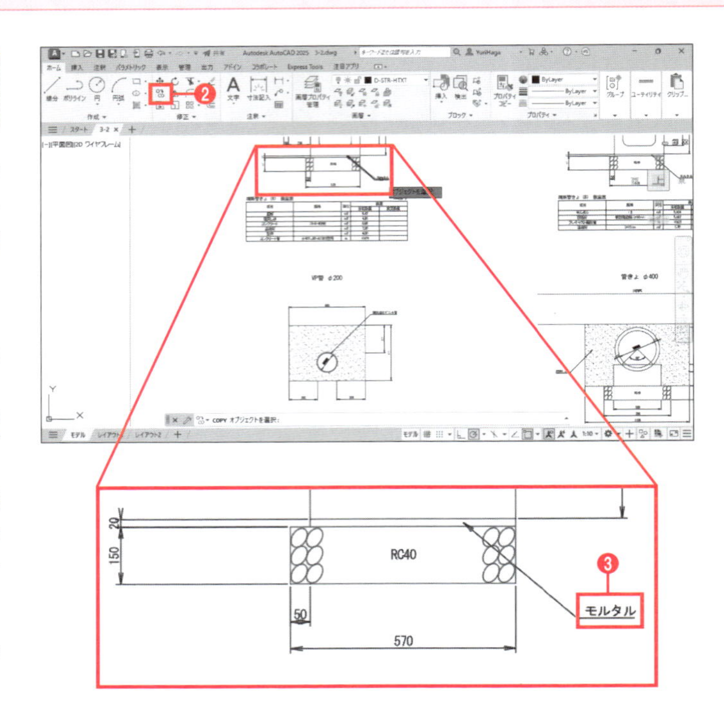

❺ツールチップに「基点を指定」と表示される。任意の点をクリックする。
❻カーソルを下に移動すると、複写された引出線が一緒に移動する。図に示す位置まで移動したら、クリックして引出線の位置を確定する。
❼ Enter キーを押して[複写]コマンドを終了する。

マルチ引出線が複写されます。

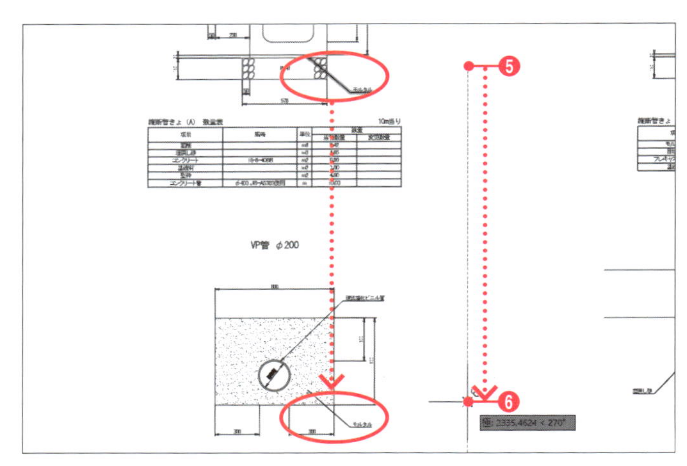

❽複写した引出線の辺りを拡大表示する。
❾引出線の文字部分をダブルクリックする。
❿文字内容を「埋戻し砂」に変更する。
⓫[テキストエディタ]タブー[閉じる]ー[テキストエディタを閉じる]をクリックする。

マルチ引出線の文字の内容が変更されます。

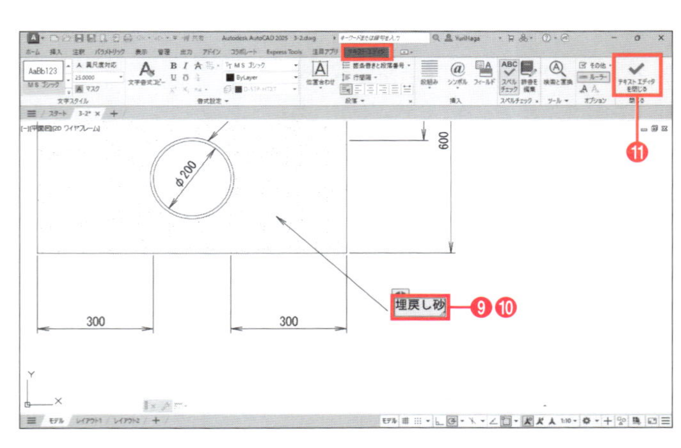

3-3 Excelから表を作成

練習用ファイル「3-3.dwg」(または前節の続きから)、「3-3.xls」

既存のExcelファイルの表をコピーし、AutoCADに貼り付けます。
※この節と次節の手順を行うには、Microsoft Excelが必要です。

3-3-1 Excelでコピー

既存のExcelファイルの表をクリップボードにコピーします。

❶ Excelで、練習用ファイル「3-3.xls」を開く。
❷ セルA2をクリックする。

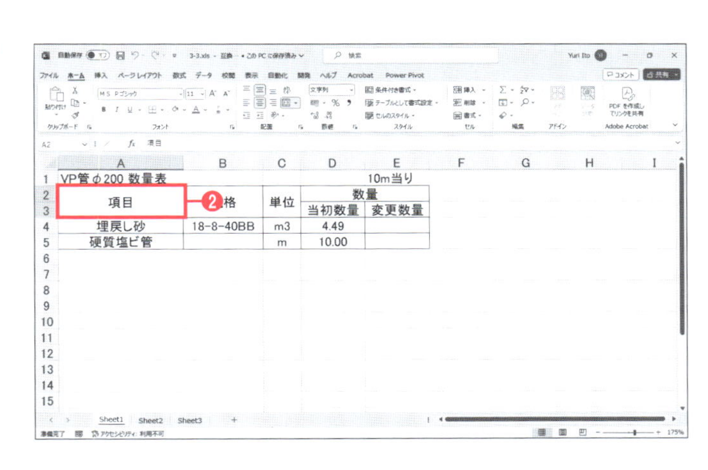

❸ Shift キーを押しながらセルE5をクリックする。
❹ 選択範囲を右クリックして、メニューから[コピー]を選択する。

選択範囲のデータがクリップボードにコピーされます。

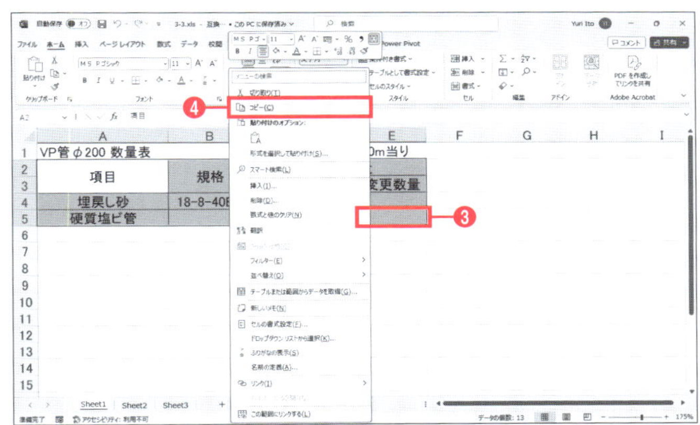

3-3-2 作図準備

❶ AutoCADで、図面内の既存の表の端点Ⓐ、端点Ⓑが見えるよう、図のように表示する。
❷ ステータスバーは[オブジェクトスナップ]、[オブジェクトスナップトラッキング]をオンにする。
❸ [ホーム]タブー[画層]ー[画層]プルダウンメニューをクリックし、[D-MTR]をクリックして選択する。

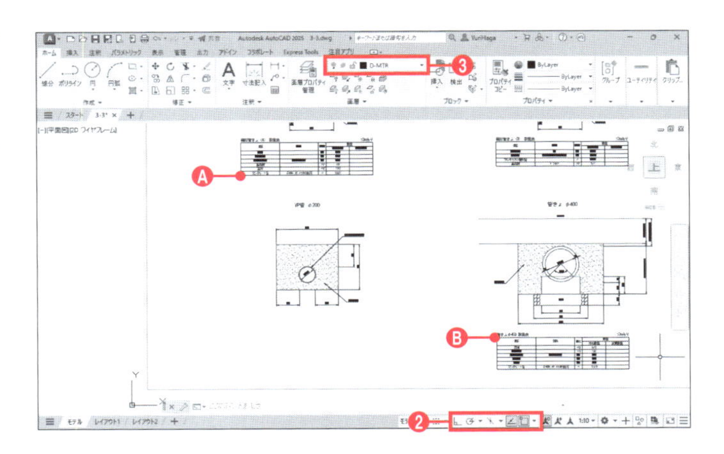

作図領域の背景色が既定の濃いグレーの場合、Excelの表を貼り付ける前に「黒」に変更してください。変更しないと、表の文字が黒で作成され、見えにくくなります。

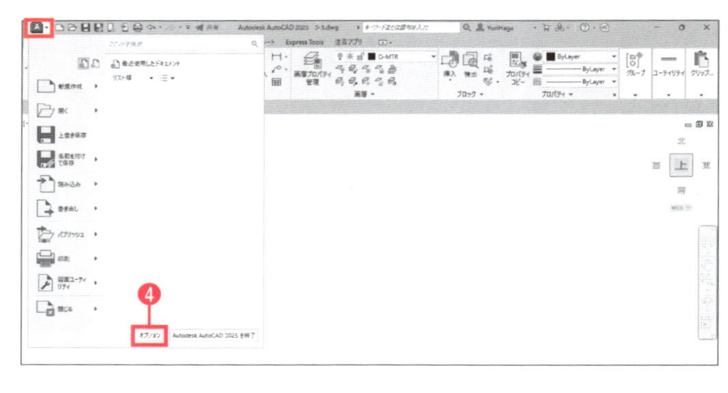

❹［アプリケーションメニュー］をクリックし、［オプション］ボタンをクリックする。

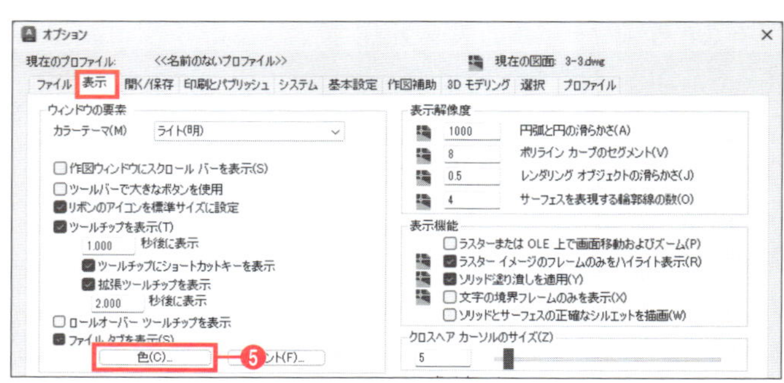

❺［オプション］ダイアログボックスが表示される。［表示］タブをクリックし、［色］ボタンをクリックする。

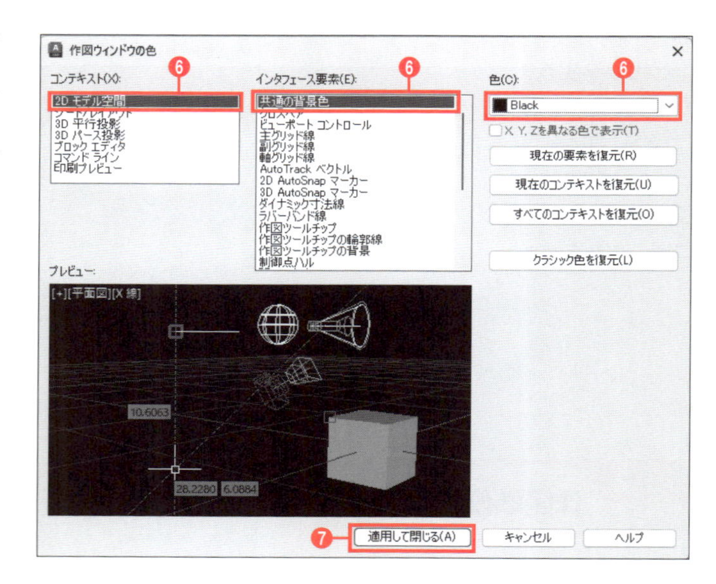

❻［作図ウィンドウの色］ダイアログボックスが表示される。［コンテキスト］から［2Dモデル空間］、［インタフェース要素］から［共通の背景色］、［色］から［Black］を選択する。

❼［適用して閉じる］ボタンをクリックする。

❽［オプション］ダイアログボックスに戻る。［OK］ボタンをクリックする。

作図領域の背景色が黒に変更されます。

3-3-3 AutoCADで貼り付け

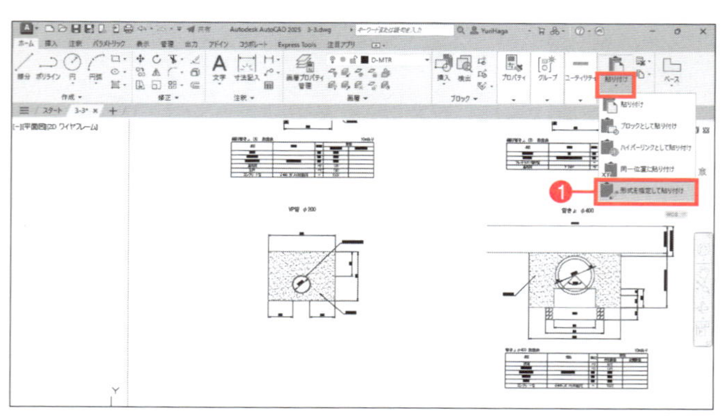

❶［ホーム］タブ－［クリップボード］－［形式を指定して貼り付け］をクリックする。

［形式を指定して貼り付け］は、［貼り付け］の文字部分をクリックすると表示されます。

❷［形式を選択して貼り付け］ダイアログボックスが表示される。［貼り付ける形式］から［AutoCAD図形］を選択する。
❸［OK］ボタンをクリックする。

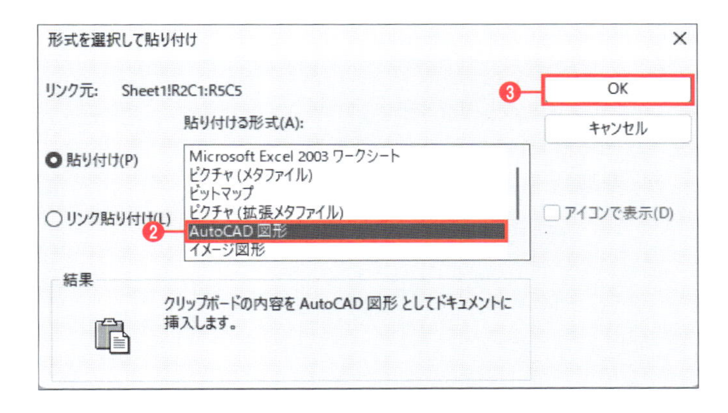

❹図に示した点Ⓐにカーソルを当てる（クリックはしない）。
❺カーソルを下方向に動かし、垂直の位置合わせパスを表示させる。

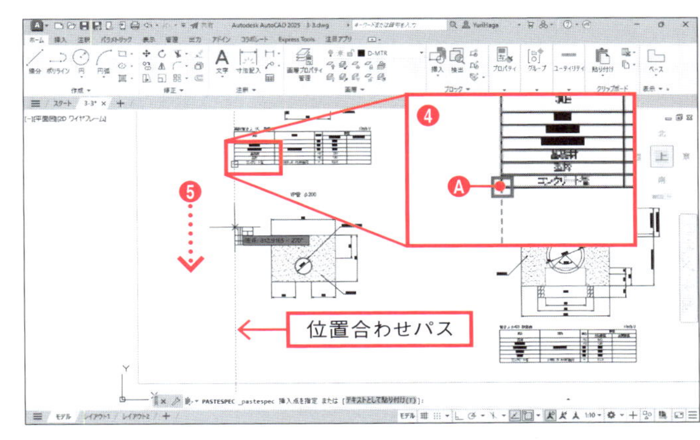

❻図に示した点Ⓑにカーソルを当てる（クリックはしない）。
❼カーソルを左方向に動かし、水平の位置合わせパスを表示させる。
❽2本の位置合わせパスが交わる点をクリックする。

表が貼り付けられますが、このままでは表が小さすぎて見にくいので、セルの幅や高さを調整します。

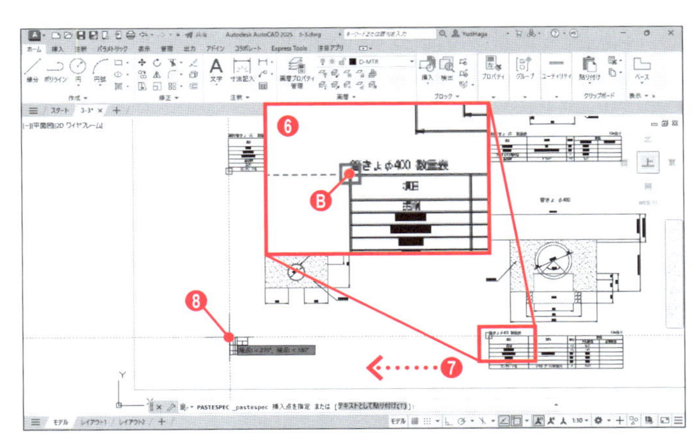

オブジェクトスナップトラッキングについて

オブジェクトスナップトラッキングは、スナップの対象点にカーソルを当てる（クリックしない）だけで位置合わせパスを表示し、補助線として使用できます。オン／オフはステータスバーのボタンか F11 キーで切り替えられます。パスが表示されない場合は、スナップの対象点に戻してから再試行してください。＋マークが残っていれば、位置合わせ点の取得に成功しています。

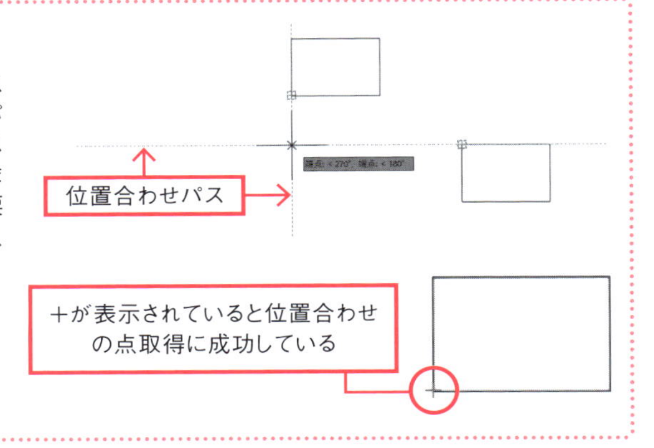

3-3 Excelから表を作成

❾ 貼り付けた表を拡大表示し、クリックして選択する。
❿ 作図領域を右クリックする。
⓫ メニューから[オブジェクトプロパティ管理]を選択する。

[プロパティ]パレットが表示されます。

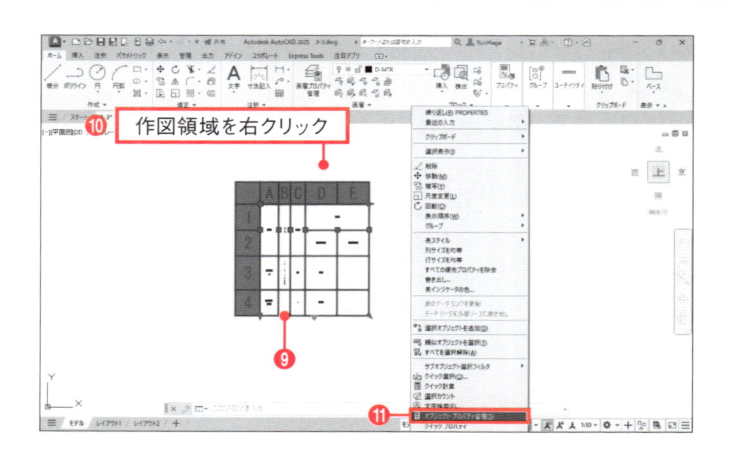

[プロパティ]パレットについて

[プロパティ]パレットでは、選択したオブジェクトに関するさまざまな情報を確認および編集できます。[プロパティ]パレットが画面に見当たらない場合は、左図のようなバーが表示されているので、カーソルを当てて拡張表示してください。

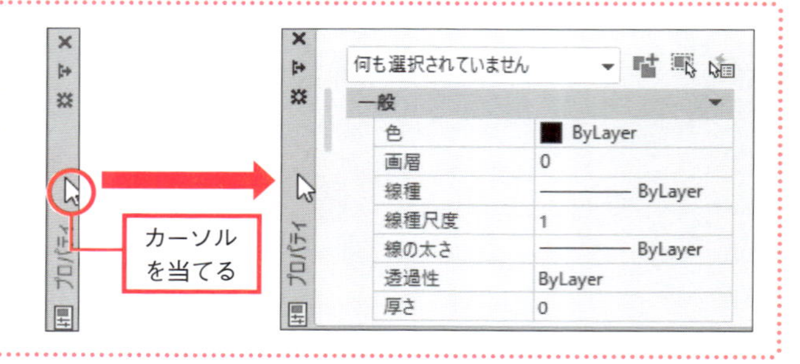

⓬ 表のセルA1-A2をクリックして選択する。
⓭ Shift キーを押しながらセルE4をクリックし、すべてのセルを選択する。

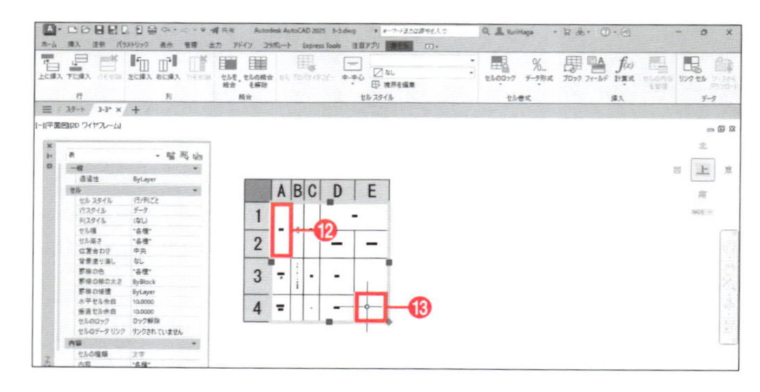

⓮ [プロパティ]パレットの[行スタイル]で[データ変更]を選択する。文字の高さが変更される。
⓯ [セル幅]に「300」と入力、Enter キーを押す。各セルの幅が300に変更される。
⓰ [セル高さ]に「60」と入力、Enter キーを押す。各セルの高さが60に変更される。

手順⓮の操作は、[プロパティ]パレットの[文字の高さ]に「25」を入力しても実行できます。

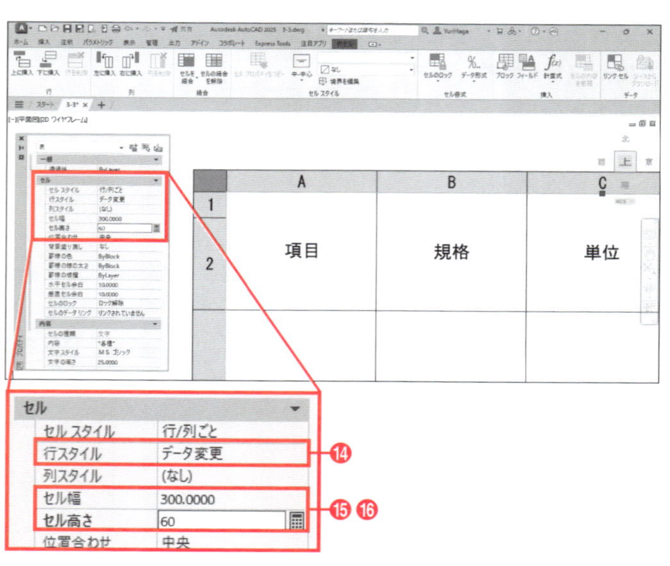

⑰ 表全体が見えるよう、図のように表示する。
⑱ セルA1-A2をクリックして選択する。
⑲ Shift キーを押しながらセルB1-B2をクリックして選択する。
⑳ [セル幅]に「500」と入力、Enter キーを押す。選択したセルの幅が500に変更される。

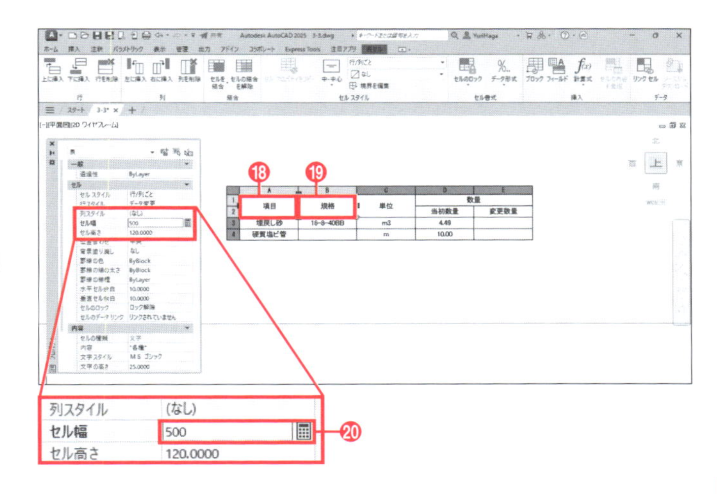

㉑ セルC1-C2をクリックして選択する。
㉒ [セル幅]に「100」と入力、Enter キーを押す。選択したセルの幅が100に変更される。
㉓ ✖をクリックし、[プロパティ]パレットを閉じる。
㉔ Esc キーを押して表の選択を解除する。

セルの幅や高さの調整が完了します。

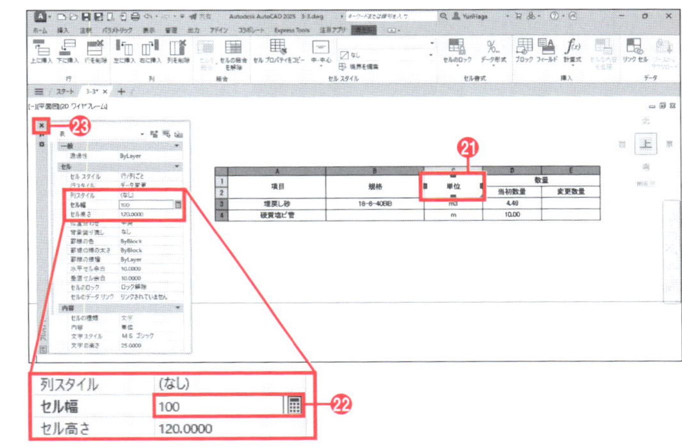

表の文字を編集

表の挿入後に文字を編集したい場合は、次の操作を行ってください。

❶ 編集するセルの内側をダブルクリックする。セルがアクティブになり、[テキストエディタ]タブが表示される。
❷ 文字内容を編集する。
❸ [テキストエディタ]タブ－[閉じる]－[テキストエディタを閉じる]✔をクリックする。

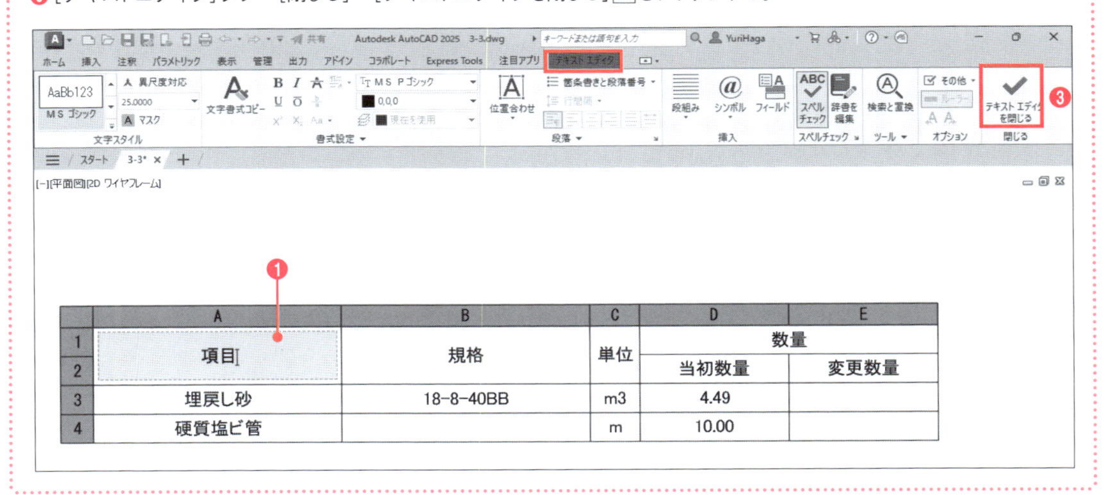

	A	B	C	D	E
1	項目	規格	単位	数量	
2				当初数量	変更数量
3	埋戻し砂	18-8-40BB	m3	4.49	
4	硬質塩ビ管		m	10.00	

3-3-4 文字の複写と編集

既存の表のタイトルを複写し、文字内容を編集します。

❶ 既存の「縦断管きょ（A）」の表のタイトル文字を選択できるよう、図のように表示する。

❷［ホーム］タブー［修正］ー［複写］をクリックする。

❸ 図に示した2つの文字をクリックして選択する。

❹ Enter キーを押して選択を確定する。

RC40

モルタル

150　20　50　570

❸ 縦断管きょ（A）　数量表

❸ 10m当り

項目	規格	単位	数量	
			当初数量	変更数量
掘削		m3	8.42	
埋戻し砂		m3	4.65	
コンクリート	18-8-40BB	m2	0.99	
基礎材		m2	7.00	
型枠		m2	4.60	
コンクリート管	φ400 JIS-A5303使用	m	10.00	

❺ 複写元の表の左上端点をクリックして選択する。

❻ 複写先の表の左上端点をクリックして選択する。

表のすぐ上に2つの文字が複写されます。

❼ Enter キーを押して［複写］コマンドを終了する。

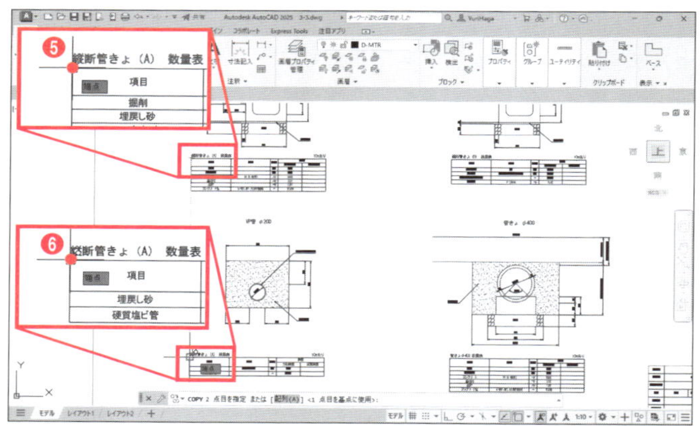

❽ VP管の表を拡大表示する。

❾ 手順❷～❼で複製した左側の文字をダブルクリックする。

❿ 既存の文字を「**VP管φ200　数量表**」と上書きする。

⓫ Enter キーを2回押す。1回目で文字の内容を確定し、2回目で［文字編集］コマンドを終了する。

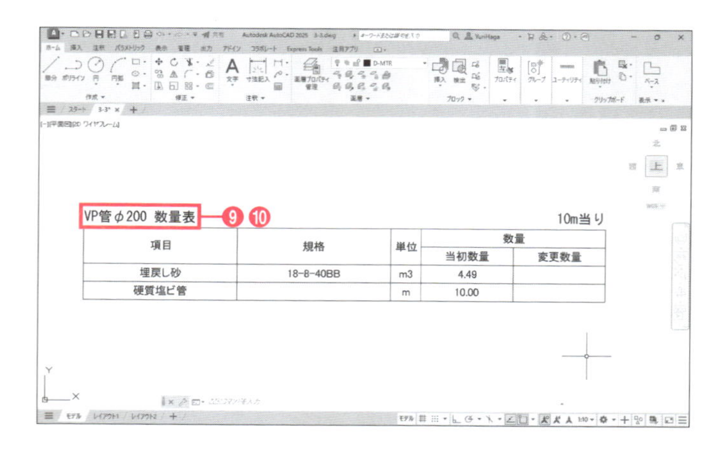

AutoCADでは、コマンドや数値を半角で入力します。文字入力が終わったら、必ず入力モードを［半角英数字］に戻すようにしてください。

3-4 Excelに図を挿入

練習用ファイル「3-4.dwg」(または前節の続きから)、「3-4.xls」

AutoCADの図形をExcelに貼り付ける場合、通常のコピー/貼り付け操作を行ったのでは、線の色は画面上の表示色そのままで、線の太さは細く、見にくい図となってしまいます。線の色や太さは印刷機能を使ってコントロールし、レイアウトに印刷時の状態を表示して、Excelに貼り付けます。

3-4-1 貼り付け用の図形を用意

図面枠外に図形を複写し、Excel貼り付け用として修正します。

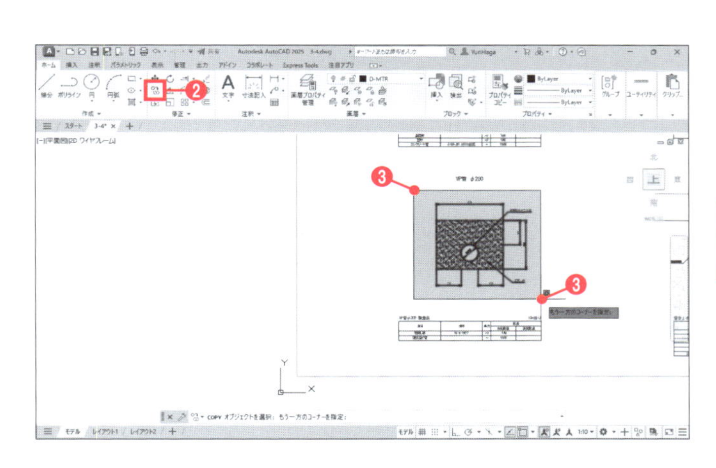

❶ VP管φ200と、左側に図面枠外の余白が表示されるよう、図のように表示する。
❷ [ホーム]タブー[修正]ー[複写]をクリックする。
❸ 複写元の図形を囲うように2点をクリックして選択し、Enterキーを押して選択を確定する。
❹ 複写元の図形の近く、任意の点をクリックする。
❺ 図面枠外の任意の点をクリックする。

VP管φ200が図面枠外に複写されます。

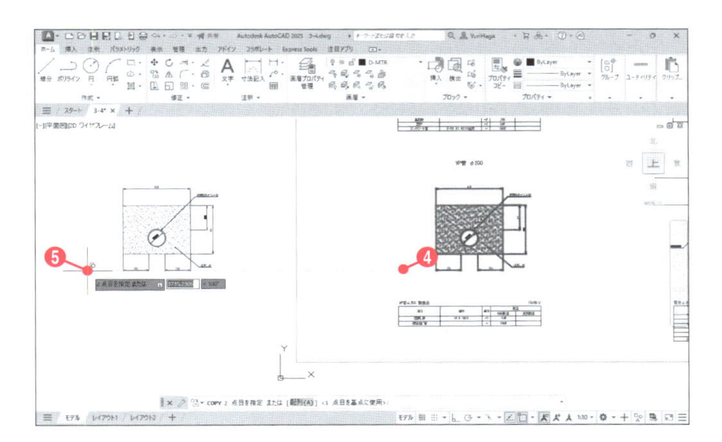

❻ Enterキーを押して[複写]コマンドを終了する。

貼り付け用に複写した図形の、線の太さを変更します。

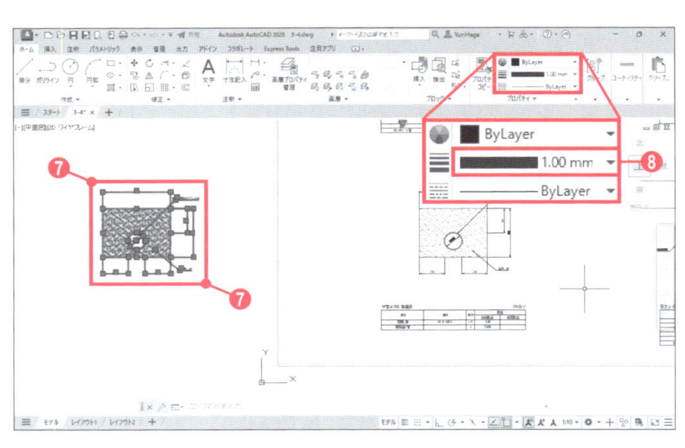

❼ 複写した図形を囲うように2点をクリックして選択する。
❽ [ホーム]タブー[プロパティ]ー[線の太さ]をクリックし、[1.00mm]をクリックして選択する。

線の太さが変更されます。

❾ Escキーを押して図形の選択を解除する。

3-4-2 レイアウトの設定

Excelに図を貼り付けるにはレイアウトを利用します。レイアウトについて詳しくはP.258の6-5を参照してください。

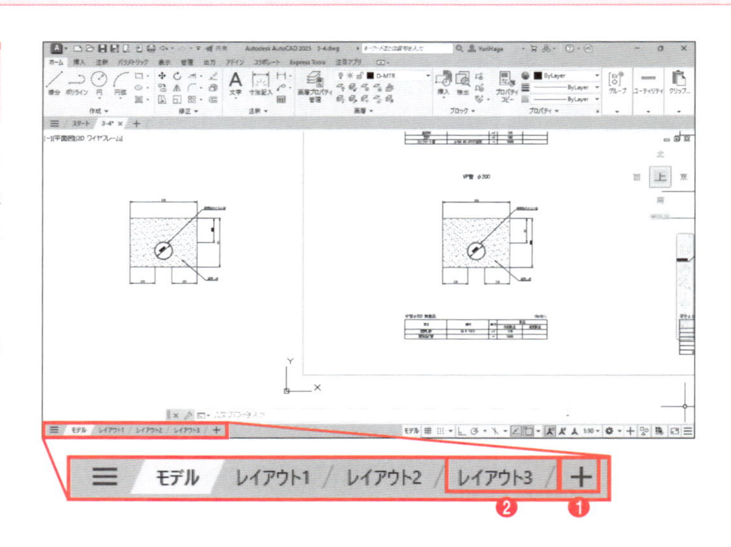

❶ 画面下の[レイアウト2]タブの右の[+]ボタンをクリックする。

[レイアウト3]が新しく作成されます。

❷ [レイアウト3]タブをクリックする。

作図領域に[レイアウト3]タブの内容が表示されます。

ここまでの作業で表示されていたのは[モデル]タブなので、戻りたい場合は[モデル]タブをクリックしてください。

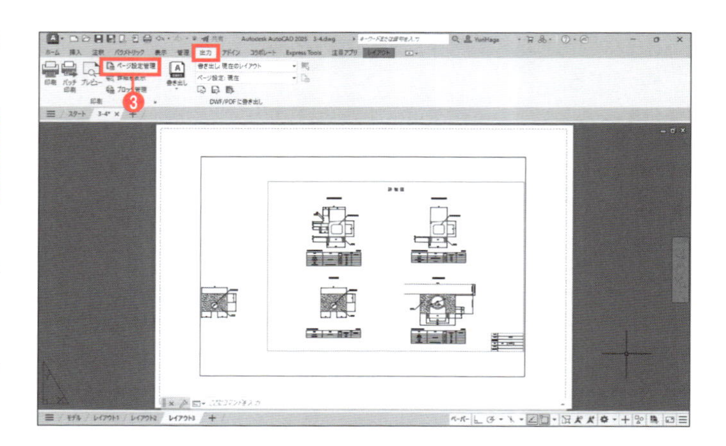

印刷時の線の色と太さが画面に反映されるように設定します。

❸ [出力]タブ－[印刷]－[ページ設定管理]をクリックする。

❹ [ページ設定管理]ダイアログボックスが表示される。[レイアウト3]を選択し、[修正]ボタンをクリックする。

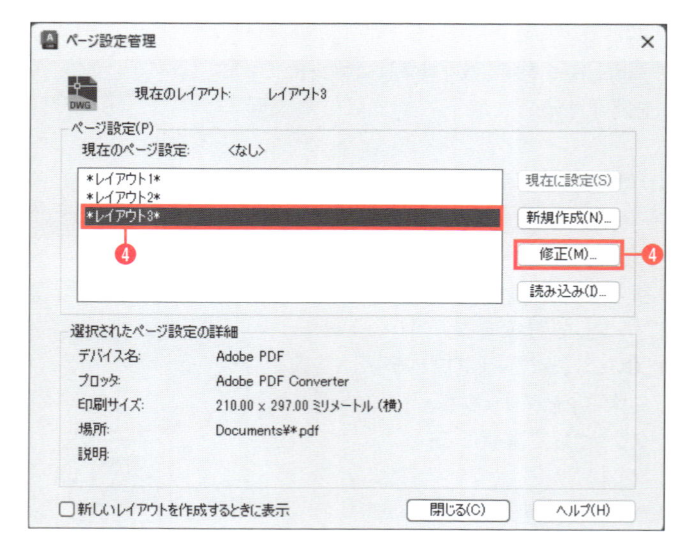

❺［ページ設定］ダイアログボックスが表示される。［印刷スタイルテーブル］から［monochrome.stb］を選択し、［印刷スタイルを表示］にチェックを入れる。
❻［OK］ボタンをクリックする。
❼［ページ設定管理］ダイアログボックスに戻るので、［閉じる］ボタンをクリックする。

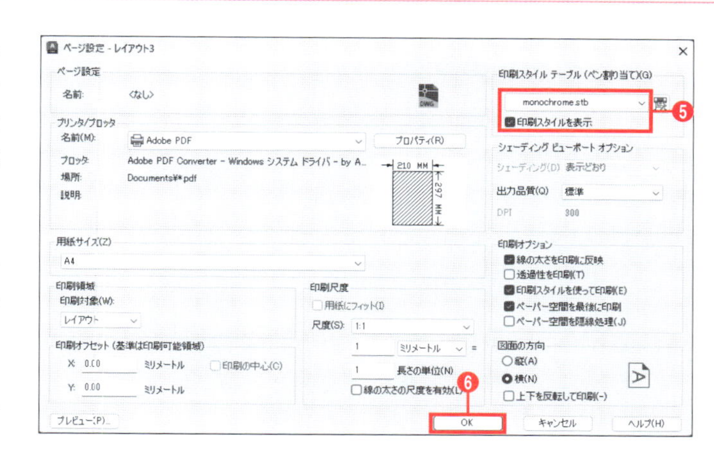

印刷スタイルテーブルが反映され、すべての線が黒く表示されます。次に、線の太さを表示します。

❽ステータスバーの右端にある［カスタマイズ］☰をクリックする。
❾［線の太さ］をクリックし、チェックを入れる。
❿ステータスバーに［線の太さ］☰が表示されるので、クリックし、オンにする。

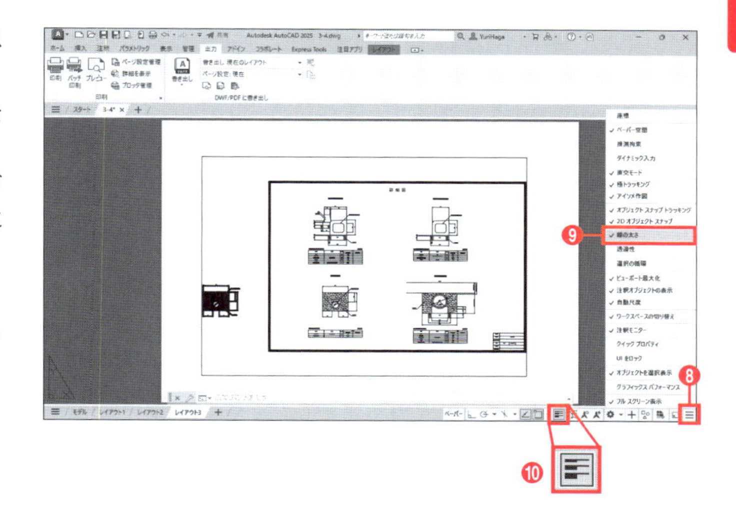

線の太さが画面表示に反映されます。

線の太さが画面表示に反映されない場合

線の太さが画面表示に反映されない場合は、以下の操作で画面上での線の太さの表示倍率を変更してください。

❶ステータスバーの［線の太さ］☰を右クリックし、［線の太さを設定］をクリックする。
❷［線の太さを設定］ダイアログボックスが表示される。［表示倍率を調整］のスライドバーを［最大］側（右側）に移動し、［OK］ボタンをクリックする。

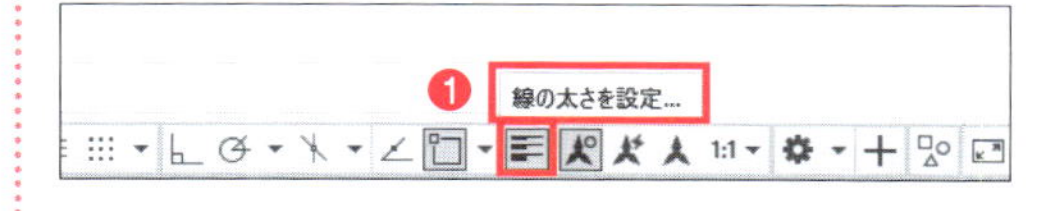

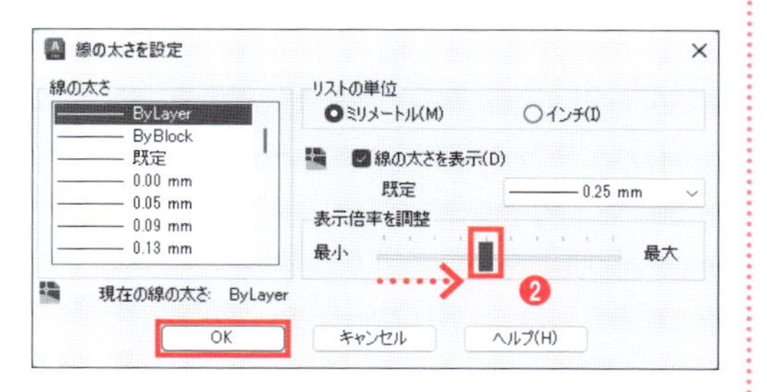

3-4-3 AutoCADでコピー

ビューポートには[モデル]タブ全体が表示されています。そのため、Excelに貼り付ける図の範囲のみをビューポートに表示し、コピーします。

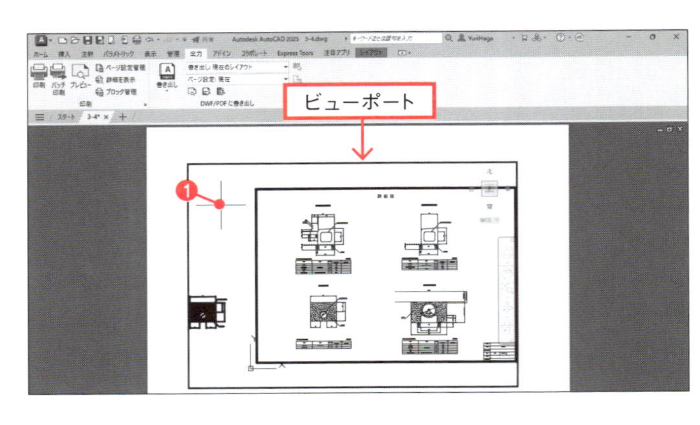

❶ビューポートの内側をダブルクリックする。ビューポートの枠が太く表示される。

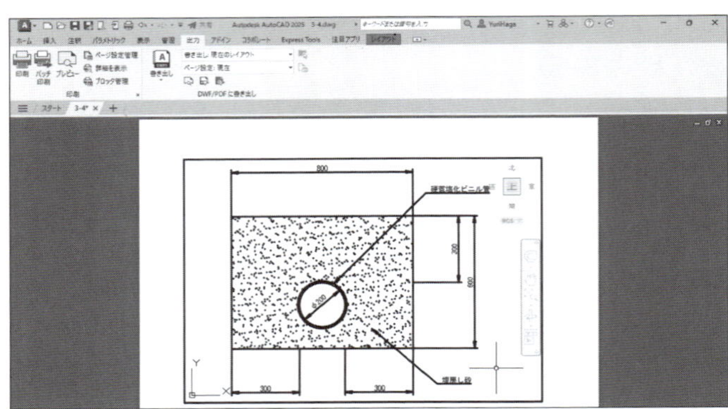

❷[窓ズーム](P.26の**1-3-1**参照)やマウスのホイール操作などで、**3-4-1**で複写したVP管φ200がビューポート内に大きく見えるよう、図のように拡大表示する。

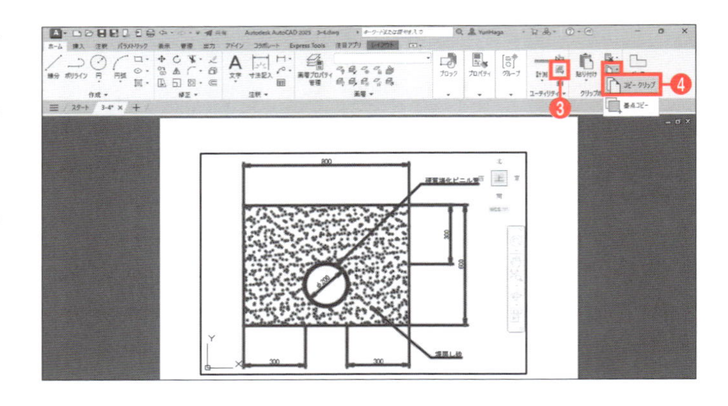

❸[ホーム]タブー[ユーティリティ]ー[すべて選択]をクリックする。

❹[ホーム]タブー[クリップボード]ー[コピークリップ]をクリックする。

VP管φ200がクリップボードにコピーされます。

3-4-4 Excelに貼り付け

AutoCADでコピーした図をExcelのドキュメントに貼り付けます。

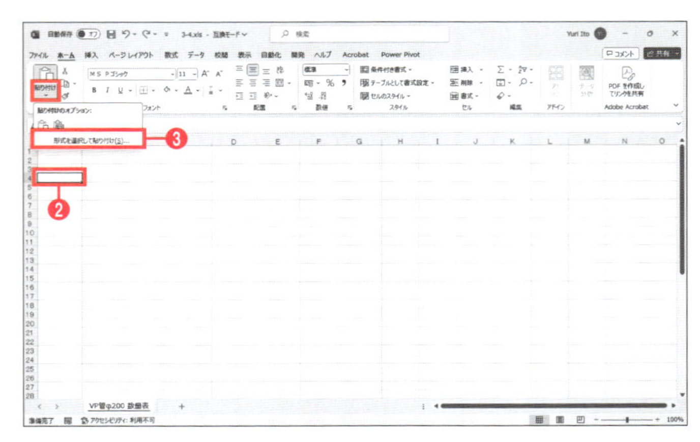

❶Excelで、練習用ファイル「3-4.xls」を開く。

❷貼り付けるセル(ここではA4)をクリックして選択する。

❸[ホーム]タブー[クリップボード]ー[貼り付け]をクリックし、[形式を選択して貼り付け]をクリックする。

❹［形式を選択して貼り付け］ダイアログボックスが表示される。［図（拡張メタファイル）］を選択し、［OK］ボタンをクリックする。

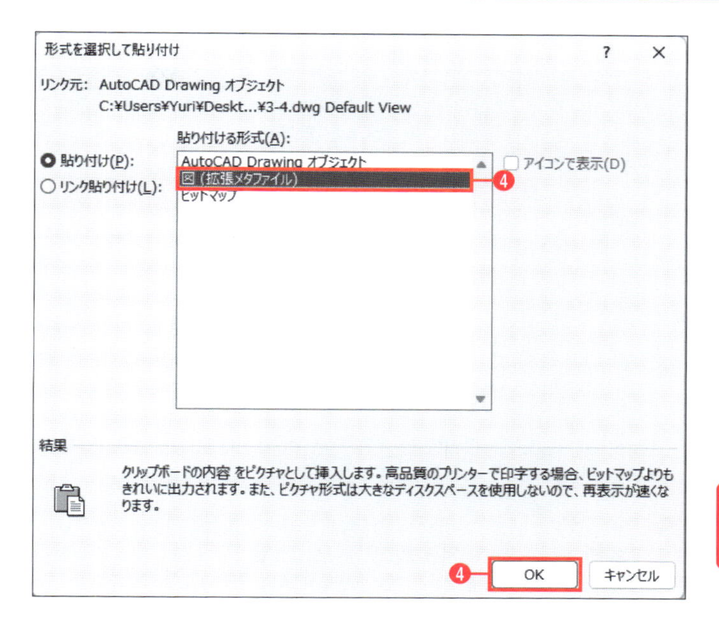

AutoCADでコピーした図がExcelに貼り付けされます。

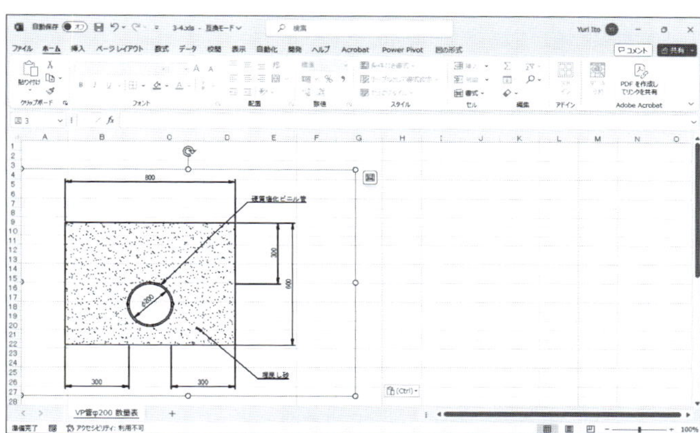

印刷時の線の太さと色について

Excelに貼り付けた図に、図面内の線の太さや色の設定が反映されていない場合は、［ページ設定］ダイアログボックス（P.80の手順❸～P.81の手順❺を参照）で以下の設定を確認してください。

■ **線の太さを反映するには**

［印刷オプション］欄の［線の太さを印刷に反映］にチェックを入れる。

■ **色を反映するには**

［印刷オプション］欄の［印刷スタイルを使って印刷］にチェックを入れる。

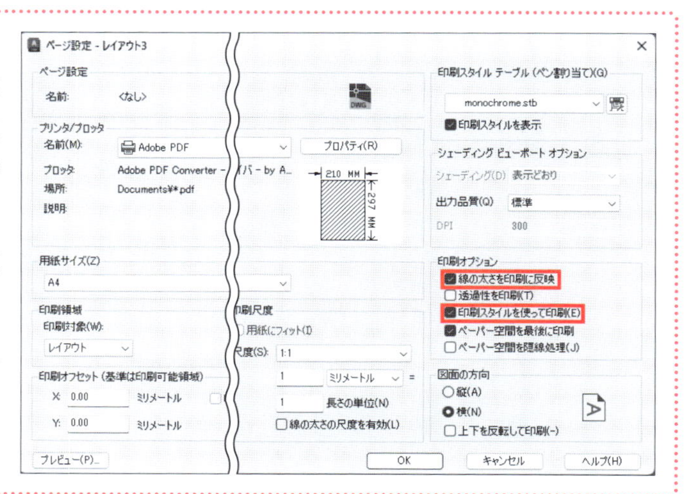

古いバージョンのDWGファイルで保存する

新しいバージョンのDWGを古いバージョンのAutoCADで開くことはできません。DWGファイルのやり取りをする場合には、バージョンを確認して保存する必要があります。

AutoCAD/AutoCAD LTのバージョン	DWGファイルのバージョン
2000・2000i・2002	2000形式DWG
2004・2005・2006	2004形式DWG
2007・2008・2009	2007形式DWG
2010・2011・2012	2010形式DWG
2013・2014・2015・2016・2017	2013形式DWG
2018・2019・2020・2021・2022・2023・2024・2025	2018形式DWG

AutoCAD 2025のDWGファイルのバージョンは2018形式DWGですが、ここでは、2010形式DWGで保存を行う方法を紹介します。

❶ クイックアクセスツールバーの[名前を付けて保存]ボタンをクリックする。
❷ [名前を付けて保存]ダイアログボックスが表示される。[ファイル名]欄にファイル名を入力する。
❸ [ファイルの種類]をクリックし、[AutoCAD 2010/LT2010図面(*.dwg)]を選択する。
❹ [保存]ボタンをクリックする。

上書き保存をした場合のDWGのバージョンを指定するには、以下の設定を行ってください。

❶ [アプリケーションメニュー]をクリックし、[オプション]ボタンをクリックする。
❷ [オプション]ダイアログボックスが表示される。[開く/保存]タブをクリックする。
❸ [名前を付けて保存のファイル形式]から[AutoCAD 2010/LT2010図面(*.dwg)]を選択する。
❹ [OK]ボタンをクリックする。

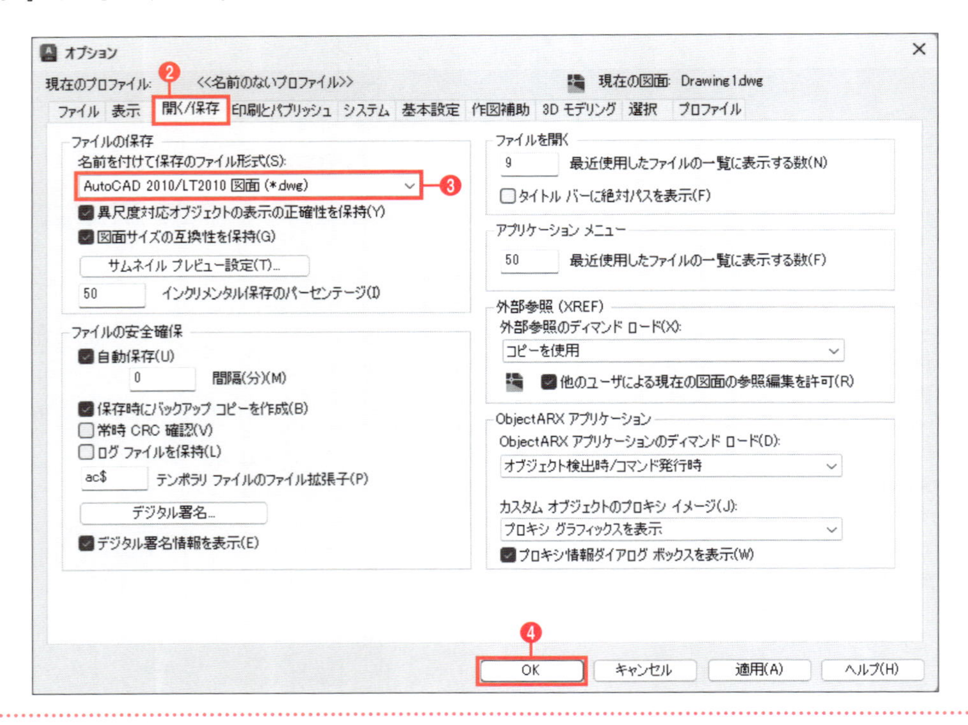

参考図の作図

この章では、ブロック（複合図形）の挿入方法と、ブロックからダイナミックブロック（変形可能な複合図形）を作成する手順を練習します。また、図面への写真の貼り付け方法と、貼り付けた写真が表示されなくなった場合の対処方法、AutoCADにおける図面尺度の考え方についても解説します。

この章のポイント

- ブロックの挿入
- AutoCADの図面尺度の考え方
- ダイナミックブロックの作成
- ダイナミックブロックの挿入
- イメージファイルのアタッチ（写真の貼り付け）
- アタッチファイルが見つからない場合の対処
- 文字記入
- 相対座標

この章で作図する図面

ある施設の敷地内の道路平面図を完成させます。A1の図面枠を作成し、参考写真の撮影場所と方向を示すバルーンを挿入します。さらに、図面の右上に参考写真を貼り付けます。

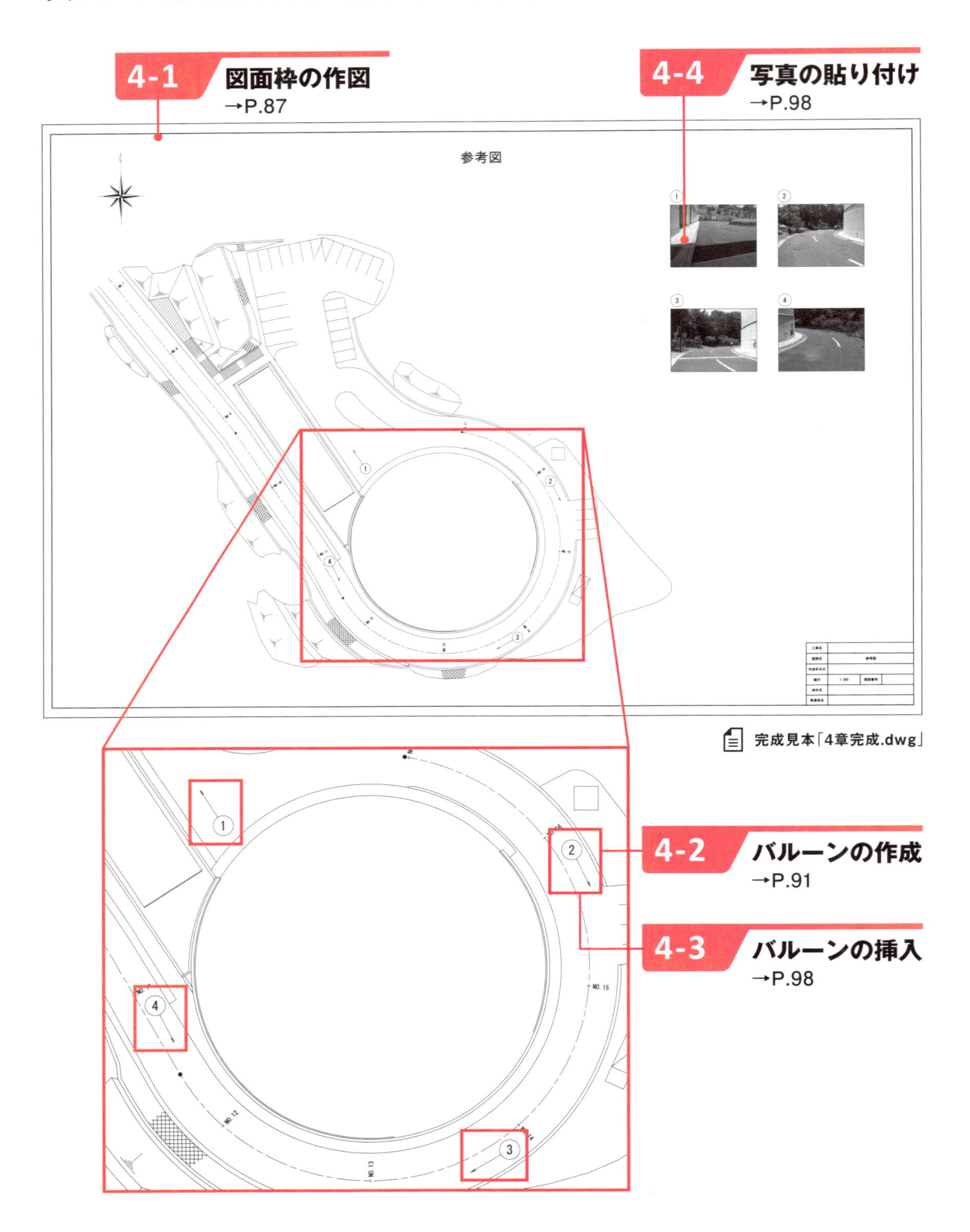

完成見本「4章完成.dwg」

4-1 図面枠の作図

練習用ファイル「4-1.dwg」

練習用ファイル「4-1.dwg」に、あらかじめ用意しておいたA1の図面枠のブロックを挿入します。ブロックについてはP.88を参照してください。

4-1-1 ブロックの挿入

［ブロック挿入］コマンドを使って、A1の図面枠を挿入します。

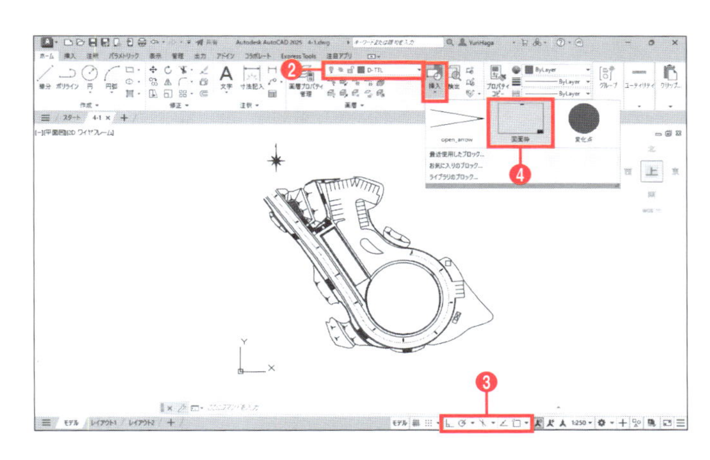

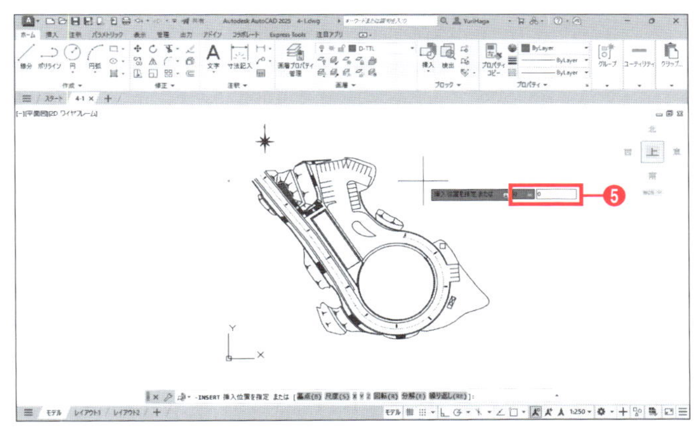

❶ 練習用ファイル「4-1.dwg」を開く。
❷ ［D-TTL］が現在画層であることを確認する。
❸ ステータスバーの作図補助機能（直交モード、極トラッキング、オブジェクトスナップなど）はすべてオフにする。
❹ ［ホーム］タブー［ブロック］ー［挿入］をクリックし、［図面枠］をクリックする。
❺ ツールチップに「挿入位置を指定」と表示される。「0,0」と入力し、Enterキーを押す。

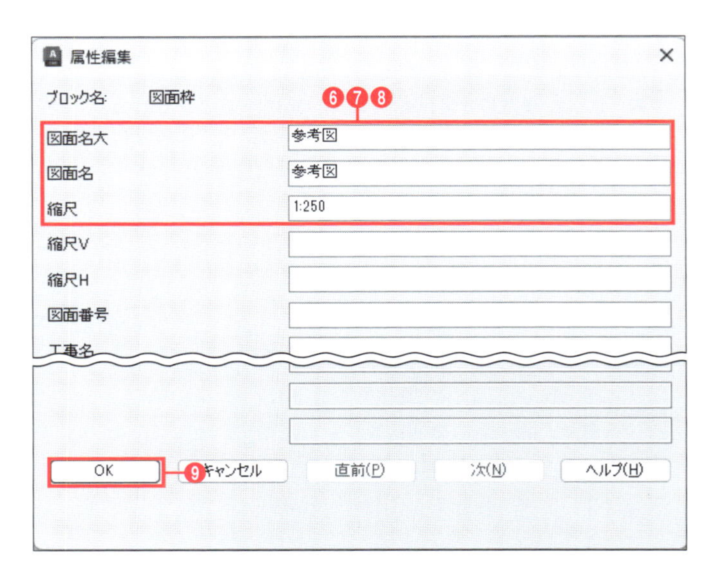

❻ ［属性編集］ダイアログボックスが表示される。［図面名大］に「参考図」と入力する。
❼ ［図面名］に「参考図」と入力する。
❽ ［縮尺］に「1:250」と入力する。
❾ ［OK］ボタンをクリックする。

原点(X=0、Y=0)の位置に図面枠のブロックが挿入されますが、とても小さく表示されています。次項で大きさ(尺度)の変更を行います。

UCSアイコンが表示されている場所が原点になります。

Y
X
原点

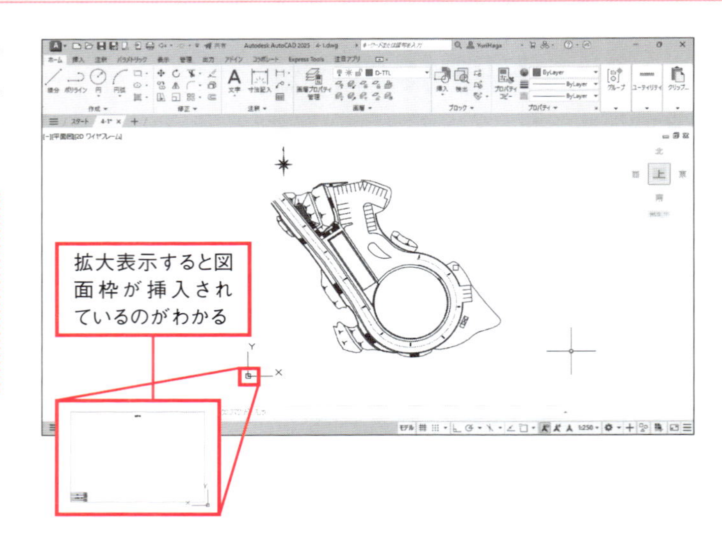

原点とUCSアイコンの表示について

UCSアイコンは、原点(X=0、Y=0)の位置とX軸、Y軸方向を示すアイコンです。原点が作図領域内にある場合は原点の位置に表示され(左図)、作図領域内にない場合は画面の左下に表示されます(右図)。

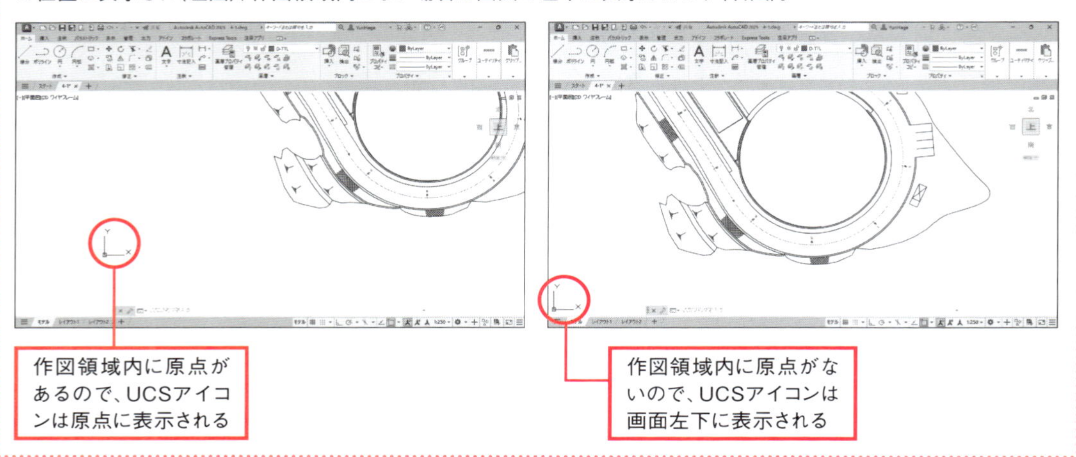

ブロックについて

ブロックとは、複数のオブジェクト(図形)を1つのオブジェクトとして扱うことができる機能です。この章で使用する図面枠のブロックには、線分やブロック属性(ブロック内で使用する文字列)が登録されています。

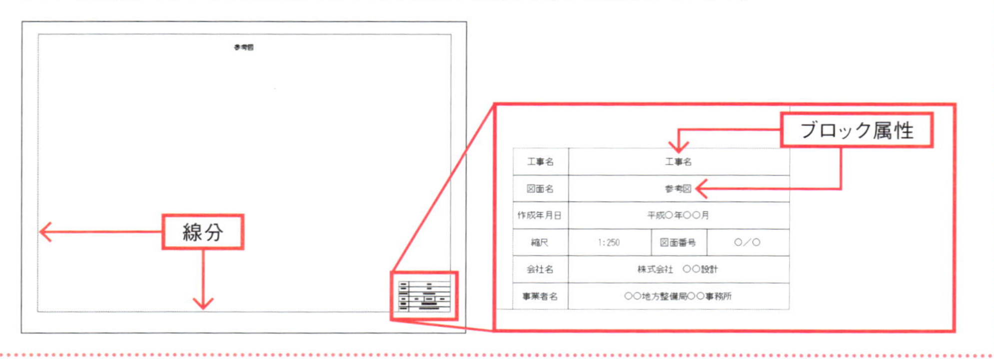

4-1-2 ブロックの尺度変更

AutoCADでの図面縮尺の考え方を説明します。
前項で挿入した図面枠のブロックはA1サイズ（841mm×594mm）で作成されています。AutoCADではすべてを原寸で書くので、この参考図（幅が150mほどあります）は841mm×594mmには収まりません。通常の縮尺の考え方では、平面図を縮小して図面枠内に収めますが、AutoCADでは縮尺の逆数をかけて図面枠を大きくします。この参考図の場合、縮尺は1:250なので、図面枠を250倍します。

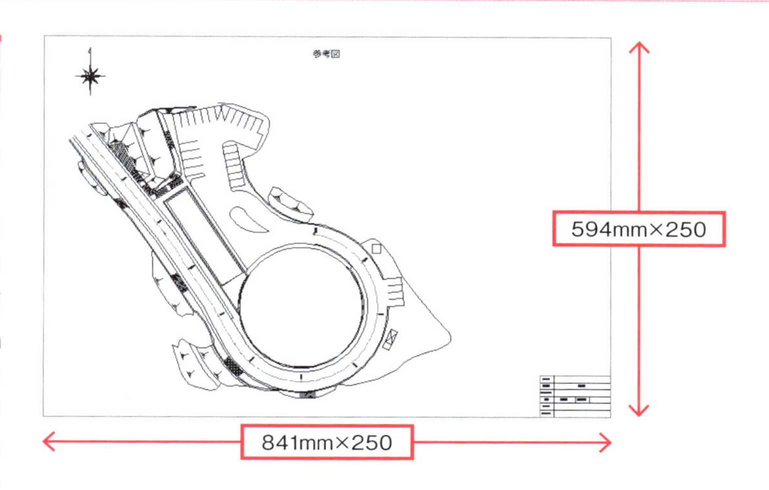

❶ 原点付近を拡大表示し、図面枠のブロックが挿入されていることを確認する。
❷ 図面枠をクリックして選択する。
❸ 作図領域を右クリックする。
❹ メニューから［オブジェクトプロパティ管理］を選択する。

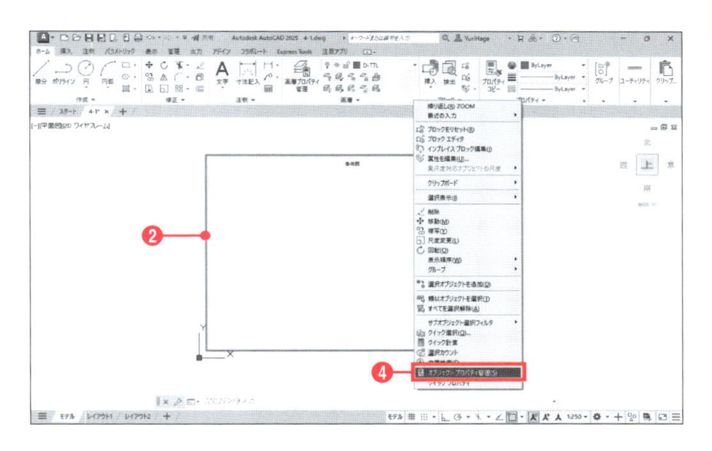

❺［プロパティ］パレットが表示される。［尺度X］［尺度Y］［尺度Z］にそれぞれ「250」と入力する。
❻ ☒をクリックして［プロパティ］パレットを閉じる。

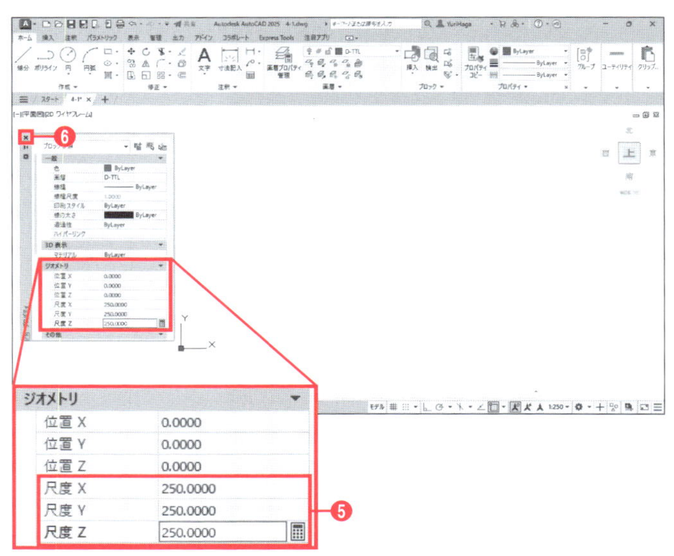

4-1 図面枠の作図

❼ 図面を全体表示する。

❽ Esc キーを押して図面枠の選択を解除する。

図面枠の幅と高さが250倍され、平面図が図面枠内に収まります。

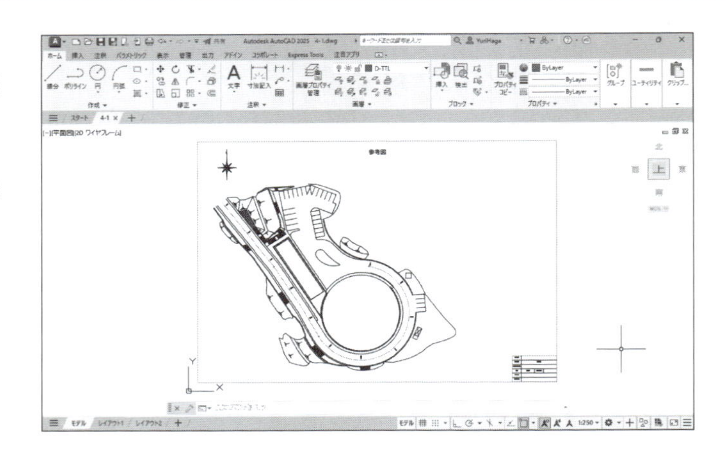

ブロック挿入の尺度について

ここでは、図面枠の大きさを説明するために、P.87の**4-1-1**の手順❺でブロック挿入時に尺度を指定しませんでしたが、次の手順で図面の縮尺の逆数（この例では「250」）を入力しておくと、後から大きさを調整せずに済みます。

❶ ［ホーム］タブー［ブロック］ー［挿入］をクリックし、［図面枠］をクリックする。

❷ ツールチップに「挿入位置を指定」と表示される。作図領域を右クリックしてメニューから［尺度］を選択する。

❸ 「**250**」と入力し、Enter キーを押す。

❹ 再びツールチップに「挿入位置を指定」と表示される。「**0,0**」と入力し、Enter キーを押す。

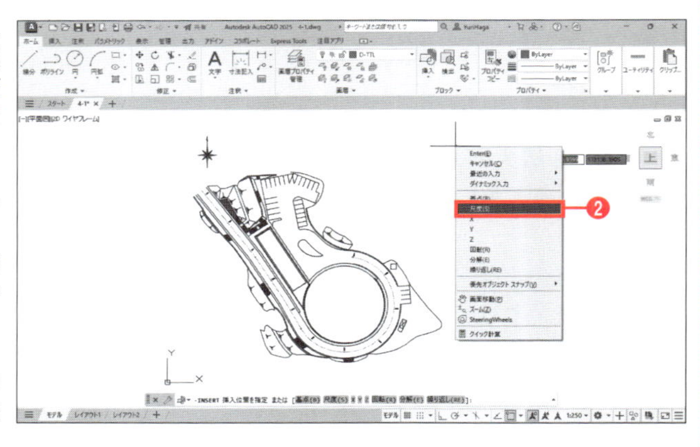

ブロックの保存場所について

ブロックはファイルごとに保存されています。ここで使用した「4-1.dwg」には「図面枠」ブロックが保存されていますが、ほかのファイルには保存されていません。ほかのファイルのブロックを使用するには、［ブロック］パレット、または「DesignCenter」を使用します。［ブロック］パレットについてはP.98の**4-3-1**、DesignCenterについてはP.264の**6-5-3**を参照してください。

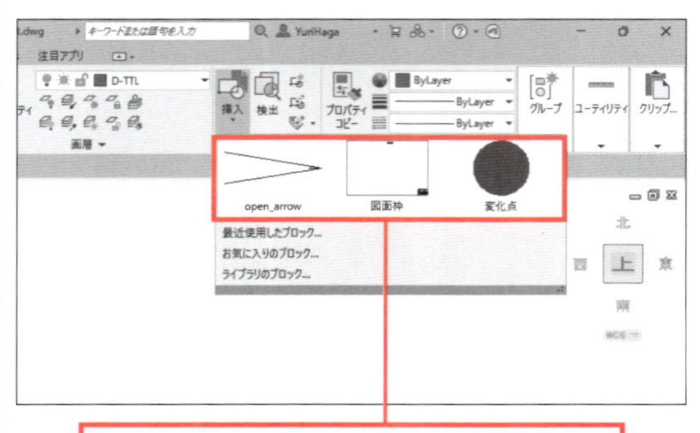

「4-1.dwg」にはブロックが登録されているので、［ブロック挿入］コマンドで選択できる

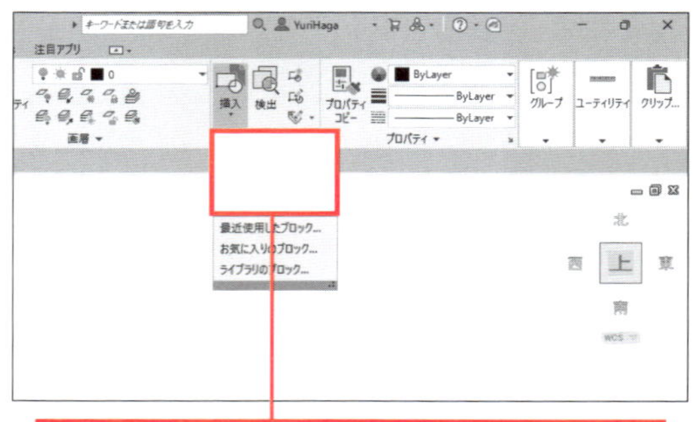

ブロックが登録されていないファイルでは、［ブロック挿入］コマンドでブロックを選択できない

4-2 バルーンの作成

練習用ファイル「4-2_ダイナミックブロック.dwg」

図面に挿入するバルーン記号を、文字内容や矢印の向きの編集が行えるように、ダイナミックブロックで作成します。

4-2-1 ブロック属性の作成

ブロック内の文字は、挿入するブロックごとに変更したいため、「ブロック属性」という特別な文字オブジェクトを利用します。

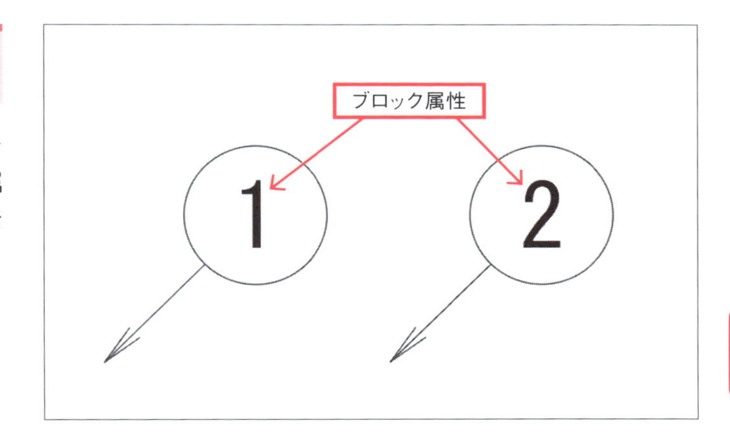

❶ 練習用ファイル「4-2_ダイナミックブロック.dwg」を開く。

ここでは、あらかじめ作成されているブロックを編集します。ブロックの作成方法について、詳しくはP.137の5-1-9を参照してください。

❷ ブロックをクリックして選択する。
❸ 作業領域を右クリックしてメニューから[ブロックエディタ]を選択する。

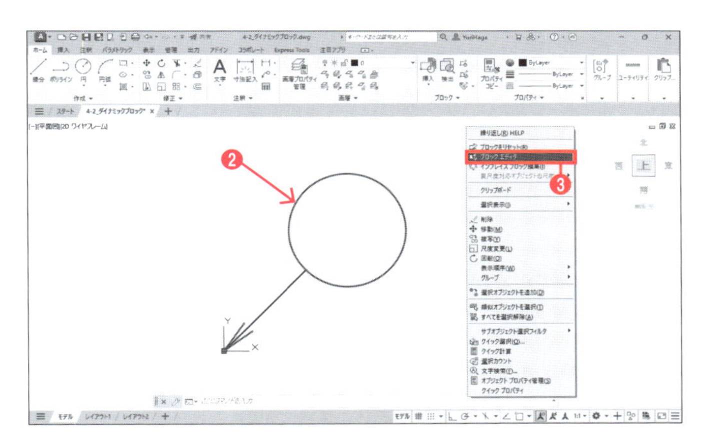

画面が図のような「ブロックエディタ」に切り替わります。ブロックエディタではブロックの編集を行うほか、ダイナミックブロックに関するさまざまな設定を行います。

❹ ステータスバーの[オブジェクトスナップ]をオンにする。
❺ [ブロックエディタ]タブー[アクションパラメータ]ー[属性定義]をクリックする。

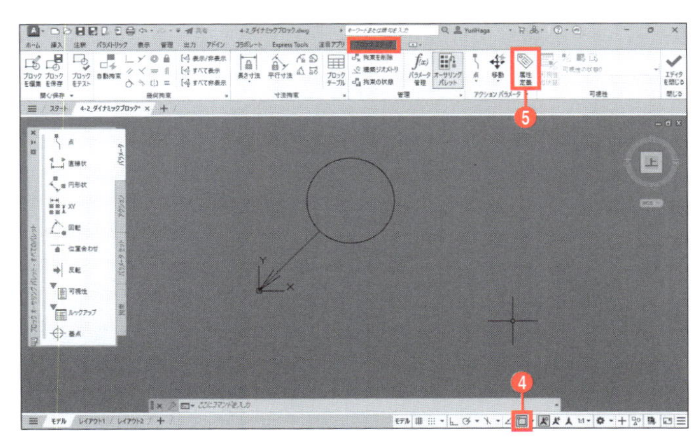

[属性定義]ダイアログボックスが表示されます。

ここで作成するブロックは、挿入時に尺度を設定するために、印刷時の大きさで作成します。ブロック属性の文字高さは5mmになります。

❻[名称]に「NO」と入力する。
❼[既定値]に「1」と入力する。
❽[位置合わせ]から[中央]を選択する。
❾[文字スタイル]から[MSゴシック]を選択する。
❿[文字の高さ]に「5」と入力する。
⓫[OK]ボタンをクリックする。
⓬円の中心をクリックする。

ブロック属性が作成されます。

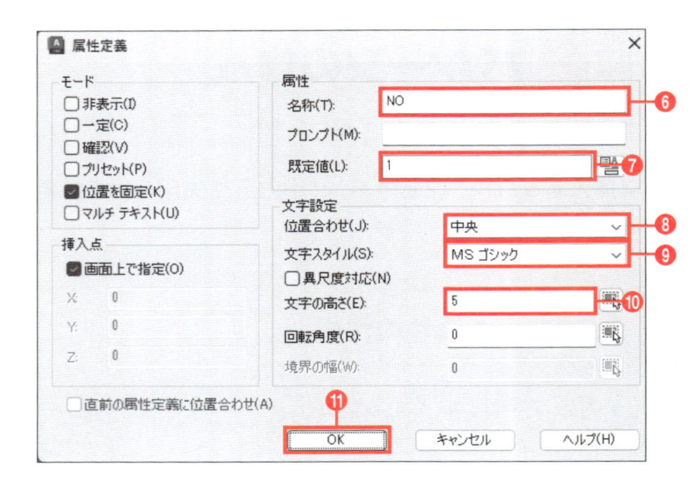

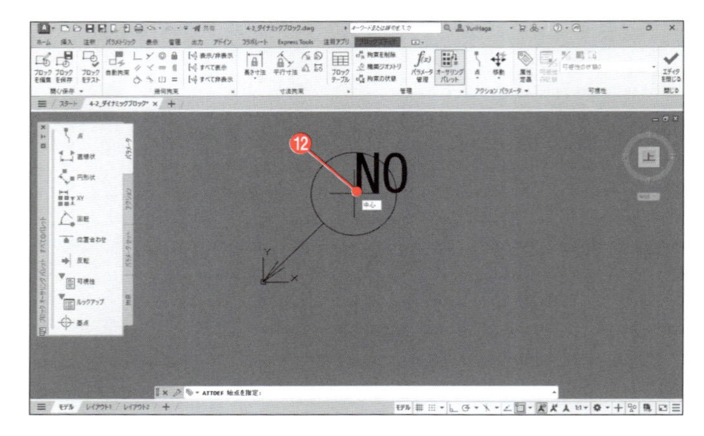

4-2-2 ダイナミックブロックの作成

図面記号をダイナミックブロックで作成すると、記号の形状を柔軟に変更できます。ここでは、バルーン記号の矢印の向きを簡単に変更できるようにします。

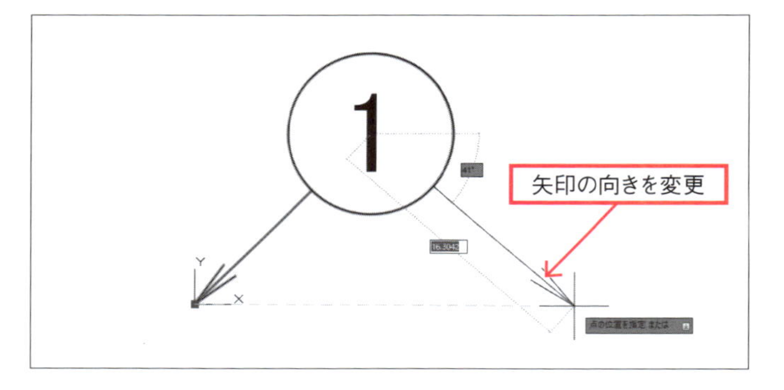

はじめに、パラメータを作成します。ここでは、距離と角度が指定できる「円形状」パラメータを使用します。
パラメータを作成することにより、ブロックの形状を変更する位置にグリップが表示されます。

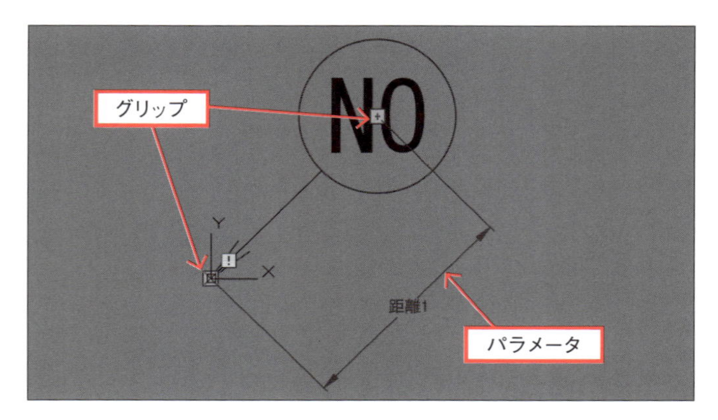

❶［ブロックオーサリングパレット］の［パラメータ］タブをクリックする。
❷［円形状］をクリックする。
❸ 矢印の端点をクリックする。
❹ 円の中心をクリックする。
❺ パラメータを配置する任意の位置をクリックする。

円形状パラメータが作成されます。

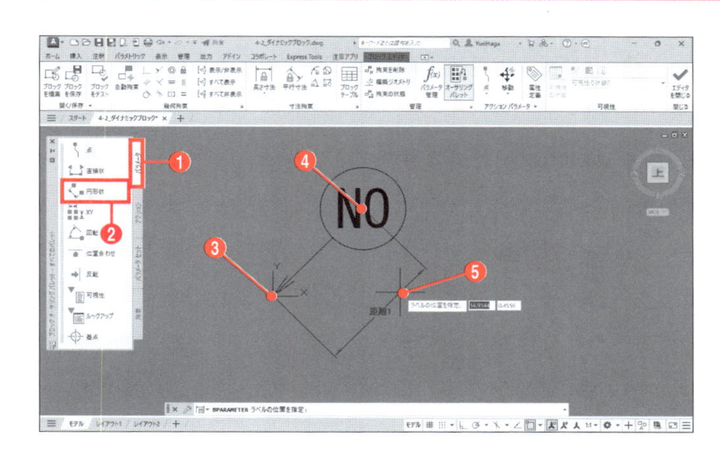

［ブロックオーサリングパレット］が表示されていない場合は、［ブロックエディタ］タブー［管理］ー［オーサリングパレット］をクリックしてオンにしてください。

円と線分の形状を変更するために、「アクション」を作成します。アクションは、パラメータの変更に応じてブロックの位置や形状を自動的に変更する機能です。ここでは、回転しながらストレッチ（伸縮）する「円形状ストレッチ」アクションを作成します。

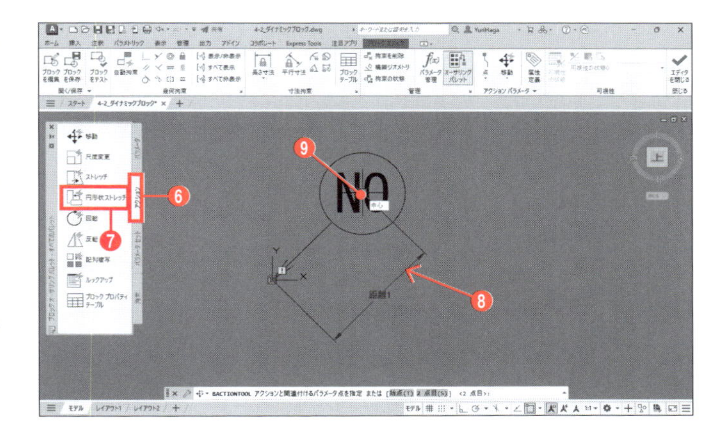

❻［ブロックオーサリングパレット］の［アクション］タブをクリックする。
❼［円形状ストレッチ］をクリックする。
❽ パラメータをクリックして選択する。
❾ パラメータ点として、円の中心のグリップが表示されている位置をクリックする。
❿ ストレッチ（伸縮）する部分（ここでは円の辺り）を囲うように2点をクリックする。

ストレッチする部分の囲み方については、P.226「［ストレッチ］コマンドについて」を参照してください。

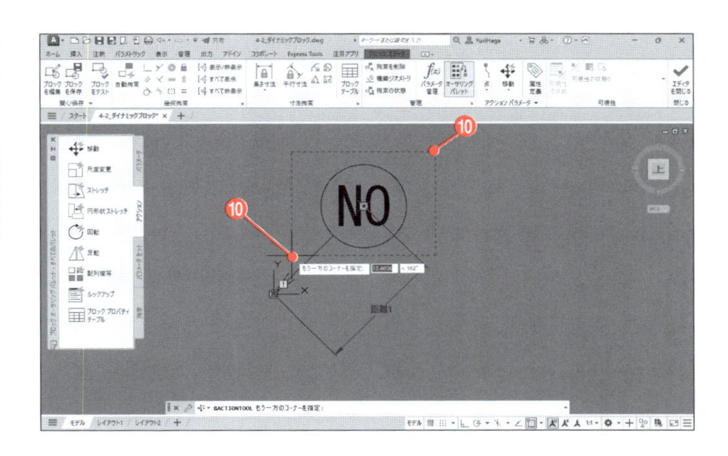

まず、ストレッチする図形として円と線分を選択します。

⓫ 円と線分をクリックして選択する。
⓬ Enter キーを押して選択を確定する。

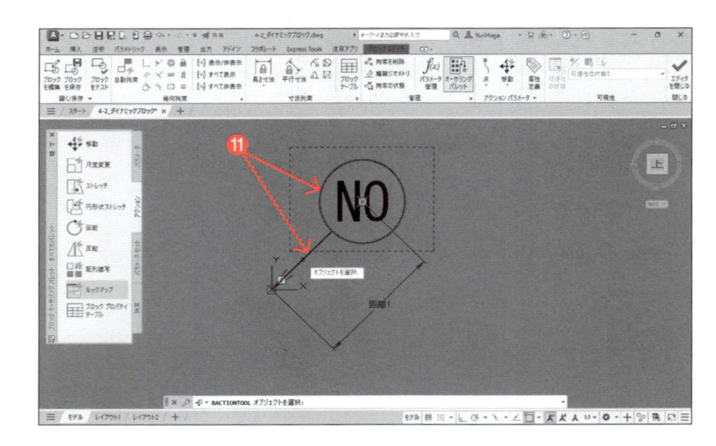

続けて、回転する図形として矢印を選択します。

⓭ 矢印をクリックして選択する。
⓮ Enter キーを押して選択を確定する。

円形状ストレッチアクションが作成されます。

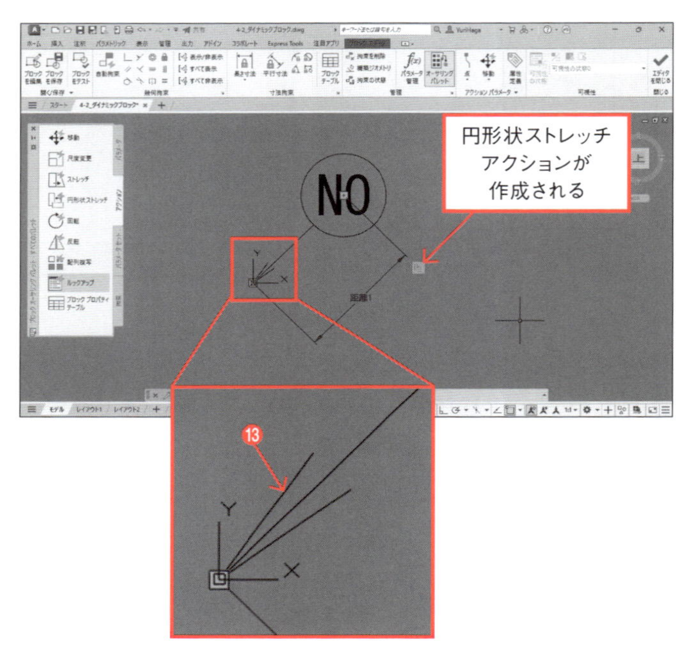

ブロック属性(「NO」の文字)を円と追随して移動させるために、「移動」アクションを作成します。

⓯ [ブロックオーサリングパレット]の[移動]をクリックする。
⓰ パラメータをクリックして選択する。
⓱ パラメータ点として、円の中心のグリップが表示されている位置をクリックする。

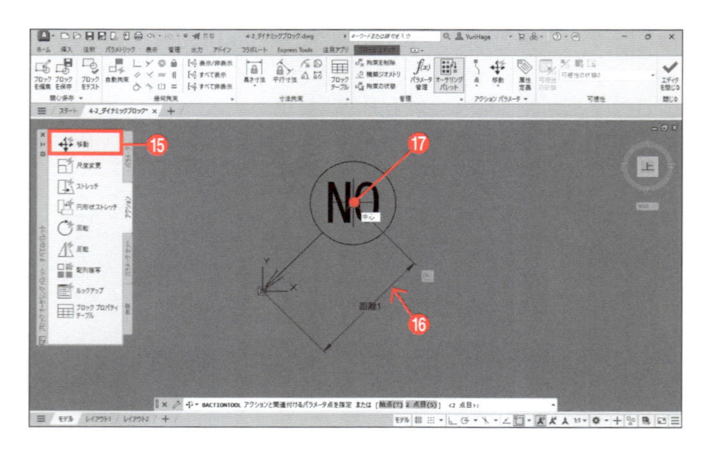

⑱ ブロック属性をクリックして選択する。
⑲ Enter キーを押して選択を確定する。

移動アクションが作成されます。

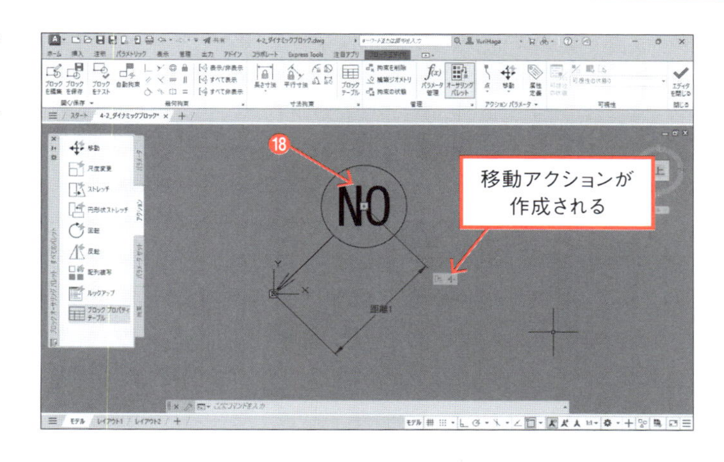

矢印を自由に移動させるために、円形状ストレッチアクションを作成します。ただし、このまま作成すると、円形状パラメータのグリップを動かしたときに、ブロックの基点のグリップは元の位置に残されたままとなります。
これを防ぐため、まずブロックの基点を「基点」パラメータで作成し、矢印と一緒に円形状ストレッチアクションに含めます。

■「基点」パラメータを作成しない場合

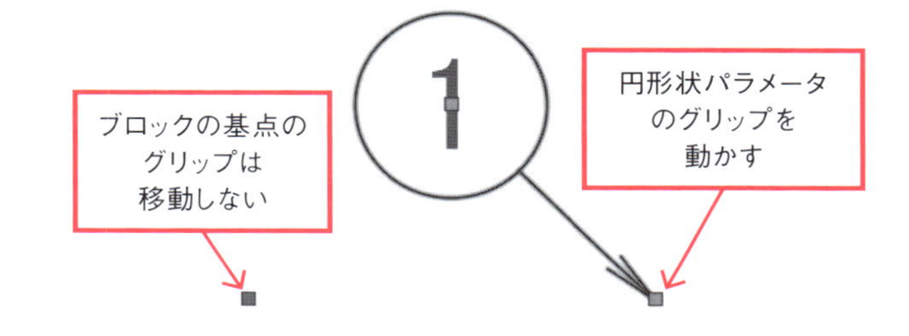

■「基点」パラメータを作成した場合

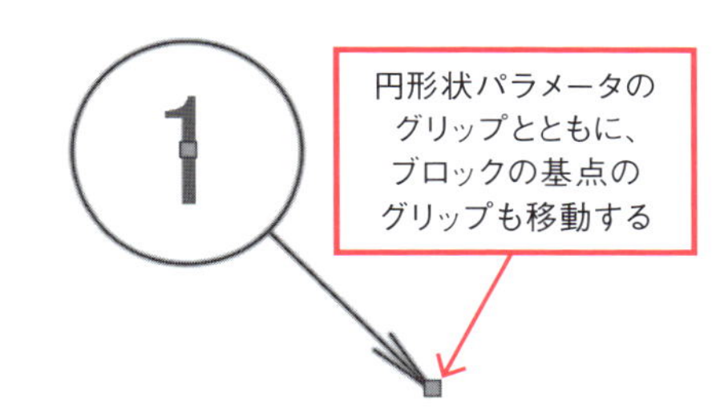

⑳ [ブロックオーサリングパレット]の[パラメータ]タブをクリックする。
㉑ [基点]をクリックする。
㉒ 矢印の端点をクリックする。

基点パラメータが作成されます。

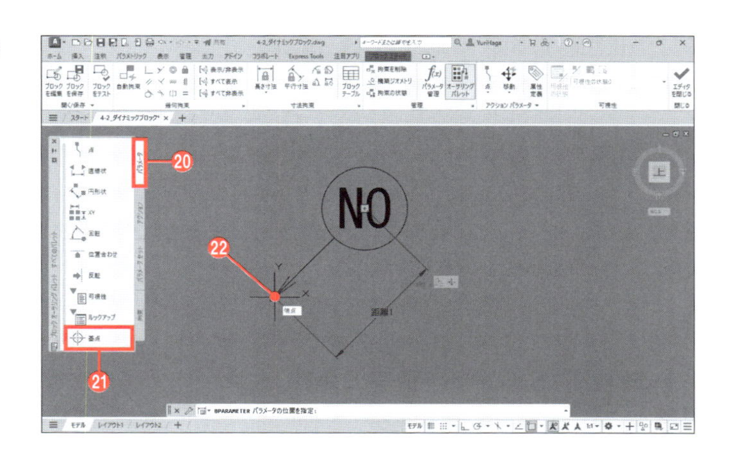

㉓［ブロックオーサリングパレット］の［アクション］タブをクリックする。
㉔［円形状ストレッチ］をクリックする。
㉕パラメータをクリックして選択する。
㉖パラメータ点として、矢印の端点のグリップが表示されている位置をクリックする。
㉗ストレッチする部分（ここでは矢印の辺り）を囲うように2点をクリックする。

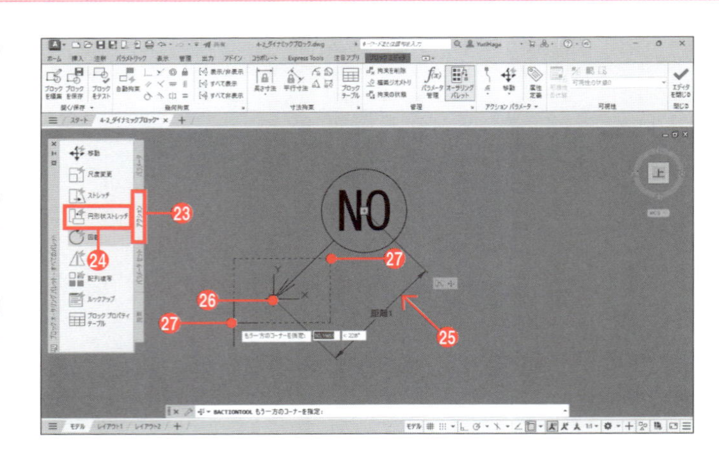

ストレッチする図形として線分、矢印、基点パラメータを選択します。

㉘線分、矢印、基点パラメータをそれぞれクリックして選択する。
㉙ Enter キーを押して選択を確定する。

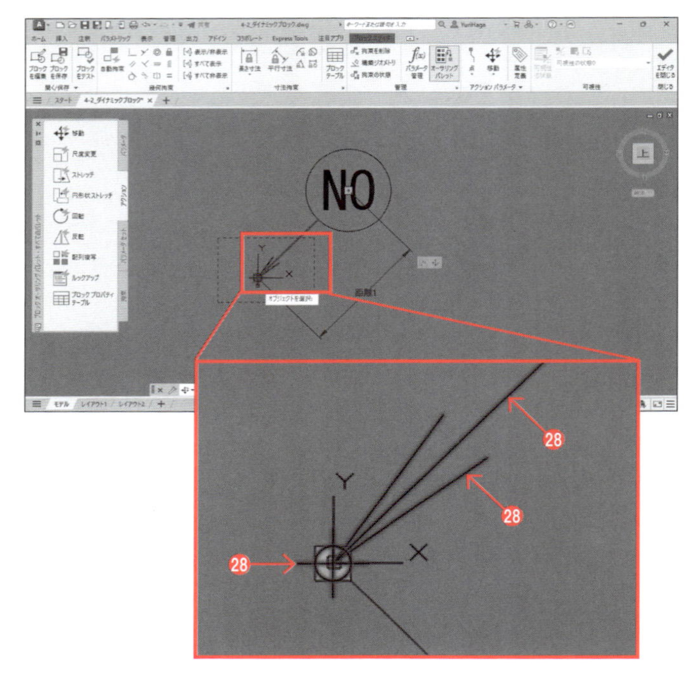

続けて回転する図形を選択しますが、ここでは回転する図形はないので、選択せずに確定します。

㉚ Enter キーを押して確定する。

円形状ストレッチアクションが作成されます。

ダイナミックブロックに必要なパラメータやアクションなどが作成できたので、ブロックを保存し、ブロックエディタを終了します。

㉛［ブロックエディタ］タブー［開く/保存］ー［ブロックを保存］をクリックする。

㉜［ブロックエディタ］タブー［閉じる］ー［エディタを閉じる］をクリックする。

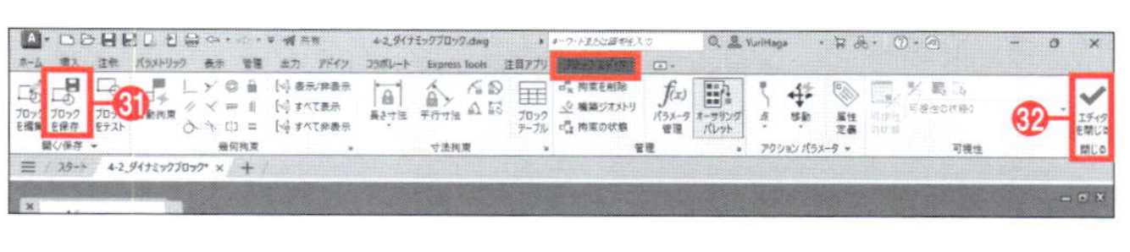

すでに挿入されているブロックに対してブロック属性を反映させるには、［属性同期］コマンドを実行します。

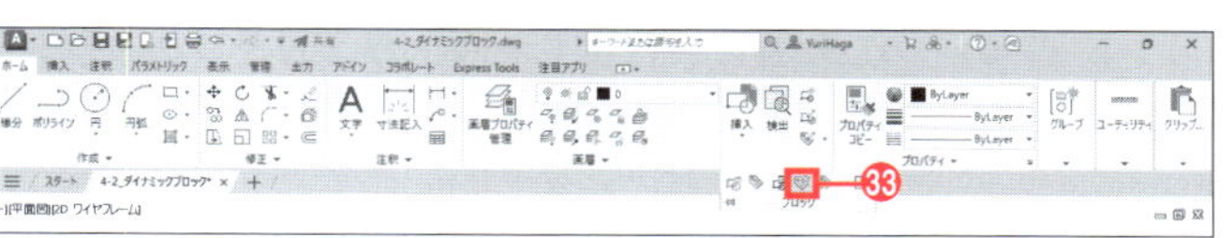

㉝［ホーム］タブー［ブロック］ー［属性同期］をクリックする。

㉞ツールチップに「オプションを入力」と表示されるので、［選択］をクリックして選択する。

㉟ブロックをクリックして選択する。

㊱ツールチップに「ブロック バルーンの属性を同期化しますか？」と表示されるので、［はい］をクリックして選択する。

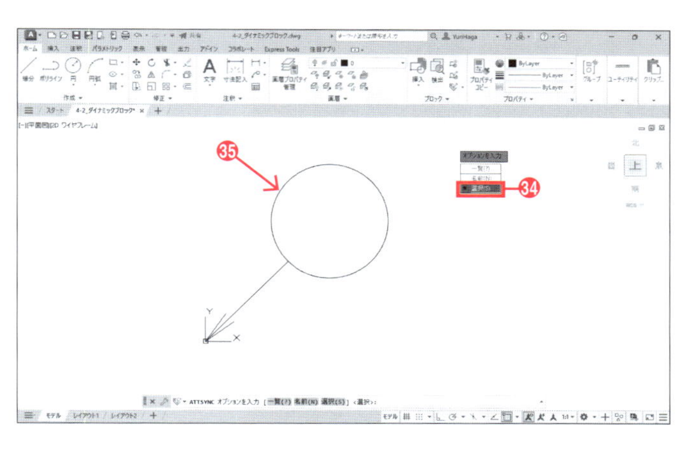

ブロック属性が反映され、「1」の文字が表示されます。次に、ブロックのグリップを移動してみます。

㊲ブロックをクリックして選択する。

㊳矢印の端点のグリップをクリックして選択し、移動してみる。

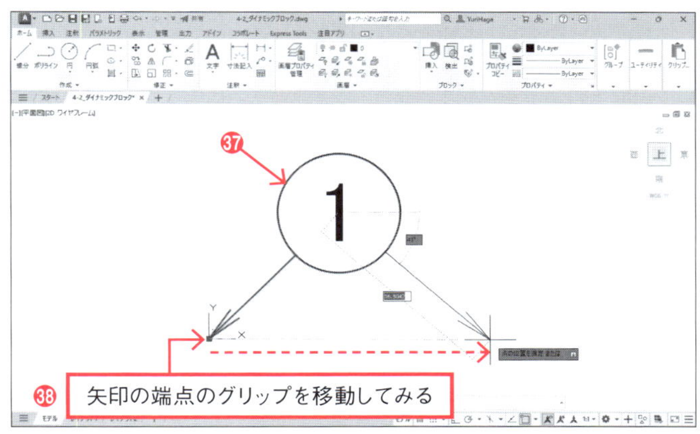

選択したグリップは赤く表示され、カーソルを動かすとグリップも移動します。矢印の動きが確認できたら、グリップの操作をキャンセルします。

㊴ Esc キーを2回押す。1回目でグリップの選択を解除し、2回目でブロックの選択を解除する。

㊵手順㊳、㊴を参照し、円の中心のグリップを選択して、動きを確認する。

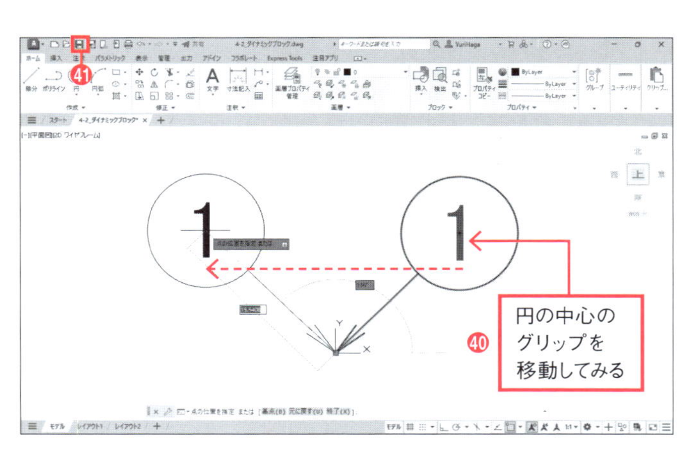

最後にファイルの保存を行います。作成したブロックは次節で使用します。

㊶クイックアクセスツールバーの［上書き保存］をクリックする。

4-3 バルーンの挿入

練習用ファイル「4-3.dwg」(または前々節の続きから)、「4-3_ダイナミックブロック.dwg」(または前節の続きから)

「4-2　バルーンの作成」で作成したダイナミックブロックを4つ挿入し、バルーンの矢印の方向と文字内容を編集します。

4-3-1 ダイナミックブロックの挿入

前節で作成したバルーンのブロックを図面に挿入します。ほかの図面で作成したブロックは、[ホーム]タブー[ブロック]ー[挿入]には表示されないので、まず読み込む必要があります。

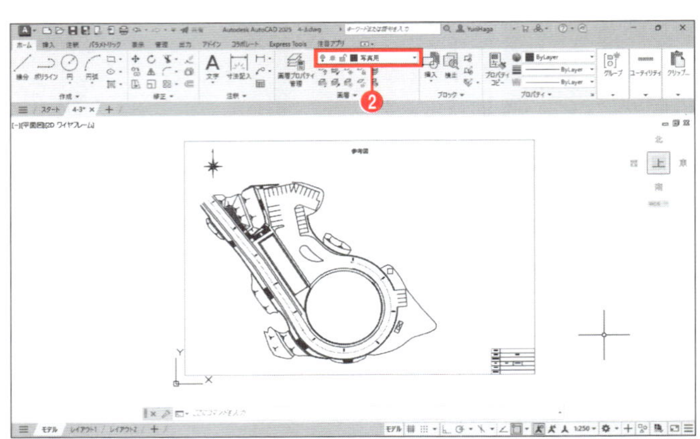

❶ 練習用ファイル「4-3.dwg」を開く。
❷ [ホーム]タブー[画層]ー[画層]プルダウンメニューをクリックし、[写真用]をクリックして選択する。
❸ [ホーム]タブー[ブロック]ー[挿入]をクリックし、[ライブラリのブロック]をクリックする。

[ライブラリのブロック]が表示されない場合は、P.266の6-5-4を参照し、DesignCenterを使用してください。

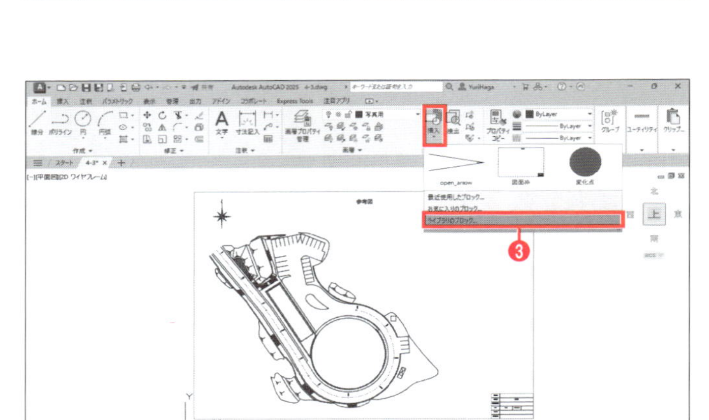

❹ [ブロック]パレットが表示される場合は、[ライブラリ]タブが選択されていることを確認し、[ブロックライブラリを参照]をクリックする。[ブロック]パレットが表示されない場合は、手順❺に進む。

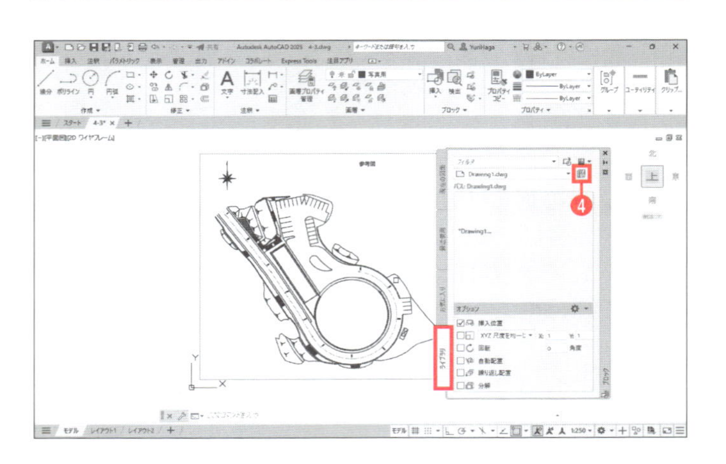

❺［ブロックライブラリのフォルダまたはファイルを選択］ダイアログボックスが表示される。練習用ファイル「4-3_ダイナミックブロック.dwg」を選択する。
❻［開く］ボタンをクリックする。

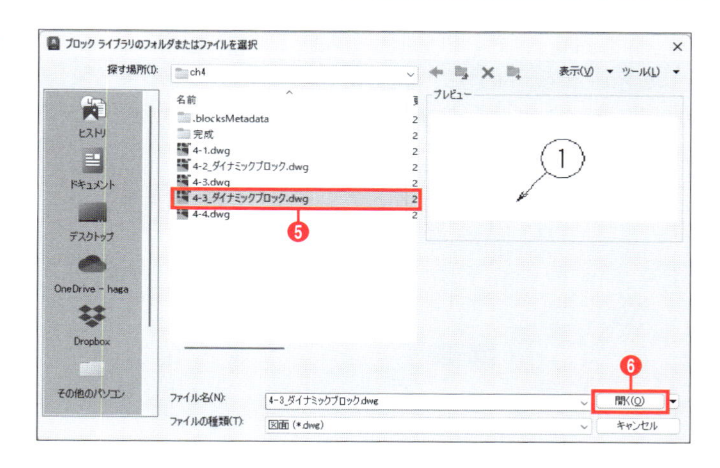

バルーンのブロックは図面枠（P.89の**4-1-2**を参照）と同様に、図面の縮尺の逆数を尺度に設定します。

❼［ブロック］パレットで［挿入位置］にチェックを入れる。チェックを入れると、挿入位置をクリックして指定できる。
❽［尺度］のチェックを外して、［XYZ尺度を均一に設定］を選択し、「**250**」と入力する。
❾［バルーン］をクリックする。

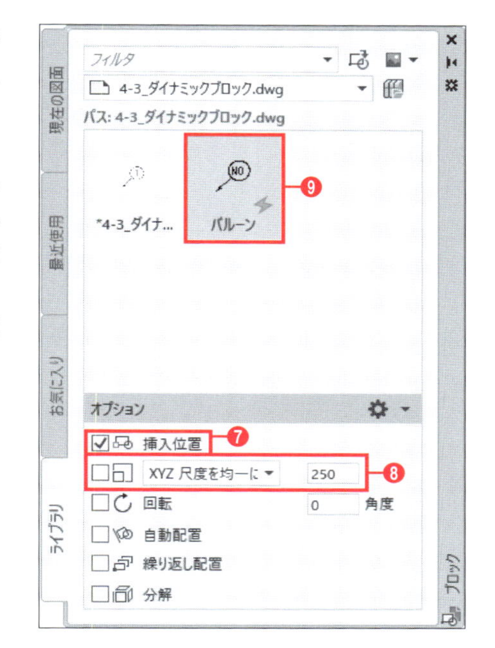

❿ツールチップに「挿入点を指定」と表示される。バルーンを挿入する位置をクリックする。

ここでは、CAD製図基準にはない「写真用」という名前の画層を使用しますが、通常の図面ではCAD製図基準に則った画層を使用してください。

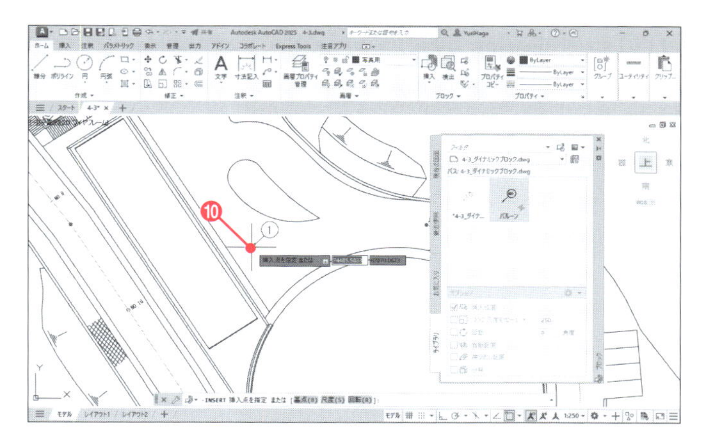

⑪［属性編集］ダイアログボックスが表示される。［NO］に「1」と入力し、［OK］ボタンをクリックする。

手順⑩の操作後、ツールチップに「NO」と表示された場合は、「1」と入力し、Enterキーを押してください。

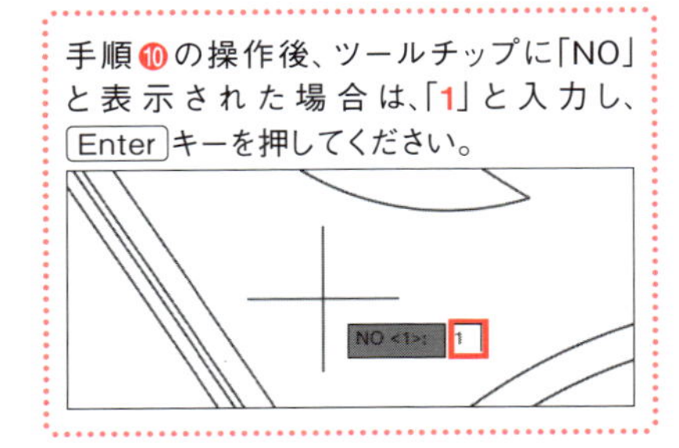

⑫［ブロック］パレットの☒をクリックし、パレットを閉じる。

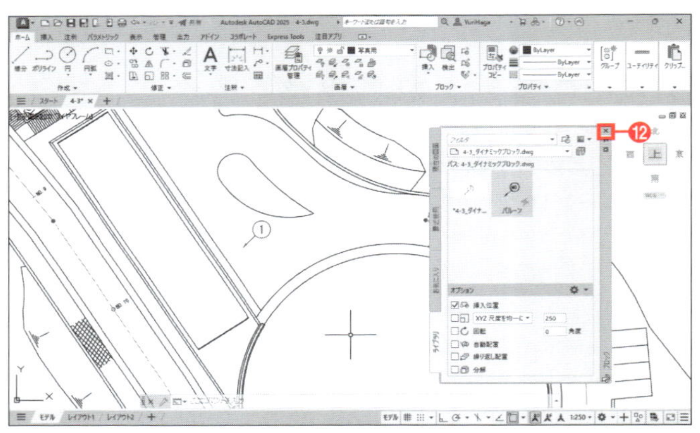

「1」という文字内容のバルーンが挿入されます。この状態ではバルーンの矢印が適切な方向を向いていないので、バルーンを回転させます。

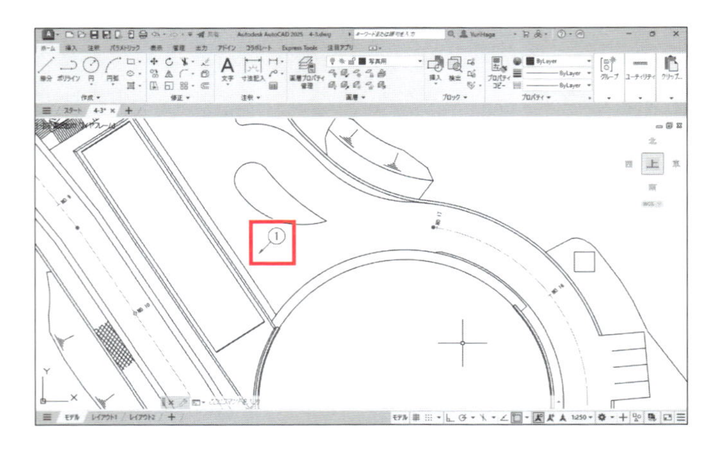

⑬ 挿入したバルーンをクリックして選択する。

⑭ 円の中心にグリップ（青い小さな正方形）が表示されるので、これをクリックして選択する。選択するとグリップが赤くなる。

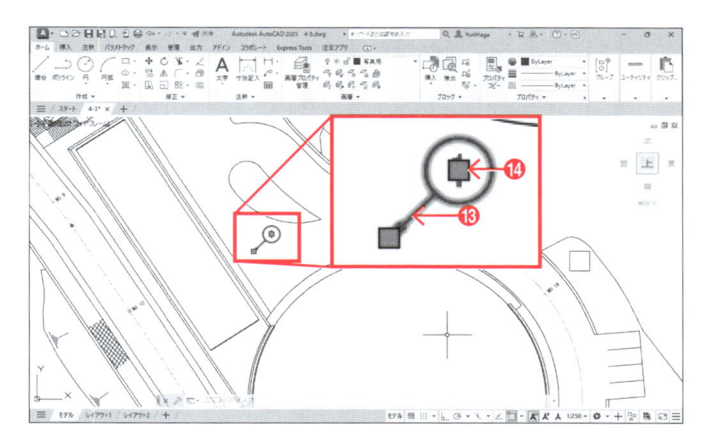

⑮ カーソルを下方向に動かし、図に示した辺りをクリックする。

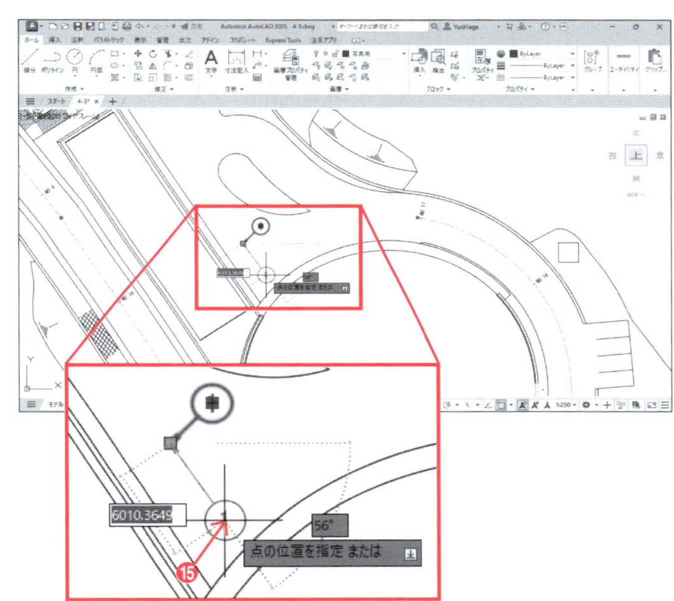

バルーンが回転し、矢印が斜め上を向いた状態になります。

⑯ Esc キーを押して選択を解除する。

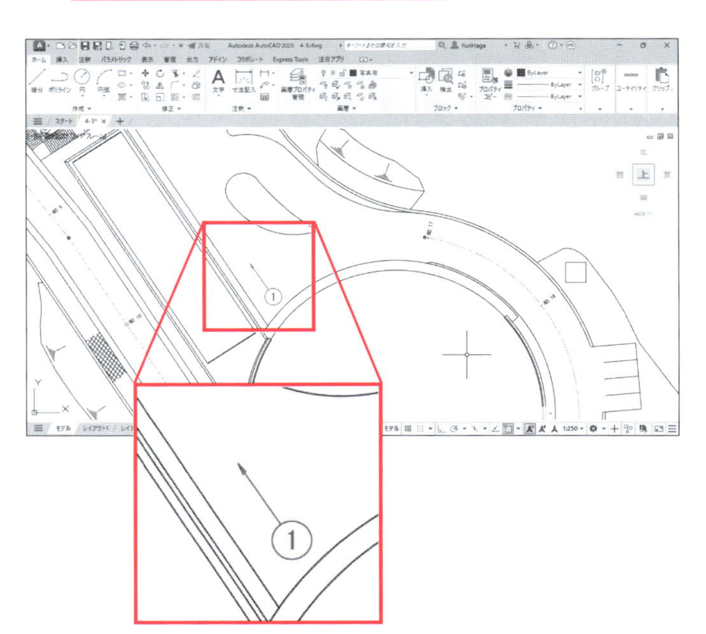

4-3-2 ダイナミックブロックの複写と編集

挿入したバルーンのブロックを複写し、文字内容を編集します。

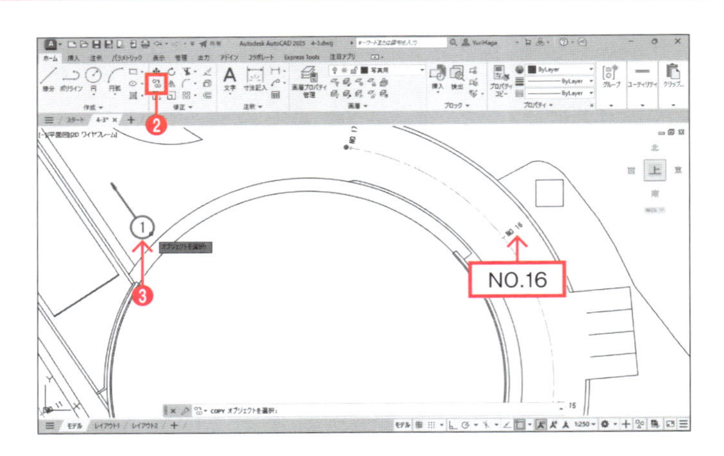

❶ 挿入したバルーンとNO.16が表示されるよう、図のように表示する。

❷ [ホーム]タブー[修正]ー[複写]をクリックする。

❸ ツールチップに「オブジェクトを選択」と表示される。バルーンをクリックして選択し、Enter キーを押して選択を確定する。

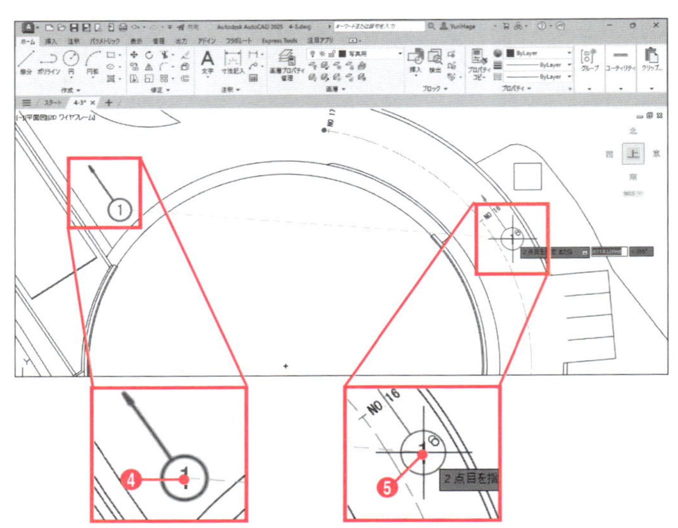

❹ バルーンの円の中心辺りをクリックする。

❺ NO.16の下辺りをクリックする。

バルーンが複写されます。

❻ Enter キーを押して[複写]コマンドを終了する。

複写したバルーンを回転させ、矢印が右下を向くようにします。

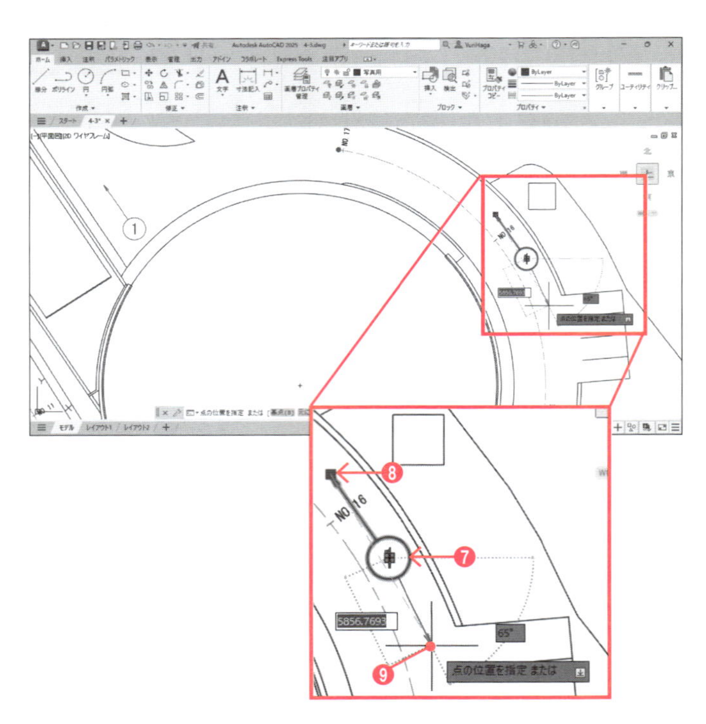

❼ 手順❷〜❻で複写したバルーンをクリックして選択する。

❽ 矢印の先のグリップをクリックして選択する。

❾ カーソルを下方向に動かし、図に示した辺りをクリックする。

❿ Esc キーを押して選択を解除する。

矢印が右下を向いた状態になります。

⓫ バルーンをダブルクリックする。

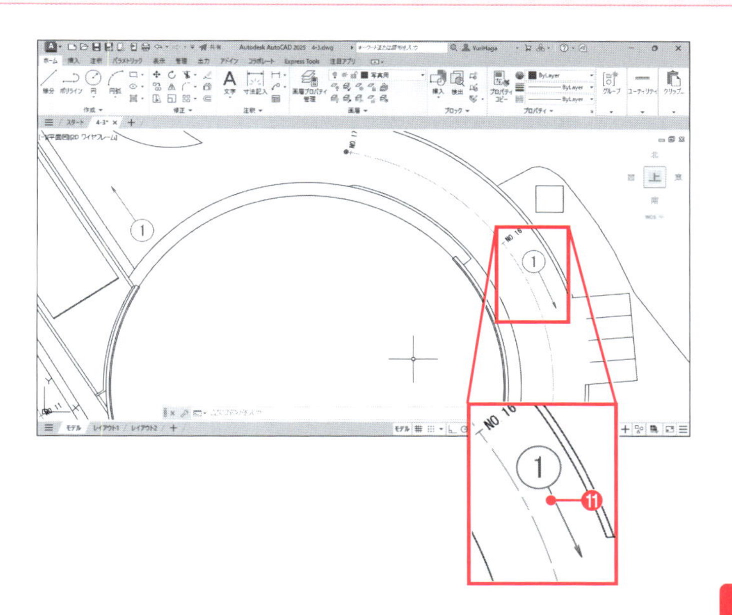

⓬ [拡張属性編集]ダイアログボックスが表示される。[値]に「2」と入力する。

⓭ [OK]ボタンをクリックする。

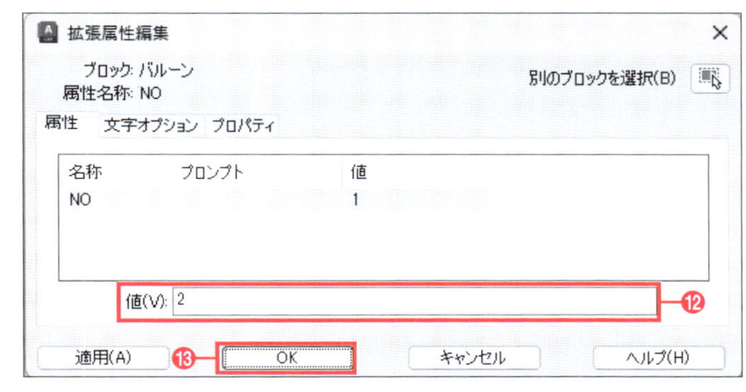

バルーンの値が「2」に変化します。

⓮ 手順❶～⓭と同様にして、図のように「3」と「4」のバルーンを作成する。

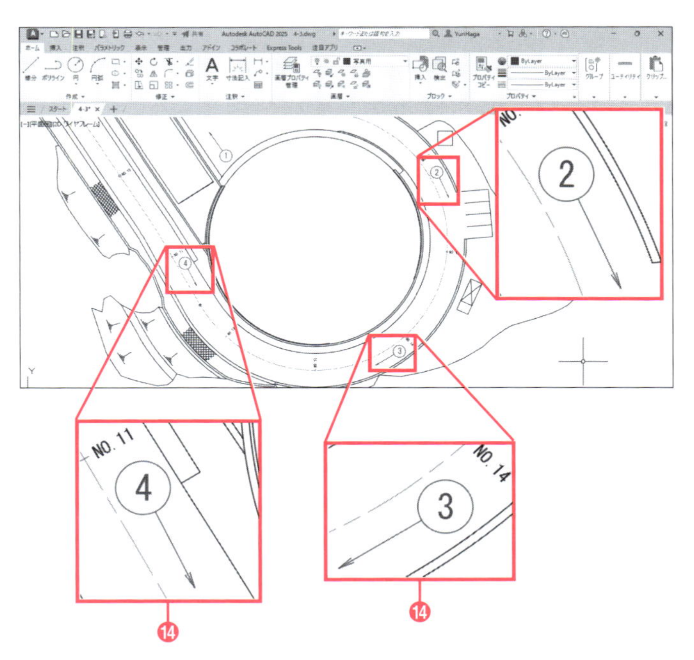

4-4 写真の貼り付け

練習用ファイル「4-4.dwg」(または前節の続きから)

写真のJPEGファイルを貼り付け、図面を完成させます。正確にはリンク貼り付けになるので、貼り付け後に元のJPEGファイルの名前変更、削除、フォルダ移動などを行うと、図面に表示されなくなるので注意が必要です。

4-4-1 イメージファイルの貼り付け

図面の右上に写真を貼り付けます。

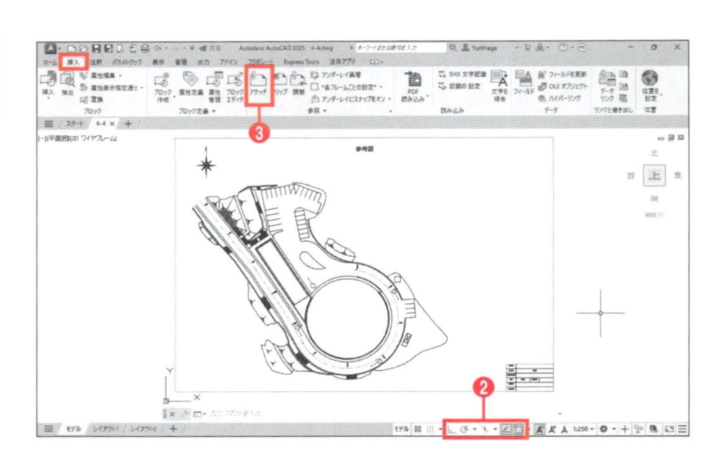

❶ 図面全体を表示する。
❷ ステータスバーは[オブジェクトスナップ]、[オブジェクトスナップトラッキング]をオンにする。
❸ [挿入]タブー[参照]ー[アタッチ]をクリックする。

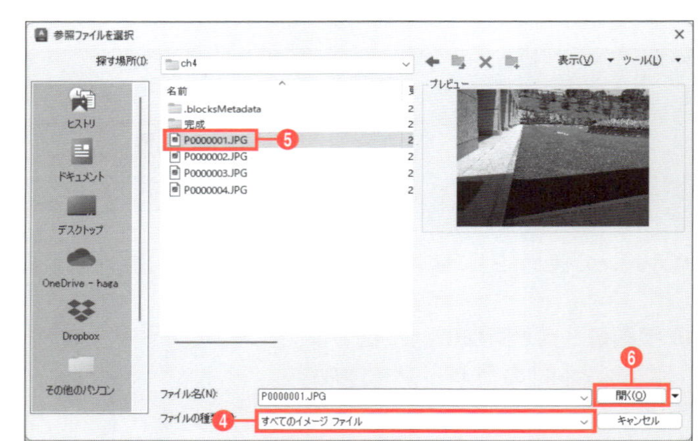

❹ [参照ファイルを選択]ダイアログボックスが表示される。[ファイルの種類]から[すべてのイメージファイル]を選択する。
❺ 「4-1.dwg」と同じフォルダにある「P0000001.JPG」を選択する。
❻ [開く]ボタンをクリックする。

ここではJPEGファイルを使用しましたが、そのほかにも、TIFFやBMP、PDFなどのファイルを貼り付けることができます。

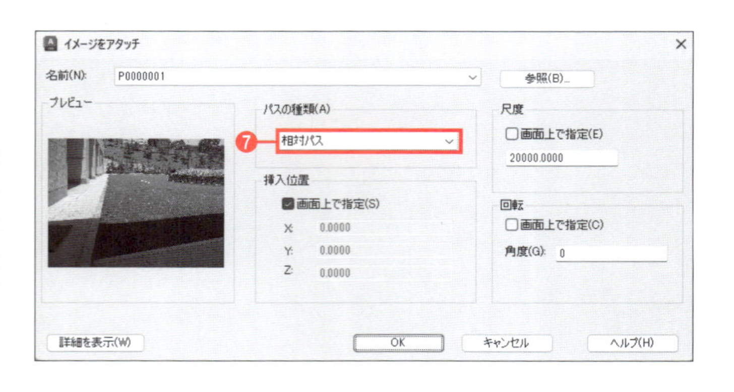

❼ [イメージをアタッチ]ダイアログボックスが表示される。[パスの種類]で[相対パス]を選択する。

[相対パス]を選択したときに「相対パスを割り当てることはできません」とメッセージが表示される場合は、[キャンセル]ボタンを押し、一度ダイアログボックスを閉じてファイルを上書き保存してください。

❽［挿入位置］欄の［画面上で指定］にチェックを入れる。
❾［尺度］欄の［画面上で指定］のチェックを外し、「20000」と入力する。この値によって、挿入する写真の大きさが決まる。
❿［回転］欄の［画面上で指定］のチェックを外し、［角度］に「0」と入力する。
⓫［OK］ボタンをクリックする。
⓬図に示した位置をクリックする。

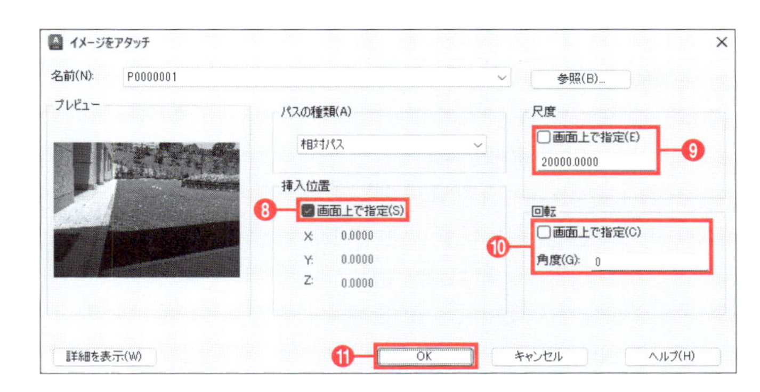

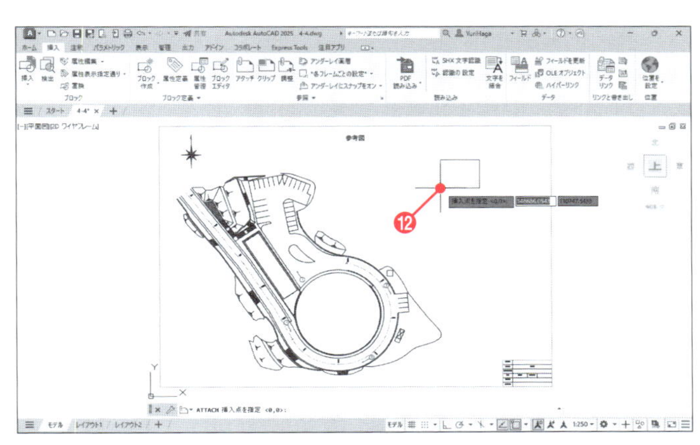

手順⓬でクリックした位置に写真が配置されます。

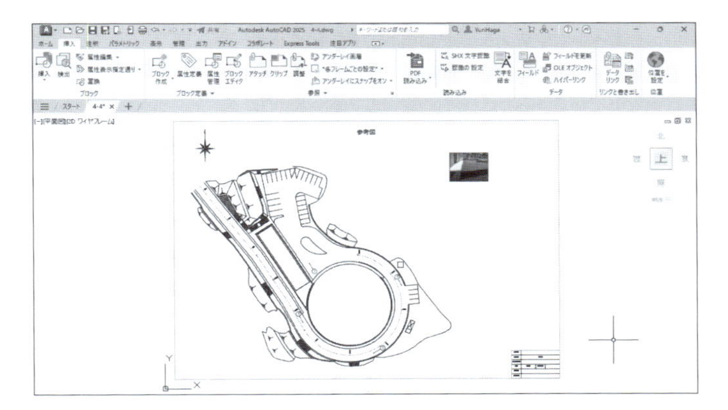

パスの種類について

［アタッチ］コマンドでは、外部ファイルを図面内に直接埋め込むのではなく、リンク貼り付けを行います。つまり、図面を開くたびに、AutoCADがリンクされている外部ファイルを探し、読み込んで表示することになります。［イメージをアタッチ］ダイアログボックスの［パスの種類］では、この外部ファイルの保存場所の指定方法を選択できます。

■ **［絶対パス］**

ドライブ名からファイルの保存場所を指定します。「C:¥data¥参考図¥P0000001.JPG」などとします。

■ **［相対パス］**

図面ファイルからの相対的なファイルの保存場所を指定します。外部ファイルが図面と同じフォルダに保存されている場合は「.¥P0000001.JPG」などとし、1つ下の階層の「img」フォルダに保存されている場合は「.¥img¥P0000001.JPG」などとします。

■ **［パスなし］**

外部ファイルが図面と同じフォルダに保存されている場合に選択します。

貼り付けた写真の位置を基準として、ほかの写真を配置します。

⓭ 手順❸～⓫と同様の操作をして、「P0000002.JPG」を選択する。
⓮ カーソルを1枚目の写真の右下端点に当てる（クリックはしない）。
⓯ カーソルを右に動かし、位置合わせパスを表示する。
⓰ キーボードから「**5000**」と入力し、Enter キーを押す。

2枚目の写真が配置されます。

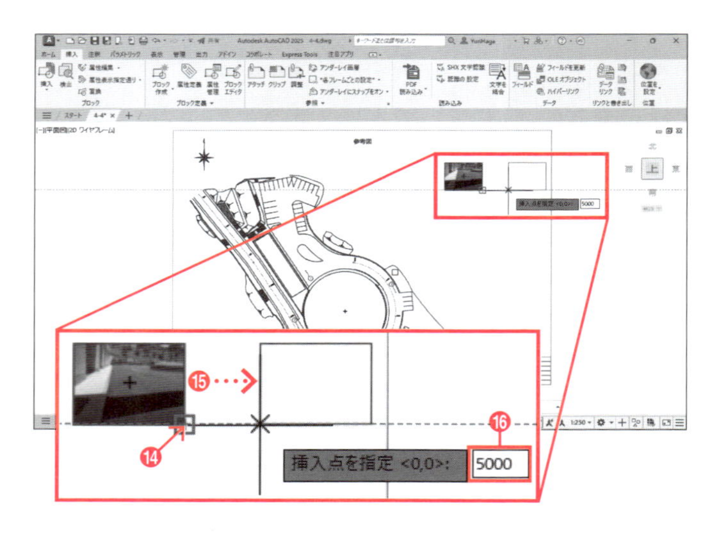

⓱ 手順❸～⓫と同様の操作をして、「P0000003.JPG」を選択する。
⓲ カーソルを1枚目の写真の左下端点に当てる（クリックはしない）。
⓳ カーソルを下に動かし、位置合わせパスを表示する。
⓴ キーボードから「**25000**」と入力し、Enter キーを押す。

3枚目の写真が配置されます。

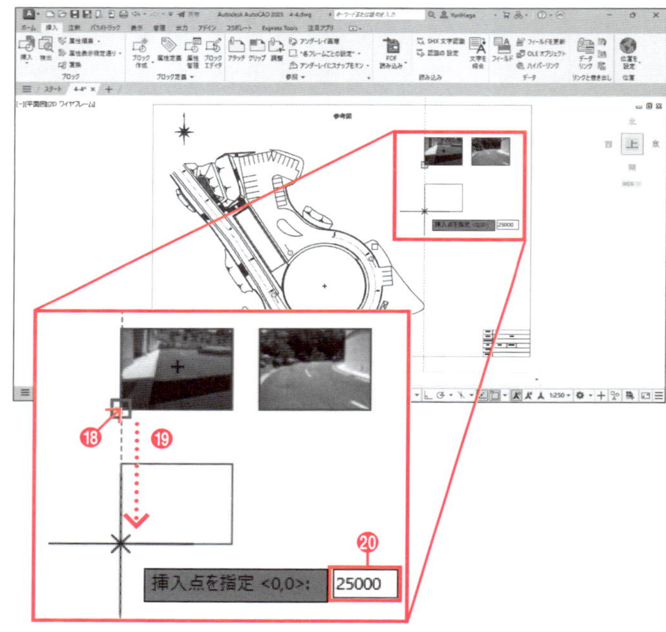

㉑ 手順❸～⓫と同様の操作をして、「P0000004.JPG」を選択する。
㉒ カーソルを3枚目の写真の右下端点に当てる（クリックはしない）。
㉓ カーソルを右に動かし、位置合わせパスを表示する。
㉔ キーボードから「**5000**」と入力し、Enter キーを押す。

4枚目の写真が配置されます。

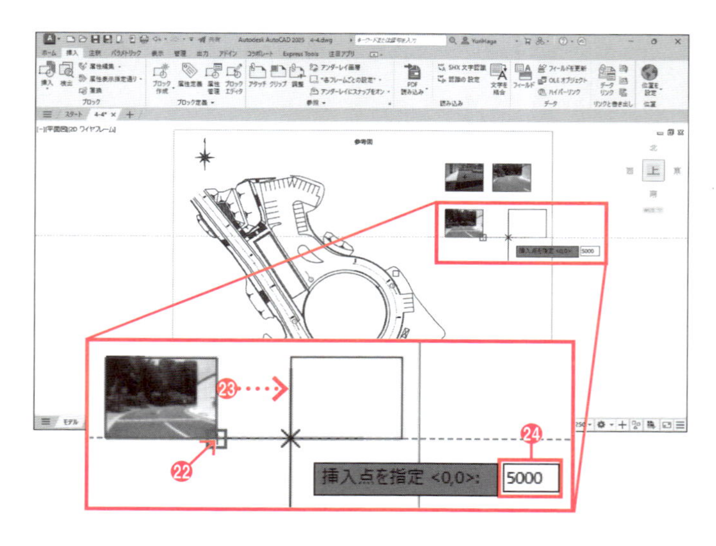

4-4-2 イメージファイルの名前変更

［アタッチ］コマンドで図面にJPEGファイルを貼り付けた場合、後からJPEGファイルの名前を変更すると、図面にJPEGファイルを読み込めなくなります。その場合の修正方法を説明します。

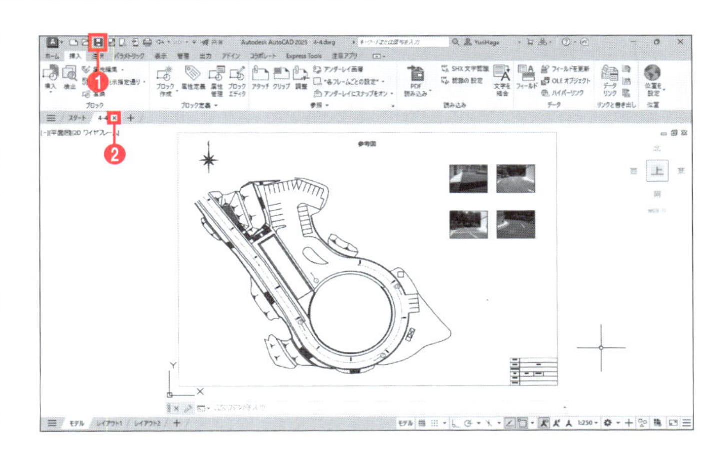

① クイックアクセスツールバーの［上書き保存］をクリックする。

② をクリックして、図面ファイルを閉じる。

③ Windowsのエクスプローラーを起動し、JPEGファイルの保存場所を表示する。

④「P0000004.JPG」ファイルを右クリックする。

⑤ メニューから［名前の変更］を選択する。

⑥「P0000005.JPG」に変更する。

ファイル名が変更できない場合は、一度AutoCADを終了してから行ってください。

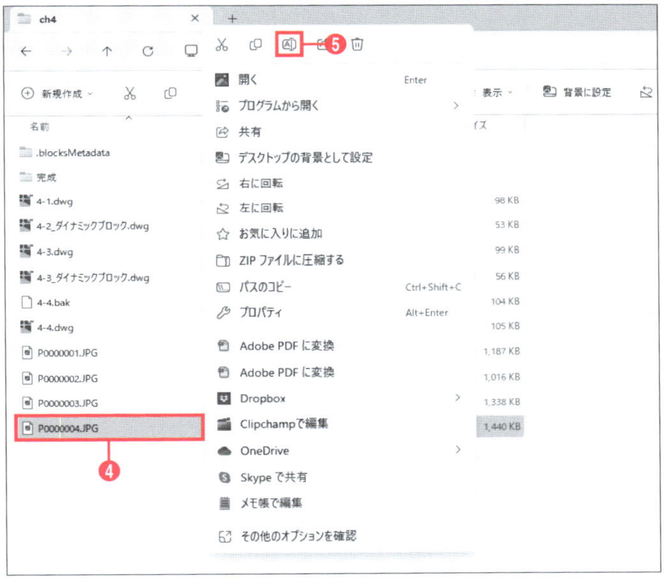

⑦ 手順②で閉じた図面をAutoCADで開く。「1つまたは複数の参照ファイルが見つからないか読み込めません。」とメッセージが表示される場合は「見つからない参照ファイルを無視」を選択する。

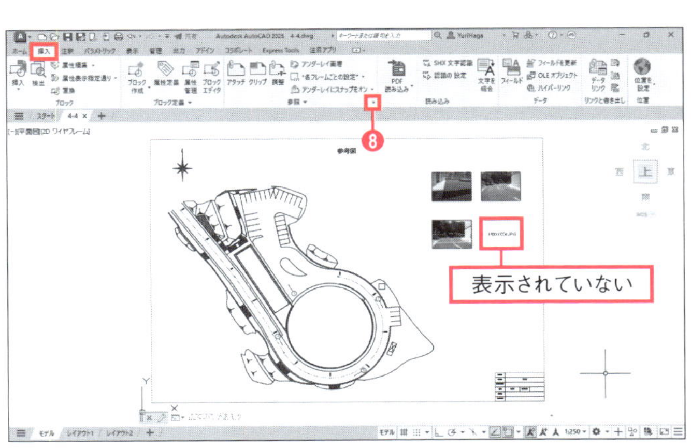

表示されていない写真があることが確認できます。

⑧［挿入］タブ－［参照］のパネル名の右端に表示されているボタンをクリックする。

❾［外部参照］パレットが表示される。［P0000004］をクリックして選択する。
❿［外部参照］パレットの下部に表示される詳細リストをスクロールし、［保存パス］の入力欄をクリックする。
⓫［…］ボタンをクリックする。

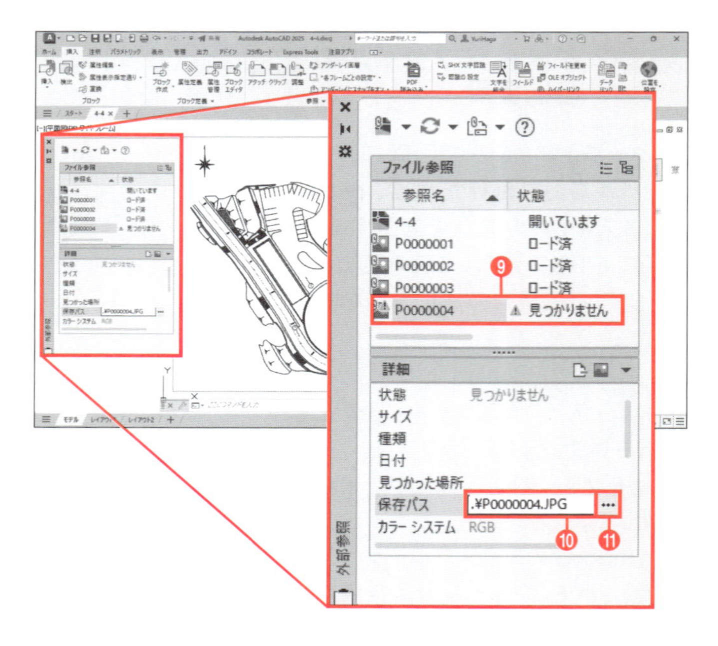

⓬［イメージファイルを選択］ダイアログボックスが表示される。「P0000005.JPG」ファイルを選択する。
⓭［開く］ボタンをクリックする。

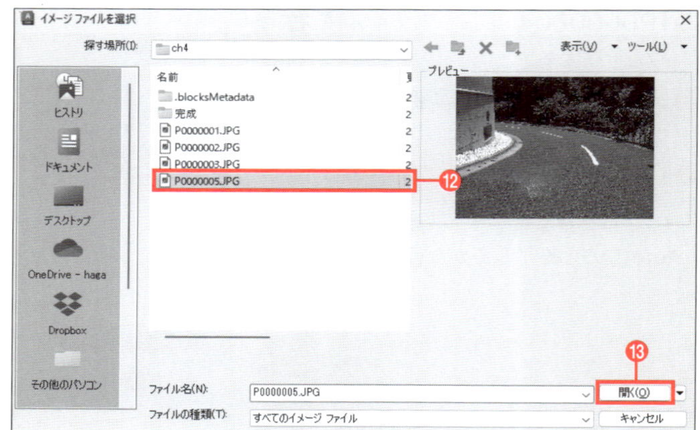

⓮ ボタンをクリックして［外部参照］パレットを閉じる。

ファイル名が正しく指定され、写真が表示されていることが確認できます。

外部参照について、詳しくはP.237の6-4を参照してください。

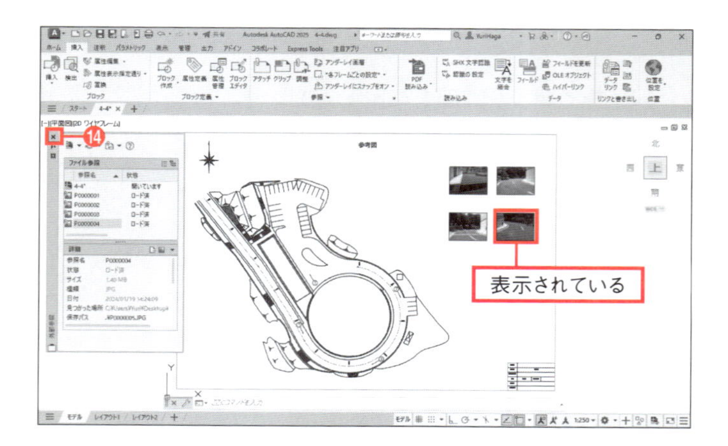

4-4-3 写真番号の作図

写真の番号を円と文字で作成します。

❶ 4枚の写真が見えるよう、図のように拡大表示する。
❷ [ホーム]タブー[作成]ー[中心、半径]をクリックする。
❸ ツールチップに「円の中心点を指定」と表示される。1枚目の写真の左上端点をクリックする。
❹ ツールチップに「円の半径を指定」と表示される。「1500」と入力し、Enterキーを押す。

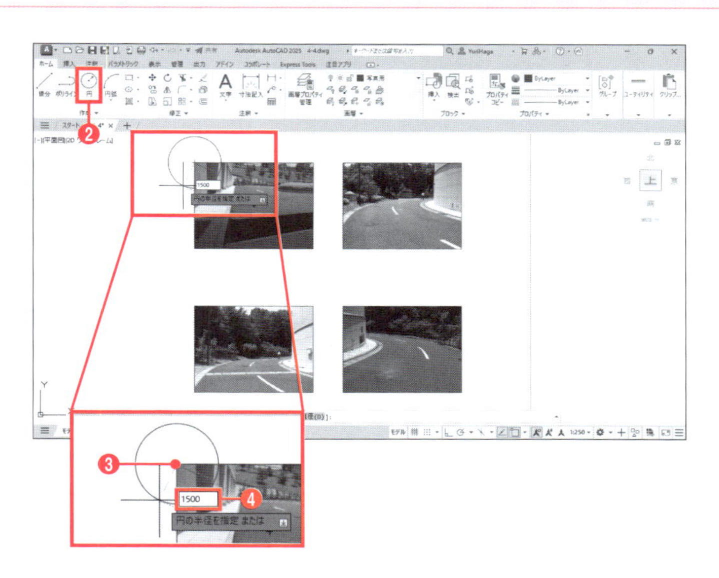

半径1500の円が作成されます。

❺ [ホーム]タブー[修正]ー[移動]をクリックする。
❻ 作成した円をクリックして選択し、Enterキーを押して選択を確定する。
❼ 円の中心点をクリックする。
❽ キーボードから「1500,2000」と入力する。

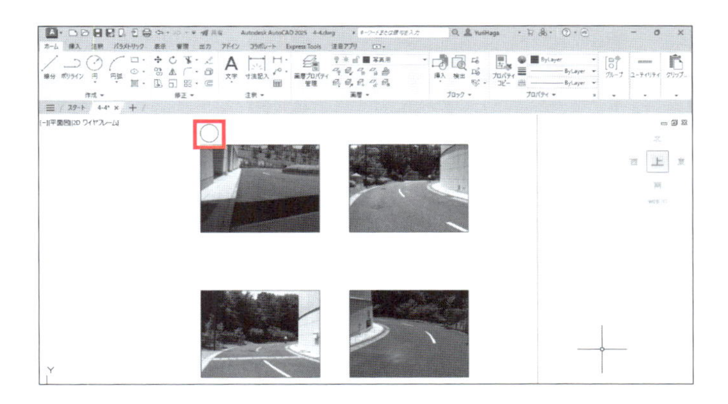

円がX(右)方向に1500、Y(上)方向に2000移動します。

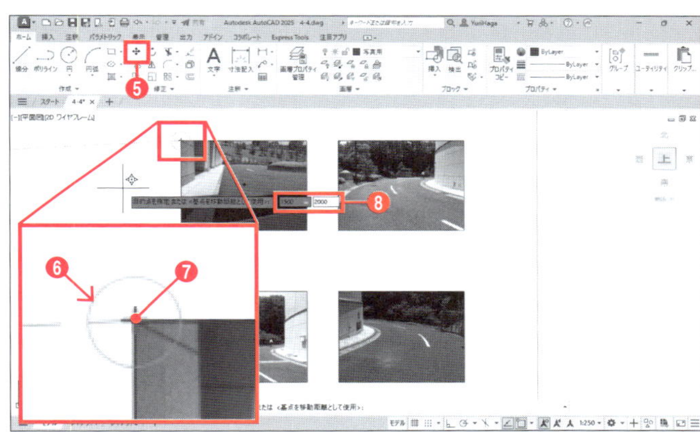

相対座標について

直前に指示した点からのX軸方向の距離とY軸方向の距離を入力して点を指示する方法のことを「相対座標」といいます。
入力方法は「X,(カンマ)Y」となります。カンマはキーボードの ね のキーです。
ダイナミック入力がオフの場合には、入力方法は「@X,Y」となります。

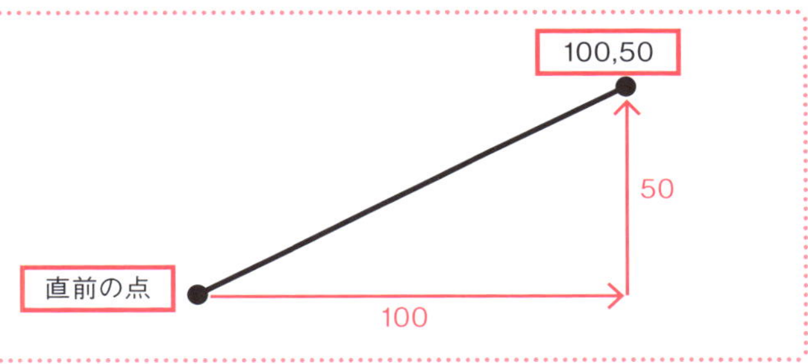

❾［ホーム］タブー［注釈］ー［文字記入］Ａをクリックする。

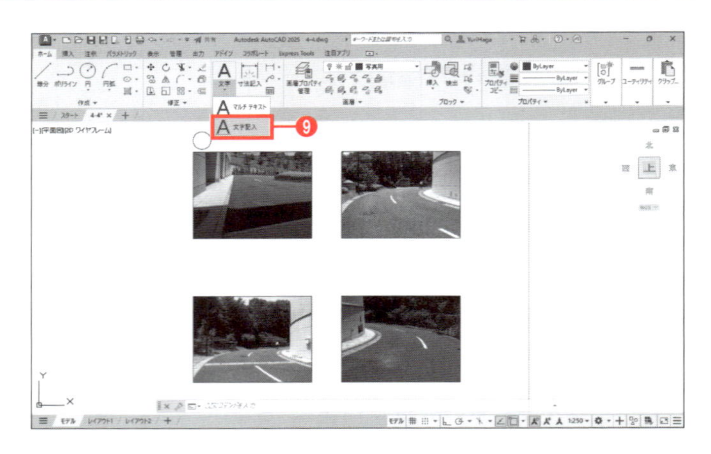

❿作図領域を右クリックして、メニューから［位置合わせオプション］を選択する。

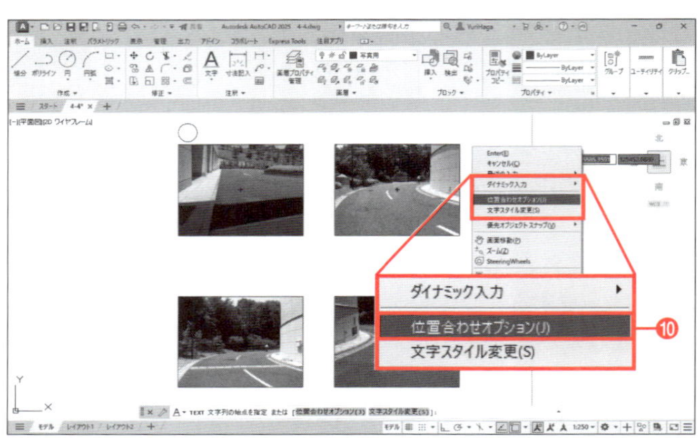

⓫［中央(M)］を選択する。

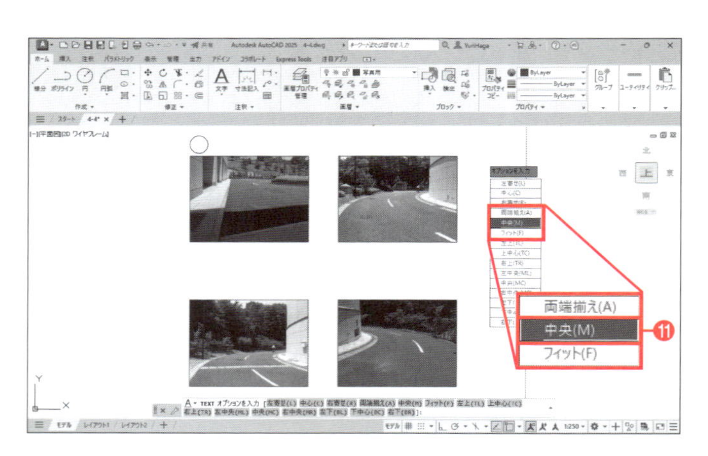

⓬ 手順❶～❹で作成した円の中心をクリックする。

⓭ ツールチップに「高さを指定」と表示される。キーボードから「1250」と入力し、Enterキーを押す。

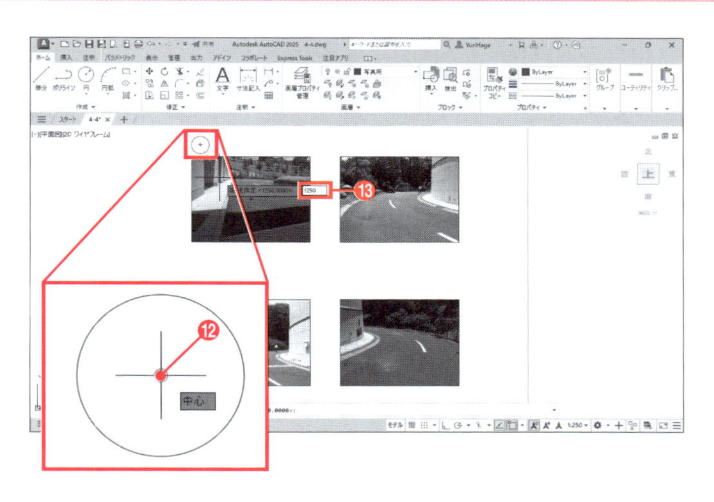

印刷時の文字の高さは5mmで作成しますが、手順⓭で文字の高さを「5」と入力すると小さくて見えません。図面枠と同じように、図面の縮尺の逆数を尺度にする必要があります。
文字高さの計算式は、
印刷時の文字の高さ×縮尺の逆数
なので、ここでは、5mm×250=1250となります。

⓮ ツールチップに「文字列の角度を指定」と表示される。キーボードから「0」と入力し、Enterキーを押す。

⓯ 円の中心でカーソルが点滅し、文字の入力状態となる。キーボードから「1」と入力する。

⓰ Enterキーを2回押す。1回目で改行し、2回目で［文字記入］コマンドを終了する。

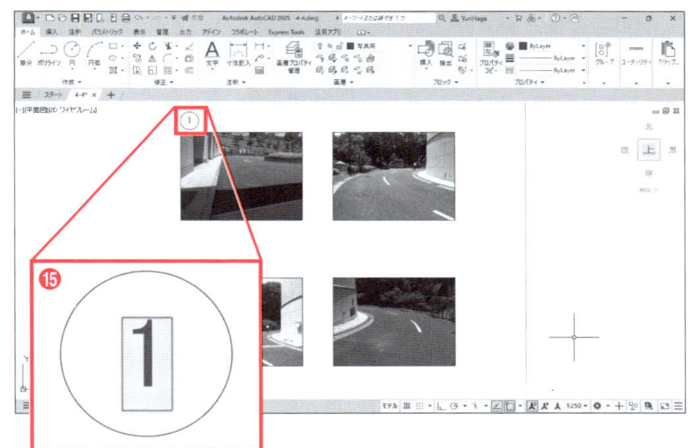

円の中央に「1」の文字が作成されます。

⓱ ［ホーム］タブ－［修正］－［複写］をクリックする。

⓲ 手順❷～⓰で作成した円と文字をクリックして選択し、Enterキーを押して選択を確定する。

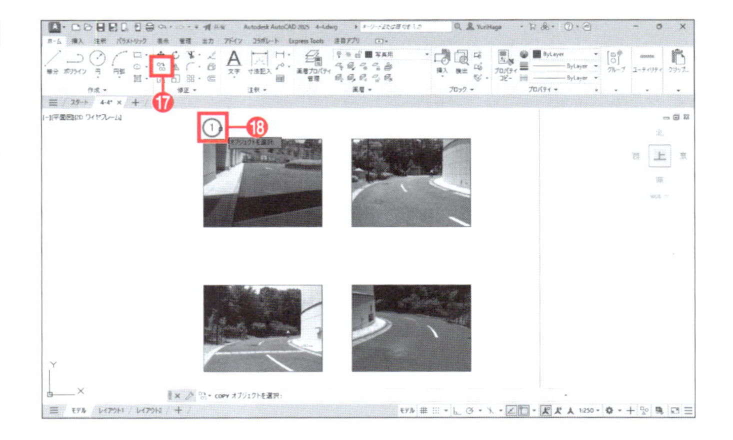

4-4 写真の貼り付け

⑲ 複写元(1枚目)の写真の左上端点をクリックする。ここが複写の基点になる。

⑳ ほかの3枚の写真の左上端点をそれぞれクリックする。

㉑ Enter キーを押して[複写]コマンドを終了する。

各写真の左上に円と文字が複写されます。

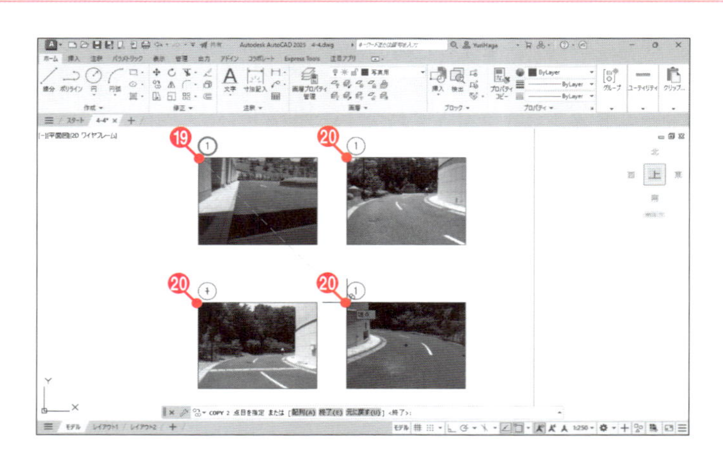

㉒ 右上の写真の左上にある文字をダブルクリックする。

㉓ 文字の編集状態となるので、キーボードから「2」と入力し、番号を「2」に書き換える。

㉔ Enter キーを2回押す。1回目で文字の内容を確定し、2回目で[文字編集]コマンドを終了する。

㉕ 手順㉒～㉔と同様にして、3、4枚目の写真の番号もそれぞれ「3」「4」に編集する。

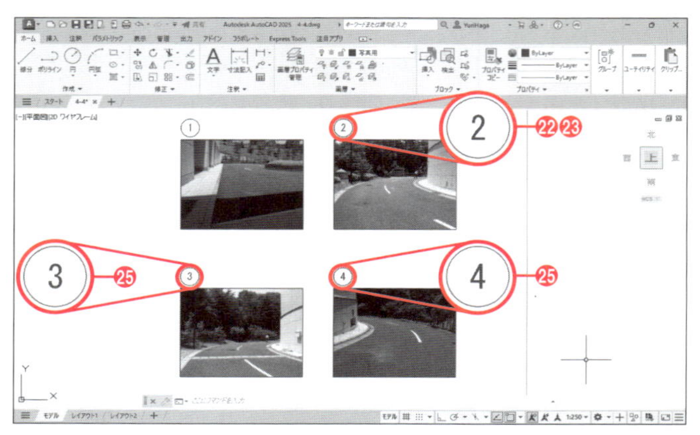

㉖ 図面全体が見えるよう、図のように表示する。

完成した図面が表示されます。

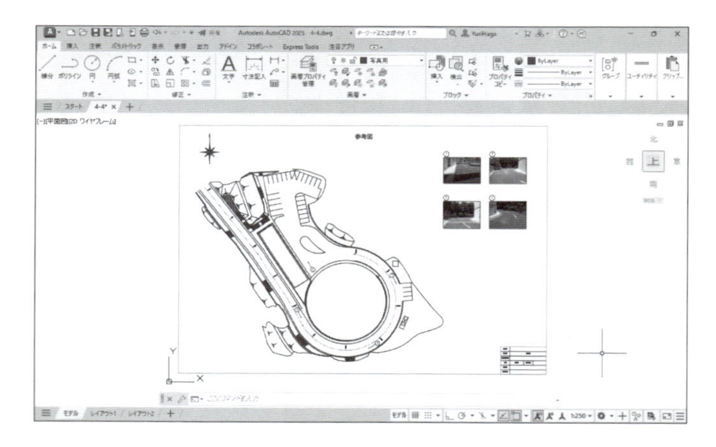

5章

道路平面図の作図

この章では、まずクロソイド曲線を含んだ道路中心線と測点記号の作図を行い、測量座標を入力する方法や、Excelで簡単に測量点を作図する方法を解説します。その後、幅員や隅切り、テーパー部、旗上げを作図し、用地面積の測り方を学びます。

この章のポイント

- ●画層の作成
- ●線種のロード
- ●測量座標の入力
- ●絶対座標
- ●Excelを利用して円を作成
- ●円弧の作成
- ●クロソイドの作図
- ●WCS(ワールド座標系)とUCS(ユーザ座標系)
- ●ポリラインの結合
- ●ブロックの作成
- ●指定した間隔でブロックを配置(計測)
- ●クイック選択
- ●ブロックの分解
- ●フィレット
- ●隅切りの作図(尺度変更)
- ●画層の表示／非表示
- ●用地面積を作図(境界作成)
- ●面積の文字を自動記入(フィールド)
- ●データを軽くする(名前削除)

この章で作図する図面

立体交差道路の図面を作図します。道路中心線と測点記号、幅員や隅切り、テーパー部、旗上げを作図します。さらに用地面積部分の作図と面積を文字記入します。図面の縮尺は1:1500になります。

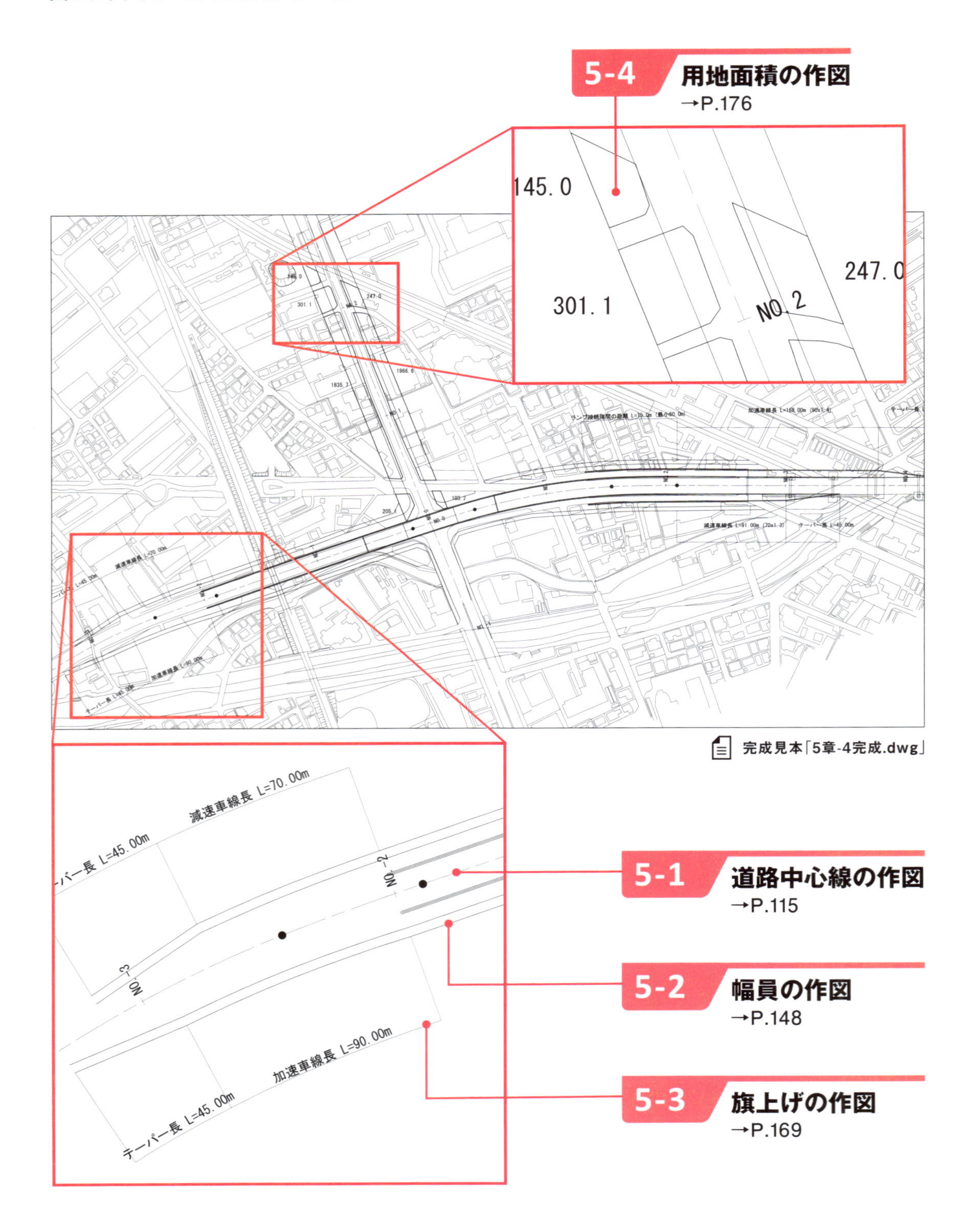

完成見本「5章-4完成.dwg」

5-1 道路中心線の作図

練習用ファイル「5-1.dwg」「5-1.xls」「5-1-8.dwg」

道路中心線を作図します。LISPプログラムを使用して一連の変化点を作図し、その間に線分、円弧、クロソイドを作図します。最後に1本のポリラインに結合し、測点を追加します。

5-1-1 画層の作成

練習用ファイルを開き、中心線を作図するための[D-BMK]画層を作成します。[D-BMK]画層の色は[yellow]、線種は[SXF_一点鎖線]、線の太さは[0.13mm]とします。

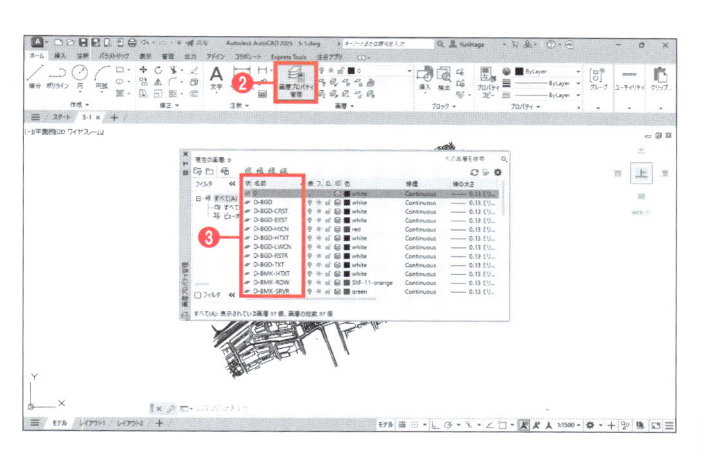

❶ 練習用ファイル「5-1.dwg」を開く。
❷ [ホーム]タブー[画層]ー[画層プロパティ管理]をクリックする。
❸ [画層プロパティ管理]パレットが表示される。[D-BMK]画層がないことを確認する。
❹ 0画層をクリックする。
❺ [新規作成]をクリックする。
❻ [名前]に「D-BMK」と入力する。
❼ [D-BMK]画層の[色](white)をクリックする。

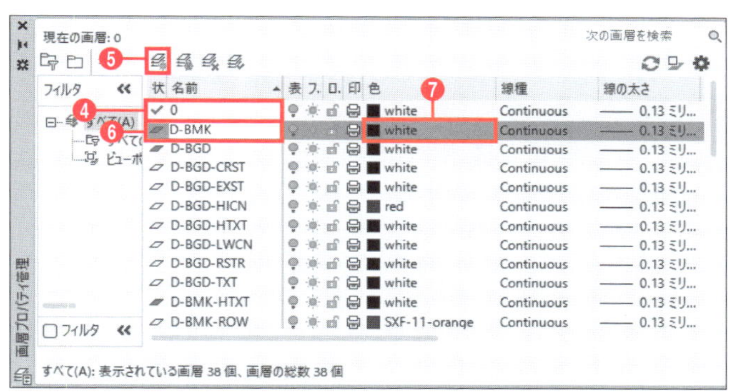

[新規作成]をクリックすると、その前に選択されていた画層の設定をコピーして、新しい画層が作成されます。

❽ [色選択]ダイアログボックスが表示される。[yellow](2番)をクリックする。[色]に「yellow」と表示される。
❾ [OK]ボタンをクリックする。

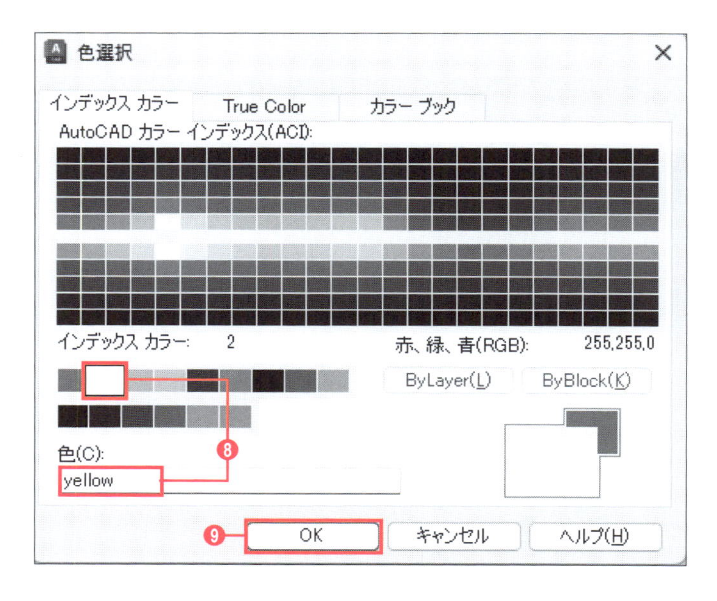

⑩ [画層プロパティ管理]パレットで[D-BMK]画層の[色]が[yellow]になっていることを確認する。

⑪ [D-BMK]画層の[線種](Continuous)をクリックする。

[Continuous]は実線を意味します。

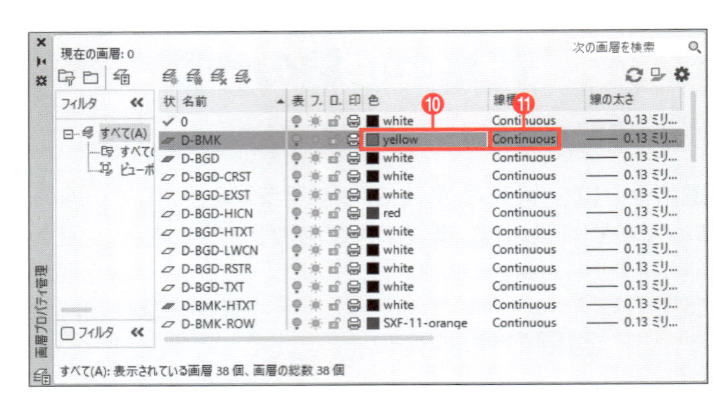

⑫ [線種を選択]ダイアログボックスが表示される。[ロード]ボタンをクリックする。

線種のロードについて

線種のロードとは、線種を図面ファイルに登録する操作です。現在開いている練習用ファイル「5-1.dwg」には、中心線に使用する線種(SXF_一点鎖線)が登録されていないので、線種定義ファイルから読み込んで登録する必要があります。

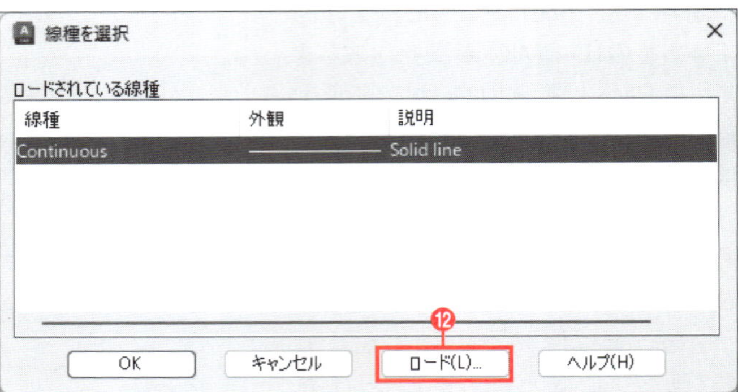

⑬ [線種のロードまたは再ロード]ダイアログボックスが表示される。[ファイル]ボタンをクリックする。

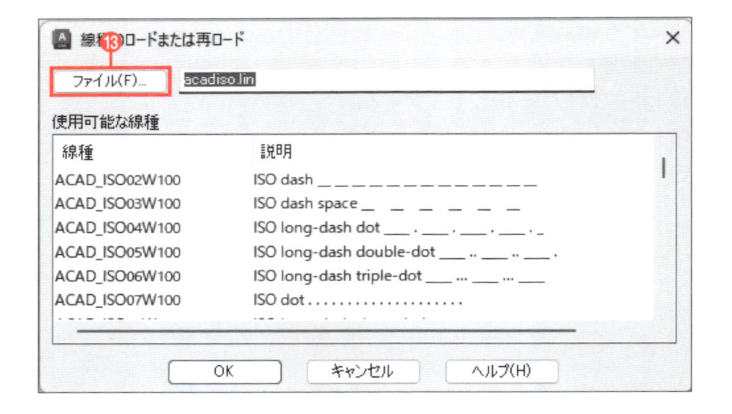

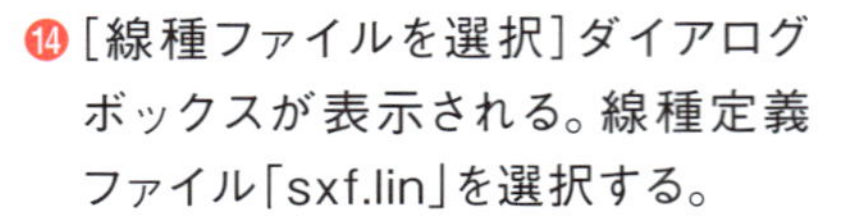

⑭ [線種ファイルを選択]ダイアログボックスが表示される。線種定義ファイル「sxf.lin」を選択する。

⑮ [開く]ボタンをクリックする。

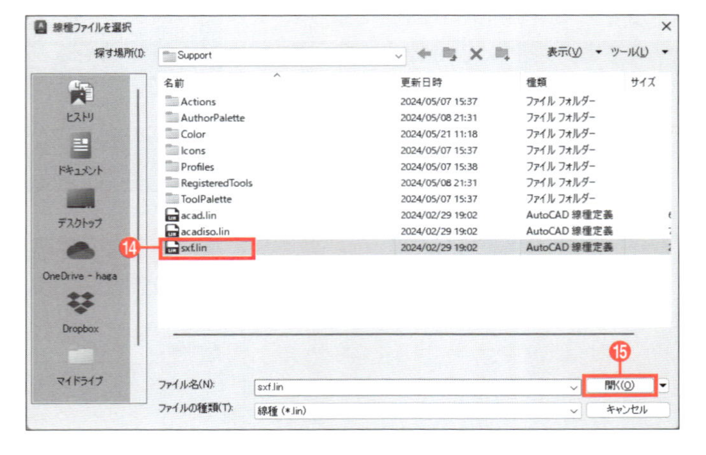

⑯［線種のロードまたは再ロード］ダイアログボックスで［SXF_一点鎖線］を選択する。
⑰［OK］ボタンをクリックする。

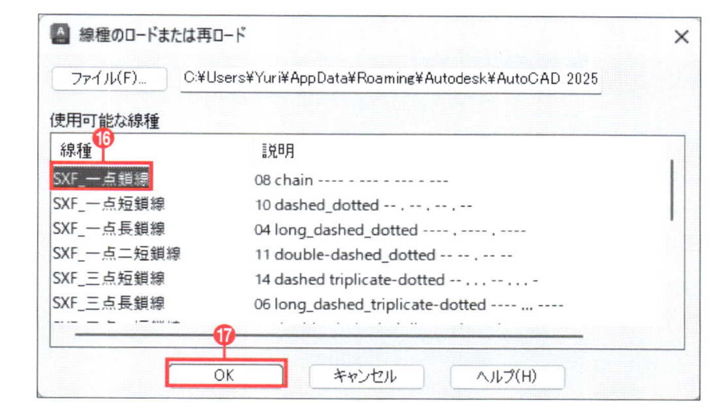

⑱［線種を選択］ダイアログボックスで［SXF_一点鎖線］がロードされていることを確認し、これを選択する。
⑲［OK］ボタンをクリックする。

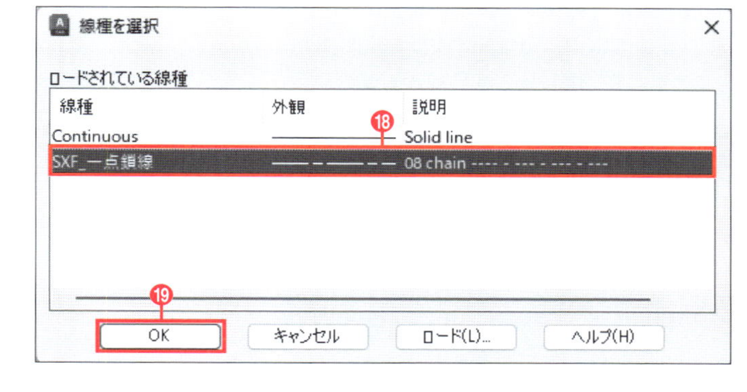

⑳［画層プロパティ管理］パレットで［D-BMK］画層の色が［yellow］、線種が［SXF_一点鎖線］、線の太さが［0.13ミリメートル］に設定されていることを確認する。
㉑ をクリックし、［画層プロパティ管理］パレットを閉じる。

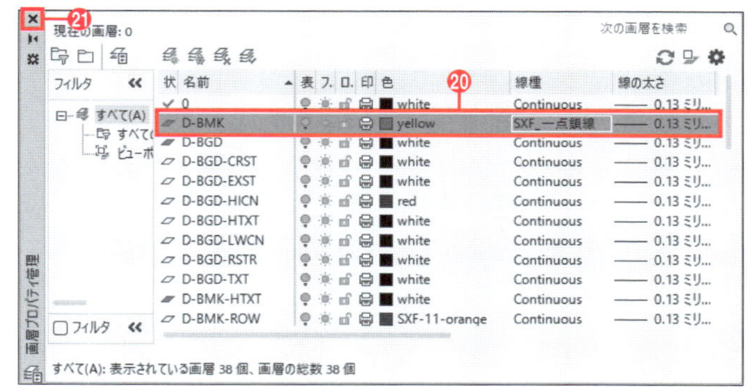

［画層プロパティ管理］パレットについて

画層は図面ファイルごとに保存され、［画層プロパティ管理］パレットで一覧表示することができます。画層の新規作成、削除、設定変更なども、この［画層プロパティ管理］パレットから行います。

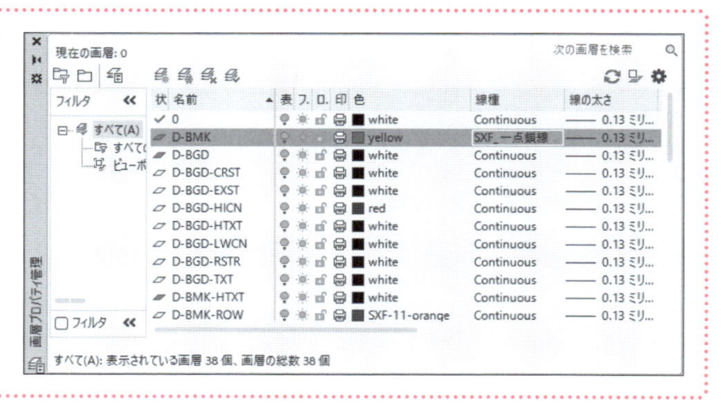

5-1-2 変化点の作図

道路中心線を作図するために、変化点の位置に仮の円を作成します。座標は、X=−27680083.6824、Y=−33658286.6353、円の半径は10000です。

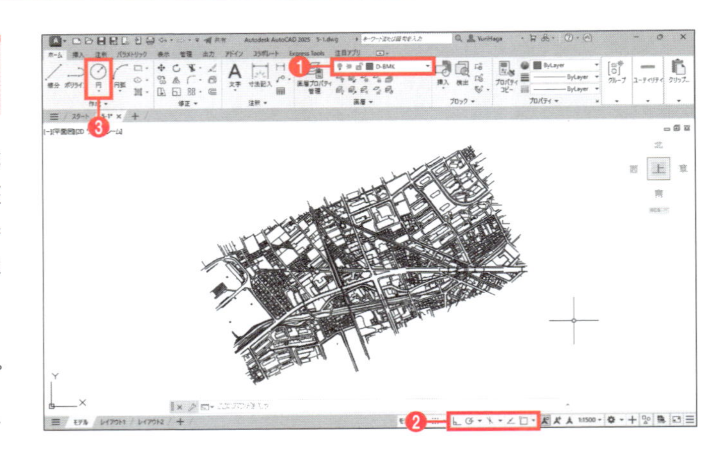

❶［ホーム］タブ－［画層］－［画層］プルダウンメニューをクリックし、［D-BMK］をクリックして選択する。

❷ステータスバーの作図補助機能（直交モード、極トラッキング、オブジェクトスナップなど）はオフにする。

❸［ホーム］タブ－［作成］－［中心、半径］をクリックする。

❹ツールチップに「円の中心点を指定」と表示される。「**#−33658286.6353, −27680083.6824**」と入力し、Enterキーを押す。

ここでは、変化点の座標を絶対座標で指定しています。測量座標系とAutoCADの座標系は、XとYを入れ替えて入力することに注意してください（詳しくはP.47の**2-2-10**を参照）。

❺ツールチップに「円の半径を指定」と表示される。「**10000**」と入力する。

変化点に円が作成されます。

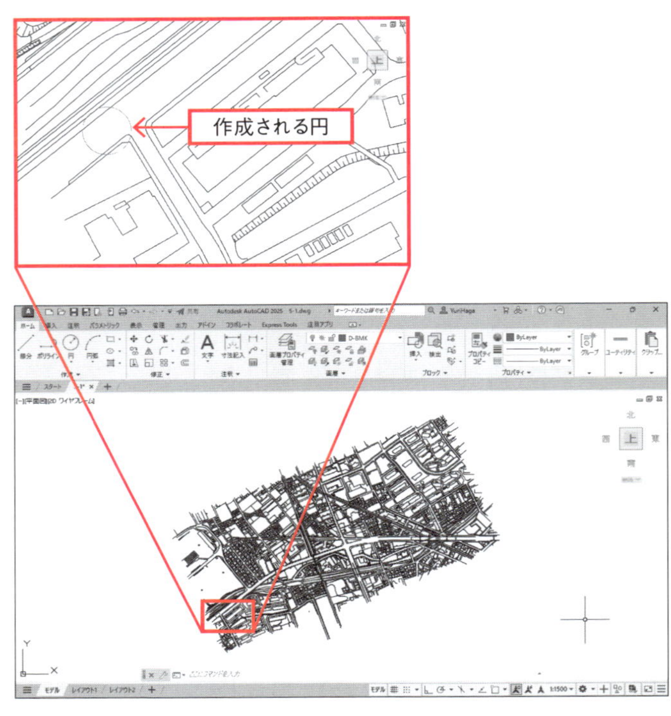

絶対座標について

「絶対座標」は、原点からのX軸方向の距離、Y軸方向の距離を入力する方法です。測量座標を入力する場合には、絶対座標を使用して座標を入力します。
ダイナミック入力がオンの場合とオフの場合では入力方法が違うので注意してください。

■ ダイナミック入力 オンの場合

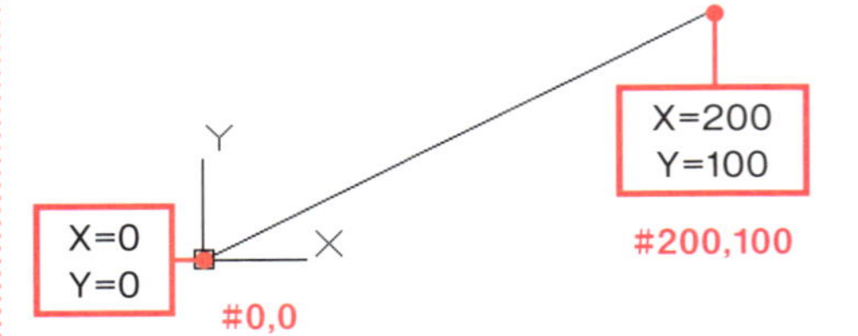

■ ダイナミック入力 オフの場合

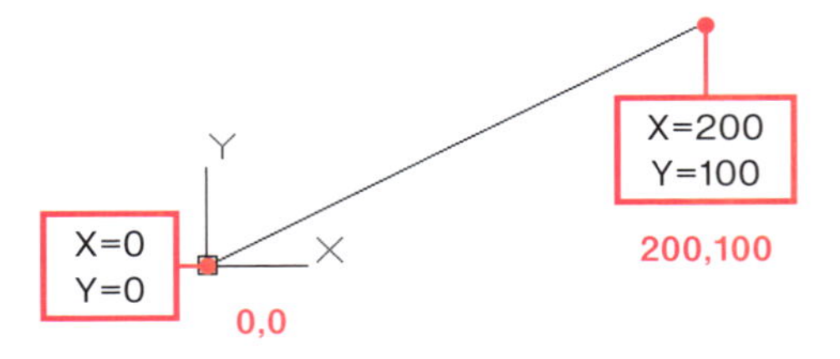

5-1-3 Excelを利用して変化点を作図

前項では座標値を手入力しましたが、作図するすべての変化点の座標値をキーボードから入力するのは非効率的です。そこで、Excelに入力された座標値を利用して作図します。

座標値

AutoCADで座標値に円を書く操作を記述

❶ Excelで練習用ファイル「5-1.xls」を開く（AutoCADは前項の作業後のまま起動しておく）。

A列にX座標、B列にY座標が入力されています。これを利用して、D列、E列、F列に、AutoCADで円を作成するためのコマンドを作成します。

❷ セルD2をクリックする。

❸「CIRCLE」と入力する。

AutoCADで円を作成するには、リボンタブのボタンをクリックする方法のほかに、キーボードから「CIRCLE」とコマンドを入力し、Enterキーを押すという方法があります。セルD2の値は、このキーボード入力を表します。

❹ セルE2をクリックする。

❺「=CONCATENATE(B2,",",A2)」と入力する。

「CONCATENATE」は、文字列をつなげるExcelの関数です。セルE2に入力した関数は、「セルB2とセルA2の値をカンマで連結する」という意味になり、円の中心点の座標入力「X,Y」を表します。なお、クリップボードにコピーした座標値を、AutoCADのコマンドウィンドウに貼り付ける場合は、「#」の入力は必要ありません。

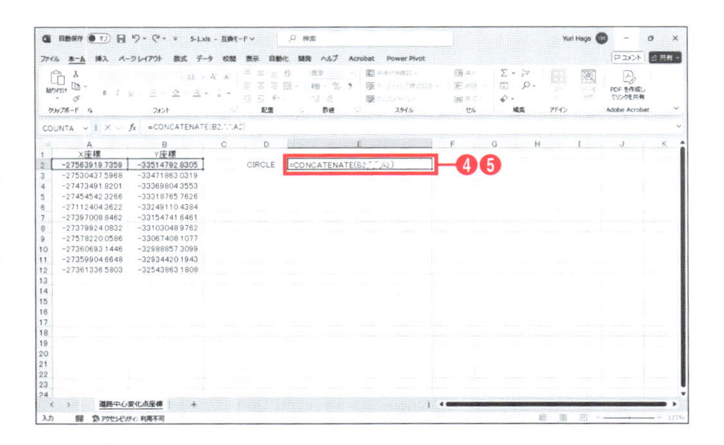

5-1

道路中心線の作図

⑥ セルF2をクリックする。

⑦「10000」と入力する。

> セルF2の値は、作成する円の半径を表します。前項で作成した円と同じく、10000にします。

⑧ セルD2をクリックする。

⑨ Shift キーを押しながらセルF2をクリックする。セルD2、E2、F2が選択される。

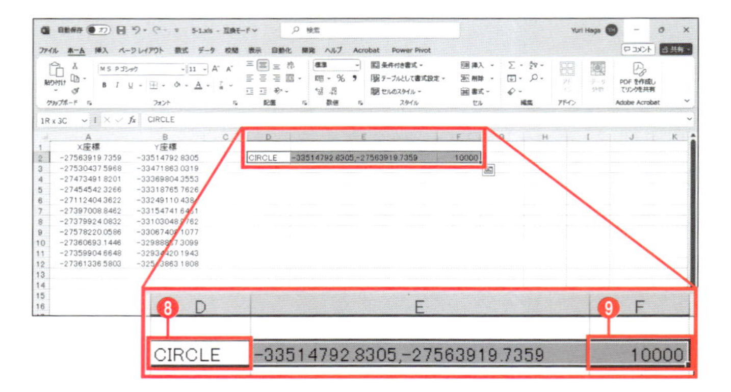

このセルD2、E2、F2が、1つの円を作成するためのコマンドとなります。この値を3行目以降にコピーして、残りの座標値から円を作成するためのコマンドを作成します。

⑩ 選択したセルを右クリックし、メニューから[コピー]を選択する。

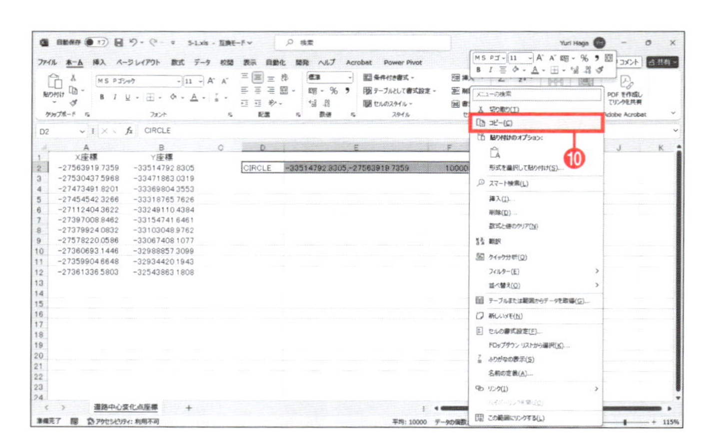

⑪ セルD3をクリックする。

⑫ Shift キーを押しながらセルD12をクリックする。セルD3からD12までが選択される。

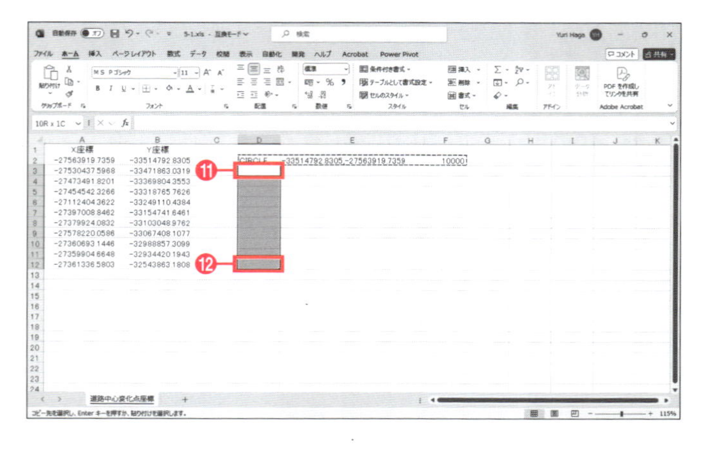

⑬ 選択したセルを右クリックし、メニューから[貼り付け]を選択する。

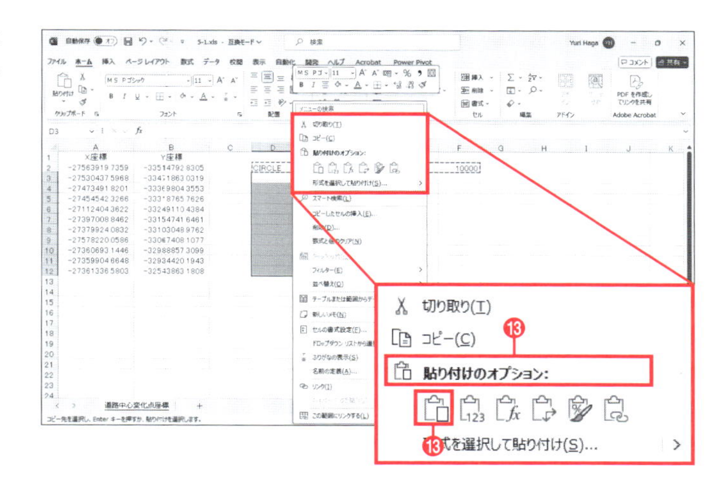

3～12行目に式がコピーされ、それぞれの座標値に基づいて円を作成するコマンドが生成されます。

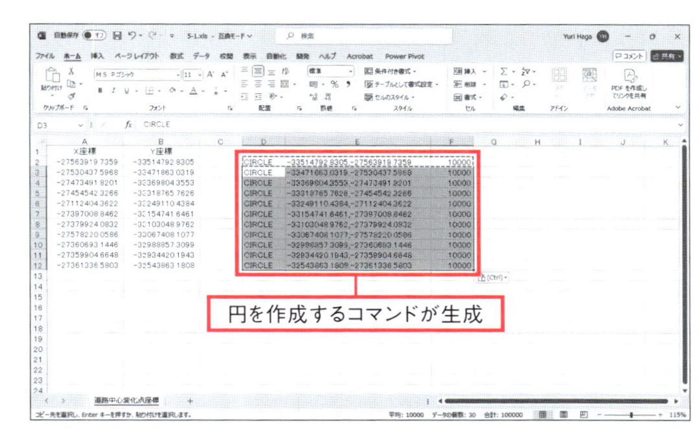

作成したコマンドをAutoCADで実行するために、すべてをクリップボードにコピーします。

⑭ セルD2をクリックする。
⑮ Shift キーを押しながらセルF12をクリックする。セルD2からF12までが選択される。
⑯ 選択範囲を右クリックし、メニューから[コピー]を選択する。

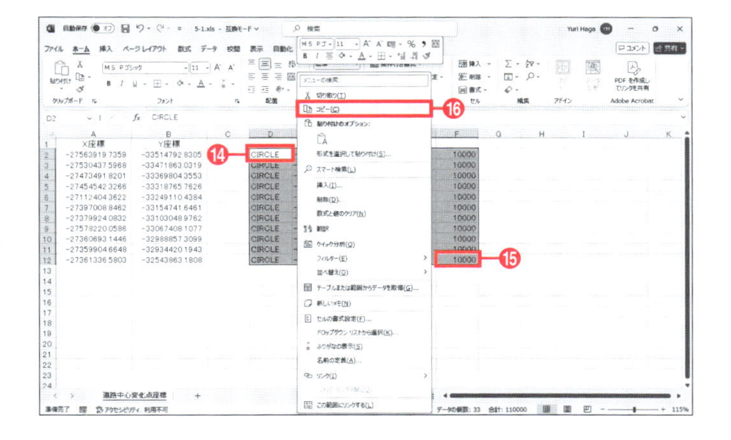

⑰ AutoCADに戻る。

⑱ ステータスバーの作図補助機能（直交モード、極トラッキング、オブジェクトスナップなど）はオフにする。

直交モードやオブジェクトスナップなどがオンになっていると、円が正確に作成されない場合があります。

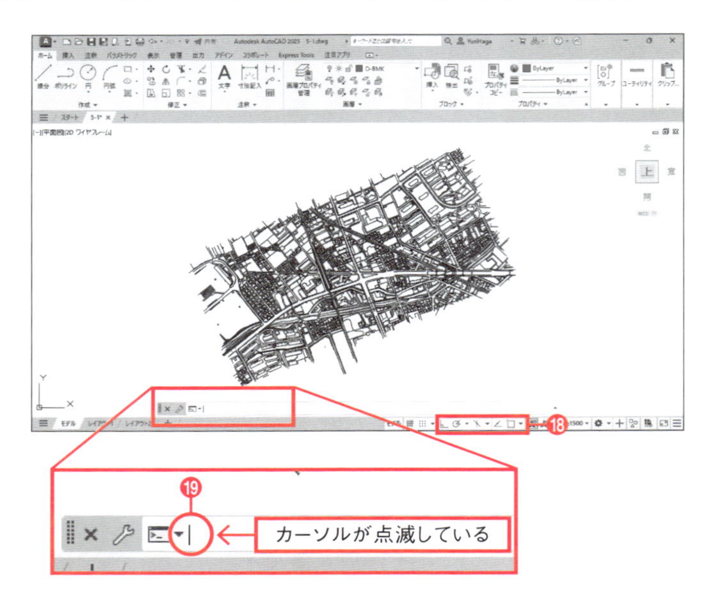

⑲ コマンドウィンドウをクリックし、カーソルが点滅することを確認する。

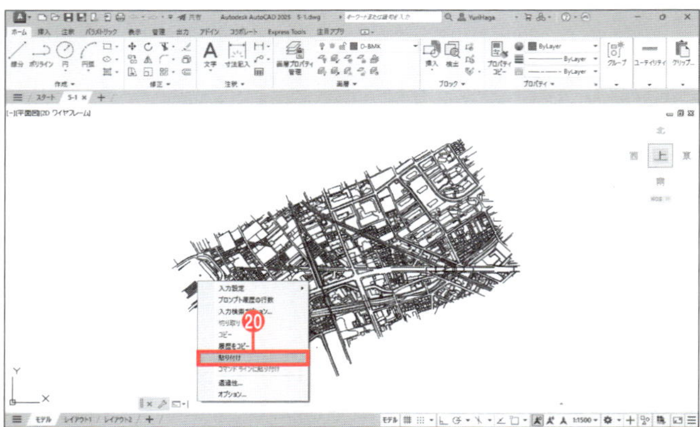

⑳ コマンドウィンドウを右クリックし、メニューから［貼り付け］を選択する。

Excelからコピーしたコマンドが実行され、変化点に円が作成されます。地形の線に重なっているため見にくいですが、図の部分に**5-1-2**で作成した円も含めて合計12個の円が作成されています。

作成できない場合は、ダイナミック入力をオフにしてから実行してください。ダイナミック入力のオン／オフについてはP.30の「ダイナミック入力について」を参照してください。

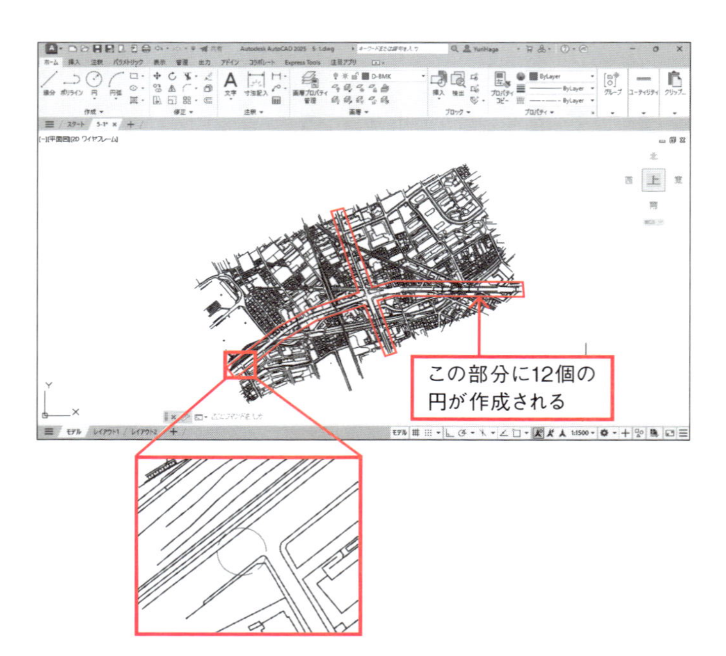

5-1-4 直線部分の作図

変化点に作成した円を利用して、道路中心線のR=∞を線分で作成します。まず、作成しやすいように、地形が作図されている[D-BGD]画層を非表示にします。

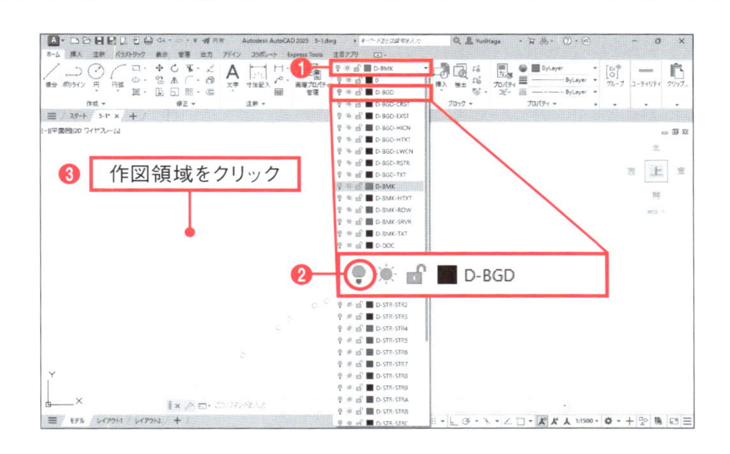

❶ [ホーム]タブー[画層]ー[画層]プルダウンメニューをクリックする。
❷ [D-BGD]画層の💡マークをクリックする。

手順❷で[D-BGD]画層の名前部分をクリックすると現在画層が切り替わってしまうので、必ず💡マークをクリックしてください。

マークが黄色から青色に変わり、[D-BGD]画層が非表示になります。

❸ 作図領域をクリックする。[画層]のメニューが閉じる。
❹ ステータスバーの[オブジェクトスナップ]をオンにする。

前項でダイナミック入力をオフにした場合は、オンにしてください。ダイナミック入力のオン／オフについてはP.30の「ダイナミック入力について」を参照してください。

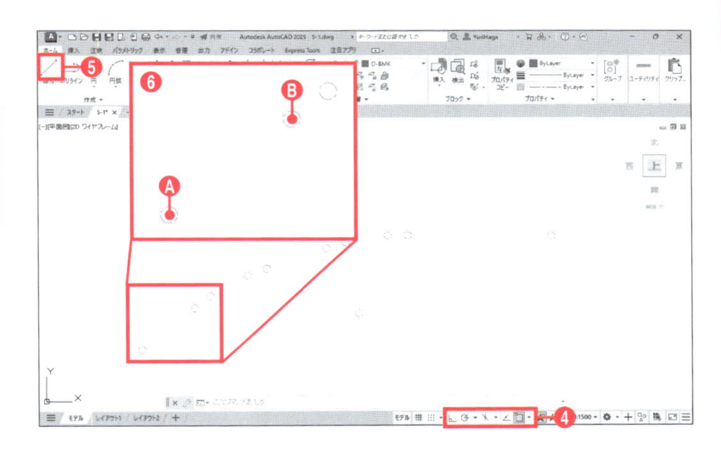

❺ [ホーム]タブー[作成]ー[線分]をクリックする。
❻ 左端の2つの円の中心点Ⓐ、円の中心点Ⓑをクリックする。
❼ Enter キーを押して[線分]コマンドを終了する。

2つの円の間に直線が作成されます。

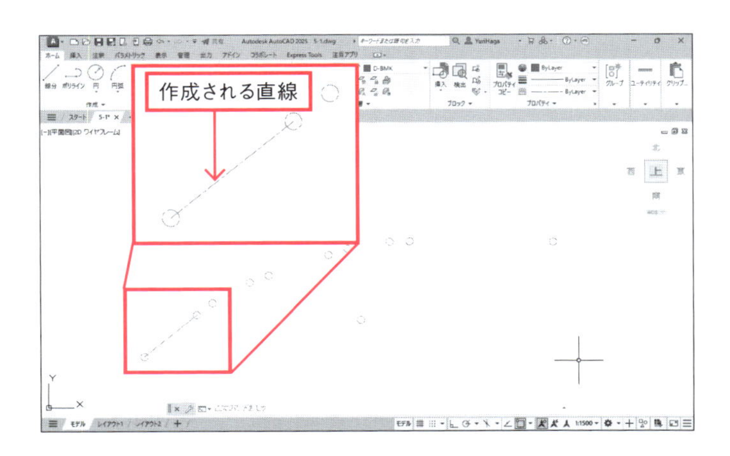

5-1 道路中心線の作図

❽ 手順❺〜❼と同様にして、図のⒸ、Ⓓ、Ⓔの位置に3本の直線を作成する。

Ⓔの直線は上から下に作成してください。ここでの順番が、P.142の**5-1-10**で作成する測点の方向に影響することもあります。

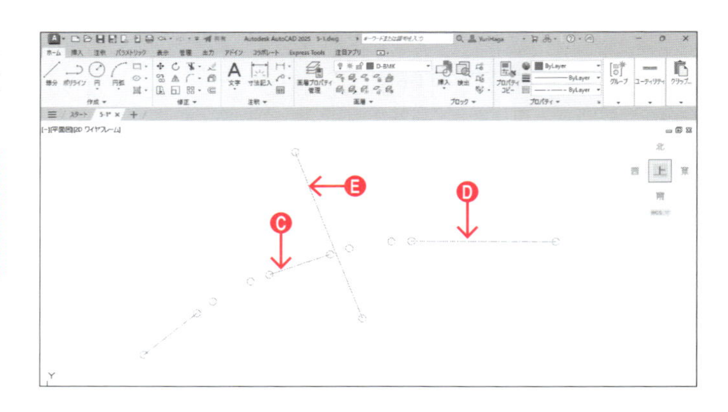

5-1-5 円弧部分の作図

変化点に作成した円を利用して、道路中心線のR=500を円弧で作成します。

❶［ホーム］タブ―［作成］―［始点、終点、半径］をクリックする。

❷ ツールチップに「円弧の始点を指定」と表示される。変化点（円の中心点Ⓐ）をクリックする。

❸ ツールチップに「円弧の終点を指定」と表示される。変化点（円の中心点Ⓑ）をクリックする。

❹ ツールチップに「円弧の半径を指定」と表示される。「**500000**」と入力し、Enterキーを押す。

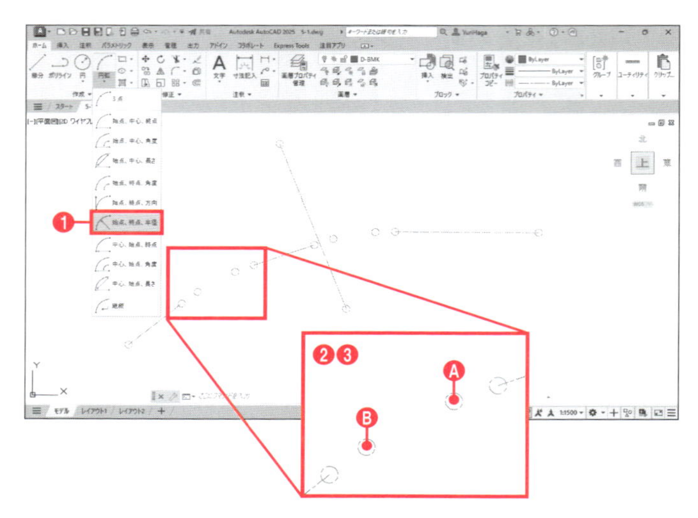

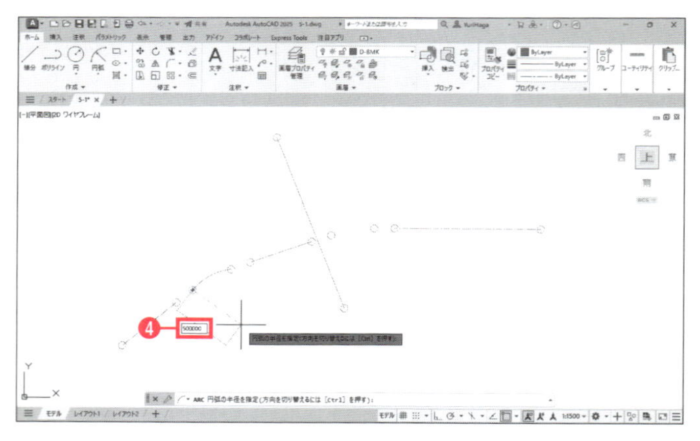

半径の入力時に「2D点が無効です」と表示されたり、円弧をうまく作成できなかったりする場合は、円の中心からカーソルを離して入力してください。

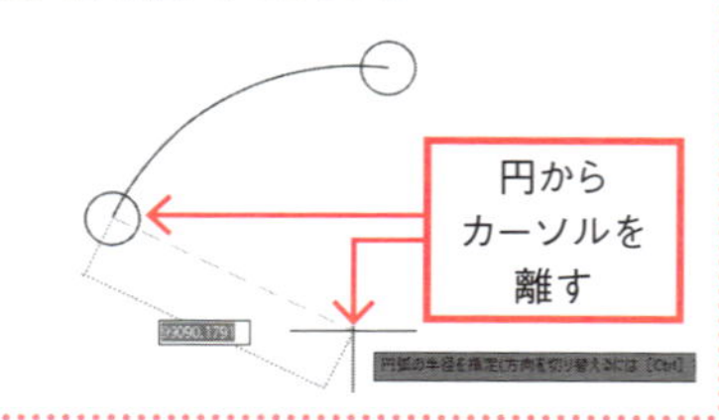

円弧の作成について

円弧は始点から反時計回りに作成されます。始点、終点の指示の順番を間違えると、円弧の膨らみが反対に作成されるので注意してください。

❺ 手順❶～❹と同様にして、図の部分にもう1つ円弧を作成する。

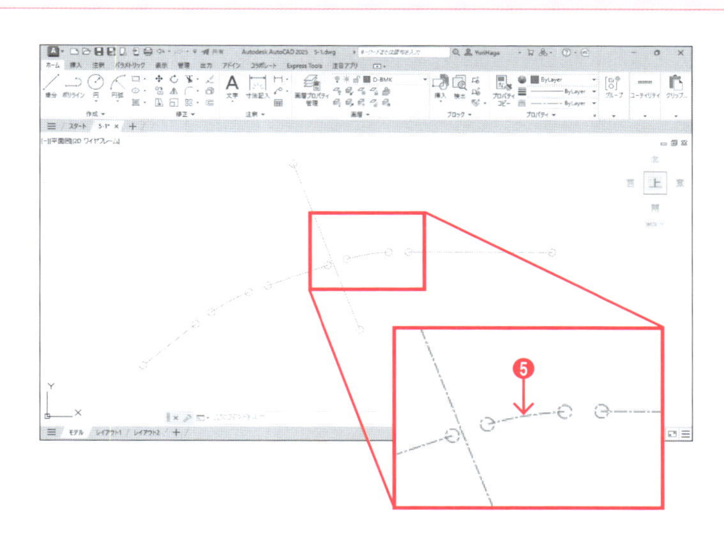

5-1-6 クロソイド部分の作図の準備

道路が直線部から円曲線部に移行する部分には、移行が緩やかになるように計算されたクロソイド曲線を書きますが、AutoCADにはクロソイド図形を作図するコマンドがありません。そのためポリライン（折れ線）を利用してクロソイド部分を作図しますが、座標点の計算が必要になります。

ここではクロソイド部分を作図するために、ダウンロードした教材データの「ch5」フォルダに収録されているAutoCADのLISPプログラム「CLOTHOCURVE.lsp」を使用します。

なお、AutoCAD LT 2023バージョン以前では、LISPを使用できません。また、環境によってはLISPの実行が制限される可能性があります。その場合は、「5-1-8　クロソイド部分の作図(2)」から行ってください。

■ AutoCADで作図したクロソイドの例

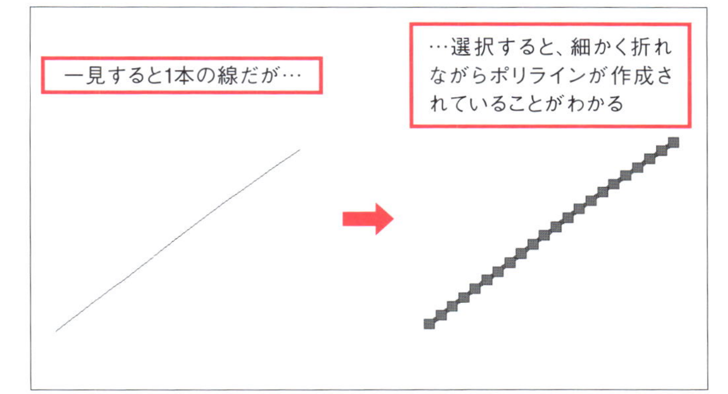

CLOTHOCURVE.lsp

作者名●芳賀百合
料金●無料

※「CLOTHOCURVE.lsp」は、無料のLISPプログラムです。このLISPプログラムを使用したことによるいかなる損害についても、弊社・筆者・作者は一切の責任を負いかねます。また使用者の環境によっては正しく動作しない場合がありますが、弊社・筆者・作者はそれらのご質問は一切受け付けておりません。個人の責任においてご使用ください。

AutoCADのLISPについて

AutoCADのLISPは、AutoCADの機能を拡張するためのプログラミング言語です。「AutoLISP」とも呼ばれ、標準でAutoCADに組み込まれています。LISPを用いると、図面データにアクセスして情報の取得・変更を行う独自のプログラムが作成可能です。そのプログラムを使用することで、繰り返しの作業や複雑な作図を自動化できます。AutoCAD LTでは、2024バージョンから使用可能です。

「CLOTHOCURVE.lsp」を使用するには、まずプログラムのロード（読み込み）が必要です。

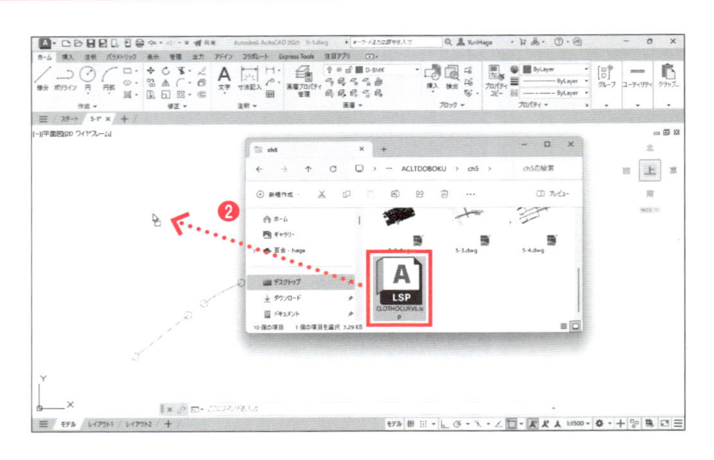

❶ Windowsのエクスプローラーを起動し、練習用データの「ch5」フォルダを表示する。

❷ AutoCADの作図領域に、「CLOTHOCURVE.lsp」をドラッグ&ドロップする。

❸［セキュリティー未署名の実行ファイル］ダイアログボックスが表示されるので、［1回ロードする］ボタンをクリックする。

［1回ロードする］ボタンをクリックすると、ドラッグ&ドロップしたDWGファイルのみ、「CLOTHOCURVE」コマンドが実行できるようになります。ただし、ファイルを閉じた場合は、もう一度プログラムのロードが必要となります。

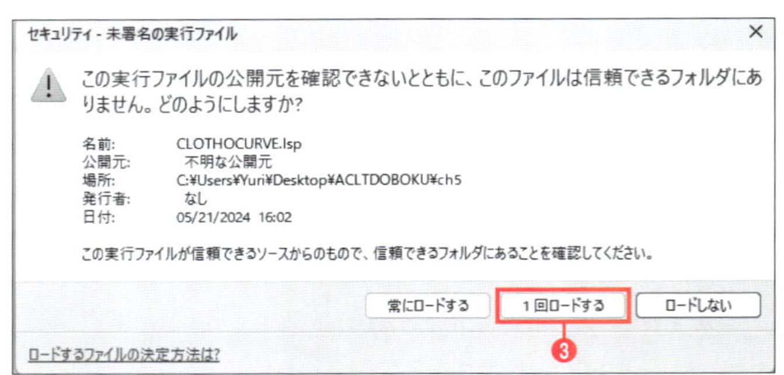

❹ F2 キーを押して、コマンドウィンドウの履歴を表示する。

❺「CLOTHOCURVE.lspがロードされました。」と表示されていることを確認する。

❻ F2 キーを押して、コマンドウィンドウの履歴を閉じる。

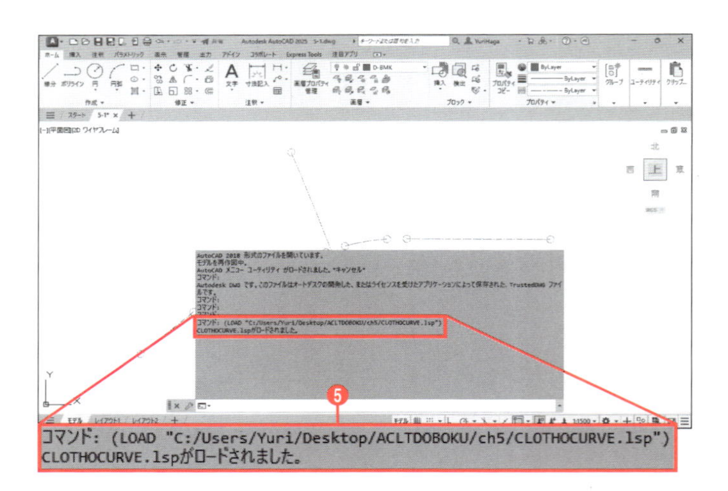

「CLOTHOCURVE.lsp」のプログラムがロードされ、「CLOTHOCURVE」コマンドが使用できるようになります。

5-1-7 クロソイド部分の作図（1）

図に示した部分に1つめのクロソイドを作図します。操作を始める前に、まず作図のポイントについて説明します。

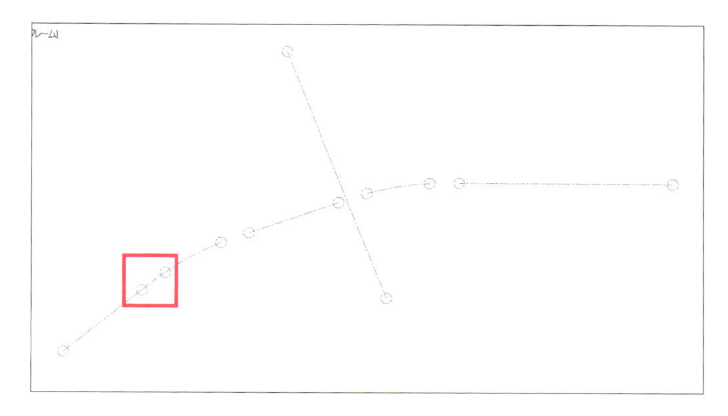

「CLOTHOCURVE」コマンドを実行すると、クロソイドは原点からX軸方向をIP点の方向として作図されます。

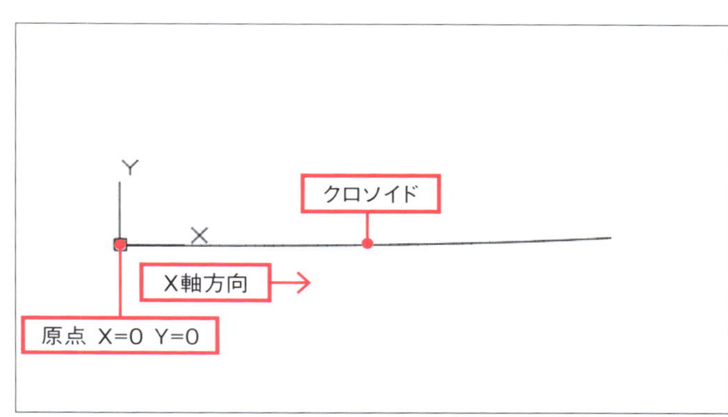

また、クロソイドの作成方向は、「CLOTHOCURVE」コマンドのオプション（左回り／右回り）で選択します。

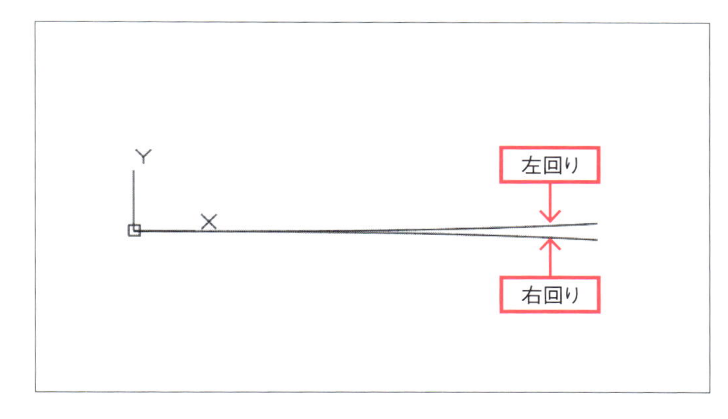

現在の原点とX軸方向は、WCS（ワールド座標系）という、測量座標で使用する座標系になっています。このままではクロソイドを正しく作成できないので、UCS（ユーザ座標系）の機能を使用して、原点やX軸方向を変更します。

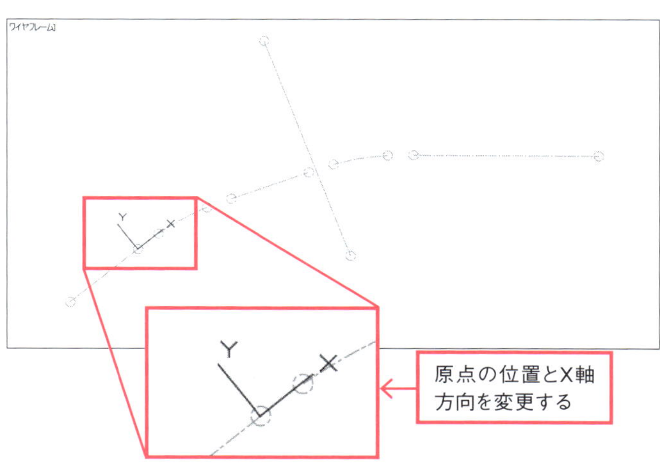

❶ [表示]タブをクリックする。
❷ [表示]タブを右クリックする。
❸ メニューから[パネルを表示]－[UCS]を選択する。

[UCS]にチェックが入っている場合は、[UCS]パネルがすでに表示されている状態なので選択する必要はありません。

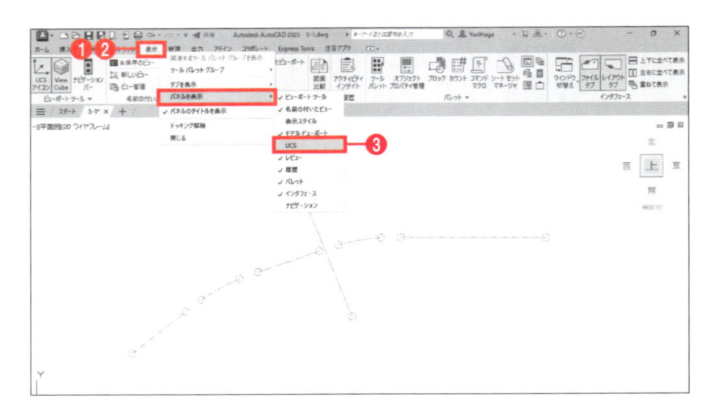

[UCS]パネルが表示されます。

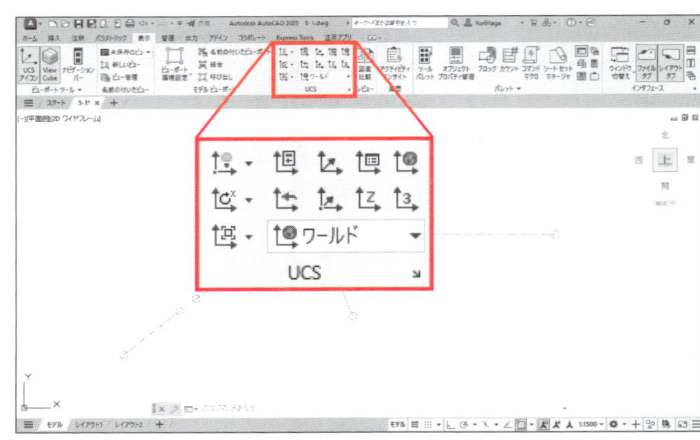

❹ [表示]タブ－[UCS]－[オブジェクト]をクリックする。
❺ 線分の左端点の近くをクリックして選択する。

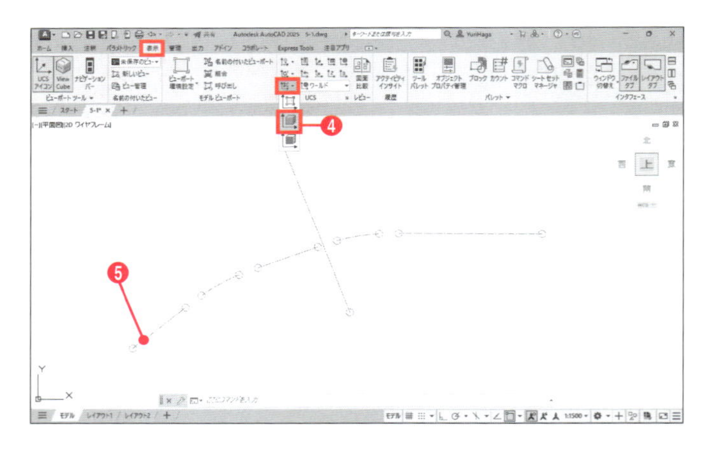

UCSアイコンが線分の左端点に表示されます。

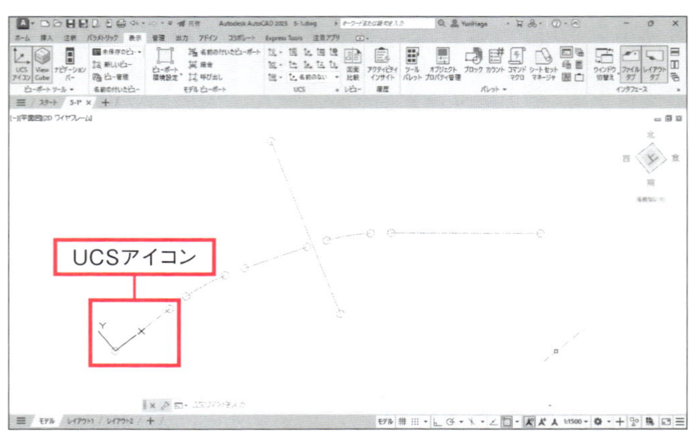

UCSオブジェクトの選択について

[表示]タブー[UCS]ー[オブジェクト]を実行すると、選択したオブジェクトに沿ってUCSが回転します。このとき、原点とX軸方向は、オブジェクトを選択する位置によって変わります。
手順❹〜❺ではX軸方向をクロソイド作成に適した方向にするために、線分の左端点の近くを選択しています。

■ **線分の左端点の近くを選択した場合のUCSの方向**　■ **線分の右端点の近くを選択した場合のUCSの方向**

❻[表示]タブー[UCS]ー[原点] をクリックする。
❼線分の右端点をクリックする。

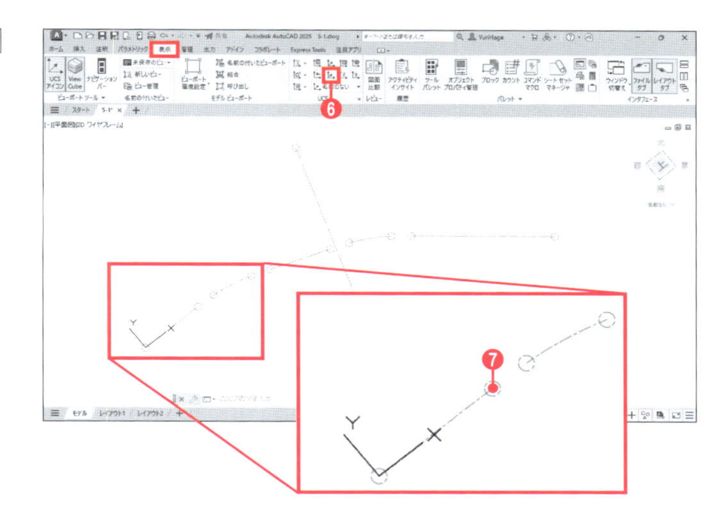

UCSアイコンが右端点に移動し、クロソイドの作成に適した状態になります。

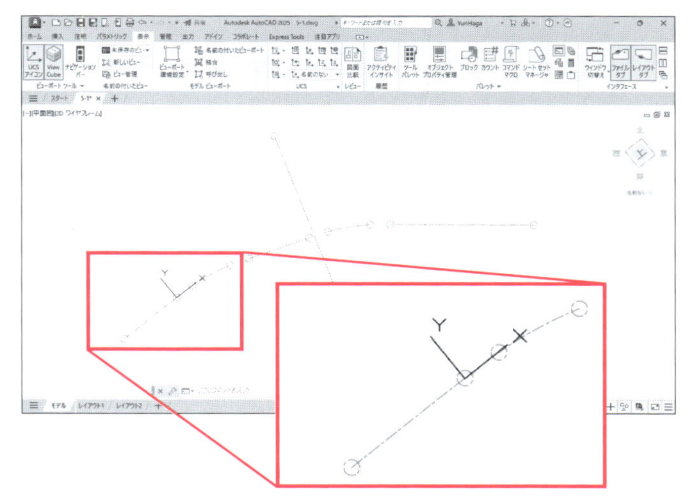

❽「CLOTHOCURVE」と入力し、Enterキーを押す。

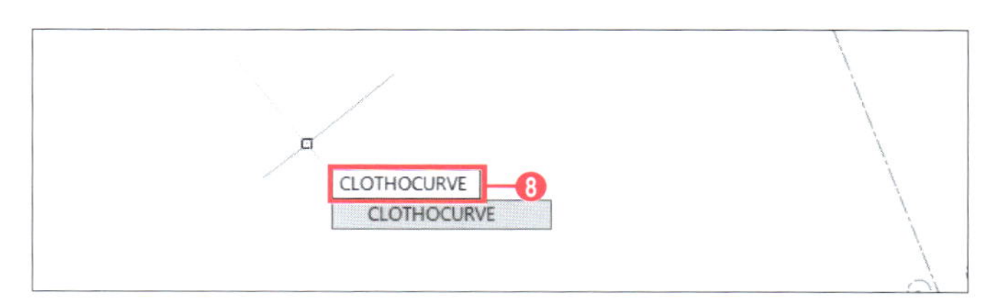

❾ ツールチップに「終点の半径Rをm単位で入力」と表示される。「**500**」と入力し、Enterキーを押す。

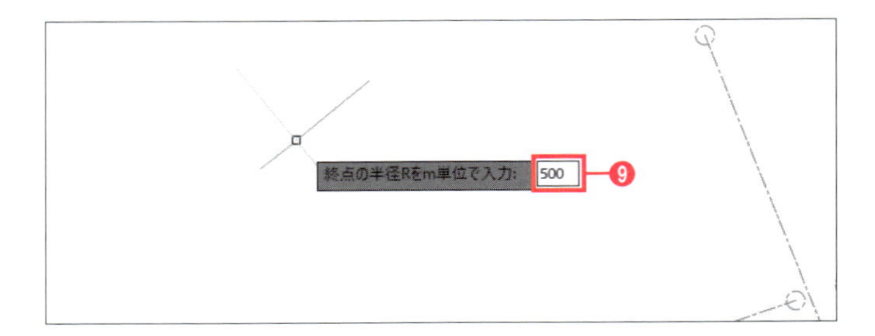

❿ ツールチップに「パラメータAをm単位で入力」と表示される。「**165**」と入力し、Enterキーを押す。

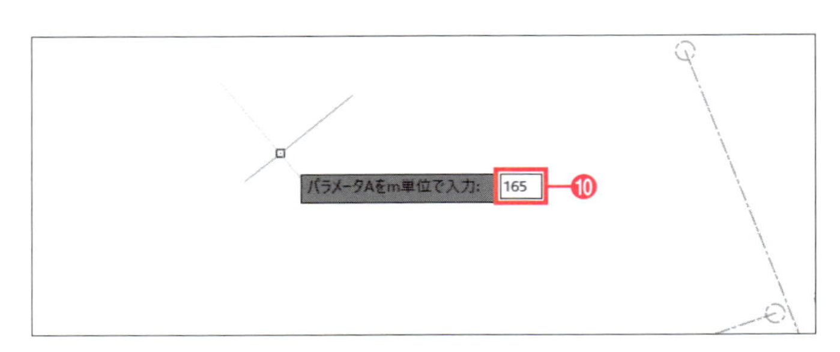

⓫ ツールチップに「クロソイドの回転方向を選択」と表示される。作図領域を右クリックし、メニューから[右回り]を選択する。

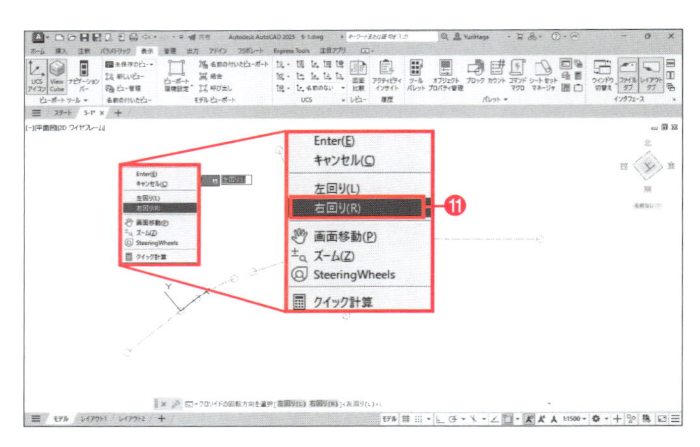

クロソイドが作図されます。

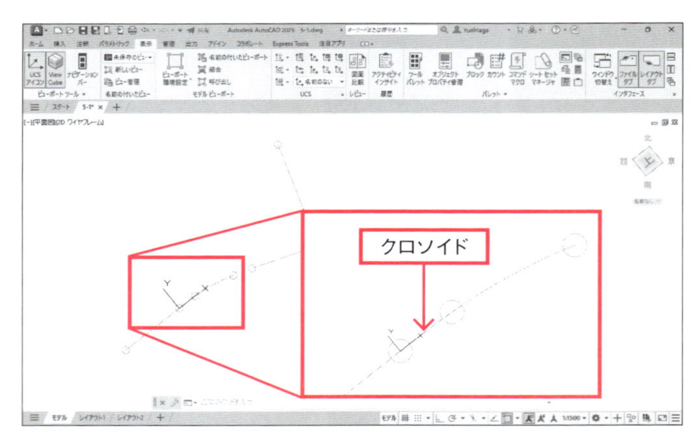

図に示した部分に2つめのクロソイドを作図します。

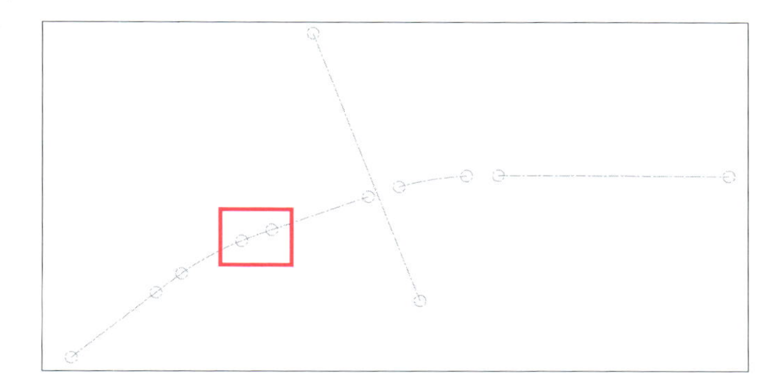

⓬［表示］タブー［UCS］ー［オブジェクト］をクリックする。
⓭線分の右端点の近くをクリックして選択する。

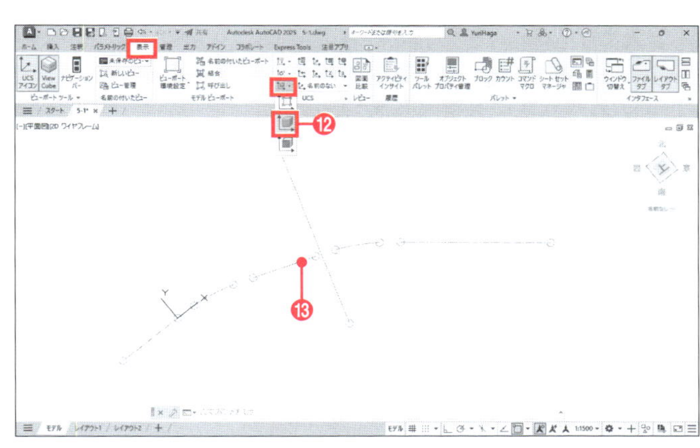

UCSアイコンが線分の右端点に表示されます。

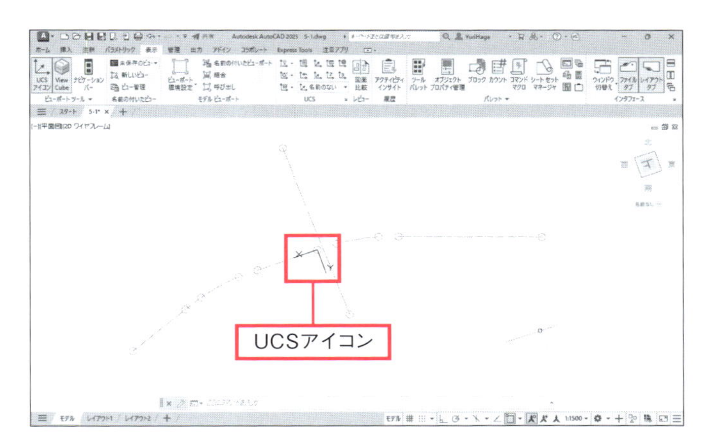

⓮［表示］タブー［UCS］ー［原点］をクリックする。
⓯線分の左端点をクリックする。

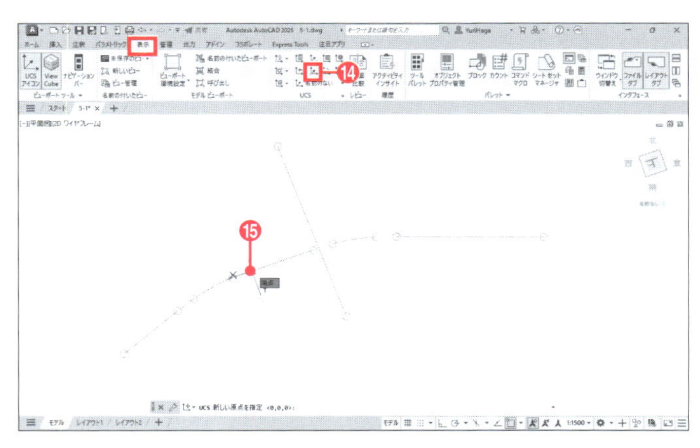

UCSアイコンが左端点に移動し、クロソイドの作成に適した状態になります。

⑯「CLOTHOCURVE」と入力し、Enterキーを押す。
⑰ツールチップに「終点の半径Rをm単位で入力」と表示される。「500」と入力し、Enterキーを押す。
⑱ツールチップに「パラメータAをm単位で入力」と表示される。「165」と入力し、Enterキーを押す。
⑲ツールチップに「クロソイドの回転方向を選択」と表示される。[左回り]が選択されているので、Enterキーを押して選択を確定する。

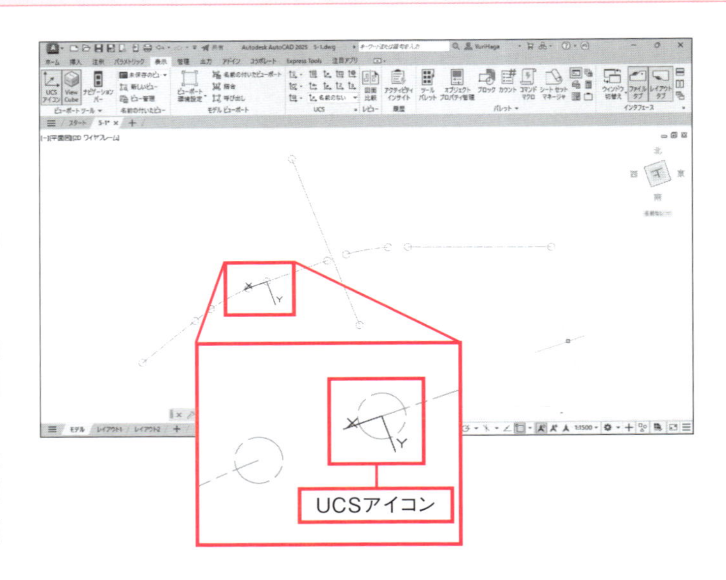

クロソイドが作図されます。

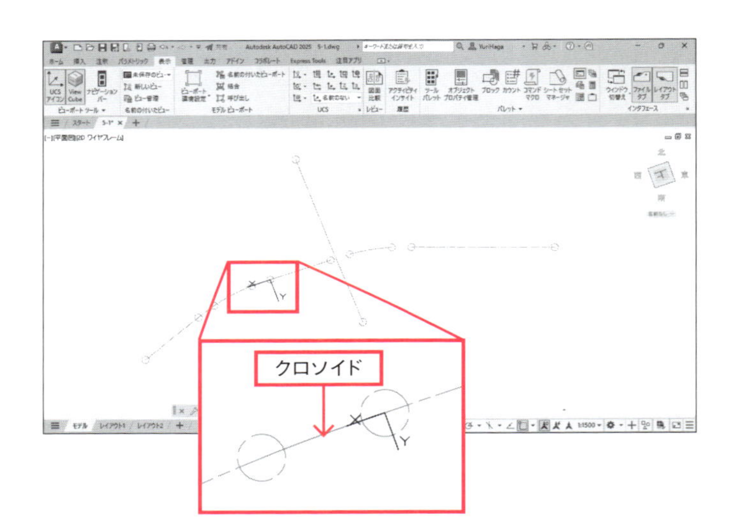

クロソイドの入力値

「CLOTHOCURVE」コマンドで入力する2つの値は、クロソイド曲線の形状を決定する値になります。

■ 終点の半径R
クロソイド曲線が接続する円弧の半径を入力します。
値が大きいほど緩やかな曲がりとなり、小さいほど急な曲がりになります。

■ パラメータA
クロソイド曲線全体の形状を決定する値を入力します。
値が大きいほど曲率の変化が緩やかになります。

図に示した部分に3つめのクロソイドを作図します。

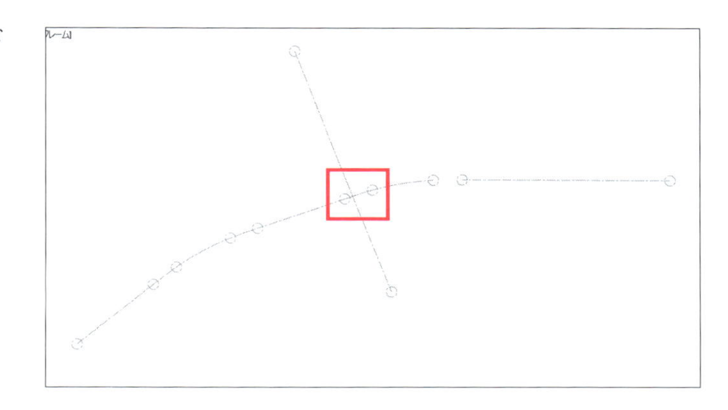

⑳ P.128の手順❹～P.129の手順❼を参照し、UCSを図のように変更する。

㉑ P.129の手順❽～P.130の手順⓫を参照し、クロソイドを作図する。

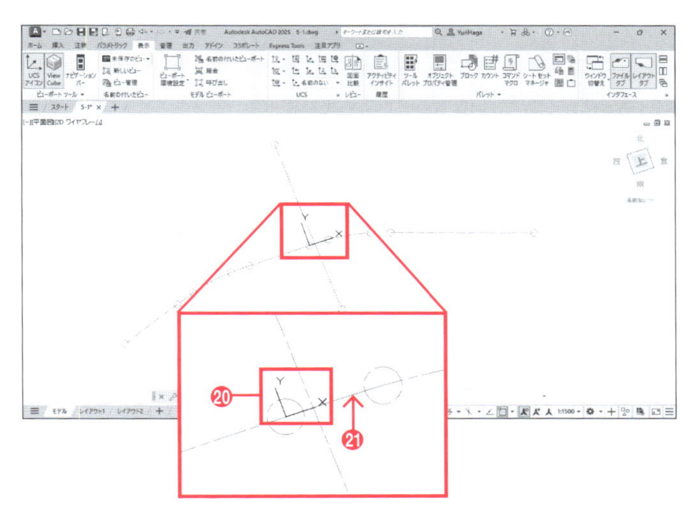

図に示した部分に4つめのクロソイドを作図します。

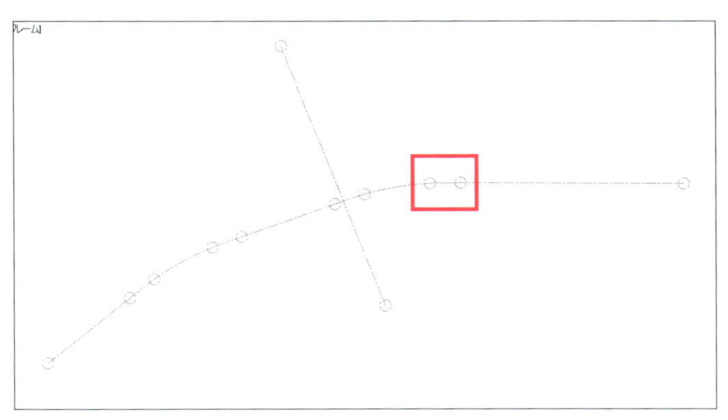

㉒P.131の手順⑫～⑮を参照し、UCSを図のように変更する。

㉓P.132の手順⑯～⑲を参照し、クロソイドを作図する。

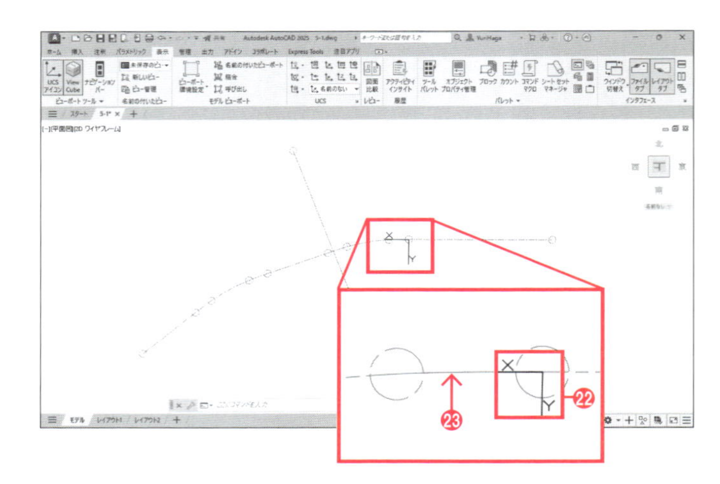

㉔[表示]タブ－[UCS]－[ワールド]をクリックする。

原点やX軸方向が元に戻り、UCSアイコンが画面の左下に表示されます。

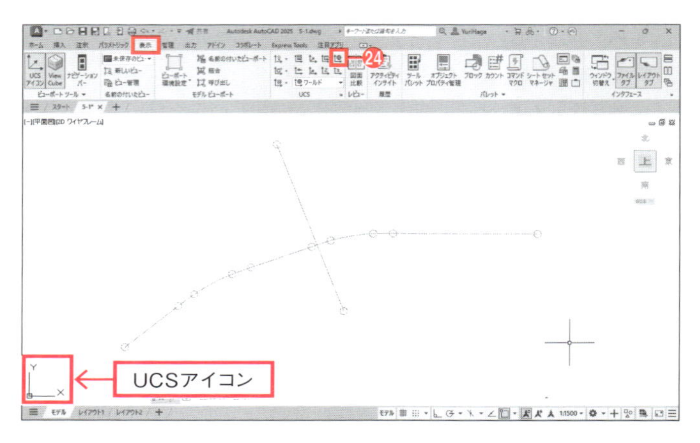

5-1-8 クロソイド部分の作図(2)

直線、円弧、クロソイドを1つにまとめるために、[ポリライン編集]コマンドで結合します。ここから始める場合は、「5-1-8.dwg」を使用してください。

①[ホーム]タブ－[修正]－[ポリライン編集]をクリックする。

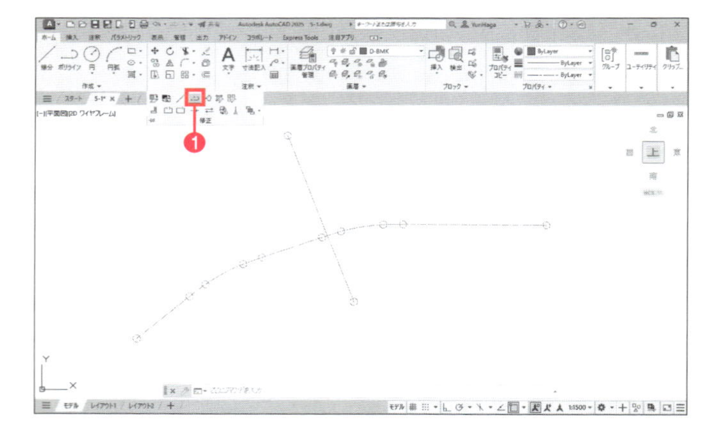

[ポリライン編集]は、[ホーム]タブ－[修正]のパネル名をクリックしてパネルを展開すると表示されます。

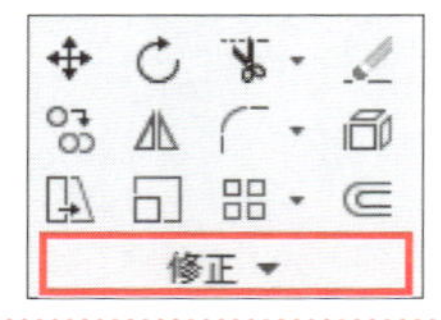

❷ ツールチップに「ポリラインを選択」と表示される。作図領域を右クリックし、メニューから[一括]を選択する。

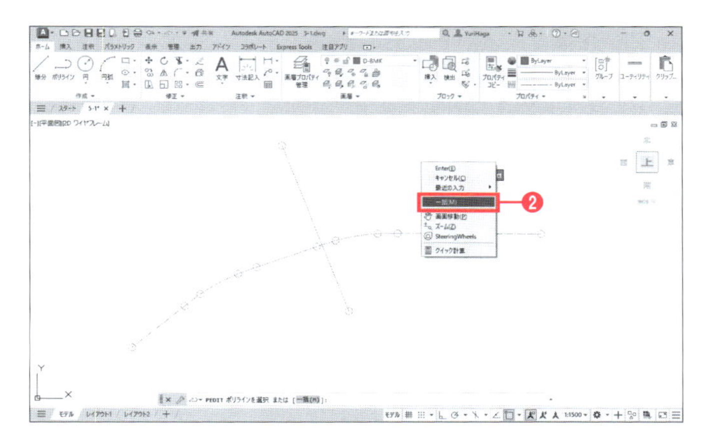

❸ 前項までに作成した、道路中心線を構成する直線3本、円弧2つ、クロソイド4つを、左から順にすべてクリックして選択する。

ここで選択した順番が、P.142の**5-1-10**で作成する測点の方向に影響することもあります。

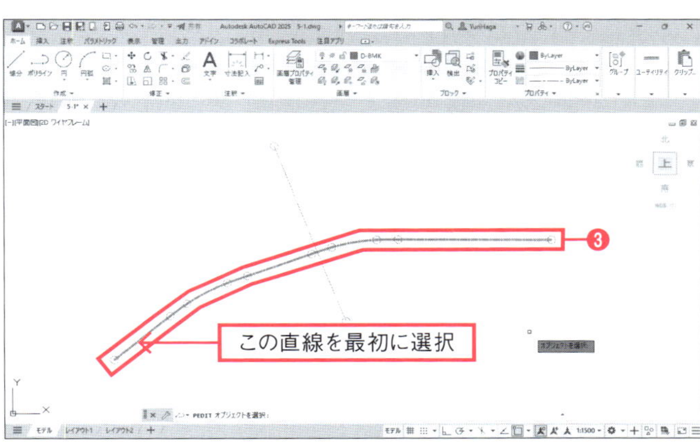

❹ Enter キーを押して選択を確定する。

❺ ツールチップに「線分、円弧、スプラインをポリラインに変更しますか?」と表示される。[はい(Y)]が選択されているので、Enter キーを押して選択を確定する。

❻ オプションから[結合]を選択する。

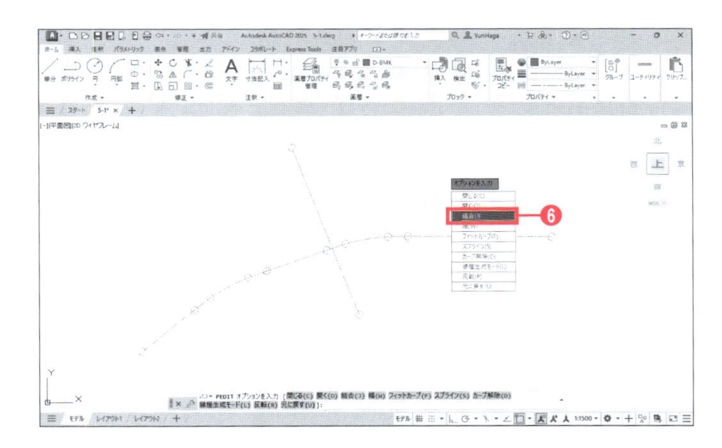

❼ ツールチップに「許容距離を入力」と表示される。[0.0000]が選択されているので、Enter キーを押して選択を確定する。

❽ 再度オプションが表示される。Enter キーを押して[ポリライン編集]コマンドを終了する。

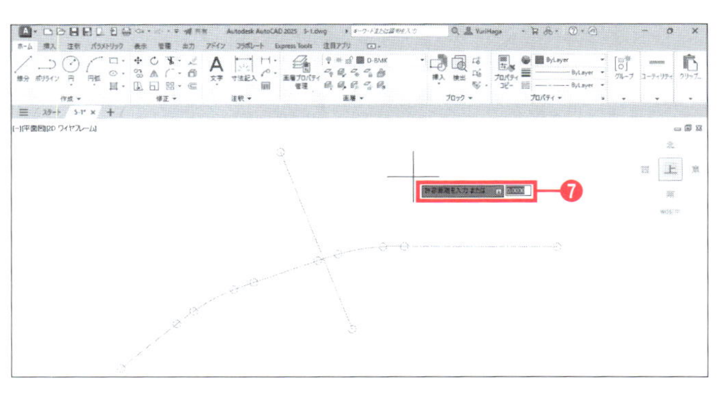

❾ 中心線にカーソルを当て(クリックはしない)、ポリラインがすべてつながってハイライト表示されることを確認する。

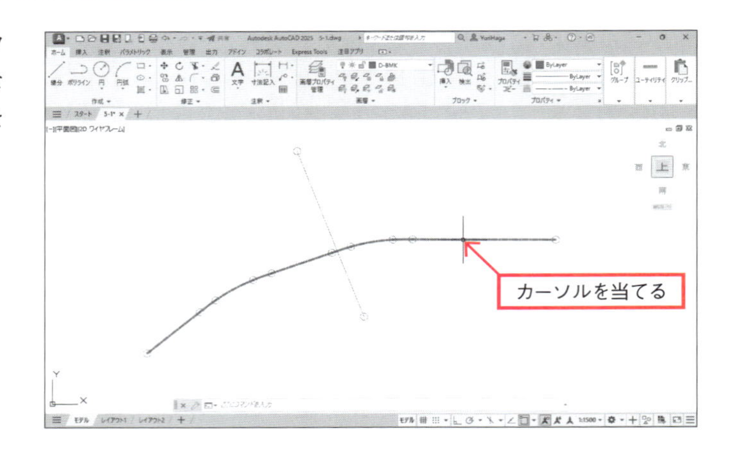

この時点では、クロソイドの部分に線種(一点鎖線)が反映されていません。ポリラインの線種生成モードが「無効」になっているため、ポリラインの要素ごとに線種が分かれて表示されています。線種を連続して表示するには、線種生成モードを「有効」に変更する必要があります。

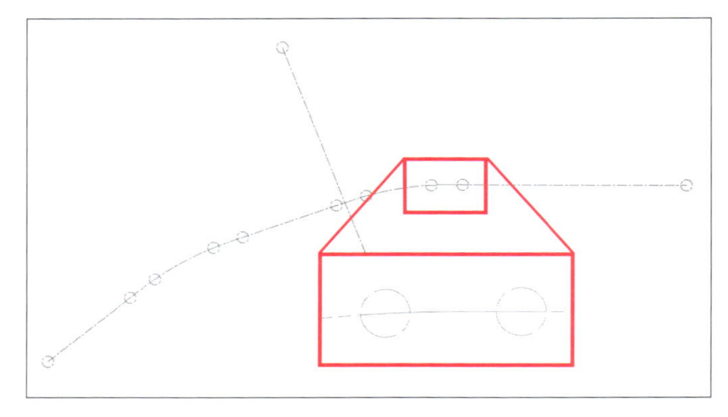

❿ ポリラインをクリックして選択する。

⓫ 作図領域を右クリックし、メニューから[オブジェクトプロパティ管理]を選択する。

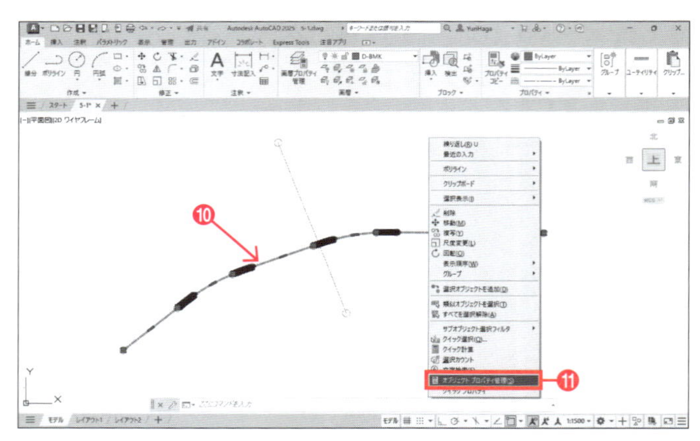

⓬ [プロパティ]パレットが表示される。[線種生成モード]から[有効]を選択する。

⓭ ✖をクリックして[プロパティ]パレットを閉じる。

⓮ Escキーを押し、ポリラインの選択を解除する。

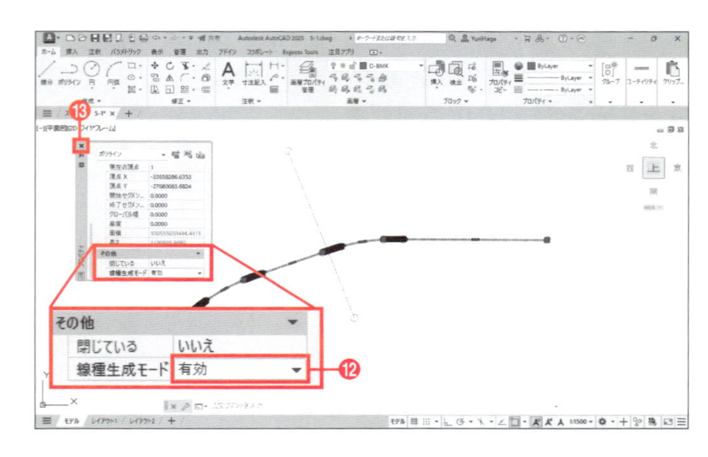

クロソイドの部分の線種(一点鎖線)が反映されます。

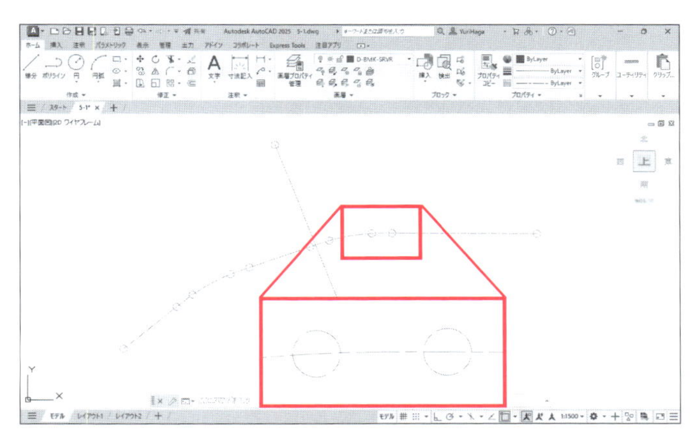

5-1-9 変化点をブロックで作成

変化点の位置に作成していた仮の円を、半径1mmの丸点のブロックで置き換えます(ブロックについてはP.88を参照)。まず、丸点のブロックを作成します。

❶[ホーム]タブー[ブロック]ー[編集(ブロックエディタ)]をクリックする。

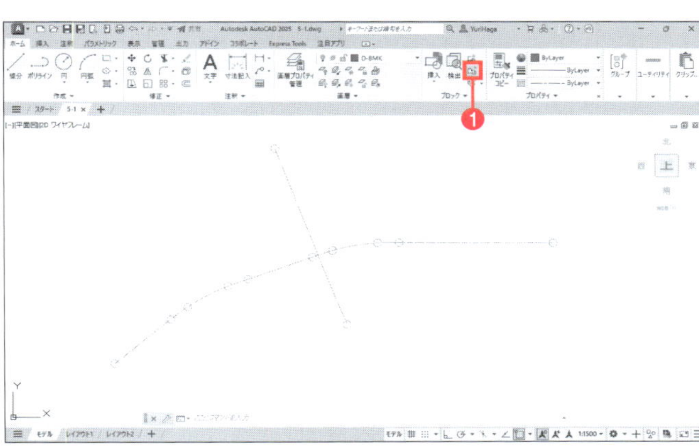

❷[ブロック定義を編集]ダイアログボックスが表示される。[作成または編集するブロック]に「変化点」と入力する。

❸[OK]ボタンをクリックする。ブロックエディタが起動する。

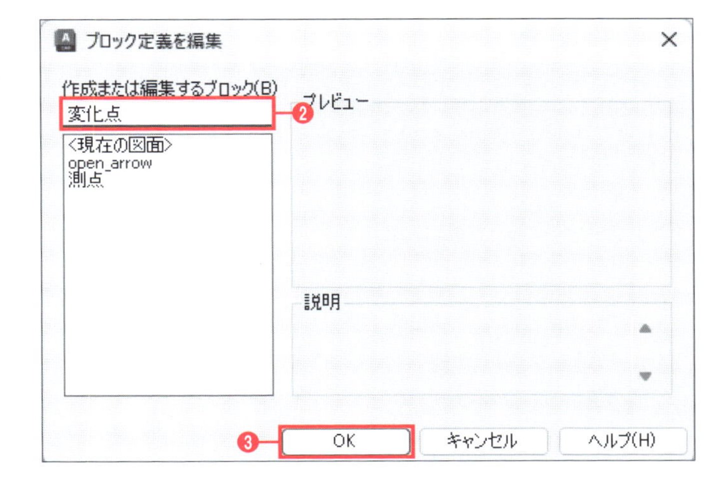

ブロックエディタ

ブロックの内容を定義および編集するための画面です。リボンに[ブロックエディタ]タブが表示され、作図領域がグレーで表示されます。作図領域に図形を書くことでブロックの内容を定義できます。

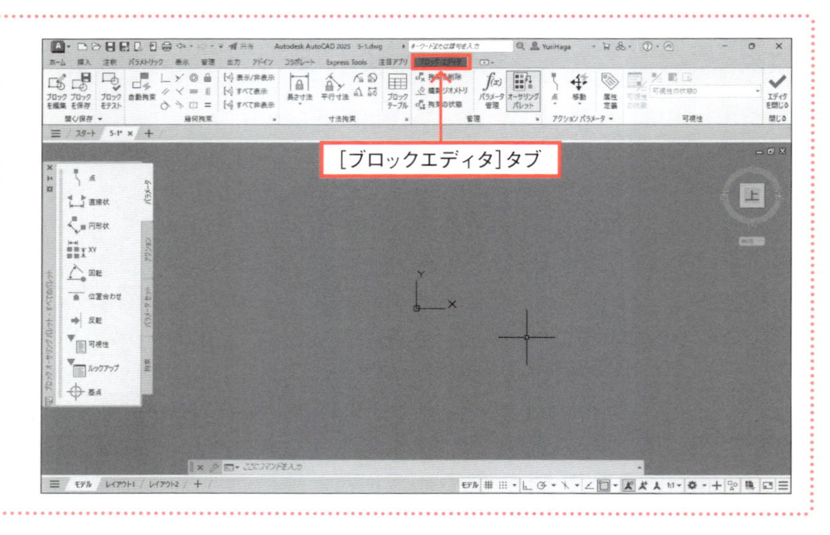

❹[ホーム]タブー[作成]ー[中心、半径]をクリックする。
❺「#0,0」と入力し、Enterキーを押す。
❻「1」と入力し、Enterキーを押す。

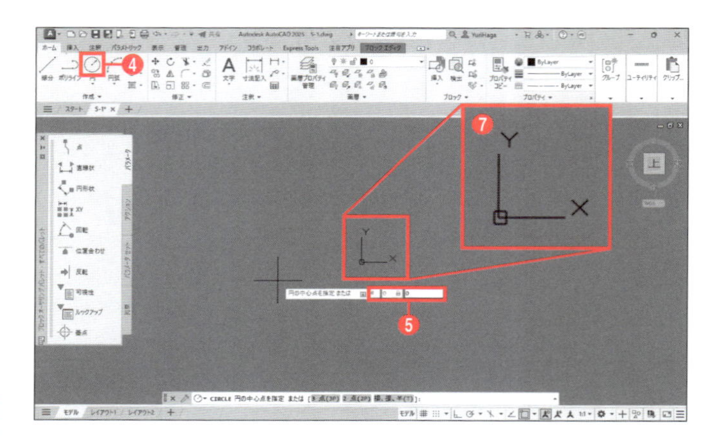

円が作成されます。

❼作成された円が見えない場合は、オブジェクト範囲ズームなどで円を拡大表示する。

ブロックの挿入基点は、UCSアイコンが表示されている原点です。ここでは円の中心点を「#0,0」と入力することで、絶対座標入力で原点を指示しています。

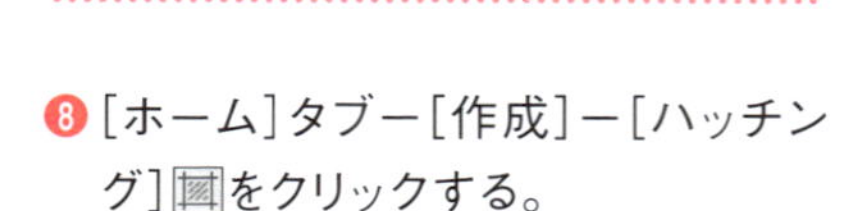

❽[ホーム]タブー[作成]ー[ハッチング]をクリックする。

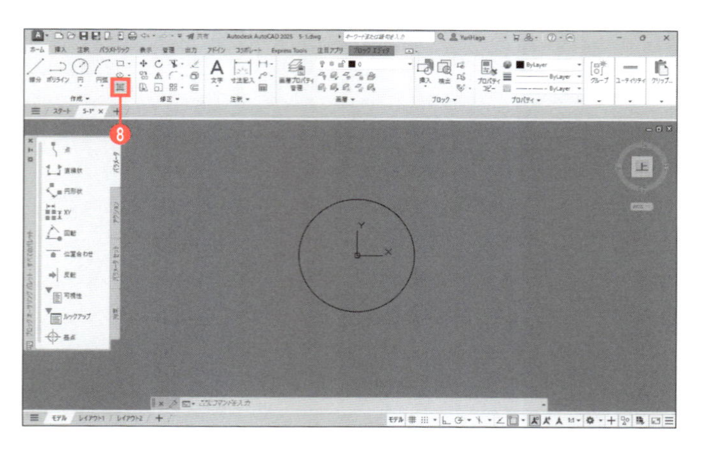

❾［ハッチング作成］タブ－［パターン］－［SOLID］をクリックして選択する。
❿円の内側をクリックして選択する。
⓫ Enter キーを押して［ハッチング］コマンドを終了する。

円の内側に塗り潰しのハッチングが作成されます。

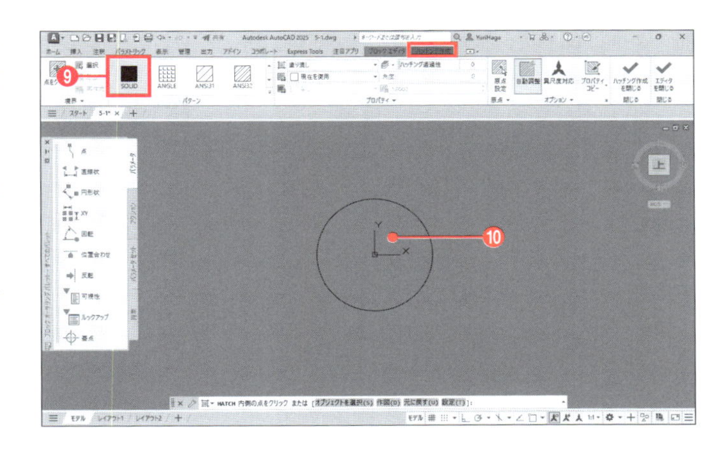

⓬図の点Ⓐ、点Ⓑ辺りをクリックする。円とハッチングが交差選択される。

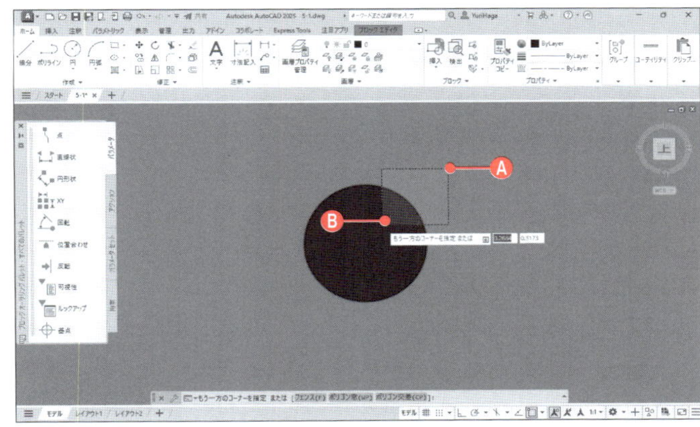

⓭作図領域を右クリックし、メニューから［オブジェクトプロパティ管理］を選択する。

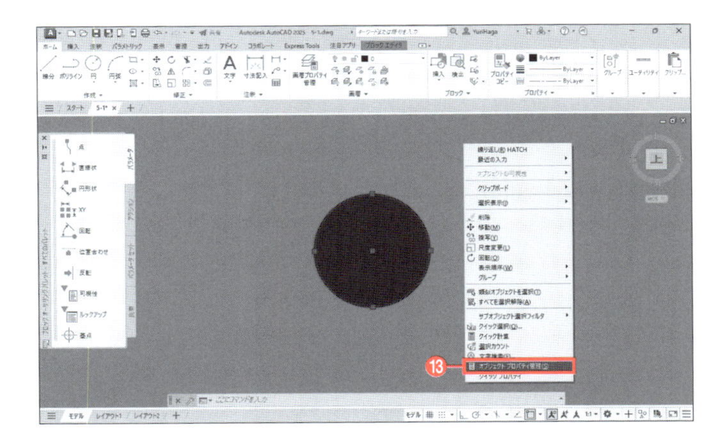

⓮［プロパティ］パレットが表示される。［画層］から［D-BMK-SRVR］を選択する。円とハッチングが［D-BMK-SRVR］画層に移動する。
⓯ をクリックして［プロパティ］パレットを閉じる。
⓰［ブロックエディタ］タブ－［閉じる］－［エディタを閉じる］ をクリックする。

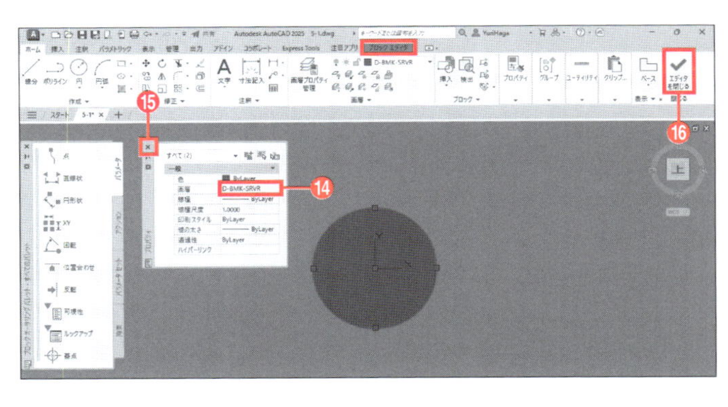

⑰「変更は保存されませんでした。どのようにしますか?」とメッセージが表示される。[変更を変化点に保存]をクリックする。

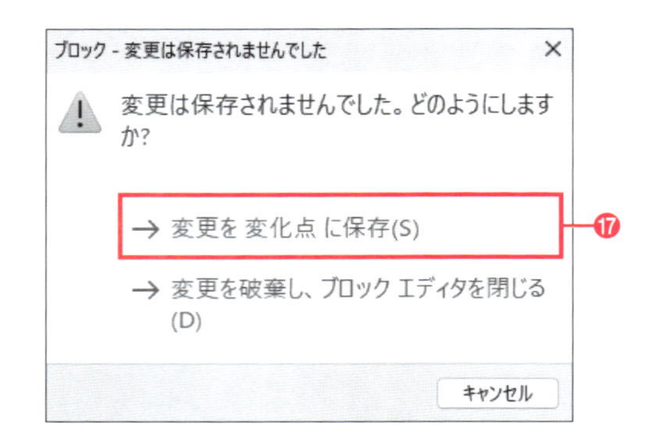

作成した[変化点]ブロックを変化点の位置に挿入します。

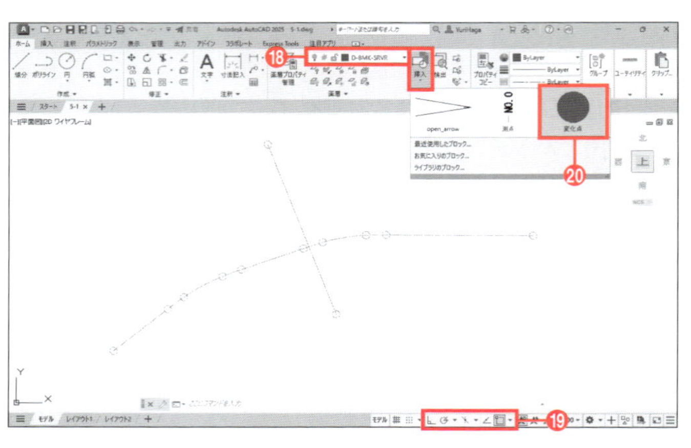

⑱[ホーム]タブー[画層]ー[画層]プルダウンメニューをクリックし、[D-BMK-SRVR]をクリックして選択する。

⑲ステータスバーの[オブジェクトスナップ]をオンにする。

⑳[ホーム]タブー[ブロック]ー[挿入]をクリックし、[変化点]をクリックする。

㉑ツールチップに「挿入位置を指定」と表示される。作図領域を右クリックし、メニューから[尺度]を選択する。

㉒「**1500**」と入力し、Enter キーを押す。

この図面の縮尺は1:1500なので、尺度を「1500」とします。

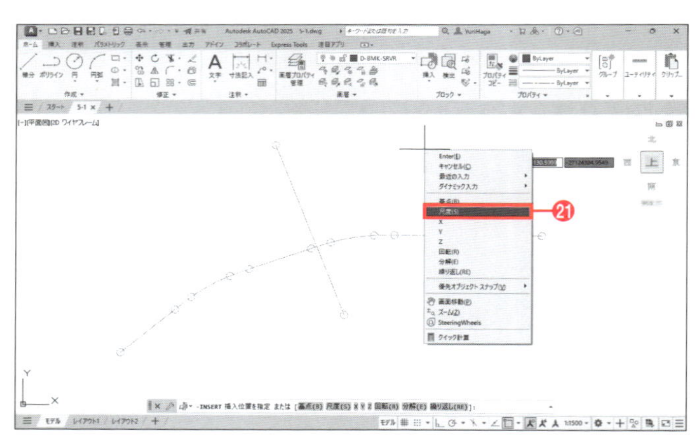

㉓変化点(円の中心または線分の端点)をクリックする。

[変化点]ブロックが挿入されます。

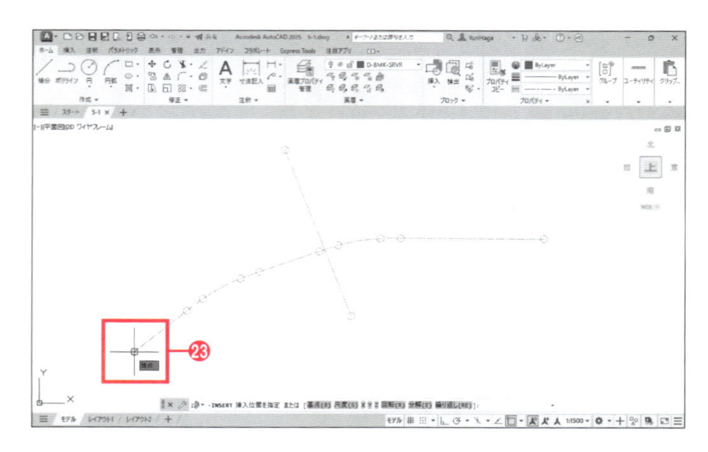

㉔ 同様にして、図に示したほかの変化点にもブロックを配置する。

クロソイドには細かい間隔で頂点があるので、変化点（端点）をクリックする際に、間違えてほかの端点をクリックしないように注意してください。

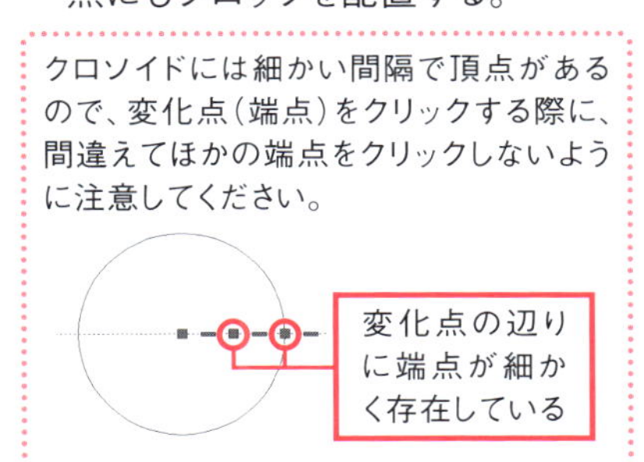

仮に作成した変化点の円を削除します。

㉕ 任意の円を1つクリックして選択する。

㉖ 作図領域を右クリックし、メニューから［類似オブジェクトを選択］を選択する。

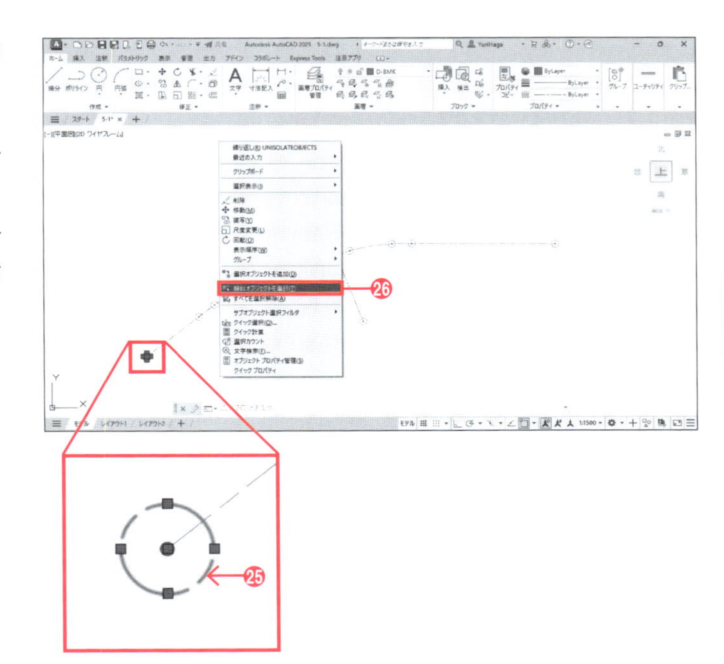

変化点の円がすべて選択されます。

㉗ Delete キーを押す。

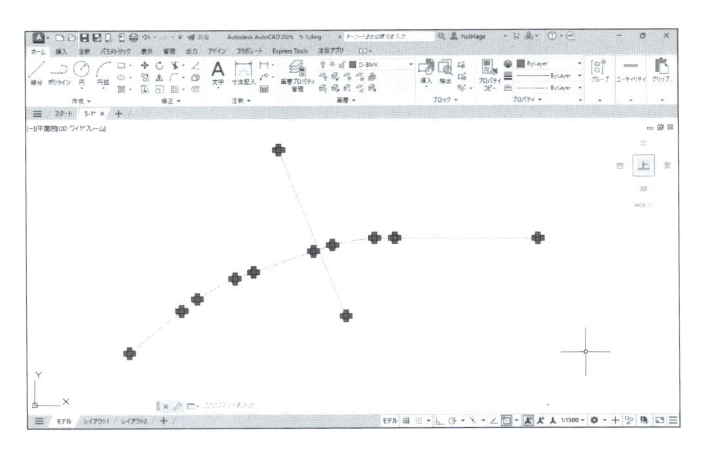

選択した円がすべて削除されます。

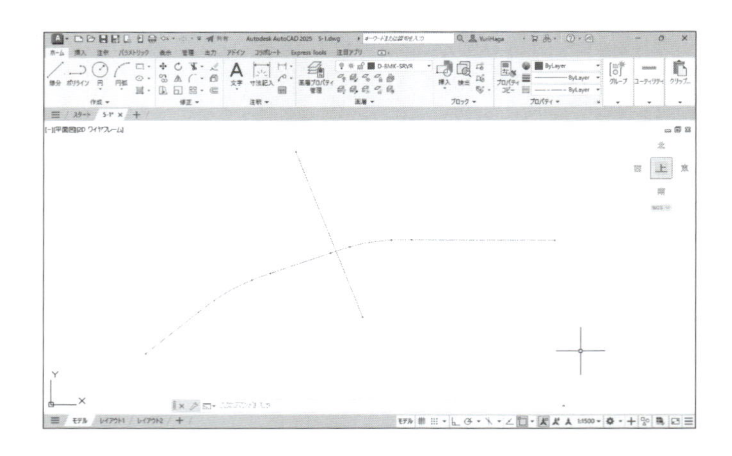

5-1-10 測点の作図

道路中心線の測点と測点名を作図します。図面内にあらかじめ用意してある[測点]ブロックを100000ごとに配置し、ブロックを分解した後に文字を編集します。

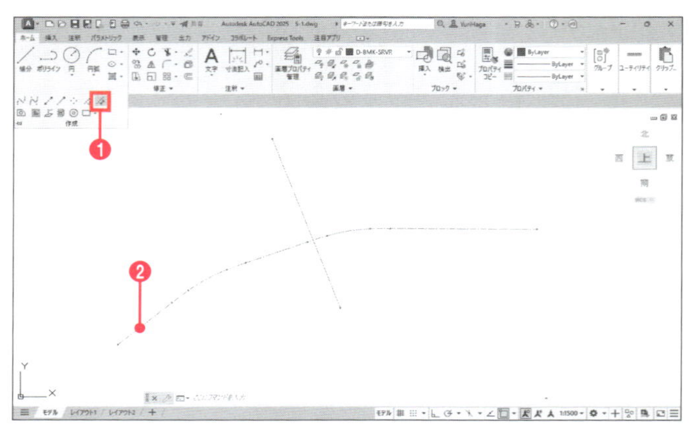

❶ [ホーム]タブ－[作成]－[計測] をクリックする。

❷ ツールチップに「計測表示するオブジェクトを選択」と表示される。中心線の左側をクリックする。

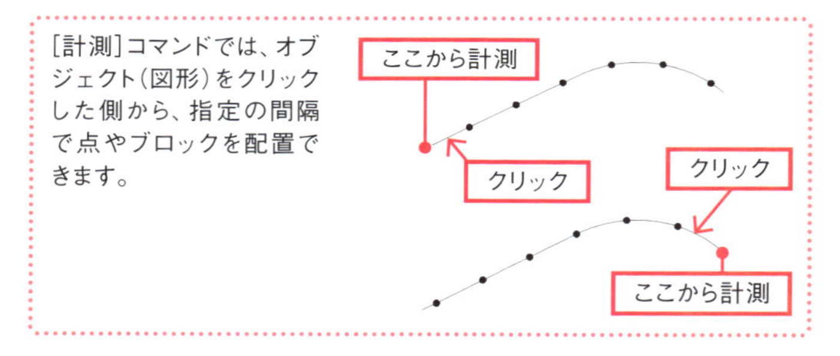

❸ ツールチップに「計測間隔を指定」と表示される。作図領域を右クリックし、メニューから[ブロック]を選択する。

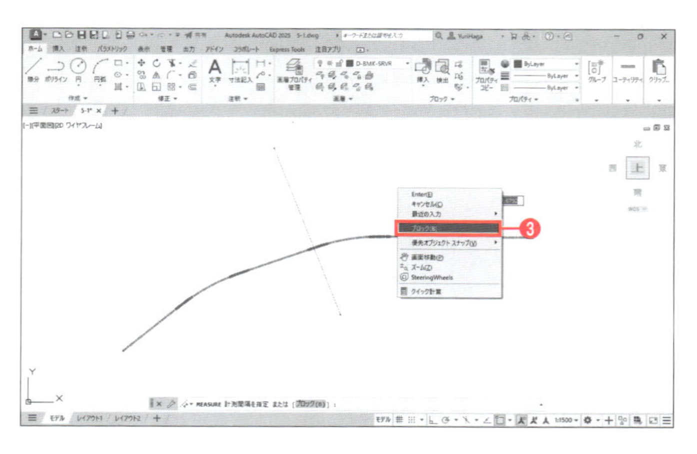

❹ツールチップに「挿入するブロック名を入力」と表示される。「**測点**」と入力し、Enterキーを押す。
❺ツールチップに「ブロックを回転させながら挿入しますか?」と表示される。[はい(Y)]が選択されているので、Enterキーを押して選択を確定する。
❻ツールチップに「計測間隔を指定」と表示される。「**100000**」と入力し、Enterキーを押す。

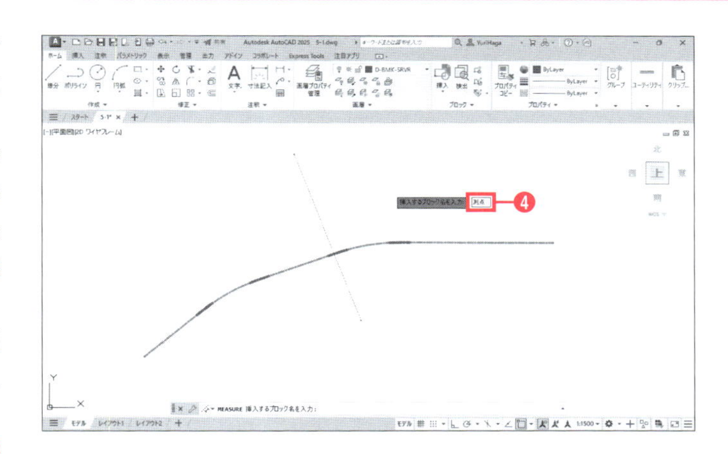

日本語を入力した後は、入力モードを半角英数字に戻してください。AutoCADでは、数値を全角で入力できません。

測点が100000ごとに配置されます。

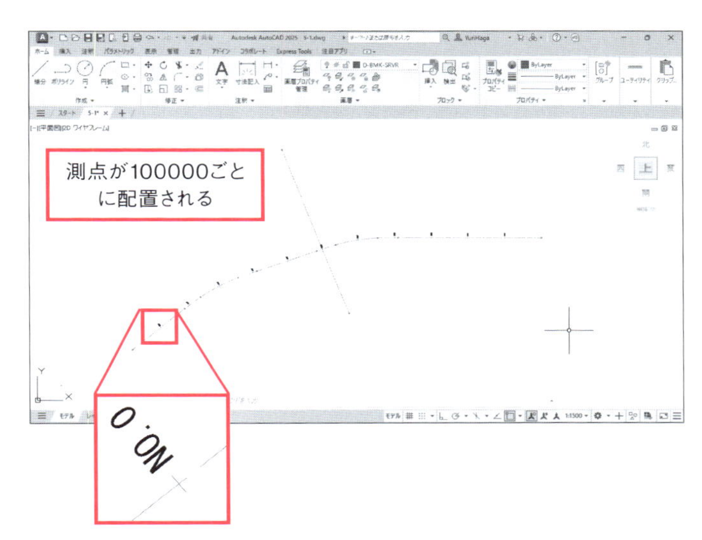

左図のように文字が反対側に作成された場合は、次の操作を行ってポリラインの方向を逆にしてから、[測点]ブロックを配置します。

❶クイックアクセスツールバーの[元に戻す]（P.35「1-4-7　元に戻す／やり直し」を参照）をクリックし、[測点]ブロックが配置される前の状態に戻す。
❷キーボードから「**REVERSE**」と入力し、Enterキーを押す。
❸ポリラインを選択し、Enterキーを押して確定する。
❹P.142の手順❶～P.143の手順❻を実行し、[測点]ブロックを配置する。

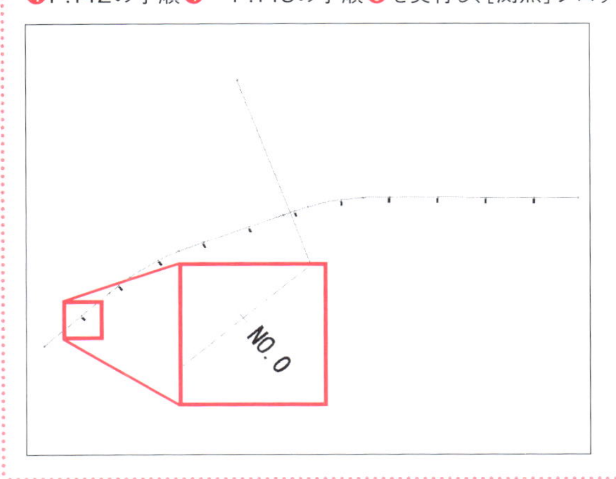

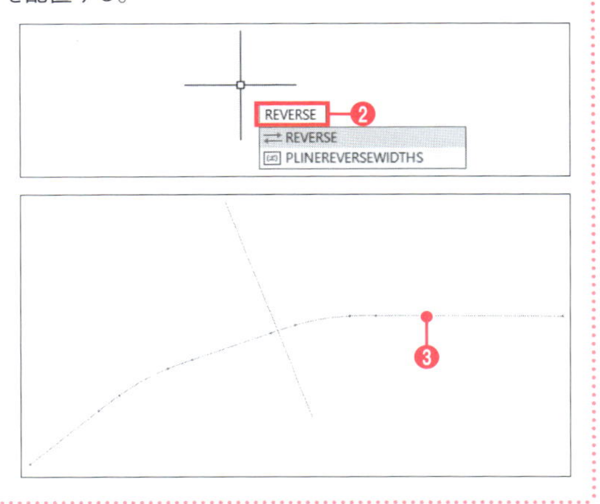

道路中心線の起点と終点に測点がないので、複写して配置します。

❼ 図に示した辺りを拡大表示する。

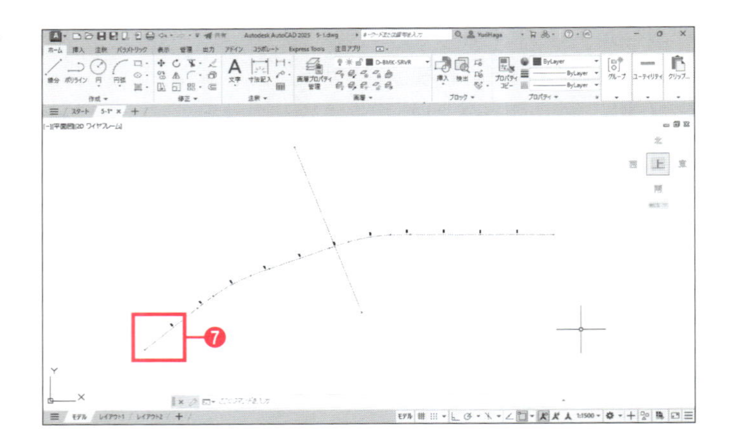

❽ [ホーム]タブー[修正]ー[複写] をクリックする。

❾ [測点]ブロックをクリックして選択する。

❿ Enter キーを押して選択を確定する。

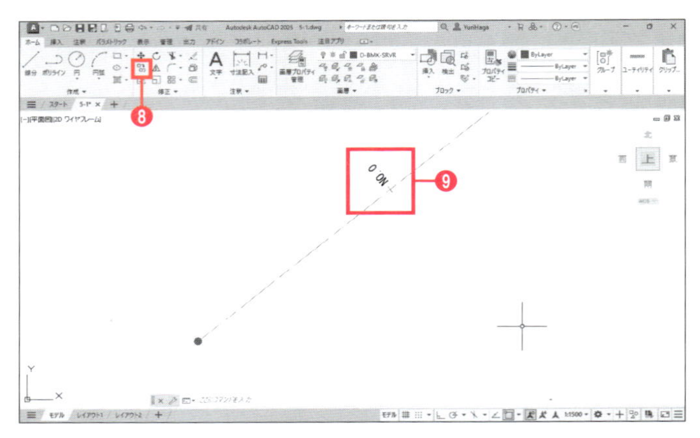

⓫ 中心線と[測点]ブロックとの交点(または線分の中点)をクリックする。

⓬ 中心線の左端にある[変化点]ブロックの中心(または線分の端点)をクリックする。

⓭ Enter キーを押して[複写]コマンドを終了する。

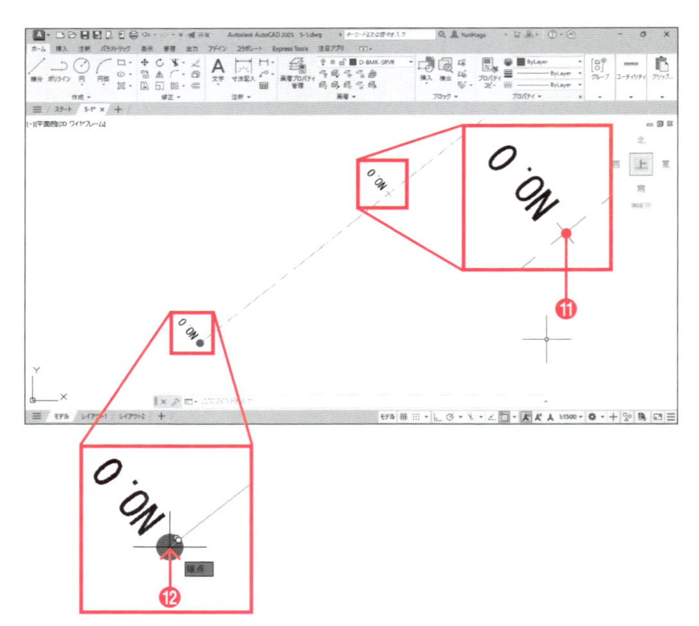

⑭ 手順⑦～⑬と同様にして、中心線の右端にも[測点]ブロックを複写する。

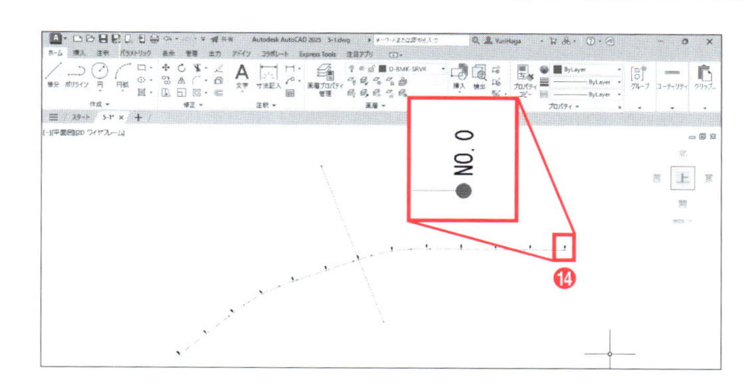

配置した[測点]ブロックを線分と文字に分解して、測点名を編集します。

⑮ 作図領域を右クリックし、メニューから[クイック選択]を選択する。

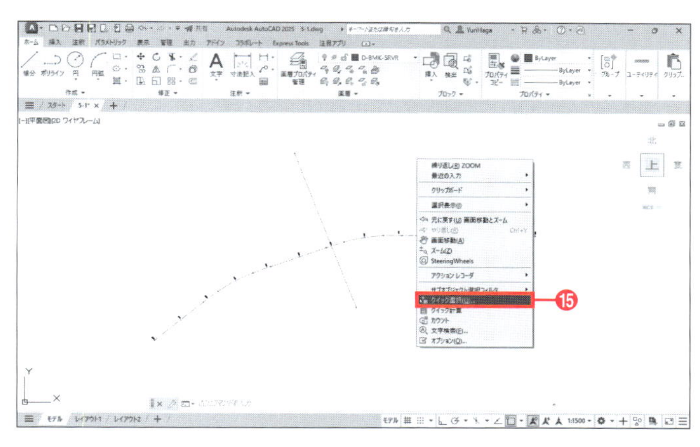

⑯ [クイック選択]ダイアログボックスが表示される。[適用先]から[図面全体]を選択する。

⑰ [オブジェクトタイプ]から[ブロック参照]を選択する。

⑱ [プロパティ]から[名前]を選択する。

⑲ [演算子]から[=等しい]を選択する。

⑳ [値]から[測点]を選択する。

㉑ [OK]ボタンをクリックする。

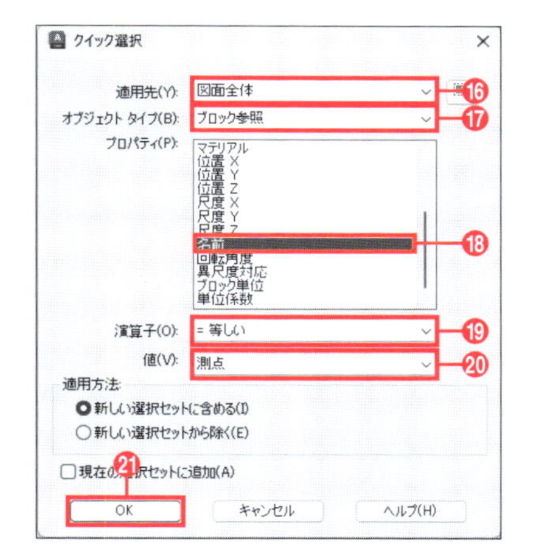

図面内の[測点]ブロックのみが選択されます。

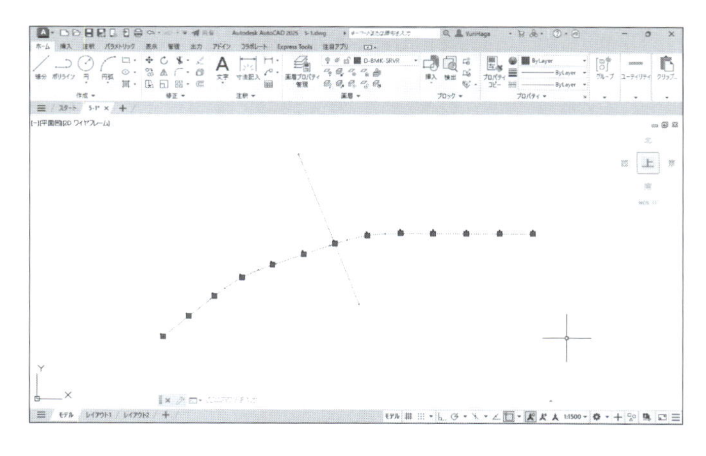

㉒［ホーム］タブー［修正］ー［分解］をクリックする。［測点］ブロックが文字とポリラインに分解される。
㉓図に示した辺りを拡大表示する。

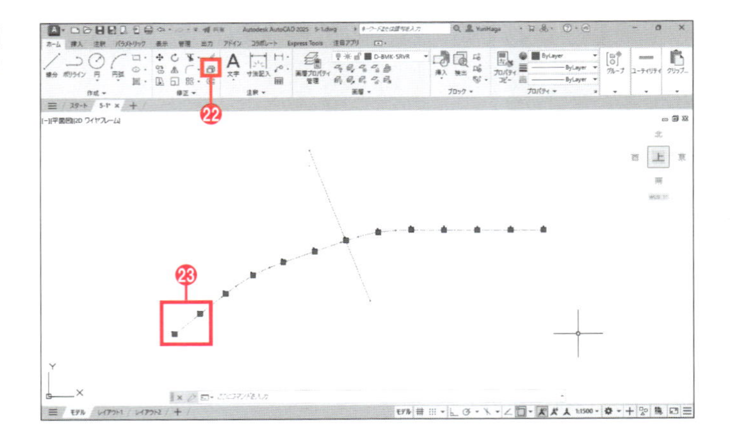

㉔左端の端点の文字をダブルクリックする。

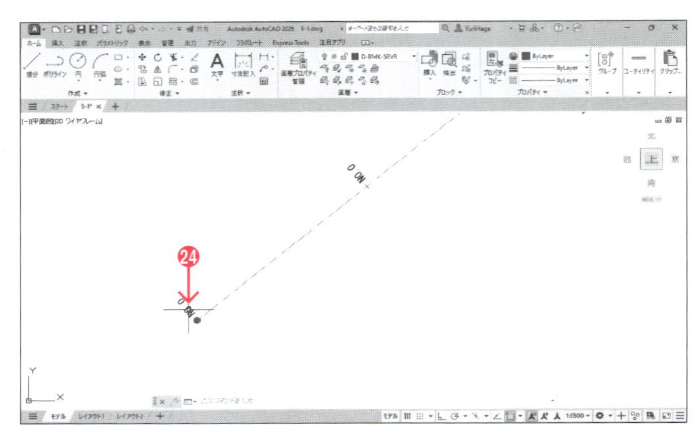

㉕「**NO.−6**」と入力し、Enterキーを2回押す。1回目で文字の内容を確定し、2回目で［文字編集］コマンドを終了する。

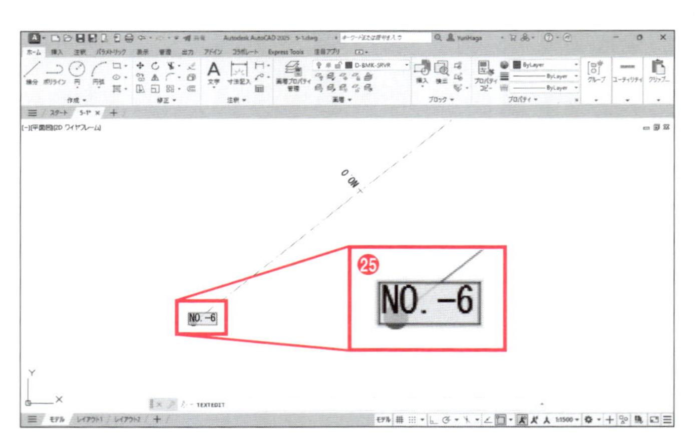

㉖ 同様にして、ほかの測点名も編集する。2本の中心線の交点を「NO.0」とし、そこから右端に向けて「NO.1」「NO.2」…「NO.6」とし、同じく左端に向けて「NO.－1」「NO.－2」…「NO.－6」とする。

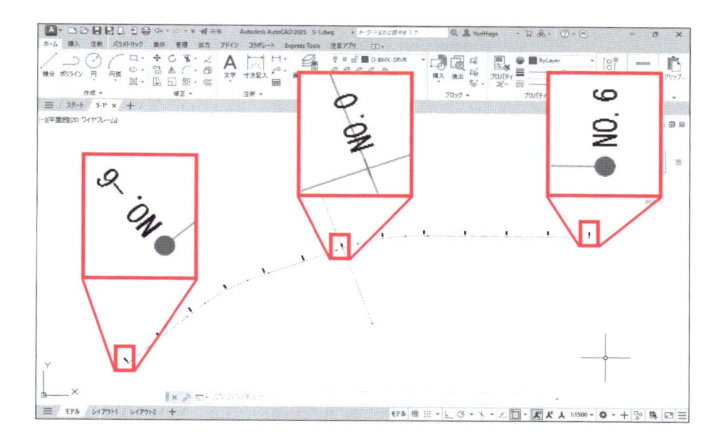

㉗ 手順❶～㉖と同様にして、もう1本の中心線にも測点名を作成する。計測表示する中心線を選択するとき（手順❷）は、図のように中心線の下側をクリックする。

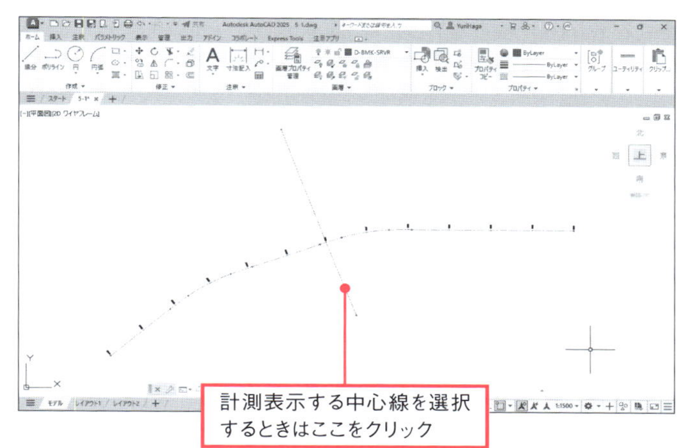

2本の中心線の交点を「NO.0」とし、そこから上端に向けて「NO.1」「NO.2」「NO.3」とし、同じく下端に向けて「NO.－1」「NO.－2」とします。

測点の文字が中心線の反対側に作成された場合には、P.143を参照し、「REVERSE」コマンドを使用して、ポリラインの方向を逆にしてください。

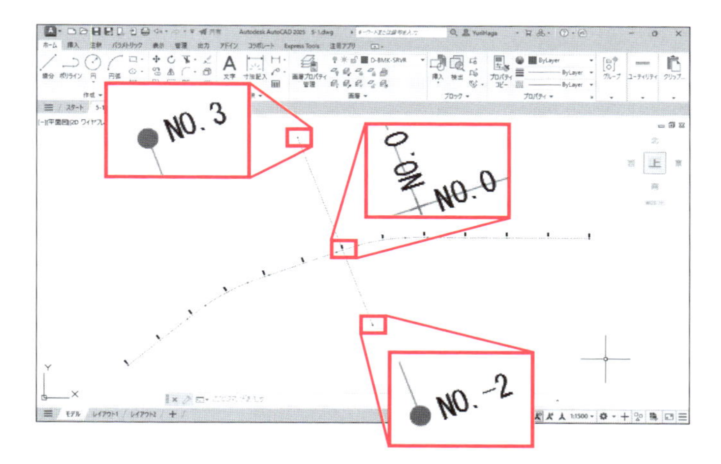

5-2 幅員の作図

練習用ファイル「5-2.dwg」

ここからは、練習用ファイル「5-2.dwg」で作業します。「5-2.dwg」は、道路の幅員を途中まで作図した状態の図面です。この続きから作業し、幅員が書かれていない場所を完成させます。

5-2-1 幅員の作図（1）

はじめに、作図に不必要な地形の画層を非表示にして、図の中心線Ⓐ、Ⓑをオフセットし、幅員を作図します。

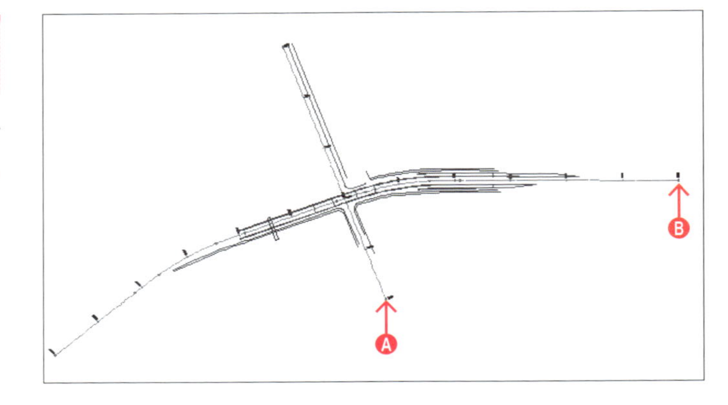

❶ 練習用ファイル「5-2.dwg」を開く。

❷ ステータスバーの作図補助機能（直交モード、極トラッキング、オブジェクトスナップなど）はオフにする。

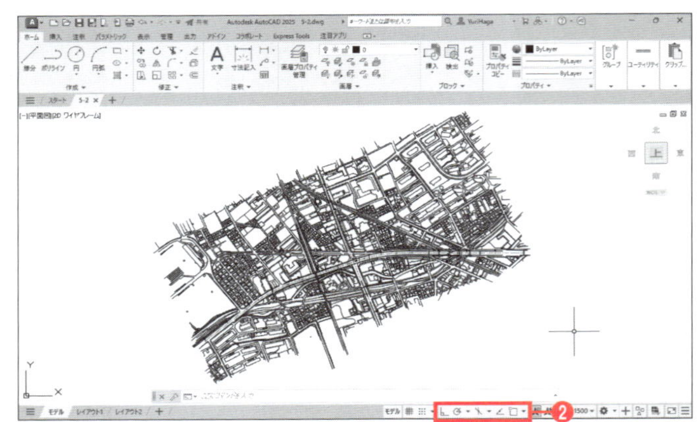

❸［ホーム］タブ－［画層］－［画層］プルダウンメニューをクリックする。

❹［D-BGD］画層の💡マークをクリックする。

マークが黄色から青色に変わり、［D-BGD］画層が非表示になります。

❺ 作図領域をクリックする。［画層］プルダウンメニューが閉じる。

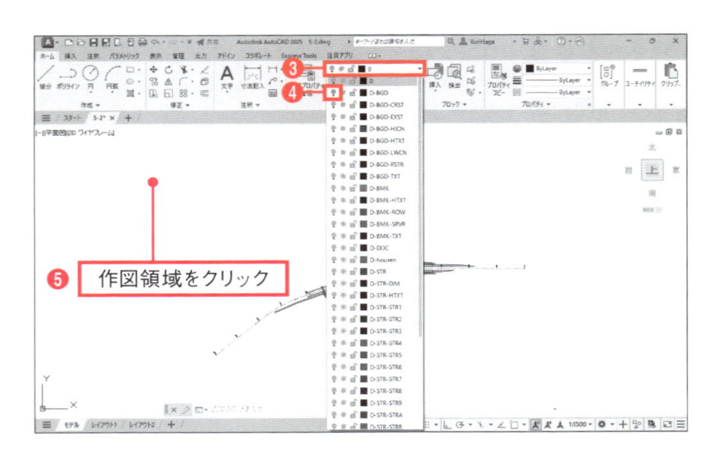

❻ 図に示した辺りを拡大表示する。

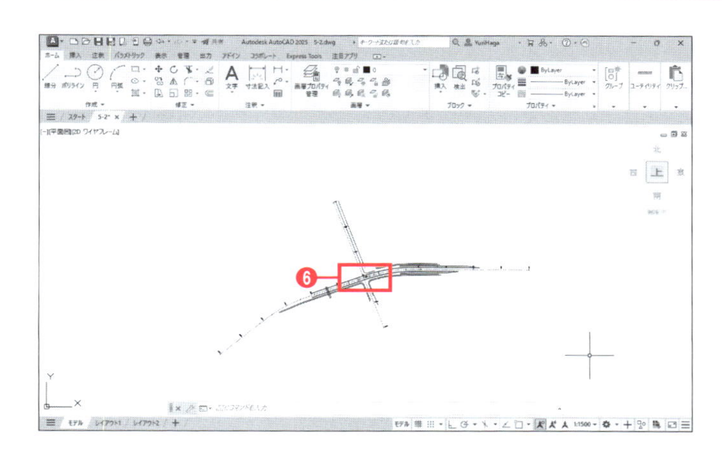

❼ 現在画層を[D-STR]に変更する。

❽ [ホーム]タブー[修正]ー[オフセット]をクリックする。

❾ ツールチップに「オフセット距離を指定」と表示される。作図領域を右クリックして、メニューから[画層]を選択する。

[オフセット]コマンドの[画層]オプションを使うと、元のオブジェクトと同じ画層ではなく、現在の画層にオフセットしたオブジェクトを作成できます。

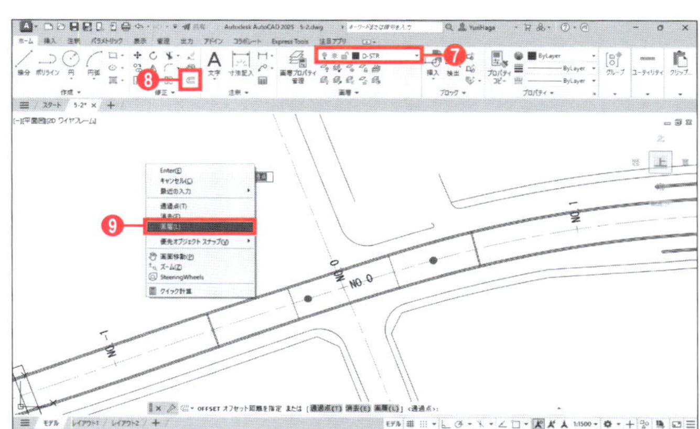

❿ [現在の画層]を選択する。

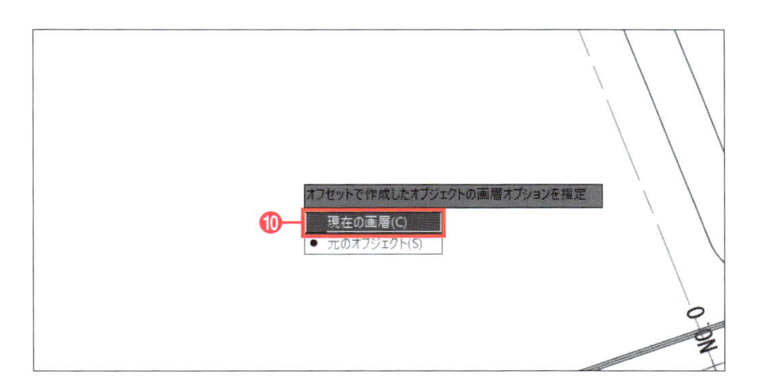

⓫ ツールチップに「オフセット距離を指定」と表示される。キーボードから「8500」と入力し、Enterキーを押す。

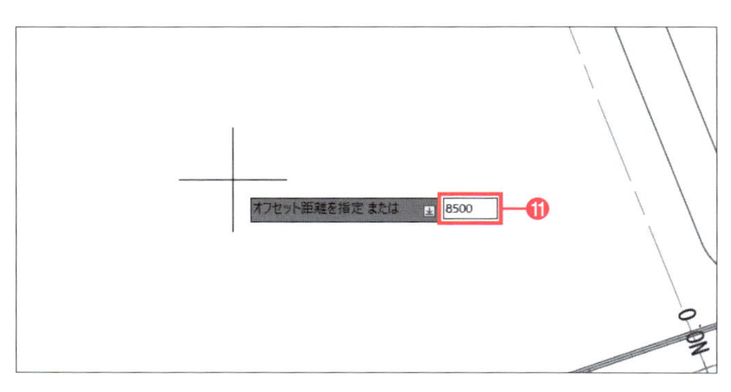

⑫ ツールチップに「オフセットするオブジェクトを選択」と表示される。中心線Ⓐをクリックして選択する。

⑬ ツールチップに「オフセットする側の点を指定」と表示される。中心線Ⓐの左側をクリックする。

中心線Ⓐが左側に8500オフセットされます。

⑭ Enter キーを押して[オフセット]コマンドを終了する。

⑮ [ホーム]タブ－[修正]－[オフセット]をクリックする。

⑯ ツールチップに「オフセット距離を指定」と表示される。キーボードから「**9500**」と入力し、Enter キーを押す。

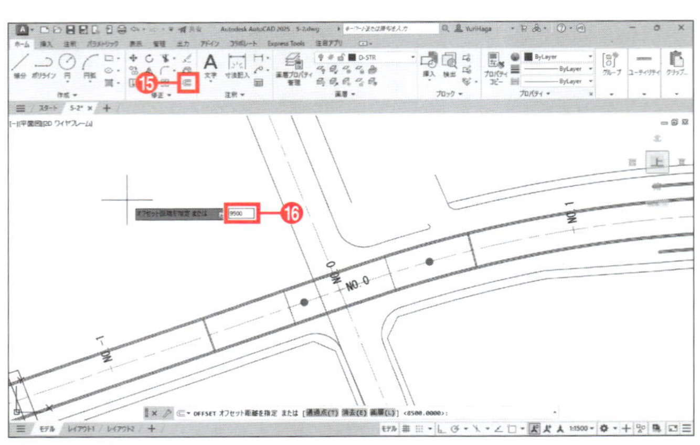

手順❾～❿で[オフセット]コマンドの[画層]オプションを変更したので、設定が継続しています。ここで再び[画層]オプションを使う必要はありません。

⑰ ツールチップに「オフセットするオブジェクトを選択」と表示される。直前にオフセットした線分を選択する。

⑱ ツールチップに「オフセットする側の点を指定」と表示される。手順⑰で選択した線分より左側をクリックする。

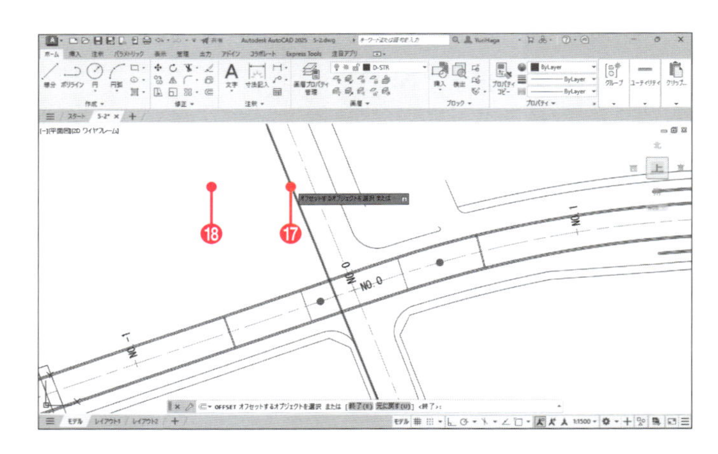

線分が左側に9500オフセットされます。

⑲ Enter キーを押して[オフセット]コマンドを終了する。

⑳ 手順⑮～⑲を参考に、中心線Ⓑをオフセットして図の幅員を作成する。オフセットの値は中心線Ⓑから順に「15000」、「3500」とする。

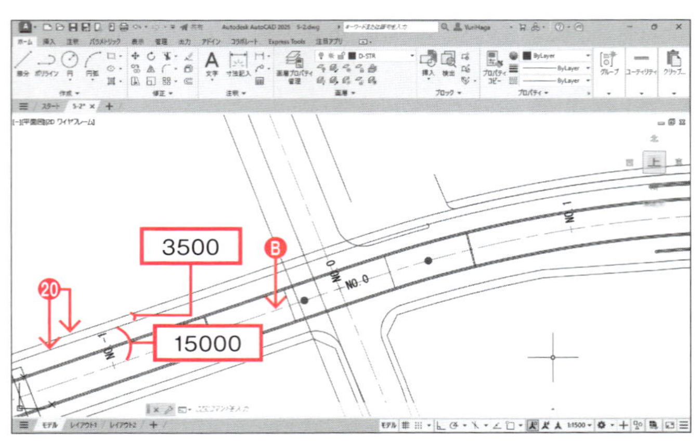

「このオブジェクトはオフセットできません。」と表示された場合でも、クリックするとオフセットされます。

このオブジェクトはオフセットできません。

5-2-2 歩道巻き込み部の作図

[フィレット]コマンドを使って、歩道巻き込み部を作図します。円弧の半径は11500です。

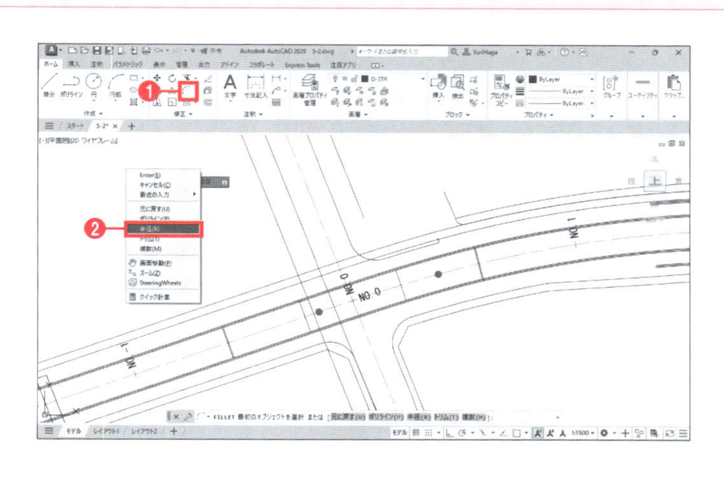

❶ [ホーム]タブ－[修正]－[フィレット] をクリックする。
❷ ツールチップに「最初のオブジェクトを選択」と表示される。作図領域を右クリックして、メニューから[半径]を選択する。
❸ キーボードから「**11500**」と入力し、Enter キーを押す。

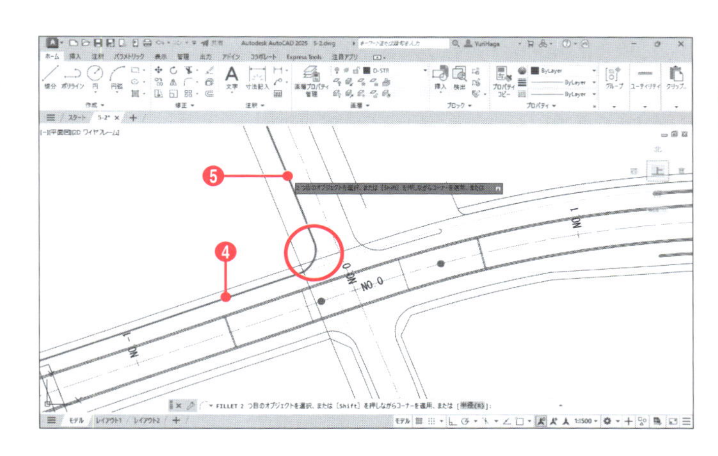

❹ ツールチップに「最初のオブジェクトを選択」と表示される。図の幅員をクリックして選択する。
❺ ツールチップに「2つ目のオブジェクトを選択」と表示される。図の幅員をクリックして選択する。

選択した2つの幅員が円弧で結合されます。

5-2-3 隅切り部の作図

AutoCADで隅切りを作図するには、任意の長さで隅切りの線分を書いてから、[尺度変更]コマンドを使用して、長さを変更します。隅切りの長さは10000とします。

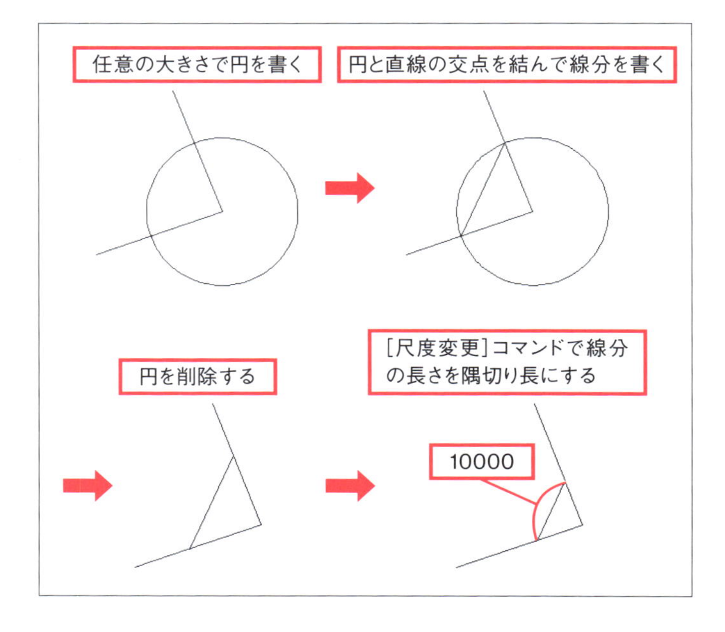

❶ステータスバーの[オブジェクトスナップ]をオンにする。
❷[ホーム]タブ－[作成]－[中心、半径]をクリックする。
❸ツールチップに「円の中心点を指定」と表示される。図に示した交点をクリックする。
❹ツールチップに「円の半径を指定」と表示される。図に示した辺りをクリックする。

円の大きさは任意です。後の操作がやりやすい大きさで書いてください。

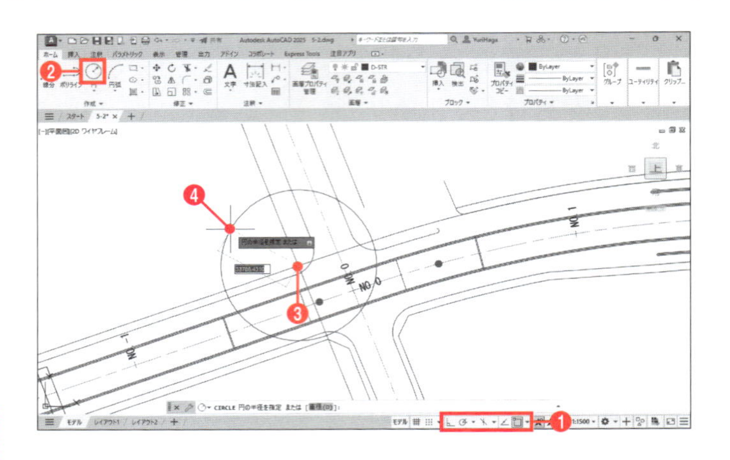

❺[ホーム]タブ－[作成]－[線分]をクリックする。
❻手順❷～❹で作成した円と幅員の交点を2点クリックする。
❼ Enter キーを押して[線分]コマンドを終了する。
❽手順❷～❹で作成した円をクリックして選択する。
❾ Delete キーを押し、選択した円を削除する。

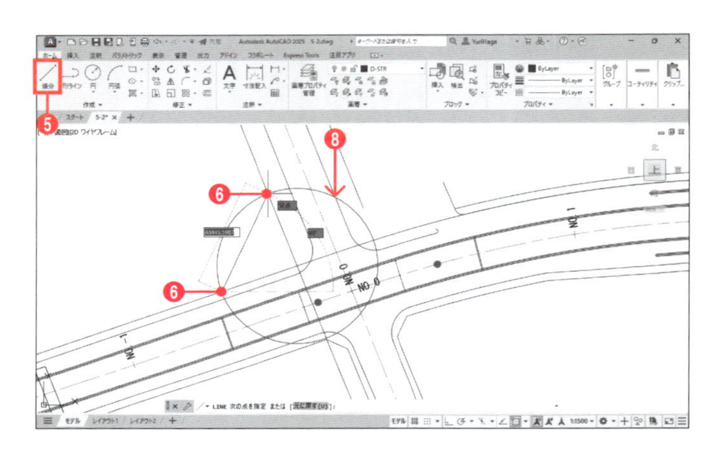

❿[ホーム]タブ－[修正]－[尺度変更]をクリックする。
⓫ツールチップに「オブジェクトを選択」と表示される。手順❺～❼で作成した線分をクリックして選択する。
⓬ Enter キーを押して選択を確定する。
⓭ツールチップに「基点を指定」と表示される。図に示した交点をクリックする。

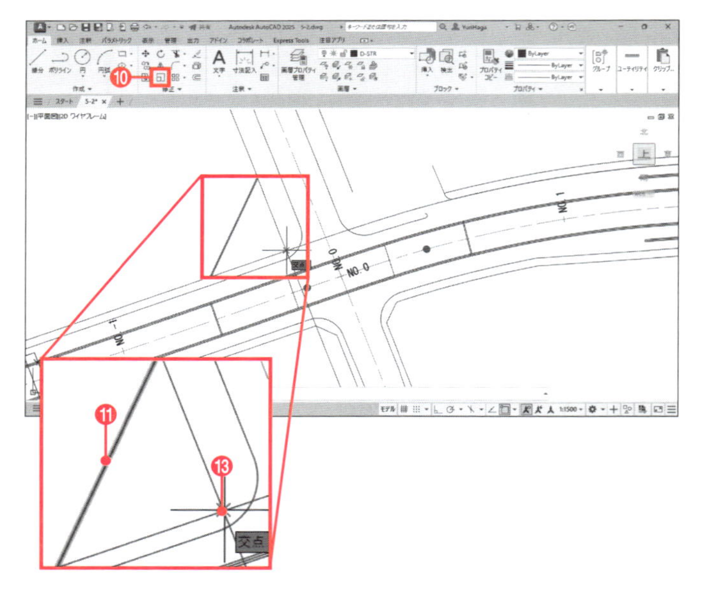

⑭ ツールチップに「尺度を指定」と表示される。作図領域を右クリックして、メニューから[参照]を選択する。

[尺度変更]コマンドの[参照]オプションを使用すると、現在の長さと変更後の長さを入力することで、適切な尺度が自動計算されます。

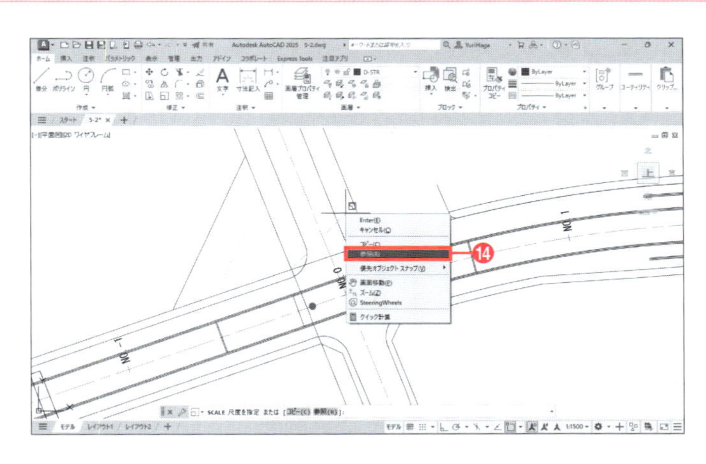

⑮ ツールチップに「参照する長さを指定」と表示される。線分の端点を2点クリックする。

⑯ ツールチップに「新しい長さを指定」と表示される。キーボードから「10000」と入力し、Enterキーを押す。

隅切りが作成されます。

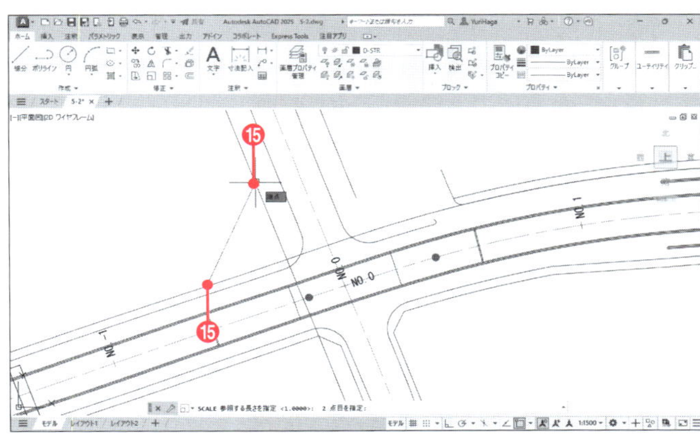

隅切りの長さが10000になっているかを確認してみます。

⑰ [ホーム]タブ－[ユーティリティ]－[距離]をクリックする。

⑱ 隅切りの線分の端点を2点クリックする。

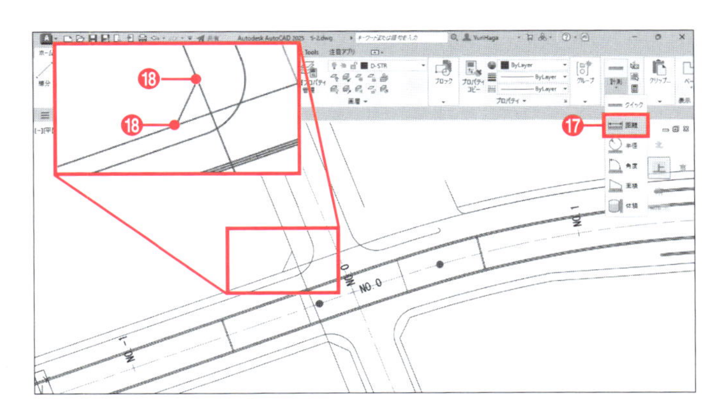

⑲ 長さを確認する。「長さ=10000.0000」と表示されれば、正しい長さになっている。

⑳ [終了]をクリックして選択する。

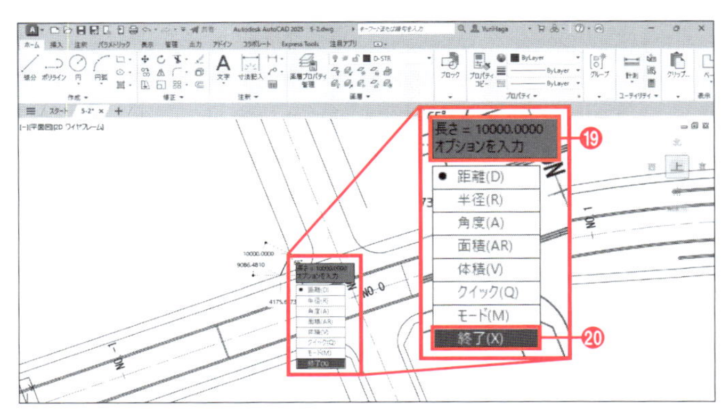

［トリム］コマンドを使って、幅員の線を隅切りまで切り取ります。

㉑［ホーム］タブー［修正］ー［トリム］ をクリックする。

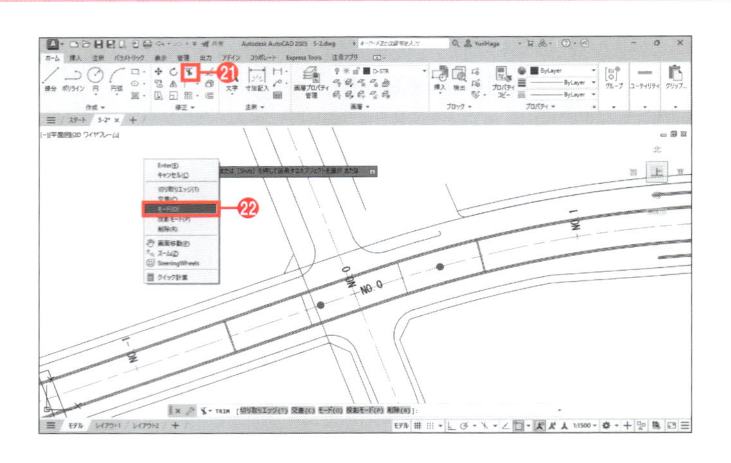

トリムモードを既定の［クイック］から［標準］に変更します。

㉒「トリムするオブジェクトを選択」と表示される。作図領域を右クリックして、メニューから［モード］を選択する。

㉓「トリムモードのオプションを入力」と表示されるので、［標準］をクリックして選択する。

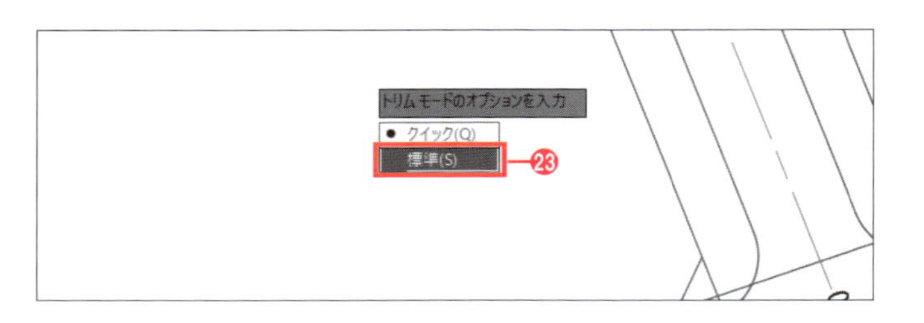

㉔ Enter キーを押して［トリム］コマンドを終了する。

AutoCADのトリムコマンドには［クイック］と［標準］モードがあります。既定の［クイック］でも基準線を選択できますが、［標準］に切り替えるとオプション選択なしで毎回基準線を指定できます。図面内に多数の基準線がある場合に効率的です。

㉕もう一度、［ホーム］タブー［修正］ー［トリム］ をクリックする。

㉖ツールチップに「オブジェクトを選択」と表示される。隅切りの線分をクリックして選択する。

㉗ Enter キーを押して選択を確定する。

㉘ツールチップに「トリムするオブジェクトを選択」と表示される。削除する幅員の線を2本クリックして選択する。

㉙ Enter キーを押して［トリム］コマンドを終了する。

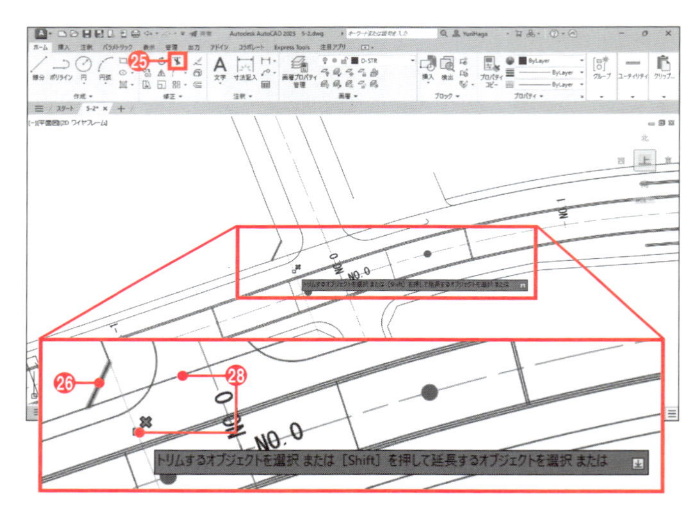

幅員が隅切りまで切り取られます。

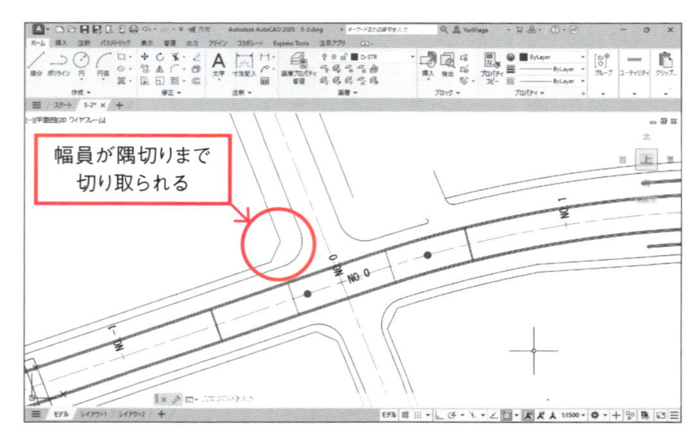

5-2-4 幅員の作図(2)

中心線Ⓑの NO.−1 〜 NO.−0−70の間の歩道の拡幅部分を、図のように作図します。補助線として、NO.−1とNO.−0−70に法線方向の構築線(法線)を作成し、トリムやオフセットで幅員を作図します。

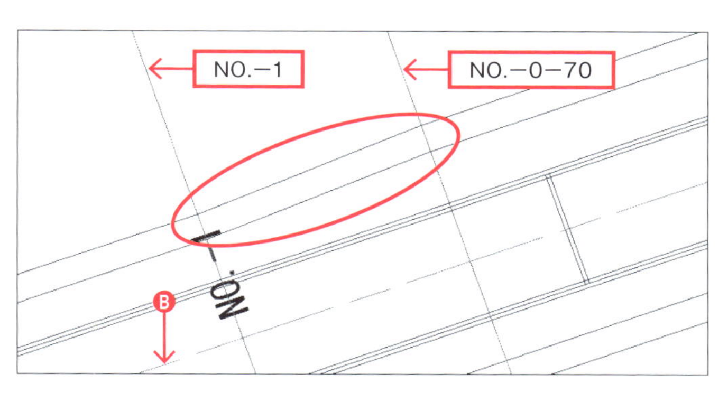

最初に、法線方向の構築線(法線)を作成します。

❶[ホーム]タブー[作成]ー[構築線]をクリックする。
❷NO.−1の測点を構成する線分の端点を2点クリックする。
❸Enterキーを押して[構築線]コマンドを終了する。

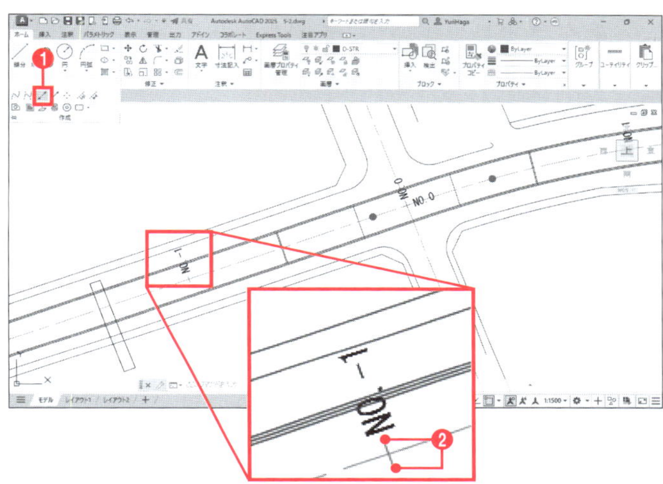

NO.−1の法線が作図されます。

❹[ホーム]タブー[修正]ー[オフセット]をクリックする。
❺ツールチップに「オフセット距離を指定」と表示される。キーボードから「**30000**」と入力し、Enterキーを押す。
❻ツールチップに「オフセットするオブジェクトを選択」と表示される。NO.−1の法線を選択する。
❼ツールチップに「オフセットする側の点を指定」と表示される。選択した法線より右側をクリックする。
❽Enterキーを押して[オフセット]コマンドを終了する。

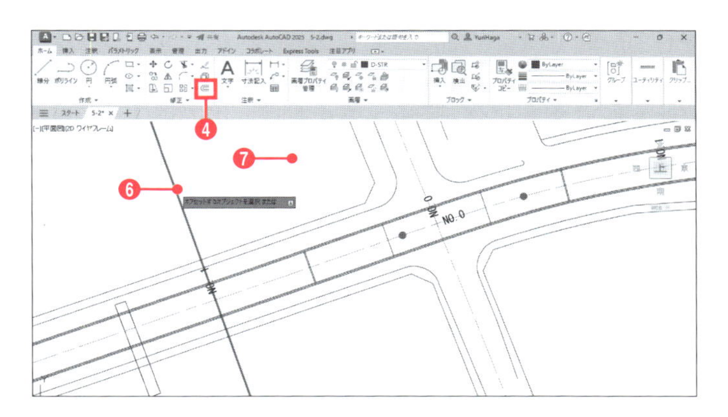

NO.−0−70の位置に法線がオフセットされます。

NO.−0−70の法線を境界として、幅員の線をトリミングします。

❾［ホーム］タブ−［修正］−［トリム］をクリックする。
❿ ツールチップに「オブジェクトを選択」と表示される。NO.−0−70の法線をクリックして選択する。
⓫ Enter キーを押して選択を確定する。
⓬ ツールチップに「トリムするオブジェクトを選択」と表示される。図のように削除する幅員の線を2本クリックして選択する。
⓭ Enter キーを押して［トリム］コマンドを終了する。

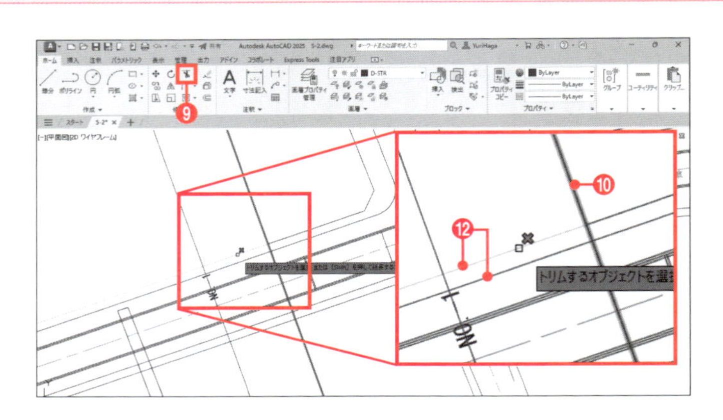

NO.−0−70の法線より左側の部分がトリミングされます。

中心線Ⓑをオフセットして、幅員の線を作図します。

⓮［ホーム］タブ−［修正］−［オフセット］をクリックする。
⓯ ツールチップに「オフセット距離を指定」と表示される。キーボードから「**13500**」と入力し、Enter キーを押す。
⓰ ツールチップに「オフセットするオブジェクトを選択」と表示される。中心線Ⓑをクリックして選択する。
⓱ ツールチップに「オフセットする側の点を指定」と表示される。中心線Ⓑより上側をクリックする。
⓲ Enter キーを押して［オフセット］コマンドを終了する。

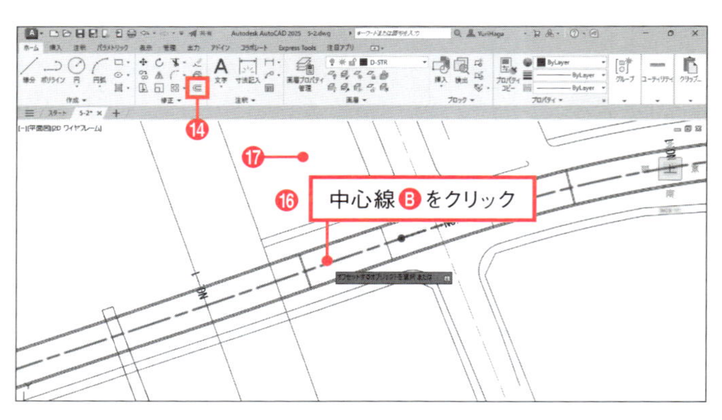

中心線Ⓑが13500離れた位置にオフセットされます。

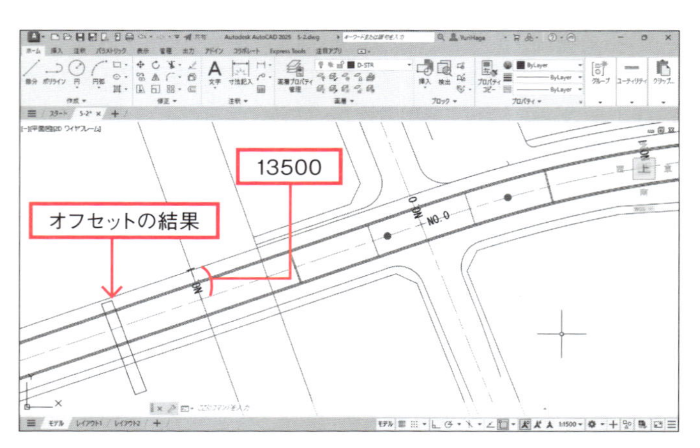

⑲手順⑭～⑱と同様にして、オフセットした幅員の線を、さらに3500離れた位置にオフセットする。

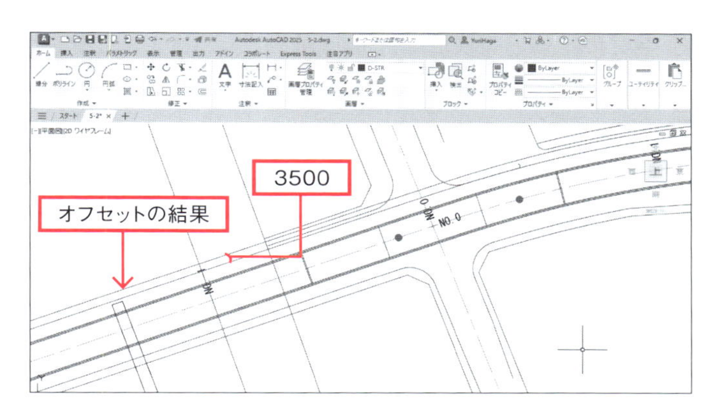

NO.−1の法線を境界として幅員の線をトリミングします。

⑳［ホーム］タブ−［修正］−［トリム］をクリックする。
㉑ツールチップに「オブジェクトを選択」と表示される。NO.−1の法線をクリックして選択する。
㉒ Enter キーを押して選択を確定する。
㉓ツールチップに「トリムするオブジェクトを選択」と表示される。削除する幅員の線を2本クリックして選択する。
㉔ Enter キーを押して［トリム］コマンドを終了する。

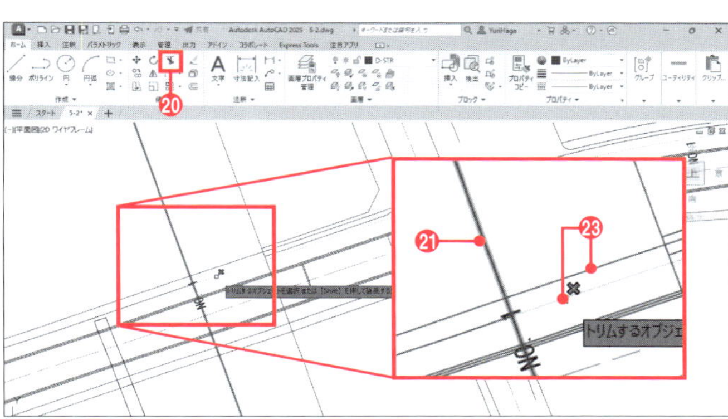

NO.−1の法線より右側の部分がトリミングされます。

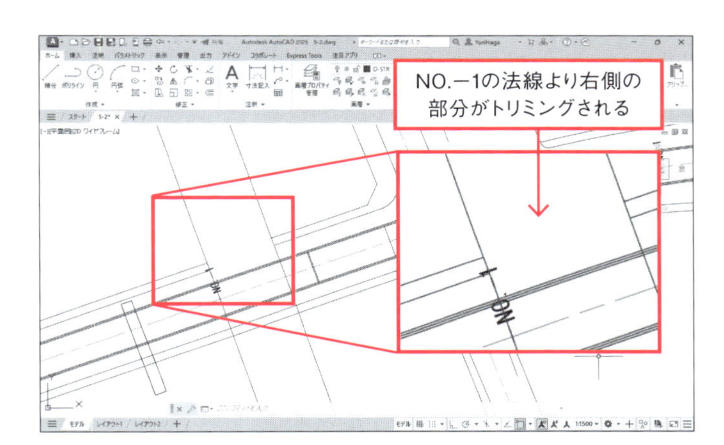

NO.−1 ～ NO.−0−70の間の幅員を作図します。

㉕［ホーム］タブ−［作成］−［線分］をクリックする。
㉖幅員の端点を2点クリックする。
㉗ Enter キーを押して［線分］コマンドを終了する。

2点間に線分が作成されます。

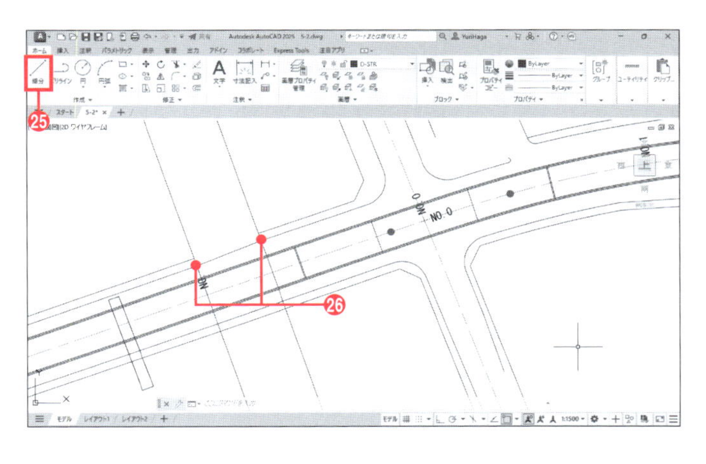

5-2
幅員の作図

㉘ 手順㉕～㉗と同様にして、図に示した線分を作成する。

㉙ 法線を2本クリックして選択する。

㉚ Delete キーを押す。

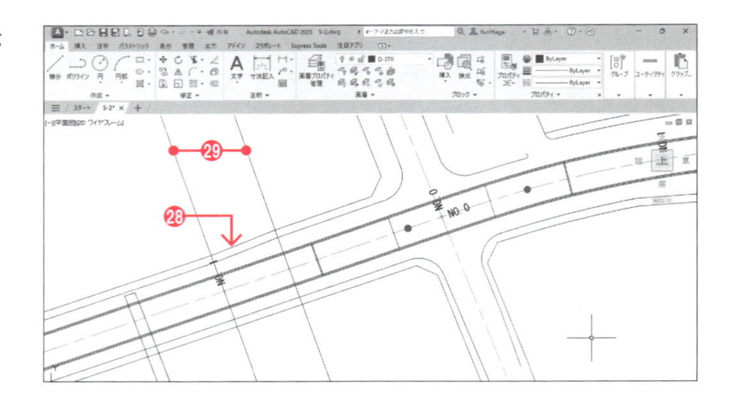

法線が削除されます。

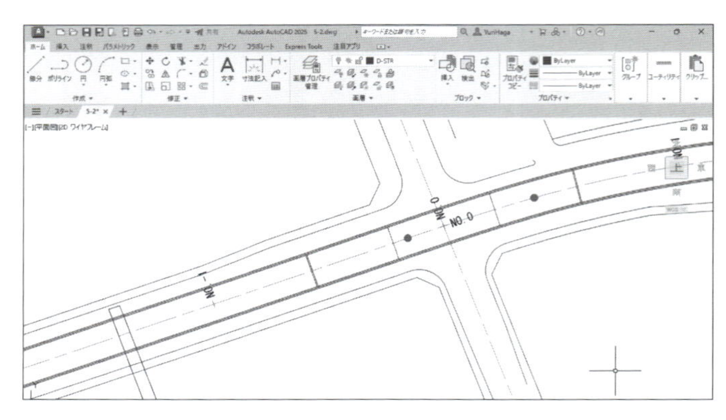

5-2-5 幅員の作図（3）

テーパー部と減速車線部を、図のように作図します。はじめに補助線として、NO.－2、NO.－2－35、NO.－2－70、NO.－3－15に法線方向の構築線（法線）を作図します。

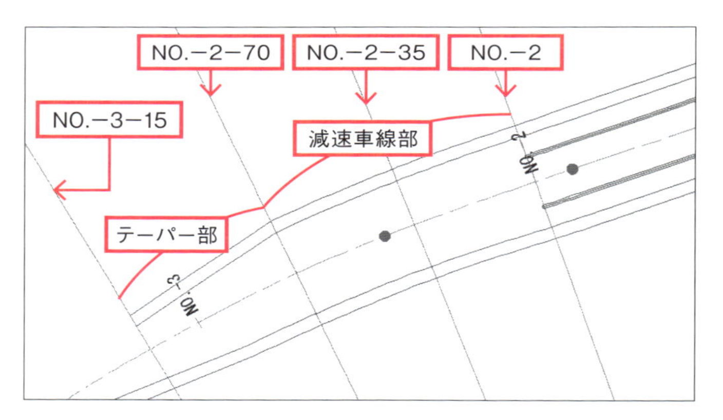

❶ NO.－2 ～ NO.－3の間が見えるよう、図のように表示する。

❷ 現在画層を[D-housen]に変更する。

❸ [ホーム]タブー[作成]ー[構築線] をクリックする。

❹ NO.－2の測点の線分を2点クリックする。

❺ Enter キーを押して[構築線]コマンドを終了する。

NO.－2の法線が作図されます。

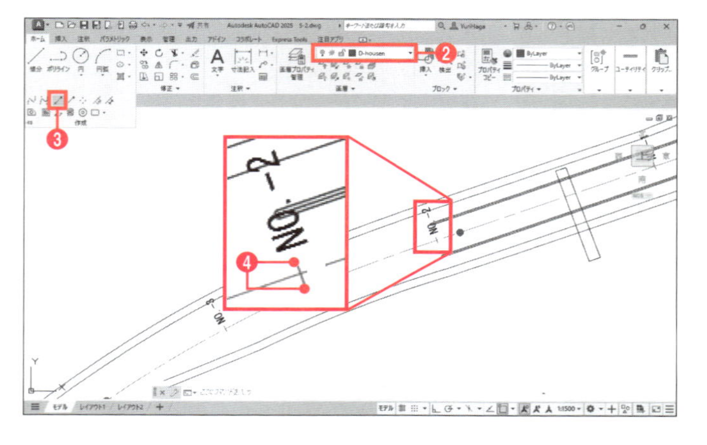

NO.−2−35、NO.−2−70の法線は、P.142の**5-1-10**の手順と同じように、[計測]コマンドを使って法線のブロックを35000ごとに配置することで作図します。そのため、まず法線のブロックを作成します。

❻ [ホーム]タブ−[ブロック]−[編集(ブロックエディタ)] をクリックする。

❼ [ブロック定義を編集]ダイアログボックスが表示される。[作成または編集するブロック]に「**法線**」と入力する。

❽ [OK]ボタンをクリックする。

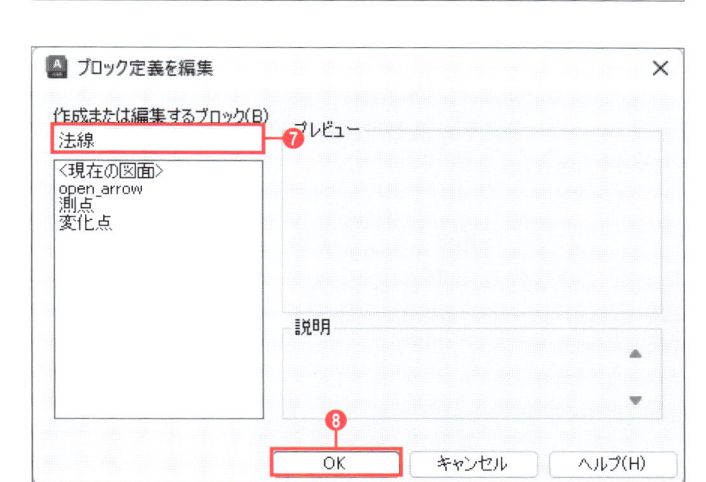

❾ ブロックエディタが起動する。[ホーム]タブ−[作成]−[構築線] をクリックする。

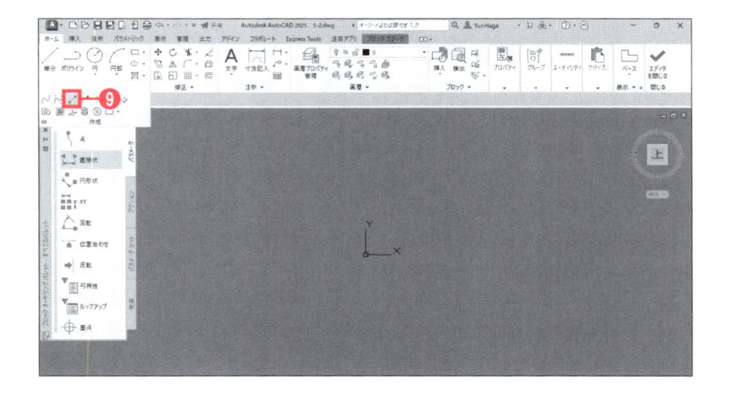

❿ ツールチップに「点を指定」と表示される。作図領域を右クリックして、メニューから[垂直]を選択する。

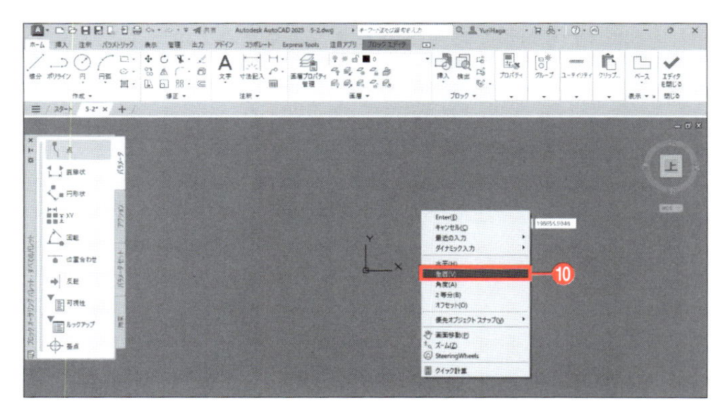

⑪「#0,0」と入力し、Enterキーを押す。

原点の位置に垂直の構築線が作成されます。

⑫もう一度Enterキーを押して[構築線]コマンドを終了する。
⑬[ブロックエディタ]タブー[閉じる]ー[エディタを閉じる]✅をクリックする。
⑭「変更は保存されませんでした。どのようにしますか?」とメッセージが表示される。[変更を法線に保存]をクリックする。

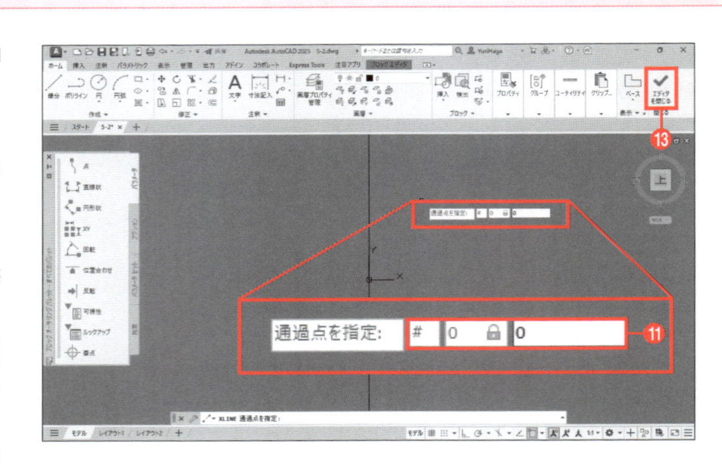

[計測]コマンドを使用するための準備として、中心線Ⓑを[D-housen]画層に複写し、NO.−2を境界としてトリミングします。

⑮[ホーム]タブー[画層]ー[オブジェクトを指定の画層に複写]をクリックする。

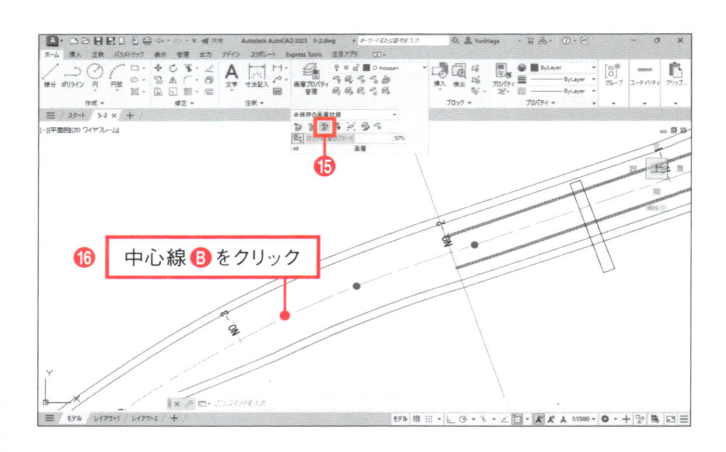

[オブジェクトを指定の画層に複写]は、[ホーム]タブー[画層]のパネル名をクリックしてパネルを展開すると表示されます。

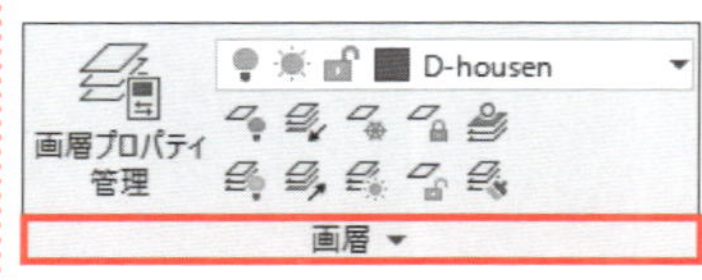

⑯ツールチップに「複写するオブジェクトを選択」と表示される。中心線Ⓑをクリックして選択する。
⑰Enterキーを押して選択を確定する。
⑱ツールチップに「対象画層上のオブジェクトを選択」と表示される。NO.−2の法線をクリックして選択する。
⑲Enterキーを押して[オブジェクトを指定の画層に複写]コマンドを終了する。

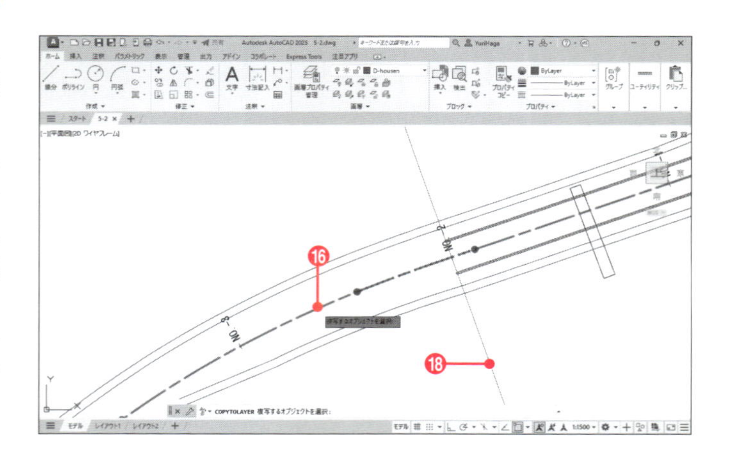

中心線ⒷがNO.−2と同じ画層に複写されます。

作業中に誤って[D-BMK]画層の中心線を選択しないように非表示にします。

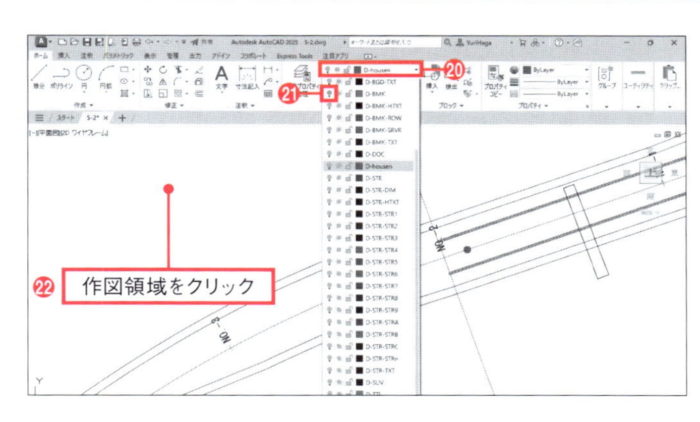

⑳[ホーム]タブー[画層]ー[画層]プルダウンメニューをクリックする。
㉑[D-BMK]画層の💡マークをクリックする。

マークが黄色から青色に変わり、[D-BMK]画層が非表示になります。

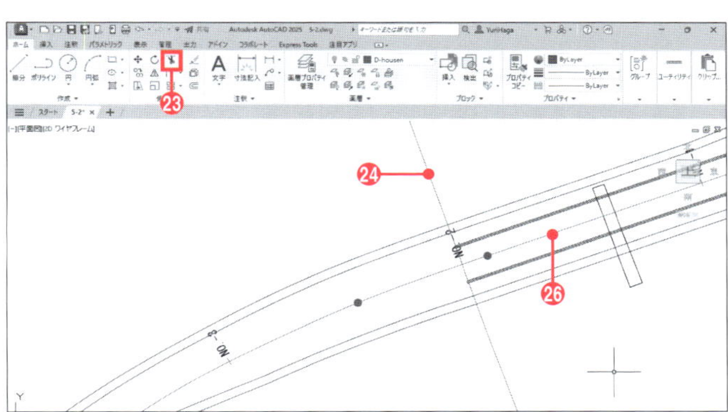

㉒作図領域をクリックする。[画層]プルダウンメニューが閉じる。
㉓[ホーム]タブー[修正]ー[トリム]✂をクリックする。
㉔ツールチップに「オブジェクトを選択」と表示される。NO.ー2の法線をクリックして選択する。
㉕ Enter キーを押して選択を確定する。
㉖ツールチップに「トリムするオブジェクトを選択」と表示される。中心線をNO.ー2の法線より右側でクリックして選択する。
㉗ Enter キーを押して[トリム]コマンドを終了する。

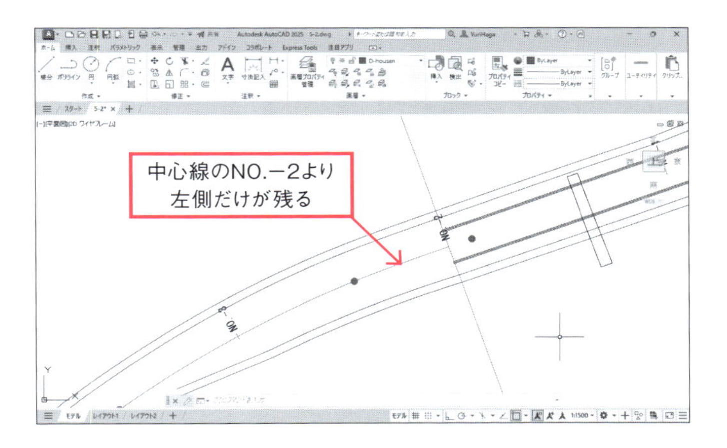

中心線のNO.ー2より左側だけが残ります。

[計測]コマンドを使って、NO.ー2ー35、NO.ー2ー70の法線を配置します。

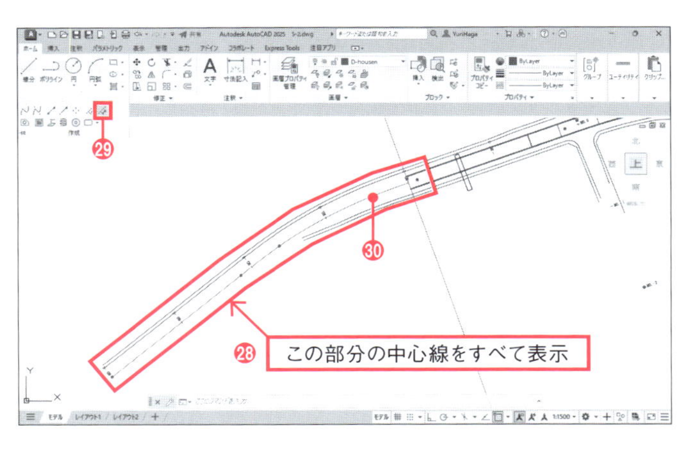

㉘図に示した中心線がすべて見えるよう、図のように表示する。
㉙[ホーム]タブー[作成]ー[計測]をクリックする。

[計測]は、[ホーム]タブー[作成]のパネル名をクリックしてパネルを展開すると表示されます。

㉚ツールチップに「計測表示するオブジェクトを選択」と表示される。中心線の右側をクリックする。

5-2 幅員の作図

㉛ツールチップに「計測間隔を指定」と表示される。作図領域を右クリックして、メニューから[ブロック]を選択する。

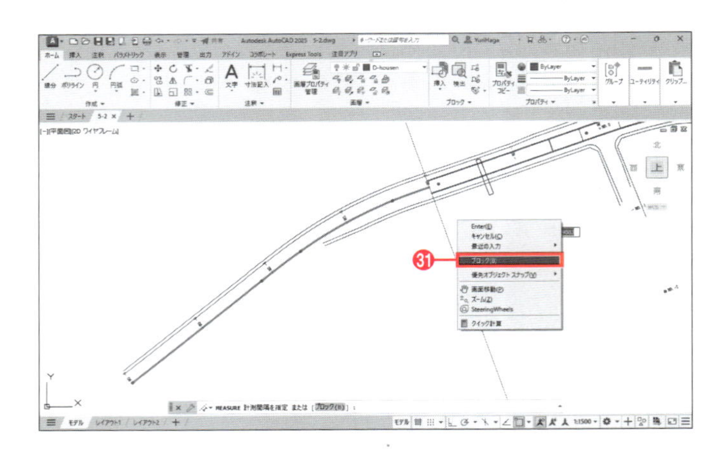

㉜ツールチップに「挿入するブロック名を入力」と表示される。「法線」と入力し、Enterキーを押す。

㉝ツールチップに「ブロックを回転させながら挿入しますか?」と表示される。[はい(Y)]が選択されているので、Enterキーを押して選択を確定する。

㉞ツールチップに「計測間隔を指定」と表示される。「35000」と入力し、Enterキーを押す。

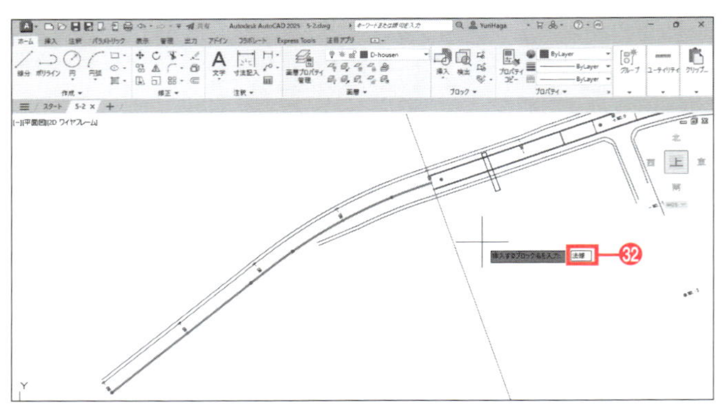

法線が35000ごとに配置されます。

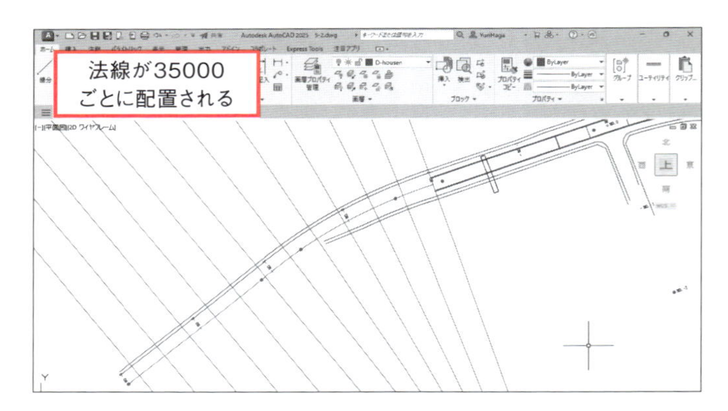

必要のない法線も作図されているので、削除します。

㉟図のようにNO.−2から3本だけを残して不要な法線を削除する。

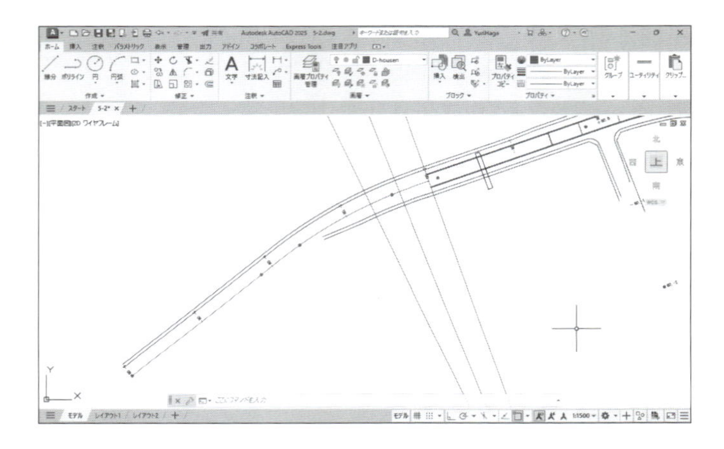

NO.−3−15の法線も[計測]コマンドで配置します。

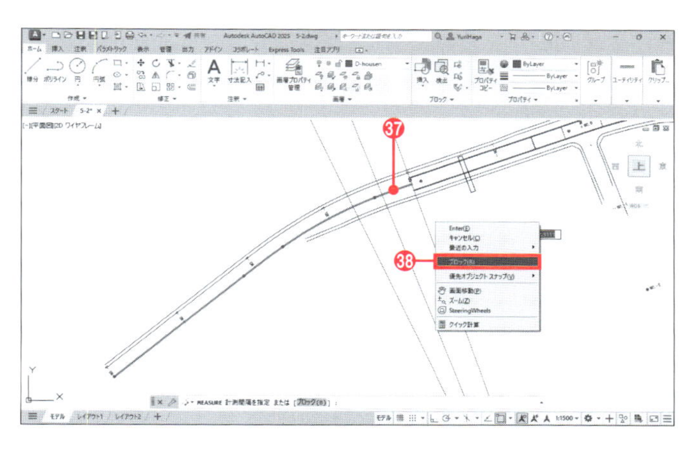

㊱ [ホーム]タブー[作成]ー[計測] をクリックする。

㊲ ツールチップに「計測表示するオブジェクトを選択」と表示される。中心線の右側をクリックする。

㊳ ツールチップに「計測間隔を指定」と表示される。作図領域を右クリックして、メニューから[ブロック]を選択する。

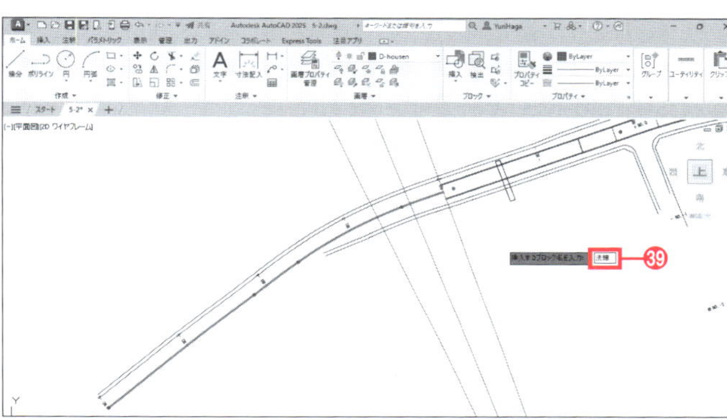

㊴ ツールチップに「挿入するブロック名を入力」と表示される。「**法線**」と入力し、Enterキーを押す。

㊵ ツールチップに「ブロックを回転させながら挿入しますか?」と表示される。[はい(Y)]が選択されているので、Enterキーを押して選択を確定する。

㊶ ツールチップに「計測間隔を指定」と表示される。「**115000**」と入力し、Enterキーを押す。

法線が115000ごとに配置されます。

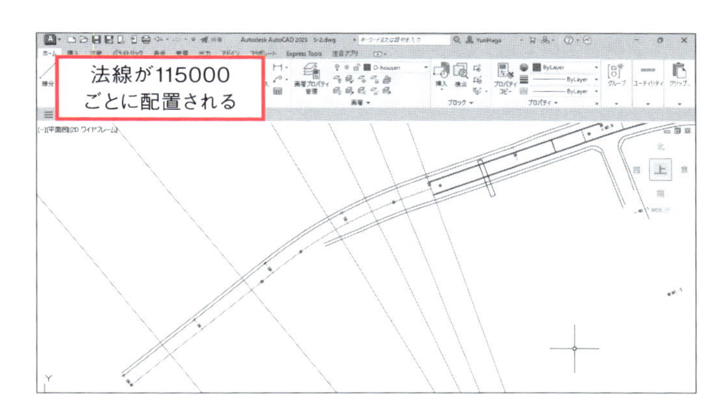

㊷ 図のようにNO.−3−15の法線だけを残して不要な法線を削除する。

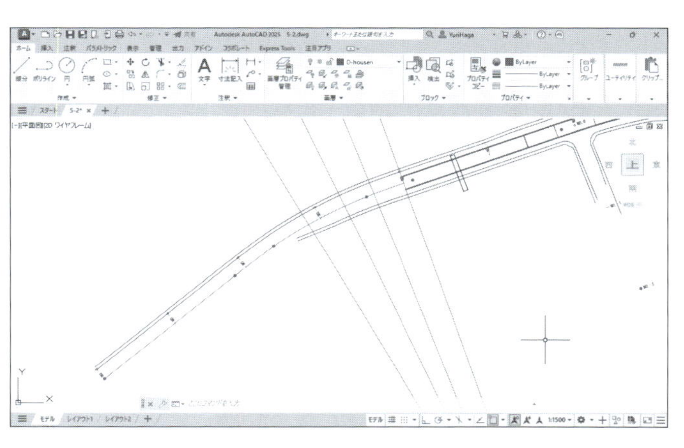

5-2 幅員の作図

5-2-6 幅員の作図（4）

前項で作図した法線を利用して、図のような補助円を作図し、減速車線部とテーパー部の幅員を完成させます。

減速車線部

テーパー部

補助円

❶ NO.－2～NO.－3の間が見えるよう、図のように表示する。

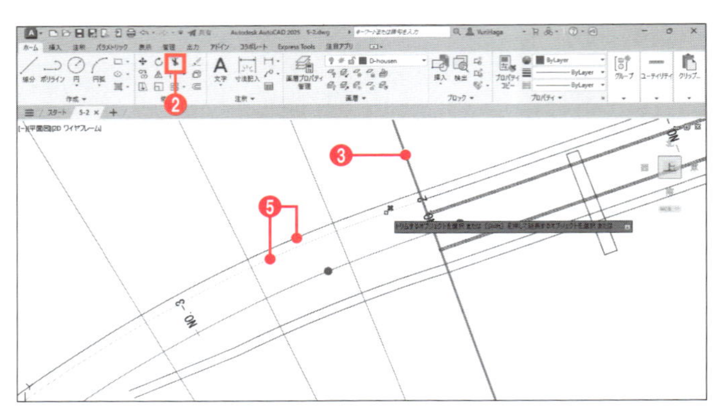

現在、NO.－2の法線の左側に書かれている幅員は中心線を単純にオフセットしたものなので、この部分をトリミングします。

❷［ホーム］タブ－［修正］－［トリム］をクリックする。

❸ ツールチップに「オブジェクトを選択」と表示される。NO.－2の法線をクリックして選択する。

❹ Enter キーを押して選択を確定する。

❺ ツールチップに「トリムするオブジェクトを選択」と表示される。削除する幅員の線を2本クリックして選択する。

❻ Enter キーを押して［トリム］コマンドを終了する。

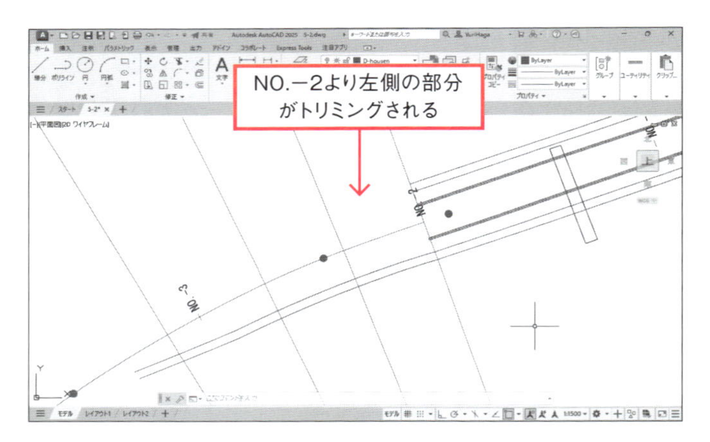

NO.－2より左側の部分がトリミングされます。

NO.－2 ～ NO.－3－15の幅員を作図します。まず、NO.－2－35に道路の幅員を表す補助円を書きます。

❼［ホーム］タブ－［作成］－［中心、半径］をクリックする。

❽ Shift キーを押しながら作図領域を右クリックし、メニューから［挿入基点］を選択する。

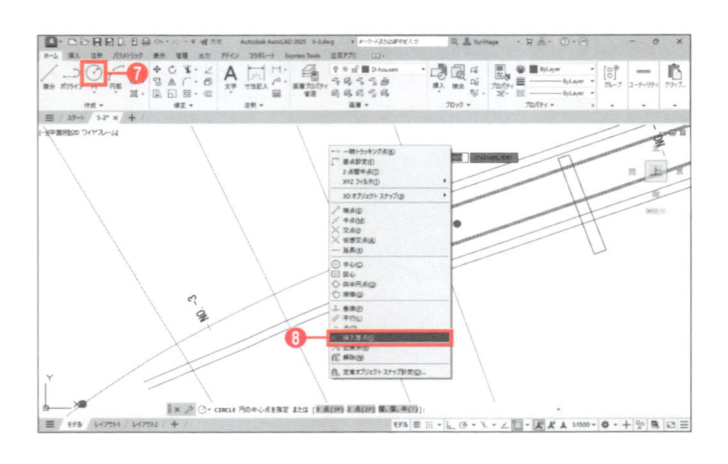

❾ ツールチップに「円の中心点を指定」と表示される。NO.−2−35の測点（挿入基点）をクリックする。

❿ ツールチップに「円の半径を指定」と表示される。キーボードから「**13250**」と入力し、Enterキーを押す。

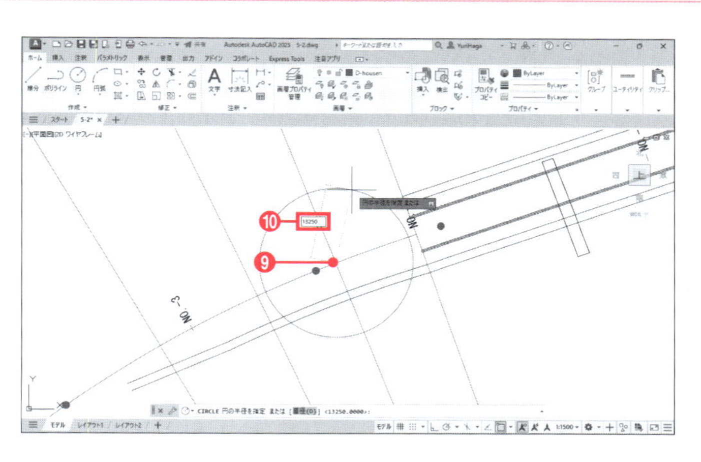

半径13250の円が作成されます。

法線はブロックになっているので、ブロックの基点（X=0、Y=0）をオブジェクトスナップの［挿入基点］で選択できます。

同様にして、歩道の幅員を表す補助円を書きます。

⓫［ホーム］タブ−［作成］−［中心、半径］をクリックする。

⓬ ツールチップに「円の中心点を指定」と表示される。作成した円と法線の交点をクリックする。

⓭ ツールチップに「円の半径を指定」と表示される。キーボードから「**3500**」と入力し、Enterキーを押す。

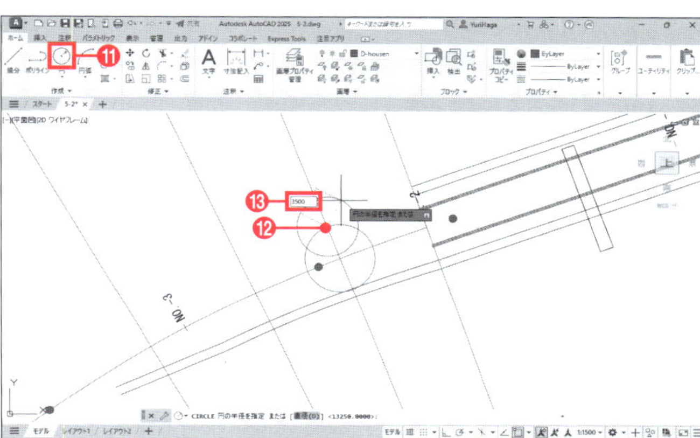

半径3500の円が作成されます。

⓮ 手順❼〜⓭と同様にして、NO.−2−70に半径13000、3500の補助円を作図する。

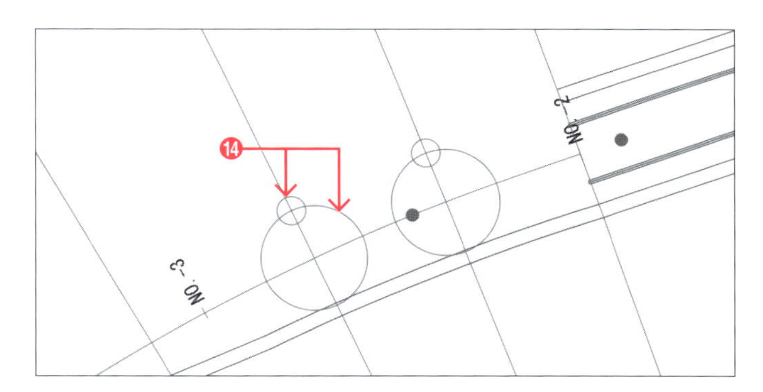

補助円と法線の交点を利用して、NO.−2 〜 NO.−2−70の幅員を円弧で書きます。

⓯［ホーム］タブ−［作成］−［3点］をクリックする。

⓰ 大きな補助円と法線の交点である点Ⓒ、点Ⓓ、点Ⓔをクリックする。

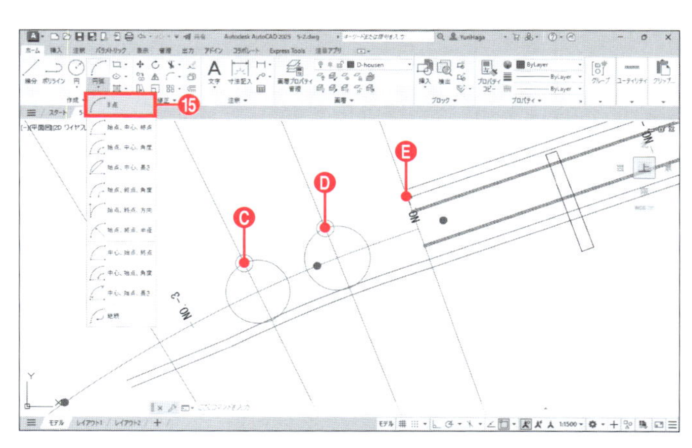

3点を結ぶ円弧が作成されます。

⑰ [ホーム]タブー[作成]ー[3点] をクリックする。

⑱ 小さな補助円と法線の交点である点F、点G、点Hをクリックする。

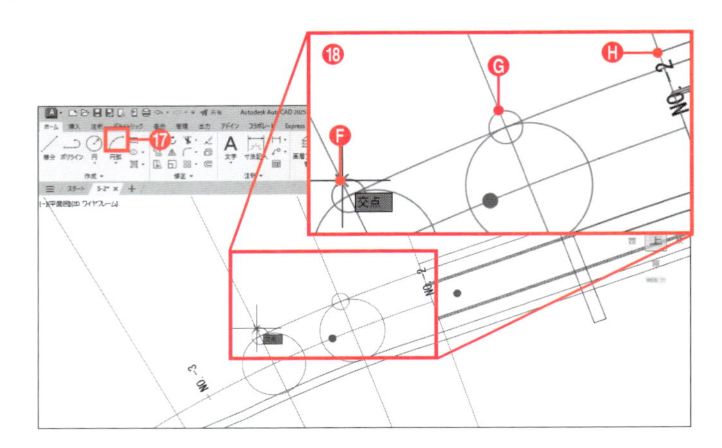

3点を結ぶ円弧が作成されます。

⑲ 4つの補助円を削除する。

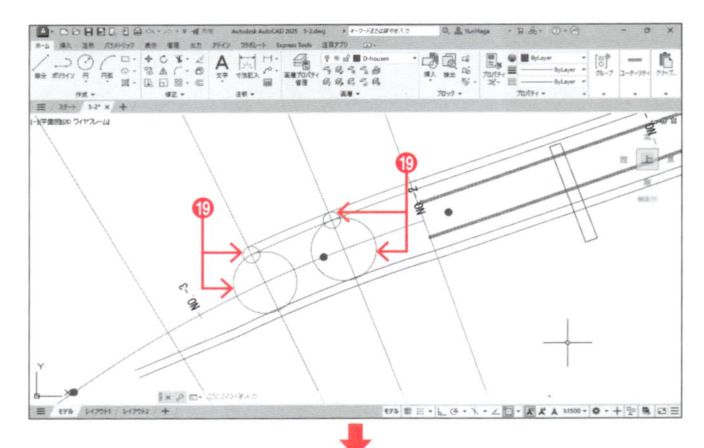

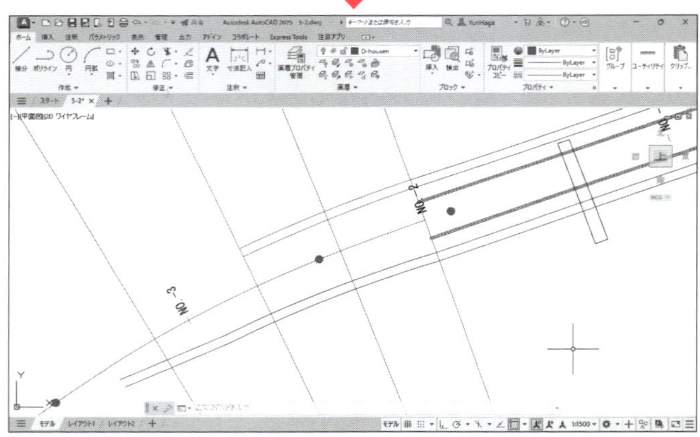

続いて、NO.−3−15にも補助円を書き、それを利用して、NO.−2−70 ～ NO.−3−15の幅員を線分で書きます。

⑳ 手順⑦～⑬と同様にして、NO.−3−15に半径7500、3500の補助円を作図する。

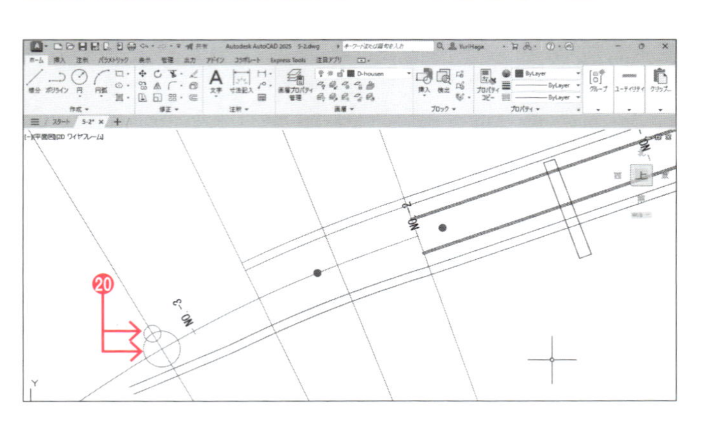

㉑［ホーム］タブー［作成］ー［線分］をクリックする。
㉒点Ⓘ、点Ⓙをクリックする。
㉓ Enter キーを押して［線分］コマンドを終了する。

2点間に線分が作成されます。

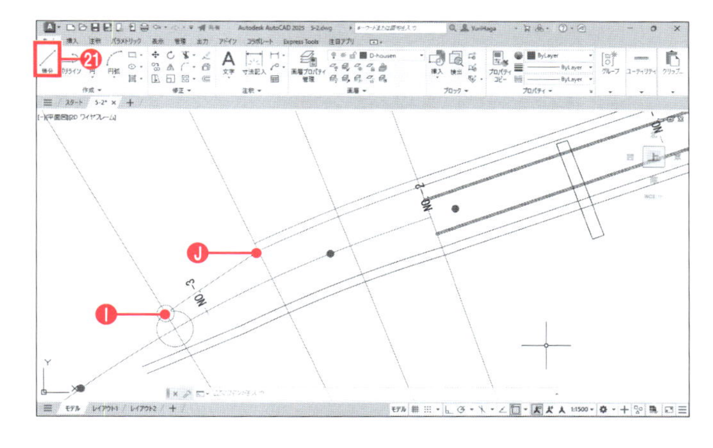

㉔［ホーム］タブー［作成］ー［線分］をクリックする。
㉕点Ⓚ、点Ⓛをクリックする。
㉖ Enter キーを押して［線分］コマンドを終了する。

2点間に線分が作成されます。

㉗ 2つの補助円を削除する。

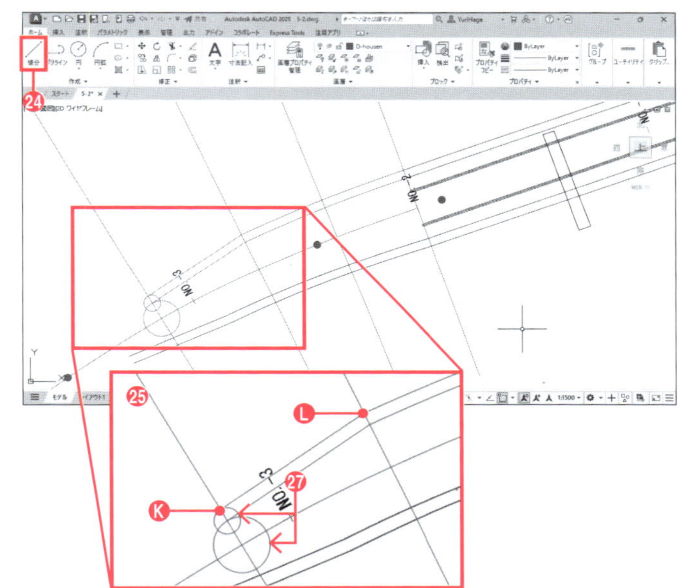

この項で作成した幅員は［D-housen］画層に作成されているので、［D-STR］画層に変更します。そのためには、ほかのオブジェクト（図形）の画層をプロパティコピーで複写します。

㉘［ホーム］タブー［クリップボード］ー［プロパティコピー］をクリックする。
㉙ツールチップに「コピー元オブジェクトを選択」と表示される。［D-STR］画層のオブジェクト（画面上で赤の線で表示されている幅員）をクリックして選択する。

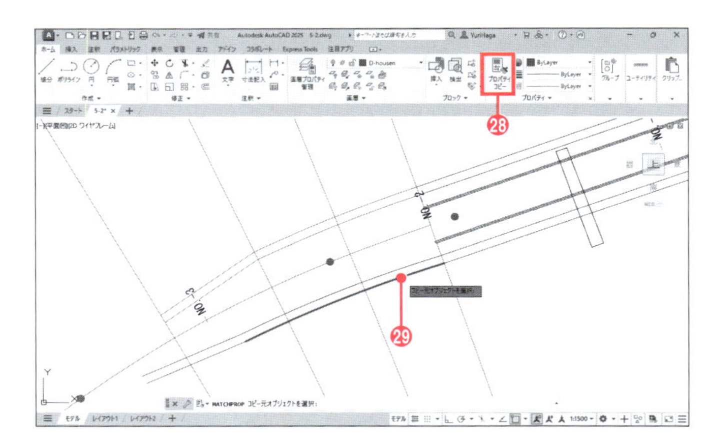

㉚ ツールチップに「コピー先オブジェクトを選択」と表示される。[D-housen]画層に作成されている幅員のオブジェクト（画面上で水色の線で表示）を4つクリックして選択する。

㉛ Enter キーを押して[プロパティコピー]コマンドを終了する。

㉜ [D-housen]画層に作成した中心線（画面上では水色の線で表示）を削除する。

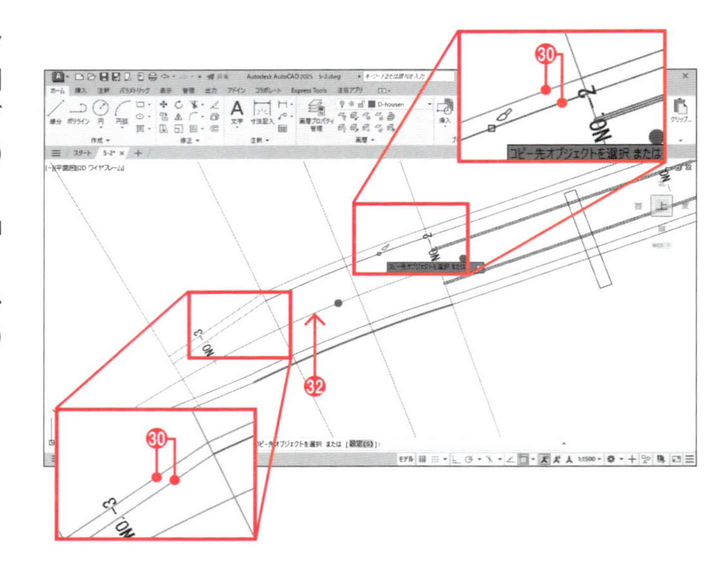

幅員の作成が終わったので、元の中心線Ⓑを表示します。

㉝ [ホーム]タブー[画層]ー[画層]プルダウンメニューをクリックする。

㉞ [D-BMK]画層の💡マークをクリックする。

マークが青色から黄色に変わり、[D-BMK]画層が表示されます。

㉟ 作図領域をクリックする。[画層]プルダウンメニューが閉じる。

[D-housen]画層の法線は、次の作業で必要になるので削除しません。

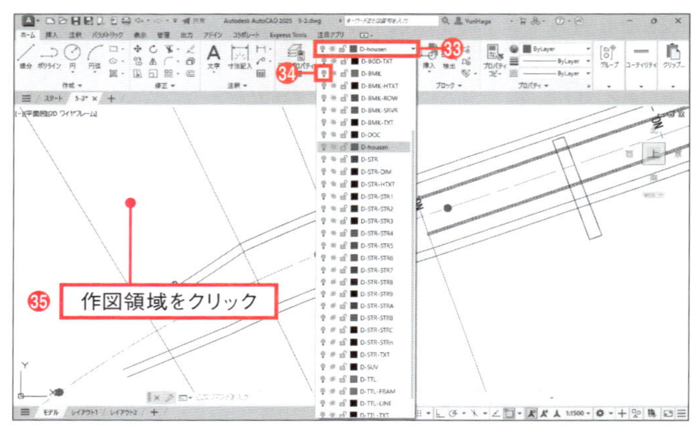

5-3 旗上げの作図

練習用ファイル「5-3.dwg」

ここからは、練習用ファイル「5-3.dwg」で作業します。「5-3.dwg」では、図面の右半分にのみ旗上げが作図されています。図面内の法線を利用して、左半分にも旗上げを作図します。

5-3-1 旗上げの作図（1）

練習用ファイル「5-3.dwg」内の法線を利用して、図のような旗上げを作図します。
まず、旗上げの線を作図します。

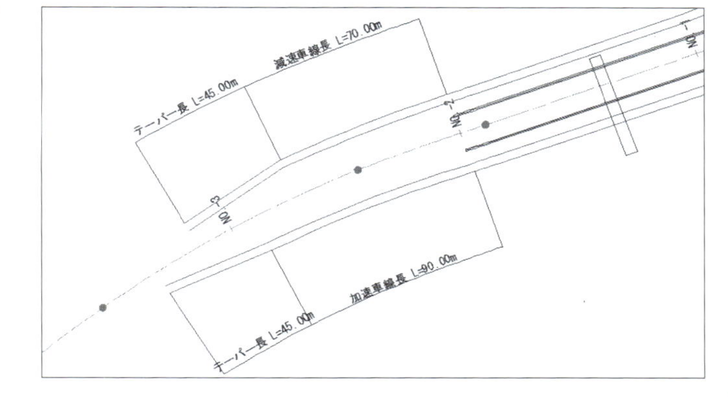

❶ 練習用ファイル「5-3.dwg」を開く。
❷ ステータスバーは［オブジェクトスナップ］をオンにする。
❸ 現在画層を［D-STR-HTXT］に変更する。
❹ NO.−2−35の法線は必要ないので削除する。
❺ 図に示した辺りを拡大表示する。

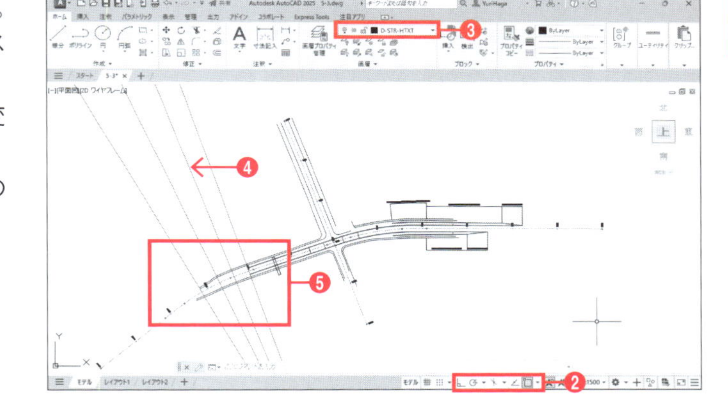

❻［ホーム］タブ−［修正］−［オフセット］をクリックする。
❼ ツールチップに「オフセット距離を指定」と表示される。作図領域を右クリックして、メニューから［画層］を選択する。

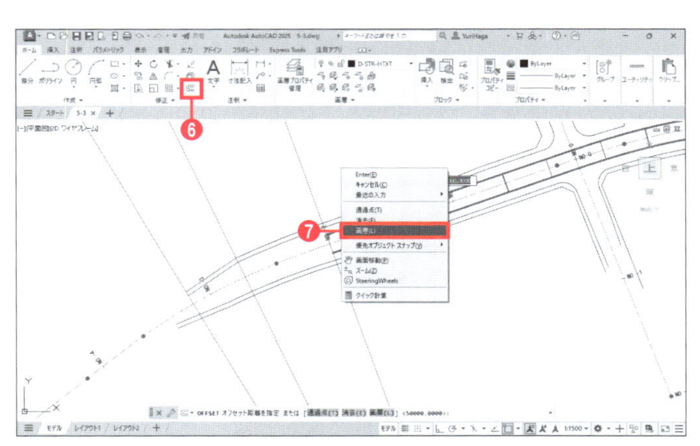

❽［現在の画層］を選択する。

❾ツールチップに「オフセット距離を指定」と表示される。キーボードから「50000」と入力し、Enter キーを押す。

❿ツールチップに「オフセットするオブジェクトを選択」と表示される。中心線Ⓑをクリックして選択する。

⓫ツールチップに「オフセットする側の点を指定」と表示される。中心線Ⓑの上側をクリックする。

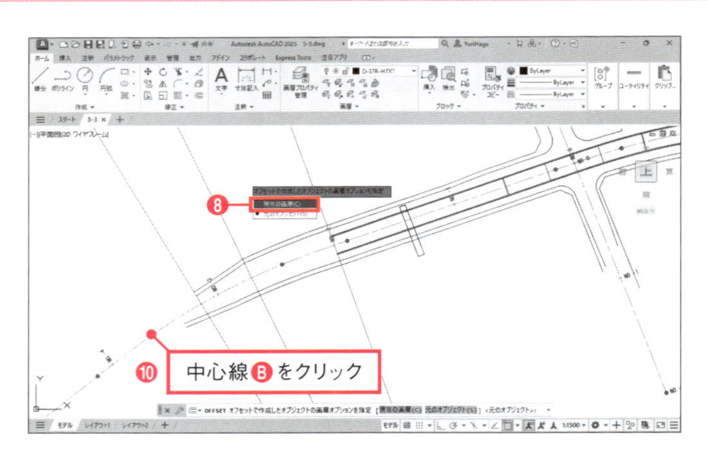

中心線Ⓑが50000上にオフセットされます。

⓬ツールチップに「オフセットするオブジェクトを選択」と表示される。中心線Ⓑをクリックして選択する。

⓭ツールチップに「オフセットする側の点を指定」と表示される。中心線Ⓑの下側をクリックする。

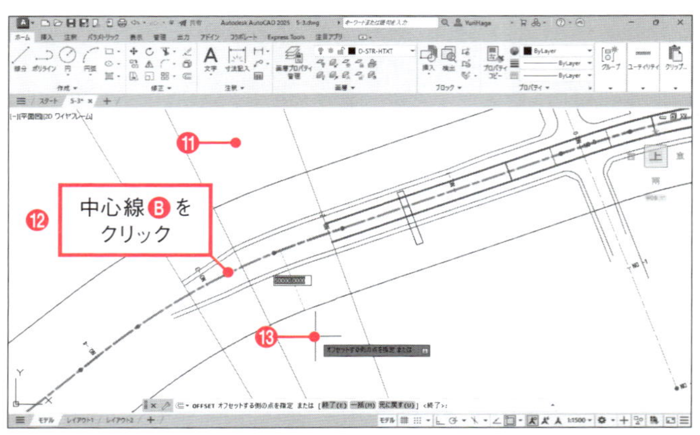

中心線Ⓑが50000下にオフセットされます。

⓮ Enter キーを押して［オフセット］コマンドを終了する。

オフセットした中心線と法線を利用して、旗上げを作図します。

⓯［ホーム］タブー［修正］ー［トリム］をクリックする。

⓰NO.−2、NO.−3−15の法線を選択する。

⓱ Enter キーを押して選択を確定する。

⓲トリムする部分、図に示した辺りを2カ所クリックする。

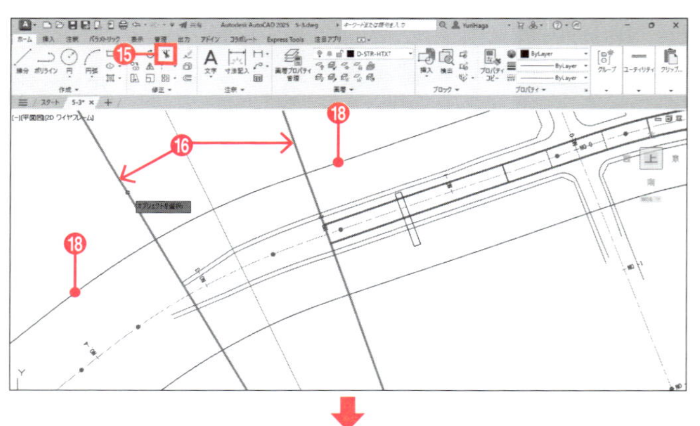

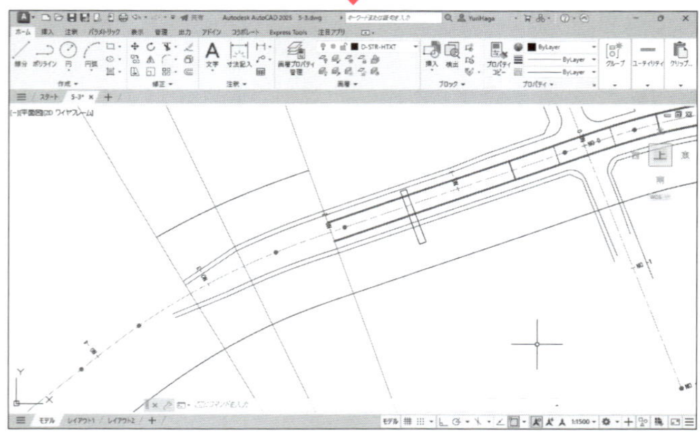

NO.−02の法線より右側の部分と、NO.−03の法線より左側の部分がトリミングされます。

⓳ Enter キーを押して［トリム］コマンドを終了する。

⓴［ホーム］タブー［作成］ー［線分］をクリックする。

㉑ 図の点Ⓒ、点Ⓓをクリックする。

2点間に線分が作成されます。

㉒ Enter キーを押して［線分］コマンドを終了する。

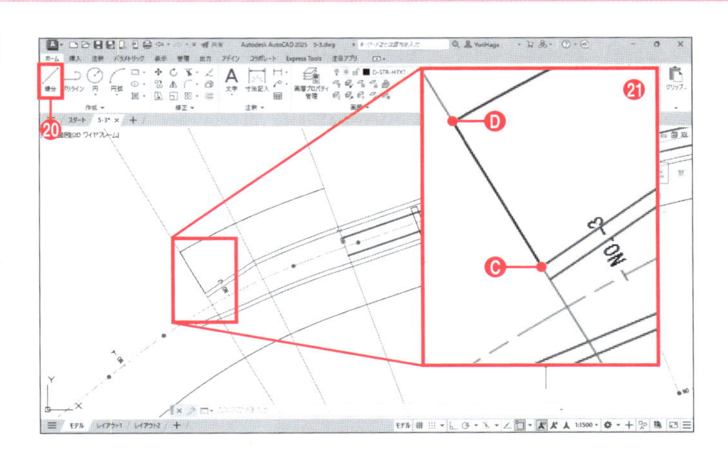

㉓ 同様にして、図の点ⒺとⒻ、ⒼとⒽ、ⒾとⒿの間にそれぞれ線分を作成する。

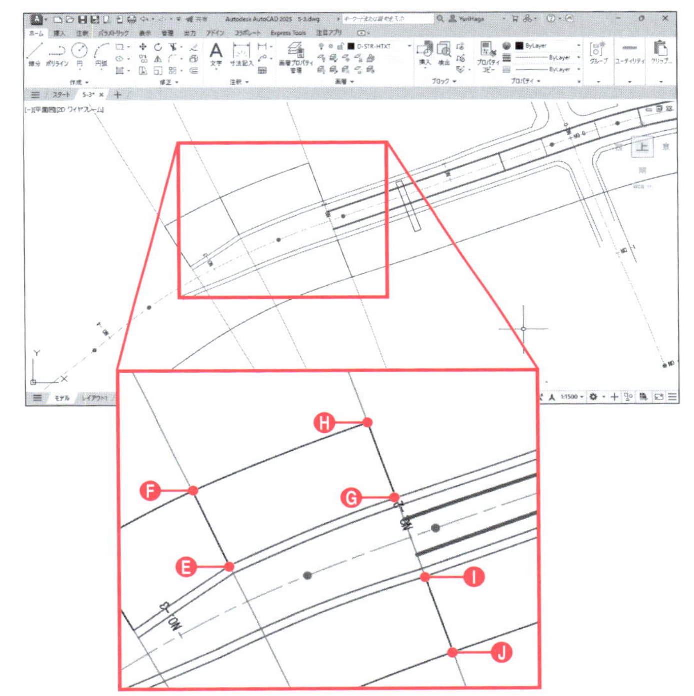

補助線の交点が取れない場所は、優先オブジェクトスナップの［垂線］を使用して線分を作成します。

㉔［ホーム］タブー［作成］ー［線分］をクリックする。

㉕ 図に示した線分の端点をクリックする。

㉖ Shift キーを押しながら作図領域を右クリックし、メニューから［垂線］を選択する。

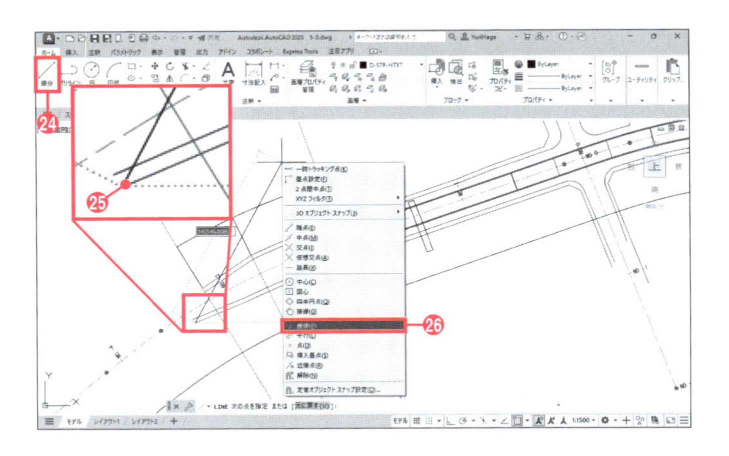

㉗ 下側にオフセットした中心線にカーソルを近づけて、[垂線]のオブジェクトスナップが表示されたらクリックする。

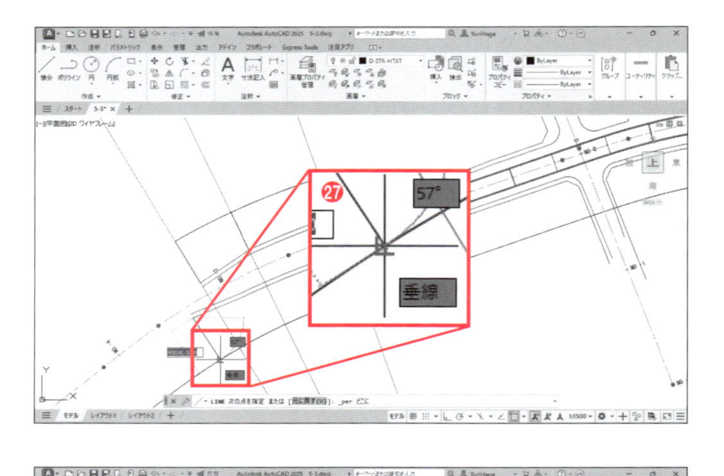

手順㉕でクリックした端点から中心線に垂直な線分が作成されます。

㉘ Enter キーを押して[線分]コマンドを終了する。

㉙ 手順㉔〜㉘と同様にして、図に示した線分を作成する。このとき、図の位置でそれぞれ[端点]と[垂線]のオブジェクトスナップを使用する。

㉚ [ホーム]タブー[修正]ー[トリム] をクリックする。
㉛ NO.ー2の法線と手順㉔〜㉘で作成した線分を選択する。
㉜ Enter キーを押して選択を確定する。
㉝ 削除する部分、図に示した辺りを2カ所クリックする。

NO.ー02の法線より右側の部分と、NO.ー03の法線より左側の部分がトリミングされます。

㉞ Enter キーを押して[トリム]コマンドを終了する。
㉟ 3本の法線を削除する。

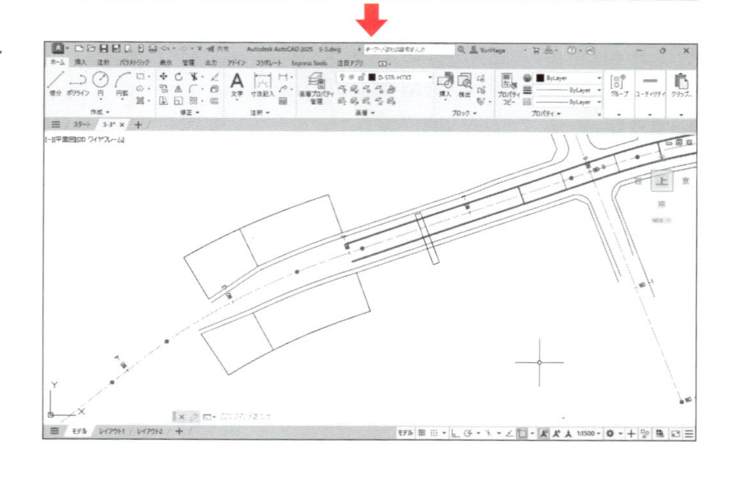

5-3-2 旗上げの作図（2）

旗上げの文字を記入します。ただし、文字の向きは水平ではなく、旗上げの線分と平行に作図するため、UCSを利用します。

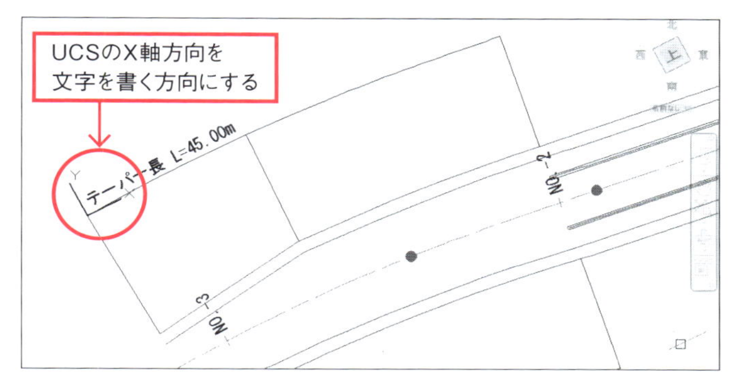

❶［表示］タブ－［UCS］－［3点］をクリックする。

[UCS]パネルが表示されない場合は、P.127の**5-1-7**を参考に表示してください。

❷図の端点Ⓚ、Ⓛをクリックする。

❸ Enter キーを押して［3点］コマンドを終了する。

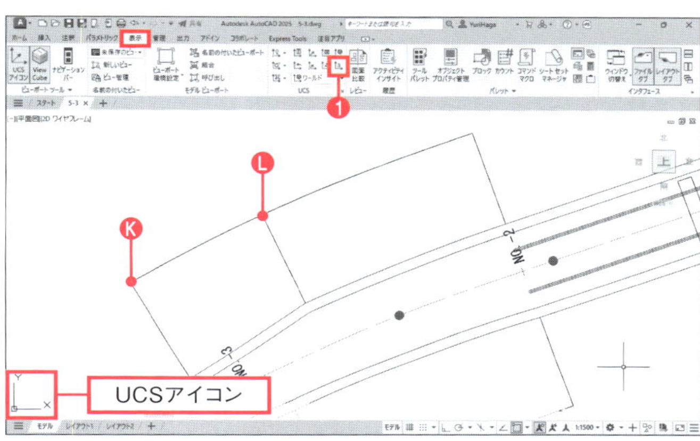

UCSのX軸方向が、手順❷でクリックした2点を通る線分に沿って配置されます。

❹［ホーム］タブ－［注釈］－［文字記入］をクリックする。

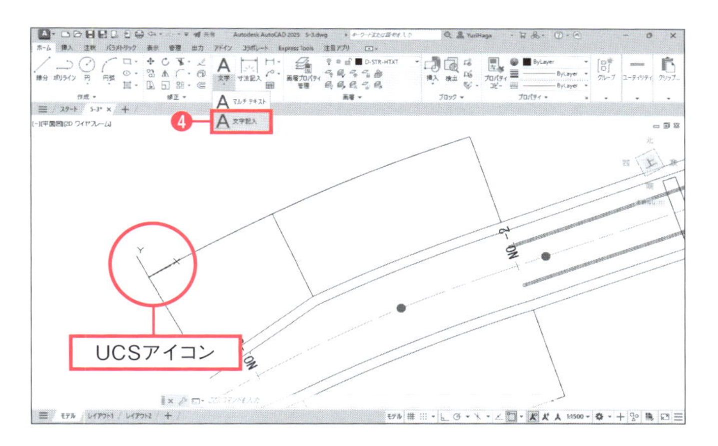

❺作図領域を右クリックして、メニューから［位置合わせオプション］を選択する。

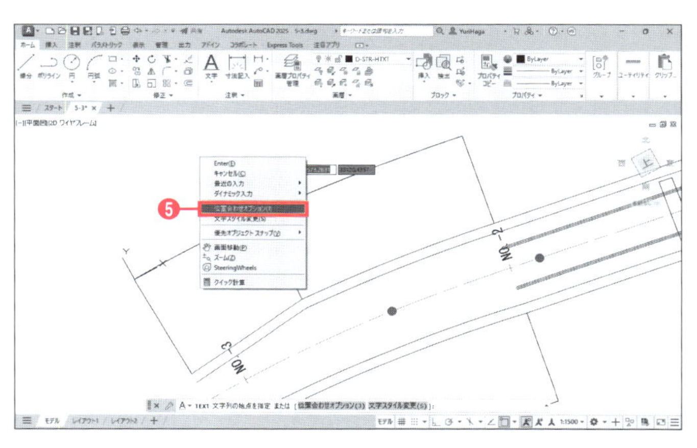

❻ [下中心(BC)]をクリックする。

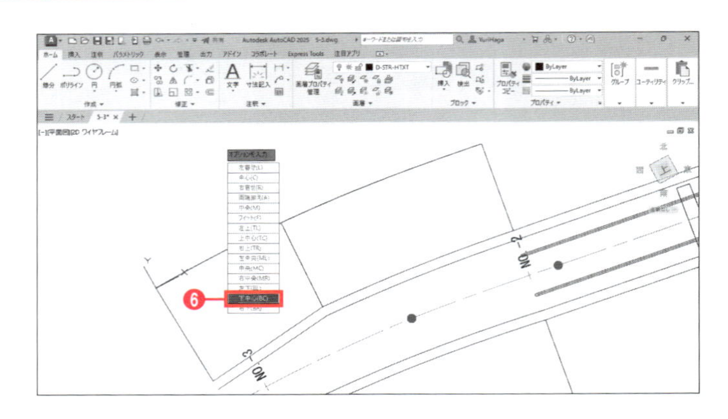

❼ ツールチップに「文字列の下中心点を指定」と表示される。Shift キーを押しながら作図領域を右クリックし、メニューから[2点間中点]を選択する。

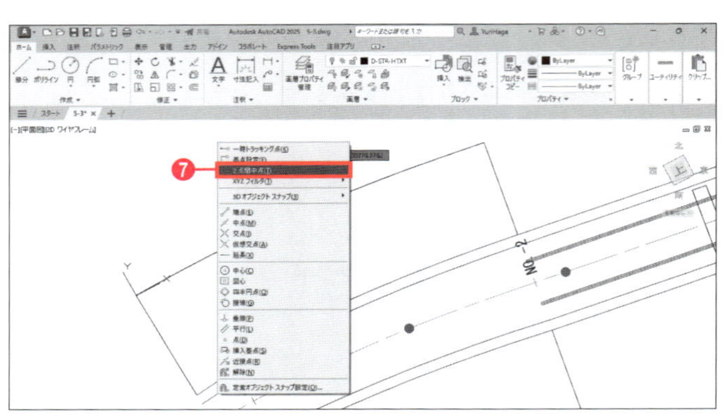

❽ 図の端点Ⓚ、Ⓛをクリックする。この2点間の中点が、文字の下中心点となる。

❾ ツールチップに「高さを指定」と表示される。キーボードから「3750」と入力し、Enter キーを押す。

文字高さの計算式は
　印刷時の文字の高さ × 縮尺の逆数
です。
この図面の縮尺は1:1500なので、印刷時の文字の高さを2.5mmにしたい場合は、2.5×1500=3750を入力します。

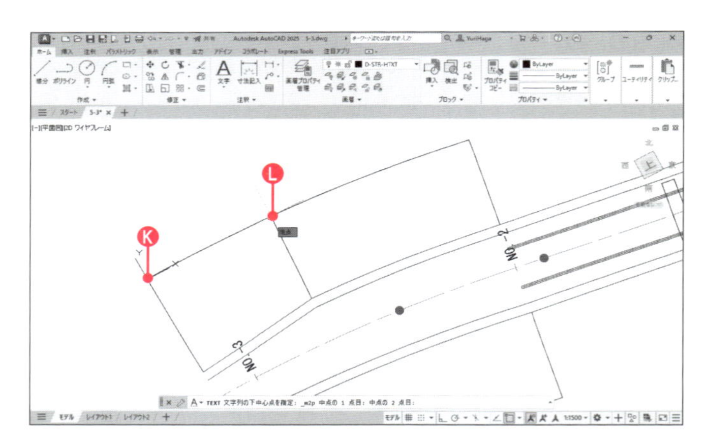

❿ ツールチップに「文字列の角度を指定」と表示される。キーボードから「0」と入力し、Enter キーを押す。

⓫ キーボードから「テーパー長 L=45.00m」と入力する。

⓬ Enter キーを2回押す。1回目で改行し、2回目で[文字記入]コマンドを終了する。

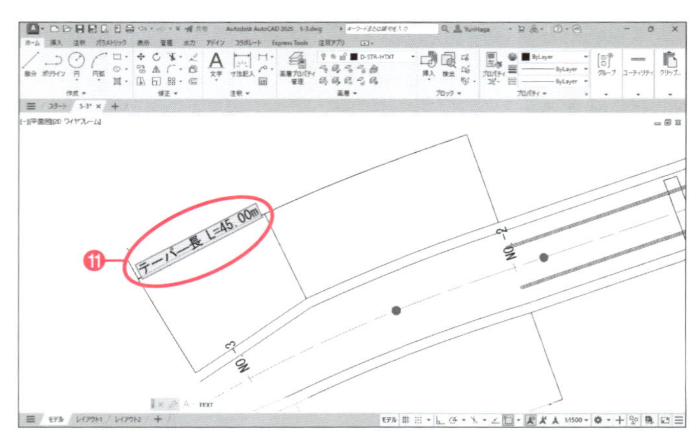

文字が線分と少し重なって見にくいので、移動します。

⑬ステータスバーの[直交モード]をクリックしてオンにする。
⑭[ホーム]タブー[修正]ー[移動]をクリックする。
⑮ツールチップに「オブジェクトを選択」と表示される。手順⑪で記入した文字をクリックして選択する。
⑯Enterキーを押して選択を確定する。

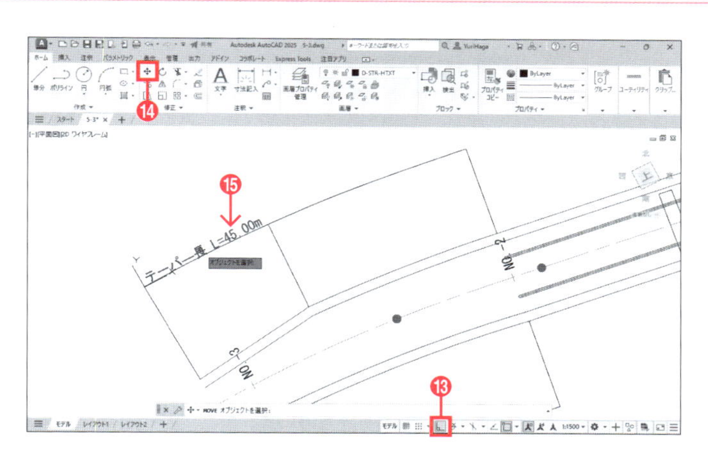

⑰任意の点をクリックする。
⑱カーソルをUCSアイコンのY軸方向に動かす。
⑲キーボードから「1500」と入力し、Enterキーを押す。

文字がY軸方向に1500移動します。

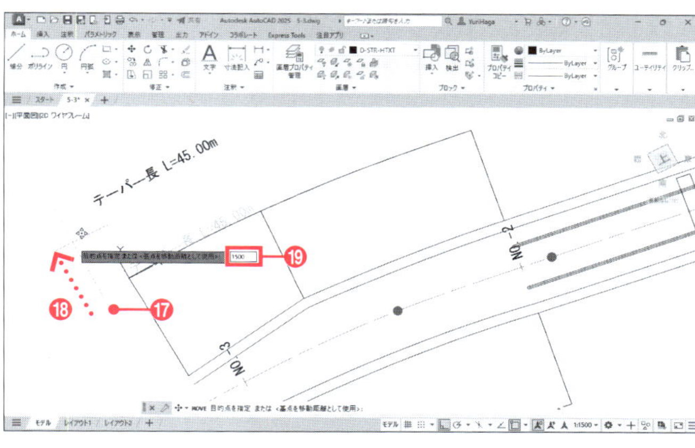

⑳手順❶〜⑲を参考にして、次の文字をそれぞれ記入する。
ⓐ**減速車線長 L=70.00m**
ⓑ**テーパー長 L=45.00m**
ⓒ**加速車線長 L=90.00m**

文字を記入する前に、文字を配置する線分の左端にUCSアイコンが表示されるように設定することを忘れないでください(P.173の手順❶〜❸を参照)。

㉑[表示]タブー[UCS]ー[ワールド]をクリックする。

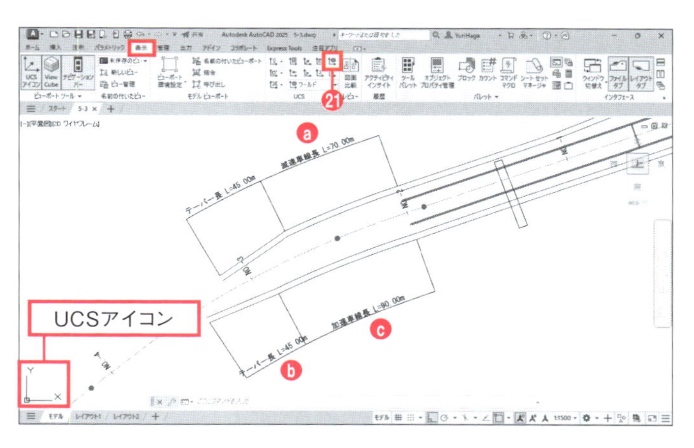

原点やX軸方向が元に戻り、UCSアイコンが画面の左下に表示されます。

5-4 用地面積の作図

練習用ファイル「5-4.dwg」(または前節の続きから)

用地面積を表すポリラインを作成し、フィールドを使用して面積を自動記入します。

5-4-1 用地面積の作図(1)

[境界作成]コマンドを使って、図のように用地面積を表すポリラインを作成します。用地面積のポリラインは地形の線と重なるため、目視しやすいように、画面表示に[線の太さ]を適用します。

❶ ステータスバーの作図補助機能は、[オブジェクトスナップ]と[線の太さ]をオンにする。

ステータスバーに[線の太さ]が表示されていない場合は、P.30「ダイナミック入力について」を参照し、[カスタマイズ]ボタンから表示してください。

❷ 現在画層を[面積]に変更する。

❸ 図に示した辺りを拡大表示する。

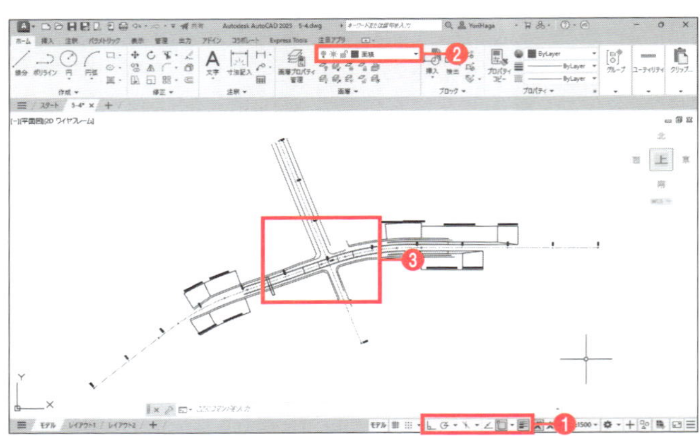

❹ [ホーム]タブー[修正]ー[オフセット]をクリックする。

❺ ツールチップに「オフセット距離を指定」と表示される。作図領域を右クリックして、メニューから[画層]を選択する。さらに[現在の画層]を選択する。

❻ ツールチップに「オフセット距離を指定」と表示される。作図領域を右クリックして、メニューから[通過点]を選択する。

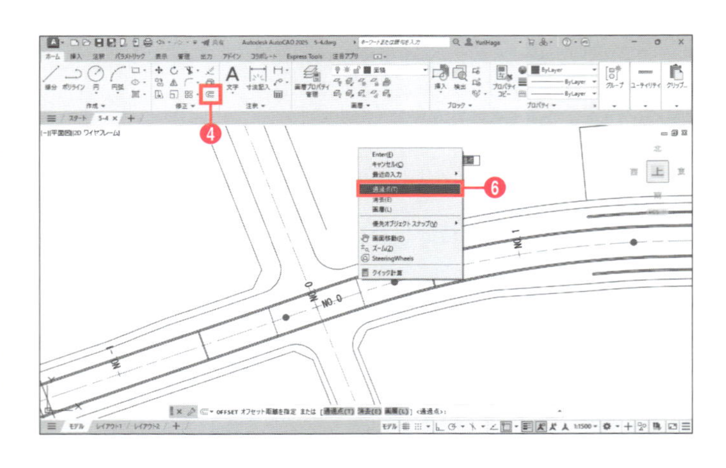

❼ ツールチップに「オフセットするオブジェクトを選択」と表示される。中心線Ⓐをクリックして選択する。
❽ ツールチップに「通過点を指定」と表示される。図の幅員の端点をクリックする。

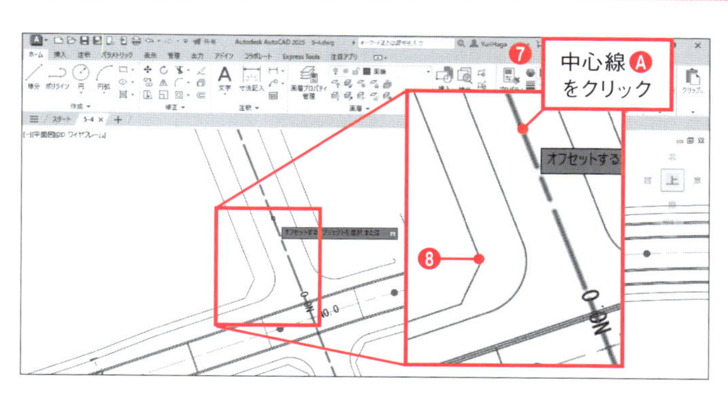

クリックした点を通過する位置に中心線Ⓐがオフセットされます。

❾ ツールチップに「オフセットするオブジェクトを選択」と表示される。中心線Ⓐをクリックして選択する。
❿ ツールチップに「通過点を指定」と表示される。図の幅員の端点をクリックする。

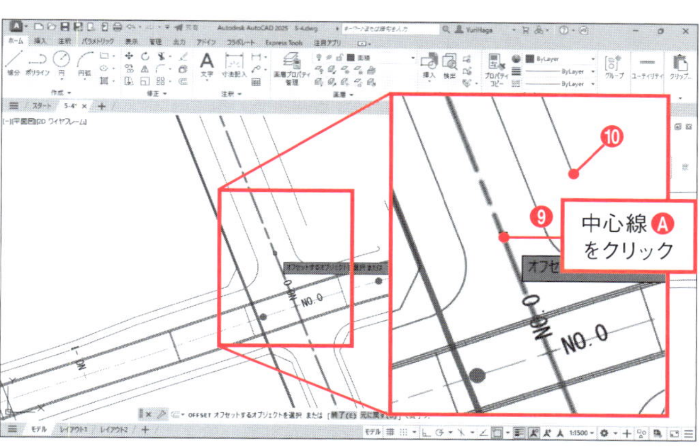

クリックした点を通過する位置に中心線Ⓐがオフセットされます。

⓫ Enter キーを押して[オフセット]コマンドを終了する。

[面積]画層の線の太さは0.5mmです。[線の太さ]をオンにしているので、画面上ではほかの線より太く表示されます。

手順❹～⓫でオフセットした2本の線と地形の線を使って、用地面積を作図します。
必要のない[D-STR]画層は非表示にし、[D-BGD]画層を表示します。

⓬ [ホーム]タブー[画層]ー[非表示]をクリックする。
⓭ 図に示した幅員をクリックして選択する。
⓮ Enter キーを押して[非表示]コマンドを終了する。

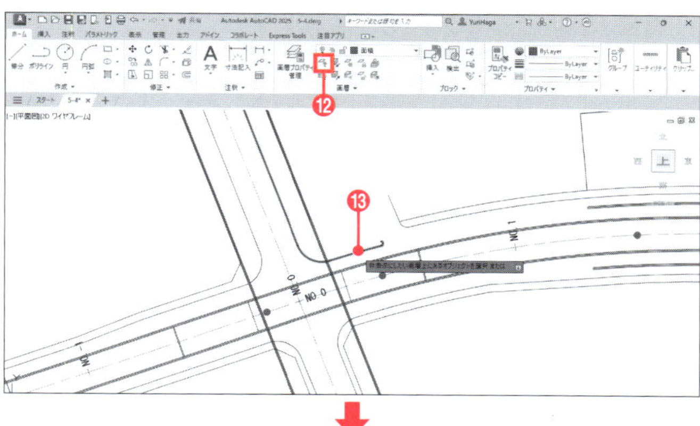

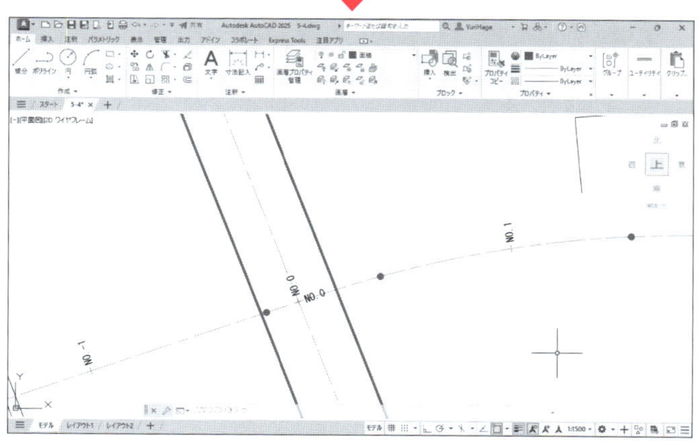

幅員の線が書かれている[D-STR]画層が非表示になります。

5-4 用地面積の作図

⑮［ホーム］タブー［画層］ー［画層］プルダウンメニューをクリックする。

⑯［D-BGD］画層の💡マークをクリックする。

マークが青色から黄色に変わり、［D-BGD］画層が表示されます。

⑰作図領域をクリックする。［画層］のメニューが閉じる。

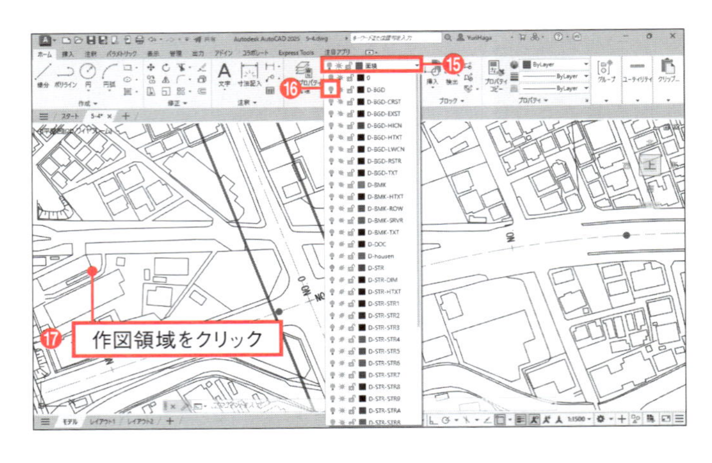

⑱［ホーム］タブー［作成］ー［境界作成］▣をクリックする。

［境界作成］は、［ハッチング］の右側に表示されている▾（下矢印アイコン）をクリックすると表示されます。

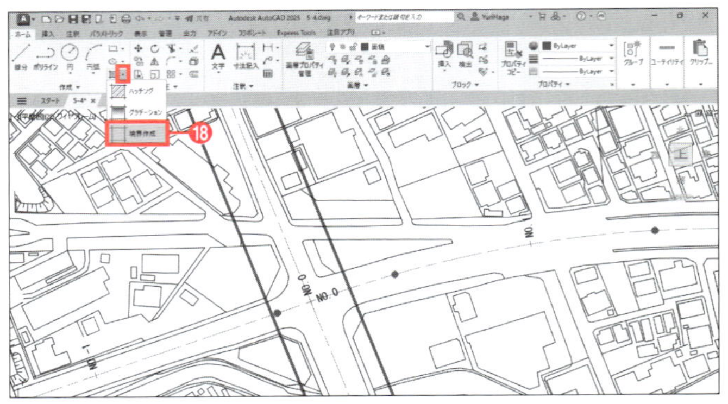

⑲［境界作成］ダイアログボックスが表示される。［点をクリック］▣ボタンをクリックする。

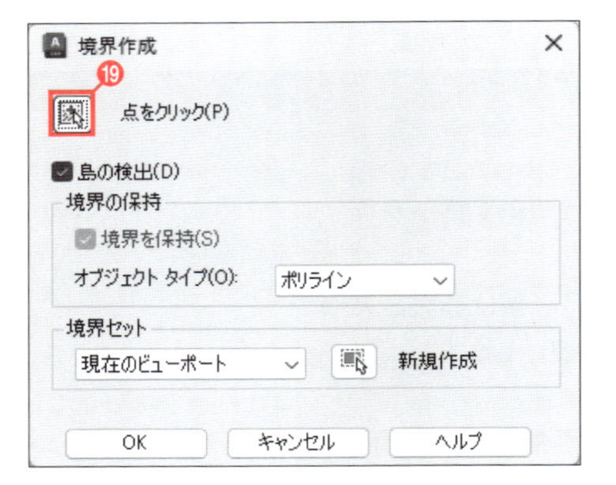

⑳図に示した面積を測りたい2つの領域の内側をクリックする。

㉑ Enter キーを押して［境界作成］コマンドを終了する。

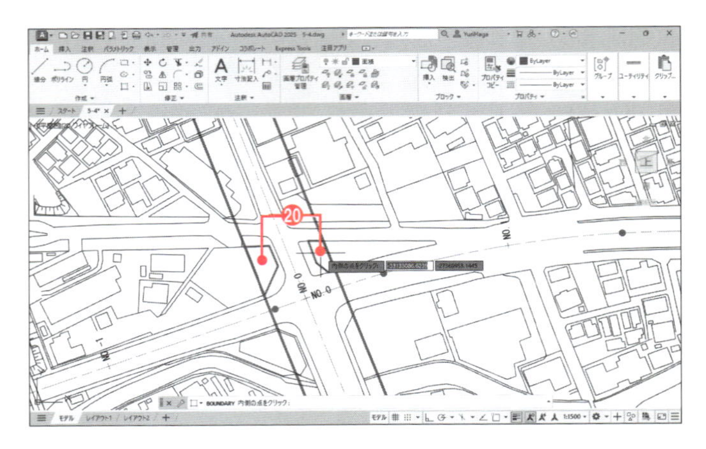

面積を測る部分にポリラインが2つ作成されます。

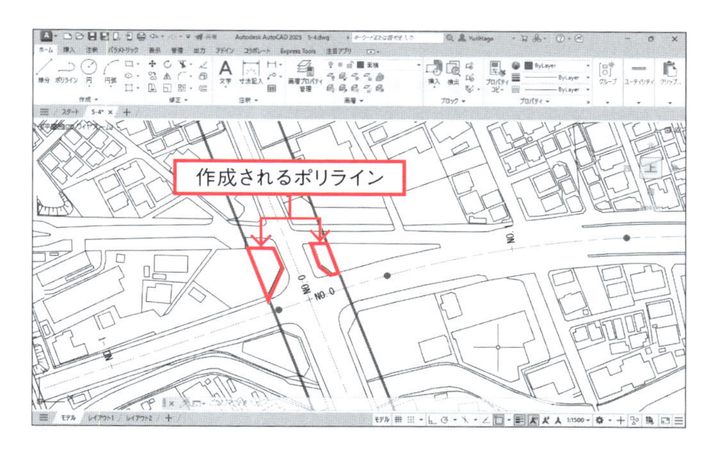

㉒ 中心線 Ⓐ のNO.0〜NO.2の測点が見えるよう、図のように表示する。

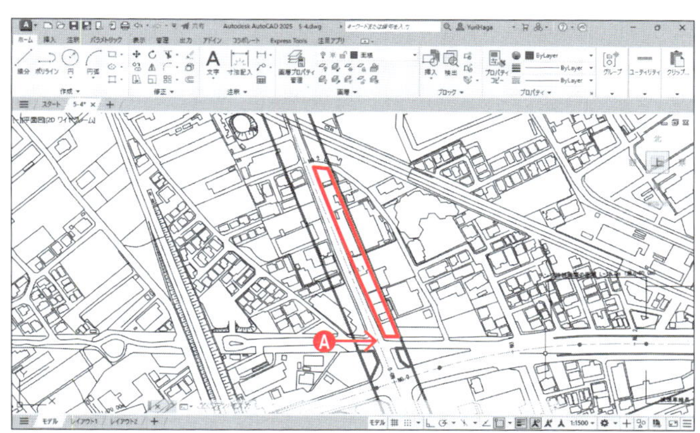

次は図に示した部分に面積のポリラインを作成しますが、地形が複雑なため、領域の内側をクリックするだけでは作成できません。そこで、領域を囲んでいるオブジェクトを選択するという方法を使います。

㉓ [ホーム]タブー[作成]ー[境界作成]をクリックする。

㉔ [境界作成]ダイアログボックスが表示される。[新規作成]ボタンをクリックする。

㉕ 図の幅員と地形をクリックして選択する。

㉖ Enterキーを押して選択を確定する。

㉗ 再び[境界作成]ダイアログボックスが表示される。[点をクリック]ボタンをクリックする。

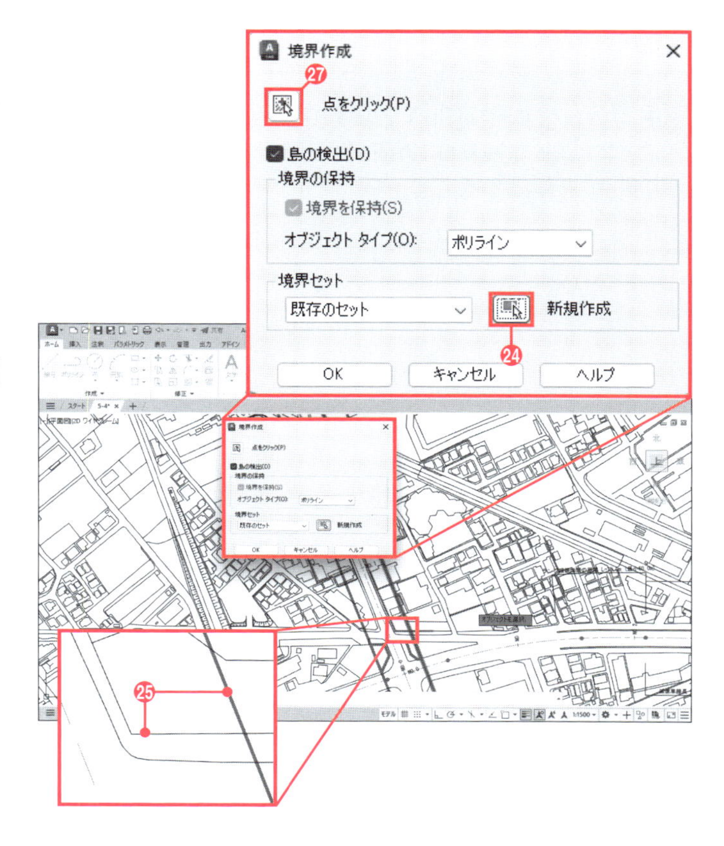

㉘ 図に示した面積を測りたい領域の内側をクリックする。

㉙ Enter キーを押して［境界作成］コマンドを終了する。

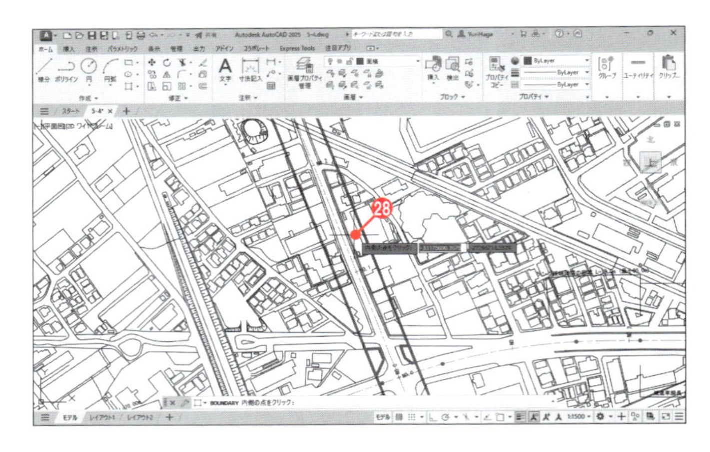

ポリラインが作成されます。

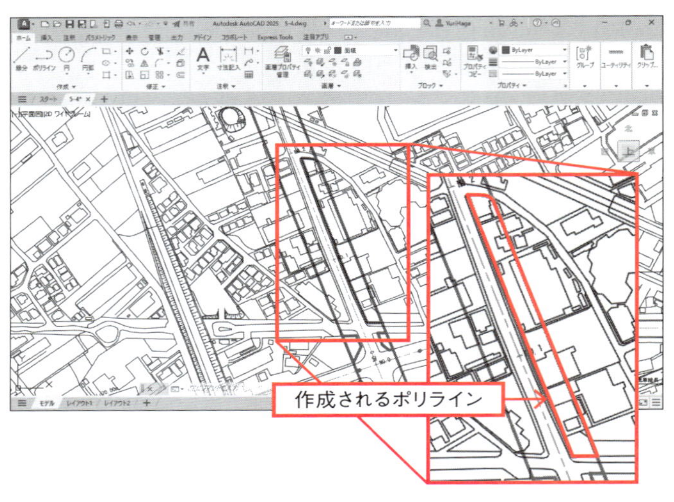

㉚ 手順㉓～㉙と同様にして、［境界作成］コマンドで残りの4カ所にもポリラインを作成する。

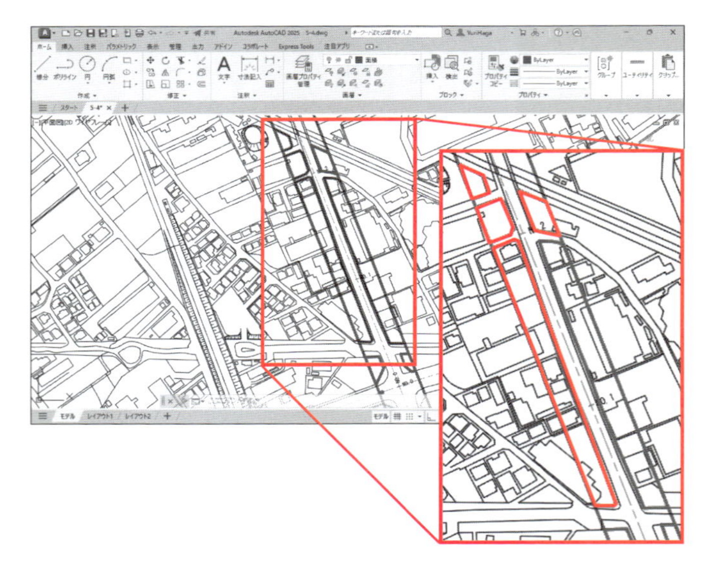

5-4-2 用地面積の作図（2）

面積を文字で記入します。フィールドを使用して、図のようにポリラインの面積を自動記入します（フィールドについてはP.186を参照）。

操作が行いやすいように、地形の線が書かれている[D-BGD]画層を非表示にします。また、ポリラインの作成に使用した幅員の線は不要なので削除します。

❶ [ホーム]タブー[画層]ー[非表示]をクリックする。
❷ 任意の地形をクリックして選択する。
❸ Enter キーを押して[非表示]コマンドを終了する。

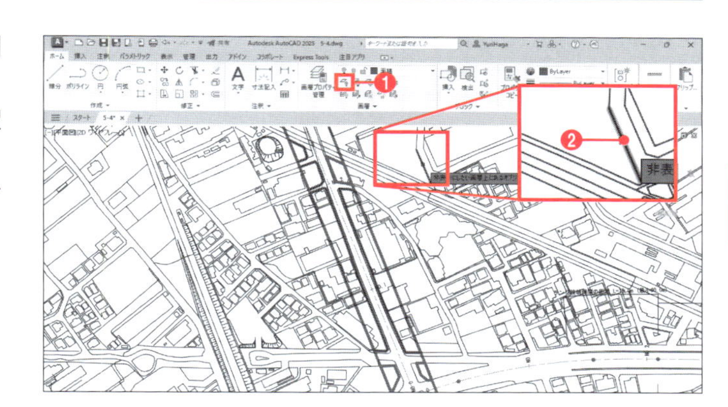

[D-BGD]画層が非表示になります。

❹ 幅員の線を削除する。
❺ 図に示した辺り（NO.0付近）を拡大表示する。
❻ [ホーム]タブー[注釈]ー[文字記入]Aをクリックする。
❼ ツールチップに「文字列の始点を指定」と表示される。文字を記入する任意の点をクリックする。

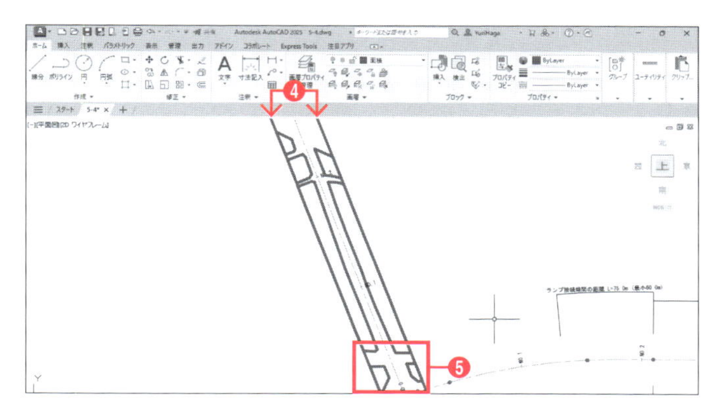

「文字列の始点～」ではなく「文字列の下中心～」などと表示されている場合は、P.173の手順❺～P.174の手順❻を参照し、[位置合わせオプション]を[左寄せ]に変更してください。

❽ ツールチップに「高さを指定」と表示される。キーボードから「3750」と入力し、Enter キーを押す。
❾ ツールチップに「文字列の角度を指定」と表示される。キーボードから「0」と入力し、Enter キーを押す。

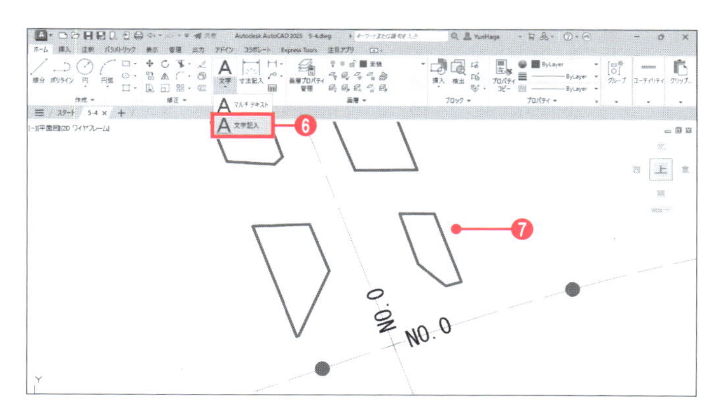

❿ 作図領域でカーソルが点滅する。作図領域を右クリックして、メニューから[フィールドを挿入]を選択する。

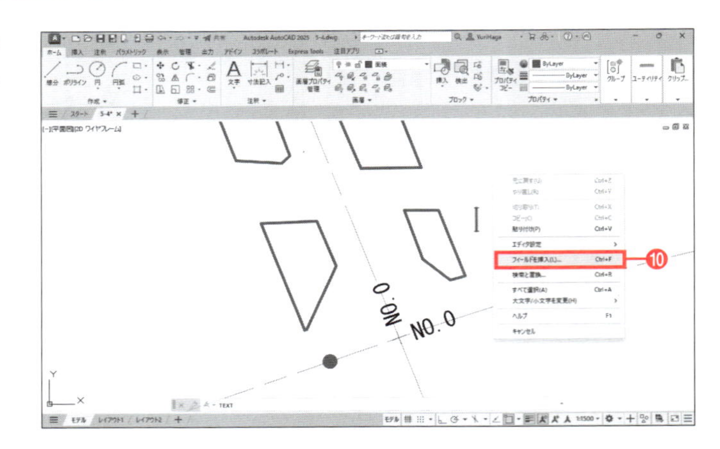

⓫ [フィールド]ダイアログボックスが表示される。[フィールド分類]から[オブジェクト]を選択する。

⓬ [オブジェクトを選択]ボタンをクリックする。

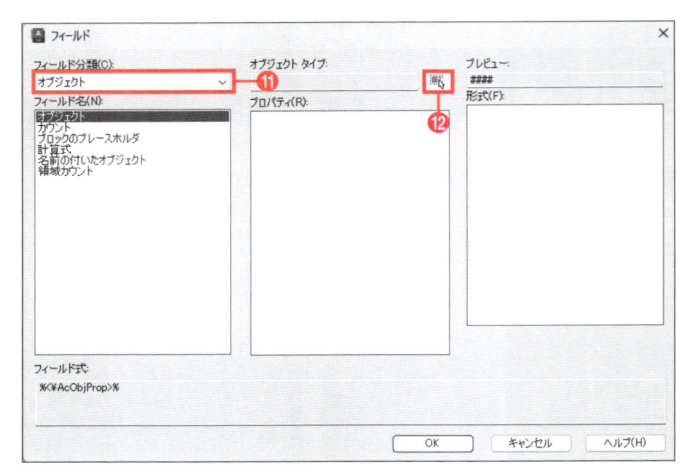

⓭ 図に示したポリラインをクリックして選択する。

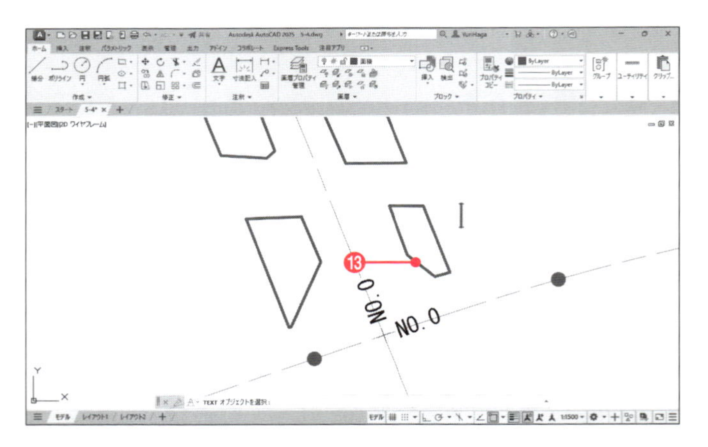

⑭ 再び[フィールド]ダイアログボックスが表示される。[プロパティ]から[面積]を選択する。
⑮ [形式]から[十進表記]を選択する。
⑯ [精度]から[0.0]を選択する。
⑰ [その他の形式]ボタンをクリックする。

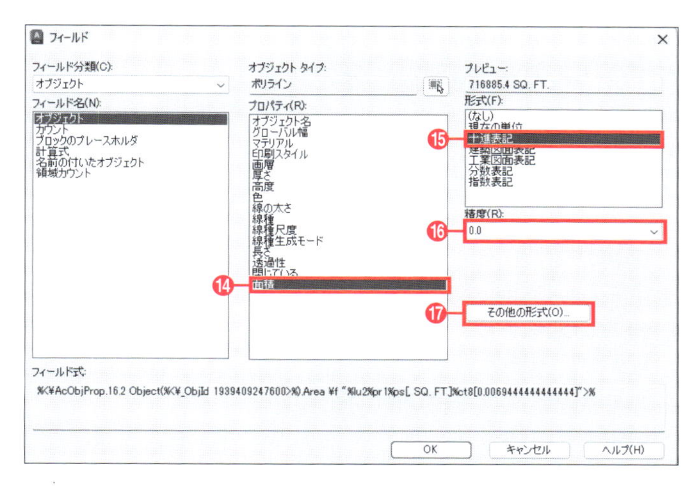

⑱ [その他の形式]ダイアログボックスが表示される。[変換係数]に「**0.000001**」と入力する。

この図面はmm単位で書かれていますが、面積はm^2単位で文字記入したいので、変換係数に「0.000001」を入力します。

⑲ [接頭表記][接尾表記]は空白にする。
⑳ [OK]ボタンをクリックする。
㉑ [フィールド]ダイアログボックスに戻る。[OK]ボタンをクリックする。

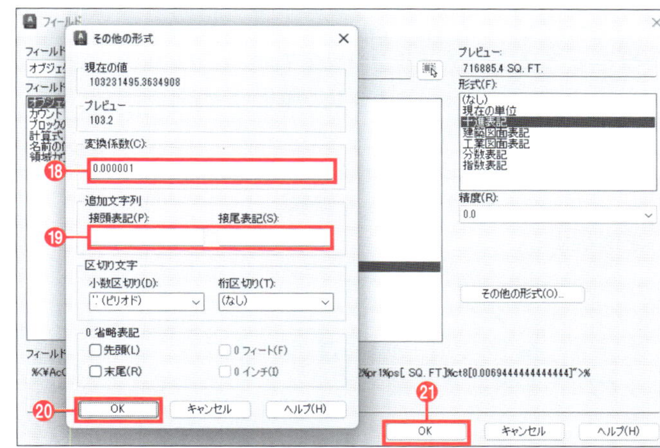

ポリラインの面積「103.2」が自動記入されます。

㉒ Enter キーを2回押す。1回目で改行し、2回目で[文字記入]コマンドを終了する。

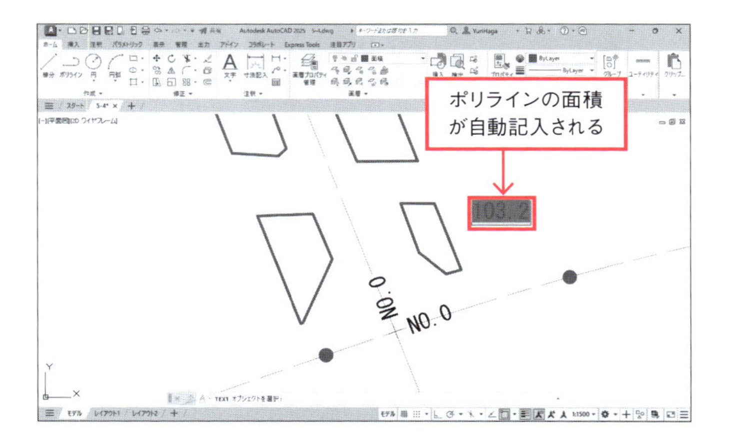

ほかのポリラインの面積は、この文字をコピーして内容を編集することで作成します。

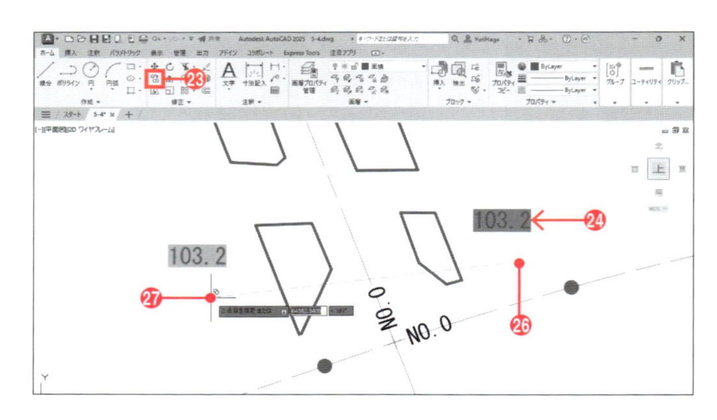

㉓［ホーム］タブ－［修正］－［複写］をクリックする。
㉔面積の文字をクリックして選択する。
㉕ Enter キーを押して選択を確定する。
㉖複写の基点として、文字の下の辺りをクリックする。
㉗複写先として、左側のポリラインの付近をクリックする。
㉘ Enter キーを押して［複写］コマンドを終了する。
㉙複写した文字をダブルクリックする。文字内容がハイライトされて編集できる状態になる。
㉚ハイライトされた文字を右クリックし、メニューから［フィールドを編集］を選択する。

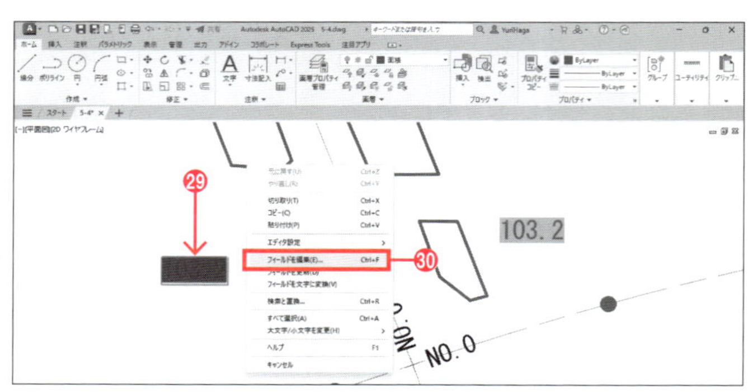

㉛［フィールド］ダイアログボックスが表示される。［オブジェクトを選択］ボタンをクリックする。

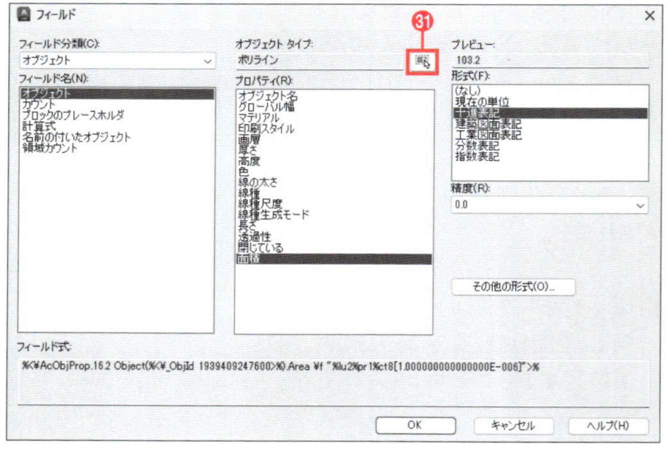

㉜図に示したポリラインをクリックして選択する。

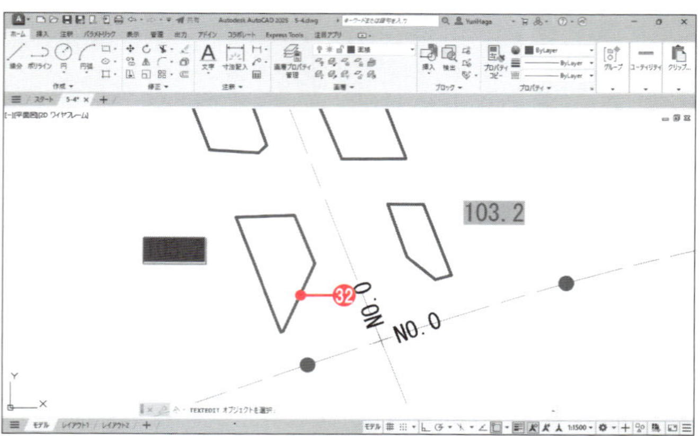

㉝ 再び[フィールド]ダイアログボックスが表示される。[プロパティ]から[面積]を選択する。
㉞ [その他の形式]ボタンをクリックする。

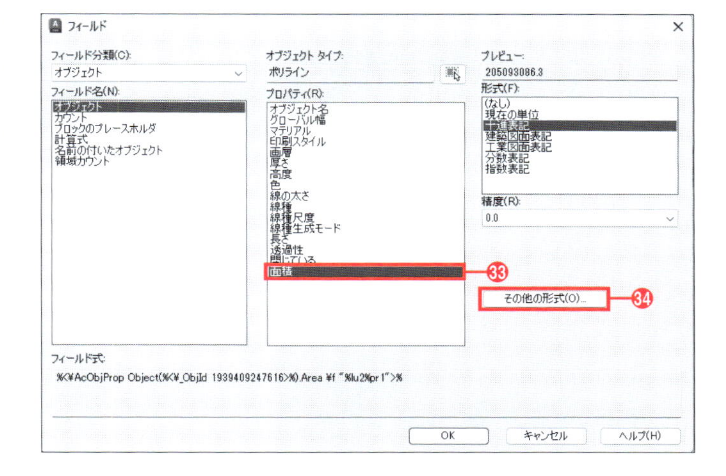

㉟ [その他の形式]ダイアログボックスが表示される。[変換係数]に「0.000001」と入力する。
㊱ [OK]ボタンをクリックする。
㊲ [フィールド]ダイアログボックスに戻る。[OK]ボタンをクリックする。

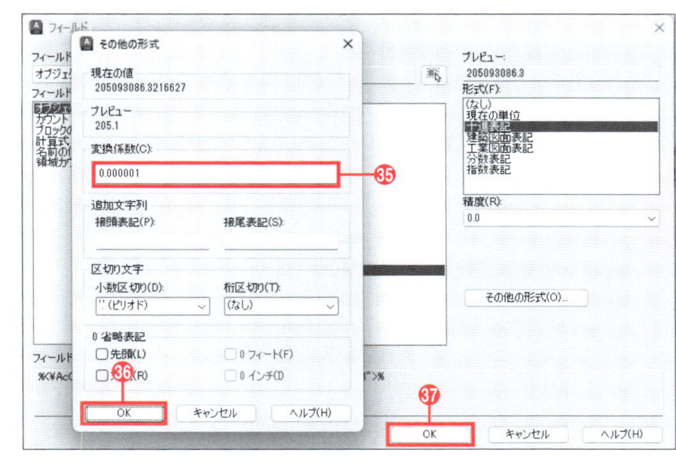

ポリラインの面積「205.1」が自動記入されます。

㊳ Enter キーを2回押す。1回目で文字の内容を確定し、2回目で[文字編集]コマンドを終了する。

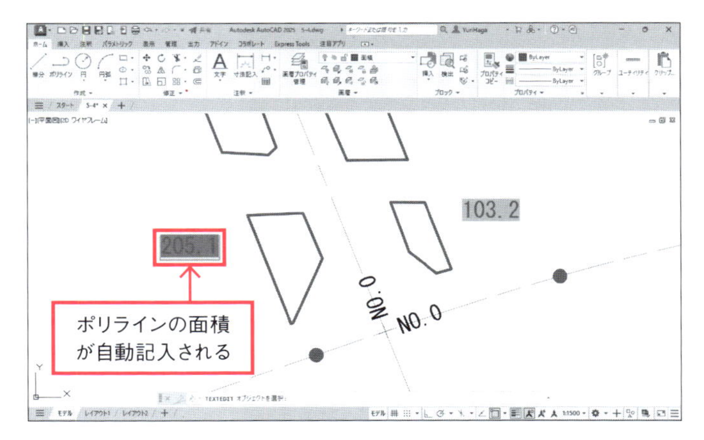

㊴ 手順㉓～㊳と同様にして、その他のポリラインにも面積を自動記入する。

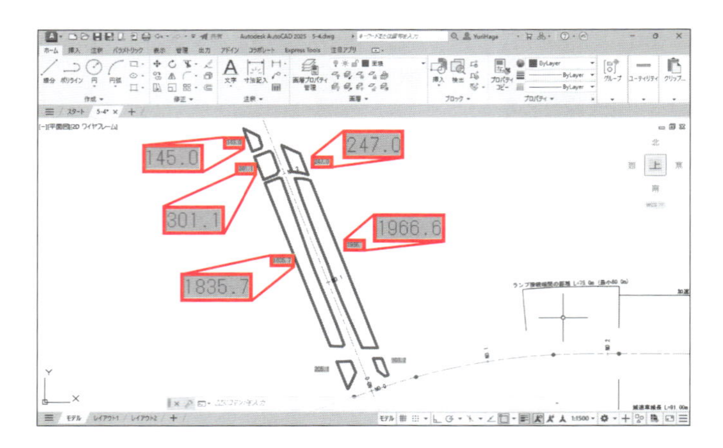

フィールドについて

フィールドを使うと、オブジェクトの情報を文字に自動記入することができます。また、情報が変更された（ポリラインの大きさなどが変わった）場合、フィールドを使用した文字内容も更新されます。フィールドを更新するには、ポリラインを変更した後に再作図を行います（再作図は、キーボードで「re」と入力し、Enterキーを押して実行できます）。
フィールドが使われている文字は背景がグレー表示になっています（左図）が、その背景は印刷されません。フィールドを解除したい場合は、文字をダブルクリックして文字内容を編集できる状態にし、右クリックしてメニューから［フィールドを文字に変換］を選択します（右図）。

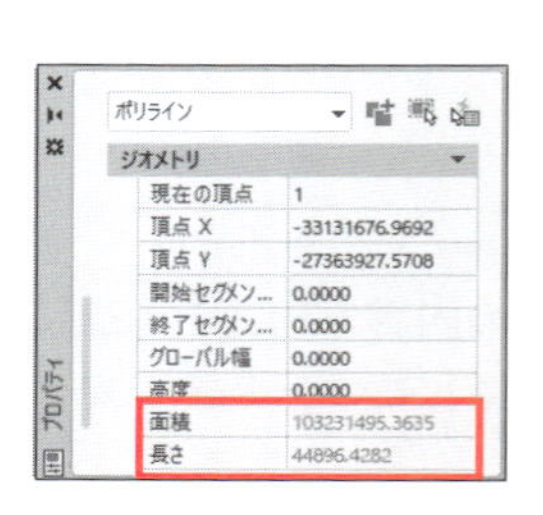

面積の測定について

文字記入するのではなく、面積の数値だけを確認する場合は、［プロパティ］パレット（右図）を使用します。
［プロパティ］パレットを表示するには、ポリラインをクリックして選択し、作図領域を右クリックしてメニューから［オブジェクトプロパティ管理］を選択します。
面積のほかに長さ（周長）も確認できます。

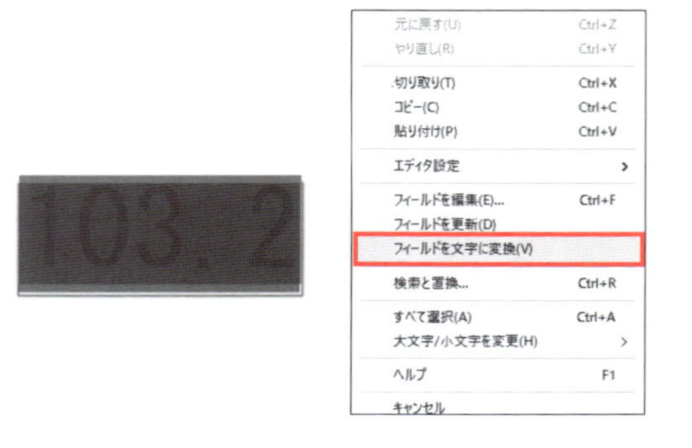

5-4-3 必要のない画層などを削除

[面積]画層のポリラインや文字は参考のために作成したものです。しばらく使用しないので、画層をフリーズします。

❶ 全体が見えるよう、図のように表示する。
❷ 現在画層を[0]にする。

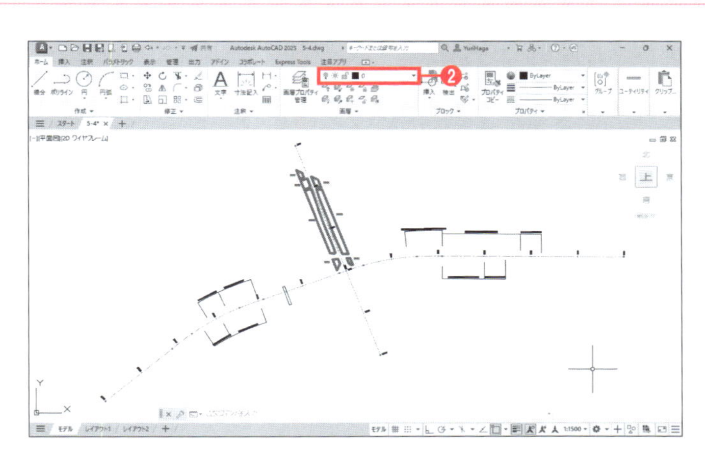

❸ [ホーム]タブー[画層]ー[画層]プルダウンメニューをクリックする。
❹ [面積]画層の☀マークをクリックする。

マークが❄に変わり、[面積]画層が非表示になります。

❺ 作図領域をクリックする。[画層]プルダウンメニューが閉じる。

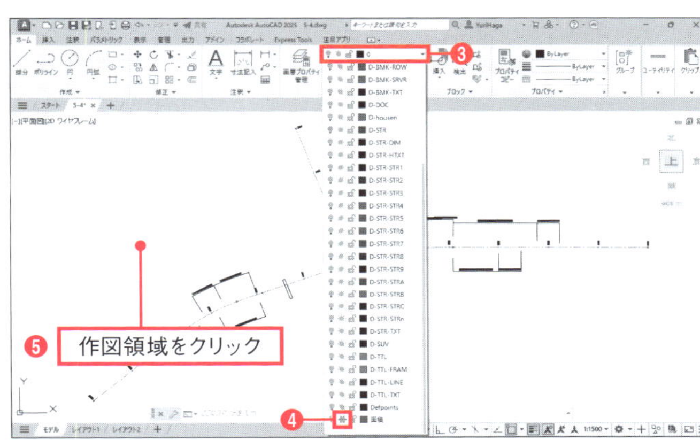

画層のフリーズとは

画層のフリーズは、見た目は画層の非表示と変わりませんが、AutoCADでの処理方法が違います。フリーズした画層は、AutoCAD内部のさまざまな計算の対象から外れるので、AutoCADの動作が軽くなるという利点があります。しばらく使用しない画層はフリーズにしてください。ただし、現在画層はフリーズできないので注意してください。

図面ファイルのサイズを小さくするために、必要のない画層などを削除します。

❻ [ホーム]タブー[画層]ー[全画層表示]をクリックする。

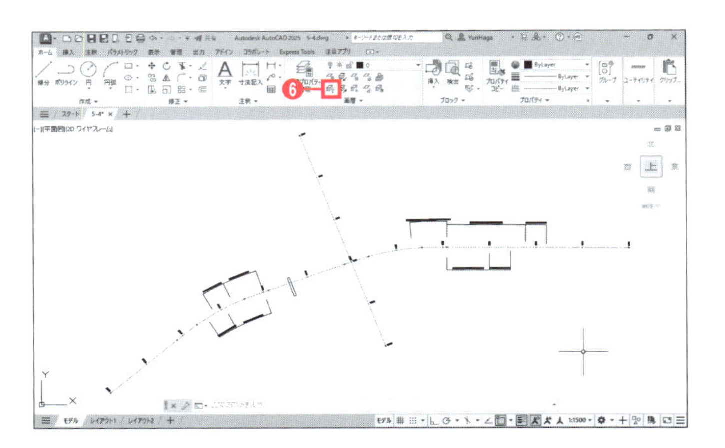

非表示にしていた画層がすべて表示されます（フリーズは解除されないので、[面積]画層は表示されません）。

❼ [管理]タブー[クリーンアップ]ー[名前削除] をクリックする。

❽ [名前削除]ダイアログボックスが表示される。[画層]の⊞マークをクリックすると、削除される画層の一覧を確認できる。

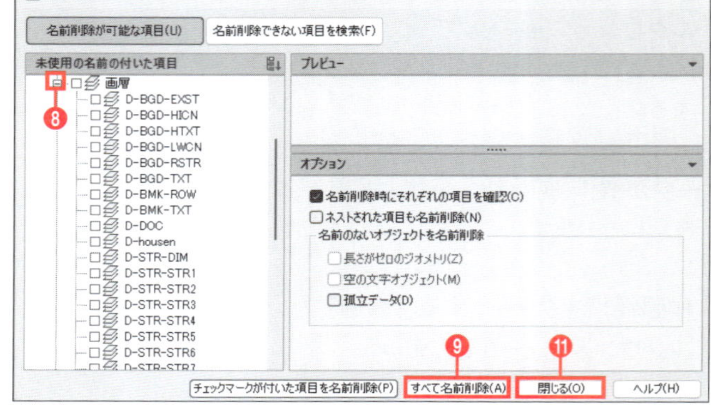

画層以外にも使用していないデータがいろいろあるので、すべて削除します。

❾ [すべて名前削除]ボタンをクリックする。

❿ [名前削除ー名前削除の確認]ダイアログボックスが表示される。[チェックマークを付けたすべての項目を名前削除]をクリックする。

⓫ [名前削除]ダイアログボックスに戻る。[閉じる]ボタンをクリックする。

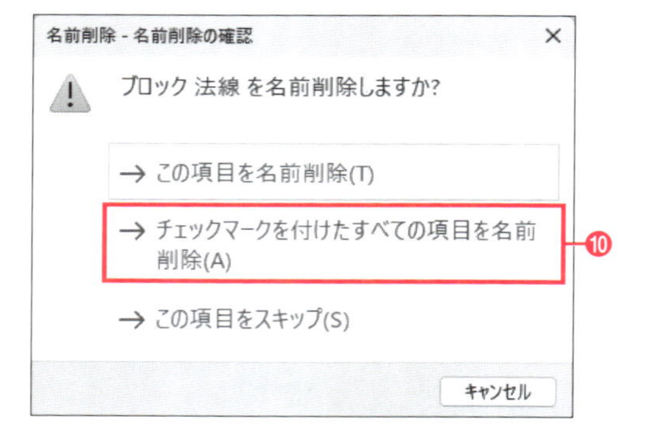

⓬ [ホーム]タブー[画層]ー[画層]プルダウンメニューをクリックする。使用していない画層が削除されたことを確認する。

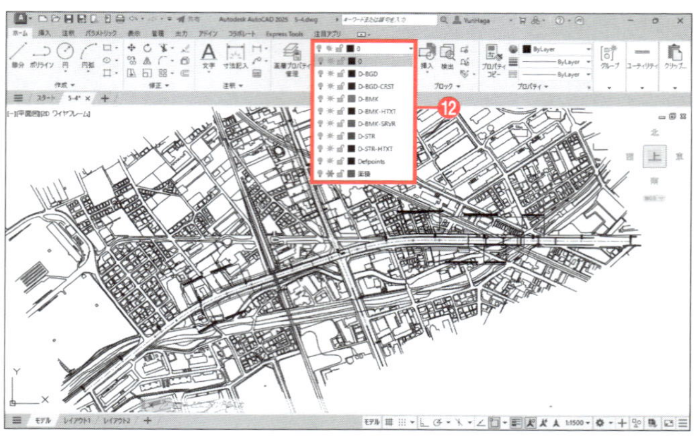

6章

平面縦断図の作図

この章では、立体交差道路の平面縦断図を作成します。平面縦断図は平面図と縦断図を同じ図面に配置したもので、設計検討などに使用します。まず縦断図と標準横断図を作図し、その後、5章の平面図と組み合わせて、平面縦断図を完成させます。ここでは縦断図の計画線や帯の文字の書き方、既存の図の利用方法、他ファイルを「外部参照」としてリンクする方法を説明します。また、最後に図面の比較を行い、齟齬があった場合の修正方法を紹介します。

この章のポイント

- ●縦断計画線の書き方（尺度変更）
- ●縦横比の違う図の書き方
（ブロック登録とブロック挿入）
- ●延長
- ●グリッド線の作図（ハッチング）
- ●縦断図の帯の文字の記入（スクリプト）
- ●縦断曲線の寸法の設定（寸法スタイル）
- ●横断図の作図と修正（ストレッチ）
- ●寸法の修正
- ●外部参照の作成と修正
- ●モデル空間とペーパー空間の考え方
- ●ビューポートの作成
- ●ビューポートの尺度設定
- ●ビューポートの回転
- ●ビューポートの位置合わせ
- ●マルチテキストの作成
- ●レイアウトをモデルに変換
- ●図面の比較と修正

この章で作図する図面

平面縦断図を作成します。平面図、縦断図の縮尺は1:1500、標準横断図は1:500です。これらを同一図面内に配置するために、「外部参照」と「レイアウト」を使用します。

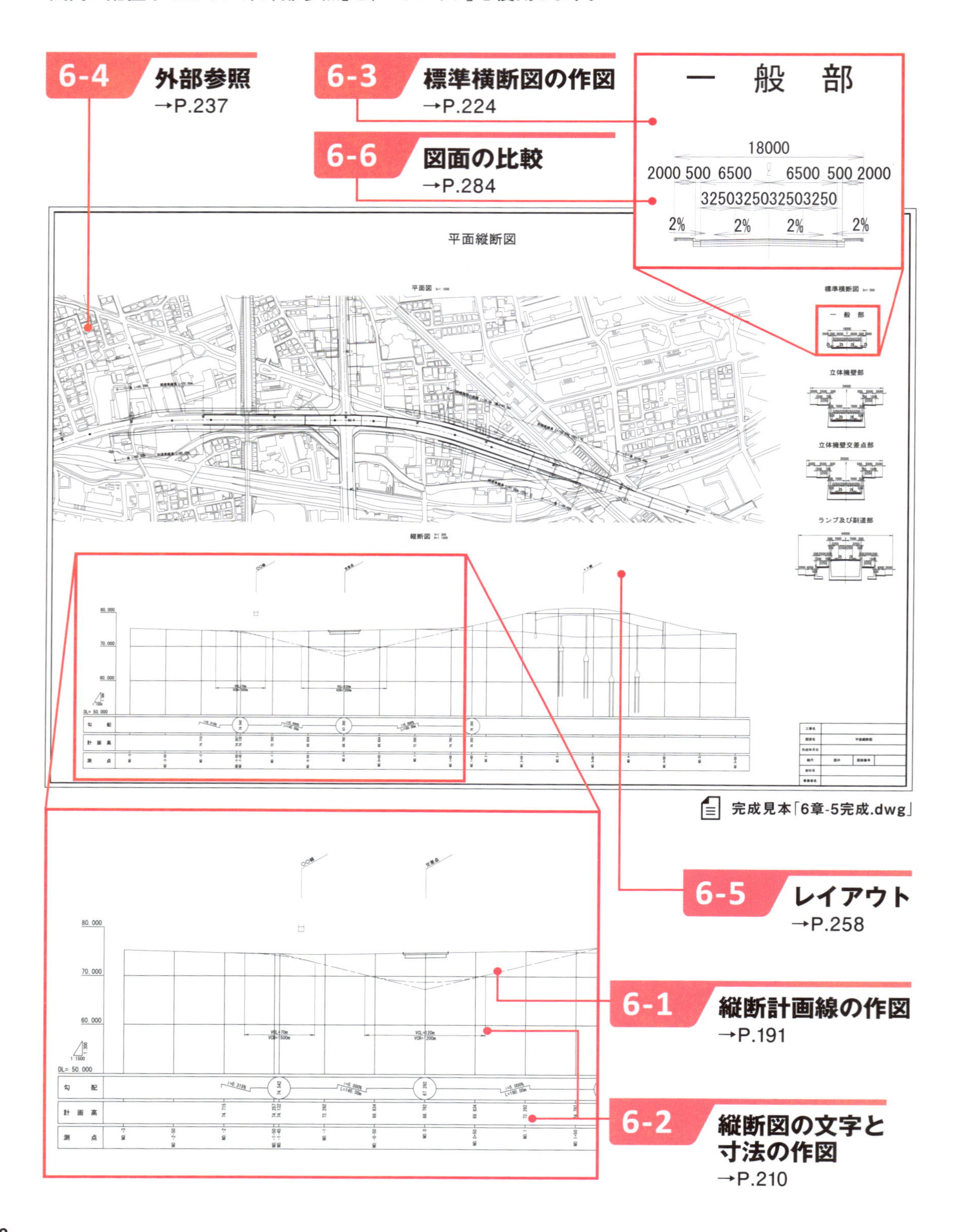

完成見本「6章-5完成.dwg」

6-1 縦断計画線の作図

練習用ファイル「6-1.dwg」

練習用ファイル「6-1.dwg」を開き、縦断図を作図します。あらかじめ作図されている測点や勾配などに基づいて縦断計画線を書き、高架部を作図します。さらにグリッド線を作図します。

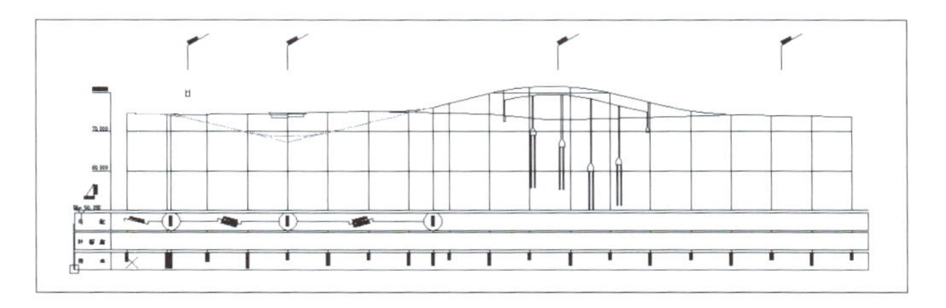

6-1-1 縦断計画線の作図（1）

縦断計画線の直線部分を図のように書きます。

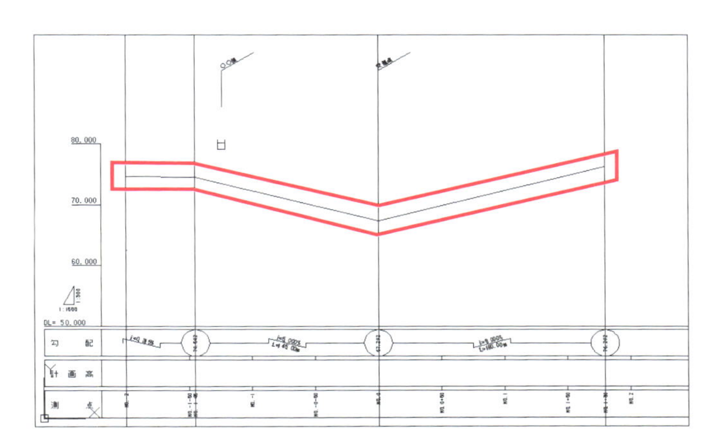

❶ 練習用ファイル「6-1.dwg」を開く。

❷ ステータスバーは［オブジェクトスナップ］をオンにする。

❸ 図に示した辺りを拡大表示する。

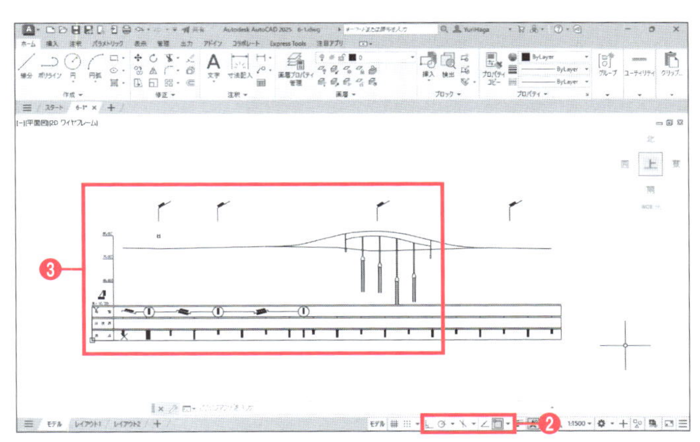

作図に必要な測点に補助線を書きます。

❹［ホーム］タブ－［作成］－［構築線］をクリックする。

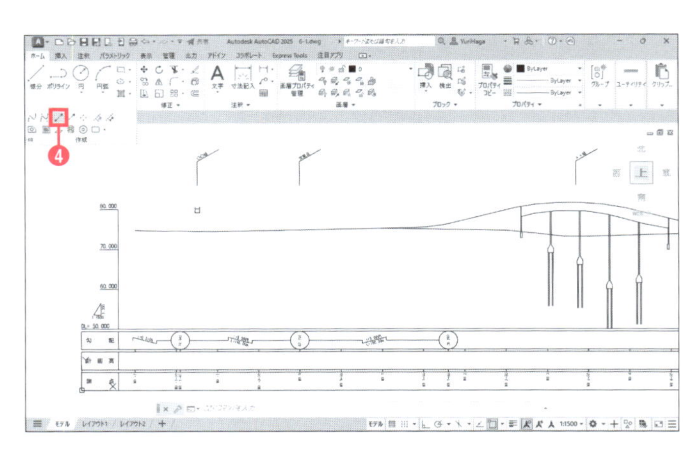

❺ ツールチップに「点を指定」と表示される。作図領域を右クリックして、メニューから［垂直］を選択する。

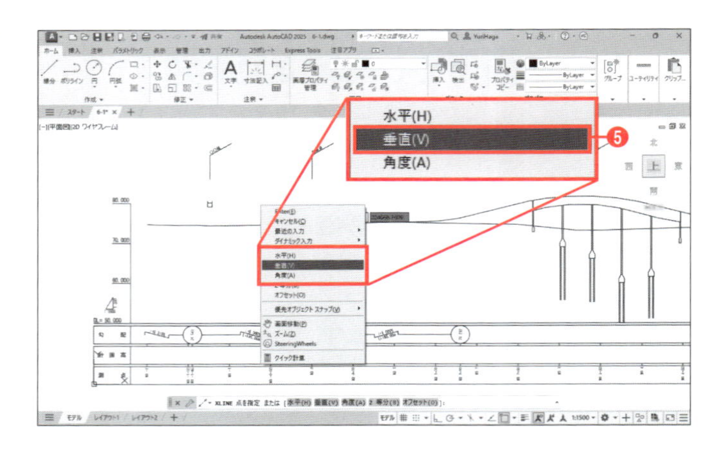

❻ NO.−2、NO.−1−45、NO.0、NO.1+80の線分の端点をクリックする。

❼ Enter キーを押して［構築線］コマンドを終了する。

垂直の構築線が4本作成されます。

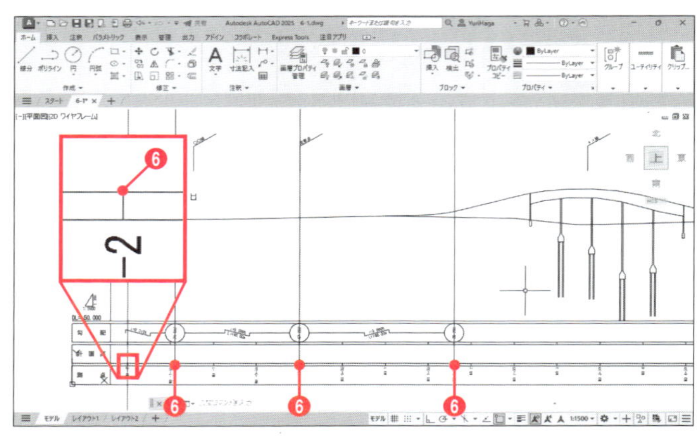

NO.−2の高さ（地形と同じ高さ）を補助円で作図します。

❽［ホーム］タブ−［作成］−［中心、半径］をクリックする。

❾ ツールチップに「円の中心点を指定」と表示される。DL=50の線とNO.−2の補助線の交点をクリックする。

❿ 地形の端点をクリックする。

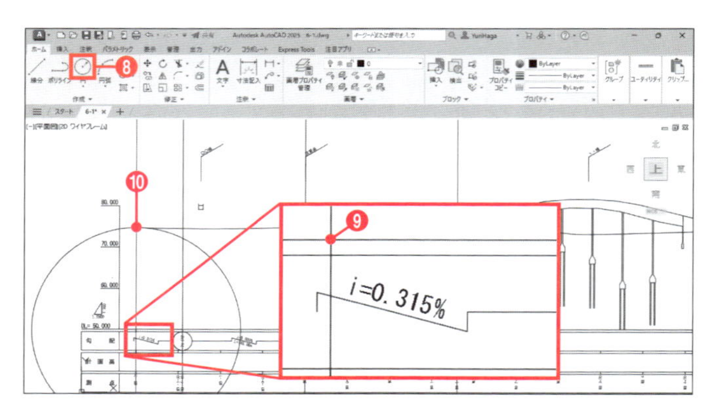

地形の高さを半径とする円が作成されます。

⓫［ホーム］タブ−［画層］−［非表示］をクリックする。

⓬ 地形をクリックして選択する。

⓭ Enter キーを押して［非表示］コマンドを終了する。

［D-BGD］画層が非表示になります。

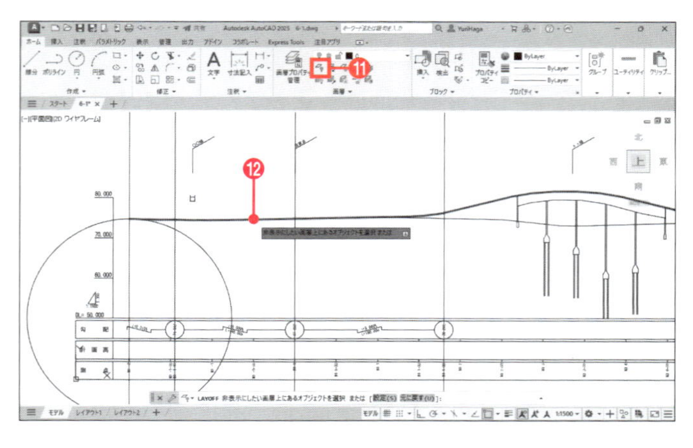

NO.−1−45の高さ74.542を補助円で作図します。

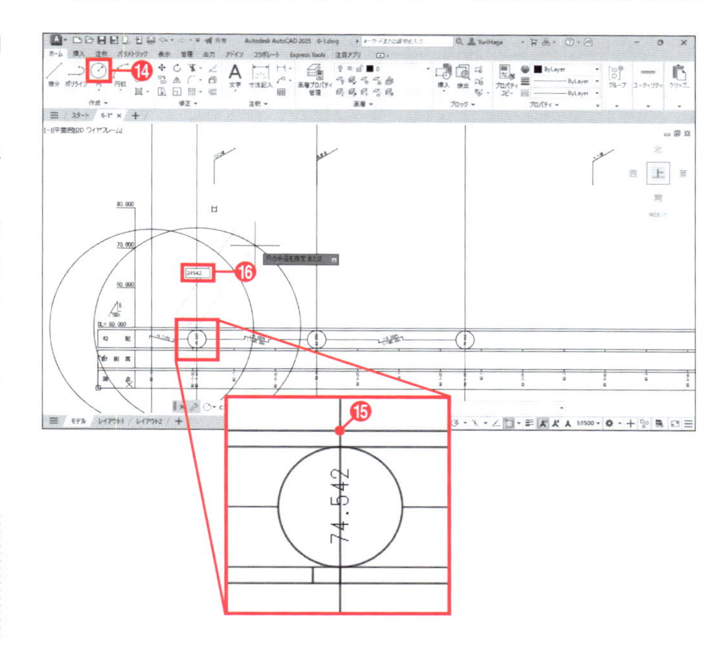

⑭［ホーム］タブ−［作成］−［中心、半径］をクリックする。
⑮ツールチップに「円の中心点を指定」と表示される。DL=50の線とNO.−1−45の補助線の交点をクリックする。
⑯キーボードから「**24542**」と入力し、Enterキーを押す。

補助円が作図されます。

DL=50なので、計画の高さ74.542を示す補助円の大きさは、
74542−50000=24542
となります。

縦断図の縮尺は横が1:1500、縦が1:300なので、補助円の大きさを5倍します。

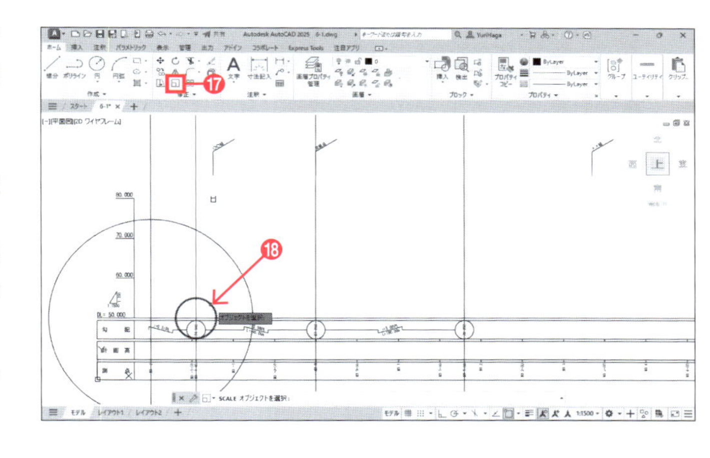

⑰［ホーム］タブ−［修正］−［尺度変更］をクリックする。
⑱ツールチップに「オブジェクトを選択」と表示される。手順⑭〜⑯で作成した円をクリックして選択する。
⑲Enterキーを押して選択を確定する。

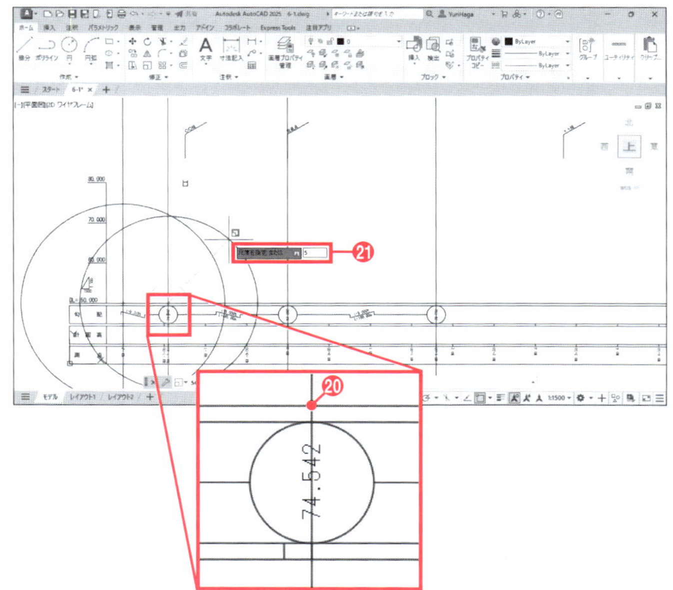

⑳ツールチップに「基点を指定」と表示される。選択されている円の中心をクリックする。
㉑ツールチップに「尺度を指定」と表示される。キーボードから「**5**」と入力して、Enterキーを押す。

補助円の大きさが5倍になります。

㉒ 手順⑭～㉑と同様にして、NO.0、NO.1+80の位置に次の補助円を作図し、大きさを5倍する。
NO.0 ………… 半径 17292
NO.1+80…… 半径 26292

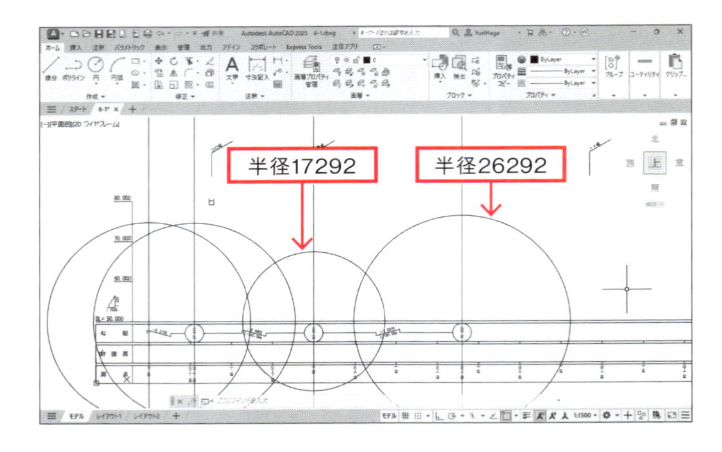

補助線と補助円の交点を結んで、縦断計画線の直線部分を作図します。

㉓ [ホーム]タブ－[作成]－[線分]をクリックする。
㉔ 補助線と補助円の交点Ⓐ→Ⓑ→Ⓒ→Ⓓを順にクリックする。
㉕ Enter キーを押して[線分]コマンドを終了する。

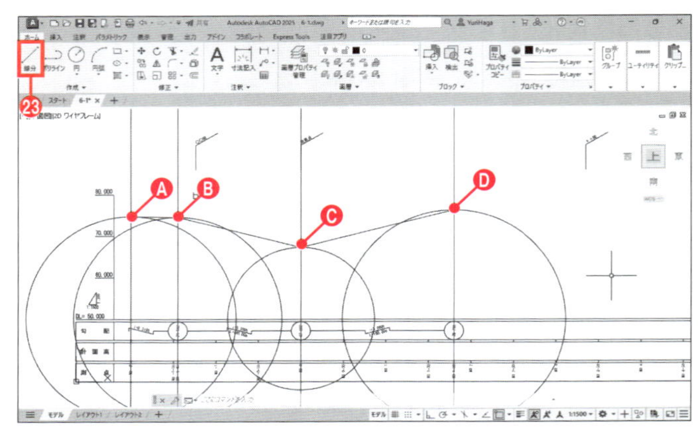

㉖ 補助円4つをクリックして選択する。
㉗ Delete キーを押して削除する。

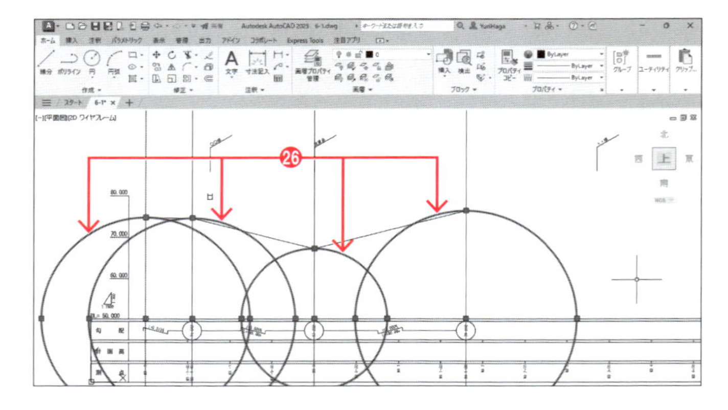

縦断計画線の直線部分が作図されます。

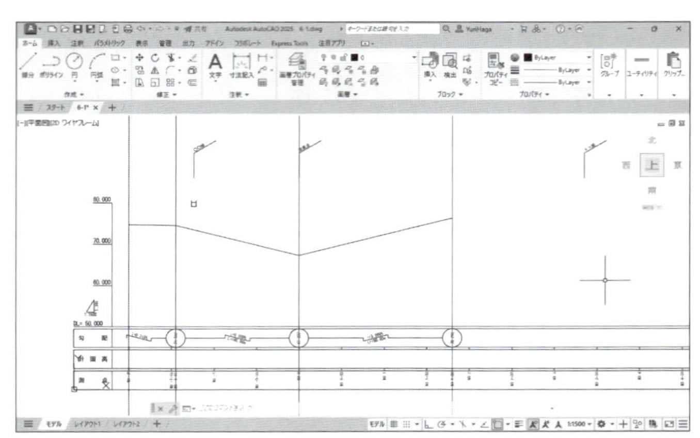

6-1-2 縦断計画線の作図（2）

縦断計画線の曲線部分を図のように作図します。AutoCADでは放物線を書くことはできないので、円弧で代用します。

この項の手順❸と手順⓫で入力する35000と24132は、縦断曲線の変化点（NO.−1−45）の縦断曲線長（VCL）70mと計画高74.132を参照しています。

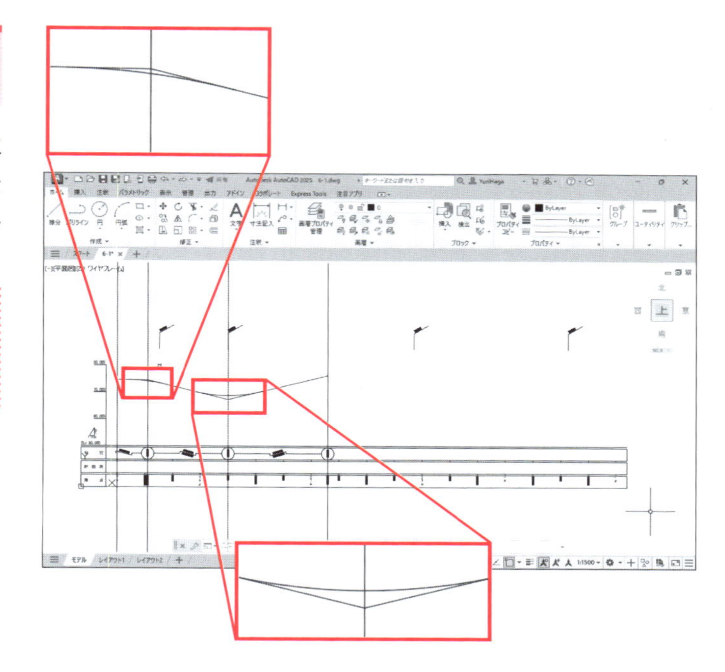

❶ NO.−1−45の辺りを図のように表示する。

❷ ［ホーム］タブ−［修正］−［オフセット］をクリックする。

❸ ツールチップに「オフセット距離を指定」と表示される。キーボードから「**35000**」と入力し、Enterキーを押す。

❹ ツールチップに「オフセットするオブジェクトを選択」と表示される。NO.−1−45の補助線を選択する。

❺ ツールチップに「オフセットする側の点を指定」と表示される。補助線の左側をクリックする。

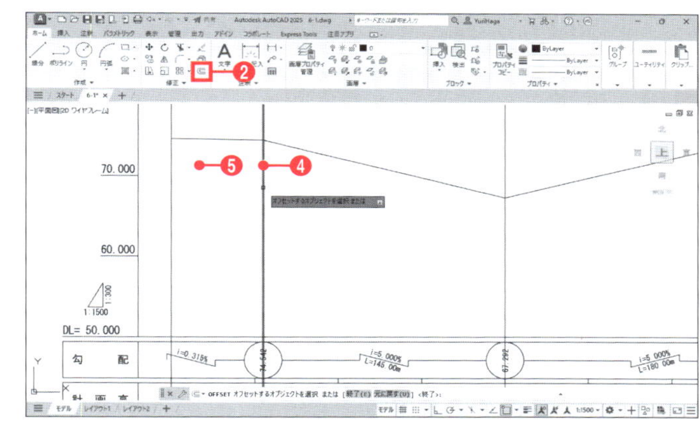

補助線が左側にオフセットされます。

❻ ツールチップに「オフセットするオブジェクトを選択」と表示される。NO.−1−45の補助線を選択する。

❼ ツールチップに「オフセットする側の点を指定」と表示される。補助線の右側をクリックする。

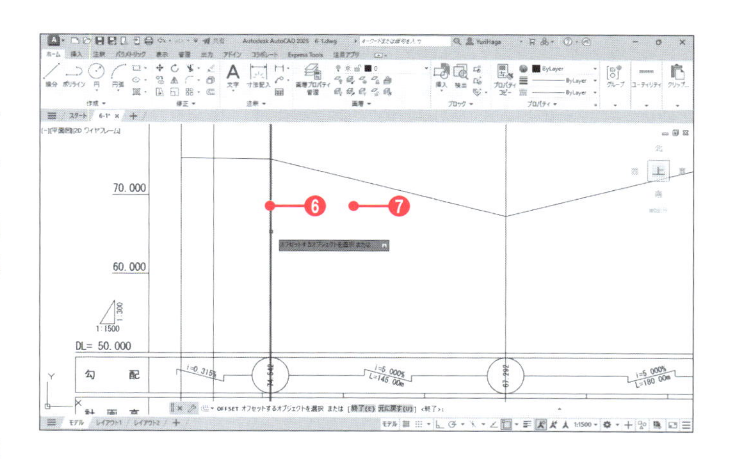

補助線が右側にオフセットされます。

❽ Enterキーを押して［オフセット］コマンドを終了する。

NO.−1−45の補助線をはさんで、左右35000の位置に2本の補助線を作図できました。続けてNO.−1−45の高さ74.132を補助円で作図します。

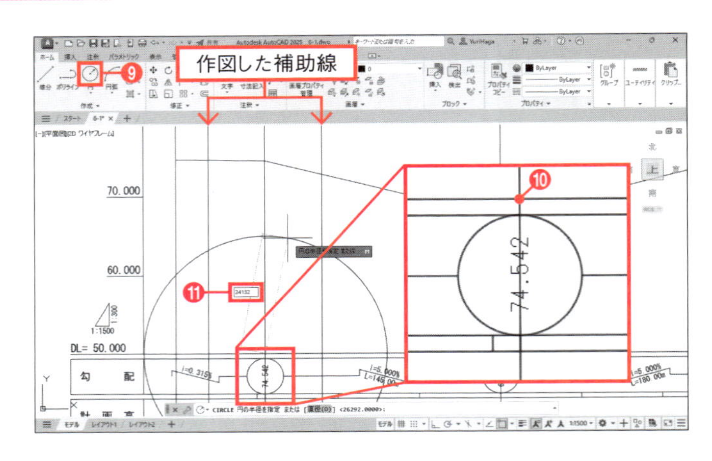

❾［ホーム］タブ−［作成］−［中心、半径］をクリックする。
❿ツールチップに「円の中心点を指定」と表示される。DL=50の線とNO.−1−45の補助線の交点をクリックする。
⓫キーボードから「24132」と入力し、Enterキーを押す。

補助円が作図されます。

DL=50なので、計画の高さ74.132を示す補助円の大きさは、
74132−50000=24132
となります。

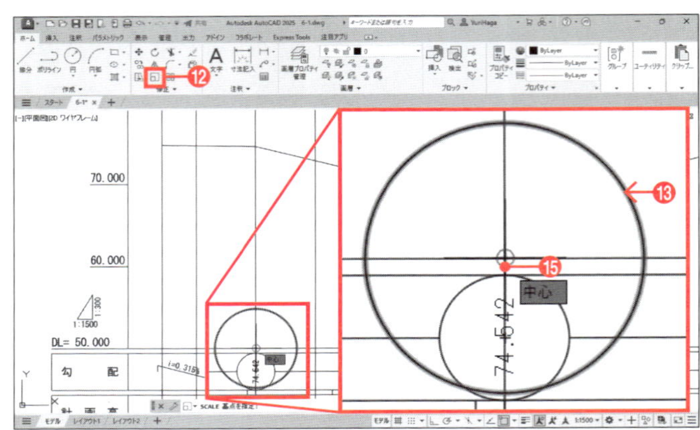

⓬［ホーム］タブ−［修正］−［尺度変更］をクリックする。
⓭ツールチップに「オブジェクトを選択」と表示される。手順❾〜⓫で作図した補助円をクリックして選択する。
⓮Enterキーを押して選択を確定する。
⓯ツールチップに「基点を指定」と表示される。選択している補助円の中心をクリックする。
⓰ツールチップに「尺度を指定」と表示される。キーボードから「5」と入力して、Enterキーを押す。

補助円の大きさが5倍になります。

補助線と補助円の交点を結んで、円弧を作成します。

⓱［ホーム］タブ−［作成］−［3点］をクリックする。
⓲交点E→F→Gを順にクリックする。

E、F、Gの3点を結ぶ円弧が作成されます。

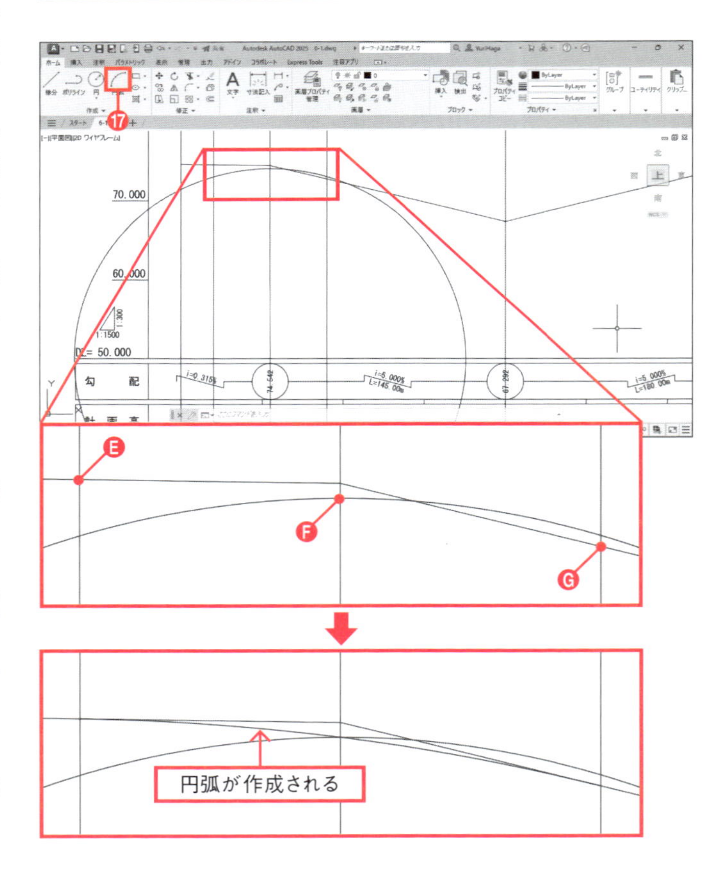

⑲ 補助線2本と補助円をクリックして選択する。

⑳ Delete キーを押して削除する。

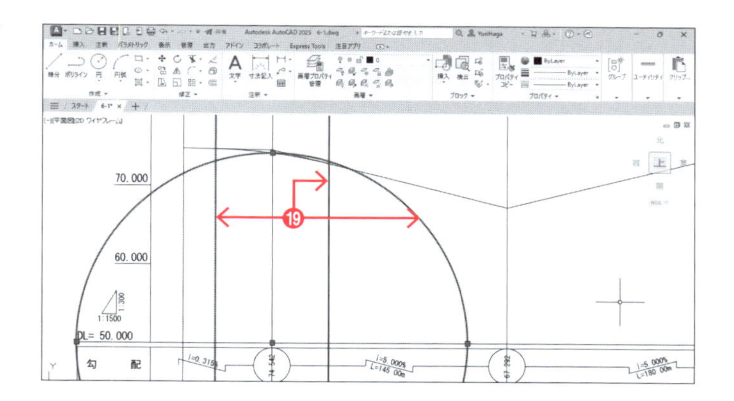

㉑ 手順❶～⑳と同様にして、NO.0の曲線部分を作図する。補助線のオフセット距離は「60000」、補助円の半径は「18792」とする。

60000と18792は、縦断曲線の変化点(NO.0)の縦断曲線長(VCL)120mと計画高68.792を参照しています。

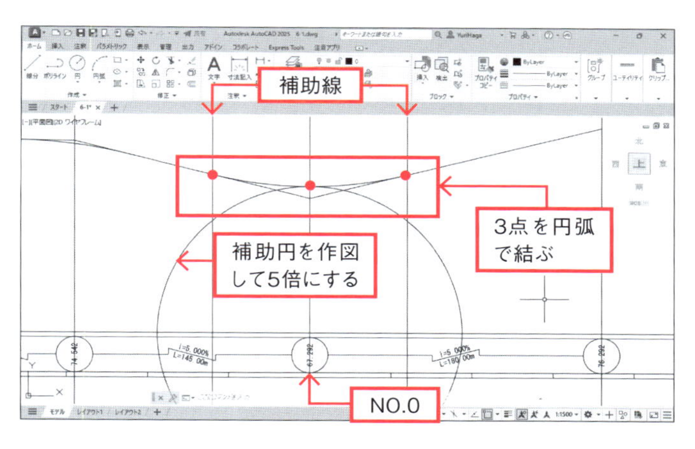

ここまでの手順では、縦断計画線を仮として0画層に書いています。これを[D-BMK]画層に変更します。

㉒ 前項とこの項で作図した縦断計画線がすべて見えるよう、図のように表示する。

㉓ 縦断計画線の直線と円弧を窓選択する(Ⓐ、Ⓑの順でクリックする)。

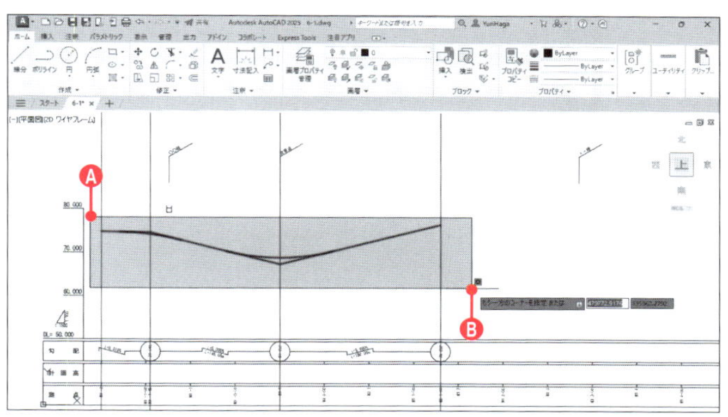

㉔ [ホーム]タブ－[画層]－[画層]プルダウンメニューをクリックする。

㉕ [D-BMK]をクリックする。

㉖ Esc キーを押して選択を解除する。

縦断計画線が[D-BMK]画層に変更されます。

オブジェクトを選択した状態で[ホーム]タブ－[画層]－[画層]プルダウンメニューから画層を選択すると、現在画層の変更ではなく、オブジェクトの画層の変更になります。

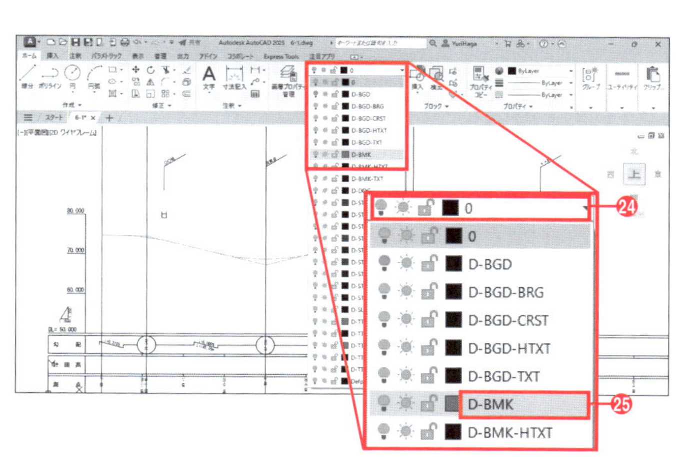

6-1

縦断計画線の作図

6-1-3 高架部の作図（1）

立体交差する高架部を作図します。まず通常の大きさで作図し、縦方向のみ5倍します。AutoCADで縦方向のみの尺度変更を行うには、その図形をブロックにする必要があります（ブロックについてはP.88を参照）。

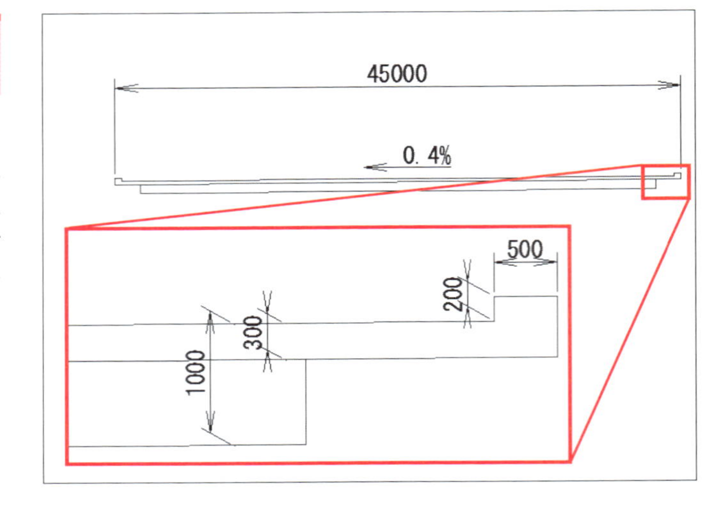

❶［ホーム］タブー［画層］ー［全画層表示］をクリックする。

［D-BGD］画層が表示されます。

❷図に示した辺り（NO.0の地形の辺り）を拡大表示する。

❸現在画層を［D-STR-STR1］に変更する。

❹［ホーム］タブー［修正］ー［オフセット］をクリックする。

❺ツールチップに「オフセット距離を指定」と表示される。作図領域を右クリックして、メニューから［画層］を選択する。

［オフセット］コマンドの［画層］オプションを使うと、元のオブジェクトと同じ画層ではなく、現在の画層にオフセットしたオブジェクトを作成できます。

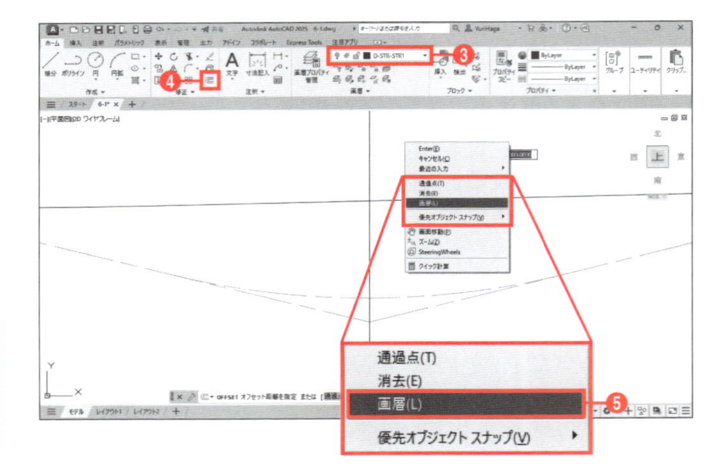

❻［現在の画層］を選択する。

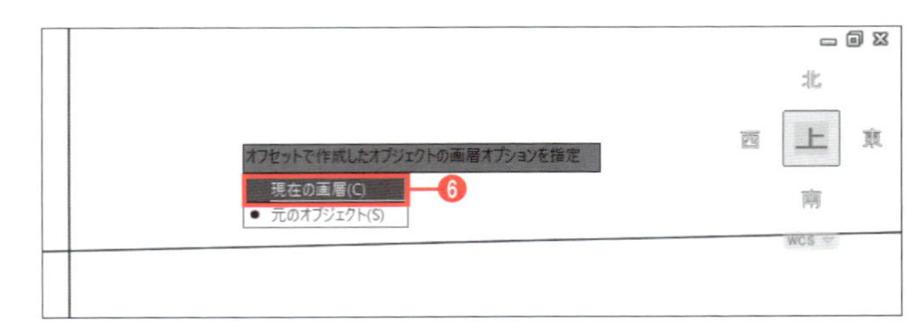

❼ ツールチップに「オフセット距離を指定」と表示される。キーボードから「22500」と入力し、Enterキーを押す。
❽ ツールチップに「オフセットするオブジェクトを選択」と表示される。NO.0の補助線を選択する。
❾ ツールチップに「オフセットする側の点を指定」と表示される。補助線の左側をクリックする。

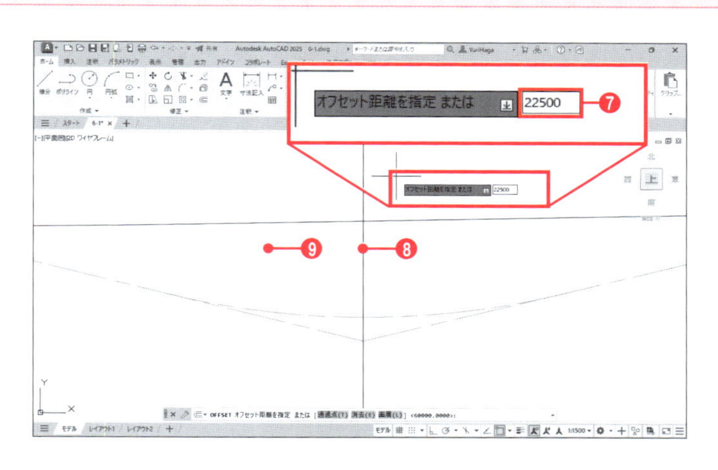

補助線が左側にオフセットされます。

❿ ツールチップに「オフセットするオブジェクトを選択」と表示される。NO.0の補助線を選択する。
⓫ ツールチップに「オフセットする側の点を指定」と表示される。補助線の右側をクリックする。

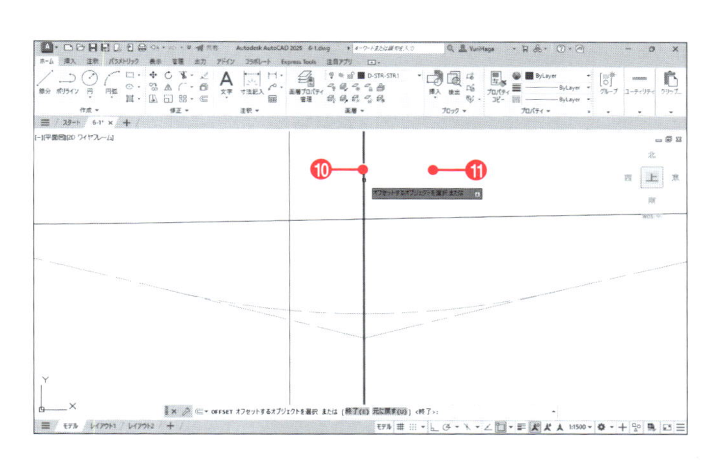

補助線が右側にオフセットされます。

⓬ Enterキーを押して［オフセット］コマンドを終了する。

NO.0の補助線をはさんで、左右22500の位置に2本の補助線を作図できました。続けて地形の高さを基準に、高架部を作図するための線を0.4%の勾配で書きます。

⓭［ホーム］タブ－［作成］－［線分］をクリックする。
⓮ NO.0の補助線と地形の交点をクリックする。
⓯ キーボードから「10000,40」と入力し、Enterキーを押す。
⓰ Enterキーを押して［線分］コマンドを終了する。

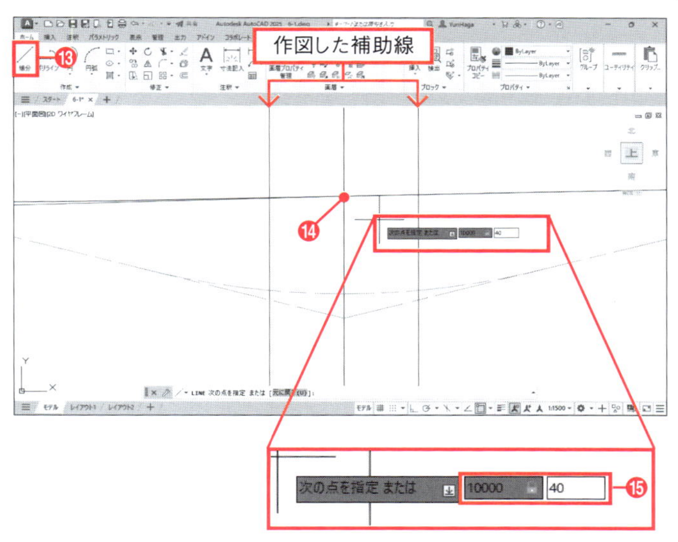

地形の線に重なって勾配0.4%の線分が作成されます。

勾配のある線を書くには相対座標を使用します。

以降の操作が行いやすいように、地形の線を非表示にします。

⑰［ホーム］タブ－［画層］－［非表示］をクリックする。
⑱地形をクリックして選択する。
⑲ Enter キーを押して［非表示］コマンドを終了する。

地形の線に隠れていた勾配0.4%の線分が表示されます。この線分を補助線まで延長します。

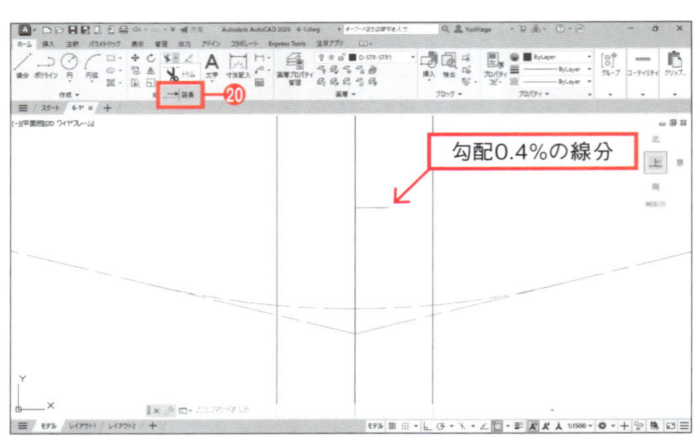

⑳［ホーム］タブ－［修正］－［延長］をクリックする。

［トリム］の右横のをクリックして［延長］を選択してください。

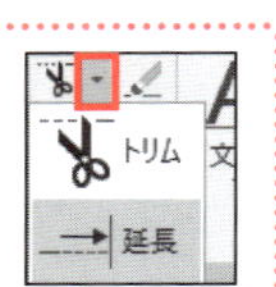

「延長するオブジェクトを選択」と表示された場合には、P.154の手順㉒～㉔を参照し、［クイック］モードから［標準］モードに変更してください。

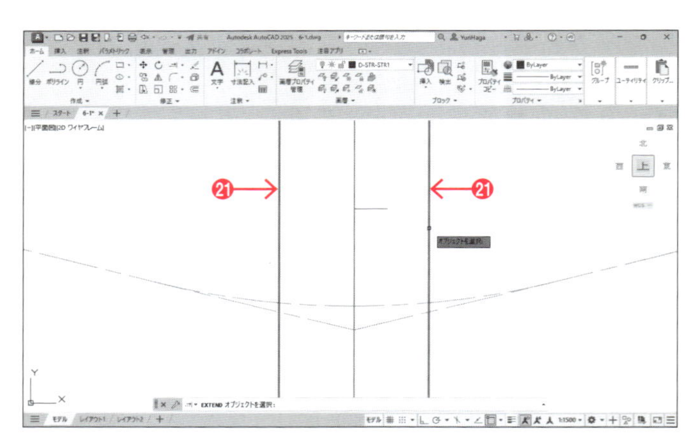

㉑ツールチップに「オブジェクトを選択」と表示される。図に示した2本の補助線をクリックして選択する。
㉒ Enter キーを押して選択を確定する。

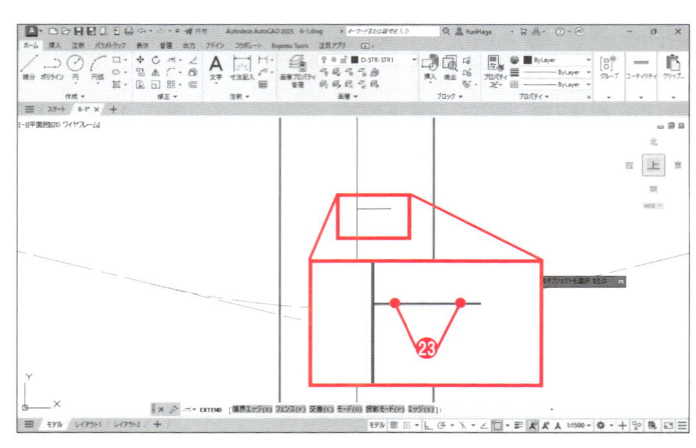

㉓ツールチップに「延長するオブジェクトを選択」と表示される。勾配0.4%の線分の両端付近をそれぞれクリックして選択する。
㉔ Enter キーを押して［延長］コマンドを終了する。

左右の補助線まで勾配0.4%の線分が延長されます。

高架部の作図に必要な線分を、[複写]コマンドと[オフセット]コマンドで作成します。勾配のある舗装部分は、オフセットして作成すると微妙に幅が違う結果になるので、複写して作成します。

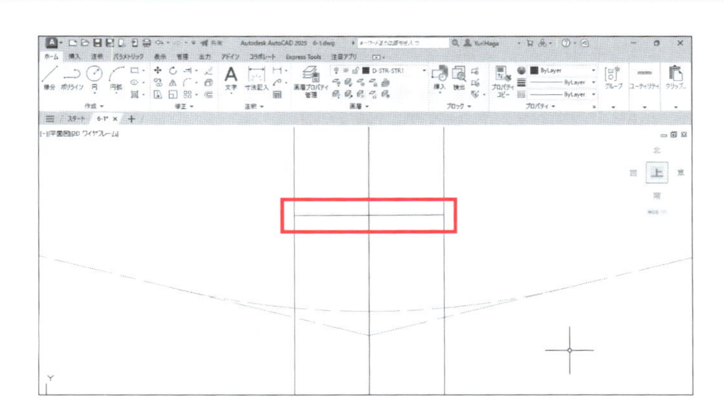

㉕ ステータスバーの[直交モード]をクリックしてオンにする。
㉖ [ホーム]タブ－[修正]－[複写]をクリックする。
㉗ 延長した線分をクリックして選択する。
㉘ Enter キーを押して選択を確定する。

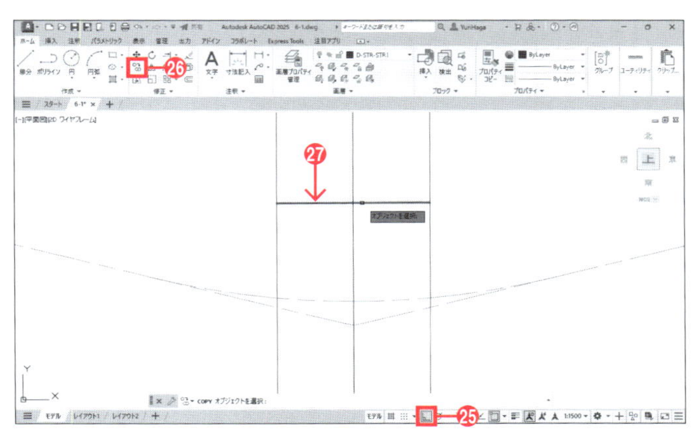

㉙ 任意の点をクリックする。
㉚ カーソルを下方向に動かす。
㉛ キーボードから「300」と入力し、Enter キーを押す。

手順㉗で選択した線分が300下に複写されます。

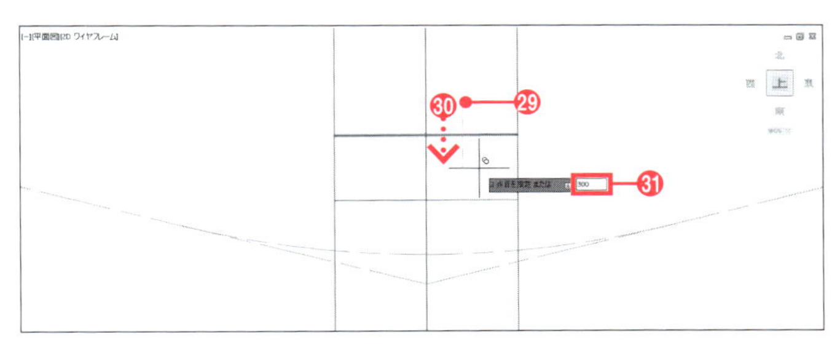

㉜ キーボードから「1000」と入力し、Enter キーを押す。

手順㉗で選択した線分が1000下に複写されます。

㉝ Enter キーを押して[複写]コマンドを終了する。
㉞ 図に示した辺りを拡大表示する。

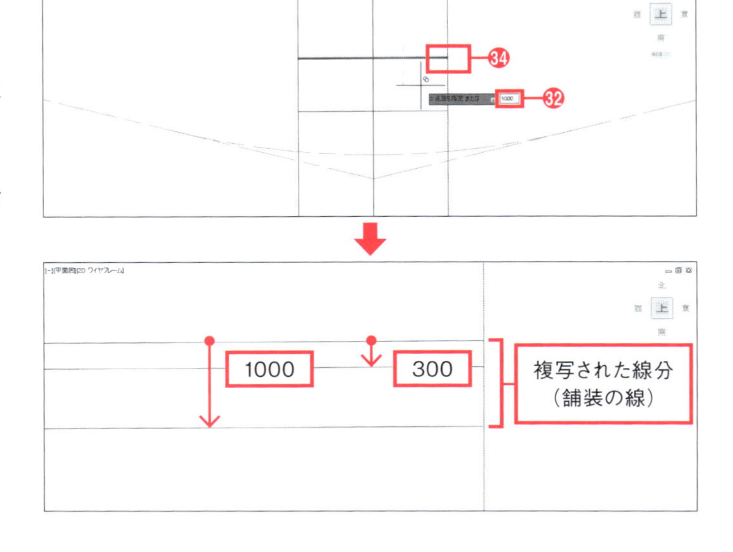

㉟［ホーム］タブー［修正］ー［オフセット］をクリックし、P.199の手順❼～❾と同様にして、右側の補助線から500、2000離れた位置にそれぞれ補助線を作図する。

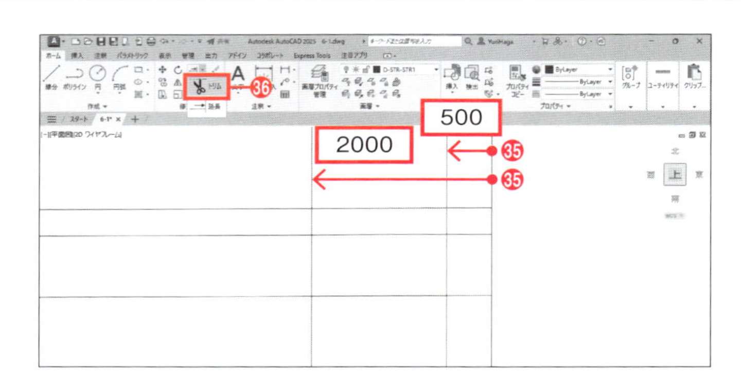

補助線の不要な部分をトリミングします。

㊱［ホーム］タブー［修正］ー［トリム］をクリックする。

㊲ツールチップに「オブジェクトを選択」と表示される。図に示した線分2本と補助線をクリックして選択する。

㊳Enterキーを押して選択を確定する。

㊴ツールチップに「トリムするオブジェクトを選択」と表示される。削除する部分を3カ所クリックして選択する。

㊵Enterキーを押して［トリム］コマンドを終了する。

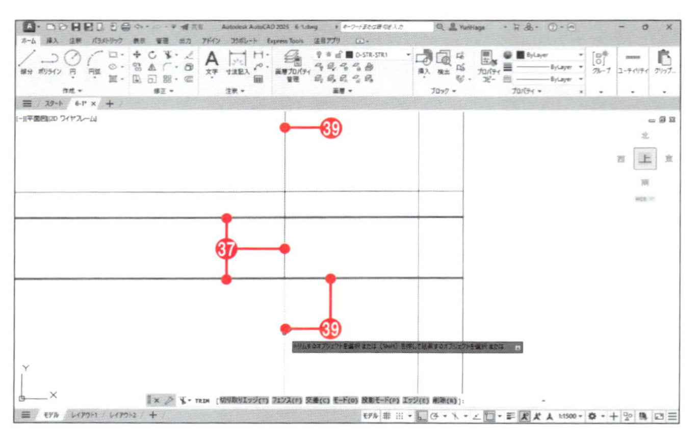

線分と補助線が図のようにトリミングされます。

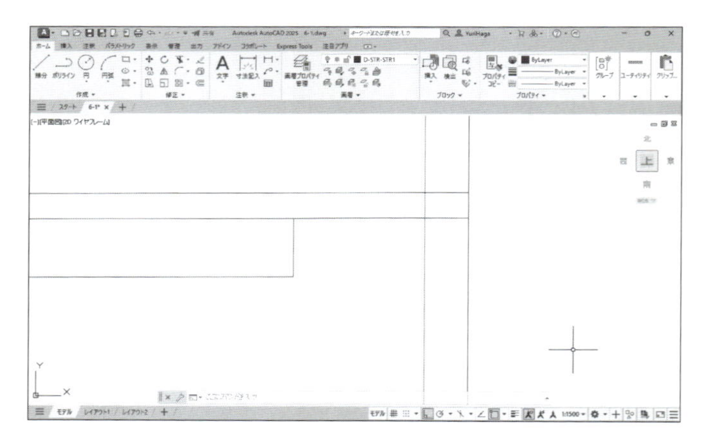

高欄部分となる3本の線分を、［線分］コマンドで続けて作成します。

㊶［ホーム］タブー［作成］ー［線分］をクリックする。

㊷図の補助線と線分の交点をクリックする。

㊸カーソルを上方向に動かす。

㊹キーボードから「200」と入力し、Enterキーを押す。

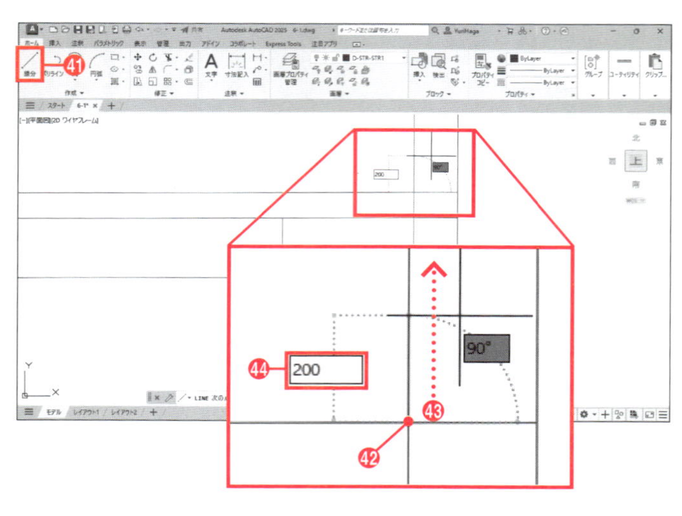

45 カーソルを右方向に動かす。

46 キーボードから「**500**」と入力し、Enter キーを押す。

47 図に示した線分の端点をクリックする。

48 Enter キーを押して[線分]コマンドを終了する。

補助線に重なっているのでわかりにくいですが、ここでは次のような線分を書いています。

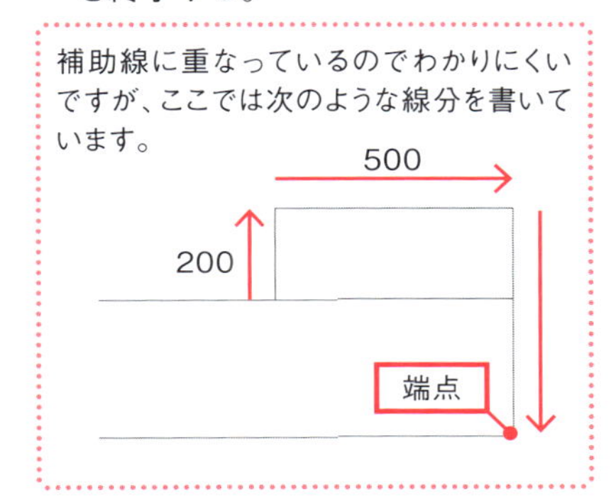

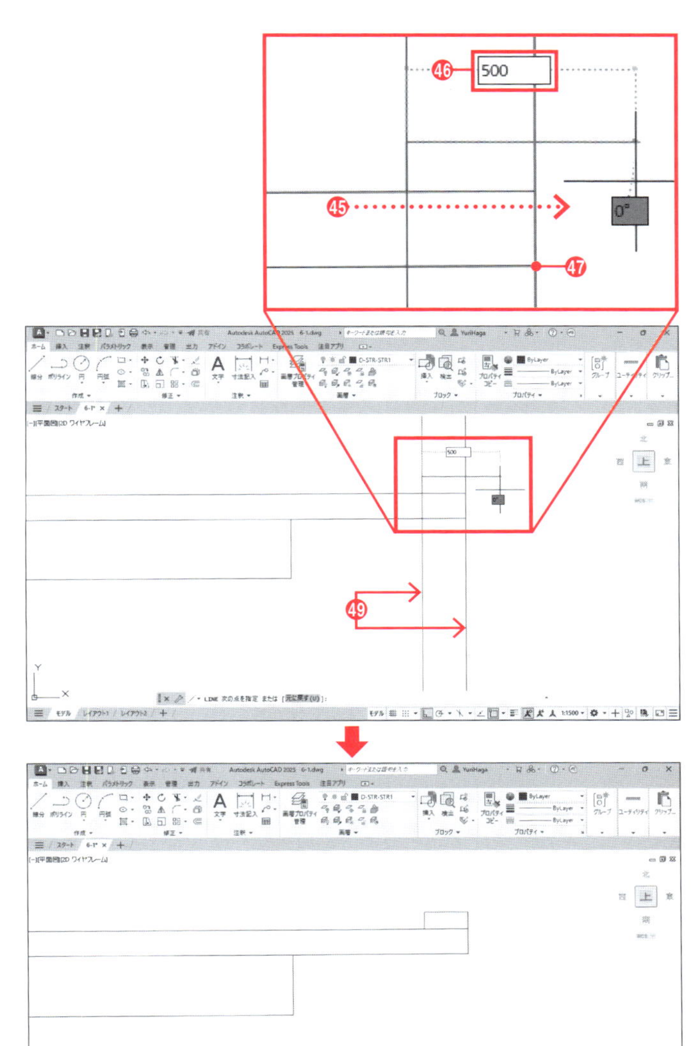

49 補助線を2本クリックして選択する。

50 Delete キーを押して削除する。

51 [ホーム]タブー[修正]ー[トリム]をクリックする。

52 ツールチップに「オブジェクトを選択」と表示される。手順 41 ～ 44 で作成した垂直の線分をクリックして選択する。

53 Enter キーを押して選択を確定する。

54 ツールチップに「トリムするオブジェクトを選択」と表示される。削除する線分をクリックして選択する。

55 Enter キーを押して[トリム]コマンドを終了する。

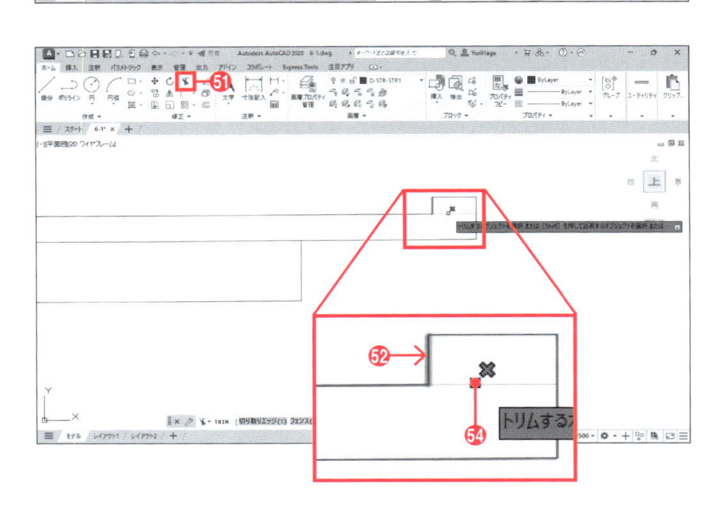

6-1 縦断計画線の作図

線分が図のようにトリミングされます。

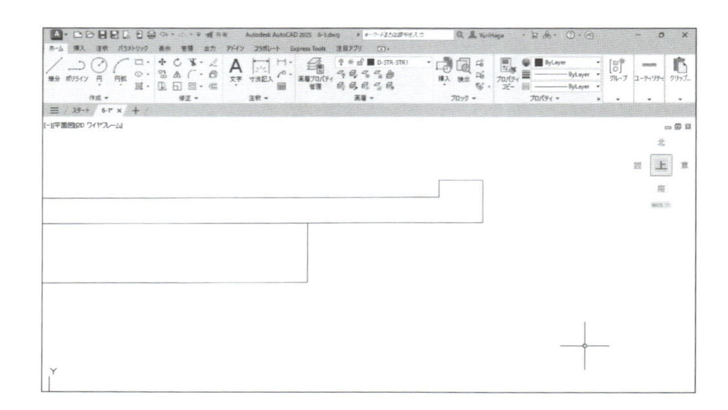

56 手順35〜55と同様にして、高架部の左側も作図する。

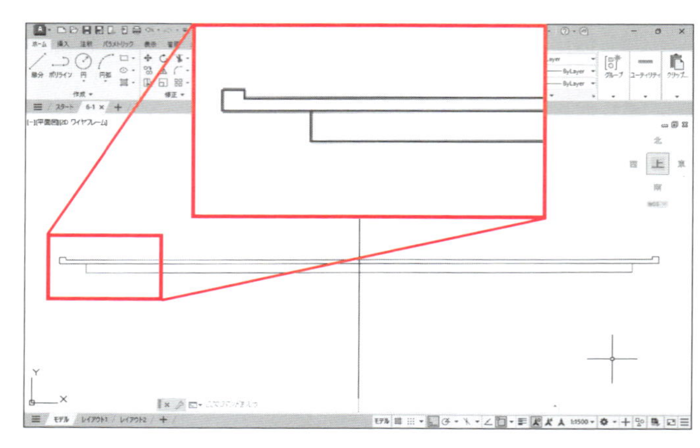

6-1-4 高架部の作図（2）

作成したオブジェクトをブロックにして、図のようにY軸方向に5倍します（ブロックについてはP.88を参照）。

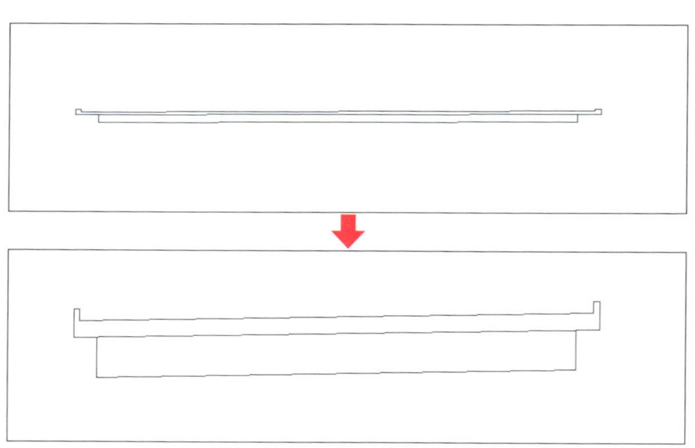

❶［ホーム］タブー［ブロック］ー［作成］をクリックする。

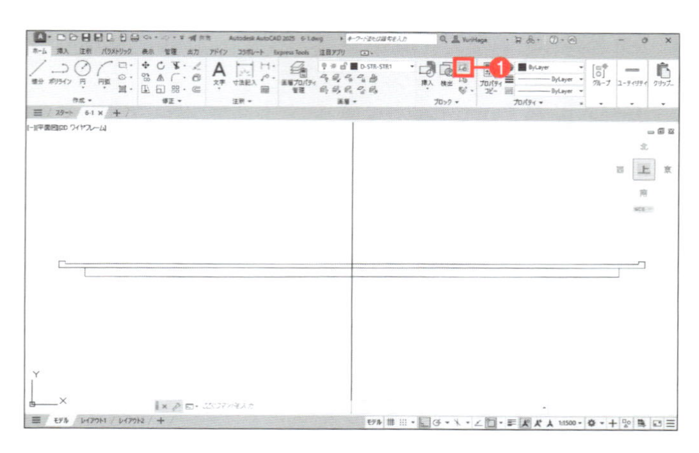

❷［ブロック定義］ダイアログボックスが表示される。［名前］に「高架橋」と入力する。
❸［挿入基点を指定］ボタンをクリックする。

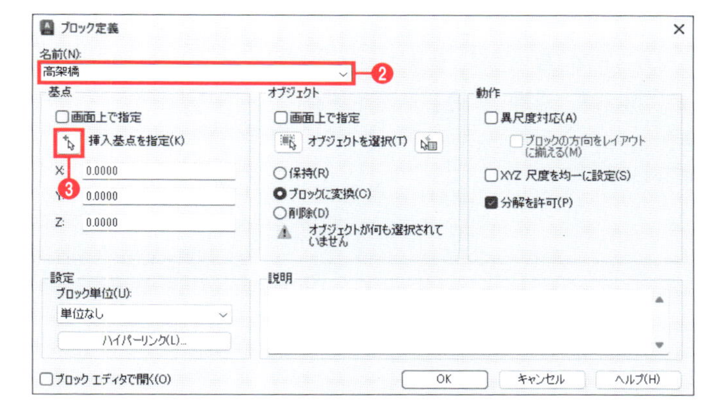

❹一番上の線分と補助線の交点をクリックする。

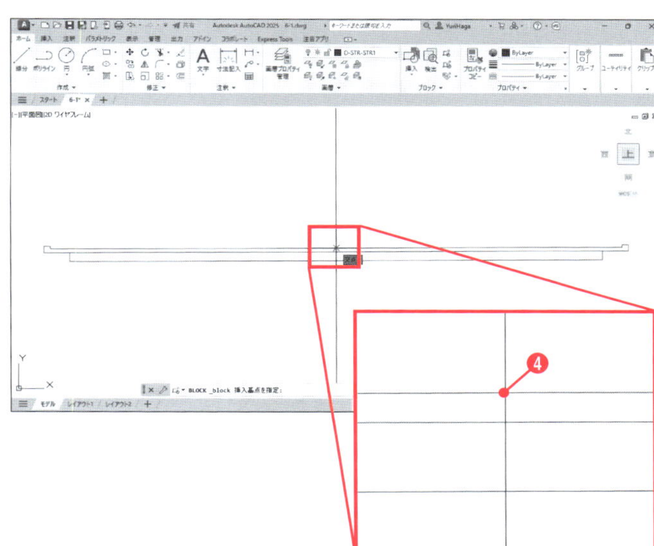

❺［ブロック定義］ダイアログボックスに戻る。［オブジェクトを選択］をクリックする。

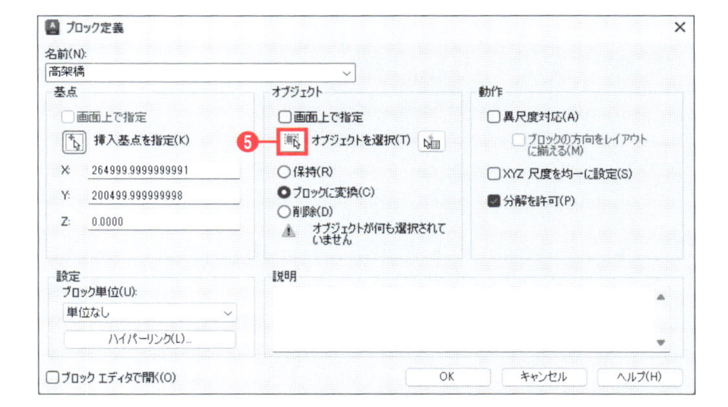

❻ 窓選択でオブジェクトを選択する（Ⓐ、Ⓑの順でクリックする）。
❼ Enter キーを押して選択を確定する。

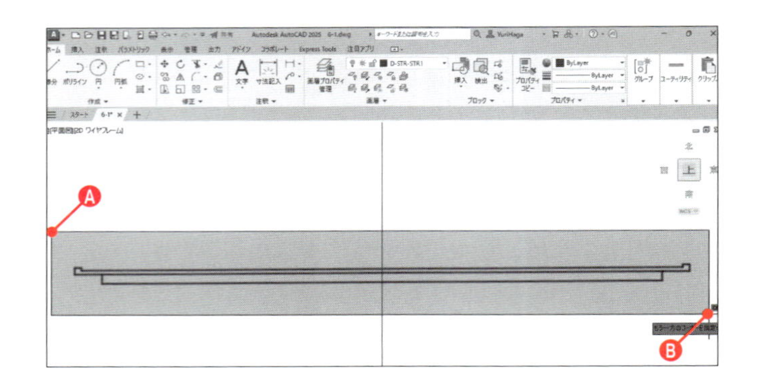

❽［ブロック定義］ダイアログボックスに戻る。［ブロックに変換］を選択する。
❾［XYZ尺度を均一に設定］のチェックを外す。
❿［ブロックエディタで開く］のチェックを外す。
⓫［OK］ボタンをクリックする。

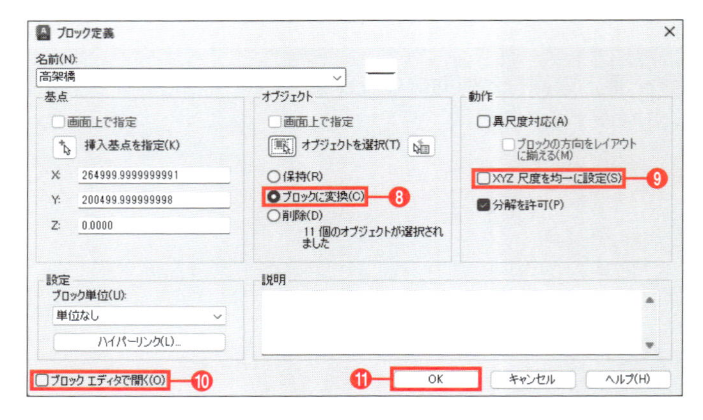

手順❻で選択したオブジェクトはブロックに変換されています。Y軸方向に5倍します。

⓬ ブロックをクリックして選択する。
⓭ 作図領域を右クリックして、メニューから［オブジェクトプロパティ管理］を選択する。

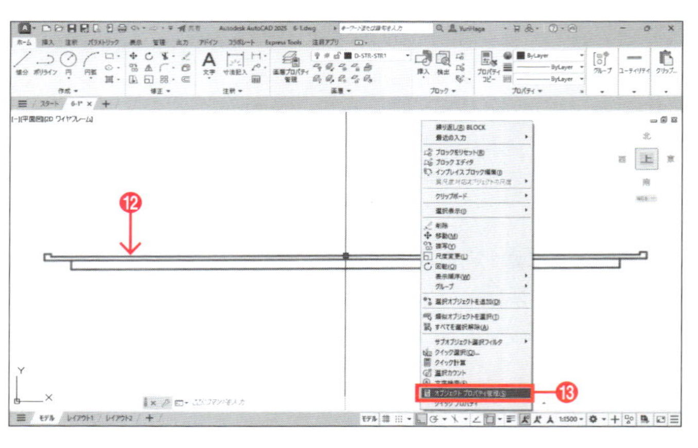

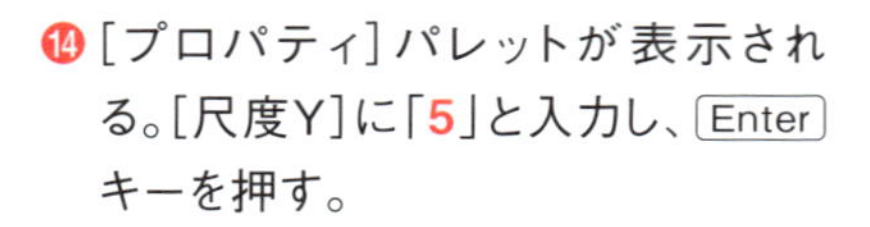

⓮［プロパティ］パレットが表示される。［尺度Y］に「5」と入力し、Enter キーを押す。

ブロックの大きさがY軸方向に5倍されます。

⓯ ✖をクリックして［プロパティ］パレットを閉じる。
⓰ Esc キーを押して選択を解除する。

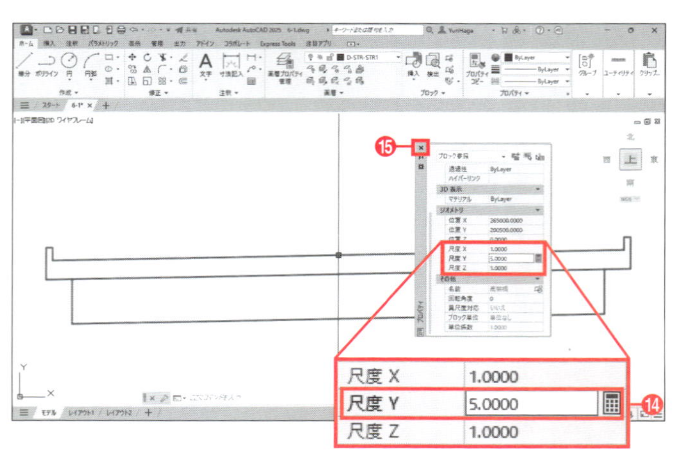

6-1-5 グリッド線の作図

グリッド線を作図します。作業を効率化するために、間隔が一定の部分はハッチングで作成します。変化点などの位置は、補助線をトリミングして作図します。

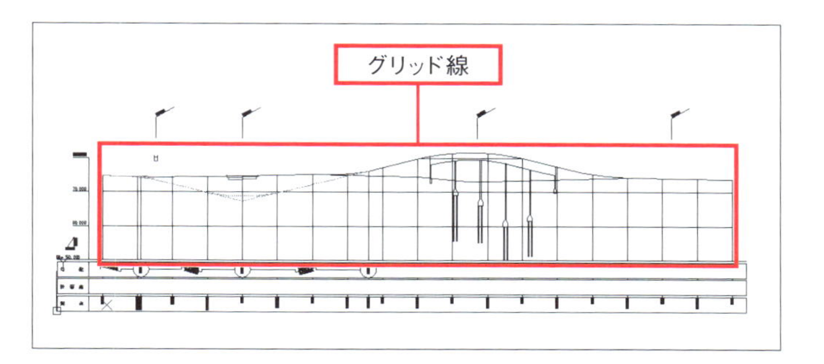

❶ 図面全体を図のように表示する。
❷ 現在画層を[D-TTL-BAND]に変更する。
❸ [ホーム]タブー[画層]ー[全画層表示]をクリックする。
[D-BGD]画層が表示されます。

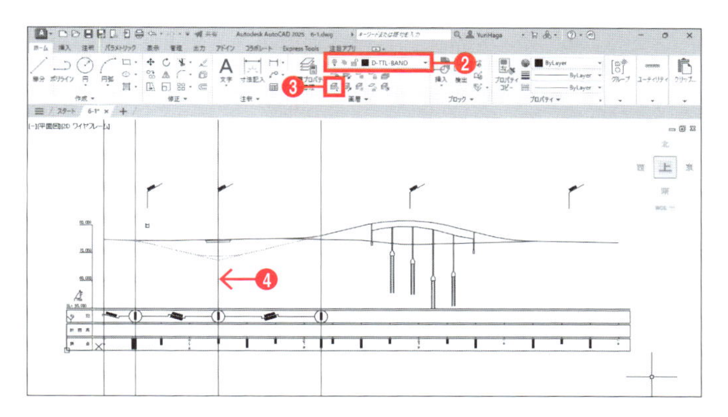

❹ NO.0の補助線を削除する。

現在、3本の垂直の補助線が0画層に作成されていますが、これらをグリッド線にするので[D-TTL-BAND]画層に移動します。

❺ [ホーム]タブー[画層]ー[オブジェクトを現在の画層に移動]をクリックする。

[オブジェクトを現在の画層に移動]は、[ホーム]タブー[画層]のパネル名をクリックしてパネルを展開すると表示されます。

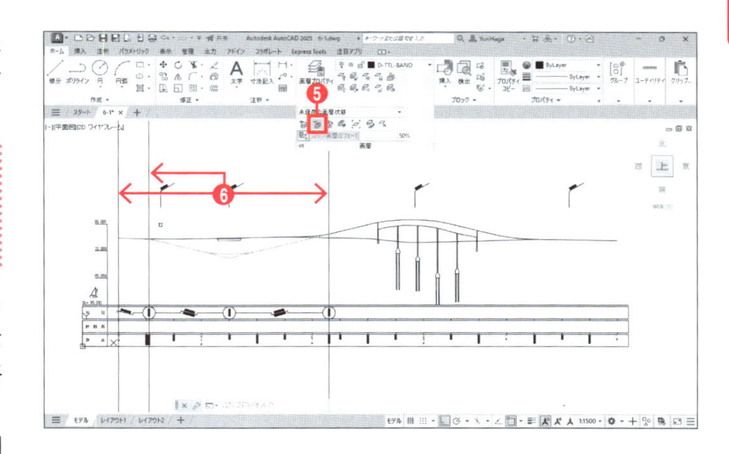

❻ 補助線を3本クリックして選択する。
❼ Enter キーを押して[オブジェクトを現在の画層に移動]コマンドを終了する。
選択した補助線が[D-TTL-BAND]画層に移動します。

❽ [ホーム]タブー[作成]ー[構築線]をクリックする。
❾ ツールチップに「点を指定」と表示される。作図領域を右クリックして、メニューから[垂直]を選択する。
❿ 地形の右端点をクリックする。
⓫ Enter キーを押して[構築線]コマンドを終了する。

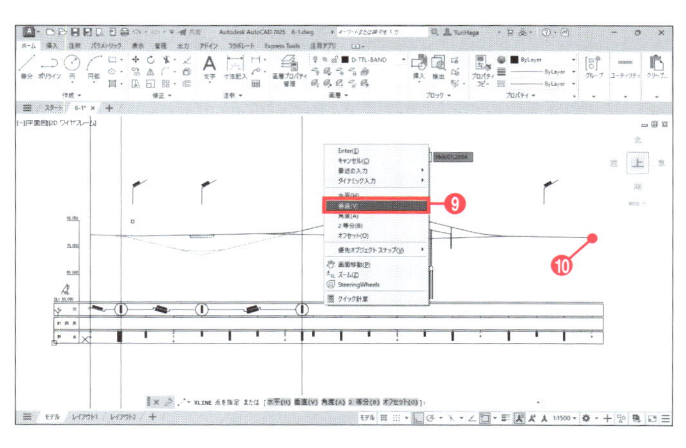

地形の右端に垂直の構築線が作成されます。

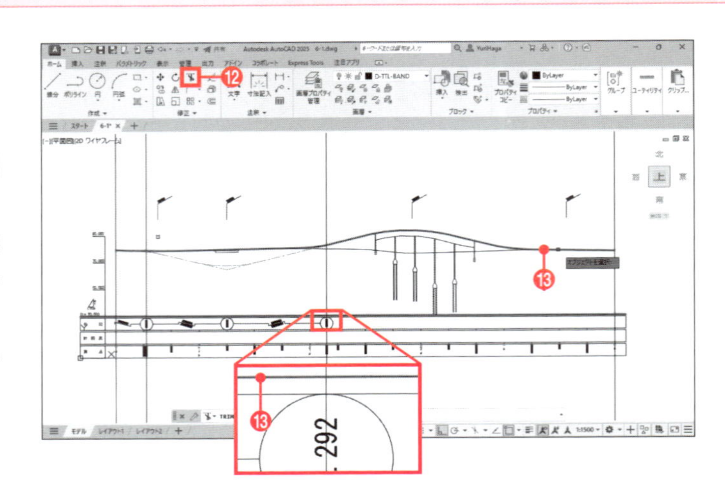

⑫［ホーム］タブー［修正］ー［トリム］をクリックする。
⑬ツールチップに「オブジェクトを選択」と表示される。地形とDLの基準線をクリックして選択する。
⑭ Enter キーを押して選択を確定する。

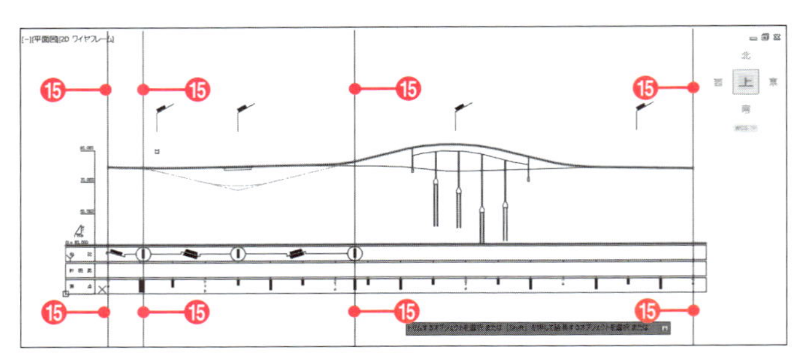

⑮ツールチップに「トリムするオブジェクトを選択」と表示される。図に示した補助線の削除する部分をクリックして選択する。
⑯ Enter キーを押して［トリム］コマンドを終了する。

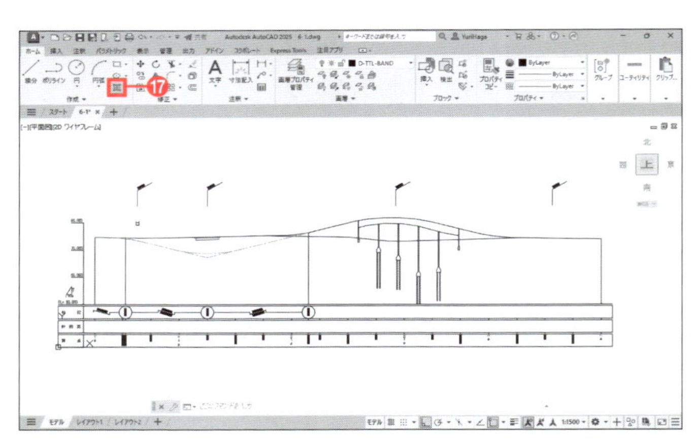

4本の垂直の補助線が、地形とDLの基準線の間だけを残してトリミングされます。

ほかのグリッド線はハッチングで作成します。

⑰［ホーム］タブー［作成］ー［ハッチング］をクリックする。

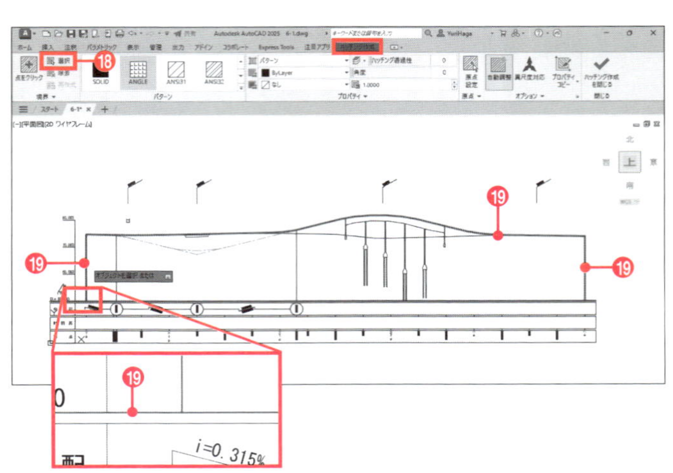

⑱［ハッチング作成］タブー［境界］ー［境界オブジェクトを選択］をクリックする。
⑲地形とDLの基準線、さらに左右の線分2本をクリックして選択する。

間隔が50000の格子状のハッチングを作成するために、[ユーザ定義]のハッチングを選択します。格子状にするには[ダブル]オプションを使用します。

⑳[ハッチング作成]タブー[プロパティ]のパネル名をクリックしてパネルを展開し、[ハッチングのタイプ]から[ユーザ定義]を選択する。
㉑[ハッチング間隔]に「50000」と入力する。
㉒[ダブル]をクリックして選択する。

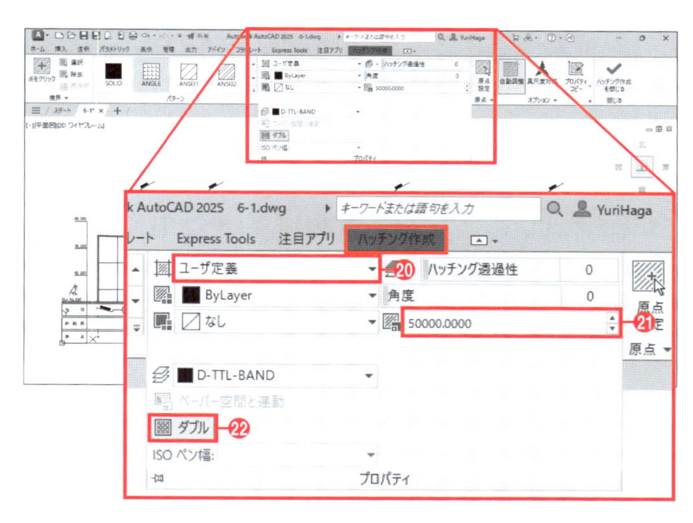

選択した境界内に格子状のハッチングが表示されます。

㉓[ハッチング作成]タブー[オプション]ー[自動調整]をクリックしてオンにする。

[自動調整]をオンにしておくと、後で境界が変更されたときに自動的にハッチングも変更されます。

㉔[ハッチング作成]タブー[原点]ー[原点設定]をクリックする。
㉕NO.−2とDLの基準線の交点をクリックする。

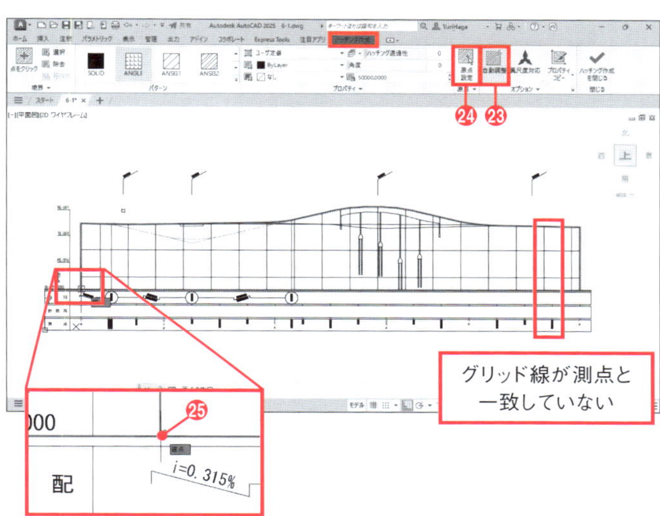

ハッチングの基点が変更され、グリッド線が測点と一致します。

㉖ Enter キーを押して[ハッチング]コマンドを終了する。

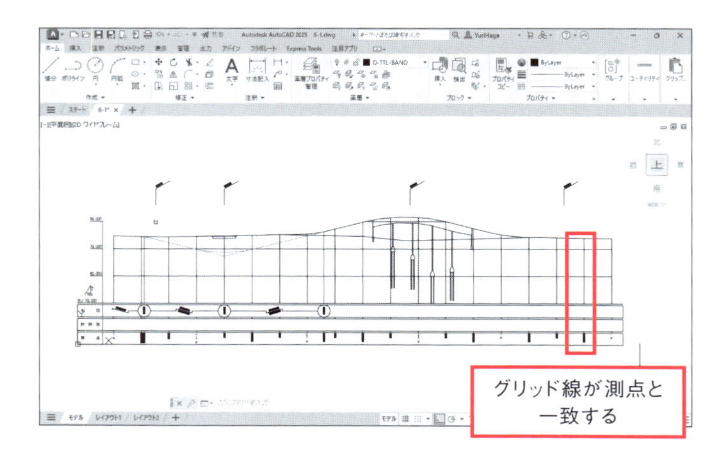

6-2 縦断図の文字と寸法の作図

練習用ファイル「6-2.dwg」(または前節の続きから)、「6-2.xls」

計画高の帯の文字と縦断曲線の寸法を作図します。ここでは、一連の文字を効率的に作成するために、Excelを利用してスクリプトを作成します。また、縦断曲線の寸法は専用の寸法スタイルを作成します。

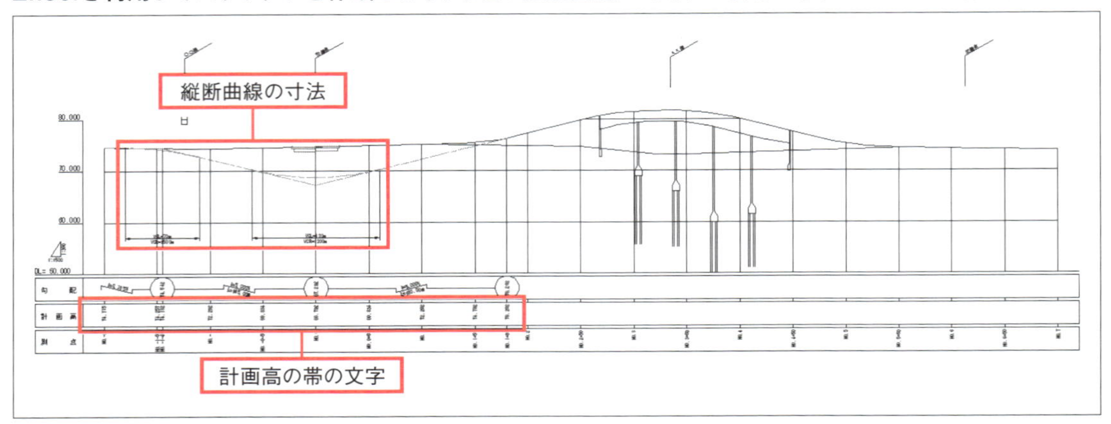

6-2-1 帯の文字の作図準備

P.119の**5-1-3**と同様にして、計画高の帯の文字をキーボード入力で作成します。キーボード入力で文字を作成するには文字の基点を座標で指定する必要があるので、最初に作成する文字の基点をX=0、Y=0にします。そのために、あらかじめUCSで原点を変更します。

原点をここに変更

計画高の帯の文字

1. 練習用ファイル「6-2.dwg」を開く。
2. ステータスバーは[直交モード]、[オブジェクトスナップ]をオンにする。
3. 現在画層を[D-TTL-BAND]に変更する。
4. 図に示した辺り(帯のNO.−2の辺り)を拡大表示する。

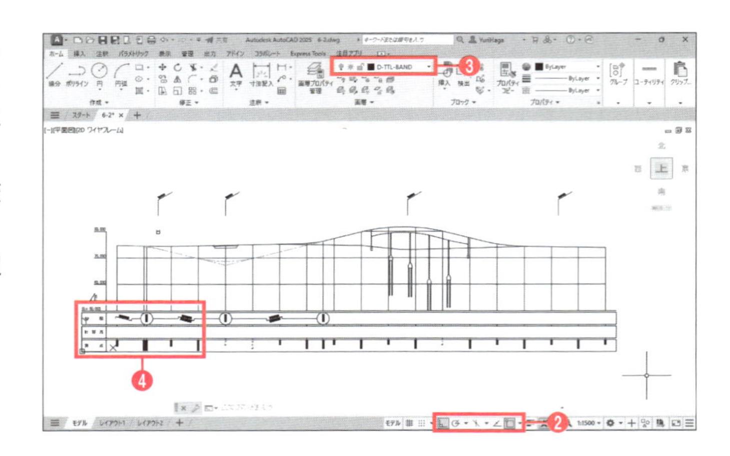

❺［表示］タブー［UCS］ー［原点］をクリックする。

［UCS］パネルが表示されない場合は、P.127の5-1-7を参考に表示してください。

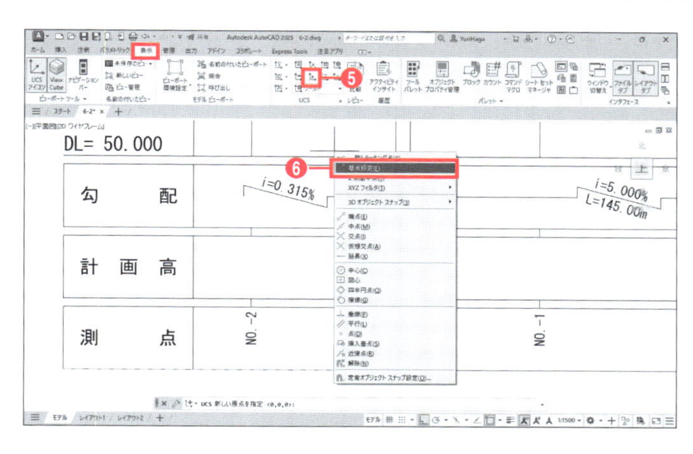

❻ Shift キーを押しながら作図領域を右クリックし、メニューから［基点設定］を選択する。

❼図に示した線分の端点をクリックする。
❽カーソルを下方向に動かす。
❾キーボードから「1500」と入力し、Enter キーを押す。

UCSアイコンの原点が手順❼でクリックした位置から、1500下に移動します。

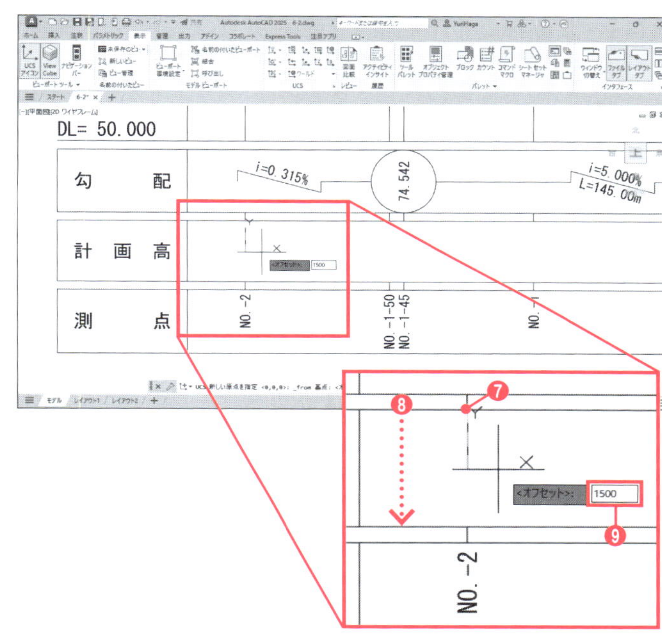

6-2-2 【参考】キーボード入力による文字作成

この項では、キーボード入力のみで文字を作成する方法を説明します。ここで行った一連のキーボード入力を、次項のスクリプトで使用します。
この項の内容はあくまで参考なので、実際の作業はしなくてもかまいません。作業をした場合には、最後に作成した文字を削除してください。

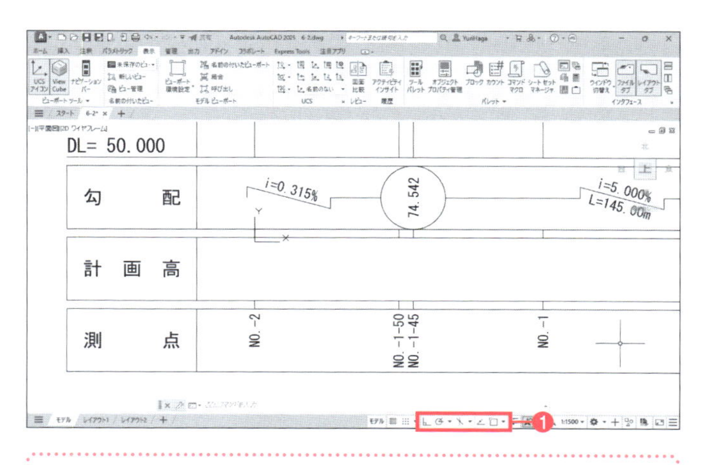

❶ステータスバーの作図補助機能（直交モード、極トラッキング、オブジェクトスナップなど）はオフにする。

直交モードやオブジェクトスナップなどをオンにしていると、キーボード入力が正確に実行されない場合があります。

❷ キーボードから「**−TEXT**」と入力し、Enterキーを押す。

「**−TEXT**」と入力すると、[文字記入]コマンドで作図領域にテキスト入力用のインプレイスエディタを表示せずに、テキストの内容を直接入力できます。

次に[位置合わせオプション]を使います。これまで、オプションを使用するときは右クリックしてメニューから選択していましたが、ここではキーボードで入力する必要があります。
コマンドウィンドウに表示される「位置合わせオプション(J)」の( )内の「J」の文字を入力することで、オプションを選択できます。

❸ キーボードから「**J**」と入力し、Enterキーを押す。

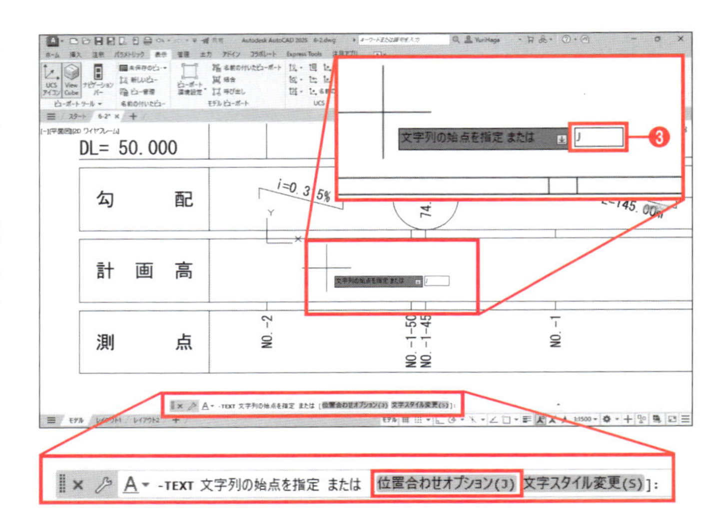

次のオプションも、キーボードから入力します。「右中央(MR)」を選択します。

❹ キーボードから「**MR**」と入力し、Enterキーを押す。

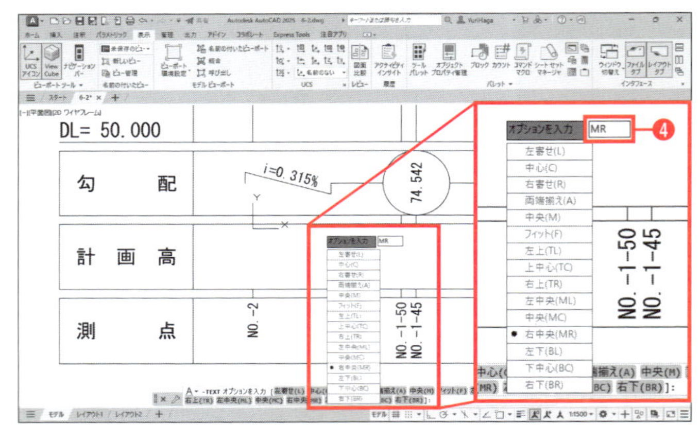

コマンドウィンドウに「文字列の右中央点を指定」と表示されています。X=0、Y=0の座標をキーボードから入力します。

❺キーボードから「0,0」と入力し、Enterキーを押す。

高さと角度を入力します。

❻キーボードから高さ「3750」と入力し、Enterキーを押す。
❼キーボードから角度「90」と入力し、Enterキーを押す。

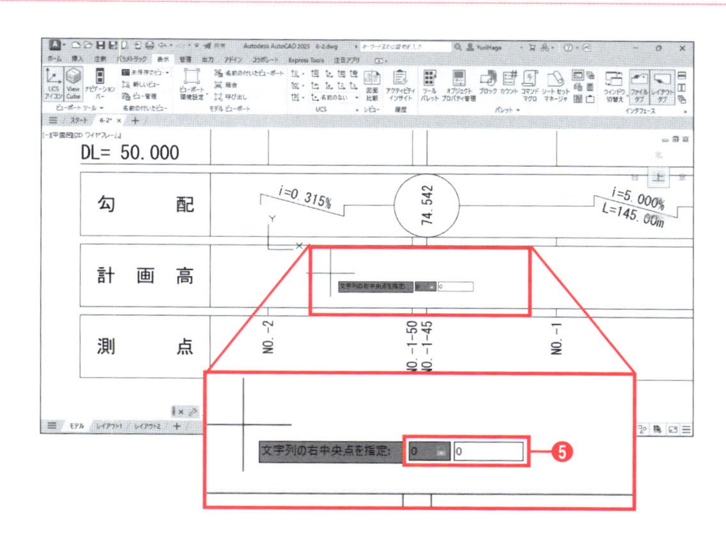

文字内容を入力します。

❽キーボードから「00.000」と入力し、Enterキーを押す。

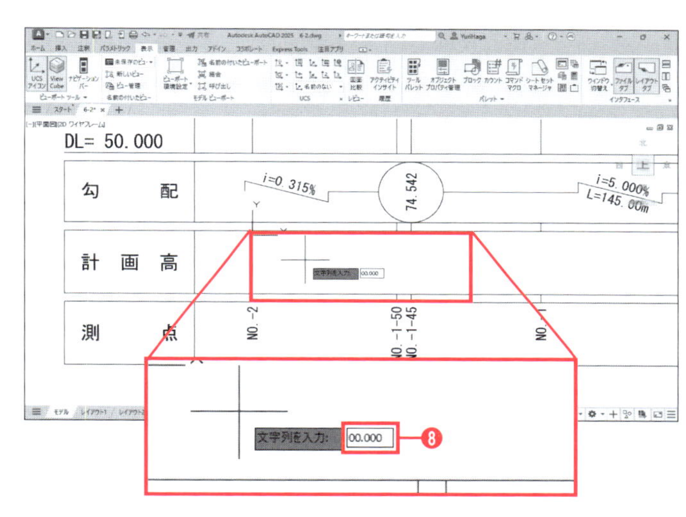

「00.000」の文字が作成されます。

次項では、この手順❷～❽のキーボード入力をExcelでスクリプトにしたものを使用し、一度に複数の文字を記入します。
この項の手順を実行した場合は、ここで「00.000」の文字をクリックして選択し、Deleteキーを押して削除してください。

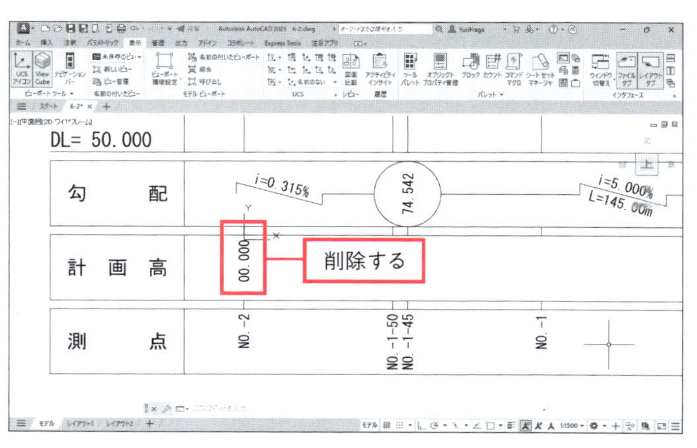

6-2-3 帯の文字の作図

練習用ファイル「6-2.xls」は、前項で行った文字作成の操作をひとつながりのコマンドにし、それを繰り返して、合計10個の文字を作成するスクリプトにしたものです。「6-2.xls」の内容を見てみましょう。

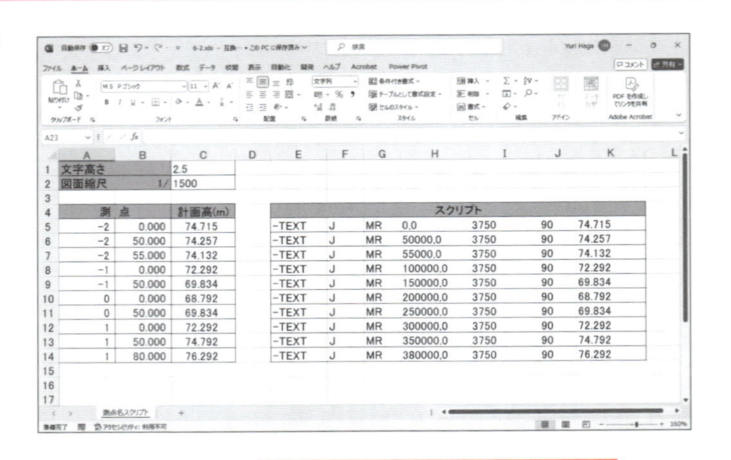

❶ Excelで、練習用ファイル「6-2.xls」を開く。

セルE5からセルK14までスクリプトが記述されています。セルE5からセルK5が、前項で行った文字作成に相当するコマンドです。その下に、さらに9個の文字を作成するコマンドが書かれています。

前項の文字作成に相当するコマンド

スクリプト						
-TEXT	J	MR	0,0	3750	90	74.715
-TEXT	J	MR	50000,0	3750	90	74.257
-TEXT	J	MR	55000,0	3750	90	74.132
-TEXT	J	MR	100000,0	3750	90	72.292
-TEXT	J	MR	150000,0	3750	90	69.834
-TEXT	J	MR	200000,0	3750	90	68.792
-TEXT	J	MR	250000,0	3750	90	69.834
-TEXT	J	MR	300000,0	3750	90	72.292
-TEXT	J	MR	350000,0	3750	90	74.792
-TEXT	J	MR	380000,0	3750	90	76.292

セルC1には文字の高さ、セルC2には図面の縮尺が、それぞれ入力されています。この2つの値に基づき、AutoCADで作成する文字の高さ(2.5×1500=3750)をI列に記述しています。

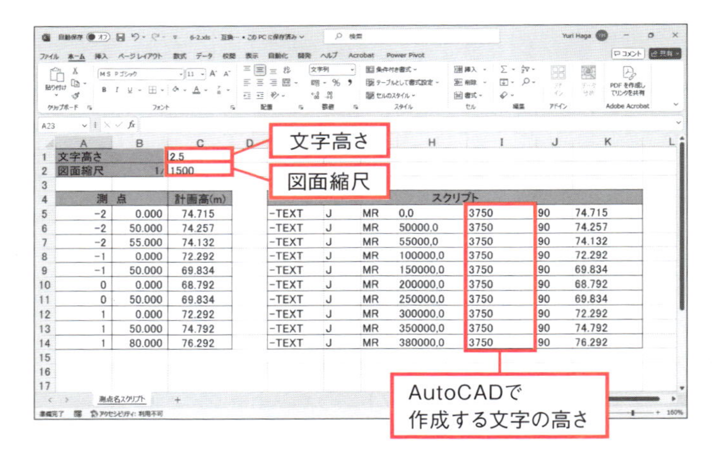

A列、B列には測点が入力されています。この2つの値に基づき、文字の基点の座標をH列に記述しています。

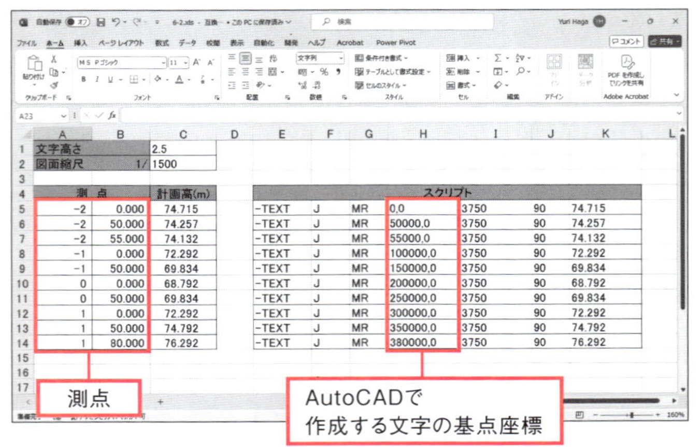

C列には計画高が入力されています。この値は、そのまま文字の内容としてK列に記述しています。

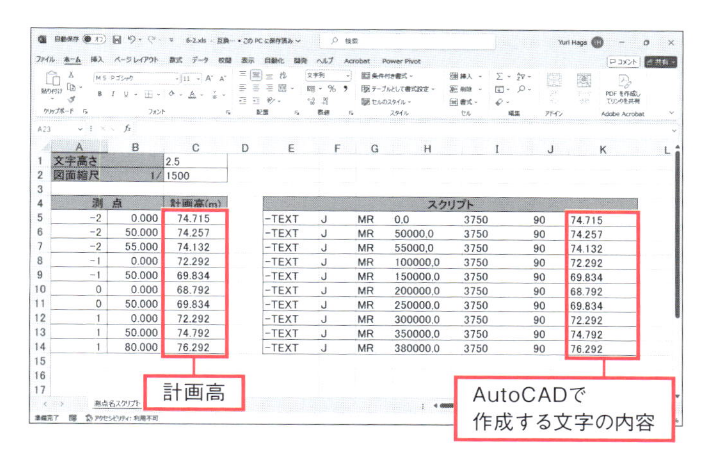

このスクリプトをAutoCADで実行するために、クリップボードにコピーします。

❷ セルE5をクリックする。
❸ Shift キーを押しながらセルK14をクリックする。セルE5からK14が選択される。

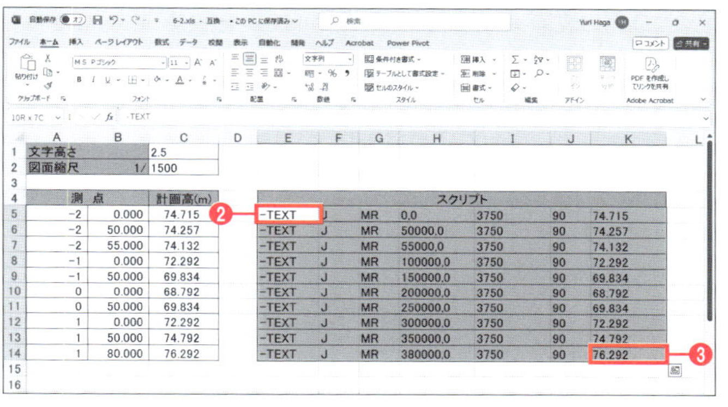

❹ 選択範囲を右クリックしてメニューから[コピー]を選択する。

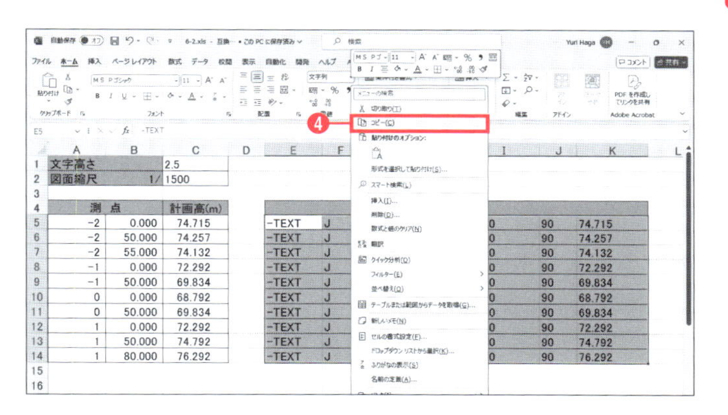

❺ AutoCADに戻る。
❻ 縦断図の帯のNO.−2からNO.2までが見えるよう、図のように表示する。
❼ ステータスバーをすべてオフにする。
❽ コマンドウィンドウをクリックし、カーソルが点滅することを確認する。

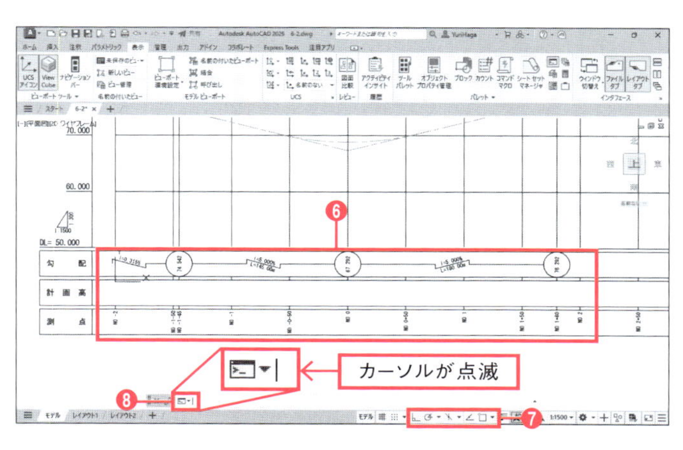

❾ コマンドウィンドウを右クリックし、メニューから[貼り付け]を選択する。

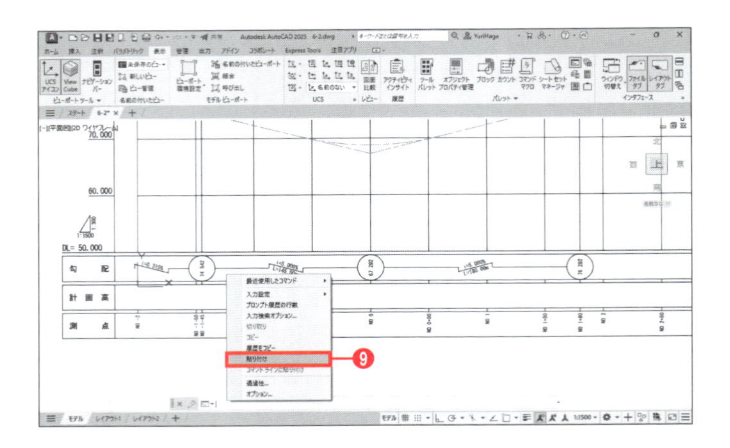

合計10個の文字が作成されます。

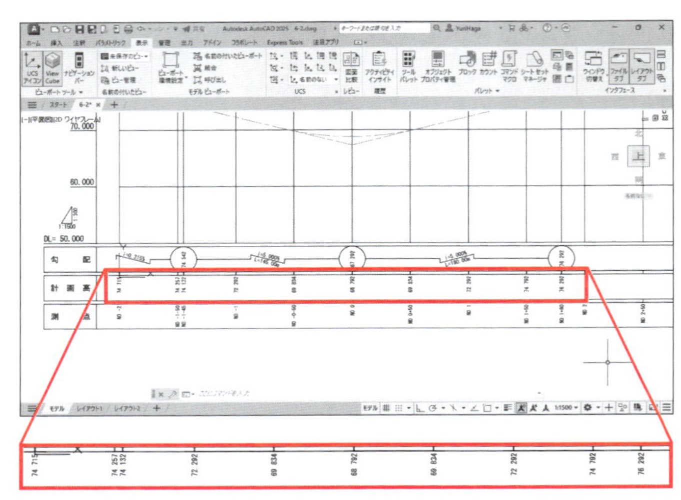

❿ [表示]タブー[UCS]ー[ワールド] をクリックする。

原点の位置が元に戻り、UCSアイコンが帯の左下に表示されます。

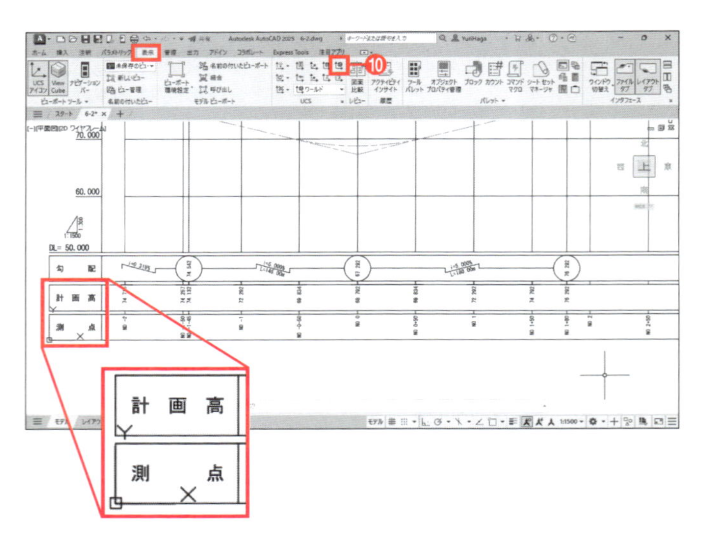

6-2-4 縦断曲線の寸法の作図(1)

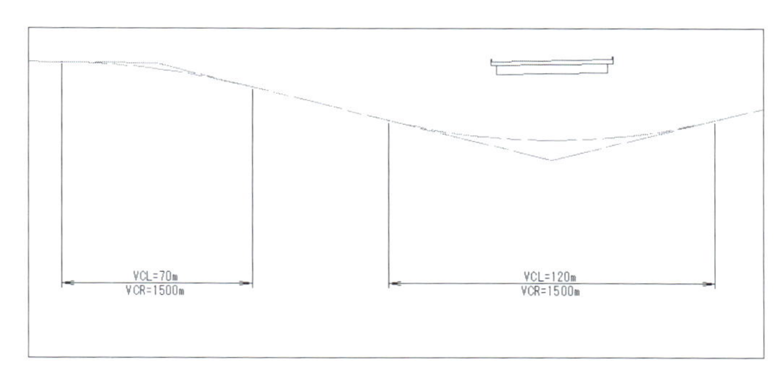

縦断曲線の寸法を作図するために、寸法スタイルを作成します。寸法スタイルとは、寸法の矢印の形や大きさなど、さまざまな設定をコントロールするためのものです。

❶［ホーム］タブ－［注釈］－［寸法スタイル管理］をクリックする。

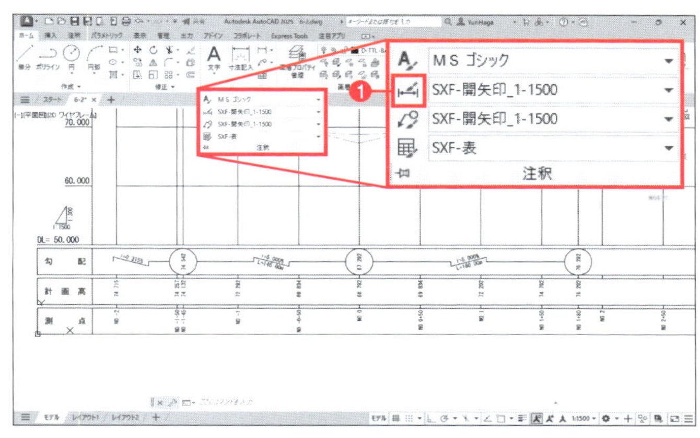

［寸法スタイル管理］は、［ホーム］タブ－［注釈］のパネル名をクリックしてパネルを展開すると表示されます。

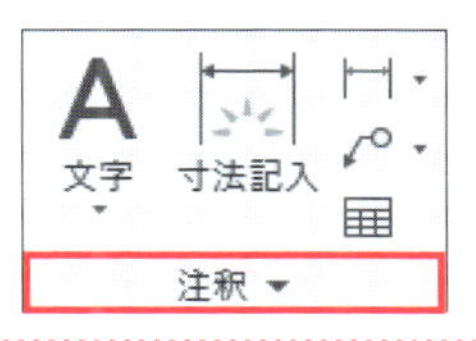

❷［寸法スタイル管理］ダイアログボックスが表示される。［新規作成］ボタンをクリックする。

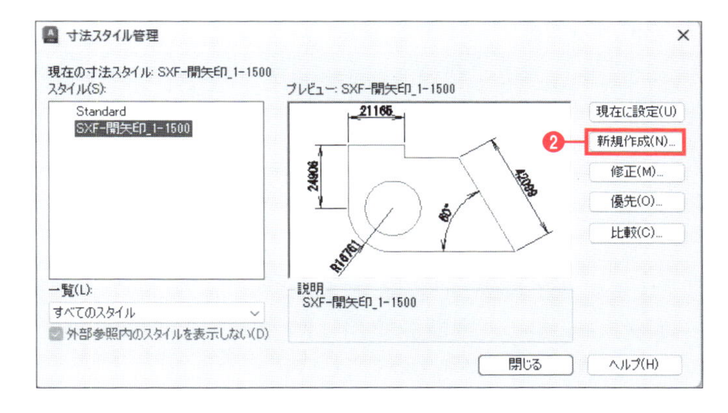

❸［寸法スタイルを新規作成］ダイアログボックスが表示される。［新しいスタイル名］に「**縦断曲線用**」と入力する。
❹［開始元］から［SXF－開矢印_1－1500］を選択する。
❺［続ける］ボタンをクリックする。

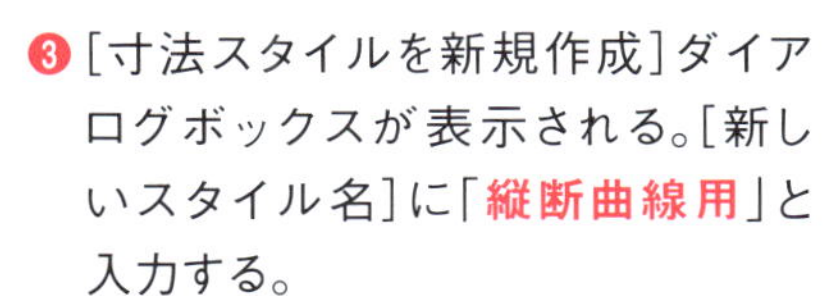

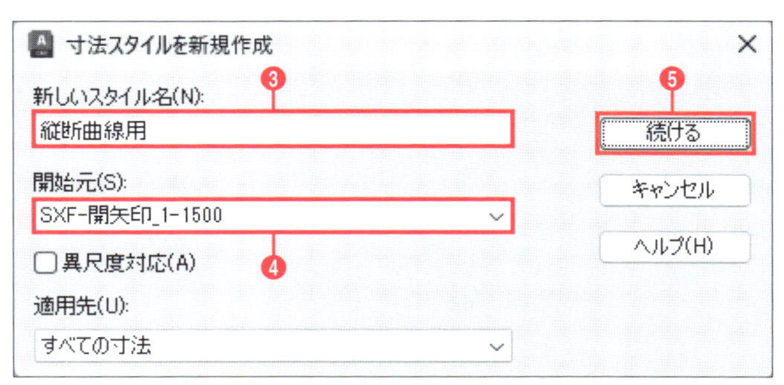

❻ [寸法スタイルを新規作成：縦断曲線用]ダイアログボックスが表示される。[フィット]タブをクリックする。

❼ [全体の尺度]に「1500」が入力されていることを確認する。

[全体の尺度]には、図面の縮尺の逆数を入力します。この図面の縮尺は1:1500なので「1500」と入力します。

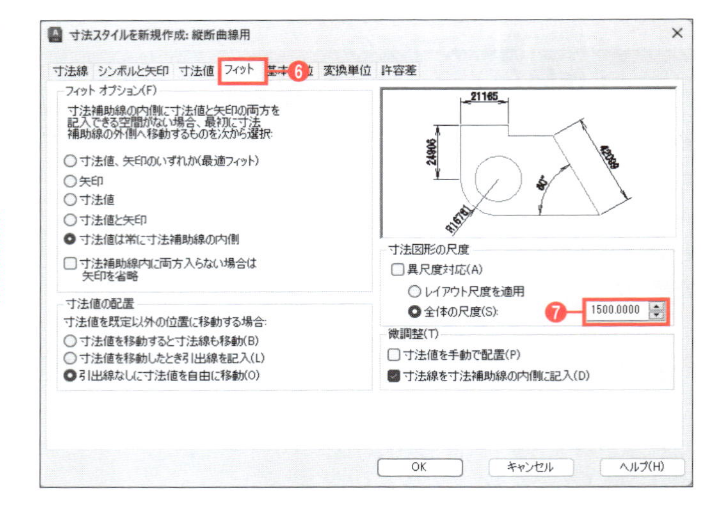

❽ [基本単位]タブをクリックする。

❾ [尺度]に「0.001」と入力する。

この図面はmm単位で作図されているので、寸法値もmm単位で表示されます。しかし、縦断線形の曲線部分の寸法値は、m単位で長さを表示する必要があります。そのため、寸法値を0.001倍します。

❿ [OK]ボタンをクリックする。

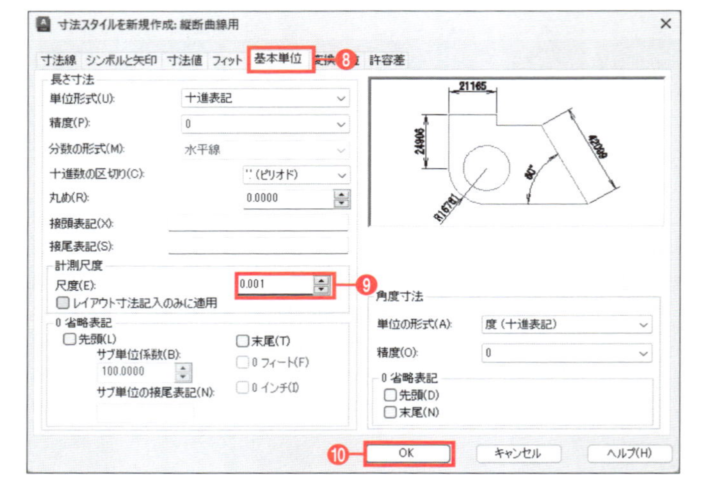

⓫ [寸法スタイル管理]ダイアログボックスに戻る。[縦断曲線用]寸法スタイルが作成されていることを確認し、[閉じる]ボタンをクリックする。

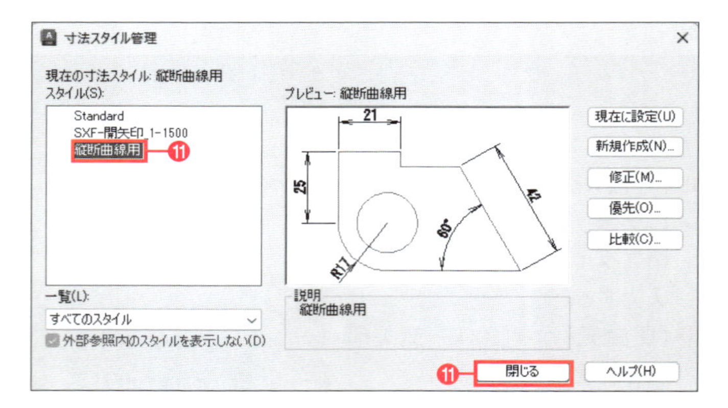

⑫ 現在画層を[D-STR-DIM]に変更する。
⑬ ステータスバーは[オブジェクトスナップ]のみをオンにする。
⑭ [ホーム]タブー[画層]ー[非表示]をクリックする。
⑮ 地形とグリッド線をクリックして選択する。
⑯ Enter キーを押して[非表示]コマンドを終了する。

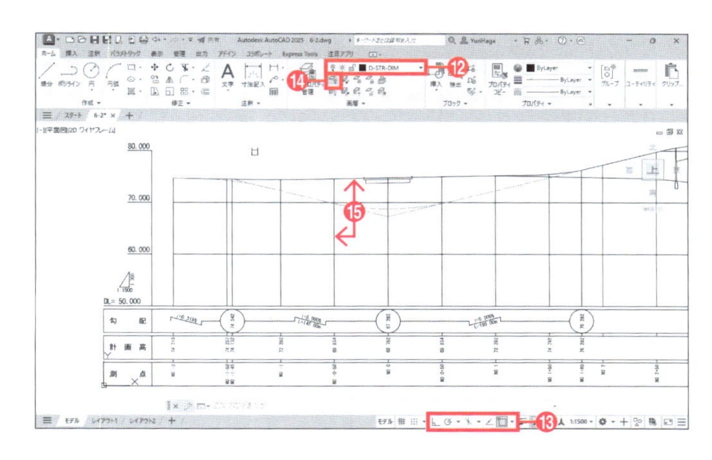

地形とグリッド線が非表示になります。

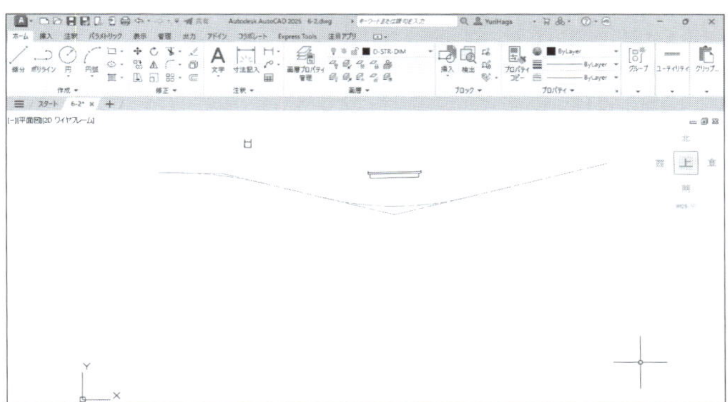

6-2-5 縦断曲線の寸法の作図(2)

[縦断曲線用]寸法スタイルを使って寸法を作図します。

❶ 曲線部分が見えるよう、図のように拡大表示する。
❷ [ホーム]タブー[注釈]ー[寸法スタイル]から[縦断曲線用]を選択する。

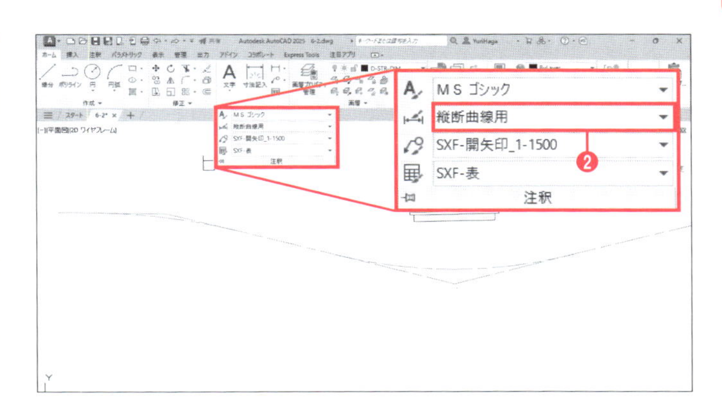

❸ [ホーム]タブー[注釈]ー[長さ寸法記入]をクリックする。
❹ 左側の円弧の端点を2点クリックする。
❺ 寸法を配置する位置をクリックする。

寸法値「70」の寸法が作成されます。

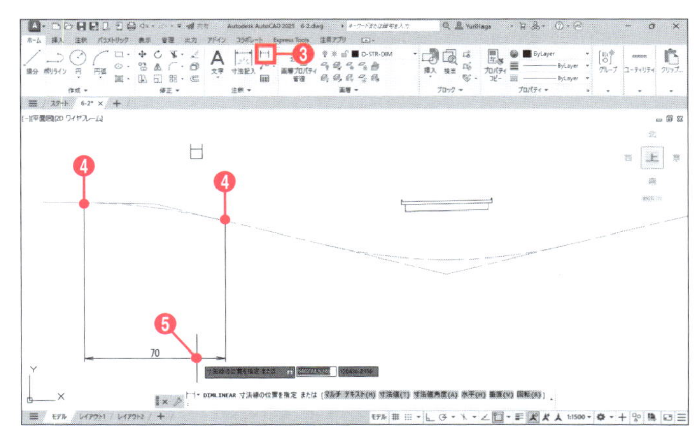

❻ 作成した寸法をクリックして選択する。

❼ 作図領域を右クリックして、メニューから［オブジェクトプロパティ管理］を選択する。

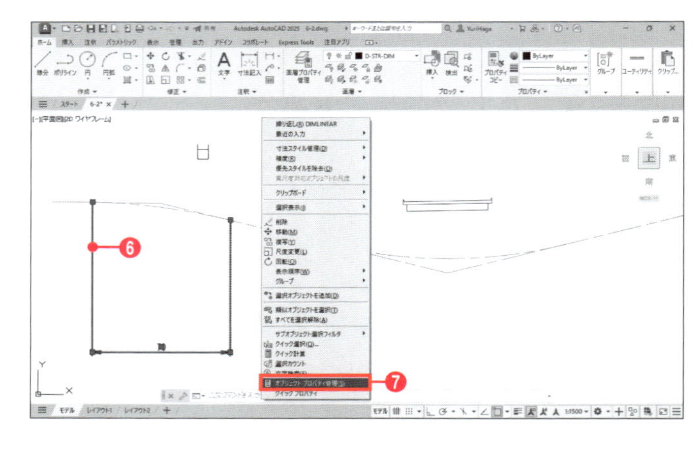

❽［プロパティ］パレットを下方向にスクロールし、［寸法値の優先］の入力欄をクリックする。
「**VCL=<>m¥XVCR=1500m**」と入力し、Enter キーを押す。

［寸法値の優先］について

計測値以外の文字を寸法値に追加して表示したい場合は、［寸法値の優先］に文字を入力します。次の特別な書式を使用することで、計測値の位置や改行を指定できます。

<>……計測値

¥X ……寸法線をはさんで改行

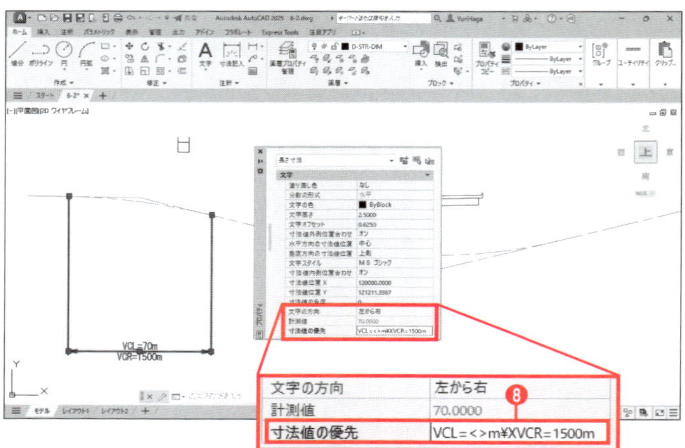

❾ ✖ をクリックして［プロパティ］パレットを閉じる。

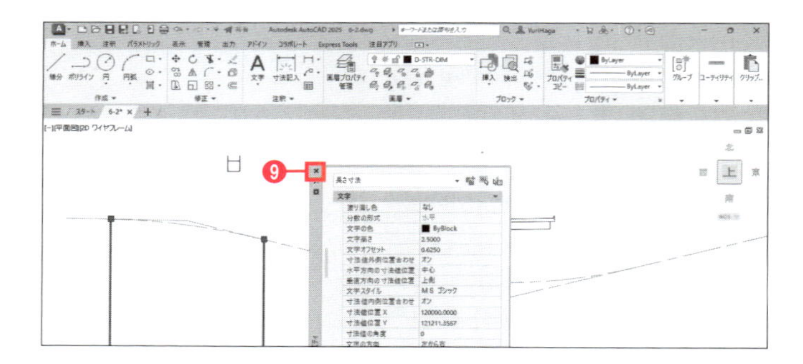

❿ Esc キーを押して選択を解除する。寸法値が変更されたことを確認する。

手順❽で［寸法値の優先］に「**VCL=<>m¥XVCR=1500m**」と入力したので、<>の位置に寸法値「70」が入り、¥Xの位置で改行されています。

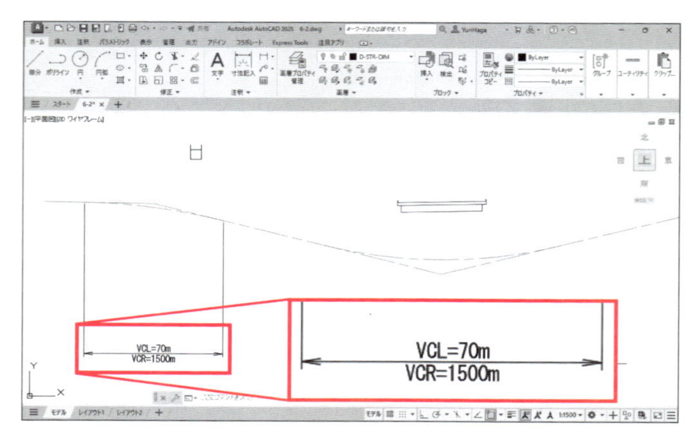

⓫［ホーム］タブ－［修正］－［複写］ をクリックする。
⓬手順❸～❿で作成した寸法をクリックして選択する。
⓭ Enter キーを押して選択を確定する。
⓮左側の円弧の右端点をクリックする。
⓯右側の円弧の右端点をクリックする。
⓰ Enter キーを押して［複写］コマンドを終了する。

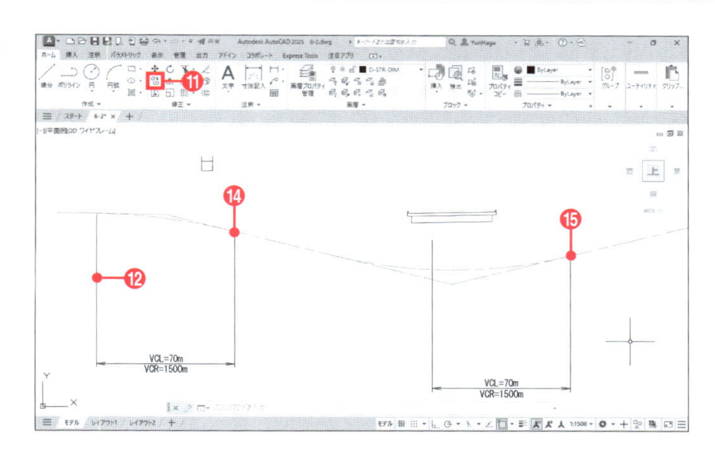

グリップを操作して寸法を編集します。まず、寸法補助線の位置を円弧に合わせて変更します。

⓱手順⓫～⓰で複写した寸法をクリックして選択する。
⓲左側の寸法補助線のグリップをクリックして選択する。グリップの色が青から赤に変わる。
⓳右側の円弧の左端点をクリックする。

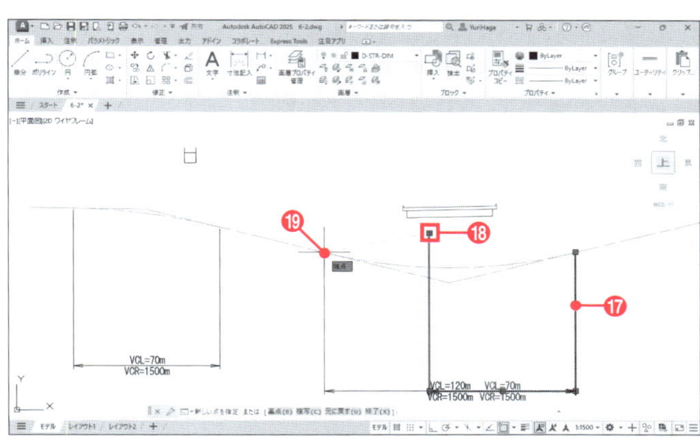

左側の寸法補助線が移動し、計測値も変化します。

寸法のグリップ編集について

寸法を選択すると、3種類のグリップが表示されます。これらのグリップを操作して寸法を編集できます。

■ 寸法補助線のグリップ
寸法の計測位置を修正する

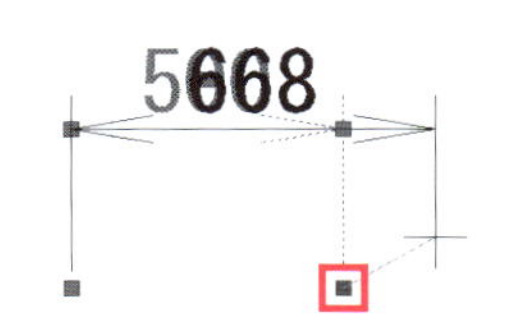

■ 矢印のグリップ
寸法線の位置を修正する

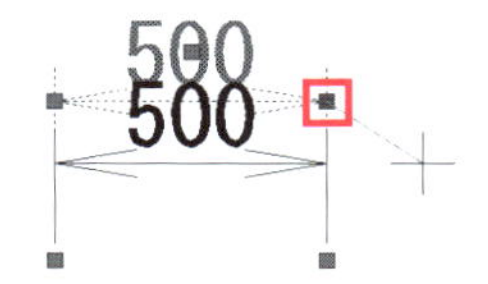

■ 寸法値のグリップ
寸法値の位置を修正する

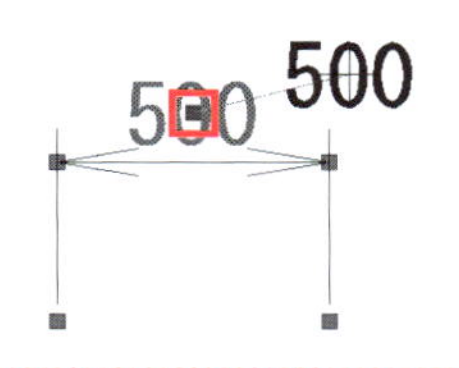

続いて、寸法線の位置を編集します。

⑳ 寸法線の左側の矢印のグリップをクリックして選択する。グリップの色が青から赤に変わる。

㉑ 最初に作成した寸法の、寸法線の矢印の端点をクリックする。

2本の寸法線の位置が水平に揃います。

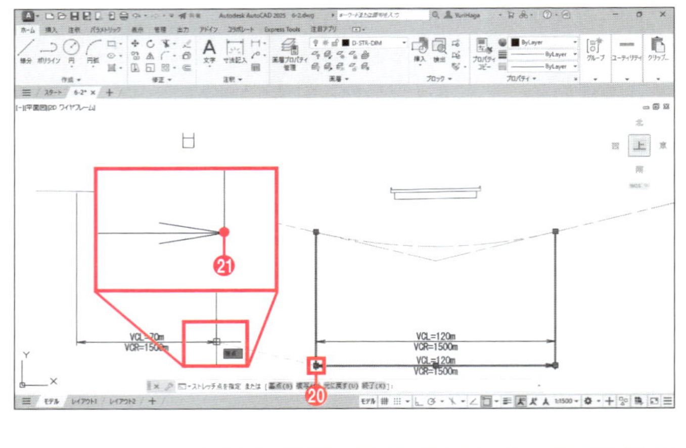

寸法値に表示する文字を編集します。

㉒ 作図領域を右クリックして、メニューから[オブジェクトプロパティ管理]を選択する。

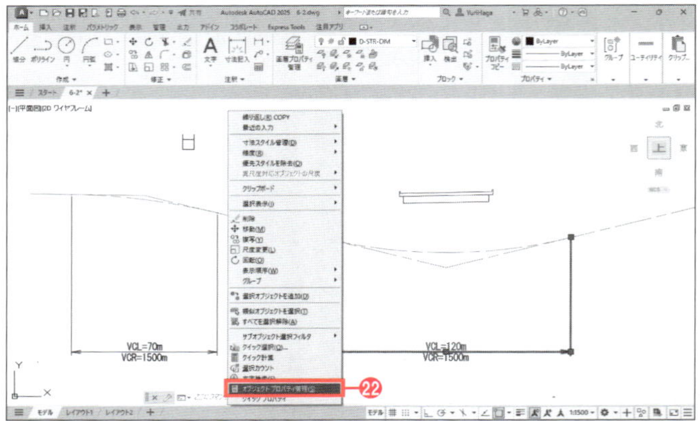

㉓ [プロパティ]パレットの[寸法値の優先]に「**VCL=<>m¥XVCR=1200m**」と入力し、Enterキーを押す。

㉔ ☒をクリックして[プロパティ]パレットを閉じる。

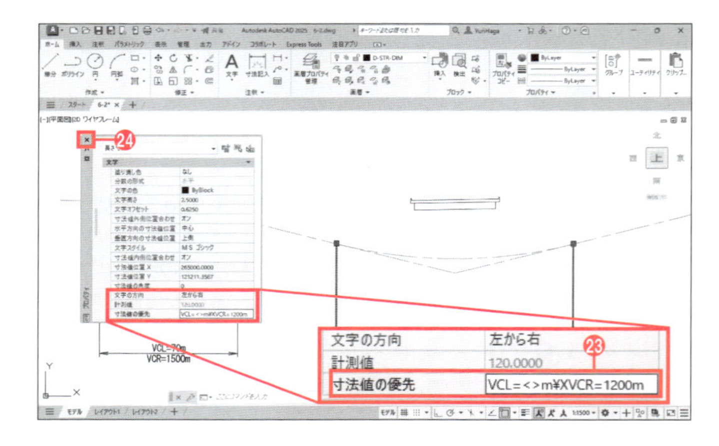

㉕ Escキーを押して選択を解除する。寸法値が変更されたことを確認する。

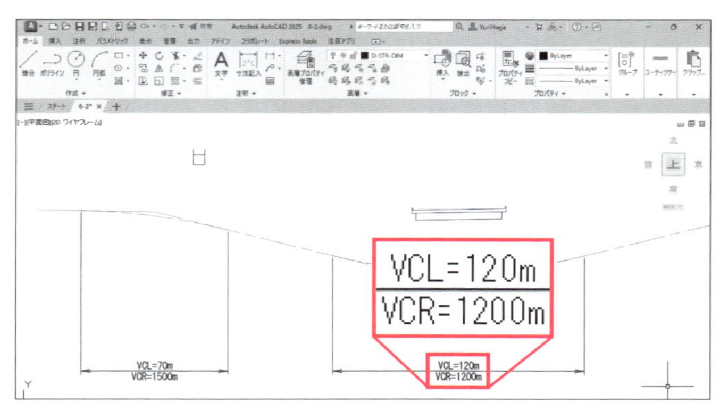

㉖[ホーム]タブー[画層]ー[全画層表示] をクリックする。

地形とグリッド線が表示されます。

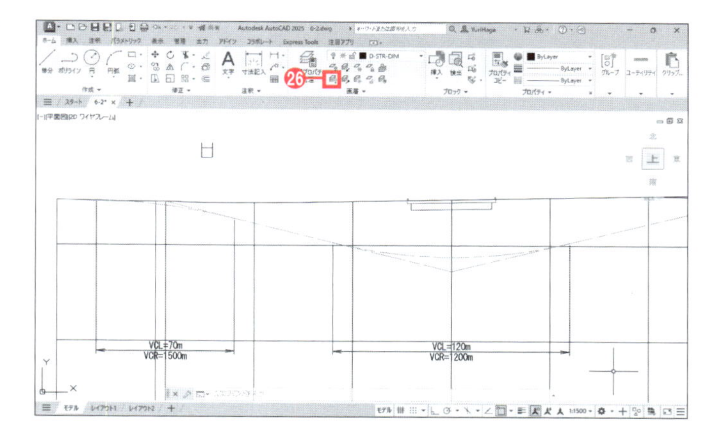

㉗図面全体が見えるよう、図のように表示する。

文字と寸法がすべて記入され、完成した図面が表示されます。

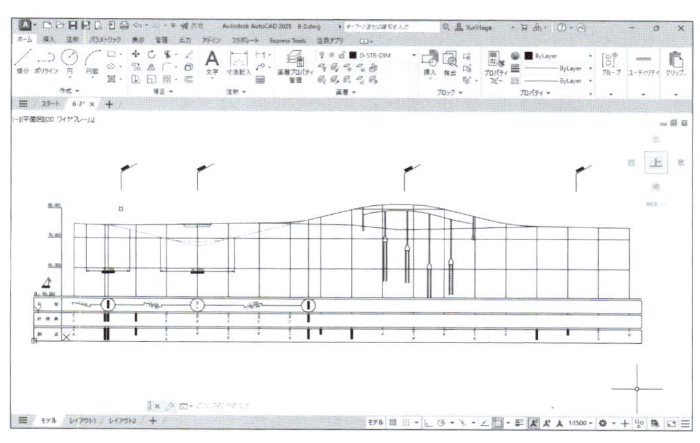

寸法スタイルについて

「SXF_○_○_○.dwt」というテンプレートから作成した図面ファイルには、「SXF－開矢印」という寸法スタイルが定義されています。本書で使用する練習用ファイルでは、これを基にして、[寸法スタイルを新規作成]ダイアログボックス(左図)の[フィット]タブの[寸法図形の尺度]欄、[全体の尺度]に縮尺の逆数を入力し、「SXF－開矢印_縮尺」という名前の寸法スタイルを作成しています(右図)。

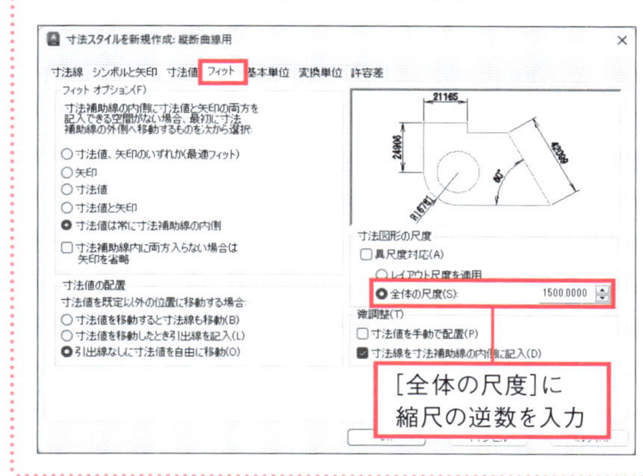

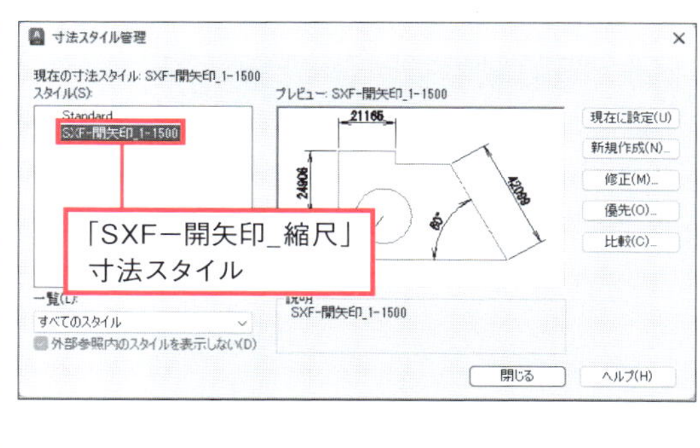

6-3 標準横断図の作図

練習用ファイル「6-3.dwg」

標準横断図の一般部を作図します。左右対称形なので、左半分を作図してから反転複写し、右半分を作図します。
練習用ファイル「6-3.dwg」にはすでに作図されている横断図があるので、これを複写して作図を効率的に行いましょう。

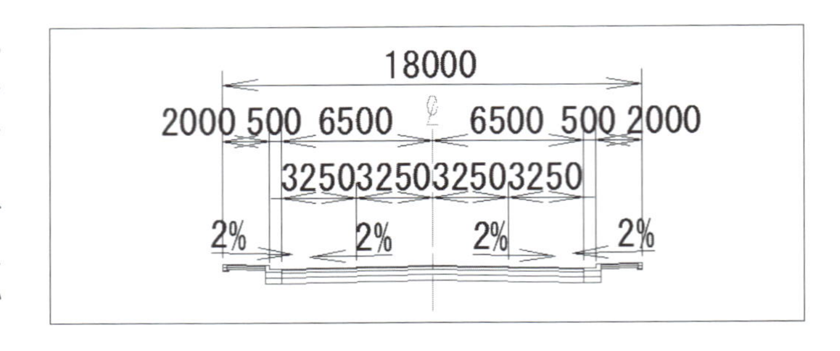

6-3-1 図の複写と削除

まず練習用ファイル「6-3.dwg」内の立体擁壁部を複写し、これをベースに一般部を作図していきます。

❶ 練習用ファイル「6-3.dwg」を開く。
❷ ステータスバーは[直交モード]、[オブジェクトスナップ]をオンにする。
❸ 図に示した辺りを拡大表示する（上部の何も書かれていない領域も表示する）。
❹ [ホーム]タブ－[修正]－[複写]をクリックする。
❺ 点Ⓐ、点Ⓑの順にクリックして窓選択で立体擁壁部をすべて選択する。
❻ Enterキーを押して選択を確定する。

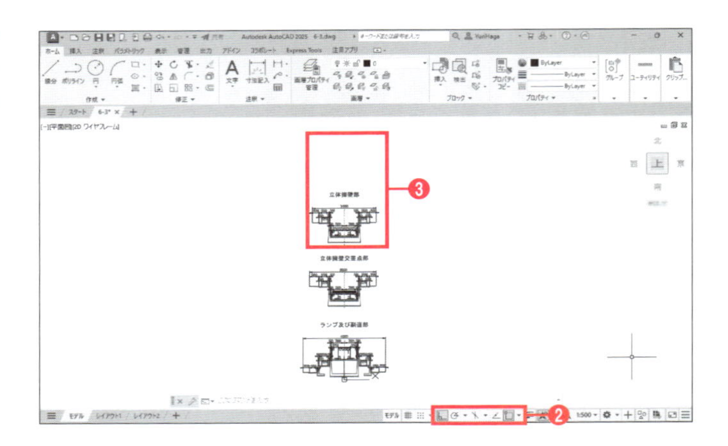

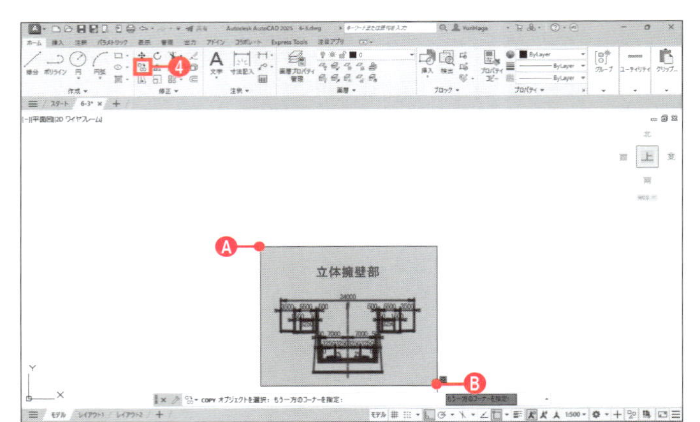

❼ 任意の点をクリックする。
❽ カーソルを上方向に動かす。
❾ キーボードから「35000」と入力し、Enterキーを押す。
❿ Enterキーを押して[複写]コマンドを終了する。

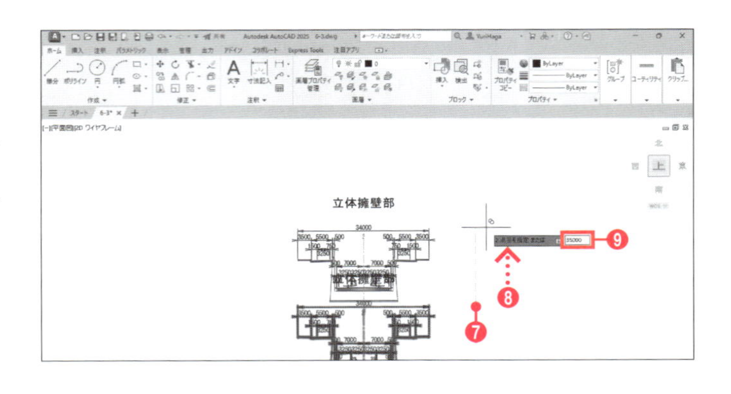

選択したオブジェクトが35000上に複写されます。

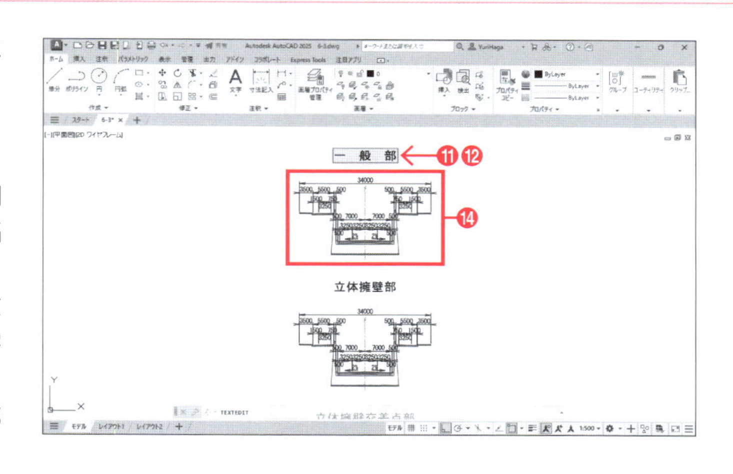

⓫ 複写した文字をダブルクリックする。
⓬「一　般　部」と入力する（文字間に全角スペースを入れて文字間隔を調整する）。
⓭ Enter キーを2回押す。1回目で文字の内容を確定し、2回目で［文字編集］コマンドを終了する。
⓮ 図に示した辺り（複写した図形の部分）を拡大表示する。

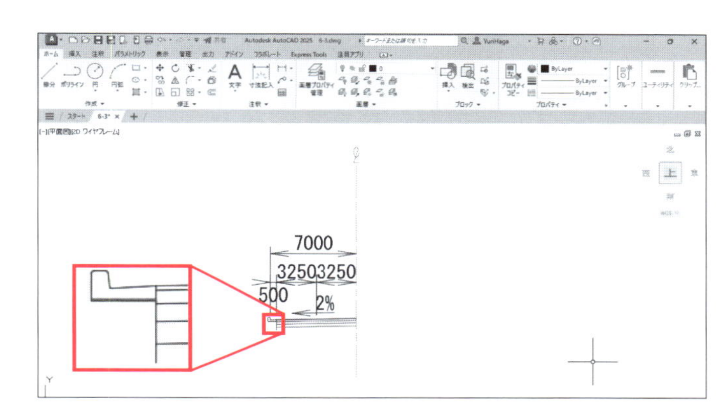

⓯ 図に表示されているオブジェクトを残して、ほかは削除する。左下の部分は細かいので、必要なオブジェクトまで削除しないように注意する。

6-3-2 中心線を短縮

中心線を短くするために［ストレッチ］コマンドを使って縮めます。

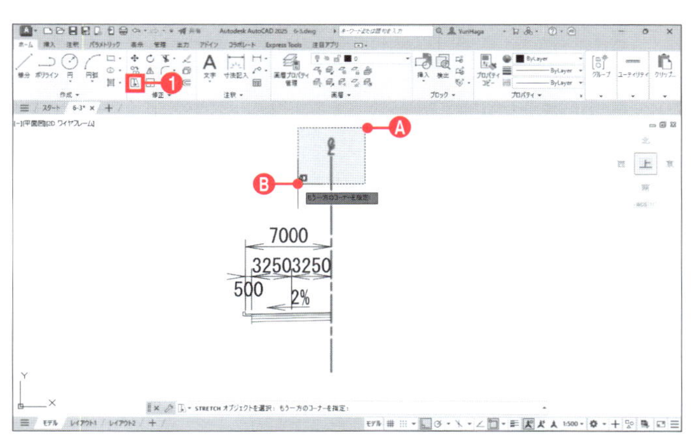

❶［ホーム］タブー［修正］ー［ストレッチ］をクリックする。
❷ ツールチップに「オブジェクトを選択」と表示される。点A、点Bの順にクリックして交差選択をする。
❸ Enter キーを押して選択を確定する。
❹ 任意の点をクリックする。
❺ カーソルを下方向に動かす。
❻ キーボードから「7000」と入力し、Enter キーを押す。

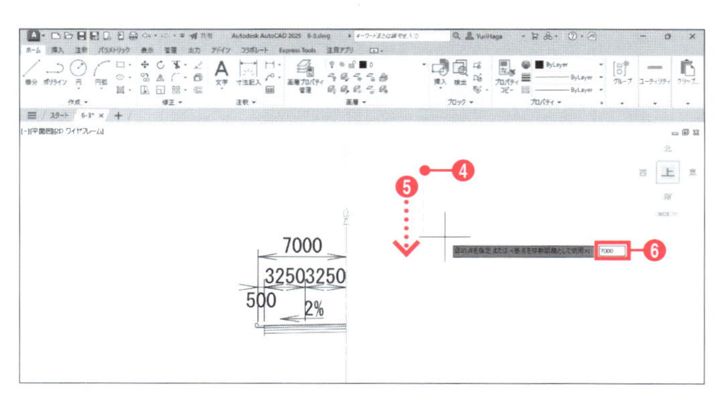

中心線の上部が縮み、短くなります。

[ストレッチ]コマンドについて

[ストレッチ]コマンドを使用するときは、伸縮させる図形を交差選択します。
交差窓に完全に囲まれている図形は移動し、一部だけ囲まれている図形は伸縮します。

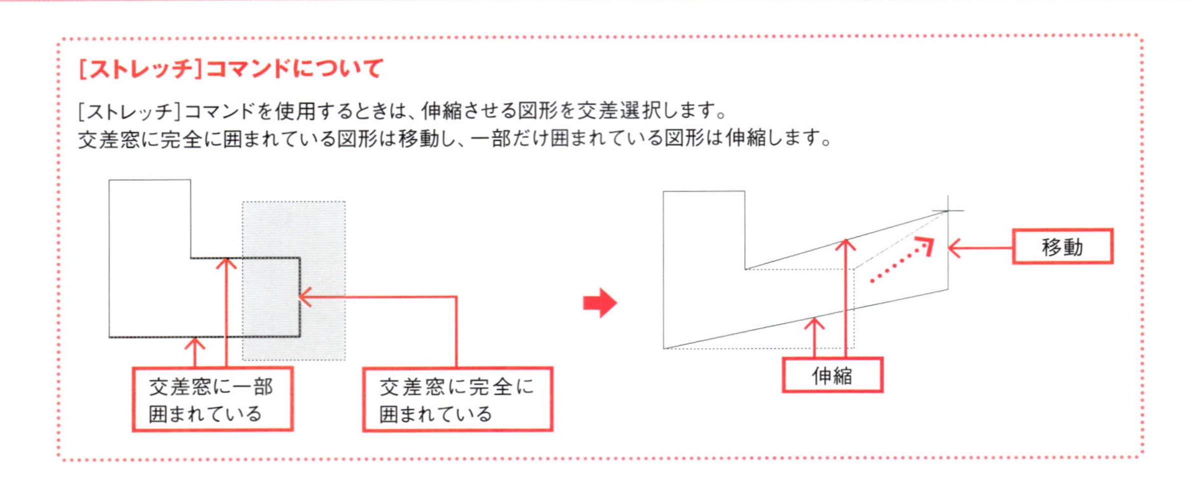

❼[ホーム]タブー[修正]ー[ストレッチ]をクリックする。
❽ツールチップに「オブジェクトを選択」と表示される。点Ⓒ、点Ⓓの順にクリックして交差選択をする。
❾ Enter キーを押して選択を確定する。

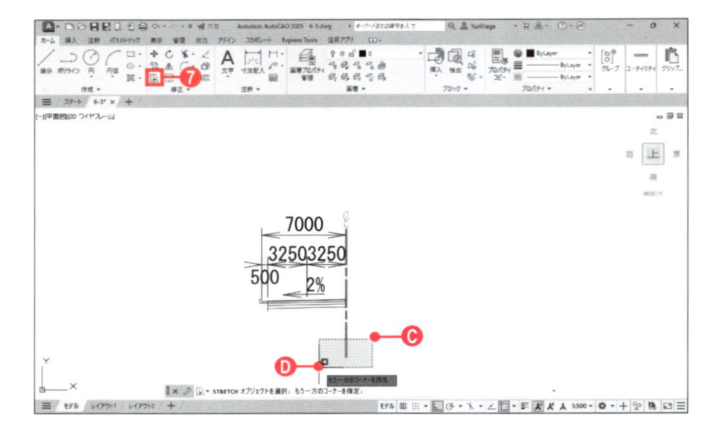

❿任意の点をクリックする。
⓫カーソルを上方向に動かす。
⓬キーボードから「3000」と入力し、Enter キーを押す。

中心線の下部が縮み、短くなります。

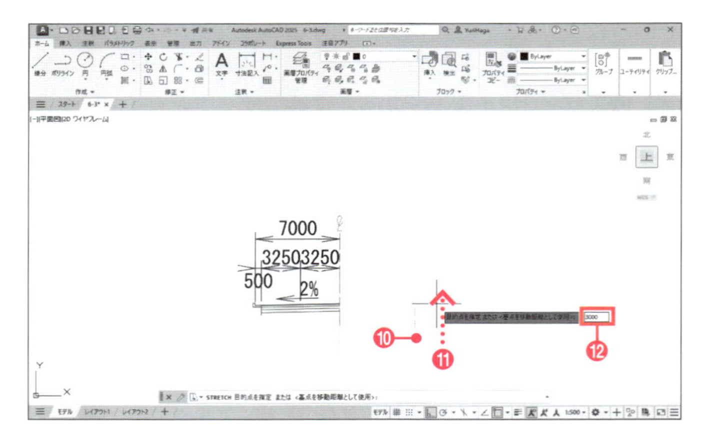

6-3-3 車道部分の修正

車道部分の線分を修正し、必要な線分を作図します。

❶ ステータスバーは[オブジェクトスナップ]、[オブジェクトスナップトラッキング]をオンにする。
❷ 現在画層を[D-STR]に変更する。
❸ 図に示したL型側溝の辺りを拡大表示する。

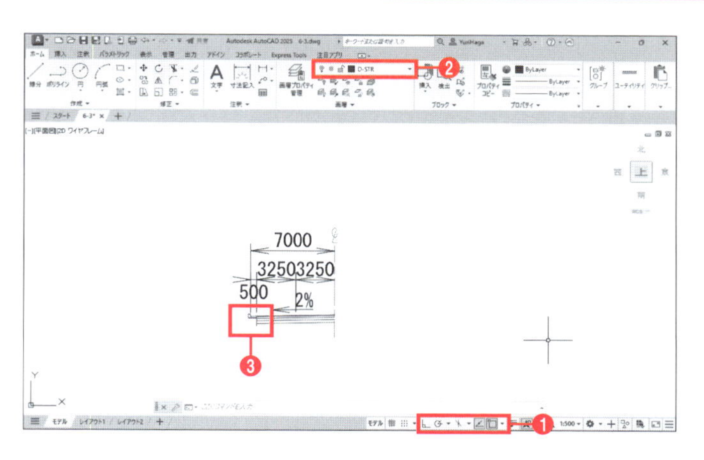

❹ 図の線分をクリックして選択する。
❺ 下端点のグリップをクリックして選択する。グリップの色が青から赤に変わる。
❻ 舗装の線分の端点をクリックする。

線分の長さが調整されます。

❼ Esc キーを押して選択を解除する。

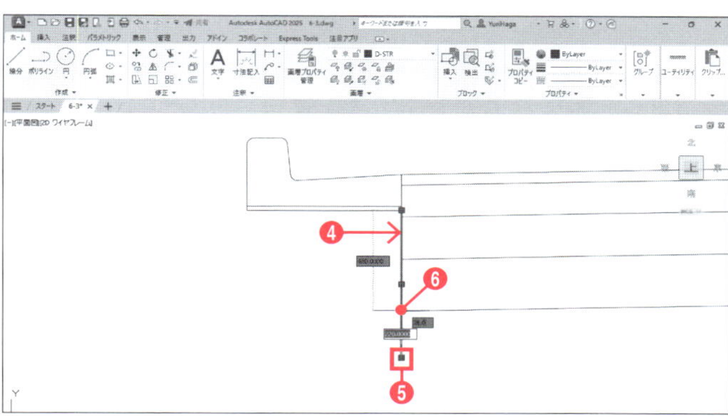

❽ [ホーム]タブ－[作成]－[線分]をクリックする。
❾ L型側溝の端点をクリックする。
❿ カーソルを下方向に動かし、位置合わせパスを表示する。

位置合わせパスがうまく表示されない場合は、一度カーソルをオブジェクトスナップ(手順❾のL型側溝の端点)の点に当ててから(クリックはしない)、再度カーソルを動かしてください。

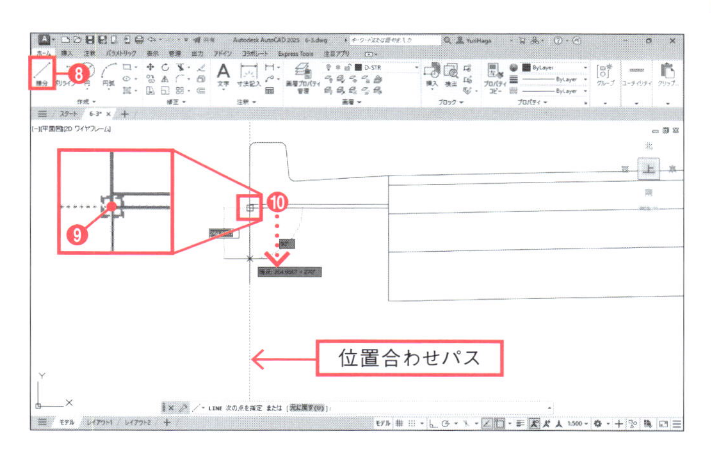

⓫ カーソルを舗装の線分の端点に当てる(クリックはしない)。
⓬ カーソルを左方向に動かし、位置合わせパスを表示する。
⓭ 手順❿で表示した位置合わせパスとの交点をクリックする。

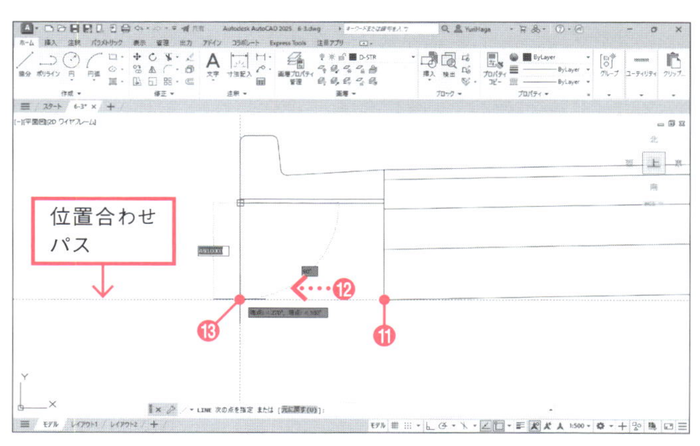

⑭ 舗装の端点をクリックする。

⑮ Enter キーを押して[線分]コマンドを終了する。

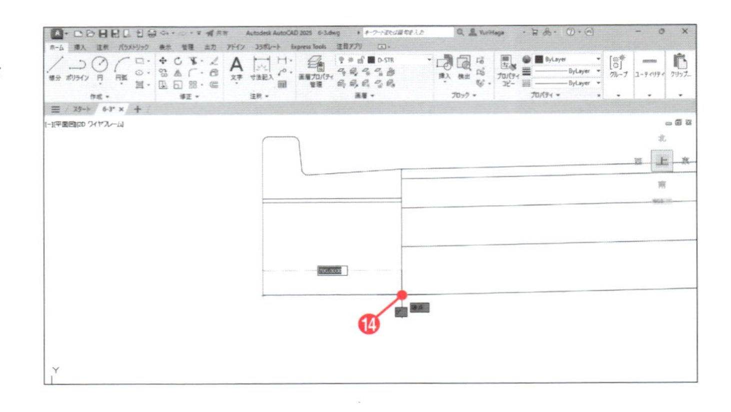

L字型の線分が作成されます。

⑯ [ホーム]タブ－[作成]－[線分]をクリックする。

⑰ 舗装の線分の端点をクリックする。

⑱ カーソルを左方向に動かし、位置合わせパスを表示する。

⑲ 位置合わせパスと線分の交点をクリックする。

⑳ Enter キーを押して[線分]コマンドを終了する。

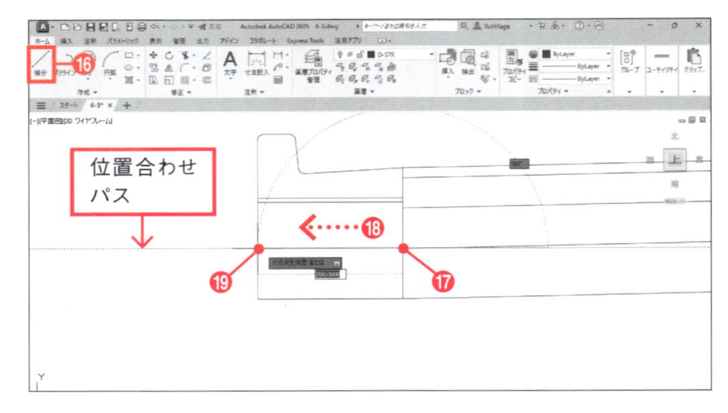

2点間に線分が作成されます。

6-3-4 歩道部分の作図

立体擁壁部から歩道部分を複写して作図します。歩道部分の幅を決めるために、補助線となる構築線を作成します。

❶ ステータスバーは[オブジェクトスナップ]をオンにする。

❷ [ホーム]タブ－[作成]－[構築線]をクリックする。

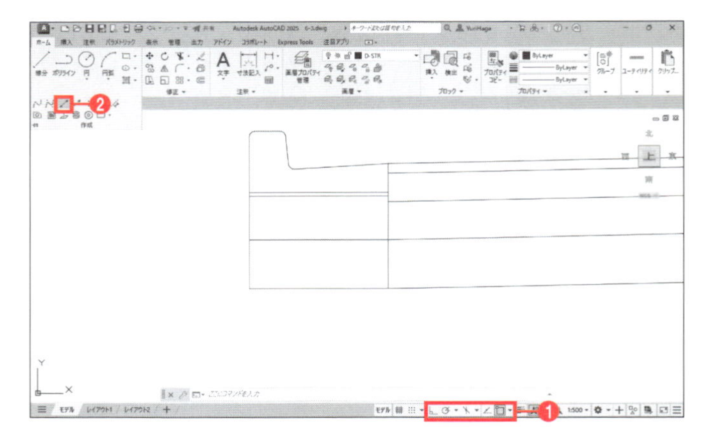

❸ ツールチップに「点を指定」と表示される。作図領域を右クリックして、メニューから[垂直]を選択する。

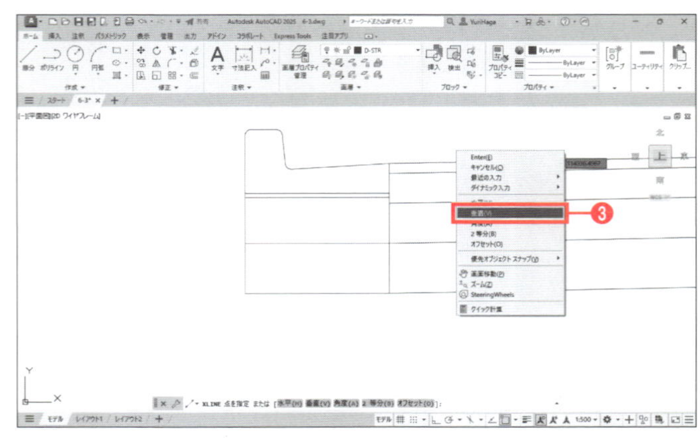

❹ Shift キーを押しながら作図領域を右クリックし、メニューから[点]を選択する。
❺ 寸法の測定点をクリックする。
❻ Enter キーを押して[構築線]コマンドを終了する。

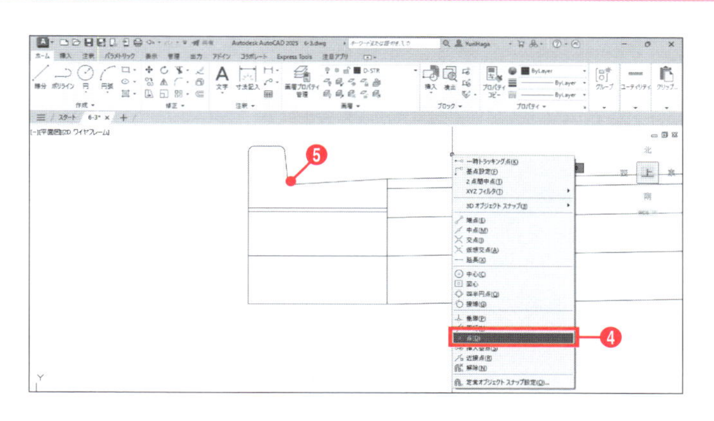

クリックした点を通る垂直の構築線が作成されます。

❼ [ホーム]タブー[修正]ー[オフセット]をクリックする。
❽ ツールチップに「オフセット距離を指定」と表示される。キーボードから「**1850**」と入力し、Enter キーを押す。
❾ ツールチップに「オフセットするオブジェクトを選択」と表示される。手順❷〜❻で作成した構築線を選択する。
❿ ツールチップに「オフセットする側の点を指定」と表示される。構築線の左側をクリックして選択する。
⓫ Enter キーを押して[オフセット]コマンドを終了する。

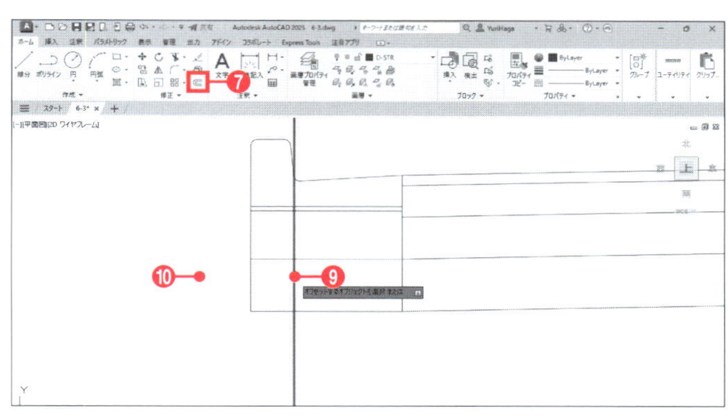

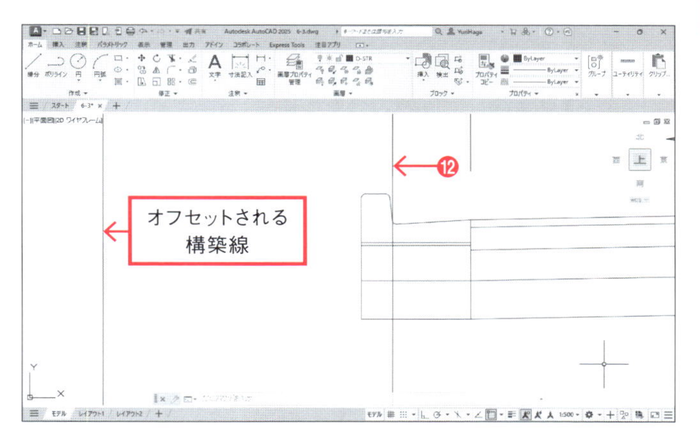

構築線が左側にオフセットされます。

⓬ 手順❷〜❻で作成した構築線を削除する。

⓭ 図のように縮小表示し、図に示した辺り(立体擁壁部の歩道部分)を拡大表示する。

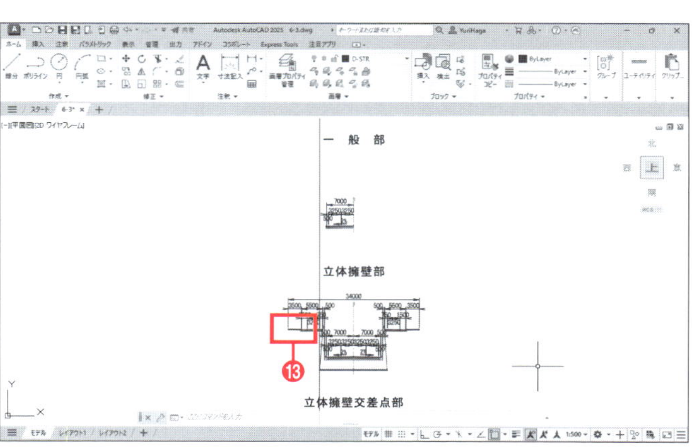

⑭［ホーム］タブー［修正］ー［複写］をクリックする。
⑮ツールチップに「オブジェクトを選択」と表示される。歩道の線4本と縁石を選択する。
⑯ Enter キーを押して選択を確定する。
⑰ツールチップに「基点を指定」と表示される。歩道の線の端点をクリックする。

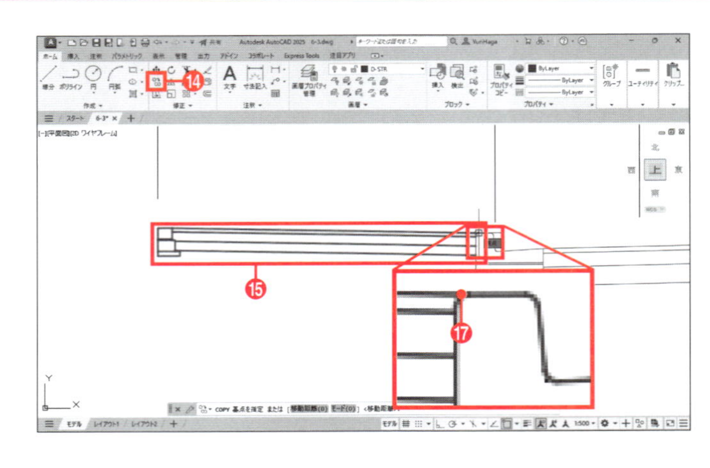

⑱ツールチップに「2点目を指定」と表示される。図のように縮小表示し、図に示した辺り（一般部のL型側溝の部分）を拡大表示する。

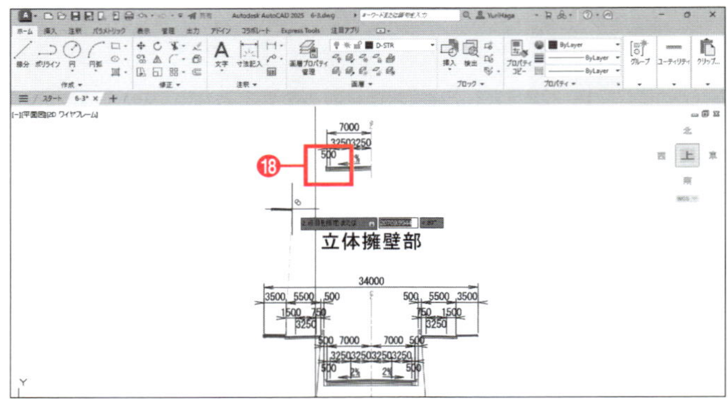

⑲ L型側溝の端点をクリックする。
⑳ Enter キーを押して［複写］コマンドを終了する。

立体擁壁部から一般部に歩道と縁石の線分が複写されます。

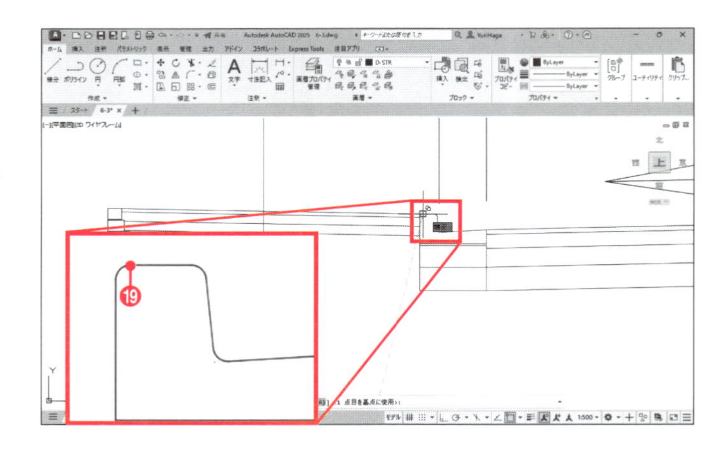

㉑［ホーム］タブー［修正］ー［ストレッチ］をクリックする。
㉒ツールチップに「オブジェクトを選択」と表示される。点Ⓔ、点Ⓕの順にクリックして交差選択をする。
㉓ Enter キーを押して選択を確定する。

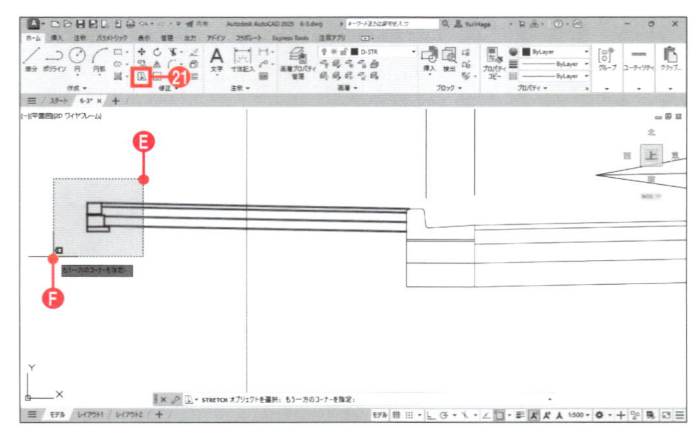

㉔ 縁石の端点をクリックする。

㉕ 手順⑦〜⑪でオフセットした構築線と歩道の線の交点をクリックする。

歩道の線が縮み、縁石のオブジェクトが構築線上に配置されます。

㉖ 構築線を削除する。

6-3-5 寸法などの仕上げ（1）

寸法や勾配記号を追加・修正します。

① 一般部全体が見えるよう、図のように表示する。

②「7000」の寸法をクリックして選択する。

③ 寸法補助線の下のグリップをクリックして選択する。グリップの色が青から赤に変わる。

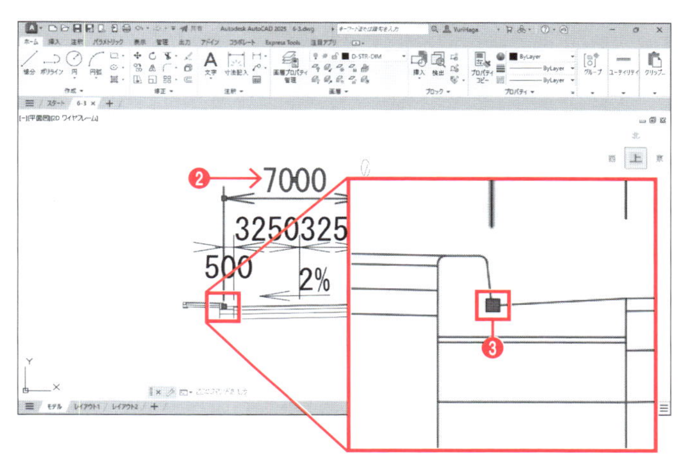

④ 図に示したL型側溝の端点をクリックする。

寸法補助線が移動し、寸法値が「6500」に変化します。

⑤ Escキーを押して選択解除する。

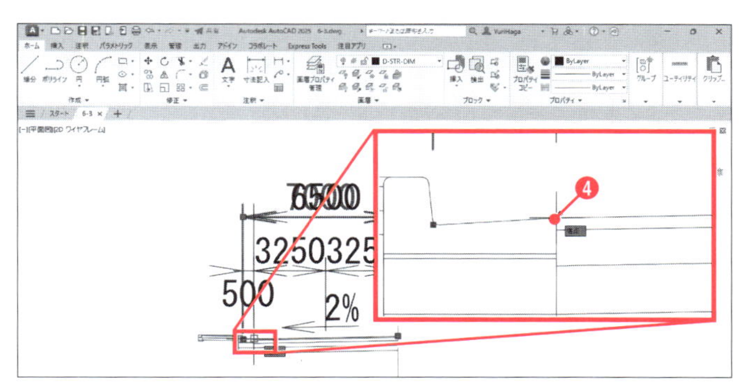

⑥「500」の寸法をクリックして選択する。

⑦ 右側の矢印の先のグリップをクリックして選択する。グリップの色が青から赤に変わる。

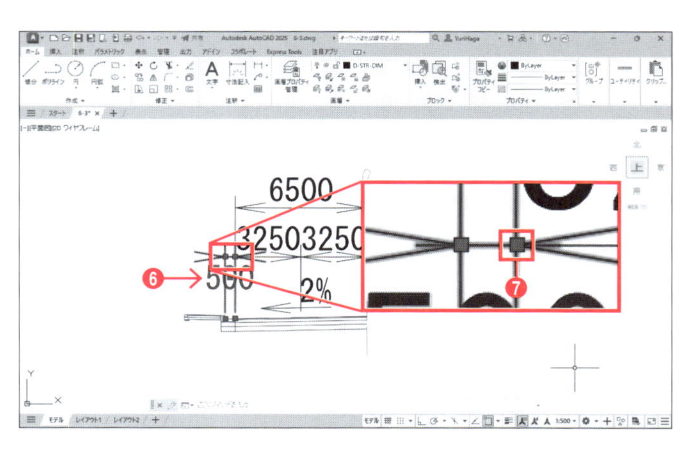

6-3

標準横断図の作図

❽「6500」の寸法の矢印の端点をクリックする。

矢印が上に移動します。

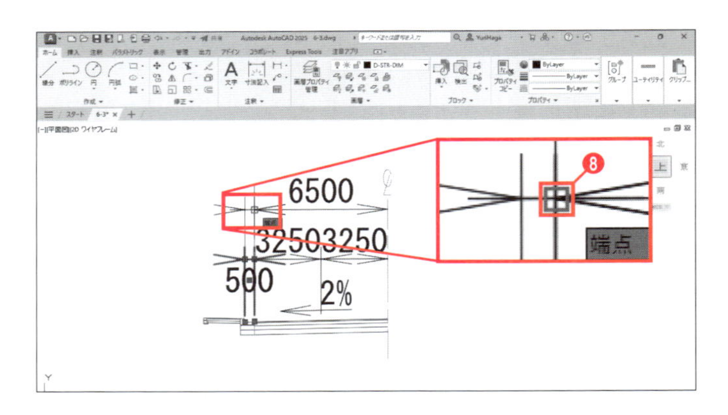

❾「500」の寸法の寸法値の中央にあるグリップにカーソルを当てると(クリックはしない)、メニューが表示される。
❿[文字の位置をリセット]を選択する。

文字の位置が寸法線の上に移動されます。

⓫ Esc キーを押して選択解除する。

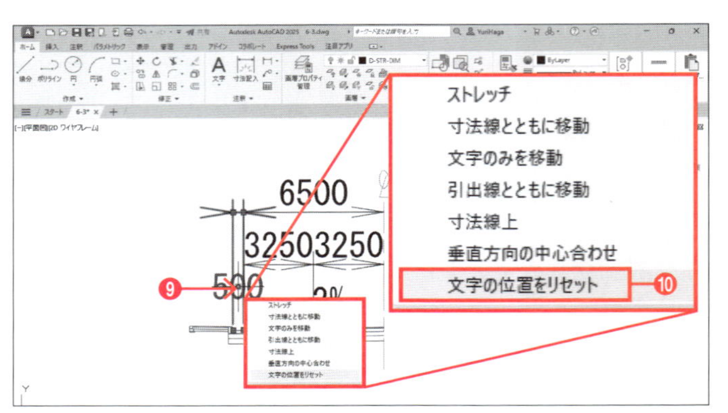

⓬現在画層を[D-STR-DIM]に変更する。
⓭「500」の寸法をクリックして選択する。
⓮左側の矢印の先のグリップにカーソルを当てると(クリックはしない)、メニューが表示される。
⓯[直列寸法記入]を選択する。

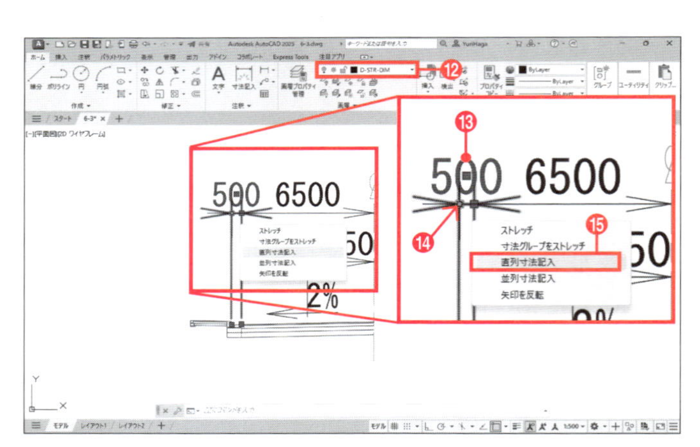

⓰縁石の端点をクリックする。
⓱ Enter キーを押して[直列寸法記入]コマンドを終了する。

「500」の寸法の左側に「2000」という寸法が作成されます。

⓲ Esc キーを押して選択解除する。

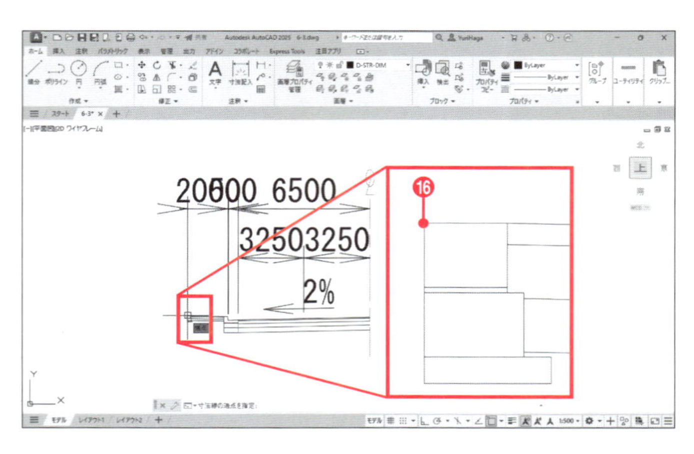

寸法の多機能グリップについて

寸法を選択したときに表示されるグリップを操作すると、寸法の計測位置や寸法線の位置などの編集をすばやく簡単に行えます(P.221「寸法のグリップ編集について」を参照)。また、寸法値や矢印のグリップは「多機能グリップ」と呼ばれ、カーソルを当てるとメニューが表示され、グリップ固有のオプションを選択することができます。

寸法値の多機能グリップ

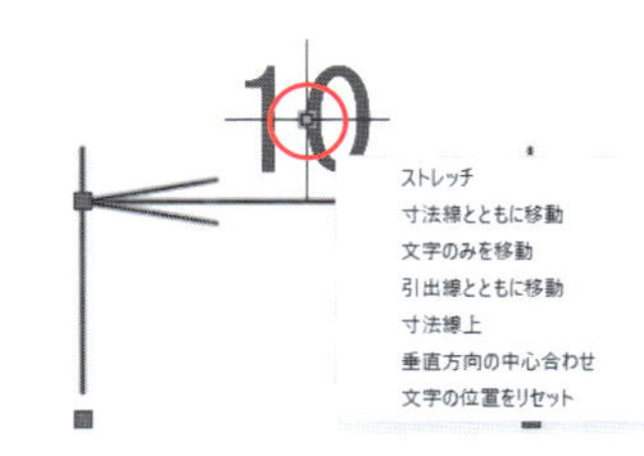

矢印の多機能グリップ

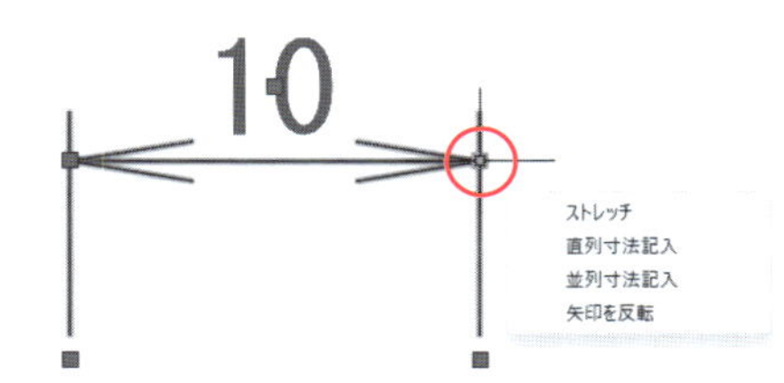

⑲ ステータスバーは[直交モード]をオンにする。
⑳ 手順⑬〜⑱で作成した「2000」の寸法をクリックして選択する。

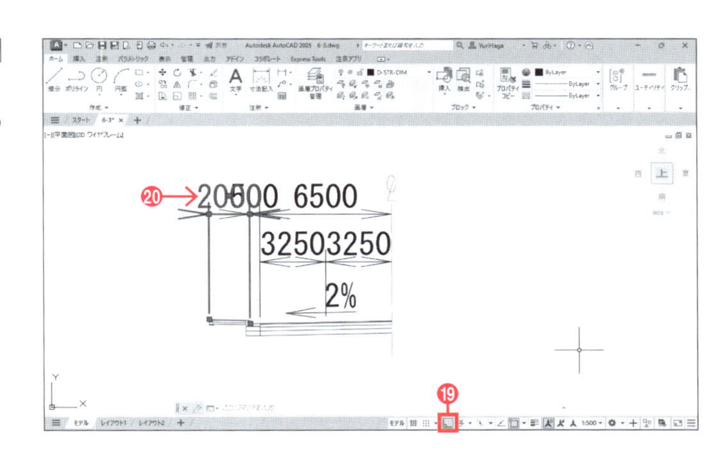

㉑ 寸法値の中央にあるグリップをクリックして選択する。
㉒ カーソルを左方向に動かす。
㉓「2000」と入力し、Enterキーを押す。
㉔ Escキーを押して選択解除する。

「2000」の寸法値が左側に移動します。

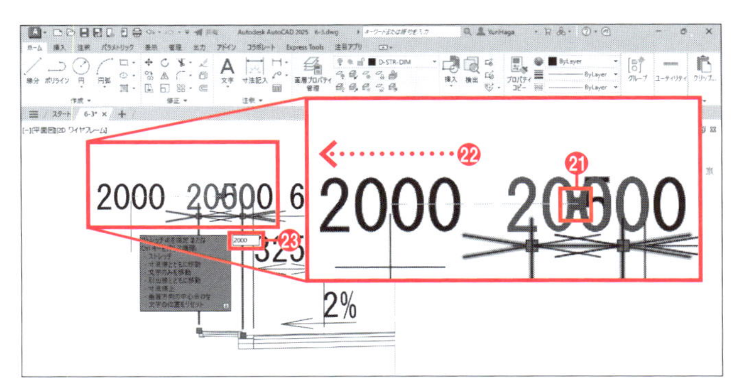

㉕[ホーム]タブー[修正]ー[複写]をクリックする。
㉖「2%」の勾配記号を選択する。
㉗ Enterキーを押して選択を確定する。
㉘ 車道の線の中点をクリックする。

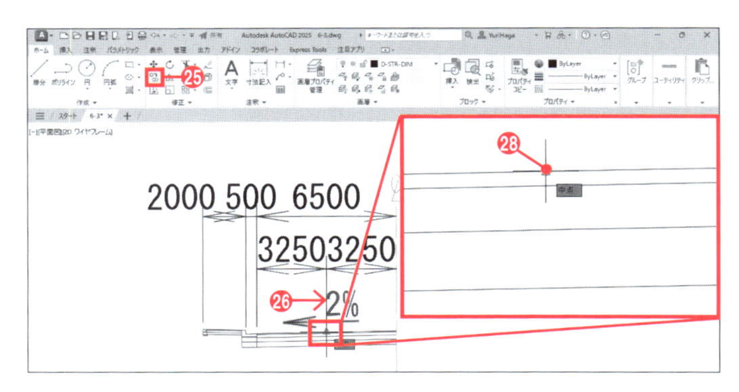

㉙ 歩道の線の中点をクリックする。
㉚ Enter キーを押して[複写]コマンドを終了する。

勾配記号が歩道部分に複写されます。

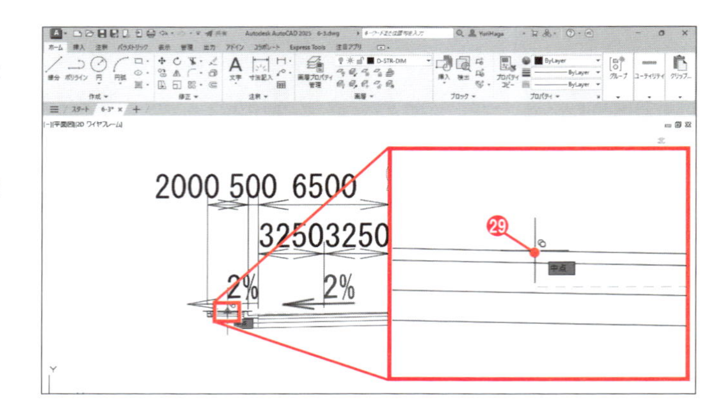

㉛ [ホーム]タブ－[修正]－[鏡像]をクリックする。
㉜ 手順㉕～㉚で複写した勾配記号をクリックして選択する。
㉝ Enter キーを押して選択を確定する。
㉞ 歩道の線の中点をクリックする。

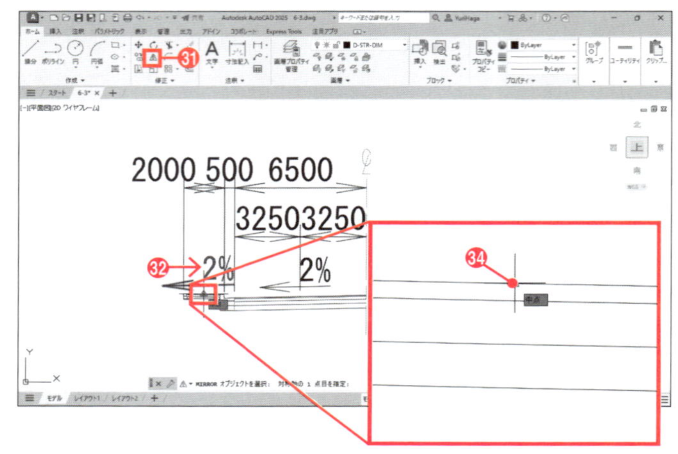

㉟ カーソルを上方向に動かし、任意の点をクリックする。

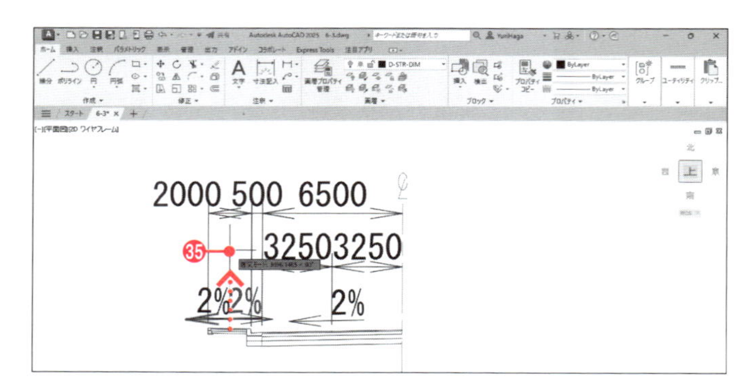

㊱ ツールチップに「元のオブジェクトを消去しますか?」と表示されるので、[はい]をクリックして選択する。

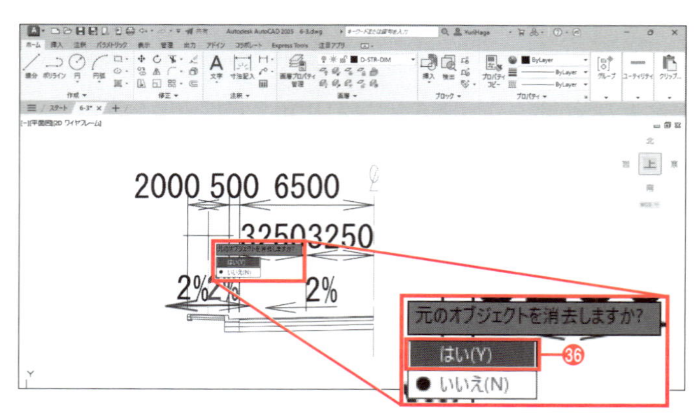

勾配記号が左右反転します。

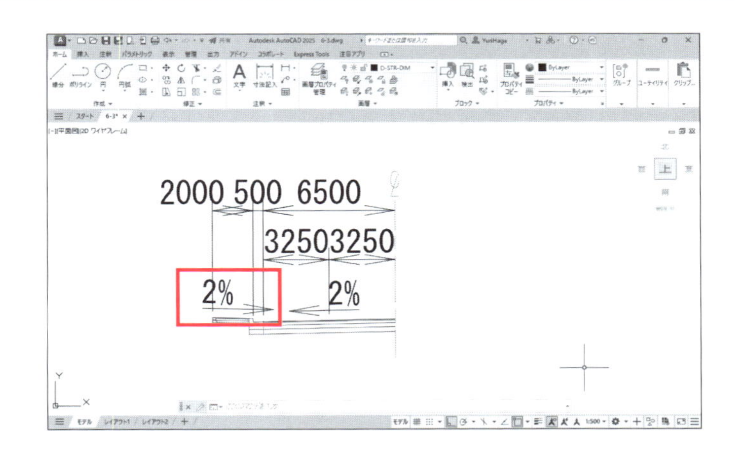

[鏡像]コマンドによる反転

[鏡像]コマンドの最後に、「元のオブジェクトを消去しますか?」というプロンプトが表示されます。ここで Enter キーを押すと初期設定のオプションである[いいえ]が選択されて反転複写となり、手順㊱のように[はい]を選択すると反転移動になります。

■ 左の三角形に対して[鏡像]コマンドを実行する場合

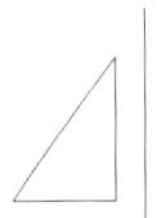

ⓐ 最後に Enter キーを押す([いいえ]を選択する)と反転複写

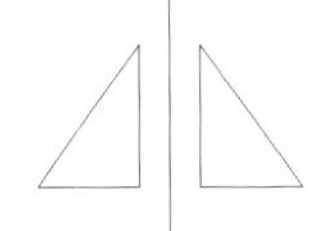

ⓑ 最後に[はい]を選択すると反転移動

6-3-6 寸法などの仕上げ(2)

前項までに作成した部分を[鏡像]コマンドで反転複写し、右半分を作成します。全体の幅の寸法も作成します。

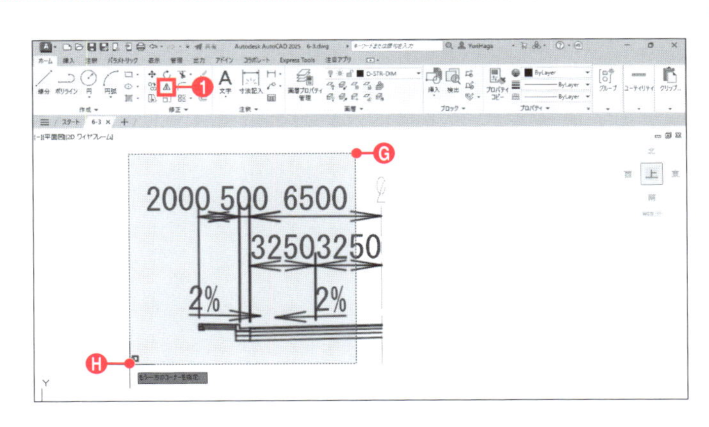

❶ [ホーム]タブー[修正]ー[鏡像]をクリックする。
❷ 点Ⓖ、点Ⓗの順にクリックして交差選択をし、中心記号と中心線以外を選択する。
❸ Enter キーを押して選択を確定する。
❹ 中心線の端点をクリックする。
❺ もう一方の中心線の端点をクリックする。
❻ ツールチップに「元のオブジェクトを消去しますか?」と表示されるので、[いいえ]をクリックして選択する。

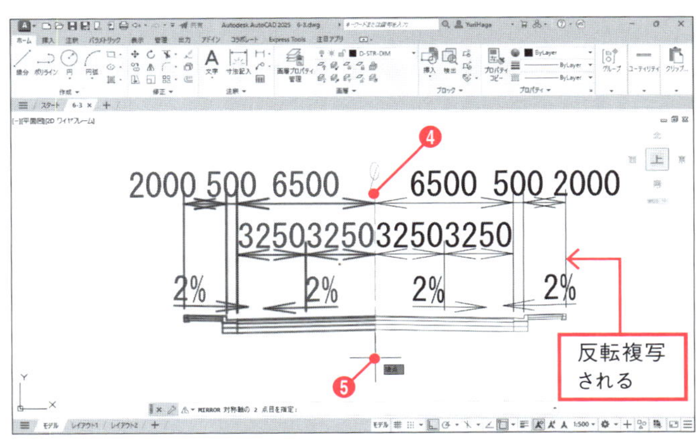

右半分に反転複写されます。

❼ 一般部全体が見えるよう、図のように表示する。
❽ 左側の「2000」の寸法をクリックして選択する。
❾ 右側の矢印の先のグリップにカーソルを当てると（クリックはしない）、メニューが表示される。
❿［並列寸法記入］を選択する。

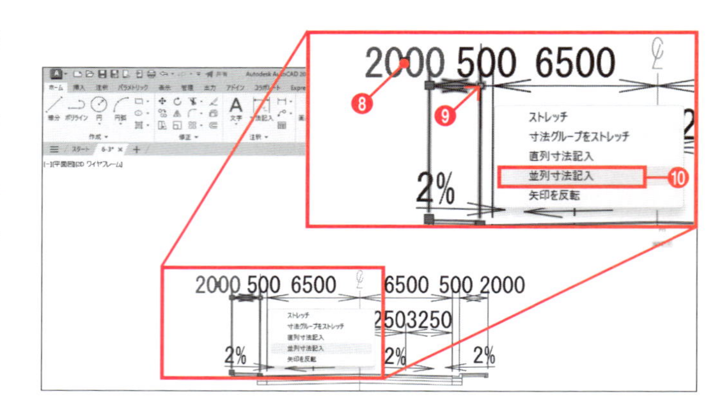

⓫ 作成する寸法のプレビューが表示されるので、右側の縁石の端点をクリックする。
⓬ Enter キーを押して［並列寸法記入］コマンドを終了する。

全体の幅を示す「18000」という寸法が作成されます。

⓭ Esc キーを押して選択解除する。

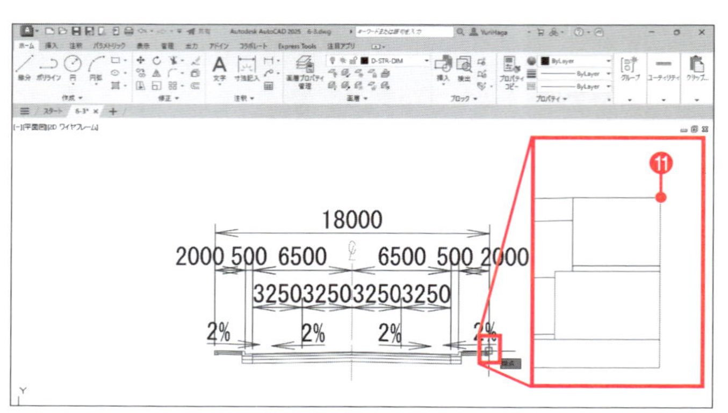

⓮「一　般　部」の文字が見えるよう、図のように表示する。
⓯［ホーム］タブ－［修正］－［移動］をクリックする。
⓰「一　般　部」の文字をクリックして選択する。
⓱ Enter キーを押して選択を確定する。
⓲ 任意の点をクリックする。
⓳ カーソルを下方向に動かす。
⓴「**7000**」と入力し、Enter キーを押す。

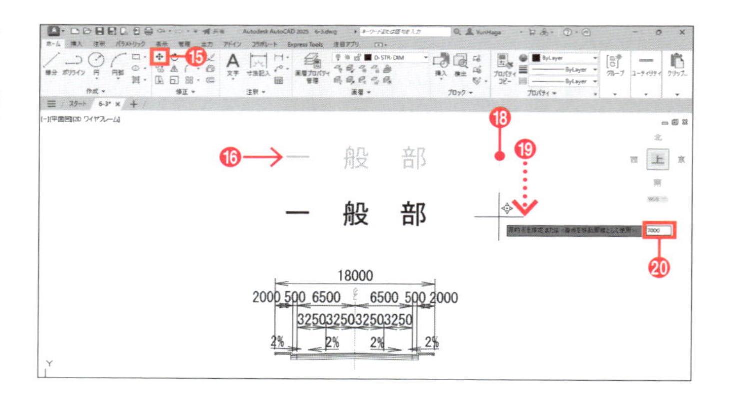

文字が7000下に移動します。

㉑ 図面全体が見えるよう、図のように表示する。

完成した図面が表示されます。

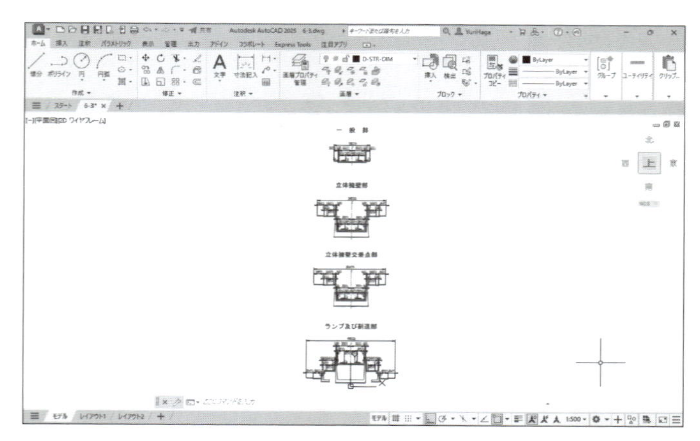

6-4 外部参照

練習用ファイル「6-4.dwg」「6-4平面図.dwg」「6-4縦断図.dwg」「6-4標準横断図.dwg」「6-4縦断地形図.dxf」

5章と、この章の6-1〜6-3で作成した平面図・縦断図・標準横断図を利用して、平面縦断図を作図します。
ここでは図のように、平面図・縦断図の縮尺は1:1500、標準横断図の縮尺は1:500とします。すべてを同じファイル内で作図すると画層などの管理や作図が複雑になるので、別々の図面ファイルに作成し、外部参照として「アタッチ」(リンク貼り付け)して1つの図面にまとめます。

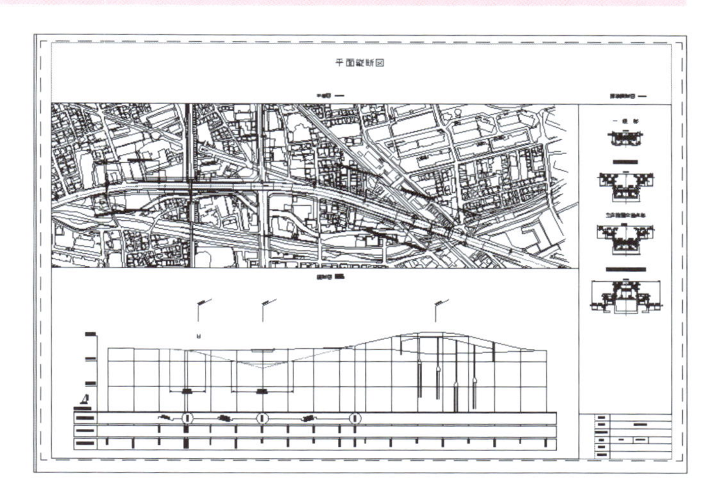

外部参照について

外部参照とは、ほかのファイルをリンク参照して貼り付ける機能です。参照元のファイルを変更すると、参照先のファイルも追従して更新されます(ただし、リンク参照しているので、ファイルパスが正しくないと、画面上に表示されません)。
リンク貼り付けをすることを「アタッチ」、リンクを削除してブロックにすることを「バインド」と呼びます。これらの操作や、ファイルのロード、ロード解除などは、[外部参照]パレットで行います。

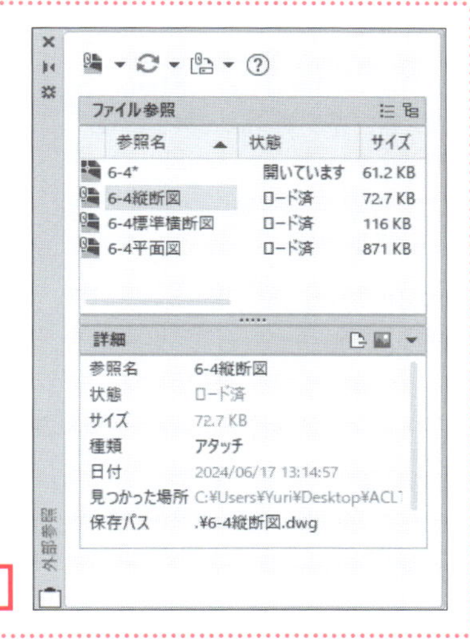

[外部参照]パレット

6-4-1 外部参照をアタッチ

練習用ファイル「6-4.dwg」に平面図、縦断図、標準横断図をアタッチします。

❶ 練習用ファイル「6-4.dwg」を開く。
❷ ステータスバーの作図補助機能(直交モード、極トラッキング、オブジェクトスナップなど)はオフにする。
❸ [挿入]タブ−[参照]−[アタッチ] をクリックする。

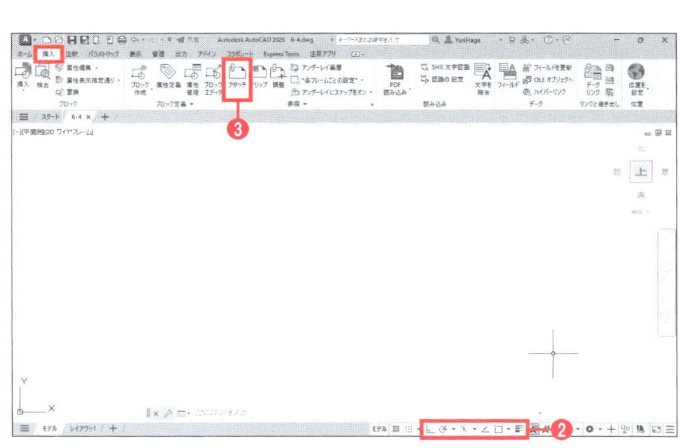

❹［参照ファイルを選択］ダイアログボックスが表示される。［ファイルの種類］で［図面（*. dwg）］を選択する。
❺「6-4平面図.dwg」を選択する。
❻［開く］ボタンをクリックする。

❼［外部参照アタッチ］ダイアログボックスが表示される。［参照の種類］欄で［アタッチ］を選択する。
❽［尺度］欄の［XYZ尺度を均一に設定］にチェックを入れる。Xに「1」と入力する。
❾［挿入位置］欄の［画面上で指定］のチェックを外し、X、Y、Zに「0」と入力する。
❿［パスの種類］欄で［相対パス］を選択する（パスの種類についてはP.105を参照）。
⓫［OK］ボタンをクリックする。

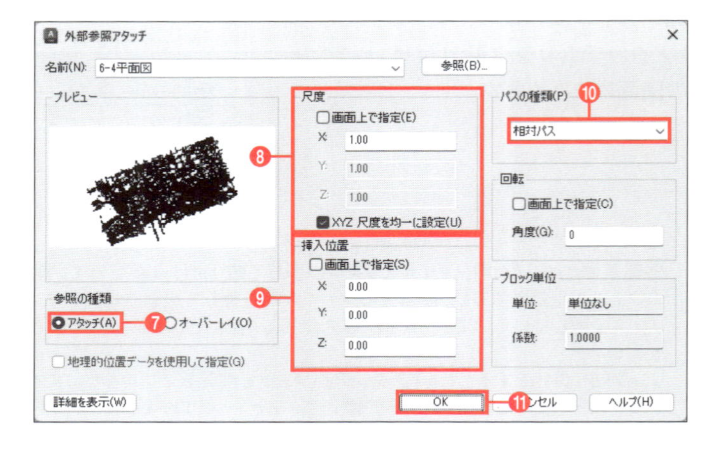

［相対パス］を選択したときに「相対パスを割り当てることはできません」とメッセージが表示される場合は、［キャンセル］ボタンを押し、一度ダイアログボックスを閉じて「6-4.dwg」を上書き保存してください。

平面図が外部参照でアタッチされます。画面に平面図が表示されていない場合は、位置がずれていたり、小さく表示されていたりするので画面表示を調整します。

⓬マウスのホイールをダブルクリックするか、P.28の方法でオブジェクト範囲ズームを実行する。

平面図が表示されます。

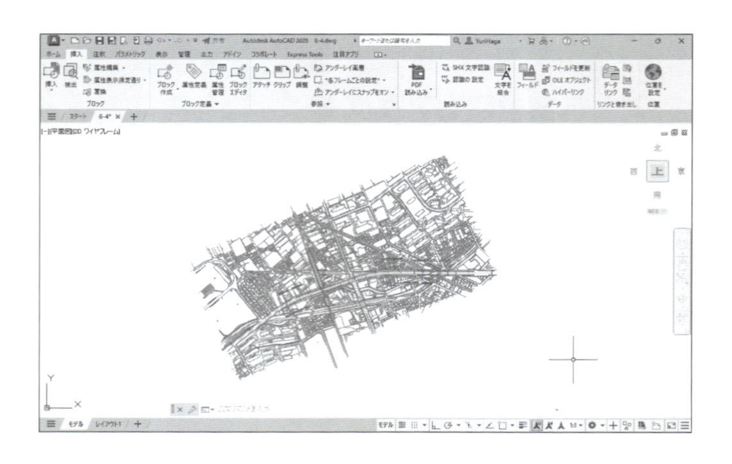

外部参照のアタッチとオーバーレイについて

[外部参照アタッチ]ダイアログボックスの[参照タイプ]欄で[アタッチ]を選択すると、外部参照を入れ子状態にして使用できます。[オーバーレイ]を選択すると、外部参照は入れ子状態にはなりません。

■ アタッチの場合

「A.dwg」をアタッチで外部参照

A.dwg

A.dwg
B.dwg

「B.dwg」を外部参照

「A.dwg」も外部参照される

A.dwg
B.dwg
C.dwg

■ オーバーレイの場合

「A.dwg」をオーバーレイで外部参照

A.dwg

A.dwg
B.dwg

「B.dwg」を外部参照

「A.dwg」は外部参照されない

B.dwg
C.dwg

⑬ 平面図の右側に縦断図と標準横断図が挿入できるよう、図のように表示する。

⑭ [挿入]タブー[参照]ー[アタッチ]をクリックする。

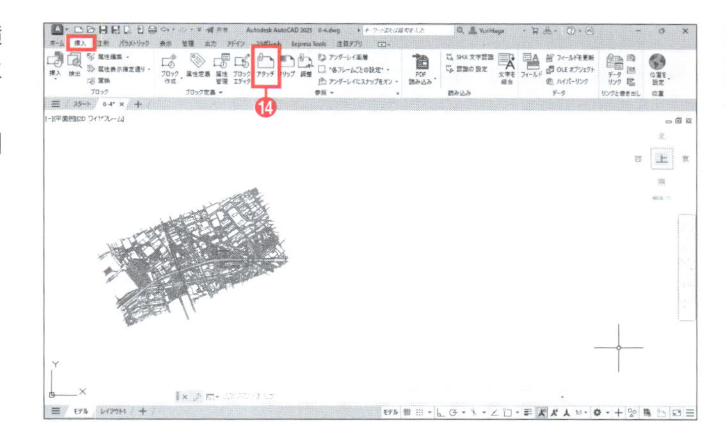

⑮「6-4縦断図.dwg」を選択する。

⑯ [開く]ボタンをクリックする。

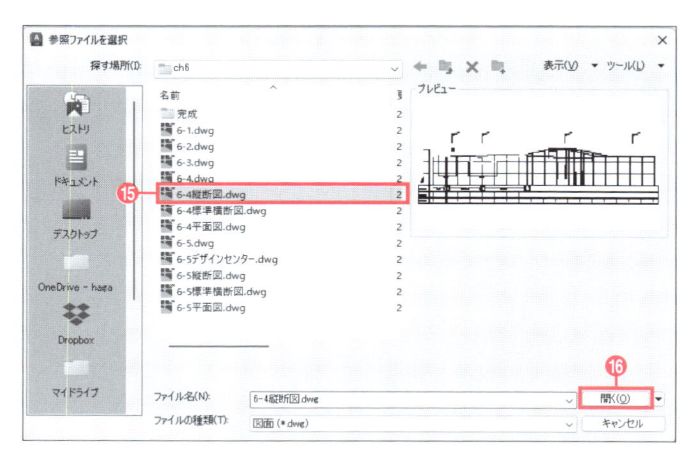

⑰［外部参照アタッチ］ダイアログボックスが表示される。［挿入位置］欄の［画面上で指定］にチェックを入れる。
⑱［OK］ボタンをクリックする。

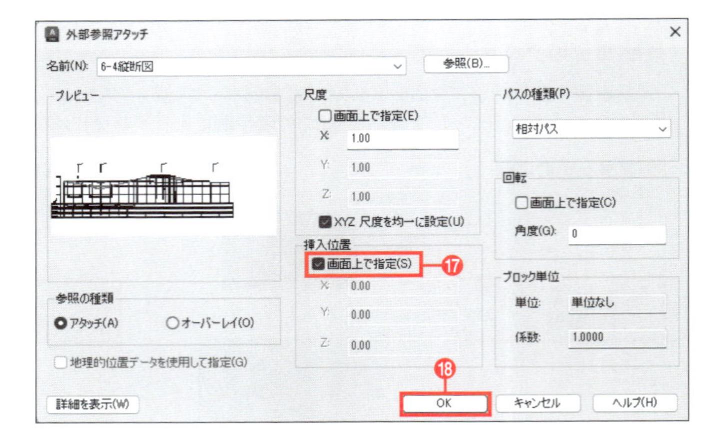

⑲図に示した辺り、縦断図を挿入する任意の点をクリックする。

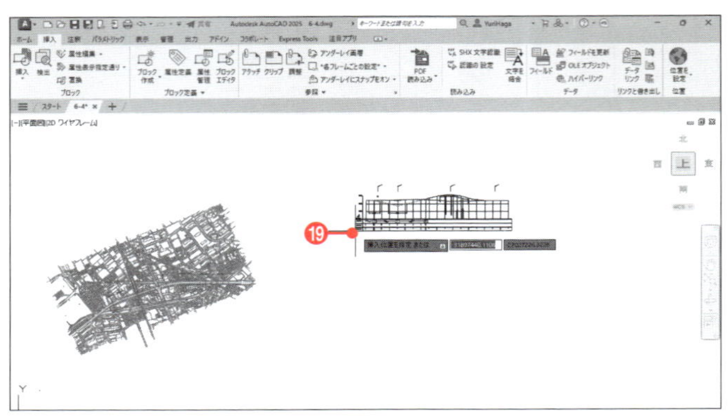

⑳手順⑭～⑲と同様にして、「6-4標準横断図.dwg」を外部参照でアタッチし、図に示した辺りに挿入する。

設定により、外部参照がフェード表示（淡色表示）される場合があります。その場合は、次の操作でフェード表示を解除できます。

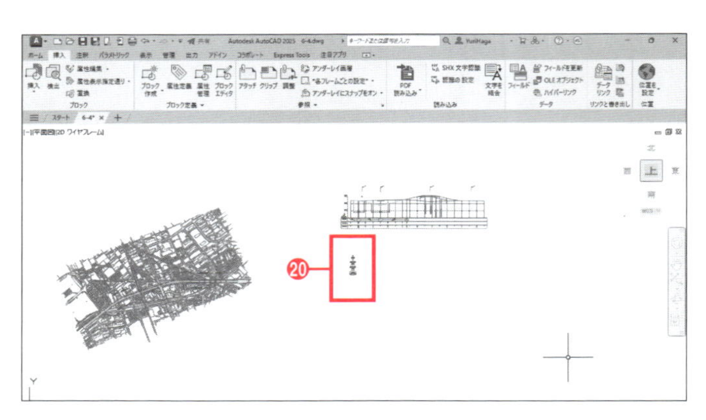

㉑［挿入］タブ－［参照］－［外部参照のフェード］をクリックしてオフにする。

外部参照のフェード表示が解除されます。

［外部参照のフェード］は、［挿入］タブ－［参照］のパネル名をクリックしてパネルを展開すると表示されます。

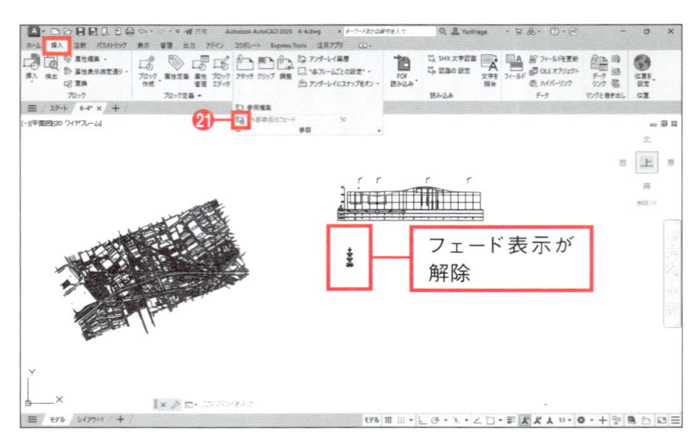

外部参照で図面を挿入すると、その図面の画層名は、画層の一覧に[図面ファイル名|画層名]という形式で表示されます。平面図と縦断図の地形の画層が、それぞれ別の画層にあることを確認します。

作図領域をクリック

6-4標準横断図|D-STR-DIM
6-4標準横断図|D-STR-HTXT
6-4標準横断図|D-TTL-TXT
6-4平面図|D-BGD
6-4平面図|D-BGD-CRST
6-4平面図|D-BMK
6-4平面図|D-BMK-HTXT

㉒[ホーム]タブ－[画層]－[画層]プルダウンメニューをクリックする。

㉓[6-4平面図|D-BGD]画層のマークをクリックする。

マークが黄色から青色に変わり、[6-4平面図|D-BGD]画層が非表示になります。

㉔作図領域をクリックする。[画層]のメニューが閉じる。

平面図の地形のみが非表示になります。画層はファイル別に管理されているので、縦断図の地形([6-4縦断図|D-BGD]画層)は表示されたままです。

平面図の地形は非表示

縦断図の地形は表示

㉕[ホーム]タブ－[画層]－[全画層表示]をクリックする。

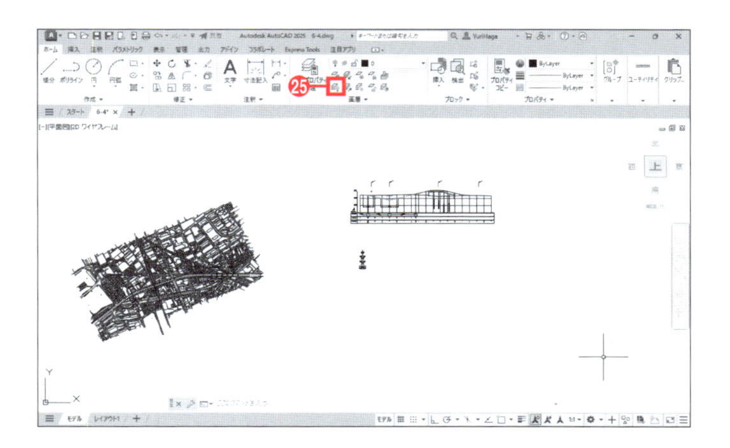

平面図の地形が表示されます。

この時点では、まだ3つの図面を単純に配置しただけです。この後**6-4-2**～**6-4-5**では、平面縦断図に表示する平面図と縦断図の範囲を合わせるために、縦断図を編集します。実際に平面縦断図のレイアウトを整える作業は、**6-5**で行います。

6-4-2 外部参照を変更(1)

現時点の縦断図は、NO.−2〜NO.7の範囲で作成されています。平面縦断図にしたときに、平面図と同じ範囲を図面に表示するために、縦断図を編集して、図のように範囲をNO.−3〜NO.5+50に変更します。

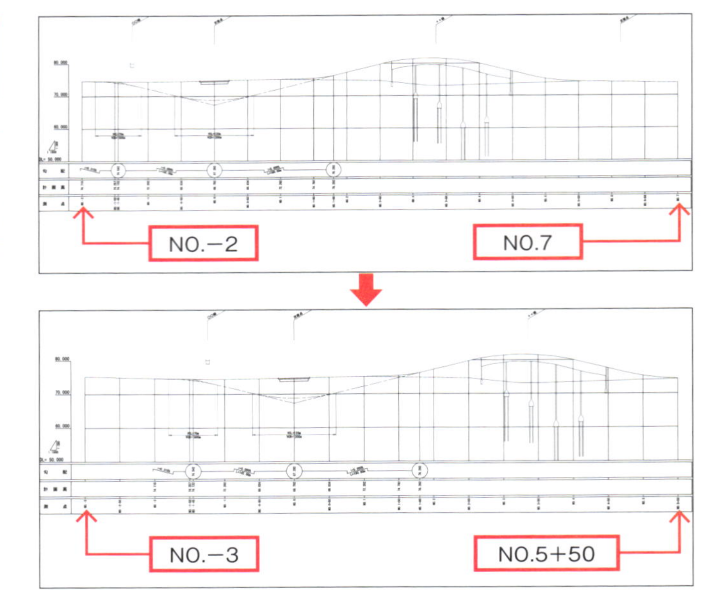

❶ 縦断図が見えるよう、図のように表示し、NO.−2〜NO.7の範囲で作図されていることを確認する。
❷「6-4.dwg」を上書き保存する。
❸ ☒をクリックして「6-4.dwg」を閉じる。
❹ クイックアクセスツールバーの[開く]をクリックする。

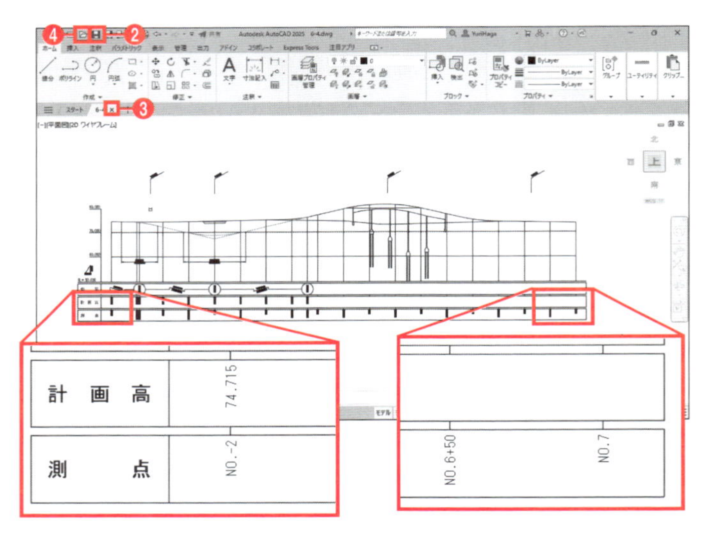

❺[ファイルを選択]ダイアログボックスが表示される。「6-4縦断図.dwg」を選択する。
❻[開く]ボタンをクリックする。

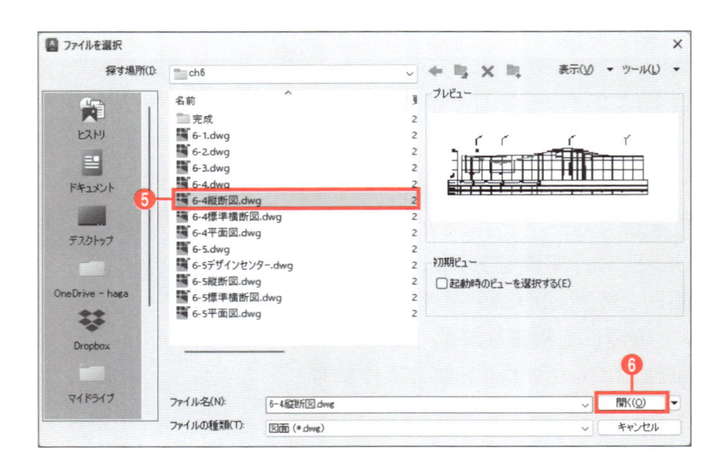

❼ ステータスバーは[直交モード]、[オブジェクトスナップ]をオンにする。

縦断図はNO.7まで作成されているので、NO.5+50までに変更します。

❽ 図に示した辺り(NO.5+50からNO.7の辺り)を拡大表示する。

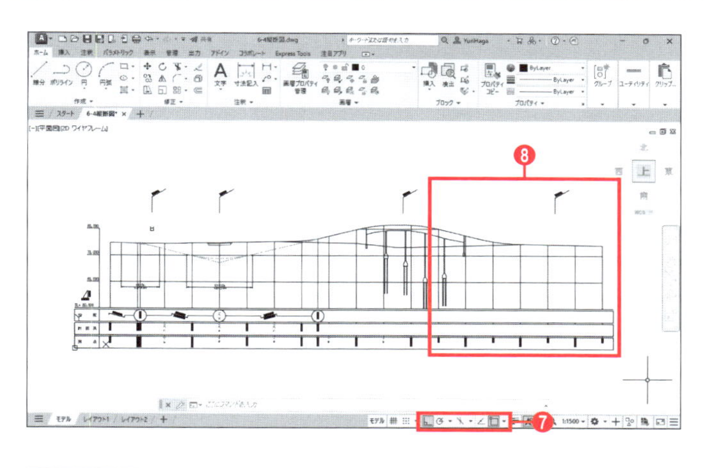

❾ NO.7のグリッド線をクリックして選択する。

❿ グリッド線の上端点のグリップをクリックする。グリップの色が青から赤に変わる。

⓫ カーソルを上方向に動かし、任意の点をクリックする。

NO.7のグリッド線が延長されます。

⓬ Escキーを押して選択を解除する。

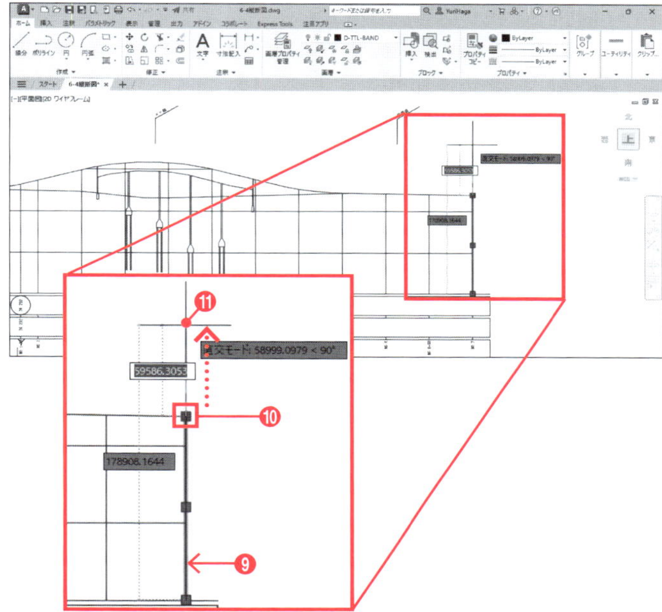

⓭ [ホーム]タブー[修正]ー[移動]をクリックする。

⓮ NO.7のグリッド線をクリックして選択する。

⓯ Enterキーを押して選択を確定する。

⓰ NO.7の線分の端点をクリックする。

⓱ NO.5+50の線分の端点をクリックする。

NO.7のグリッド線がNO.5+50まで移動します。

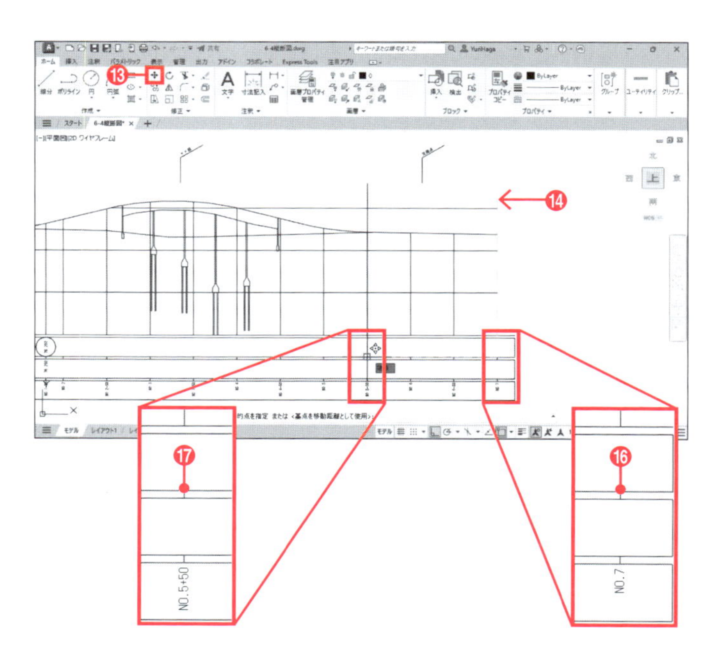

余分なグリッド線や地形をトリミングします。

⓲ [ホーム]タブー[修正]ー[トリム] をクリックする。

「トリムするオブジェクトを選択」と表示された場合には、P.154の手順㉒〜㉔を参照し、[クイック]モードから[標準]モードに変更してください。

⓳ ツールチップに「オブジェクトを選択」と表示される。地形をクリックして選択する。

⓴ Enter キーを押して選択を確定する。

㉑ ツールチップに「トリムするオブジェクトを選択」と表示される。NO.5+50のグリッド線をクリックして選択する。

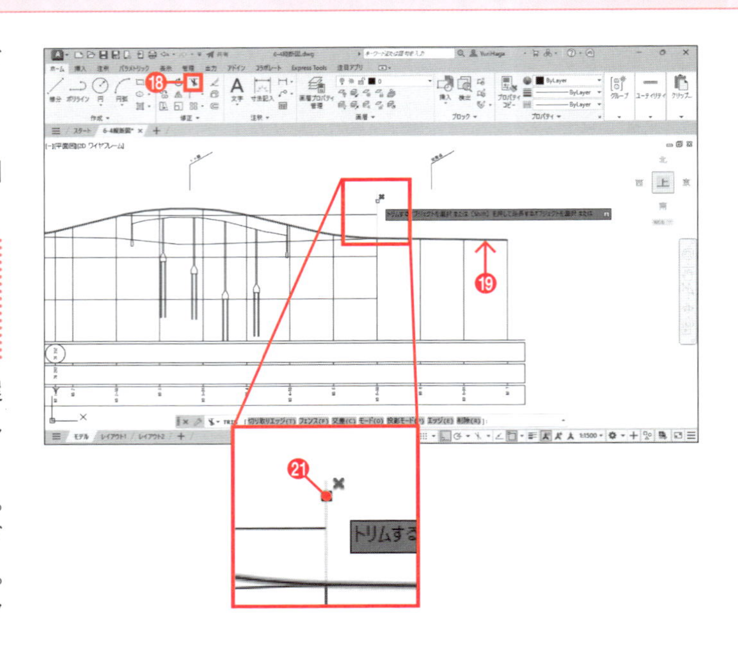

地形より上の部分がトリミングされます。

㉒ Enter キーを押して[トリム]コマンドを終了する。

㉓ [ホーム]タブー[修正]ー[トリム] をクリックする。

㉔ ツールチップに「オブジェクトを選択」と表示される。NO.5+50のグリッド線をクリックして選択する。

㉕ Enter キーを押して選択を確定する。

㉖ ツールチップに「トリムするオブジェクトを選択」と表示される。地形をクリックして選択する。

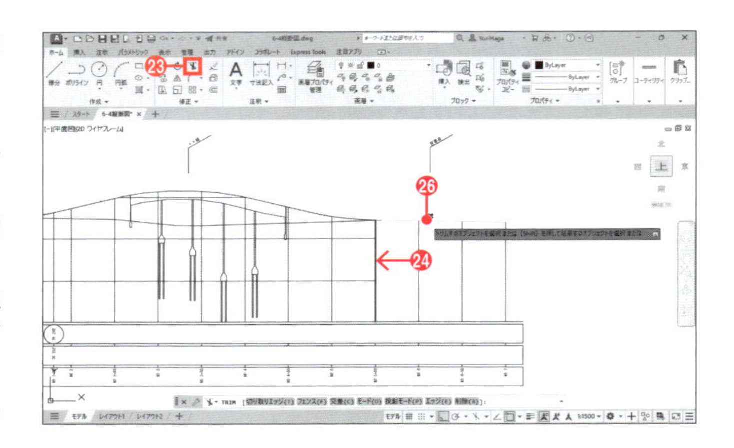

NO.5+50より右側の部分がトリミングされます。

㉗ もう1つの地形をクリックして選択する。

NO.5+50より右側の部分がトリミングされます。

㉘ Enter キーを押して[トリム]コマンドを終了する。

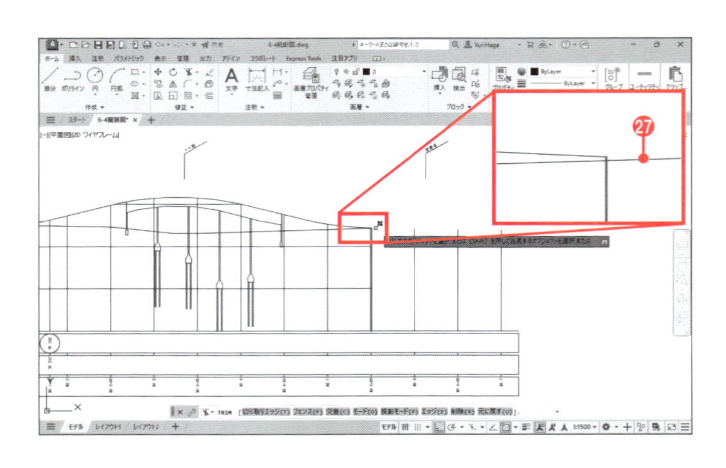

グリッド線のハッチングを作成するときに[自動調整]をオンにしたので、地形をトリミングして境界が変更されると自動的にハッチングも変更されます。

ハッチングが変更されない場合は、P.250の6-4-5で起点側の修正を行った後に、P.207の6-1-5を参考にして、ハッチングを作成し直してください。

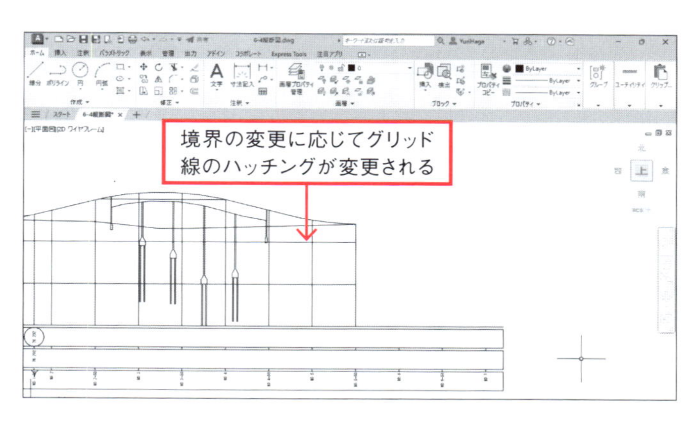

帯の右側がグリッドより大きくはみ出しているので、この部分を調整します。

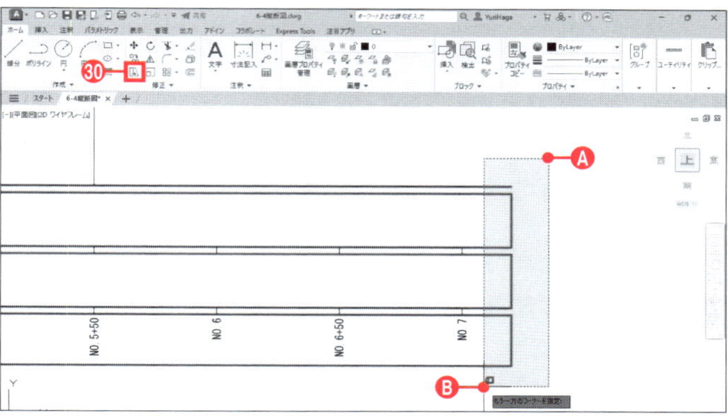

㉙ NO.5+50からNO.7の帯が見えるよう、図のように拡大表示する。

㉚ [ホーム]タブ－[修正]－[ストレッチ]をクリックする。

㉛ ツールチップに「オブジェクトを選択」と表示される。点A、点Bの順にクリックして交差選択をする。

㉜ Enterキーを押して選択を確定する。

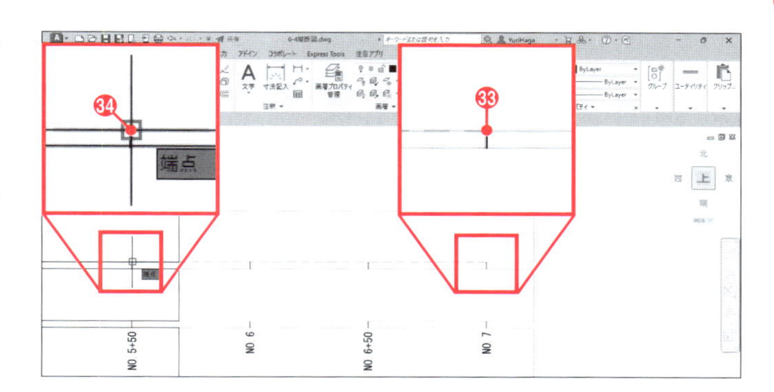

㉝ ツールチップに「基点を指定」と表示される。NO.7の線分の端点をクリックする。

㉞ ツールチップに「目的点を指定」と表示される。NO.5+50の線分の端点をクリックする。

帯が縮み、NO.5+50の右側まで短くなります。

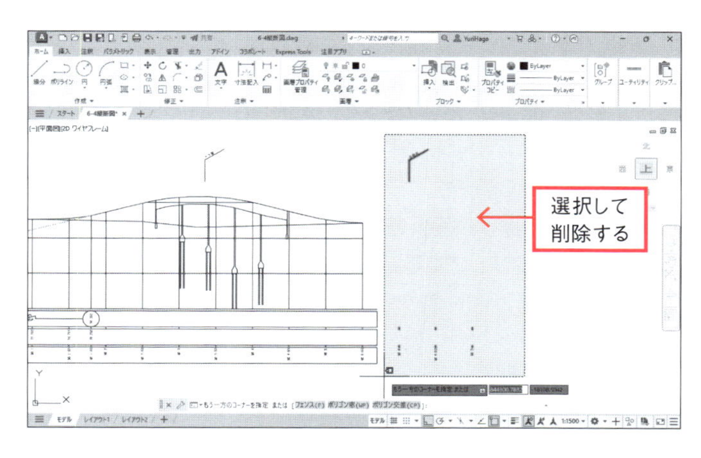

㉟ 図のように表示し、交差選択または窓選択で必要のない文字などを選択し、削除する。

6-4

外部参照

6-4-3 外部参照を変更（2）

NO.−2から始まっている帯を、NO.−3からに変更します。まず、NO.−2〜NO.5＋50の範囲の図形を右方向にずらします。

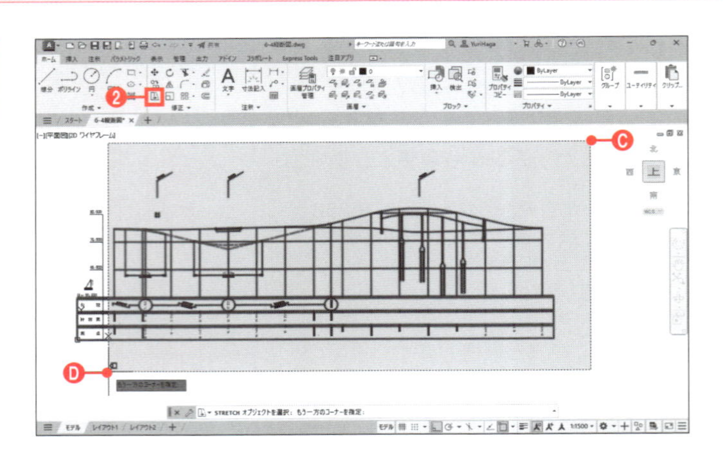

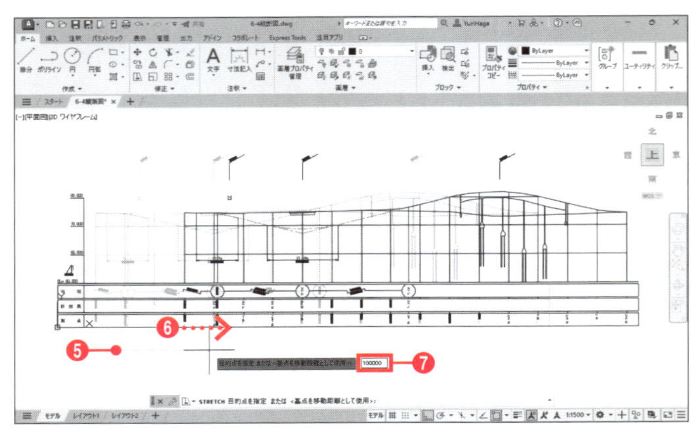

❶ 図面全体が見えるよう、図のように表示する。

❷［ホーム］タブ−［修正］−［ストレッチ］をクリックする。

❸ ツールチップに「オブジェクトを選択」と表示される。点Ⓒ、点Ⓓの順にクリックして交差選択をする。

❹ Enter キーを押して選択を確定する。

❺ 任意の点をクリックする。

❻ カーソルを右方向に動かす。

❼ キーボードから「100000」と入力し、Enter キーを押す。

選択した部分が右方向に縮み、NO.−2の左側に空間ができます。

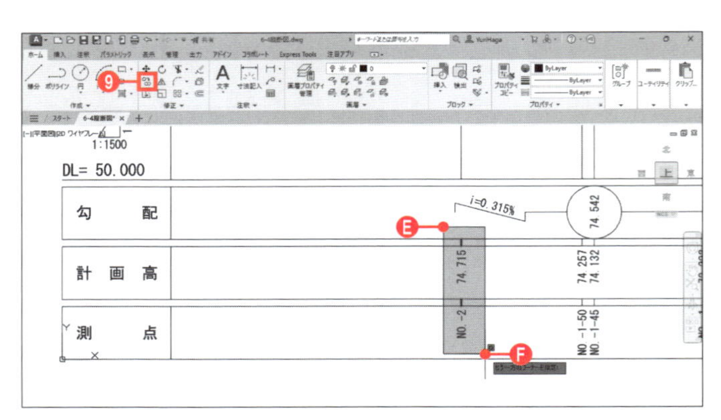

NO.−2の左側の領域に、NO.−2の測点の文字と線分を複写します。

❽ NO.−2の帯の辺りが見えるよう、図のように拡大表示する。

❾［ホーム］タブ−［修正］−［複写］をクリックする。

❿ 点Ⓔ、点Ⓕの順にクリックして窓選択する。

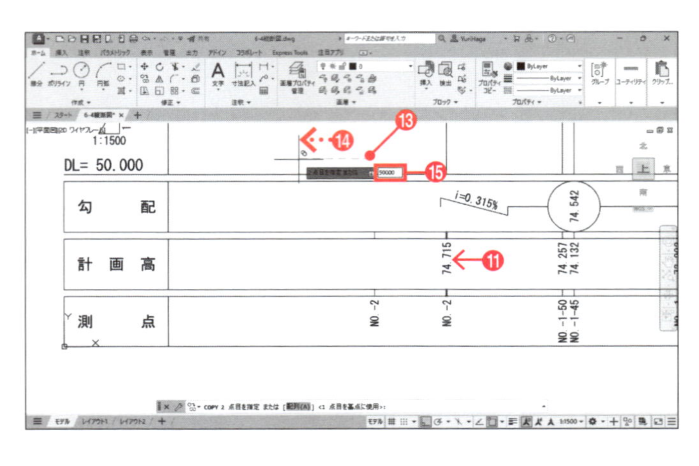

⓫ Shift キーを押しながら「74.715」の文字をクリックする。計画高の文字が選択解除される。

⓬ Enter キーを押して選択を確定する。

⓭ 任意の点をクリックする。

⓮ カーソルを左方向に動かす。

⓯ キーボードから「50000」と入力し、Enter キーを押す。

選択したオブジェクトが50000左に複写されます。

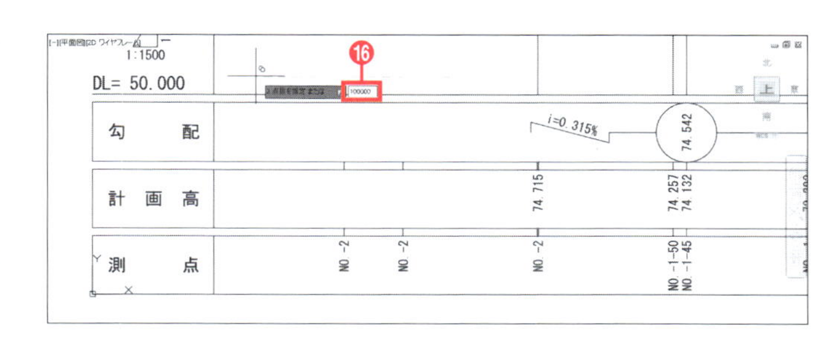

⑯ キーボードから「100000」と入力し、Enterキーを押す。

⑰ Enterキーを押して［複写］コマンドを終了する。

「NO.−2」の文字2つと、目盛りの線分が複写されます。

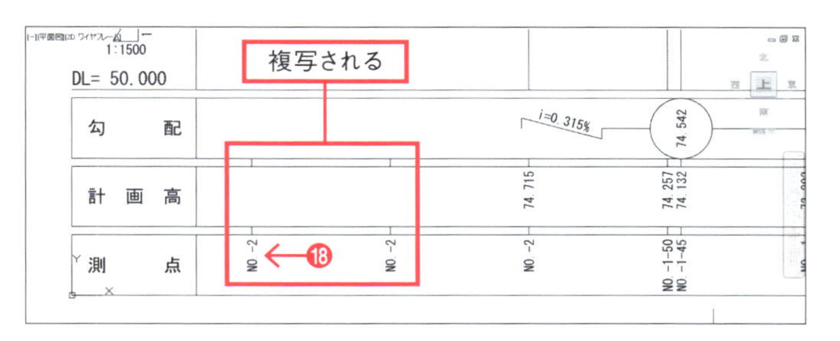

⑱ 左端の「NO.−2」の文字をダブルクリックする。

⑲ キーボードから「NO.−3」と入力する。

⑳ Enterキーを2回押す。1回目で文字の内容を確定し、2回目で［文字編集］コマンドを終了する。

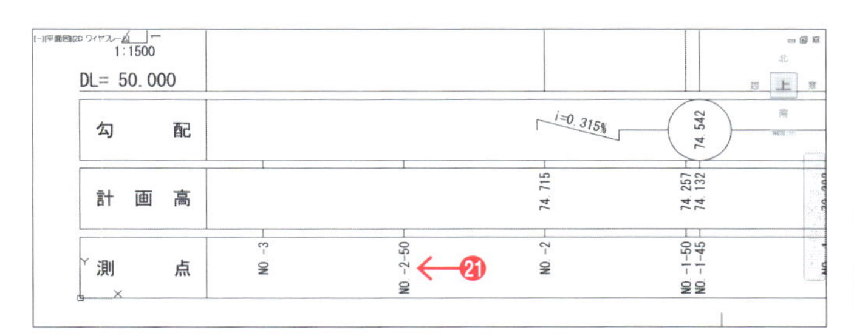

㉑ 手順⑱〜⑳と同様にして、NO.−3とNO.−2の間にある「NO.−2」の文字を「NO.−2−50」と編集する。

6-4-4 外部参照を変更（3）

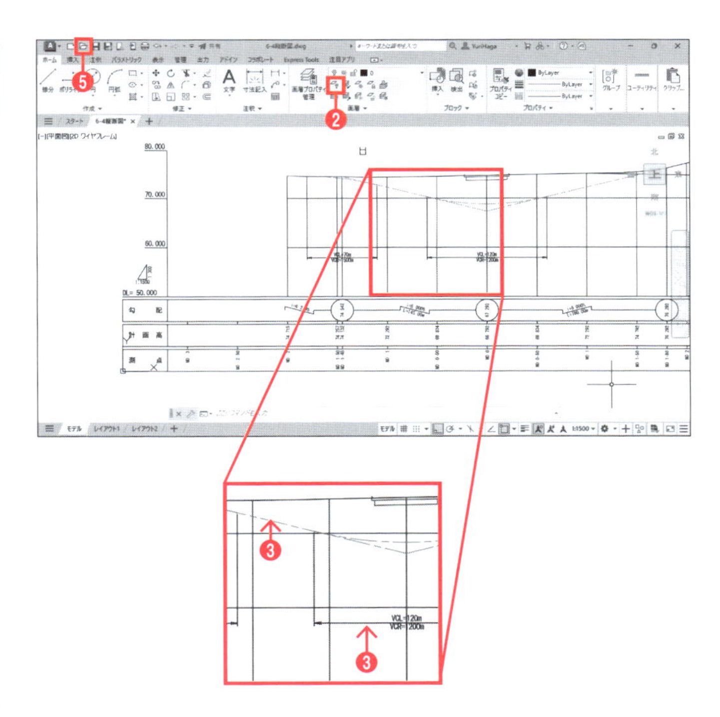

次に、NO.−3からNO.−2までの地形を作図します。編集に必要のない計画線や寸法を非表示にし、「6-4縦断地形図.dxf」から地形をコピーします。

❶ 図のように表示する。

❷ ［ホーム］タブ−［画層］−［非表示］をクリックする。

❸ 計画線と寸法をクリックして選択する。

❹ Enterキーを押して［非表示］コマンドを終了する。

計画線と寸法が非表示になります。

❺ クイックアクセスツールバーの［開く］をクリックする。

❻［ファイルを選択］ダイアログボックスが表示される。［ファイルの種類］から［DXF（*.dxf）］を選択する。
❼「6-4縦断地形図.dxf」を選択する。
❽［開く］ボタンをクリックする。

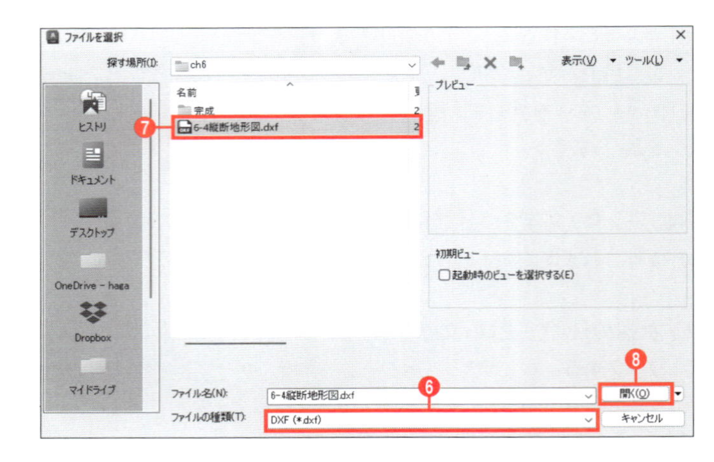

「6-4縦断地形図.dxf」が開きます。

❾図に示した辺り（NO.－2の辺り）を拡大表示する。

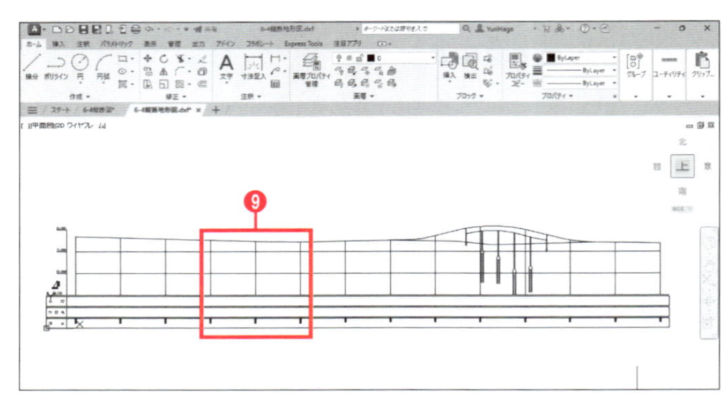

❿作図領域を右クリックして、メニューから［クリップボード］－［基点コピー］を選択する。

［基点コピー］コマンド

ほかのファイルに図形をコピーするには、まずコピー元のファイルで［基点コピー］コマンドを使用し、複写元の図形と挿入時の基点を選択します。その後、複写先のファイルで［貼り付け］コマンドを実行してください。

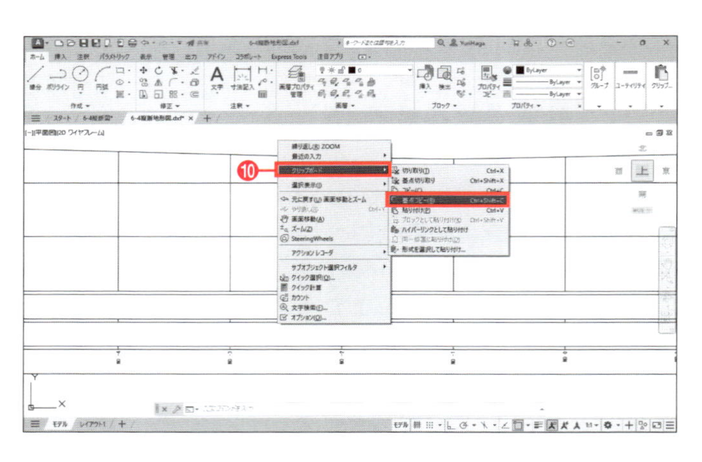

⓫NO.－2の地形の端点をクリックする。
⓬NO.－2より左の地形をクリックして選択する。
⓭ Enter キーを押して［基点コピー］コマンドを終了する。

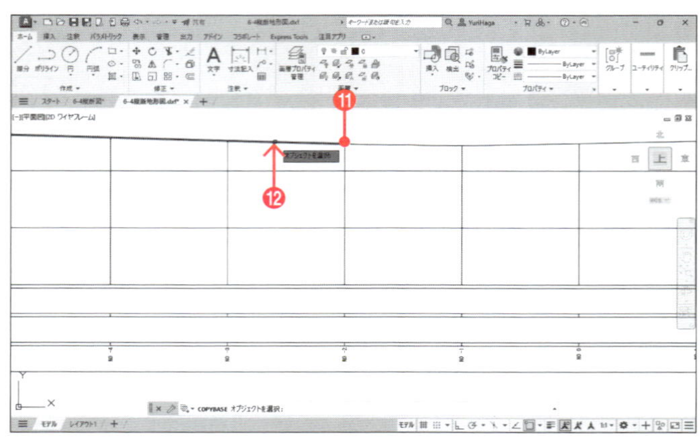

手順⓫でクリックした点を基点として、地形がクリップボードにコピーされます。

⑭ [6-4縦断図]タブをクリックする。

図面が切り替わります。

⑮ 作図領域を右クリックして、メニューから[クリップボード]ー[貼り付け]を選択する。

右クリックして、メニューの[貼り付け]がグレーアウトして選択できない場合には、[ホーム]タブー[クリップボード]ー[貼り付け]をクリックしてください。

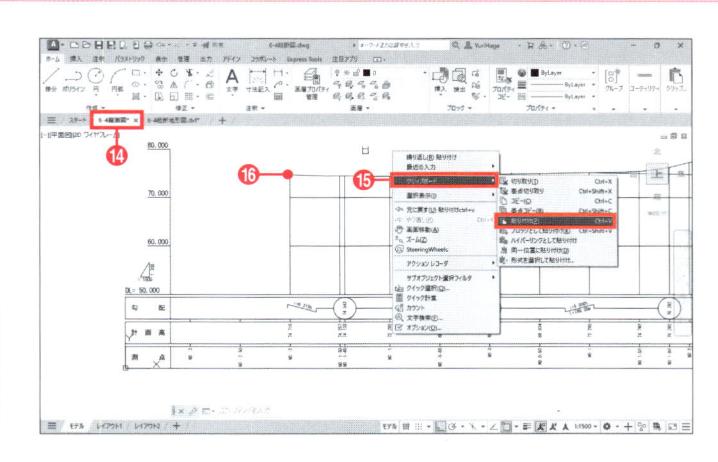

⑯ NO.ー2の地形の端点をクリックする。

クリップボードから地形が貼り付けられます。

既存の地形と貼り付けた地形を結合します。

⑰ [ホーム]タブー[修正]ー[結合]をクリックする。

[結合]は、[ホーム]タブー[修正]のパネル名をクリックしてパネルを展開すると表示されます。

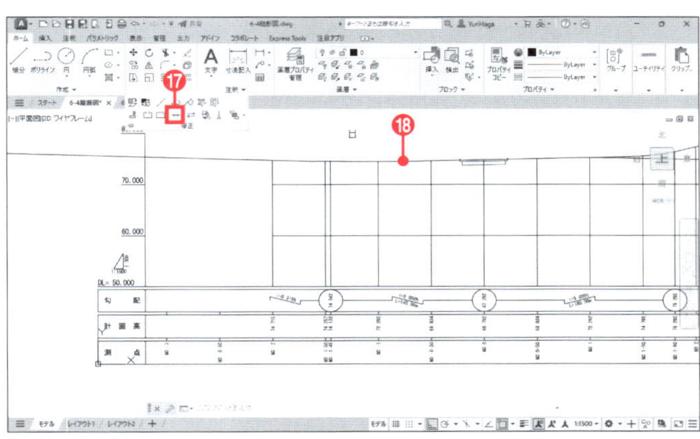

⑱ NO.ー2より右側の地形をクリックして選択する。

⑲ NO.ー2より左側の地形をクリックして選択する。

⑳ Enter キーを押して[結合]コマンドを終了する。

2つの地形が結合されない場合は、[ポリライン編集]コマンドを使用してください(P.134「5-1-8　クロソイド部分の作図(2)」を参照)。

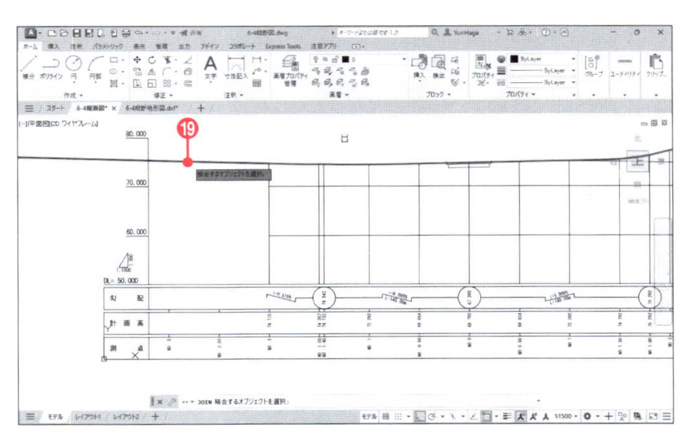

2つの地形が結合され、地形の線が延びたためにハッチングの領域があいまいになり、NO.ー2より左側にハッチングの縦線のみが表示されています。この部分は次項で修正します。

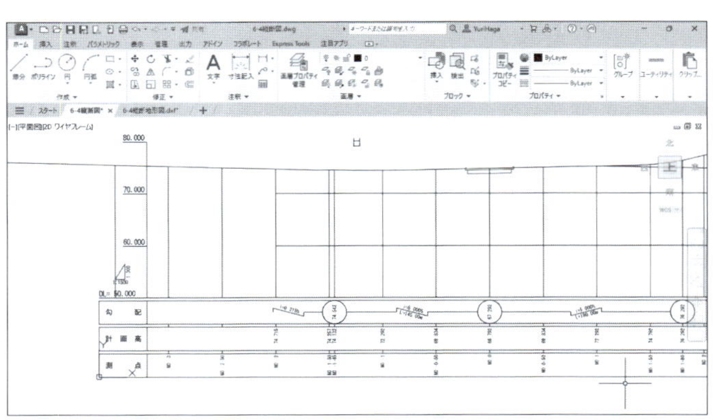

6-4-5 外部参照を変更（4）

地形やグリッド線を編集します。グリッド線のハッチングは[自動調整]をオンにして作成しているので、境界線である地形やグリッド線を編集すると更新されます。

❶ NO.－2のグリッド線をクリックして選択する。
❷ 上端点のグリップをクリックする。グリップの色が青から赤に変わる。
❸ カーソルを上方向に動かし、任意の点をクリックする。
❹ Escキーを押して選択を解除する。
❺ [ホーム]タブー[修正]ー[移動]をクリックする。
❻ NO.－2のグリッド線をクリックして選択する。
❼ Enterキーを押して選択を確定する。
❽ NO.－2の線分の端点をクリックする。
❾ NO.－3の線分の端点をクリックする。

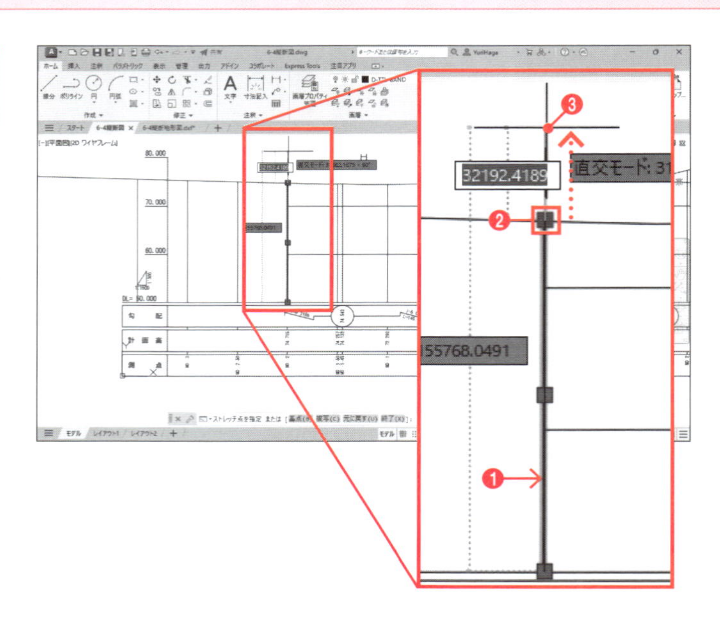

余分なグリッド線や地形をトリミングします。

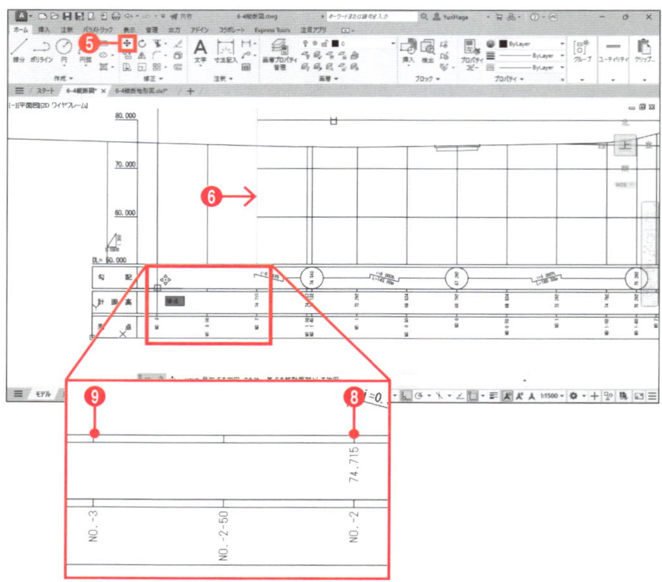

❿ [ホーム]タブー[修正]ー[トリム]をクリックする。
⓫ ツールチップに「オブジェクトを選択」と表示される。地形をクリックして選択する。
⓬ Enterキーを押して選択を確定する。
⓭ ツールチップに「トリムするオブジェクトを選択」と表示される。NO.－3のグリッド線をクリックして選択する。

地形より上の部分がトリミングされます。

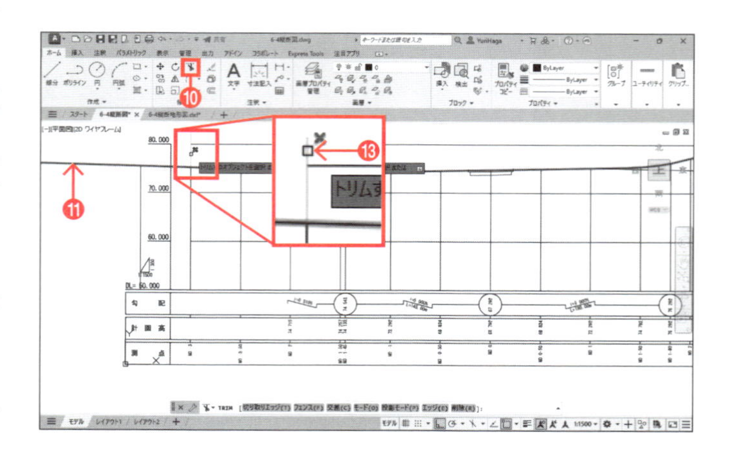

⓮ Enterキーを押して[トリム]コマンドを終了する。

⑮［ホーム］タブ－［修正］－［トリム］をクリックする。
⑯ツールチップに「オブジェクトを選択」と表示される。NO.－3のグリッド線をクリックして選択する。
⑰ Enter キーを押して選択を確定する。
⑱ツールチップに「トリムするオブジェクトを選択」と表示される。地形をクリックして選択する。
⑲ Enter キーを押して［トリム］コマンドを終了する。

手順❶～⑲の地形やグリッド線の変更により、ハッチングも変更されます。

ハッチングが修正されない場合は、P.207の6-1-5を参考にして、ハッチングを作成し直してください。

⑳図面全体が見えるよう、図のように表示する。
㉑［ホーム］タブ－［画層］－［全画層表示］をクリックする。

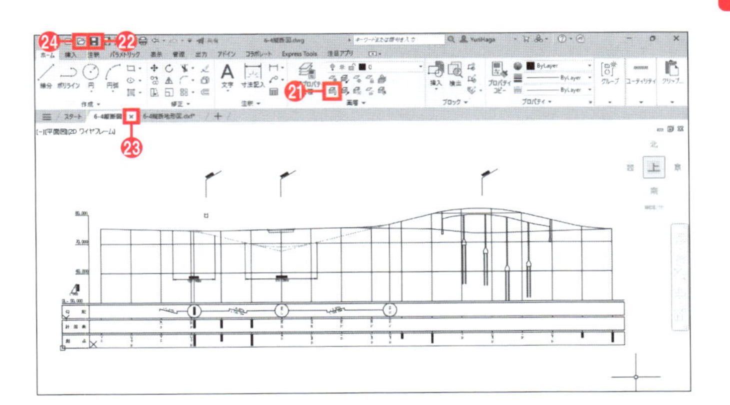

計画線と寸法が表示されます。

㉒「6-4縦断図.dwg」を上書き保存する。
㉓「6-4縦断図.dwg」を閉じる。
㉔クイックアクセスツールバーの［開く］をクリックする。

㉕［ファイルを選択］ダイアログボックスが表示される。［ファイルの種類］から［図面(*.dwg)］を選択する。
㉖「6-4.dwg」を選択する。
㉗［開く］ボタンをクリックする。

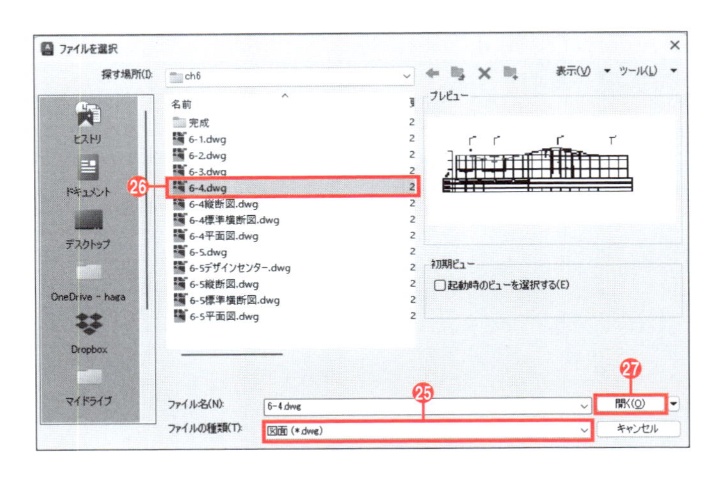

6-4
外部参照

㉘「外部参照が修正されました」と表示されている場合は、[×]をクリックして閉じる。

㉙縦断図が変更されていることを確認する。

外部参照でアタッチしているので、「6-4縦断図.dwg」が変更された場合、アタッチ先の「6-4.dwg」も変更されます。

6-4-6 外部参照のファイル名変更

外部参照でアタッチしたファイルの名前を変更したり、フォルダを移動したりすると、そのファイルがアタッチ先のファイルで表示されなくなります。その場合の修正方法を紹介します。

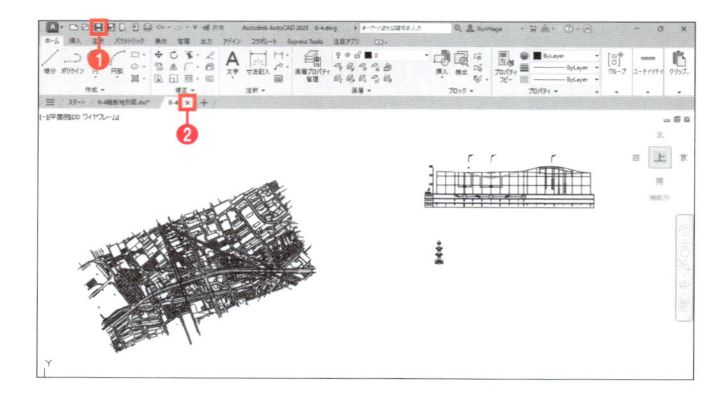

❶「6-4.dwg」を上書き保存する。

❷「6-4.dwg」を閉じる。

❸ Windowsのエクスプローラーを起動し、「6-4縦断図.dwg」の保存場所を表示する。

❹「6-4縦断図.dwg」を右クリックする。

❺メニューから[名前の変更]を選択する。

❻ファイル名を「**縦断図.dwg**」に変更する。

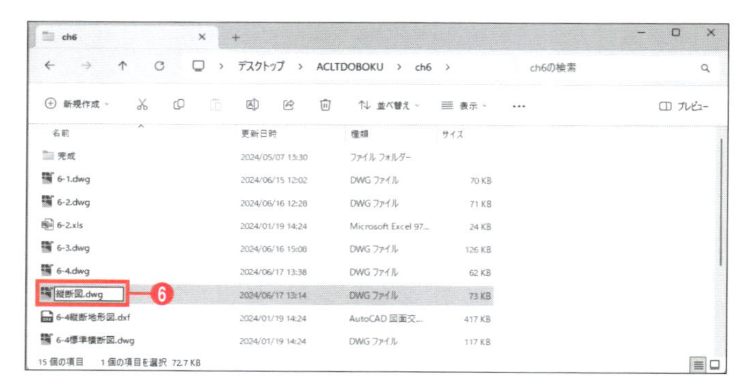

ファイル名が変更できない場合は、一度AutoCADを終了してから行ってください。

❼ AutoCADで「6-4.dwg」を開く。

❽[参照－見つからないファイル]ダイアログボックスが表示された場合は、[見つからない参照ファイルを無視]を選択する。

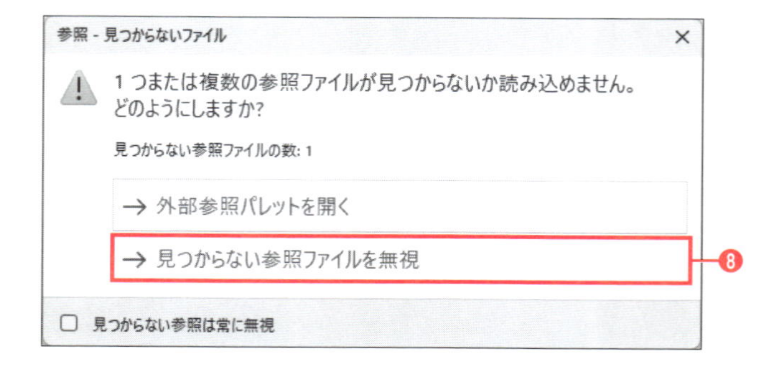

❾ 縦断図が表示されていないことを確認する。

❿ [挿入]タブ－[参照]の矢印マーク↘をクリックする。

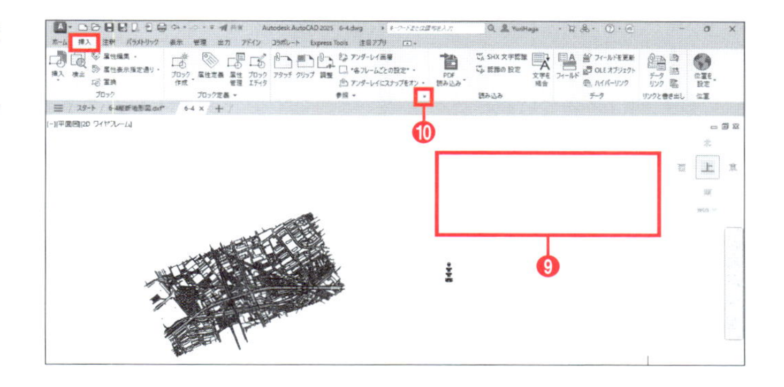

⓫ [外部参照]パレットが表示される。[6-4縦断図]の状態欄に「見つかりません」と表示されていることを確認し、[6-4縦断図]をクリックして選択する。

⓬ [外部参照]パレットの下部に表示される詳細リストをスクロールし、[保存パス]の入力欄をクリックする。

⓭ [...]ボタンをクリックする。

ファイル参照

参照名	状態	サイズ
6-4	開いています	61.2 KB
6-4縦断図	見つかりません	
6-4標準横断図	ロード済	116 KB
6-4平面図	ロード済	871 KB

日付
見つかった場所
保存パス .¥6-4縦断図.dwg

⓮ [新しいパスを選択]ダイアログボックスが表示される。「縦断図.dwg」を選択する。

⓯ [開く]ボタンをクリックする。

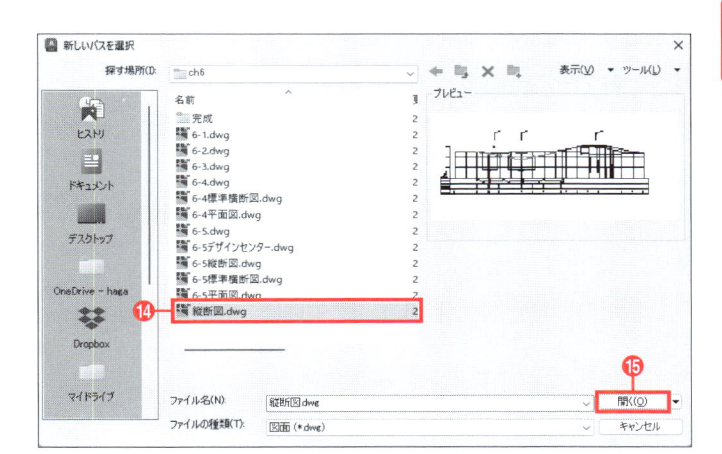

⓰ 名前変更後のファイルが再読み込みされ、縦断図が表示されることを確認する。[外部参照]パレットでは、[6-4縦断図]の状態が「見つかりません」から「ロード済」に更新される。

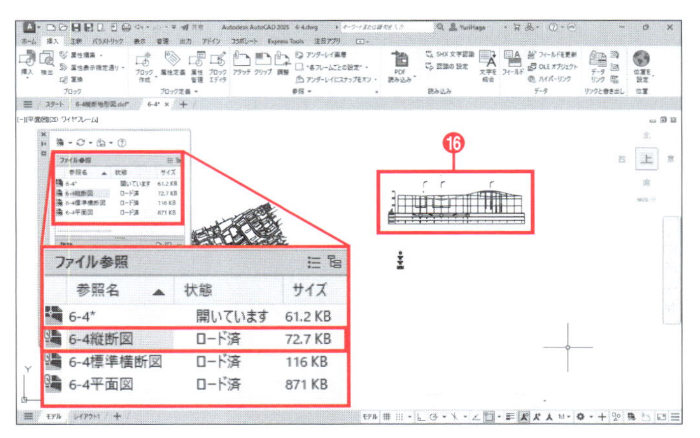

外部参照の変更したパスについて

外部参照の種類を絶対パスから相対パスに変更したい場合は、[参照名]を右クリックし、[パスの種類を選択]から[相対パスに変更]を選択してください。

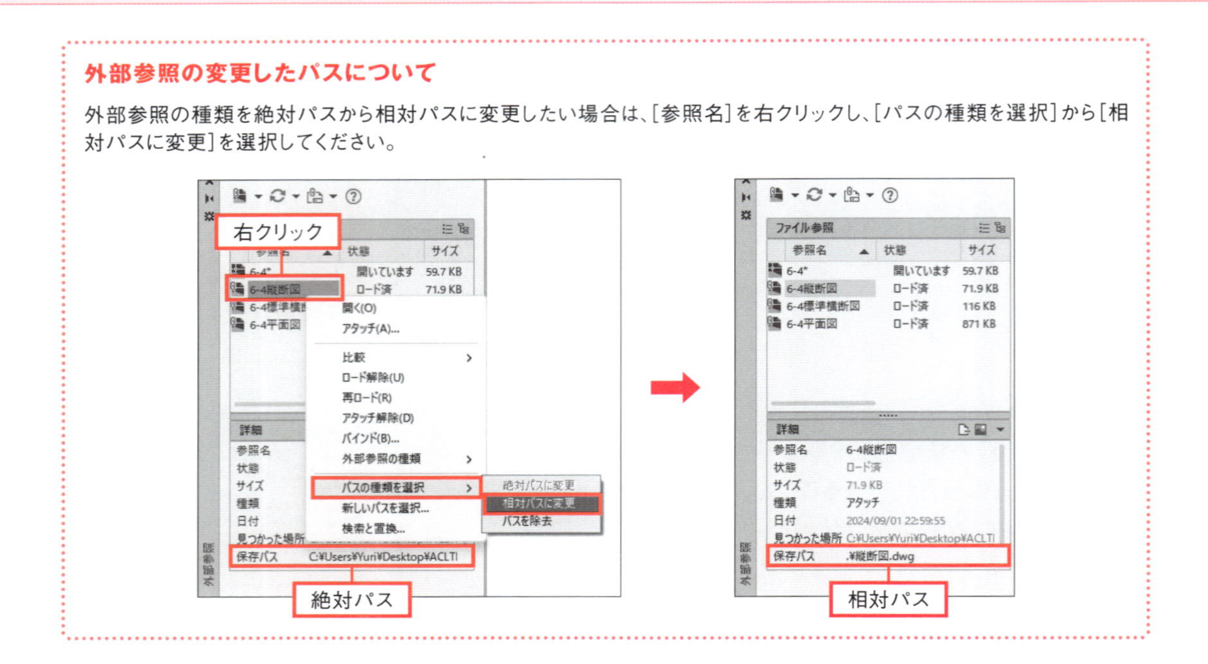

6-4-7 外部参照をバインド

外部参照でアタッチした図面と元ファイルとのリンクを解除し、アタッチ先に埋め込みたい場合は、「バインド」を行います。バインドには2種類あり、挿入先図面の画層と区別したい場合には「個別バインド」を、挿入先図面の画層と一体化する場合には「挿入」を、それぞれ選択します。

❶ 縦断図の辺りが見えるよう、図のように拡大表示する。

❷ [外部参照]パレットの[6-4縦断図]を右クリックして、メニューから[バインド]を選択する。

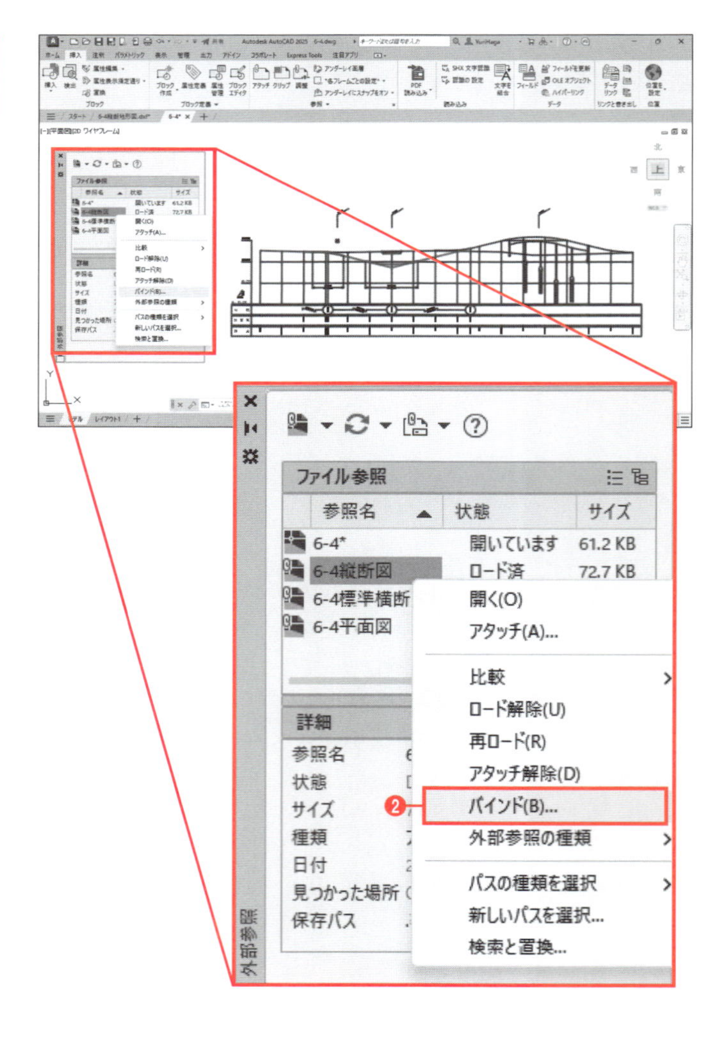

❸［外部参照/DGNアンダーレイをバインド］ダイアログボックスが表示される。［個別バインド］を選択する。
❹［OK］ボタンをクリックする。

外部参照/DGN アンダーレイをバインド
バインドの種類
個別バインド(B) ❸
挿入(I)
OK ❹
キャンセル

「6-4縦断図.dwg」とのリンクが解除され、［外部参照］パレットに［6-4縦断図］が表示されなくなります。

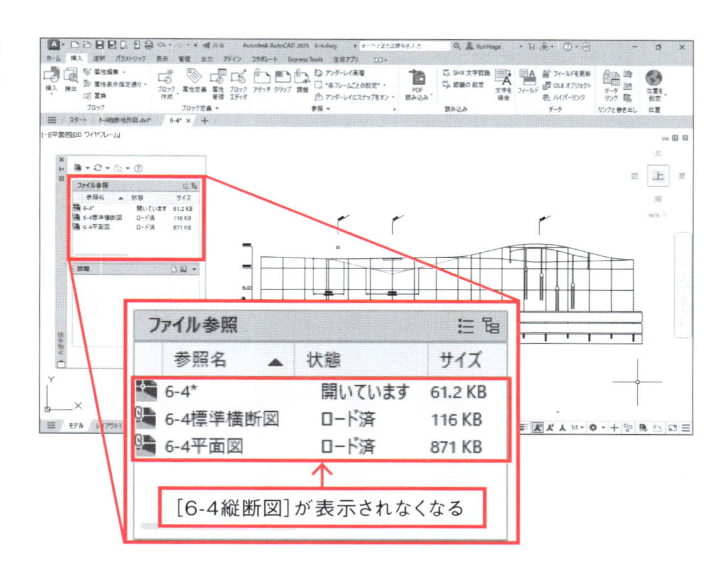

手順❷～❹の操作によって、「6-4.dwg」と「6-4縦断図.dwg」とのリンク関係はなくなり、「6-4.dwg」内に縦断図が直接埋め込まれた状態になります。

外部参照の場合は画層名が「6-4縦断図|○○」という形式で表示されますが、個別バインドの場合は「6-4縦断図0○○」という形式になります。確認してみましょう。

❺［ホーム］タブ－［画層］－［画層］プルダウンメニューをクリックし、「6-4縦断図0○○」という形式の画層名であることを確認する。
❻ Esc キーを押して［画層］プルダウンメニューを閉じる。

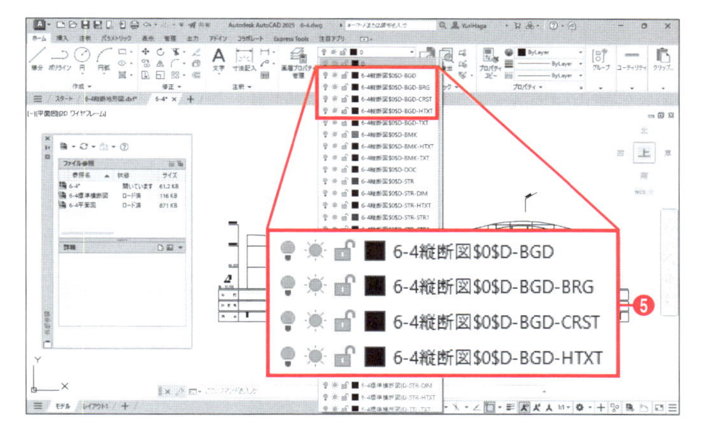

画層名にファイル名を含めたくない場合には、［外部参照/DGNアンダーレイをバインド］ダイアログボックスで［挿入］を選択する必要があります。

❼［外部参照］パレットに［6-4縦断図］が表示されるまで（P.253の手順⓰の状態になるまで）、［元に戻す］を何回かクリックする。

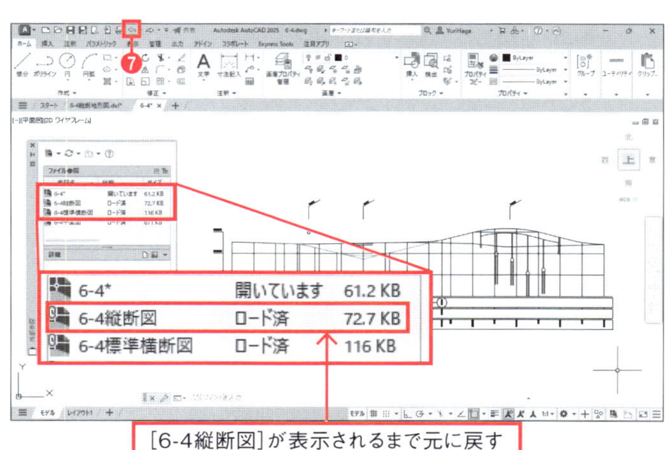

❽［外部参照］パレットの［6-4縦断図］を右クリックして、メニューから［バインド］を選択する。

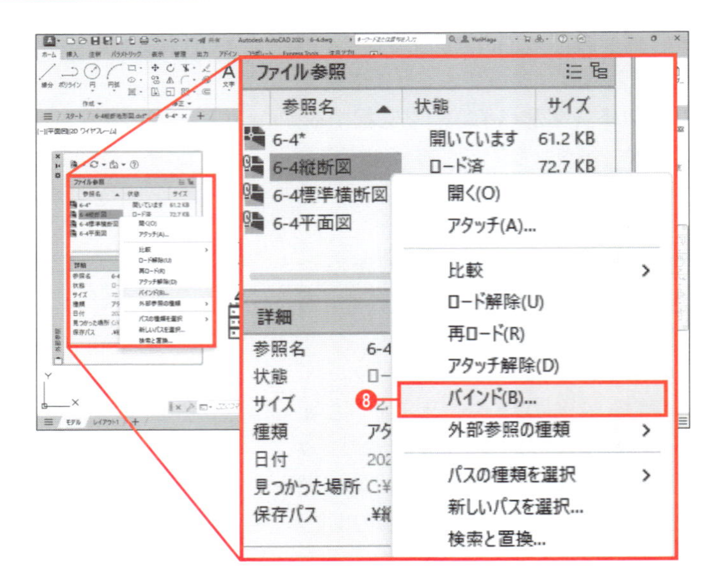

❾［外部参照/DGNアンダーレイをバインド］ダイアログボックスが表示される。［挿入］を選択する。
❿［OK］ボタンをクリックする。

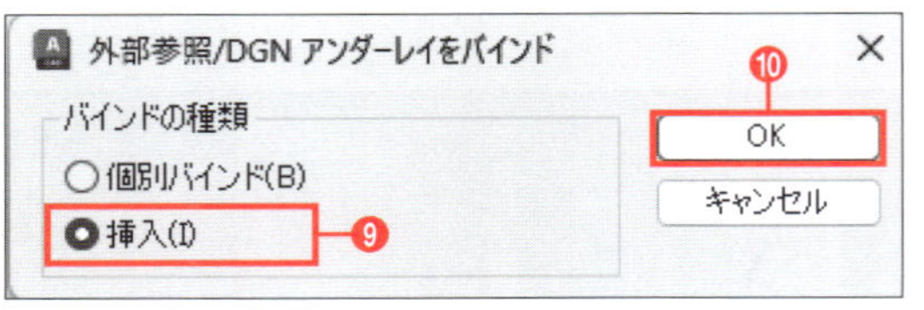

「6-4縦断図.dwg」とのリンクが解除され、［外部参照］パレットに［6-4縦断図］が表示されなくなります。

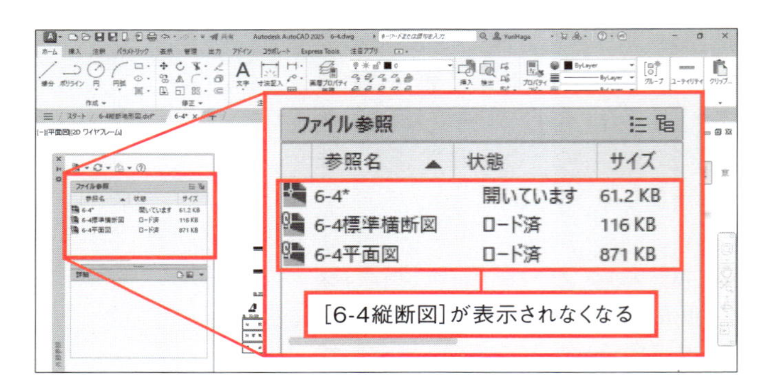

外部参照の場合は画層名が「6-4縦断図|○○」という形式で表示されますが、挿入の場合はファイル名の表記がなくなり、画層名だけになります。確認してみましょう。

⓫［ホーム］タブ－［画層］－［画層］プルダウンメニューをクリックし、画層名だけの表記になっていることを確認する。
⓬ Esc キーを押して［画層］プルダウンメニューを閉じる。

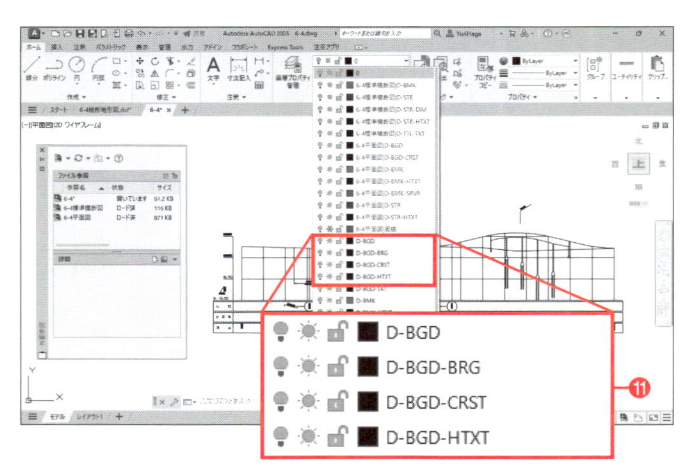

バインドした図形はブロックになっているので、編集する場合には分解する必要があります。

⑬［ホーム］タブ－［修正］－［分解］をクリックする。
⑭縦断図をクリックして選択する。
⑮ Enter キーを押して［分解］コマンドを終了する。

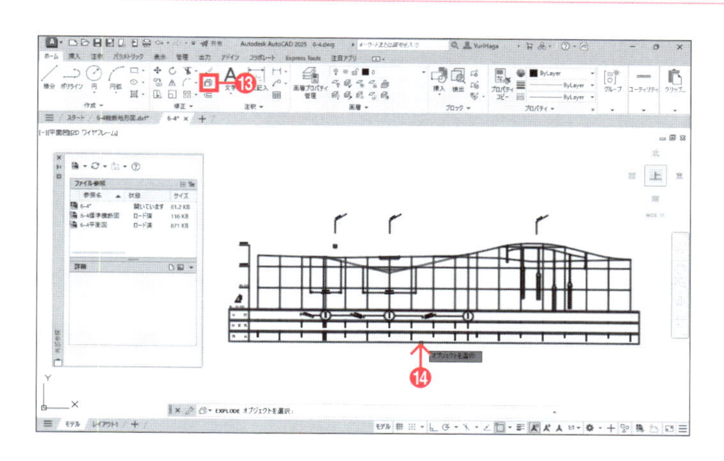

ブロックが分解され、編集できる状態になります。

⑯線分などをクリックして選択し、個別の図形として編集が行えることを確認する。
⑰ Esc キーを押して選択解除をする。
⑱をクリックして［外部参照］パレットを閉じる。

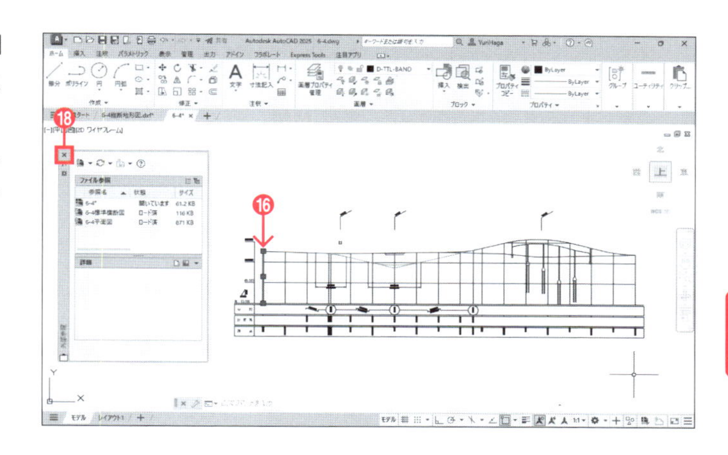

［外部参照］パレットの「参照されていません」表示について

［外部参照］パレットに「参照されていません」と表示されている場合は、図面内で外部参照図形を削除し、定義だけが残っている状態です。必要ない場合は、参照名を右クリックして、メニューから［アタッチ解除］を選択すると、定義を削除することができます。

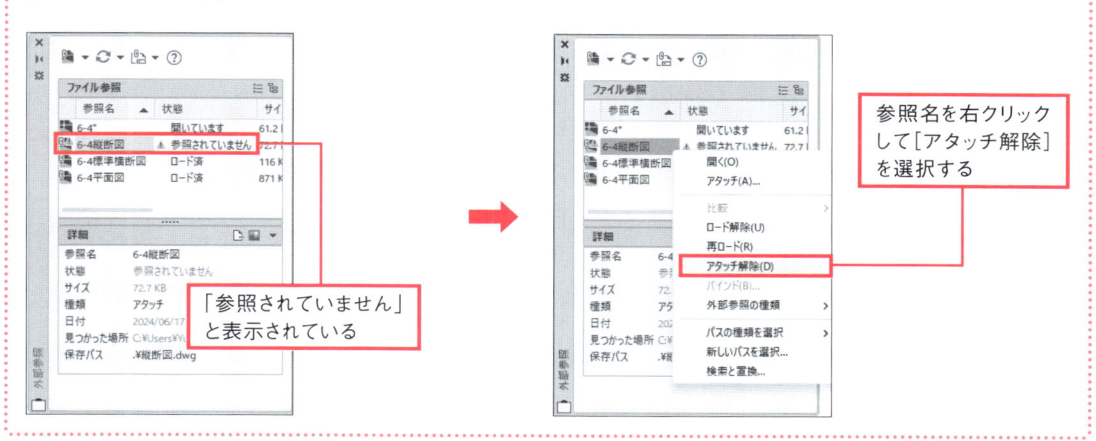

6-5 レイアウト

練習用ファイル「6-5.dwg」「6-5デザインセンター.dwg」「6-5平面図.dwg」「6-5縦断図.dwg」「6-5標準横断図.dwg」

前節でモデルタブに挿入した平面図、縦断図、標準横断図をレイアウトタブに配置して、平面縦断図を完成させます。

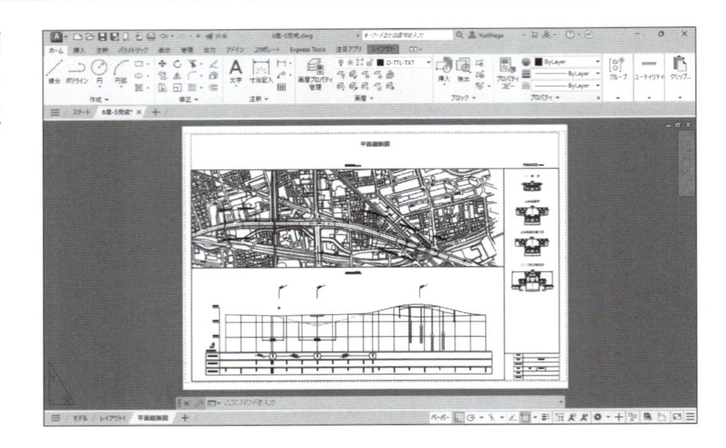

6-5-1 モデルとレイアウト

モデルタブとレイアウトタブ、モデル空間とペーパー空間について説明します。

❶ 練習用ファイル「6-5.dwg」を開く。

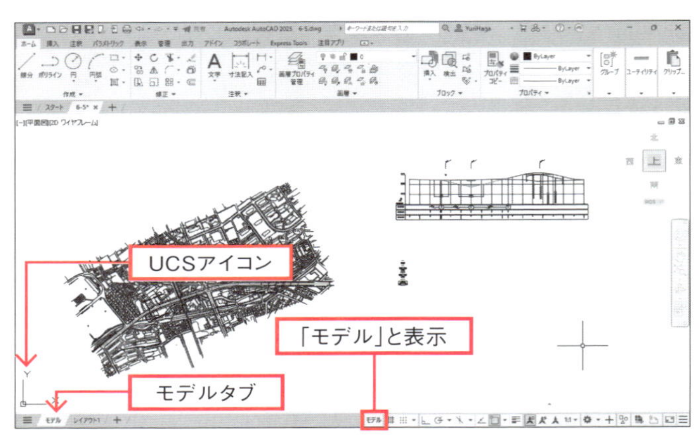

現在はモデルタブを表示しています。モデルタブはモデル空間とも呼ばれます。モデルタブは1ファイルに1つしかありません。
モデル空間ではUCSアイコンがL字型で表示され、ステータスバーに「モデル」と表示されます。

❷ [レイアウト1]タブをクリックする。

[レイアウト1]タブの作図領域が表示されます。

1つのレイアウトタブで、1枚の図面を作成します。レイアウトタブは、複数作成することができます。

レイアウトタブには、ペーパー空間とモデル空間という概念があり、この2つを切り替えながら作図を行います。レイアウトタブは、モデル空間の上にペーパー空間をかぶせて表示した状態です。

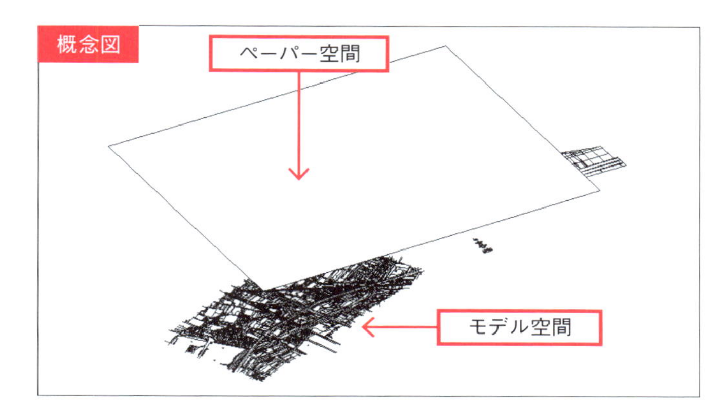

ペーパー空間に穴を作成することによって、そこからのぞくように、モデル空間のオブジェクトを表示させることができます。この穴を「ビューポート」と呼びます。

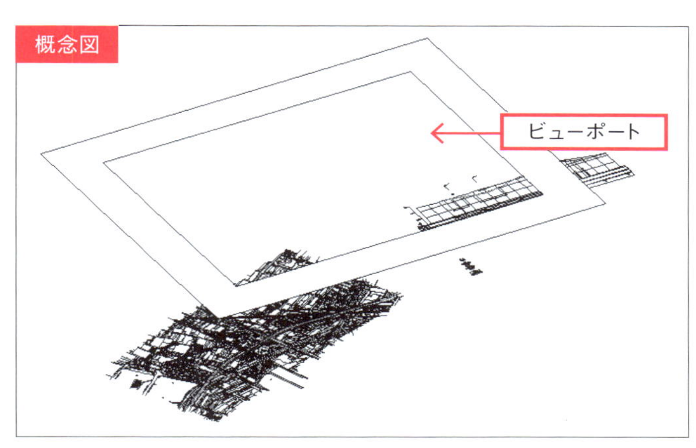

ビューポートを1つ作成してみます。

❸［レイアウト］タブ－［レイアウトビューポート］－［矩形］をクリックする。

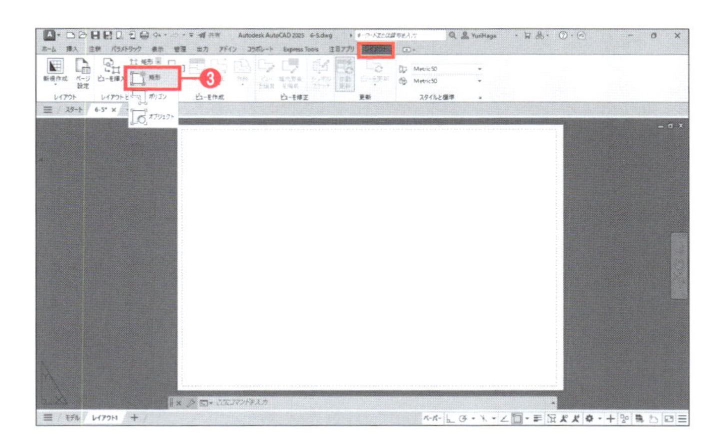

❹ 図のように対角となる2点をクリックする。

ビューポートが作成され、モデル空間の内容が表示されます。

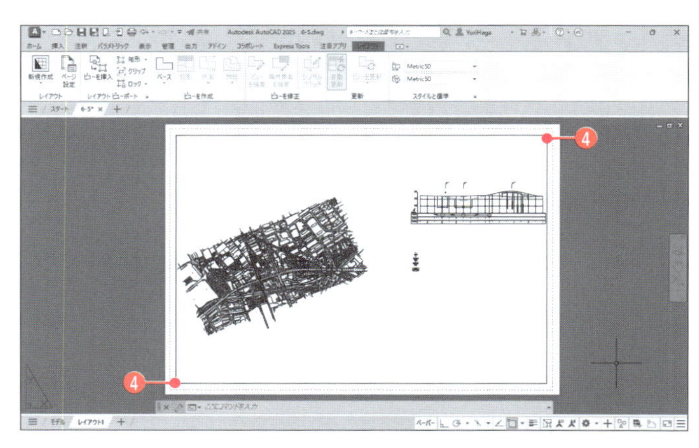

現在はペーパー空間で作図している状態です。ペーパー空間ではUCSアイコンが直角三角形の形状で表示され、ステータスバーに「ペーパー」と表示されています。

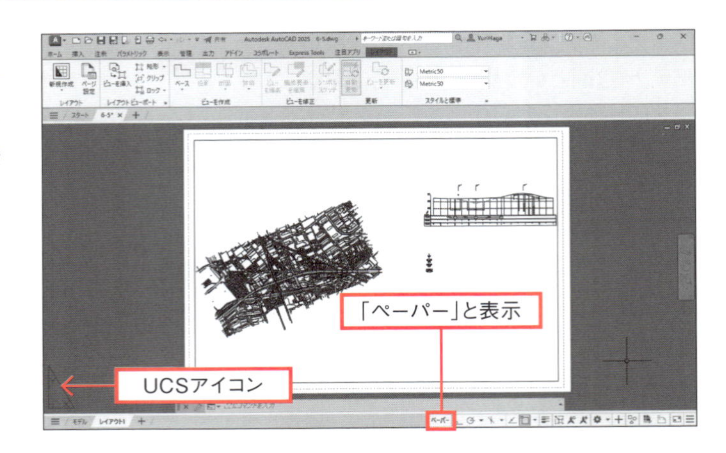

ペーパー空間に線分を作成してみます。

❺ [ホーム]タブー[作成]ー[線分] をクリックし、図のようにいくつかの点をクリックして任意の線分を作成する。

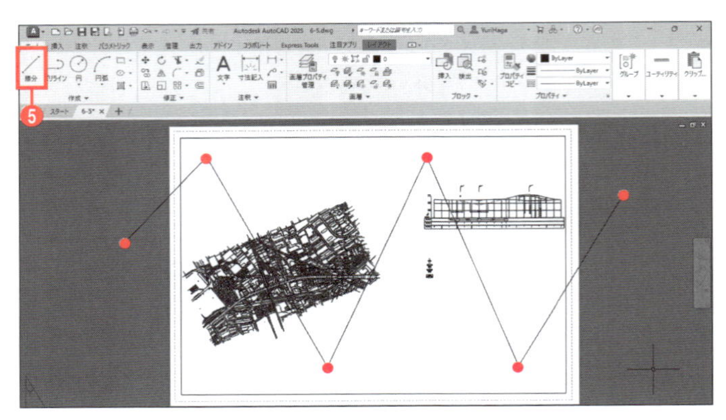

この線分はペーパー空間に作成したので、モデル空間には表示されません。

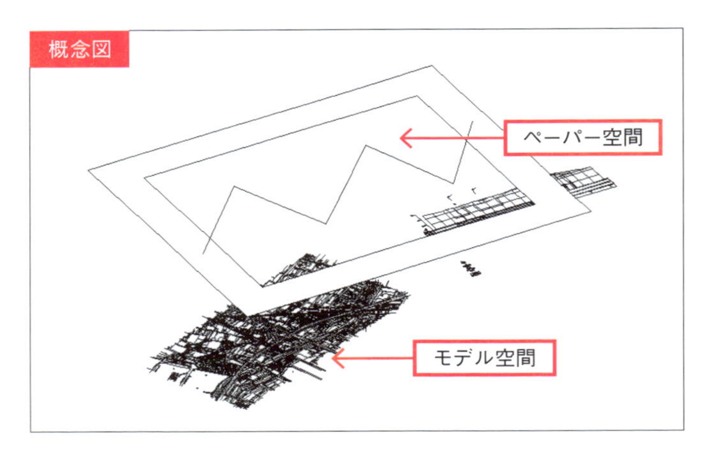

❻ モデルタブをクリックする。ペーパー空間に作成した線分が表示されていないことを確認する。

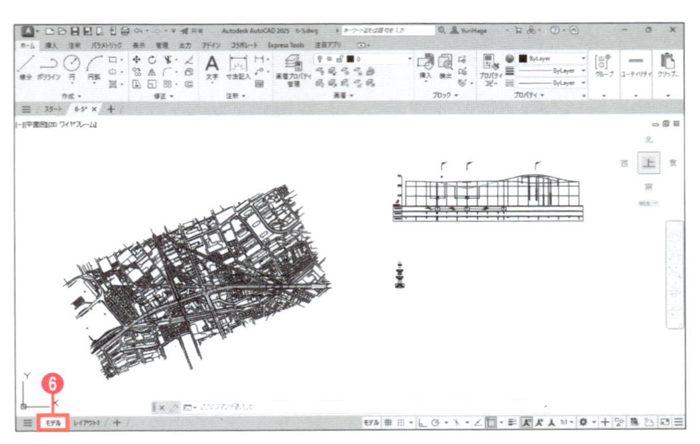

モデル空間に円を作成してみます。

❼［ホーム］タブー［作成］ー［中心、半径］をクリックして、任意の大きさの円を作成する。

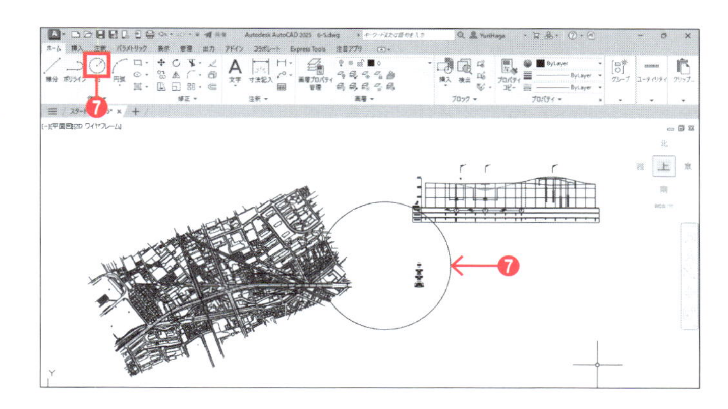

この円はモデル空間に作成しました。モデル空間に作図したオブジェクトは、ペーパー空間のビューポートに表示されます。

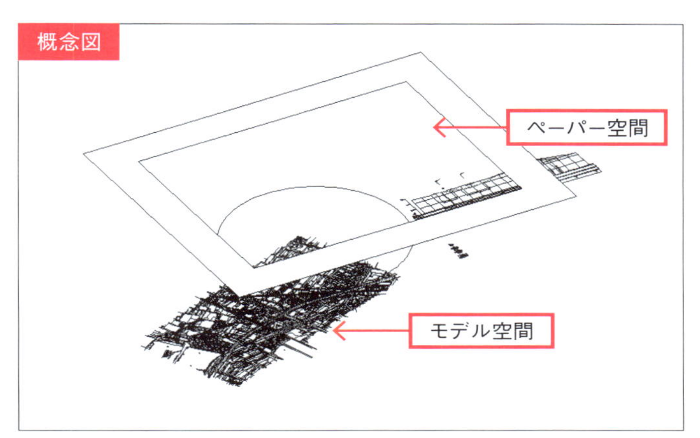

❽［レイアウト1］タブをクリックする。モデル空間に作成した円が表示されていることを確認する。

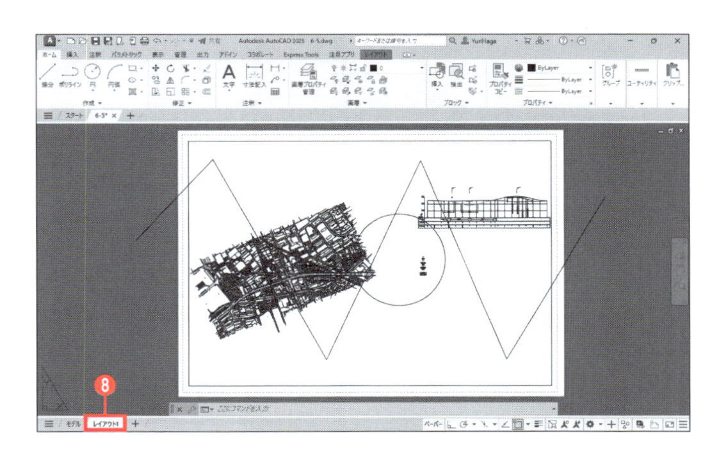

現在はペーパー空間で作業しています。この場合、ペーパー空間に作成した線分は選択できますが、モデル空間に作成した円は選択できません。

❾手順❺で作成した線分をクリックし、選択できることを確認する。

❿手順❼で作成した円をクリックし、選択できないことを確認する。

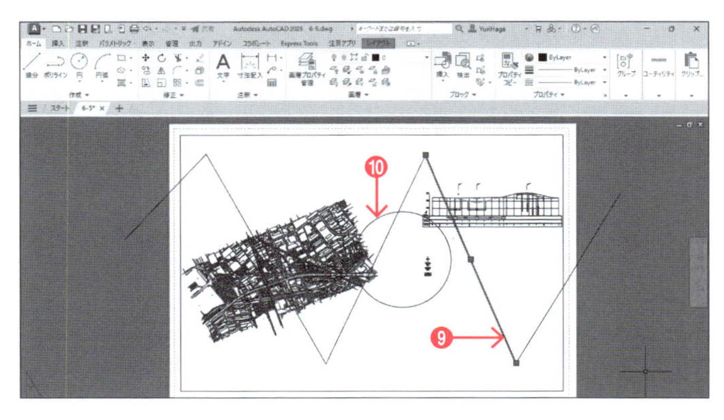

レイアウトタブでは、ペーパー空間からモデル空間に切り替えて、モデル空間のオブジェクトを編集することができます。
現在はペーパー空間で作業しています。UCSアイコンが直角三角形の形状で表示され、ステータスバーに「ペーパー」と表示されていることを確認してください。

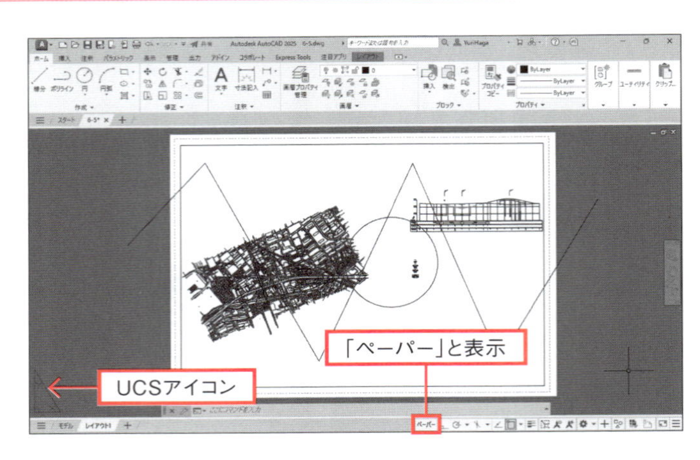

モデル空間に切り替えます。

⑪ ビューポートの内側をダブルクリックする。

モデル空間に切り替わり、モデル空間のものを編集できる状態になりました。UCSアイコンがL字型で表示され、ステータスバーに「モデル」と表示されることを確認してください。

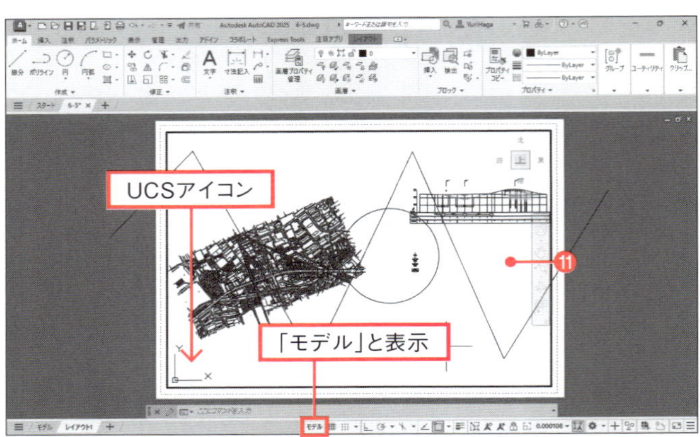

モデル空間で作業をしているので、ペーパー空間にある線分は選択できませんが、モデル空間にある円は選択できます。円を削除してみます。

⑫ 手順❺で作成した線分をクリックし、選択できないことを確認する。
⑬ 手順❼で作成した円をクリックして選択し、削除する。

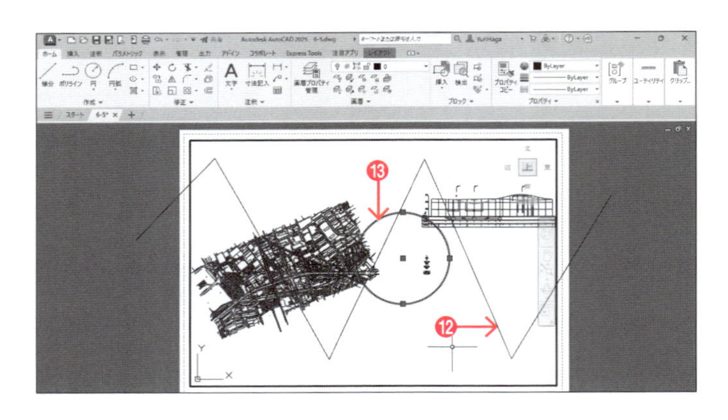

ペーパー空間に切り替えます。

⑭ ビューポートの外側をダブルクリックする。

ペーパー空間での作業に切り替わります。UCSアイコンが直角三角形の形状で表示され、ステータスバーに「ペーパー」と表示されていることを確認してください。

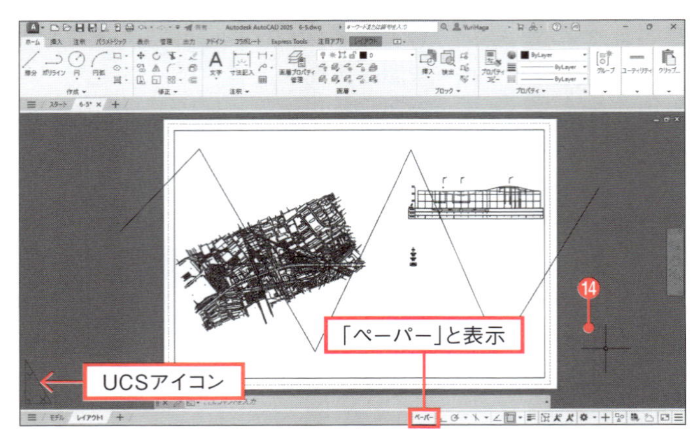

モデル空間の内容を確認します。

⑮ モデルタブをクリックする。

手順⑬で円を削除したので、モデル空間から円が消えています。
レイアウトタブでは、常にペーパー空間とモデル空間のどちらで作業しているかを確認しながら作図を行ってください。

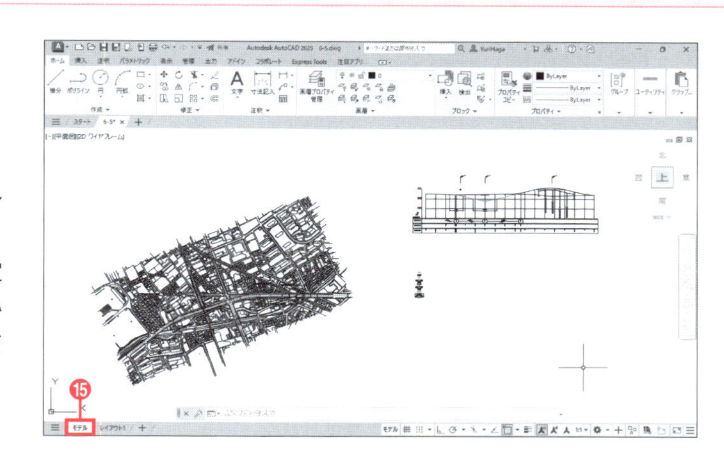

6-5-2 レイアウトタブの新規作成

平面縦断図を作成するために、レイアウトタブを新規作成します。

❶ モデルタブまたは[レイアウト1]タブを右クリックし、メニューから[レイアウトを新規作成]を選択する。

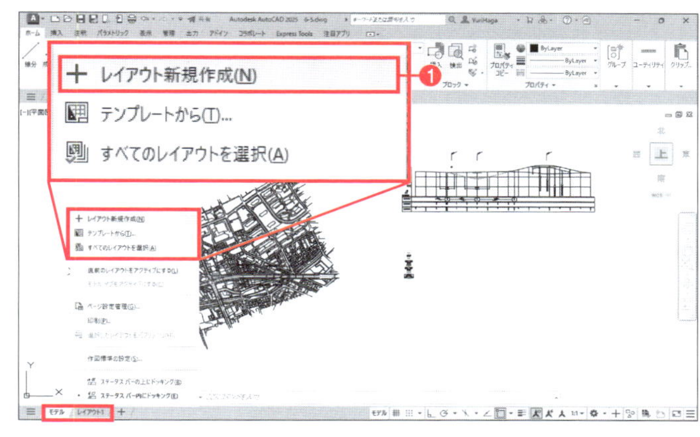

[レイアウト2]タブが作成されます。

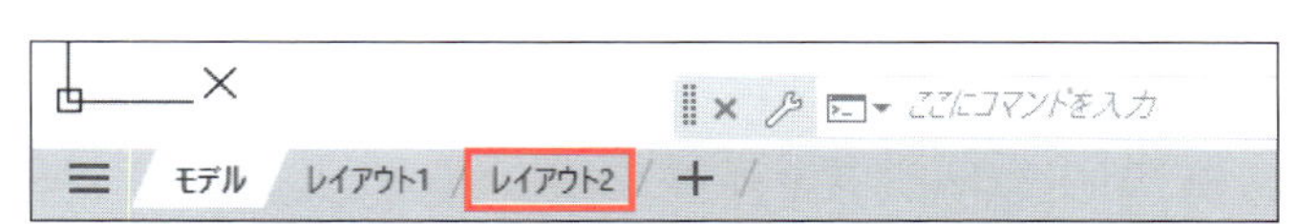

❷ [レイアウト2]タブを右クリックし、メニューから[名前変更]を選択する。

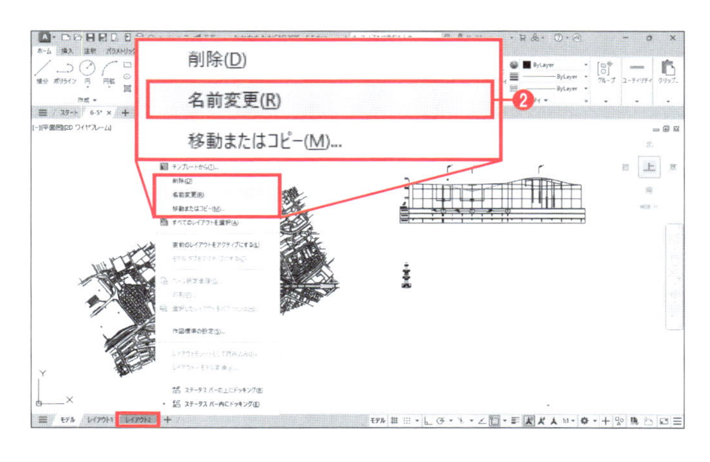

❸「平面縦断図」と入力し、Enterキーを押す。

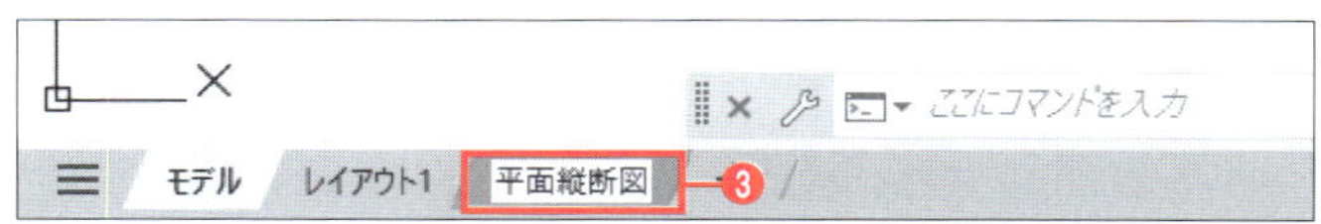

❹［平面縦断図］タブをクリックして選択する。

画面がモデルタブから［平面縦断図］タブに切り替わります。
以降では、この［平面縦断図］タブに平面縦断図を作成しています。

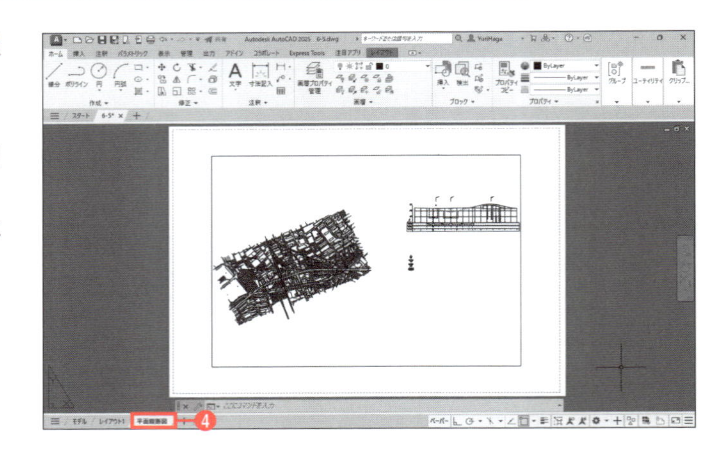

6-5-3 画層を他ファイルからコピー

まず、ペーパー空間に図面枠を作成します。
図面枠を挿入する画層を「6-5デザインセンター.dwg」ファイルの［D-TTL］画層からコピーします。ここではデザインセンター（DesignCenter）の機能を使用します。

［DESIGNCENTER］パレット

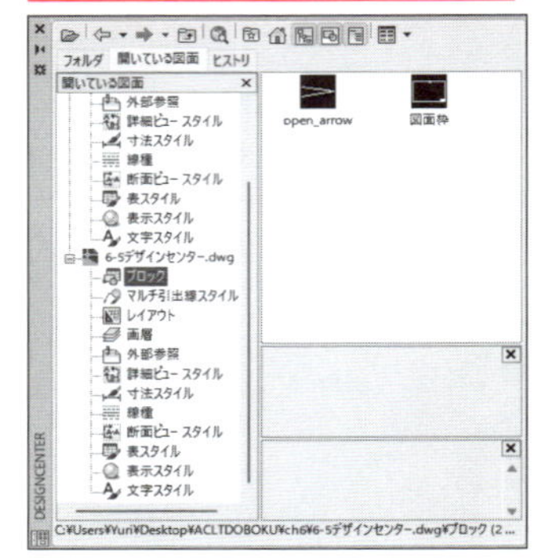

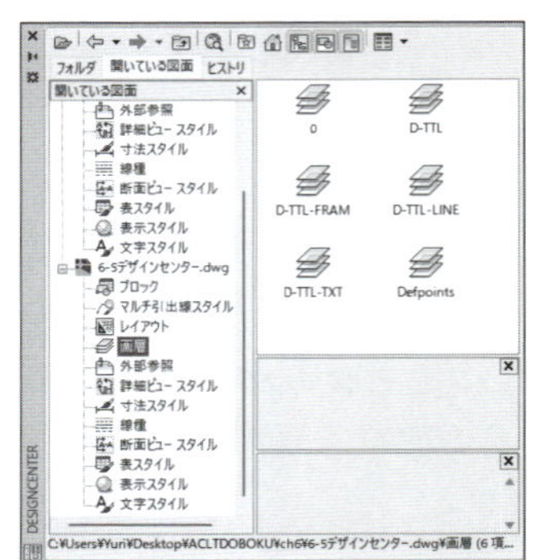

❶［ホーム］タブ－［画層］－［画層］プルダウンメニューをクリックし、現在の「6-5.dwg」ファイルに［D-TTL］画層がないことを確認する。

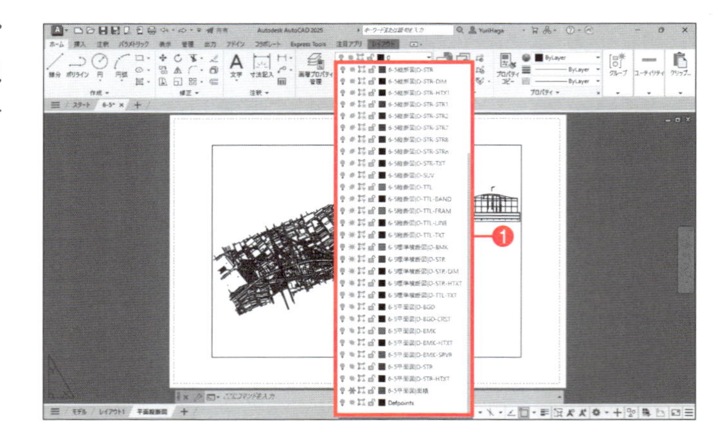

❷「6-5デザインセンター.dwg」ファイルを開く（「6-5.dwg」ファイルは開いたままにする）。

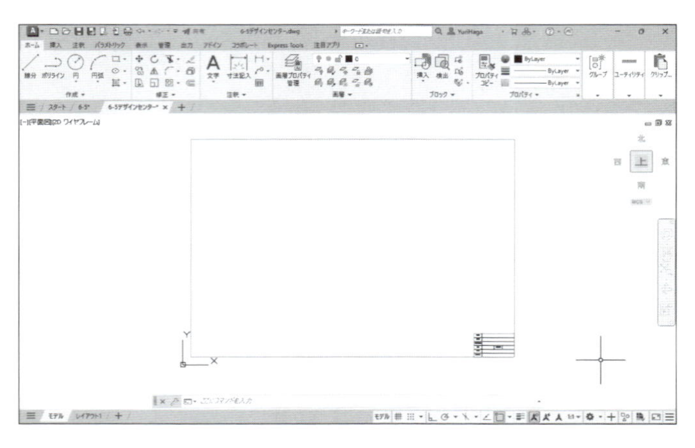

デザインセンターとは

デザインセンターとは、画層や寸法スタイル、ブロックなどを管理するためのパレットウィンドウです。画層や寸法スタイル、ブロックなどはファイルごとに設定されているので、ほかのファイルの設定をコピーするときにデザインセンターを使用します。

❸ [6-5]タブをクリックする。

図面が切り替わります。

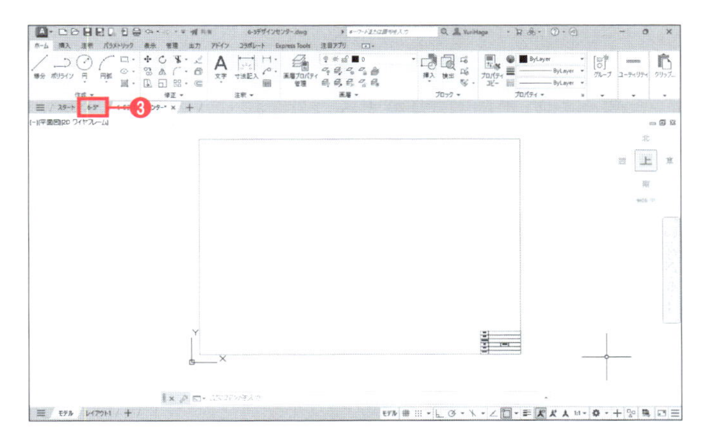

❹ [表示]タブー[パレット]ー[Design Center] をクリックする。

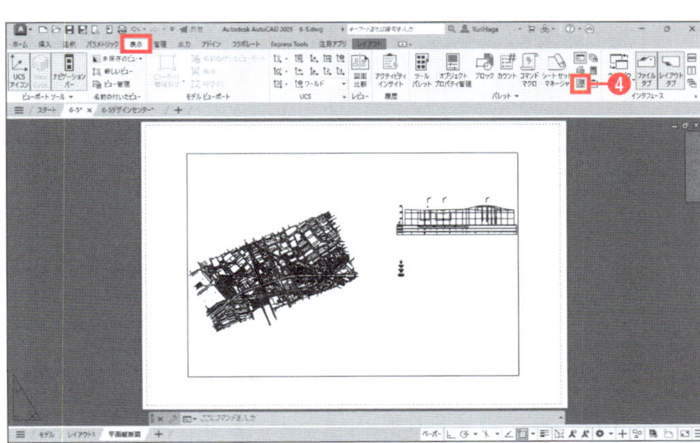

❺ [DESIGNCENTER]パレットが表示される。[開いている図面]タブをクリックする。現在AutoCADで開いているファイルが左欄にツリー表示される。

❻ [6-5デザインセンター.dwg]の[画層]をクリックする。右欄に画層の一覧が表示される。

❼ [D-TTL]画層を右クリックする。メニューから[画層を追加]を選択する。

以上の操作で、[D-TTL]画層が「6-5デザインセンター.dwg」から「6-5.dwg」にコピーされます。

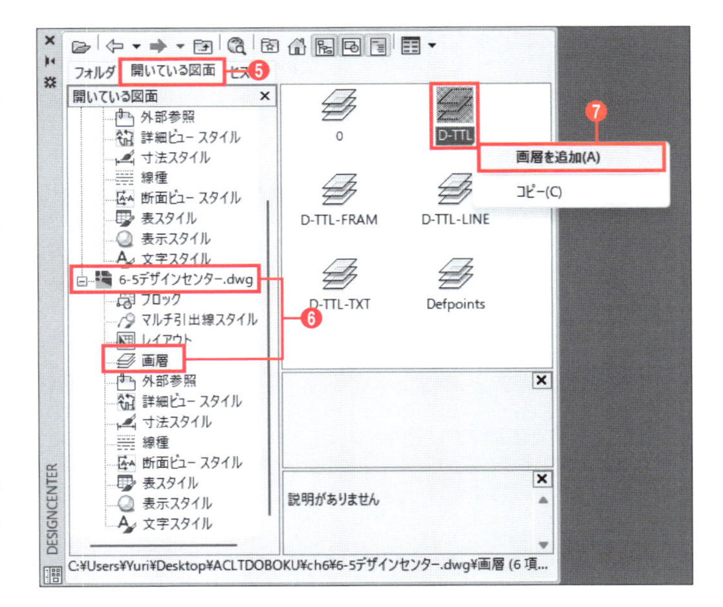

❽［ホーム］タブー［画層］ー［画層］プルダウンメニューをクリックし、現在画層を［D-TTL］に変更する。

次項でも使用するので、まだ［DESIGN CENTER］パレットは閉じません。

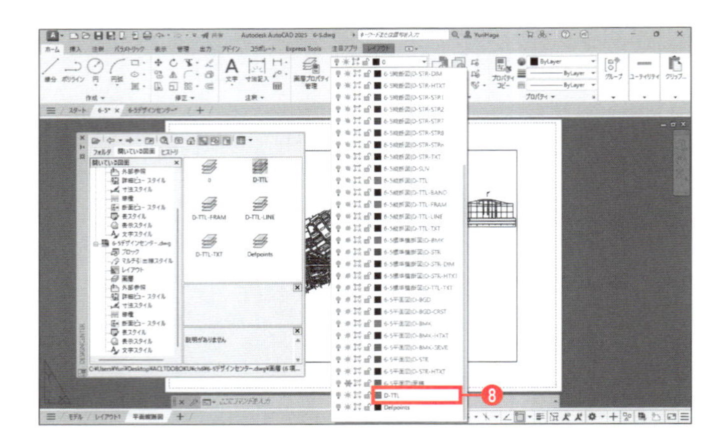

6-5-4 ブロックを他ファイルからコピー

次に、「6-5デザインセンター.dwg」から［図面枠］ブロックを挿入します。この図面枠の大きさはA1です。

❶［DESIGNCENTER］パレットで、［6-5デザインセンター.dwg］の［ブロック］をクリックする。右欄にブロックの一覧が表示される。
❷［図面枠］を右クリックし、メニューから［ブロックを挿入］を選択する。

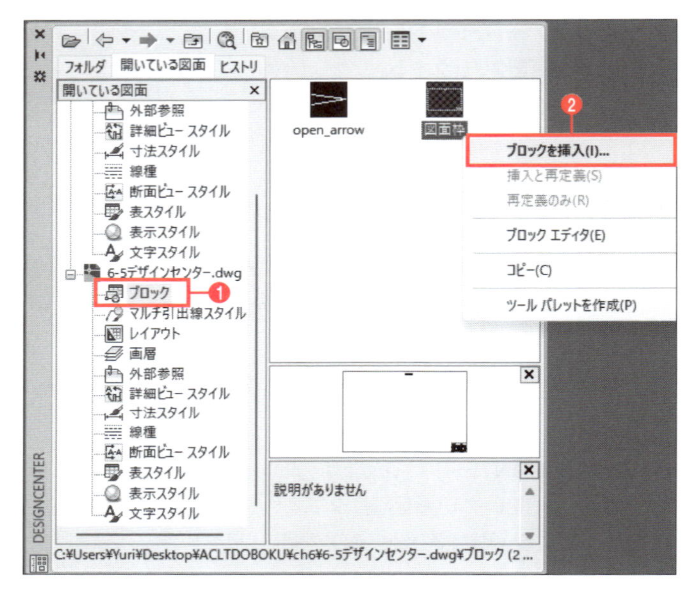

❸［ブロック挿入］ダイアログボックスが表示される。［挿入位置］欄の［画面上で指定］のチェックを外す。
❹［X］［Y］［Z］それぞれに「0」と入力する。
❺［OK］ボタンをクリックする。

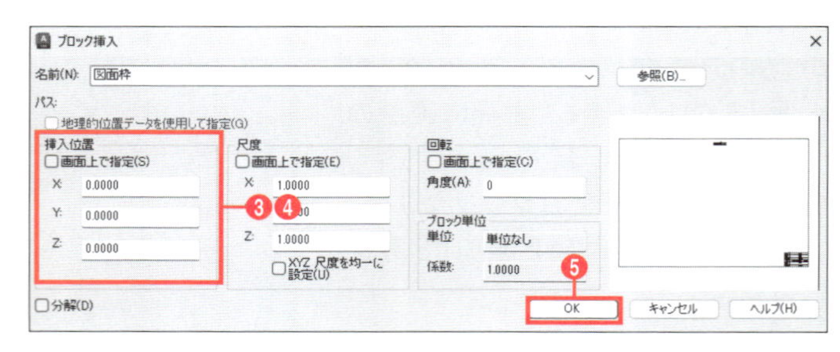

レイアウトに書く図面枠や注釈などは、印刷時の大きさで作成してください。図面枠の尺度は「1」で挿入します。

❻［属性編集］ダイアログボックスが表示される。［図面名大］と［図面名］に「**平面縦断図**」と入力する。
❼［縮尺］に「**図示**」と入力する。
❽［OK］ボタンをクリックする。

手順❻、❼で指定した文字を含む［図面枠］ブロックが挿入されます。

❾オブジェクト範囲ズームなどを行い、図面全体が見えるよう、図のように表示する。
❿ ☒ をクリックして［DESIGNCENTER］パレットを閉じる。

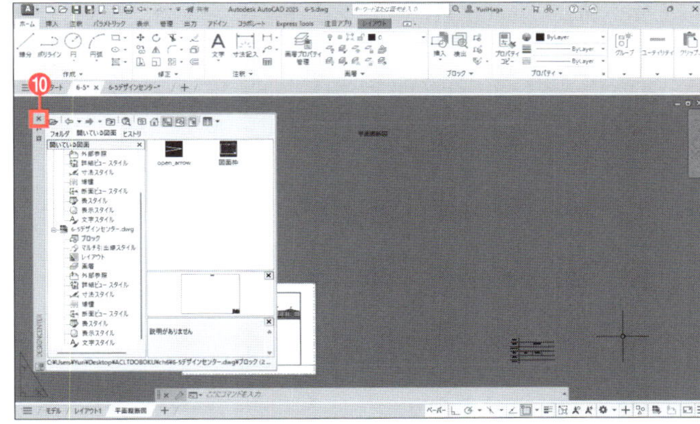

6-5-5 レイアウトの印刷設定

画面に白く表示されている部分が用紙の範囲です。印刷設定で用紙の大きさがA3になっているので、A1に変更します。

❶［出力］タブ－［印刷］－［ページ設定管理］をクリックする。

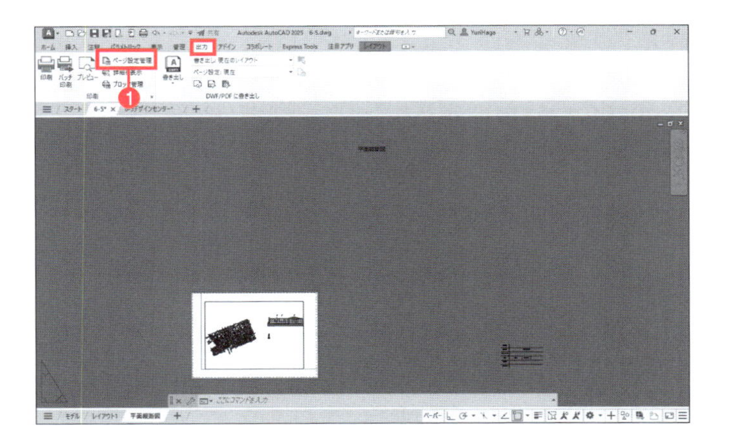

6-5 レイアウト

❷[ページ設定管理]ダイアログボックスが表示される。[新規作成]ボタンをクリックする。

❸[ページ設定を新規作成]ダイアログボックスが表示される。[新しいページ設定名]に「**A1**」と入力する。

❹[OK]ボタンをクリックする。

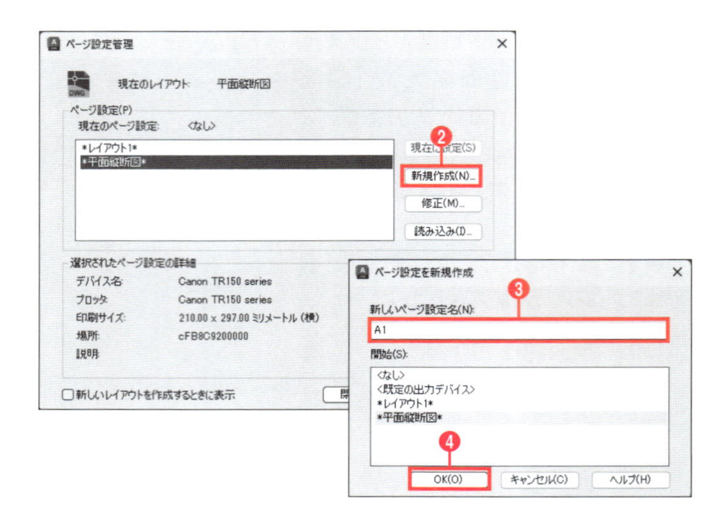

❺[ページ設定]ダイアログボックスが表示される。[プリンタ/プロッタ]欄で印刷を行うプロッタまたはプリンタを選択する(ここではPDFに書き出すために[DWG To PDF.pc3]を選択)。

❻[用紙サイズ]欄で[ISOフルブリード A1(841.00×594.00ミリ)]を選択する(実際の名称は選択したプロッタまたはプリンタによって異なる)。

❼[印刷領域]欄の[印刷対象]から[オブジェクト範囲]を選択する。

❽[印刷オフセット]欄の[印刷の中心]にチェックを入れる。

❾[印刷尺度]欄の[尺度]から[1:1]を選択する。

❿[印刷スタイルテーブル]欄で[monochrome.stb]を選択する。

⓫[OK]ボタンをクリックする。

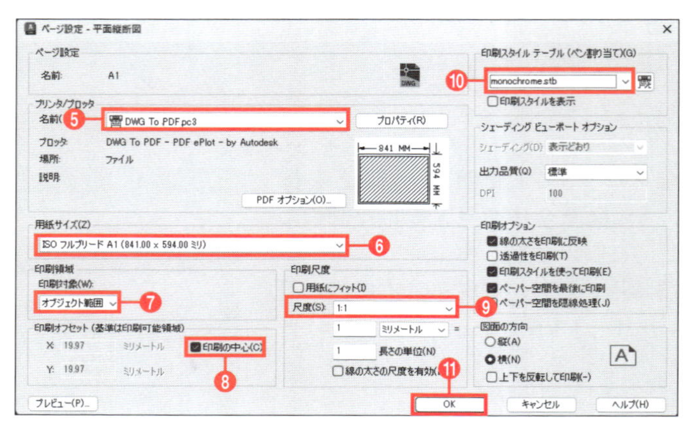

⓬[ページ設定管理]ダイアログボックスに戻る。[A1]をクリックして選択する。

⓭[現在に設定]ボタンをクリックする。

⓮[閉じる]ボタンをクリックする。

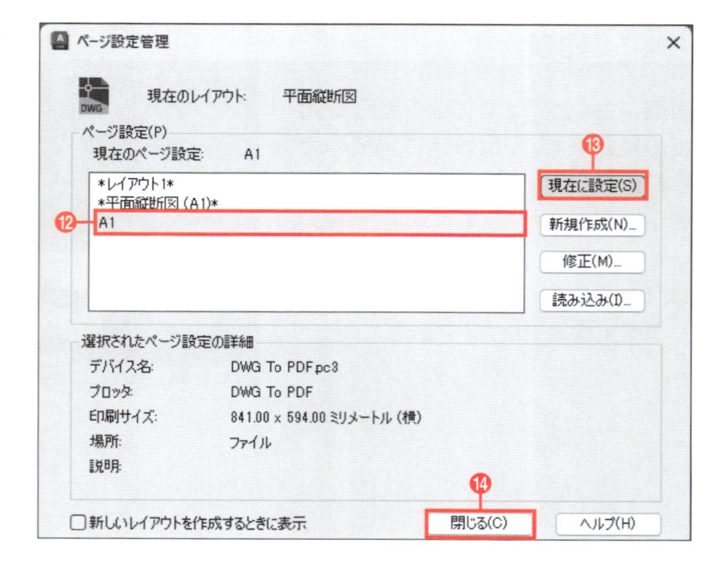

⑮ 用紙の範囲内(白く表示されている範囲)に図面枠が入っていることを確認する。

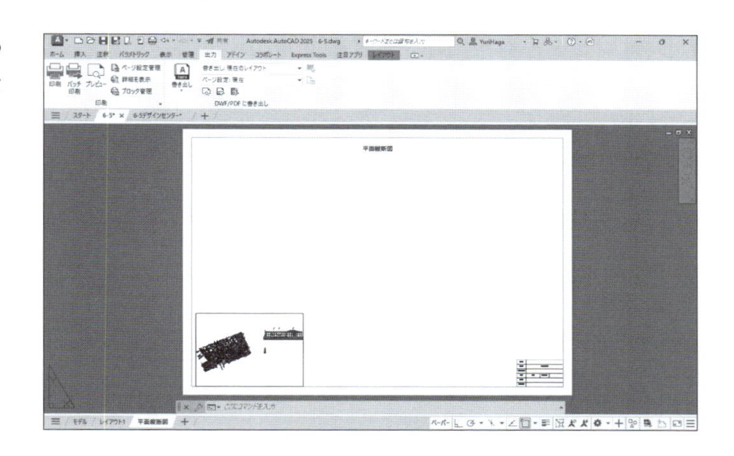

[ページ設定管理]ダイアログボックスについて

[ページ設定管理]ダイアログボックスの[ページ設定]欄には、レイアウトタブの名前とページ設定の名前が表示されています。両者は「*」マークの有無で見分けることができます。

「*」あり…レイアウトタブの名前です(図では「*レイアウト1*」と「*平面縦断図*」)。

「*」なし…ページ設定の名前です(図では「A1」)。ページ設定には印刷の設定が保存されています。

レイアウトタブにページ設定が適用されている場合は、レイアウトタブの名前の後ろにページ設定の名前がカッコ付きで表示されます。たとえば図の「*平面縦断図(A1)*」は、「平面縦断図」というレイアウトタブに「A1」のページ設定が適用されている、という意味になります。

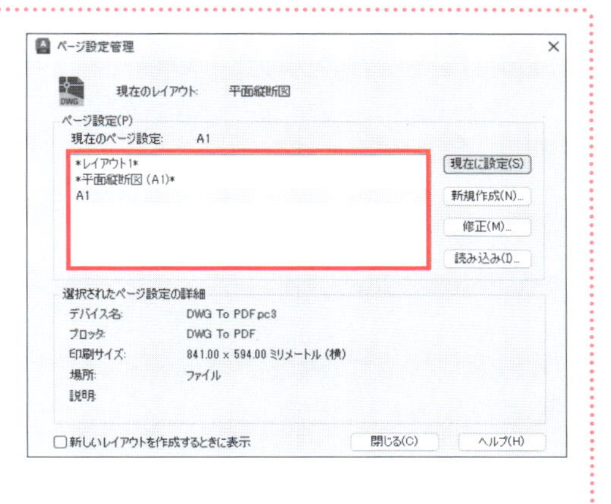

6-5-6 ビューポートの作成

平面図、縦断図、標準横断図用のビューポートをそれぞれ作成します。平面図と縦断図の尺度は1:1500、標準横断図の尺度は1:500とします。

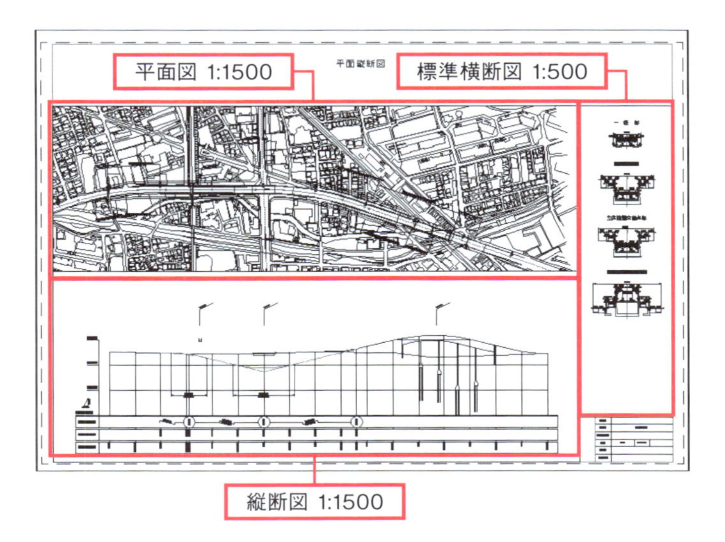

はじめに、ビューポート用の画層を作成し、ビューポートの枠を印刷しないように設定します。

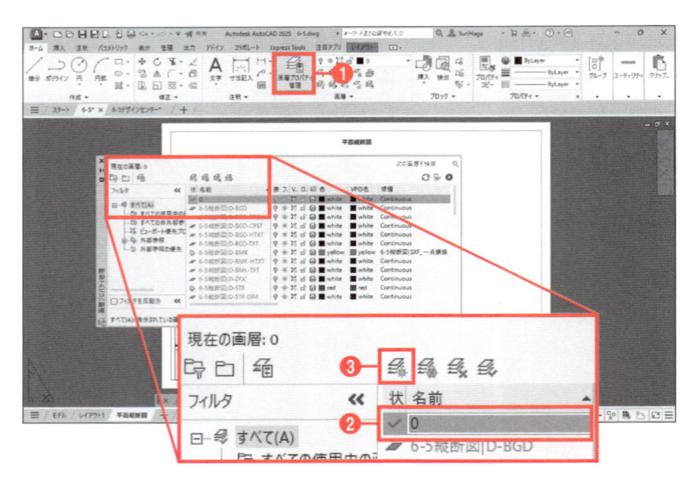

❶［ホーム］タブー［画層］ー［画層プロパティ管理］をクリックする。
❷［画層プロパティ管理］パレットが表示される。0画層をクリックする。
❸［新規作成］をクリックする。

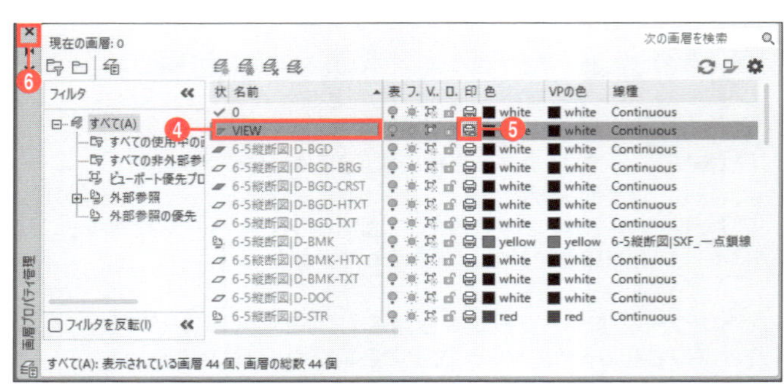

❹［名前］に「VIEW」と入力し、Enterキーを押す。
❺［印刷］をクリックする。

ボタンがに切り替わり、［VIEW］画層が印刷されなくなります。

❻をクリックして［画層プロパティ管理］パレットを閉じる。

すでに作成されているビューポートが1つあります。これを削除します。

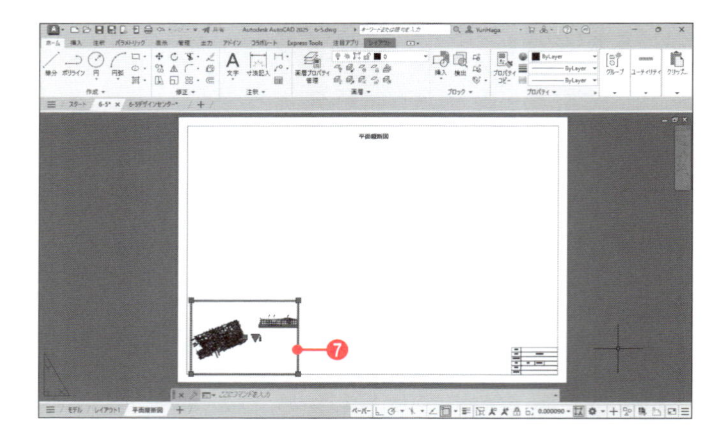

❼ビューポートをクリックして選択する。
❽ Deleteキーを押して削除する。

補助線として構築線を書いてからビューポートを作成します。

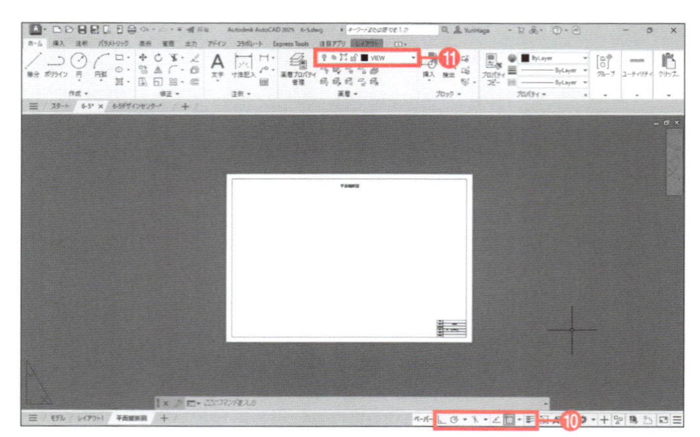

❾構築線を作成しやすいよう、図のように表示する。
❿ステータスバーは［オブジェクトスナップ］をオンにする。
⓫現在画層を［VIEW］に変更する。

⑫［ホーム］タブー［作成］ー［構築線］ をクリックする。
⑬ 図面枠の右上の端点をクリックする。
⑭ 図面枠の右下の端点をクリックする。
⑮ 図面枠の左上の端点をクリックする。
⑯ Enter キーを押して［構築線］コマンドを終了する。

2本の構築線が作成されます。

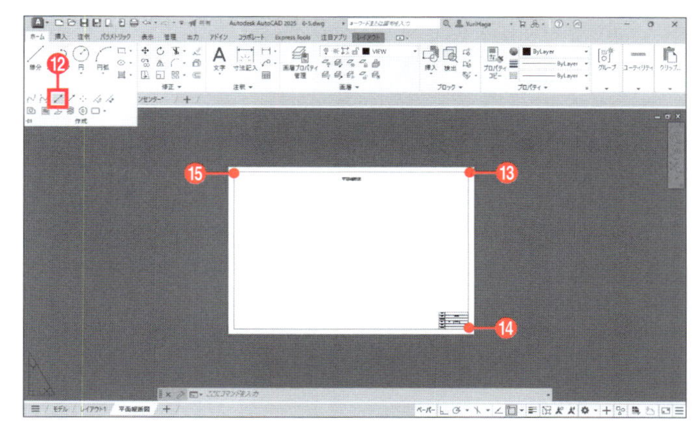

⑰［ホーム］タブー［修正］ー［オフセット］ をクリックする。
⑱「120」と入力し、Enter キーを押す。
⑲ 右の構築線をクリックして選択する。
⑳ 構築線の左側をクリックする。

構築線が左側にオフセットされます。

㉑ Enter キーを押して［オフセット］コマンドを終了する。

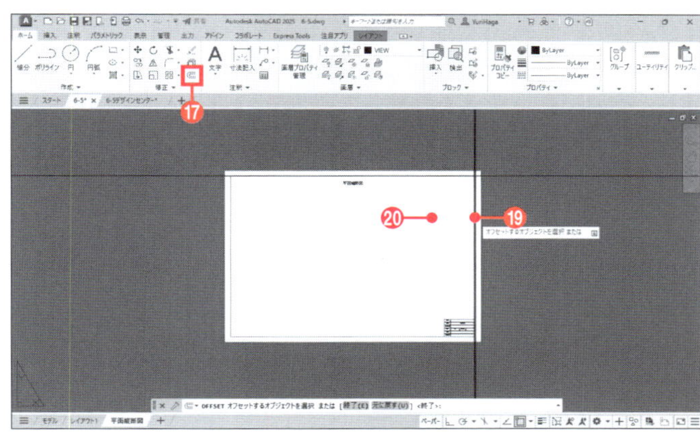

㉒ 手順⑰～㉑と同様にして、図のような構築線を作成する。オフセット距離は上から80、220とする。

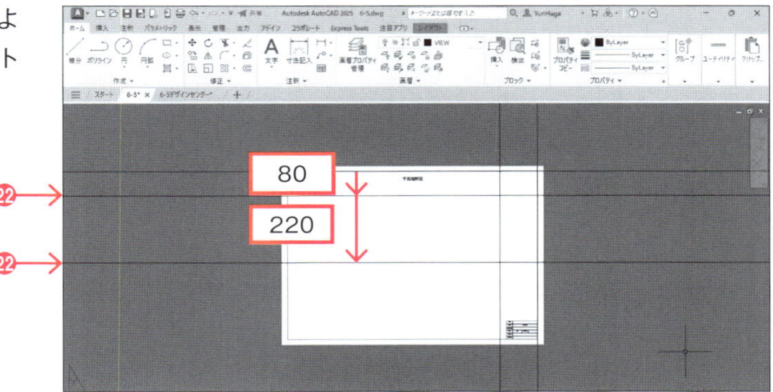

㉓［レイアウト］タブー［レイアウトビューポート］ー［矩形］ をクリックする。
㉔ 図に示した2つの交点をクリックする。

平面図用のビューポートが作成されます。

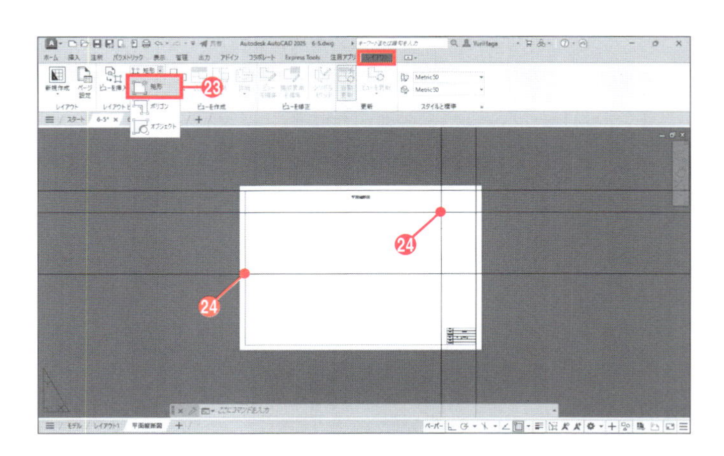

㉕ 手順㉓～㉔と同様にして、図のように縦断図用と標準横断図用のビューポートを作成する。

㉖ 作成した構築線をすべて削除する。

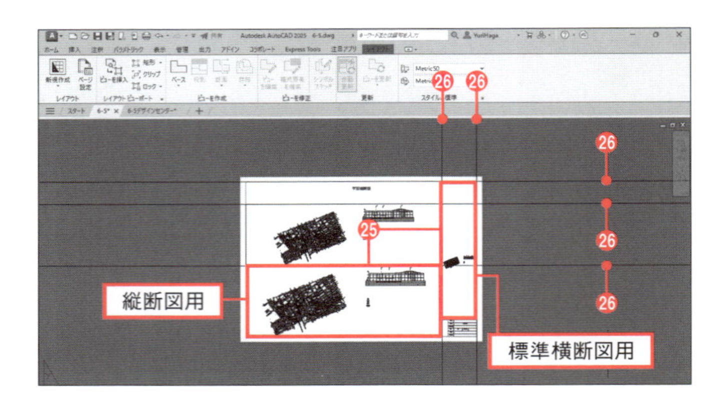

3つのビューポートそれぞれにモデル空間の図面が表示されています。以降の項で各ビューポートの尺度を設定し、表示範囲や角度を調整します。

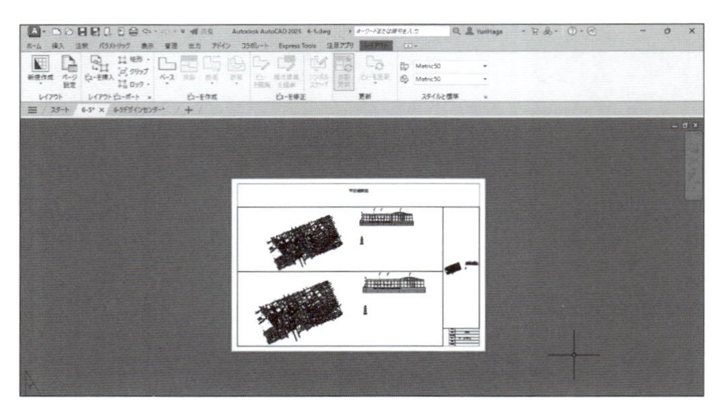

6-5-7 ビューポートの尺度設定

標準横断図と縦断図のビューポートの尺度を設定します。標準横断図は1:500、縦断図は1:1500です。

❶ 標準横断図のビューポートの内側をダブルクリックし、モデル空間に移動する。ビューポート内にUCSアイコンがL字型で表示され、ステータスバーに「モデル」と表示されることを確認する。

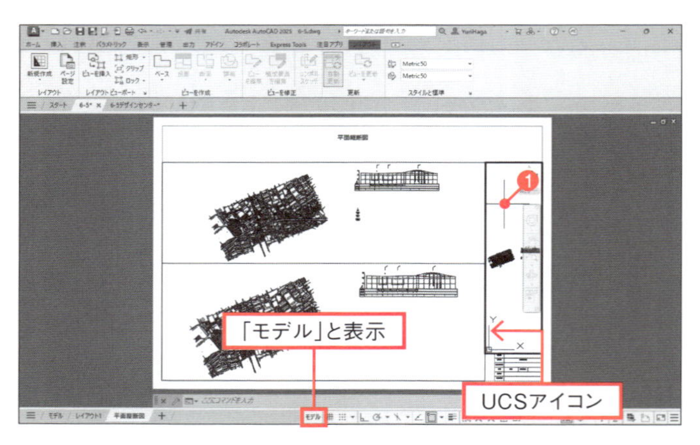

❷ ステータスバーの[ビューポート尺度]をクリックし、メニューから[カスタム]を選択する。

尺度のリストに「1:500」がないので、[カスタム]を選択して、尺度を作成します。

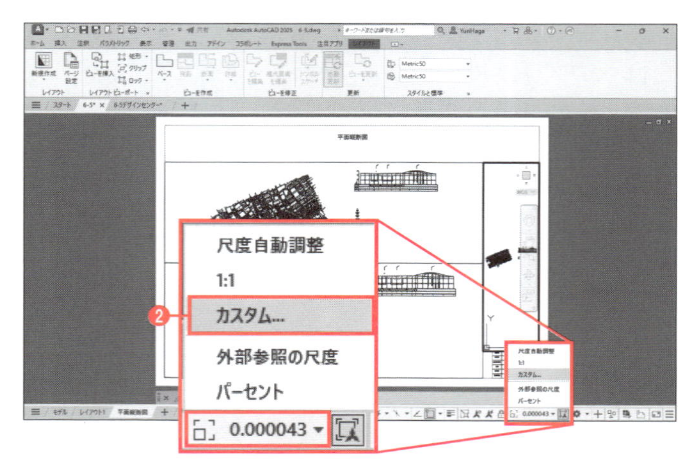

❸ [図面尺度を編集]ダイアログボックスが表示される。[追加]ボタンをクリックする(左図)。

❹ [尺度を追加]ダイアログボックス(右図)が表示される。[尺度名]欄の[尺度リストに表示される名前]に「**1:500**」と入力する。

❺ [尺度プロパティ]欄の[用紙単位]に「**1**」、[作図単位]に「**500**」と入力する。

❻ [OK]ボタンをクリックする。

❼ [図面尺度を編集]ダイアログボックスに戻る(左図)。[OK]ボタンをクリックする。

❽ マウスのホイールなどを使って、ビューポート内で標準横断図の辺りが見えるよう、図のように拡大表示する。

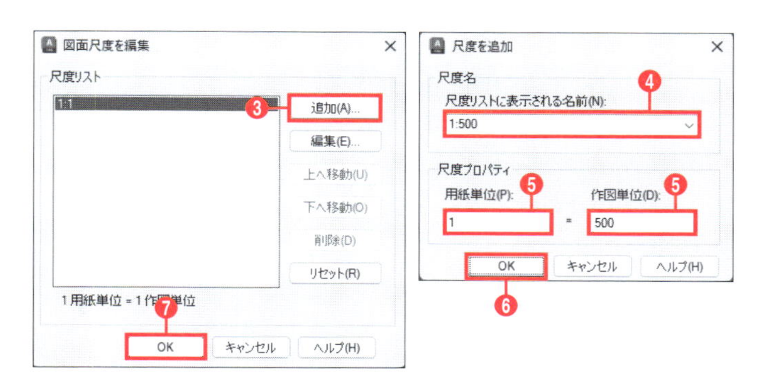

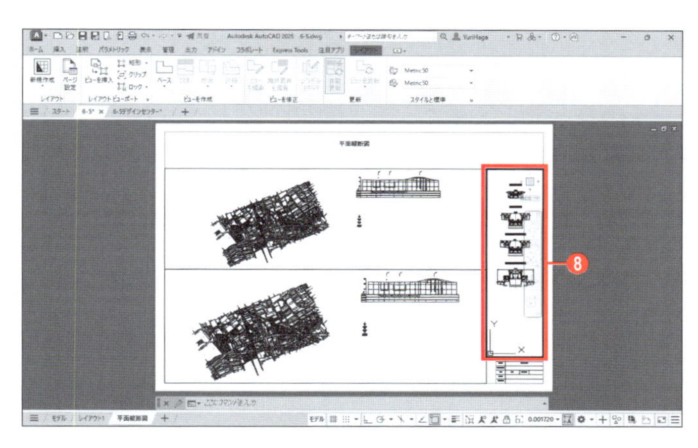

尺度を設定すると、ビューポートの中心を基準に拡大されます。あらかじめ表示させたい部分を拡大しておくと、尺度設定が容易になります。

❾ [ビューポート尺度]をクリックし、メニューから[1:500]を選択する。

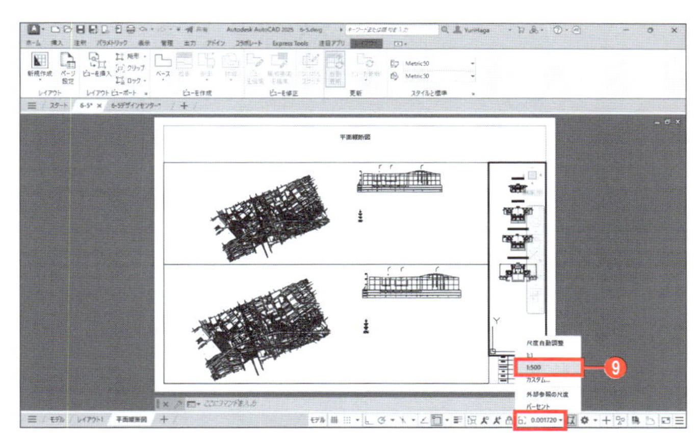

❿ マウスのホイールなどを使って表示範囲を移動し、標準横断図がビューポートの中央に来るよう、図のように表示する。

このとき、ズーム表示をしないように注意してください。ズーム表示をすると、ビューポート尺度が変更されてしまいます。

⓫ ステータスバーの[ビューポートロック/ロック解除]🔓をクリックする。

ボタンが🔒に変更され、ビューポートの表示がロックされます。

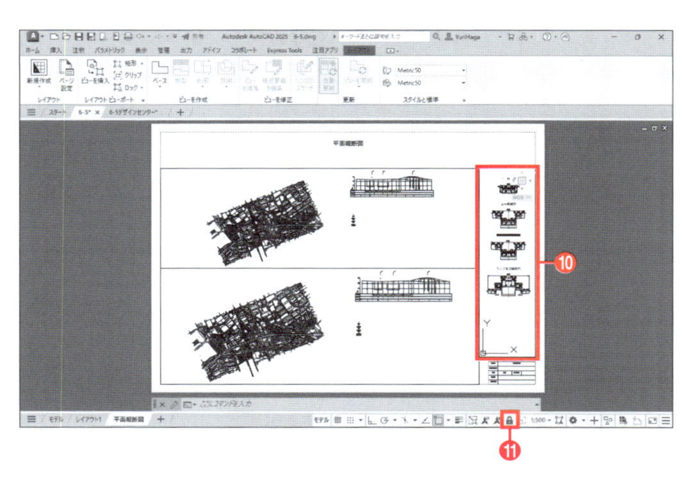

⓬ ビューポートの外側をダブルクリックし、ペーパー空間に移動する。UCSアイコンが直角三角形の形状で表示され、ステータスバーに「ペーパー」と表示されることを確認する。

ほかのビューポートの内側をダブルクリックしないように注意してください。

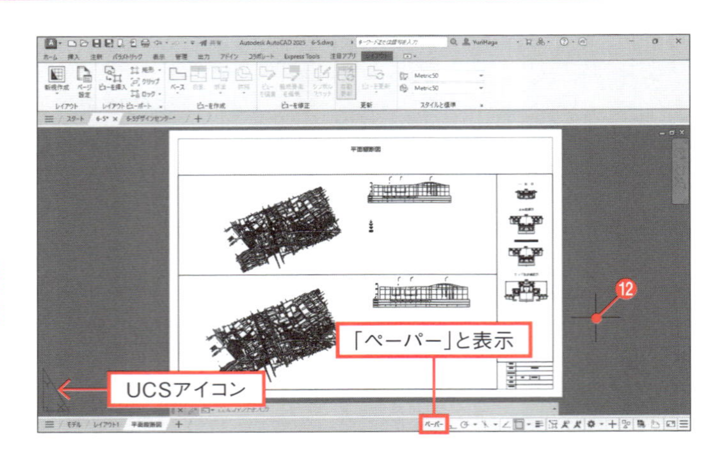

⓭ 手順❶～⓬と同様にして、左下の縦断図のビューポートの尺度を「1:1500」に設定する。

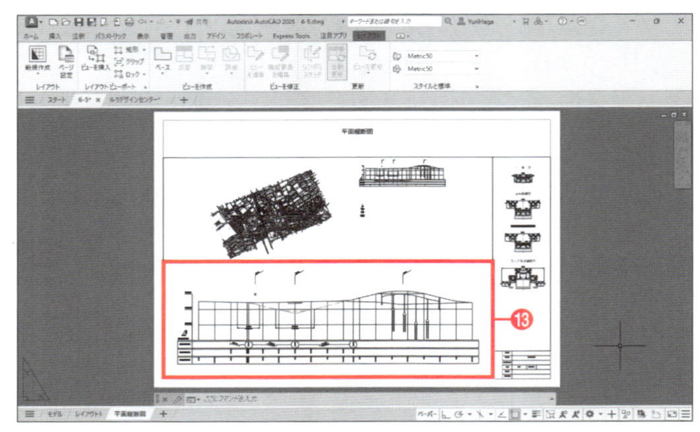

6-5-8 ビューポートの回転

平面図のビューポートは、NO.−1からNO.0の間の直線部分を水平にして表示します。UCSのX軸方向を直線の向きに変更した後、UCSのX軸方向をビューポートの水平に回転させます。

❶ 平面図のビューポートの内側をダブルクリックし、モデル空間に移動する。ビューポート内にUCSアイコンがL字型で表示され、ステータスバーに「モデル」と表示されることを確認する。

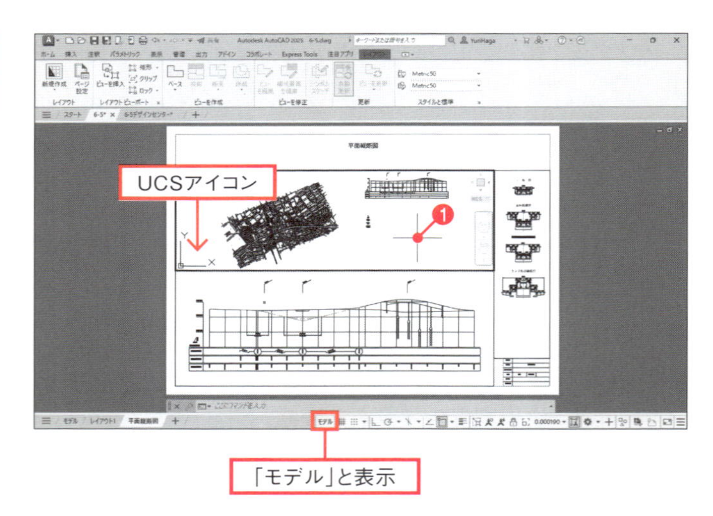

作業がしやすいように地形を非表示にします。

❷［ホーム］タブー［画層］ー［画層］プルダウンメニューをクリックする。
❸［6-5平面図|D-BGD］画層の 💡 マークをクリックする。

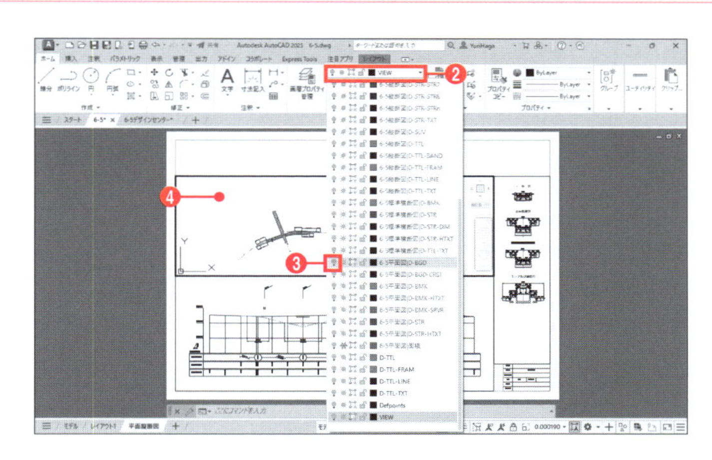

マークが黄色から青色に変わり、［6-5平面図|D-BGD］画層が非表示になります。

❹ 作図領域をクリックする。［画層］プルダウンメニューが閉じる。

❺ NO.ー1の辺りが見えるよう、図のように拡大表示する。
❻［表示］タブー［UCS］ー［3点］をクリックする。

［UCS］パネルが表示されない場合は、P.127の**5-1-7**を参考に表示してください。

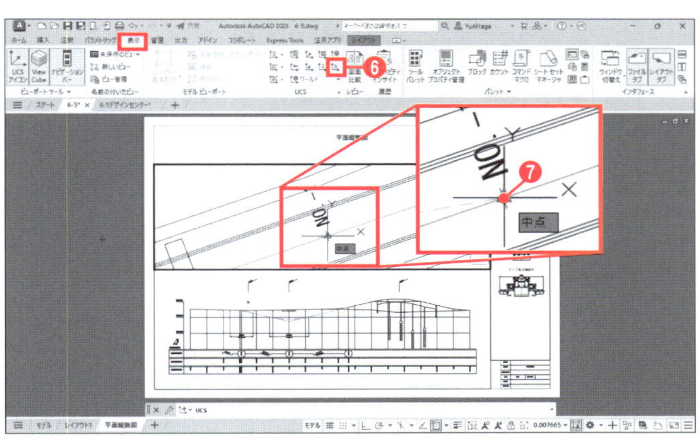

❼ NO.ー1の測点記号の中点をクリックする。

❽ NO.0の辺りの変化点が見えるよう、図のように表示する。
❾ 変化点をクリックする。
❿ Enter キーを押して［3点］コマンドを終了する。

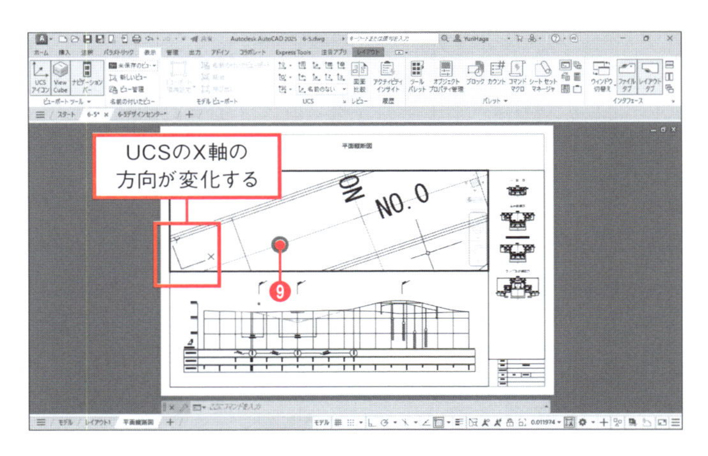

UCSのX軸方向が、手順❼、❾でクリックした2点を通る線分に沿って配置されます。

⓫ キーボードから「**plan**」と入力し、Enter キーを押す。
⓬［現在のUCS］をクリックして選択する。

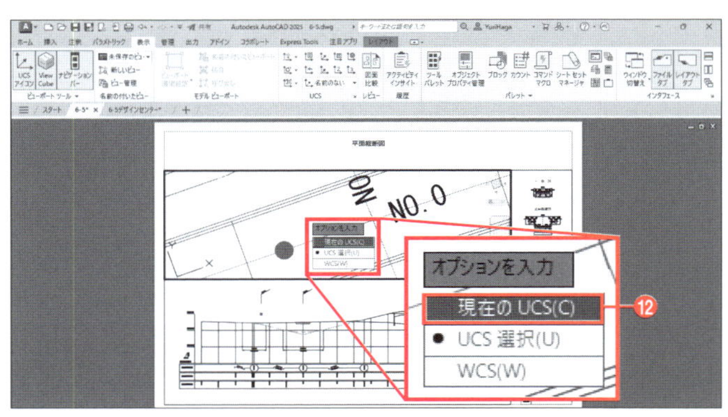

6-5
レイアウト

UCSのXY軸の向きがビューポートの水平・垂直方向と揃うように図面が回転します。

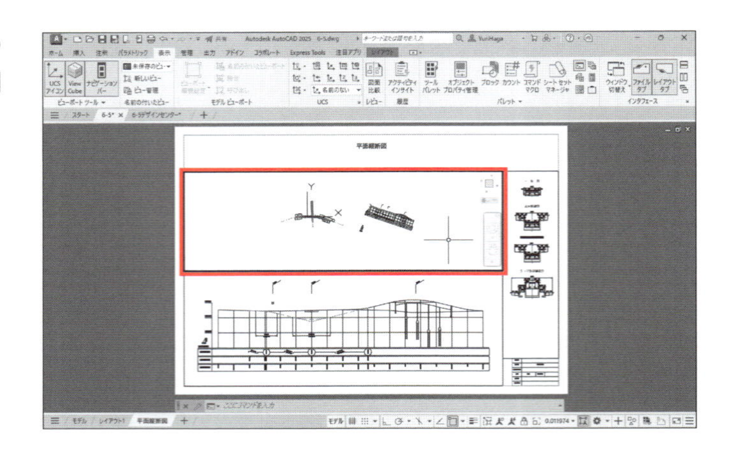

[プランビュー](PLAN)コマンド

平面図の図形を回転させると測量座標が変更されてしまいます。そのため、ここでは[プランビュー](PLAN)コマンドを使って、表示のみを回転させます。[プランビュー](PLAN)コマンドを実行する前に、ビューポートの水平方向に合わせたい向きにUCSのX軸を設定してください。

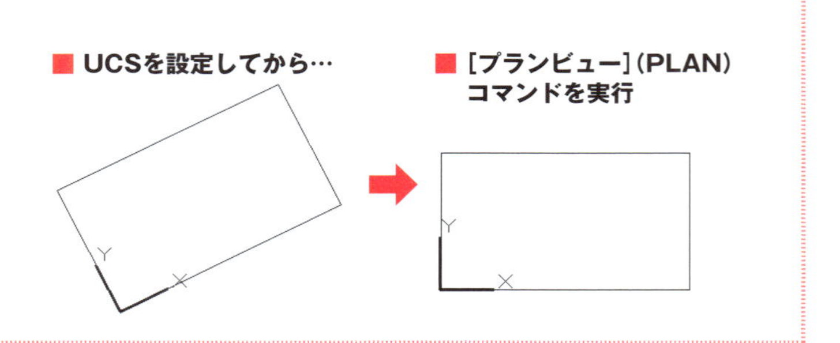

⑬ マウスのホイールなどを使って、平面図のNO.0の辺りが見えるよう、図のように拡大表示する。

⑭ [ビューポート尺度]をクリックし、メニューから[1:1500]を選択する。

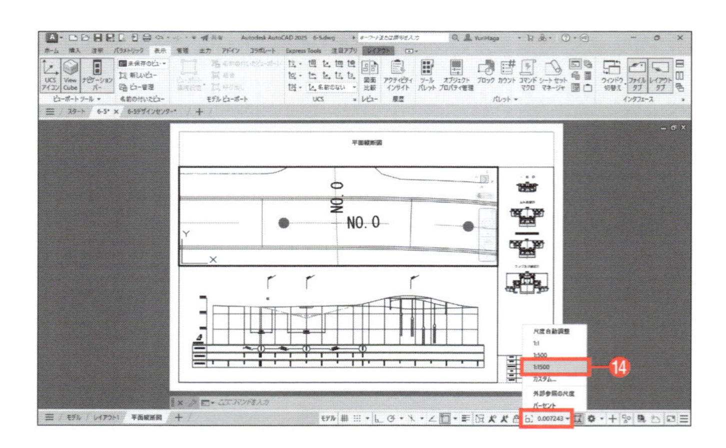

⑮ ステータスバーの[ビューポートロック/ロック解除]🔓をクリックする。

ボタンが🔒に変更され、ビューポートの表示がロックされます。

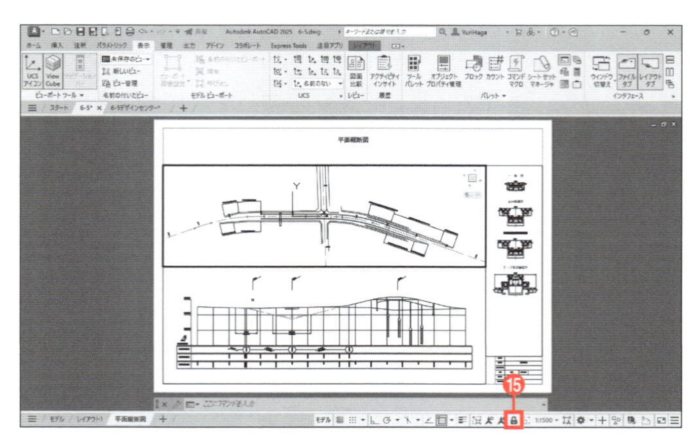

6-5-9 ビューポートの位置合わせ

補助線として構築線を作成し、縦断図と平面図のNO.0の位置合わせを行います。

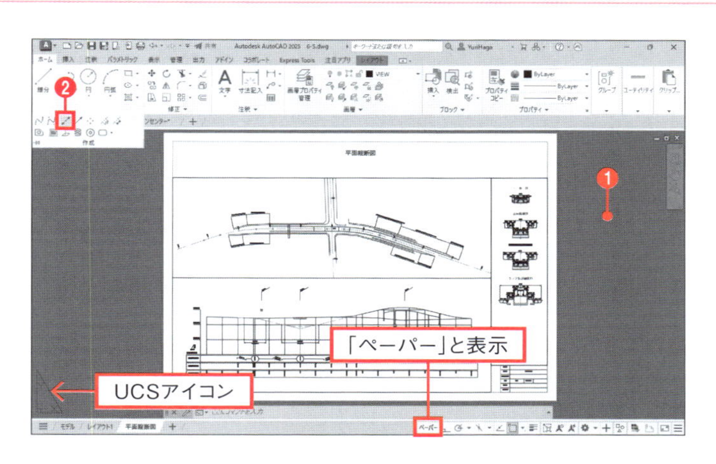

❶ビューポートの外側をダブルクリックし、ペーパー空間に移動する。UCSアイコンが直角三角形の形状で表示され、ステータスバーに「ペーパー」と表示されることを確認する。

❷[ホーム]タブ－[作成]－[構築線]をクリックする。

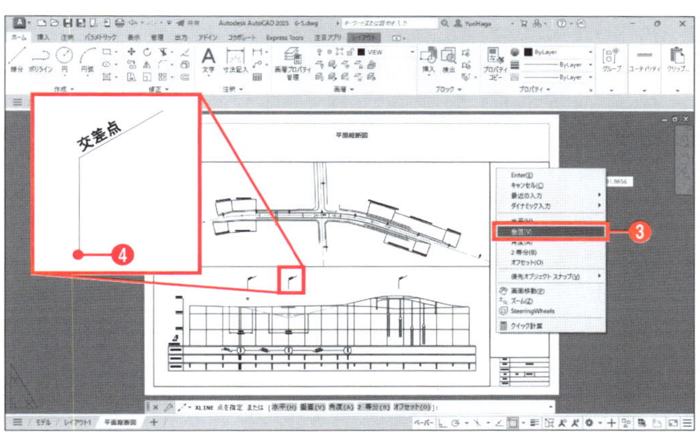

❸ツールチップに「点を指定」と表示される。作図領域を右クリックして、メニューから[垂直]を選択する。

❹縦断図のNO.0の旗上げの端点をクリックする。

クリックした点を通る垂直の構築線が作成されます。

❺ Enter キーを押して[構築線]コマンドを終了する。

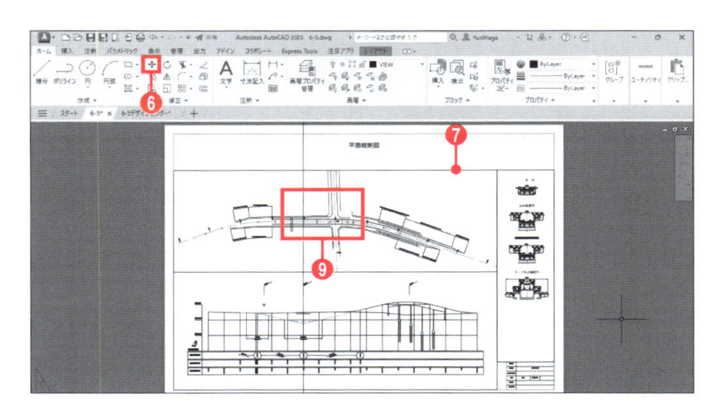

❻[ホーム]タブ－[修正]－[移動]をクリックする。

❼ツールチップに「オブジェクトを選択」と表示される。平面図のビューポートの枠をクリックして選択する。

❽ Enter キーを押して選択を確定する。

❾ツールチップに「基点を指定」と表示される。図に示した辺り（平面図のNO.0の辺り）を拡大表示し、NO.0と手順❷～❺で作成した構築線の両方が見えるようにする。

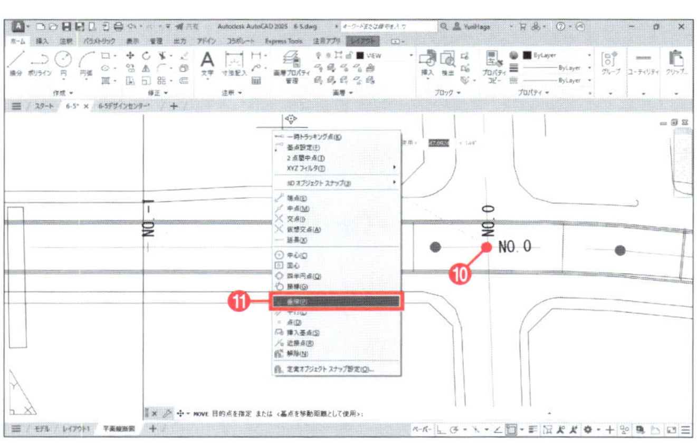

❿NO.0の交点をクリックする。

⓫ツールチップに「目的点を指定」と表示される。 Shift キーを押しながら作図領域を右クリックし、メニューから[垂線]を選択する。

6-5 レイアウト

⑫ 構築線にカーソルを近づけて、[垂線]オブジェクトスナップのマークが表示されたらクリックする。

図では拡大表示しているため確認できませんが、この操作によってNO.0の位置が構築線の位置に揃い、平面図のビューポート全体が左側に移動します。

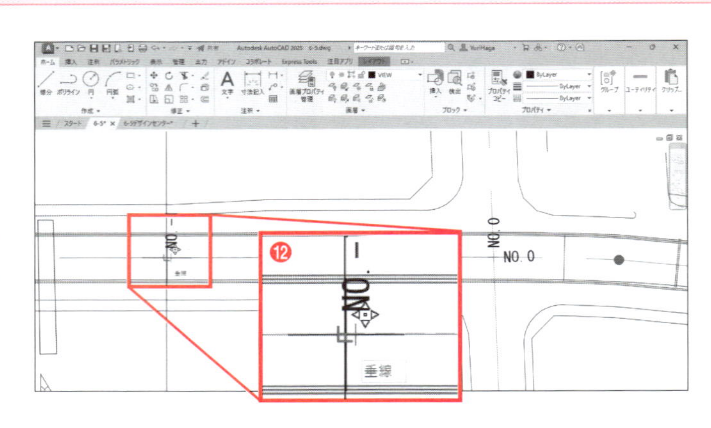

⑬ 図面全体が見えるよう、図のように表示する。
⑭ 平面図のビューポートの枠をクリックして選択する。
⑮ 右上のグリップをクリックして選択する。グリップの色が青から赤に変わる。
⑯ 標準横断図のビューポートの左上の端点をクリックする。

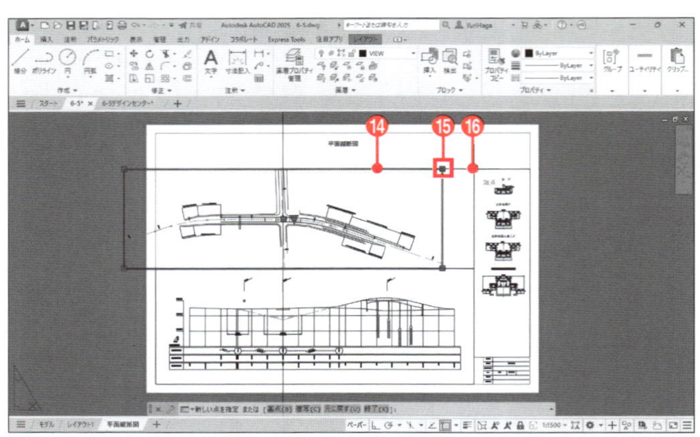

平面図のビューポートの大きさが、縦断図のビューポートの右端に合わせて変更されます。

ビューポート内の表示は変化せず、ビューポートの大きさだけが変化します。

⑰ 平面図のビューポートの左下のグリップをクリックして選択する。グリップの色が青から赤に変わる。
⑱ 縦断図のビューポートの左上の端点をクリックする。

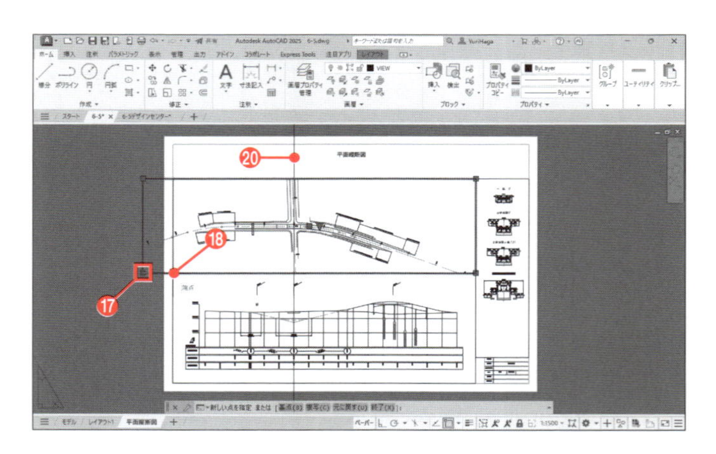

平面図のビューポートの大きさが縦断図のビューポートの左端に合わせて変更されます。

⑲ Escキーを押して選択を解除する。
⑳ 構築線を削除する。

㉑ [ホーム]タブ－[画層]－[全画層表示]をクリックする。

非表示になっていた[6-5平面図|D-BGD]画層が表示されます。

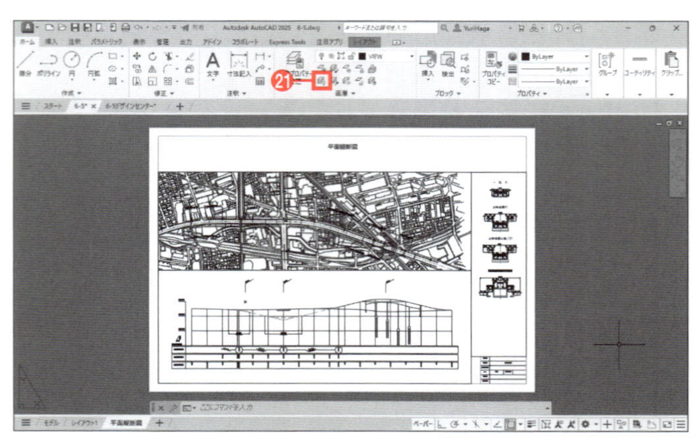

6-5-10 マルチテキストで文字記入（1）

図面のペーパー空間に、各ビューポートに表示した図面の名前と尺度を5.0mmと2.5mmの高さで記入します。モデル空間に書く文字の高さとは違い、ペーパー空間に書く文字は印刷時の高さのまま書いてください。

❶ 平面図のビューポートの上部が見えるよう、図のように拡大表示する。

❷ 現在画層を［D-TTL-TXT］に変更する。

❸［ホーム］タブ－［注釈］－［マルチテキスト］Aをクリックする。

❹ 文字を記入したい位置をクリックする。

❺ 作図領域を右クリックしてメニューから［幅］を選択する。

❻ ツールチップに「幅を指定」と表示される。「0」と入力し、Enterキーを押す。

❼ 表示される［テキストエディタ］タブの［文字の高さ］に「5」と入力する。

❽［位置合わせ］Aをクリックし、［下中心］を選択する。

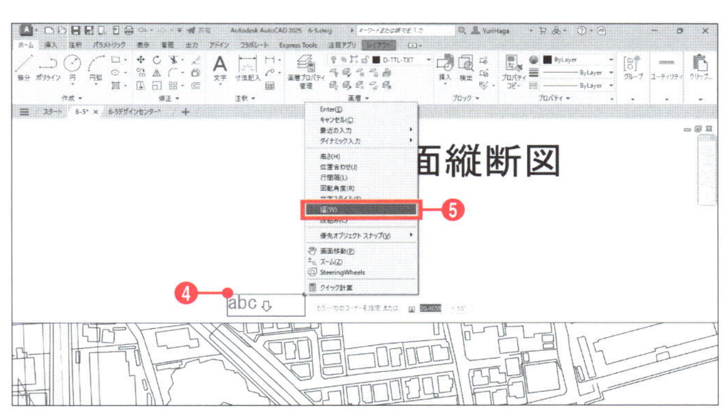

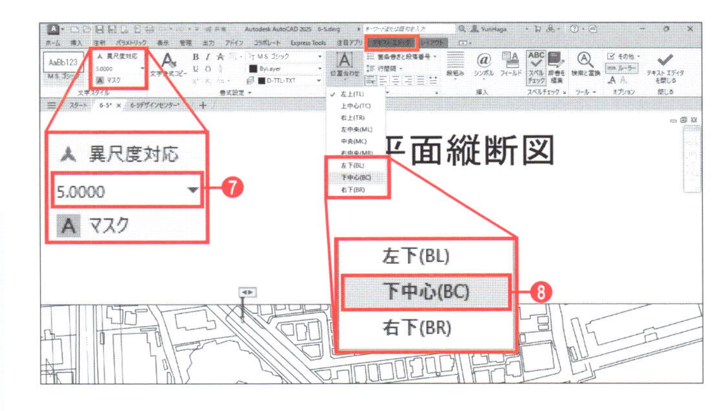

マルチテキストについて

［文字記入］コマンドではなく［マルチテキスト］コマンドで作成した文字（マルチテキスト）は、編集時に表示される［テキストエディタ］タブでさまざまな書式設定を行えます。
ただし、AutoCADのみで使用される特別な書式コードで書かれているので注意が必要です。図面をほかのCADソフトで開く必要がある場合は、［ホーム］タブ－［修正］－［分解］でマルチテキストから文字に変換しておくことをお勧めします。

❾「平面図　S=1:1500」と入力する。

❿「S=1:1500」の文字列を選択する。

⓫［文字の高さ］に「2.5」と入力し、Enterキーを押す。

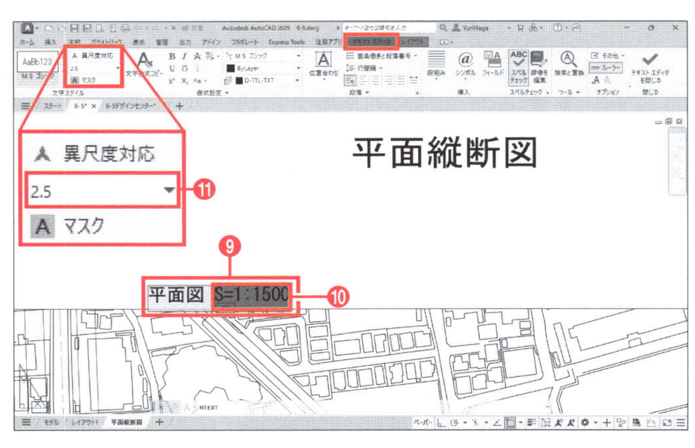

「S=1:1500」の部分の文字の高さが変更されます。

⑫［テキストエディタを閉じる］✓をクリックする。

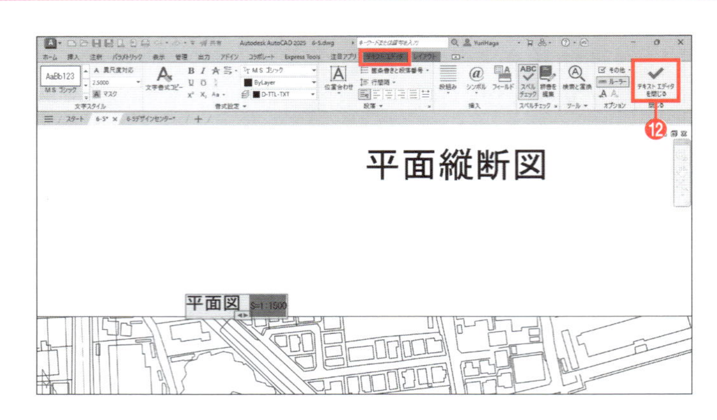

⑬図面全体が見えるよう、図のように表示する。
⑭ステータスバーは［直交モード］をオンにし、オブジェクトスナップはオフにする。
⑮［ホーム］タブ－［修正］－［複写］をクリックする。
⑯手順❸～⑫で記入した文字をクリックして選択し、Enterキーを押して選択を確定する。

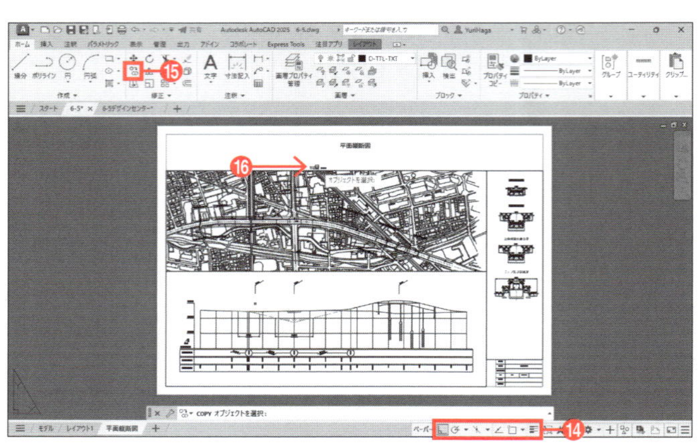

⑰文字の近くの任意の点をクリックする。
⑱図に示した辺り、縦断図と標準横断図のビューポートの上部で、複写先の任意の点をクリックする。
⑲Enterキーを押して［複写］コマンドを終了する。

縦断図と標準横断図の上部に文字が複写されます。

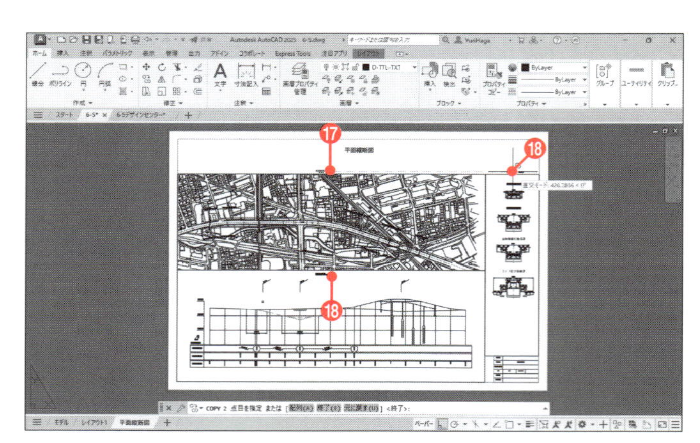

⑳標準横断図のビューポート上部に複写した文字が見えるよう、図のように拡大表示する。
㉑文字をダブルクリックする。［テキストエディタ］タブが表示される。
㉒「**標準横断図 S=1:500**」と編集する。
㉓［テキストエディタを閉じる］✓をクリックする。

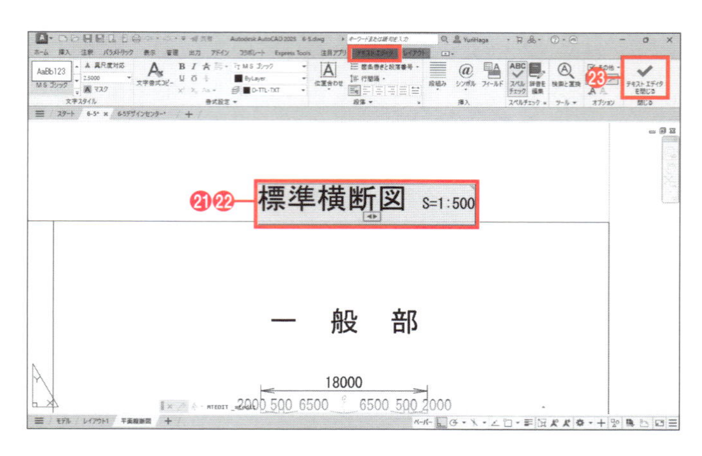

6-5-11 マルチテキストで文字記入(2)

縦断図のビューポート上部に複写したマルチテキストの書式を編集します。「H=1:1500 V=1:300」という尺度の表記が上下に表示されるようにします。

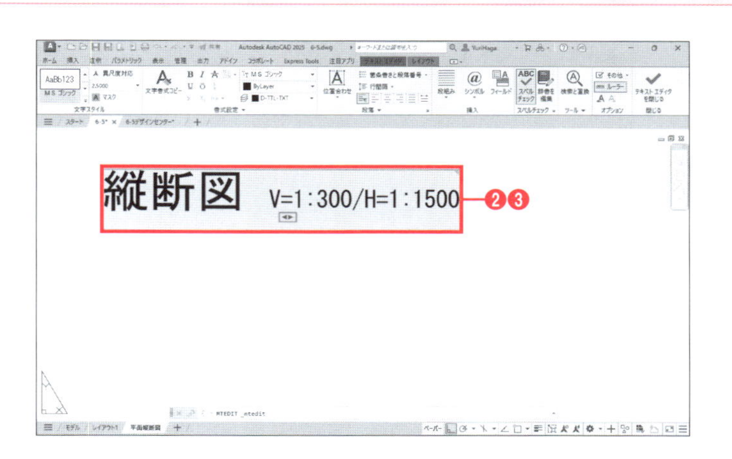

❶ 縦断図のビューポート上部に複写した文字が見えるよう、図のように表示する。
❷ 文字をダブルクリックする。[テキストエディタ]タブが表示される。
❸「縦断図 V=1:300/H=1:1500」と編集する。

モデル空間からペーパー空間に戻れないときの対処法

手順❷で文字をダブルクリックしたときに、誤ってモデル空間に入ってしまうことがあります。ここでは拡大表示をしているので、ビューポートの外側をダブルクリックできず、ペーパー空間に戻れません。その場合は、ステータスバーの[モデル]ボタンをクリックすると[ペーパー]ボタンに変更され、ペーパー空間に戻ることができます。

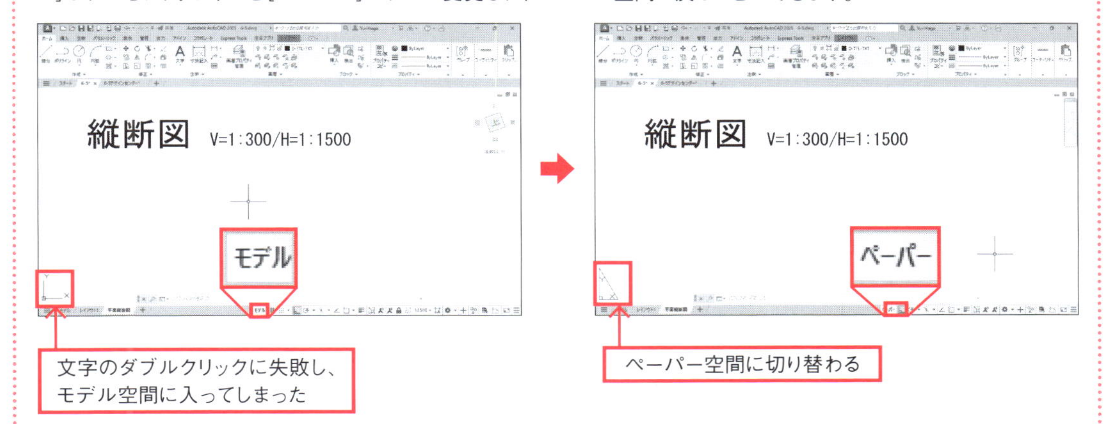

❹「V=1:300/H=1:1500」の文字列を選択する。
❺ 選択した文字列を右クリックしてメニューから[スタック]を選択する。

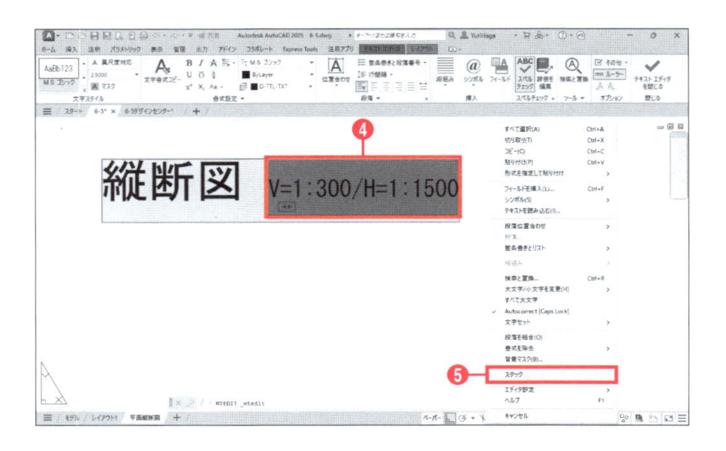

「V=1:300/H=1:1500」の部分が分数形式で表示されます。

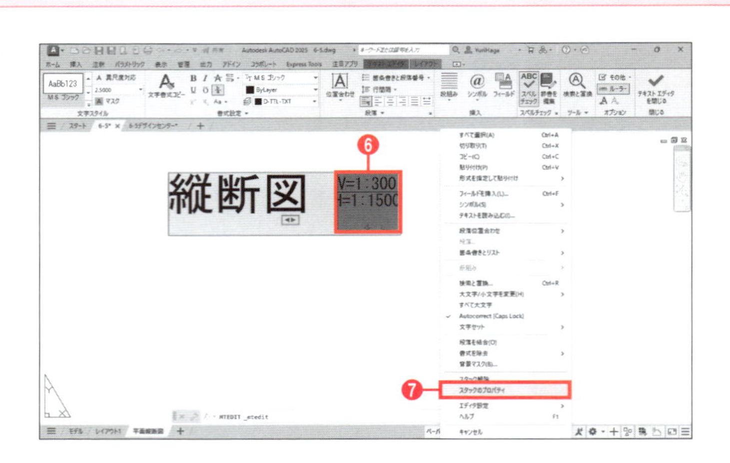

❻「V=1:300/H=1:1500」の部分をクリックして選択する。
❼選択した文字列を右クリックしてメニューから[スタックのプロパティ]を選択する。

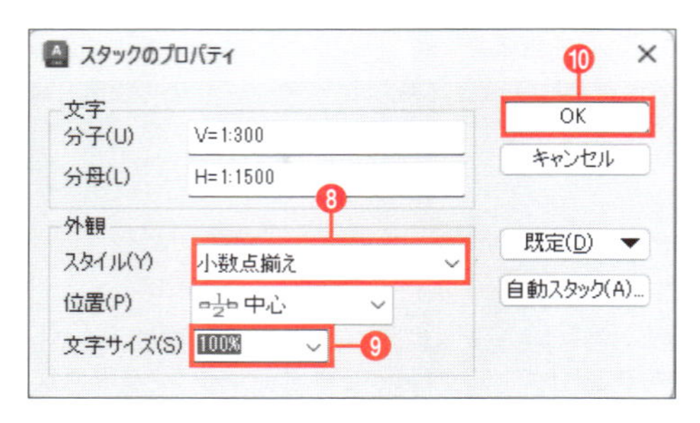

❽[スタックのプロパティ]ダイアログボックスが表示される。[スタイル]から[小数点揃え]を選択する。
❾[文字サイズ]から[100%]を選択する。
❿[OK]ボタンをクリックする。

分数の線が消え、2行の文字として表示されます。

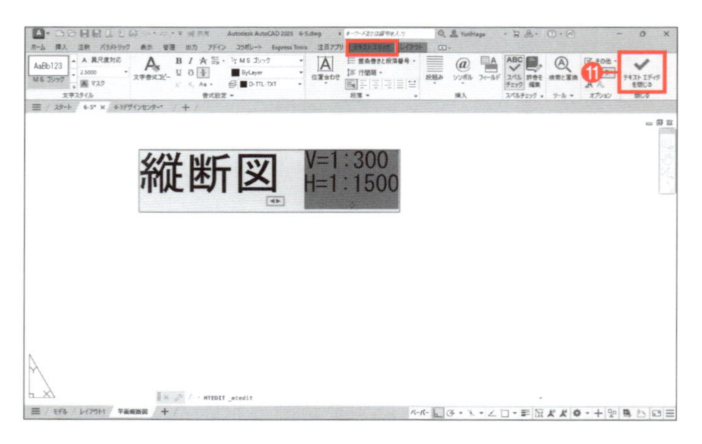

⓫[テキストエディタを閉じる]✔をクリックする。

線種が正しく描画されていない場合は、再作図を行います。

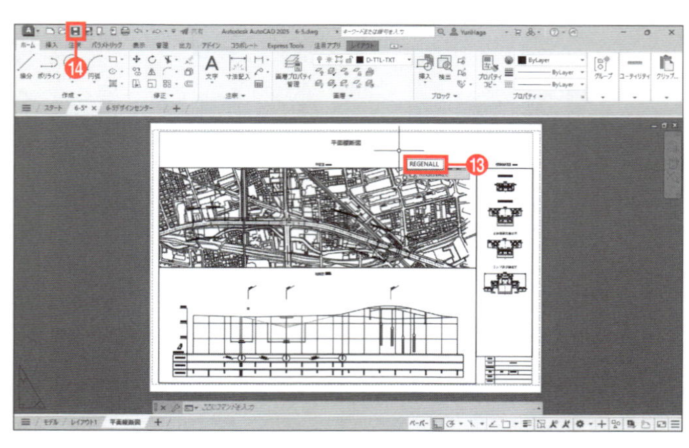

⓬図面全体が見えるよう、図のように表示する。
⓭キーボードから「**regenall**」と入力し、Enterキーを押す。

図面上の線種や曲線を正しく描画するために再作図を行いたい場合、モデル空間では[再作図(REGEN)]コマンドを使用しますが、ペーパー空間では[全再作図(REGENALL)]コマンドを使用します。

⓮クイックアクセスツールバーの[上書き保存]💾をクリックする。

これで平面縦断図が完成します。

6-5-12 レイアウトをモデルに変換

AutoCADのレイアウトタブに対応していない、ほかのCADソフトと図面ファイルをやり取りする場合は、レイアウトをモデルに変換します。変換の際に、外部参照は個別バインドされます。個別バインドではなく挿入したい場合は、P.254の6-4-7を参考にして、あらかじめ挿入を行ってください。

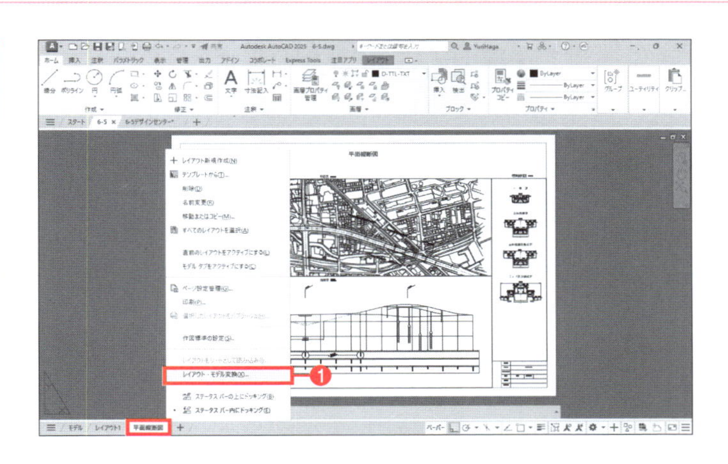

❶［平面縦断図］タブを右クリックしてメニューから［レイアウト-モデル変換］を選択する（AutoCAD 2023以前の場合は［レイアウトをモデルに書き出し］を選択）。

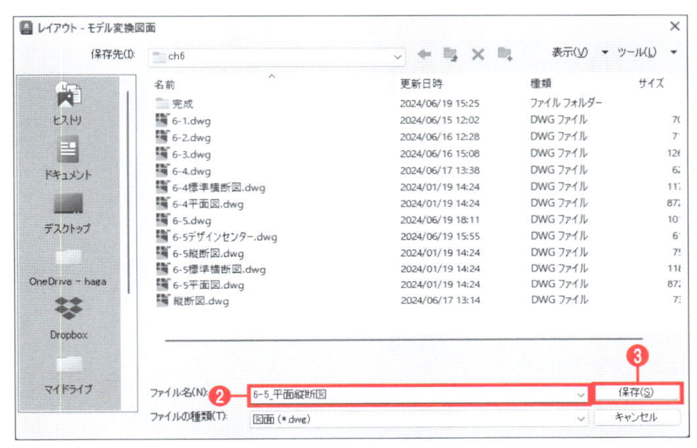

❷［レイアウト-モデル変換図面］ダイアログボックスが表示される。［ファイル名］に、現在のファイル名とレイアウトタブ名を組み合わせたファイル名が表示される（ここでは「6-5_平面縦断図.dwg」）。
❸［保存］ボタンをクリックする。

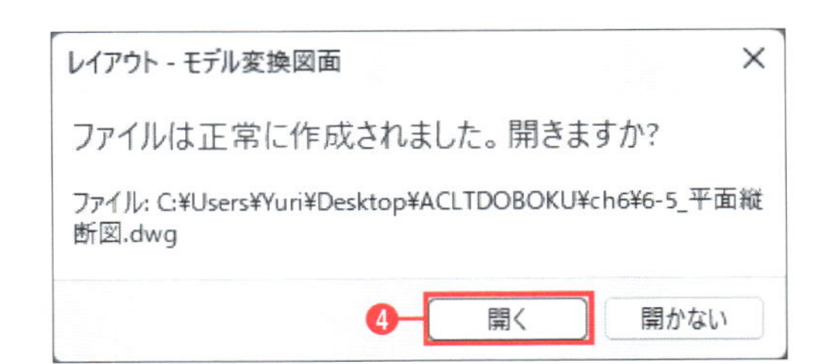

❹「ファイルは正常に作成されました。開きますか?」というメッセージが表示されるので、［開く］ボタンをクリックする。

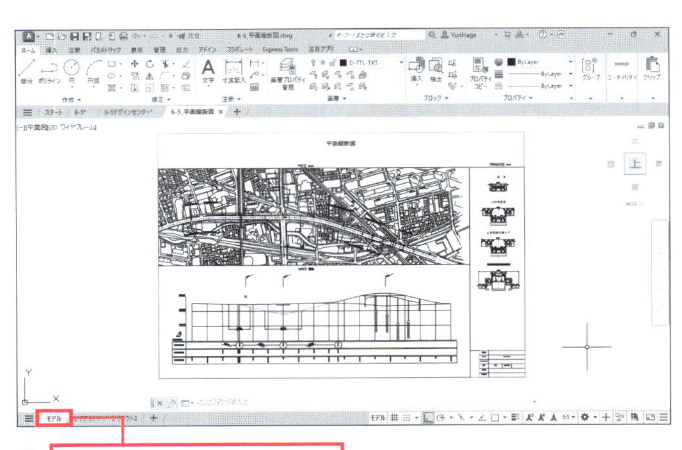

❺すべてのオブジェクトが、モデル空間に作成されていることを確認する。

6-6 図面の比較

練習用ファイル「6-6_V1.dwg」「6-6_V2.dwg」

複数人で同時に作業を進めた場合など、図面に齟齬が生じることがあります。そのようなときAutoCADの「図面比較」機能を使用すれば、異なるバージョンの図面を効率的に比較でき、たとえば不足している部分を特定して追加するといったことが行えます。

6-6-1 図面の比較と差異部分の読み込み

ここでは「6-6_V2.dwg」を開き、「6-6_V1.dwg」の図面と比較を行い、「6-6_V1.dwg」の標準横断図の図形を「6-6_V2.dwg」に読み込みます。

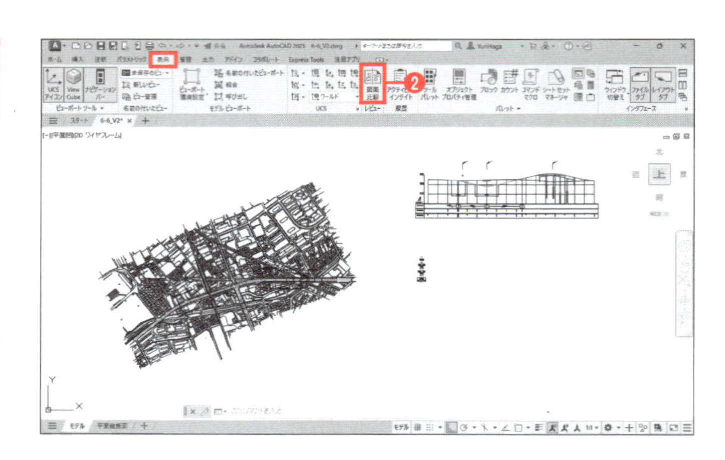

❶ 練習用ファイル「6-6_V2.dwg」を開く。

❷ [表示]タブー[レビュー]ー[図面比較]（2024バージョン以前の場合は、[表示]タブー[比較]ー[図面比較]）をクリックする。

❸ [比較する図面を選択]ダイアログボックスが表示される。「6-6_V1.dwg」を選択し、[開く]ボタンをクリックする。

作図領域の上部に[図面比較]ツールバーが表示されます。

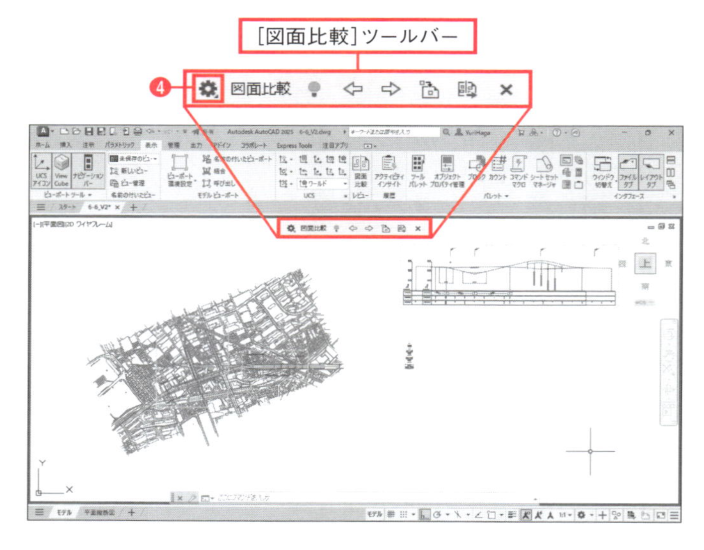

❹ [図面比較]ツールバーの[設定]をクリックする。

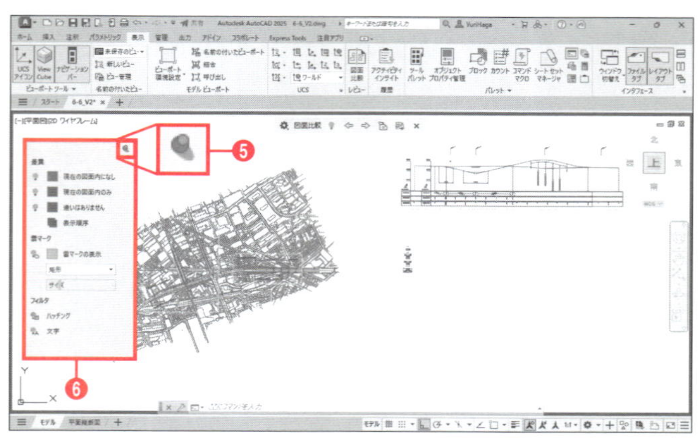

❺ [設定]パネルが表示される。右上部のピンのアイコンをクリックし、パネルの表示を固定（常に画面に表示）する。

❻ パネルをドラッグし、図面と重ならない位置に移動する。

❼［違いはありません］の💡マーク（黄色）をクリックし、非表示（青色）にする。

作図領域に違いがある個所（差分）のみが表示されます。本書紙面では色の違いがわかりませんが、赤色は現在の図面にないオブジェクト、緑色は現在の図面のみにあるオブジェクトを示しています。
標準横断図に雲マークが表示されているので、この部分に違いがあることがわかります。

❽図に示した辺りを拡大表示する。

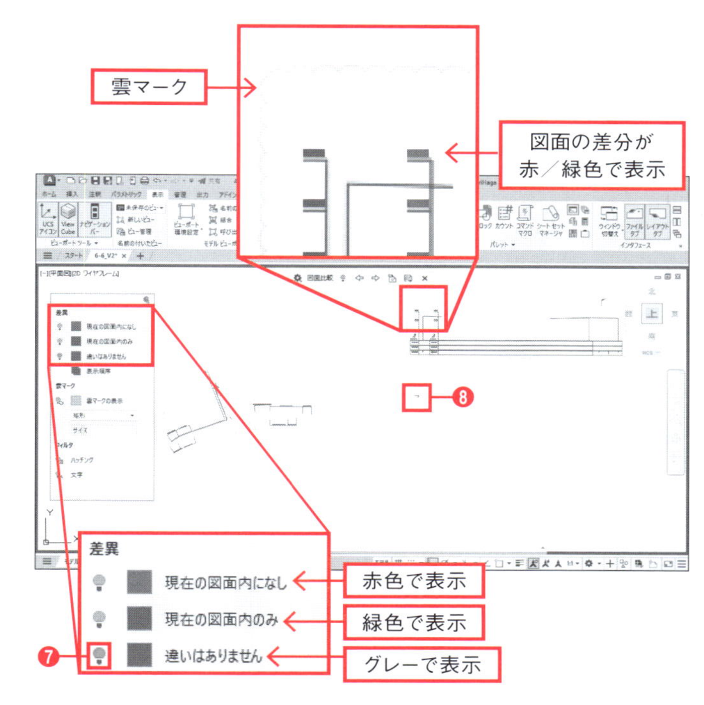

一部分の幅が、「6-6_V1.dwg」から変更されていることがわかります。この部分を「6-6_V1.dwg」から読み込み、違いをなくします。

❾［現在の図面内になし］の💡マーク（黄色）をクリックし、非表示（青色）にする。

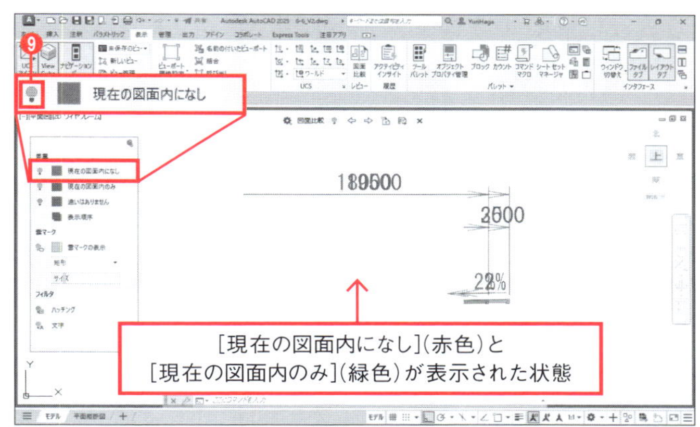

表示されている緑色のオブジェクトは、現在の図面のみにあるオブジェクトを示しています。これは不要なので削除します。

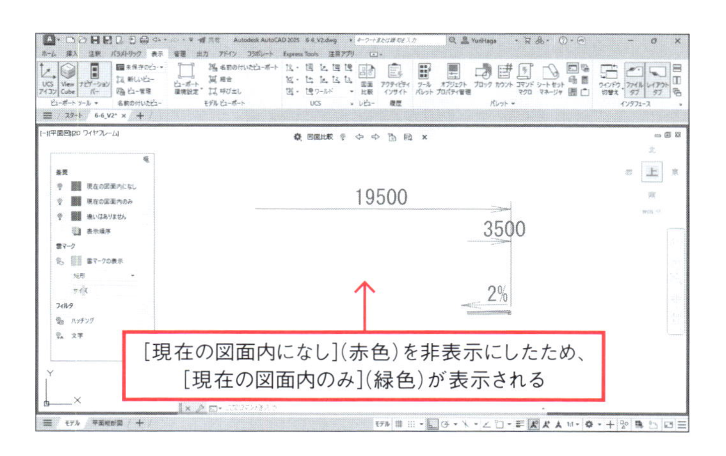

❿ 窓選択などで表示されているオブジェクトすべてを選択する。
⓫ Delete キーを押して削除する。

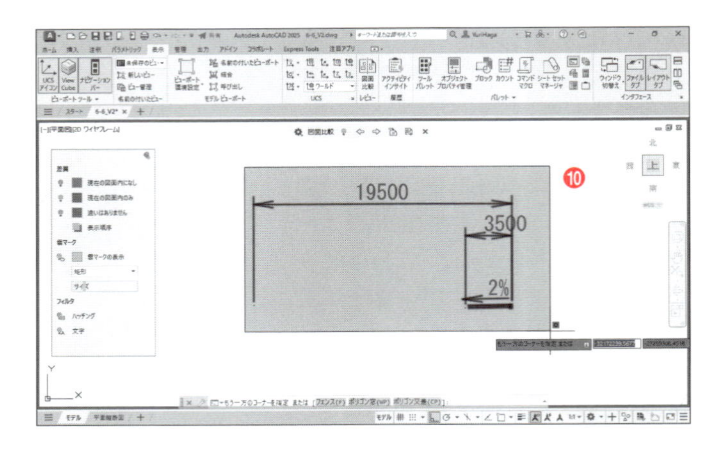

次に、現在の図面にはない赤色のオブジェクトを表示し、読み込みます。

⓬ [現在の図面内になし]の💡マーク（青色）をクリックし、表示（黄色）にする。

「6-6_V1.dwg」のオブジェクトが表示されます。

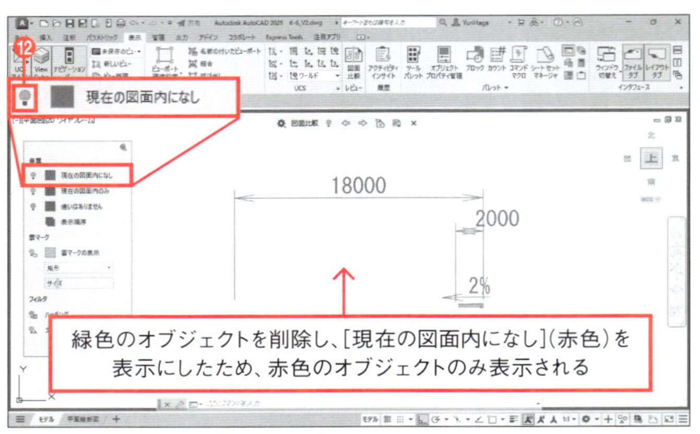

窓選択などを使用してオブジェクトを選択すると、非表示になっている不要なオブジェクトが選択されることもあります。このような場合は、後で削除すれば問題ありません。

⓭ [図面比較]ツールバーの[オブジェクトを読み込む]をクリックする。
⓮ 窓選択などでオブジェクトを選択する。
⓯ Enter キーを押して選択を確定する。

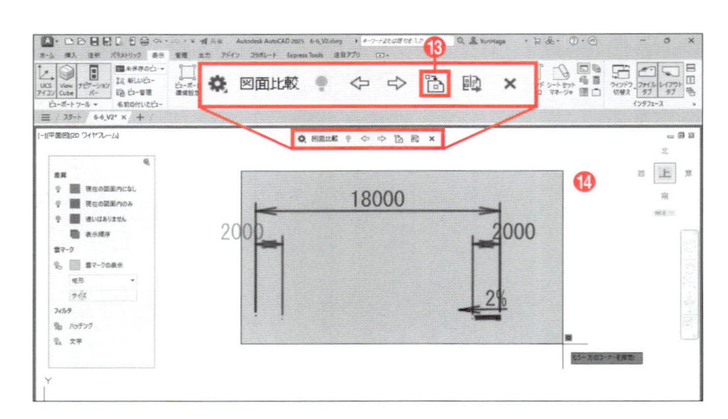

非表示になっていた不要なオブジェクトが残っているので、削除します。

⓰ 緑色のオブジェクトをクリックして選択する。
⓱ Delete キーを押して削除する。

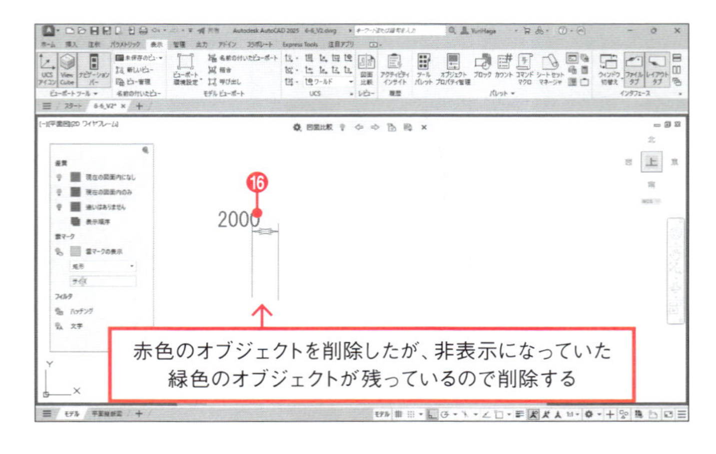

⑱［違いはありません］の💡マーク（青色）をクリックし、表示（黄色）にする。

「6-6_V1.dwg」のオブジェクトを読み込んだため、違いがなくなったことが確認できます。

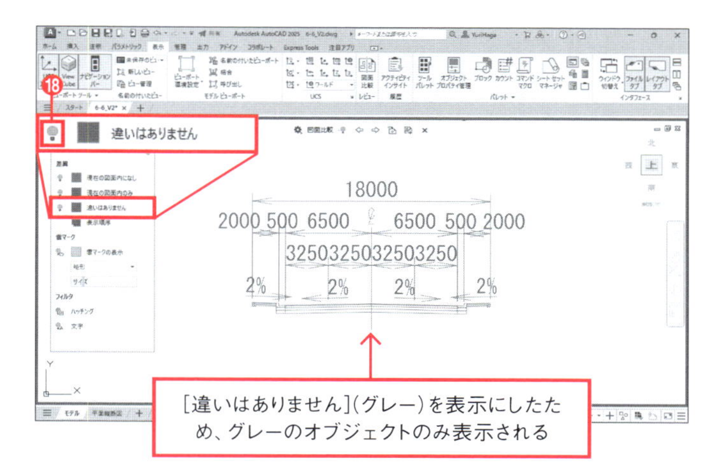

比較図面を後で参照する場合に備えて、保存しておきます。

⑲図面全体が見えるよう、図のように表示する。

⑳［図面比較］ツールバーの［スナップショットを書き出す］をクリックする。

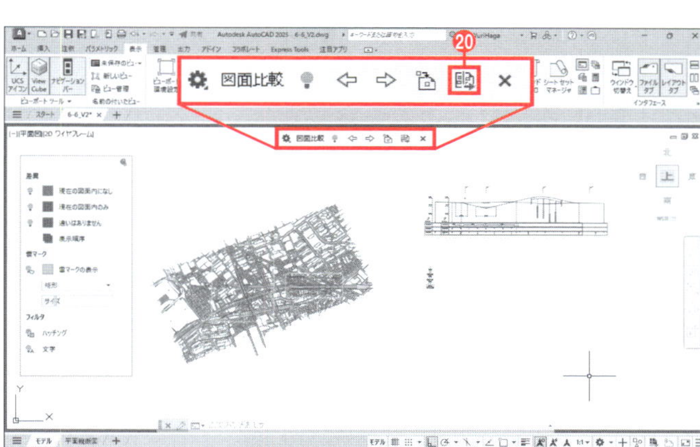

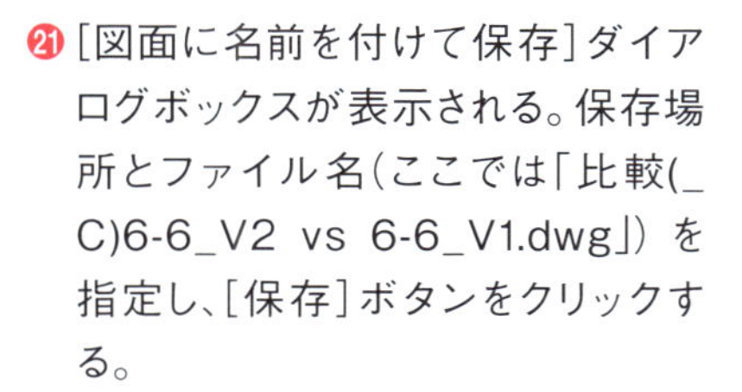

㉑［図面に名前を付けて保存］ダイアログボックスが表示される。保存場所とファイル名（ここでは「比較(_C)6-6_V2 vs 6-6_V1.dwg」）を指定し、［保存］ボタンをクリックする。

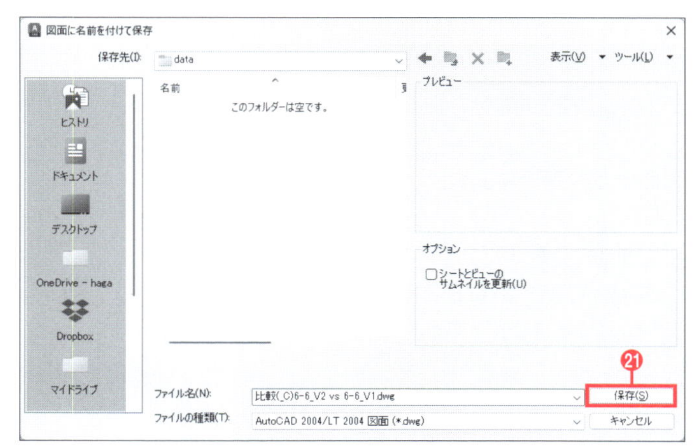

㉒「比較スナップショット図面のバックグラウンド処理を開始する準備が整いました。」と表示された場合は、［継続］ボタンをクリックする。

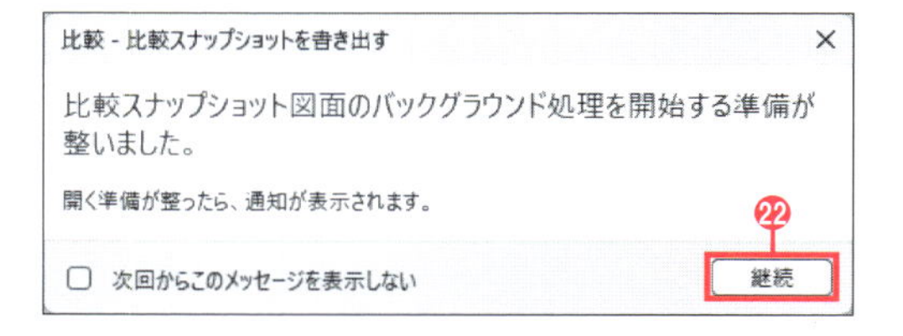

比較図面が保存されると、画面右下に「スナップショット処理完了」と吹き出しメッセージが表示されます。

㉓吹き出しメッセージの[図面を開く]をクリックする。

吹き出しメッセージを閉じてしまった場合は、通常どおり保存されたファイルをクイックアクセスツールバーの[開く]ボタンから直接開いてください。

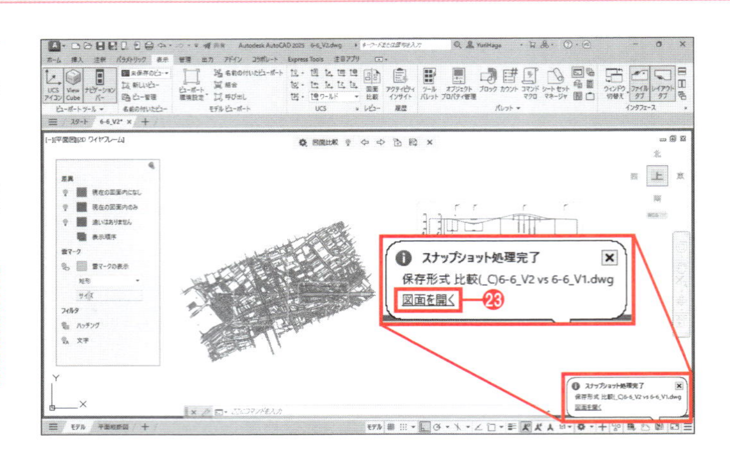

手順⑳～㉒で保存した比較図面（スナップショット）が開きます。この図面は、比較対象の2つの図面がブロックとなっています。ブロックを分解すると、図面比較の機能は使えなくなります。

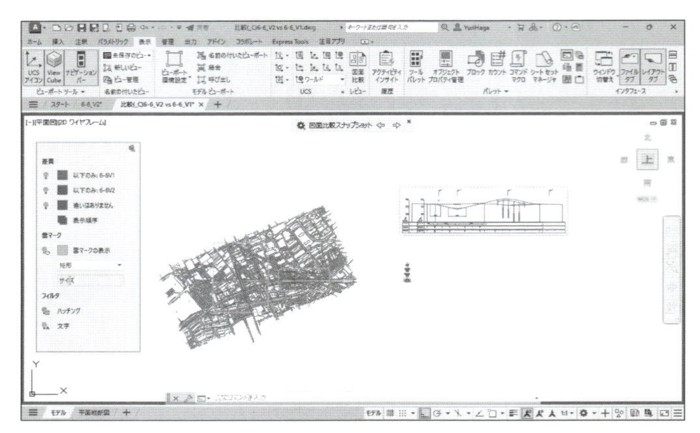

最後に、「6-6_V2.dwg」の図面比較を終了します。

㉔[6-6_V2]タブをクリックする。

図面が切り替わります。

㉕[図面比較]ツールバーの[×]（AutoCAD 2023以前はチェックマーク）をクリックする。

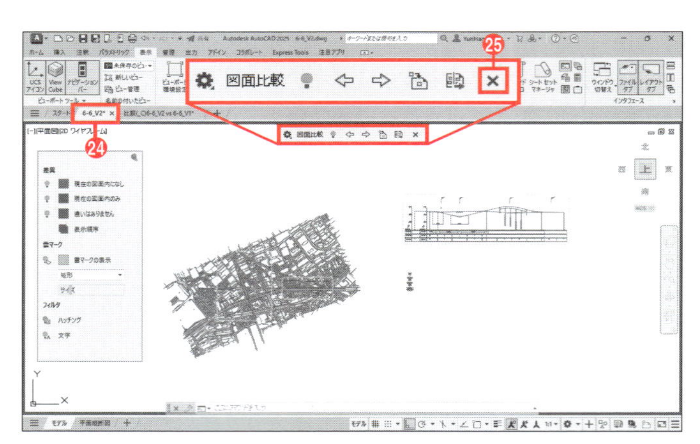

付録 便利なショートカットキーとコマンドエイリアス

AutoCADには「ショートカットキー」と「コマンドエイリアス」という便利な機能があります。前者はキーボードの特定のキーを押すことで、後者はコマンドウィンドウに短縮コードを入力することで操作を実行します。これらに慣れると、画面上のボタンやメニューを使うよりもすばやく作業でき、効率が大幅に向上します。

画面の表示切り替えのショートカットキーとコマンドエイリアス

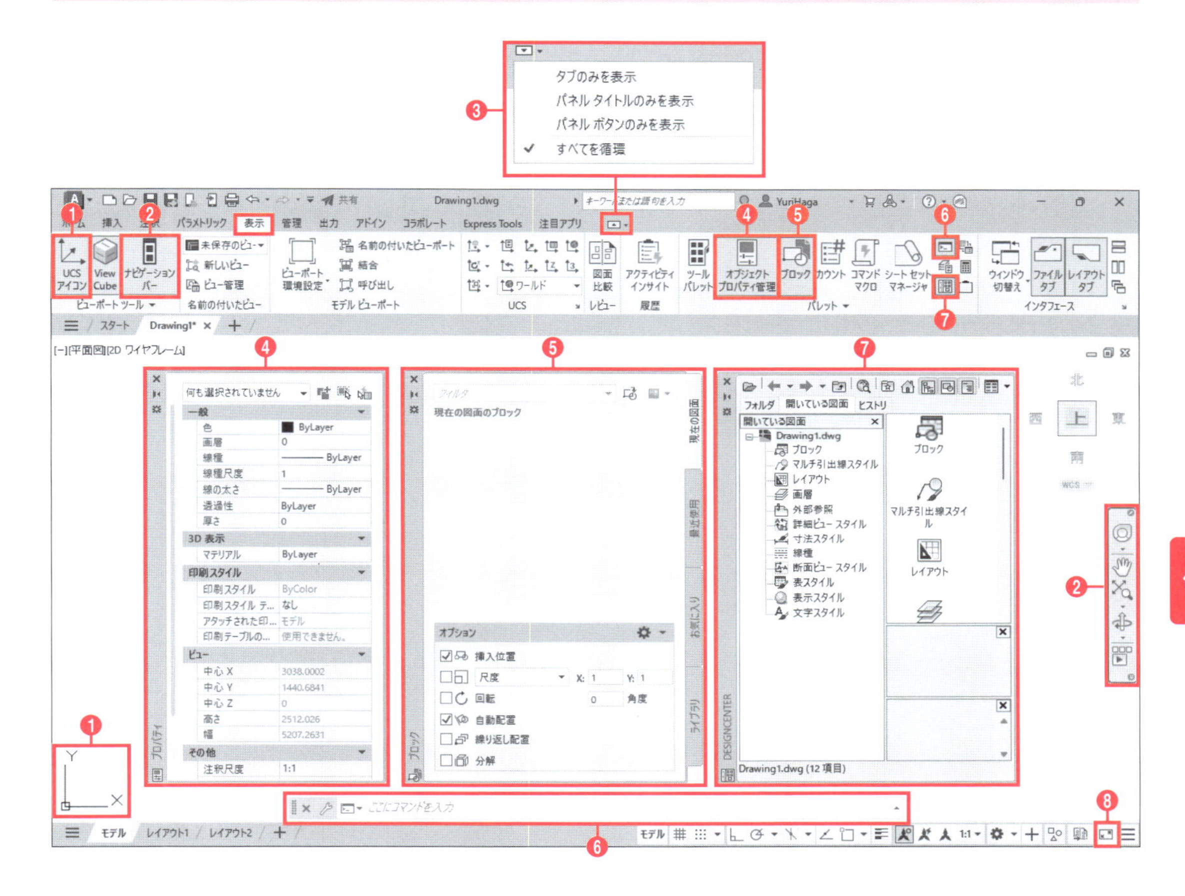

	コマンド	ショートカットキー	コマンドエイリアス
❶UCSアイコン	UCSICON		
❷ナビゲーションバー	NAVBAR		
❸リボン	RIBBON		
❹[プロパティ]パレット	PROPERTIES	Ctrl ＋ 1	PR
❺[ブロック]パレット	INSERT		I
❻コマンドウィンドウ	COMMANDLINE	Ctrl ＋ 9 ／ F2	
❼DesignCenter	ADCENTER	Ctrl ＋ 2	DC
❽フルスクリーン表示		Ctrl ＋ 0（ゼロ）	

操作／コマンドのショートカットキーとコマンドエイリアス

●ショートカットキー：作図補助

操作	キー
ヘルプの表示／非表示	F1
コマンドウィンドウの履歴の表示／非表示	F2
オブジェクトスナップのオン／オフ	F3
3Dオブジェクトスナップのオン／オフ	F4
アイソメ平面の切り替え	F5
ダイナミックUCSのオン／オフ	F6
グリッドの表示／非表示	F7
直交モードのオン／オフ	F8
スナップのオン／オフ	F9
極トラッキングのオン／オフ	F10
オブジェクトスナップトラッキングのオン／オフ	F11
ダイナミック入力のオン／オフ	F12

●ショートカットキー：作図

操作	キー
コピー	Ctrl＋C
切り取り	Ctrl＋X
貼り付け	Ctrl＋V
基点を指定してオブジェクトをコピー	Ctrl＋Shift＋C
オブジェクトをブロックとして貼り付け	Ctrl＋Shift＋V
直前の操作を元に戻す	Ctrl＋Z
直前の操作をやり直す	Ctrl＋Y

●ショートカットキー：ファイル

操作	キー
上書き保存	Ctrl＋S
ファイルを開く	Ctrl＋O（英字オー）
印刷	Ctrl＋P

●コマンドエイリアス：作図

コマンド	エイリアス
線分	L
ポリライン	PL
円	C
長方形	REC
ハッチング	H
構築線	XL

●コマンドエイリアス：修正

コマンド	エイリアス
移動	M
複写	CO／CP
ストレッチ	S
回転	RO
鏡像	MI
尺度変更	SC
トリム	TR
延長	EX
フィレット	F
削除	E
分解	X
オフセット	O
長さ変更	LEN
ポリライン編集	PE
結合	J

付録 自動保存ファイルについて

AutoCADの作業中、予期せぬエラーでファイルが失われないよう、自動保存機能やバックアップ機能が用意されています。ここでは、これらの機能の設定方法と、保存されたファイルの開き方を紹介します。

●自動保存とバックアップの設定

[オプション]ダイアログボックスの[開く/保存]タブで、[自動保存]と[保存時にバックアップコピーを作成]にチェックを入れます。また、自動保存する時間の間隔を入力します。

[オプション]ダイアログボックスを表示するには、[アプリケーションメニュー]をクリックし、[オプション]ボタンをクリックします。

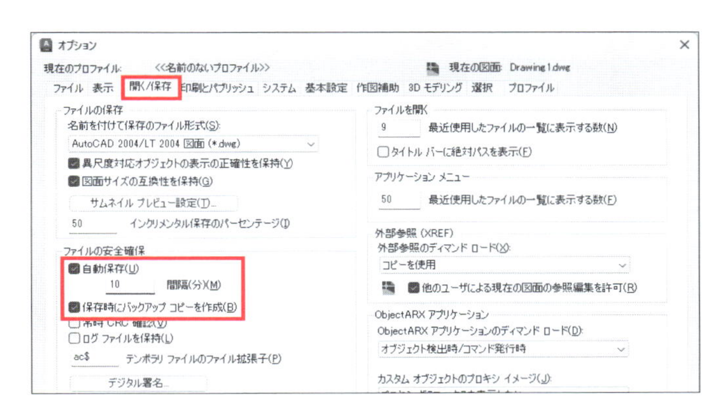

●自動保存されたファイルを開く

[アプリケーションメニュー]をクリックし、[図面ユーティリティ]−[図面修復管理を開く]を選択すると、[図面修復管理]パレットが表示されます。

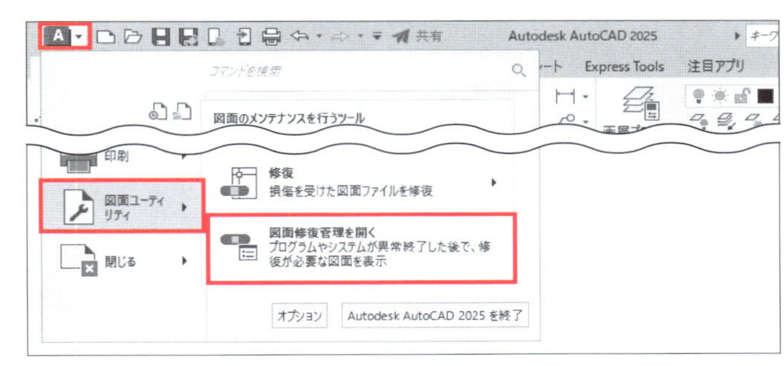

[図面修復管理]パレットに自動保存ファイルが表示されるので、該当ファイルを右クリックし、メニューから[開く]を選択します。

●(ファイル名)_recover.dwg
　強制終了時に保存されたファイル

●(ファイル名).bak
　上書き保存前のバックアップファイル

●(ファイル名)_○○.sv$
　自動保存ファイル

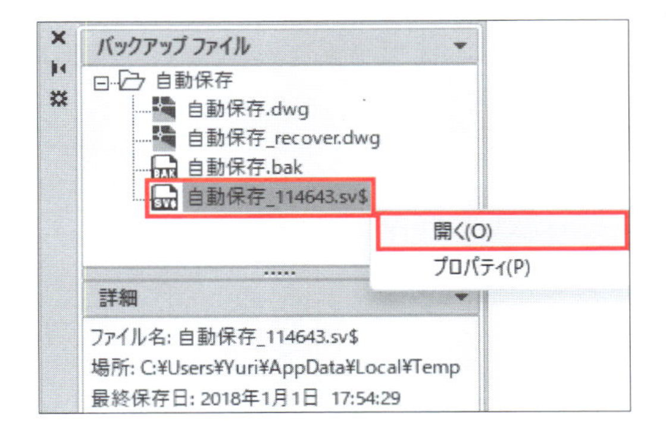

[図面修復管理]パレットに自動保存のファイルが表示されていない場合は、[オプション]ダイアログボックスの[ファイル]タブから[自動保存ファイルの場所]を確認し、そのフォルダをWindowsのエクスプローラーで開きます。拡張子「sv$」や更新日時で該当ファイルを検索し、拡張子を「dwg」に変更すると、AutoCADで開くことができます。強制終了時に保存されたファイルとバックアップファイルは、元ファイルと同じフォルダに保存されます。

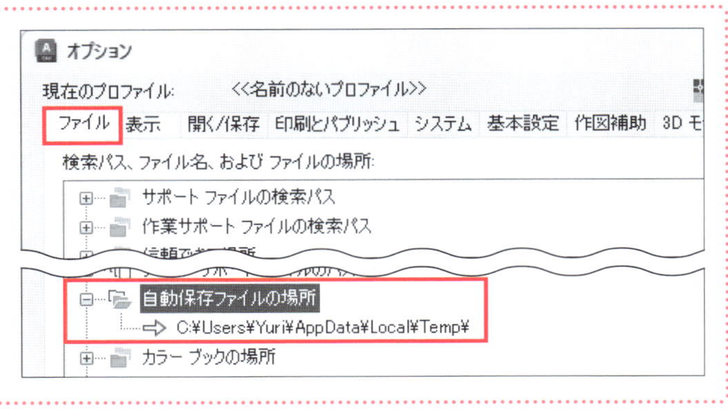

付録

索引

英数字

あ

か

さ

ま

や

ら

わ

送付先FAX番号▶03-3403-0582　メールアドレス▶info@xknowledge.co.jp
Web問合せフォーム▶https://www.xknowledge.co.jp/contact/book/9784767833378

FAX質問シート

AutoCADできちんと土木図面をかく方法

［AutoCAD 2025/2024/2023/2022対応］

P.2の「必ずお読みください」と以下を必ずお読みになり、ご了承いただいた場合のみご質問をお送りください。

- 「本書の手順通り操作したが記載されているような結果にならない」といった本書記事に直接関係のある質問にのみご回答いたします。「このようなことがしたい」「このようなときはどうすればよいか」など特定のユーザー向けの操作方法や問題解決方法については受け付けておりません。
- メールまたはWeb問合せフォーム、本シートを用いたFAXにてお送りいただいた質問のみ受け付けております。お電話による質問はお受けできません。
- 本質問シートはコピーしてお使いください。
- Web問合せフォームや本質問シートの必要事項に記入漏れがある場合はご回答できない場合がございます。
- メールの場合は、書名と本シートの項目を必ずご記入のうえ、送信してください。
- ご質問の内容によってはご回答できない場合や日数を要する場合がございます。
- パソコンやOSそのもの、ご使用の機器や環境についての操作方法・トラブルなどの質問は受け付けておりません。

ふりがな

氏名　　　　　　　　　　　　年齢　　　　歳　　　　性別　男 ・ 女

回答送付先（FAXまたはメールのいずれかに○印を付け、FAX番号またはメールアドレスをご記入ください）

FAX ・ メール

※送付先ははっきりとわかりやすくご記入ください。判読できない場合はご回答いたしかねます。※電話による回答はいたしておりません

ご質問の内容（本書記事のページおよび具体的なご質問の内容）
※例）2-1-3の手順4までは操作できるが、手順5の結果が別紙画面のようになって解決しない。

【本書　　　ページ　～　　　ページ】

ご使用のアプリケーションとWindowsのバージョン

AutoCADのバージョン　※例）2025　（　　　　　　　　）

Windowsのバージョン　※該当するものに○印を付けてください

11　　10　　その他（　　　　　　　　）

<著者紹介>

芳賀 百合（はが ゆり）

CADインストラクター。AutoCADに造詣が深く、長年、初心者にはわかりやすく、上級者には実務に即したテクニックを指導。主な著書に、『だれでもできるAutoCAD［土木編］』『これからCIMをはじめる人のためのAutoCAD Civil 3D入門』『Civil 3DをBIM/CIMでフル活用するための65の方法』『AutoCADで3Dを使いこなすための97の方法』（いずれもエクスナレッジ刊）がある。
AutoCADの使い方や設計業務のさまざまな情報を発信するブログ（https://blog.ybizeff.com/）を運営中。

AutoCADできちんと土木図面をかく方法
AutoCAD 2025/2024/2023/2022対応

2024年11月1日　初版第1刷発行

著　者――――――　芳賀百合

発行者――――――　三輪浩之
発行所――――――　株式会社エクスナレッジ
〒106-0032　東京都港区六本木7-2-26
https://www.xknowledge.co.jp/

●問合せ先
編集　前ページのFAX質問シートを参照してください
販売　TEL 03-3403-1321／FAX 03-3403-1829／info@xknowledge.co.jp